普通高等教育"十一五"国家级规划教材

高等学校工程管理系列教材

# 工程造价管理

（修订本）

郭婧娟　主编

刘伊生　主审

清华大学出版社

北京交通大学出版社

·北京·

## 内容简介

本书全面介绍了建设工程造价的计价原理、造价组成、计价依据、计价模式和全过程造价管理的内容与方法，反映了我国与国际社会工程造价管理的最新动态。全书共分13章，主要内容包括：工程造价管理基础知识，工程造价的构成，工程建设定额，工程单价，工程造价的计价模式，工程计量，投资决策阶段工程造价管理，设计阶段工程造价管理，招投标阶段的工程造价管理，施工阶段工程造价管理，竣工验收，后评价阶段工程造价管理，工程估价电算化，以及发达国家和地区工程造价管理。

本书可作为高等学校工程管理专业、土木工程专业的教材或教学参考书，也可供工程造价从业人员参考使用。对参加监理工程师、造价工程师、建造师执业资格考试的考生也有一定的参考作用。



**图书在版编目（CIP）数据**

工程造价管理/郭婧娟主编．—修订本．—北京：清华大学出版社；北京交通大学出版社，2008.6（2018.1重印）

（高等学校工程管理系列教材）

ISBN 978－7－81082－507－8

Ⅰ.工…　Ⅱ.郭…　Ⅲ.建筑造价管理-高等学校-教材　Ⅳ.TU723.3

中国版本图书馆CIP数据核字（2008）第072159号

责任编辑：吴嫦娥

出版发行：清 华 大 学 出 版 社　邮编：100084　电话：010－62776969

北京交通大学出版社　邮编：100044　电话：010－51686414

印 刷 者：北京鑫海金澳胶印有限公司

经　　销：全国新华书店

开　　本：185×230　印张：28.25　字数：633千字

版　　次：2012年8月第1版第3次修订　2018年1月第22次印刷

书　　号：ISBN 978－7－81082－507－8/TU・13

印　　数：59 501～62 000册　定价：38.00元

---

# 出版说明

工程建设是发展我国国民经济、满足人民不断增长的物质文化需要的重要保证。随着社会经济的发展和建筑技术的进步，现代建设工程日益向着大规模、高技术的方向发展。投资建设一个大型项目，需要投入大量的劳动力和种类繁多的建筑材料、设备及施工机械，耗资几十亿元甚至几百亿元。如果工程建设投资决策失误，或工程建设的组织管理水平低，势必会造成工程不能按期完工，质量达不到要求，损失浪费严重，投资效益低等状况，给国家带来巨大损失。因此，保证工程建设决策科学，并对工程建设全过程实施有效的组织管理，对于高效、优质、低耗地完成工程建设任务，提高投资效益具有极其重要的意义。

随着21世纪知识经济时代的到来和世界经济一体化、产业国际化、市场全球化的发展趋势，以及我国改革开放进程的加快和加入WTO，为我国建筑业的进一步发展带来了机遇和挑战，对我国建筑业提出了更高的要求。为了增强国际竞争力，我们在重视硬件（主要指建筑技术、建筑材料、建筑机械等）发展的同时，不能忽视软件（工程管理）的发展，必须在实践中研究和采用现代化的工程管理新理论、新方法和先进的手段，培养造就一大批工程建设管理人才，逐步缩小我们与世界领先水平的差距。

工程管理专业在我国的发展历史并不长，属于新兴专业。由于种种原因，目前还没有一套完整的工程管理系列教材。为满足教学与实际工作的需要，我们根据工程管理专业的主干课程，专门组织具有丰富教学与实践经验的教师编写了高等学校工程管理系列教材。这套教材包括：《建设项目管理（第2版）》、《工程建设监理（第2版）》、《建设工程监理案例分析（第2版）》、《建设工程招投标与合同管理》、《房地产开发与经营》、《建筑企业管理》、《建设工程定额及概预算（第2版）》、《国际工程管理》、《工程造价管理》、《工程项目评估》、《建设工程质量控制》等。

本套教材的主要特点：①内容新颖，整套教材力求反映现代工程管理科学理论和方法，反映我国工程建设管理体制改革的新成果及当前有关工程建设的法律、法规及行政规章制度；②实用性强，整套教材遵循理论与实践相结合的原则，在详细阐述管理理论的同时，更加注重管理方法的实用性和可操作性。

本套教材能够顺利出版，得益于北京交通大学出版社与清华大学出版社的大力支持，在此表示衷心的感谢！

**高等学校工程管理系列教材编委会**

2005年5月

# ✧ 序 ✧

进入21世纪，我国的市场经济体制已经初步建立，工程造价领域改革的步伐在不断加快。国家标准《建设工程工程量清单计价规范》的实施，使工程计价已经或即将由传统的定额计价模式转为由国家公布工程量计算规则，由市场最终定价的模式。这是一个跨越式的进步，表明了我国工程造价管理的各项改革成果已经基本实现了与国际接轨或为接轨打下了良好的基础。加入WTO之后，工程造价管理必须实现与国际社会的全面接轨。为顺应国内外形势变化的需要，工程造价管理人员必须从一个全新的角度来管理和控制工程项目。工程造价管理人才的培养面临独特的发展机遇与挑战。因此，积极探索工程造价管理人才的知识需求结构，出版适应和推动工程造价管理发展的书籍或教材尤显迫切。

郭婧娟老师集聚多个高校从事工程造价管理的老师编写的这本教材，正是在上述时代背景下进行的一种尝试。为了满足教材科学性、先进性、可行性的要求，编者在编写中体现了如下特点。

(1) 紧密结合当前我国工程造价管理发展的现实情况，充分考虑学科发展的最新态势和动向，力求理论上的创新探索，从实务上寻求最快融入实践的操作方法。

(2) 在内容上博采众长，广泛参考和吸取了国内外相关教材的优点，充分吸收国外最新的理论研究成果和国内改革的成果，做到了既符合国际理论发展潮流，又切实反映中国实际情况。

(3) 在教材的知识结构上，以工程建设全过程为主线，介绍了工程造价全方位管理的内容和方法，做到了主线明确、层次清晰、重点突出、结构合理。

(4) 在写作方法上，力求规范分析和实例分析相结合，以实例进行模拟练习，提高实际操作能力。

(5) 在教材的组织上，篇首增加了“学习指南”，章首增加了本章知识框架和学习的目的、任务、要求，章尾设置了本章小节、复习题和案例，有助于读者尽快学习和领悟书中的知识结构系统，加强对所学知识的综合应用能力。

(6) 体现了“通”、“专”相宜。就工程管理专业而言，工程造价管理作为其中一项职能管理，是一个相对独立的专业，知识体系的设置有其特殊性，但也不能完全割断与其他职能或学科之间的必要联系，本书体现了工程造价管理与项目管理、房地产管理等学科相关知识的共性。

这本教材不仅适合用作高校工程管理专业或相关专业的教学，同时对于从事工程造价管理的专业人士、参加造价工程师、监理工程师执业资格考试的考生和从事工程造价管理研究的学者也是很好的参考用书，希望大家对其提出宝贵意见和建议。我们希望这本书的推出应该是开始而非结束，期待编者能够借鉴读者的意见，通过不断修订，使其新的版本紧随时代步伐，及时反映学科最新进展，为培养我国工程造价管理人才做出贡献。

刘长滨

2005 年 5 月

# ✧ 修订前言 ✧

本书第1版于2005年出版以来，得到大中专院校的广泛支持，受到广大读者的厚爱。在总结经验和吸纳新知识的基础上，我们对原书进行了修订再版。

本次修订的原则是保持第1版的特色、风格和基本结构，增加和调整了新内容，以适应新时代工程管理发展的要求。本书再版主要修订了以下内容：

（1）对工程建设的程序进行了修订，根据《国务院关于投资体制改革的决定》（国发［2004］20号）修改了项目审批的相关规定；

（2）按照“关于印发建设项目经济评价方法与参数的通知”（发改投资［2006］1325号）的规定，结合重新修订的《建设项目经济评价方法》和《建设项目经济评价参数》对建设工程财务评价的基本内容和要求作了修订；

（3）按照《建设工程工程量清单计价规范》（GB 50500—2008）的要求对工程量清单计价管理的基本内容作了修订；

（3）对施工图预算的编制方法作了修订；

（4）对招标文件、标底和投标报价的编制方法进行了修订；

（5）充实了工程索赔的相关内容。

为适应不同地区读者学习的需要和工程造价管理改革的需要，本书基于《建设工程工程量清单计价规范》（GB 50500—2008）、《建筑安装工程费用项目组成》［建标［2003］206号］、《建筑工程施工发包与承包计价管理办法》（建设部第107号）、《建设工程价款结算暂行办法》（财建（2004）369号）、《建设工程施工合同（示范文本）》（GF—1999—0201）、《FIDIC施工合同条件》（1999）和《建筑工程量计算原则（国际通用）》的相关内容编写。

本书可作为高等学校工程管理专业、土木工程专业的教材或教学参考书，也可供工程造价从业人员参考使用，对参加监理工程师、造价工程师执业资格考试的考生也有一定参考作用。

本书由北京交通大学郭婧娟主编。第2、4、5、6、13章由郭婧娟编写，第1、3、7章由北京交通大学郭婧娟、李树贤及东北财经大学赵莹华共同编写，第8、9章由郭婧娟和西安建筑科技大学张涑贤、韦海民共同编写，第10、11章由湖南大学姜早龙编写，第12章由北京联合大学郭霞编写。

当前，我国工程造价体制正处于剧烈的变革时期，许多问题有待研究探讨，加之编者学术水平和实践经验有限，书中缺点和谬误难免存在，恳请读者批评指正。

郭婧娟

2009年7月

# 前言

随着招投标法的实施和加入WTO对建设工程领域市场化的推进，我国工程造价管理工作改革的不断深入，以及造价工程师和工程造价咨询机构执业资格制度的发展，我国工程造价管理体制正在以较快的速度向国际惯例靠拢。为了培养符合新时代要求的工程造价管理人员，我们按照工程管理系列教材编委会的要求，组织有关教师编写了《工程造价管理》一书。

本书的基本任务是研究建设工程的计价原理、造价组成、计价依据、计价模式和全过程造价管理的内容与方法。教材的编写力求做到专业面宽、知识面广、适用面大；既着眼于现实的工程造价管理方法，又能介绍符合国际惯例的工程造价管理方法；理论要领的阐述、实际操作的要点、法律法规、规章制度的引用及工程实例的介绍，都尽量反映我国和国际社会工程造价管理领域的最新动态。

本书包括工程造价管理基础知识、工程造价管理的依据和原理、建设全过程工程造价管理三部分内容。第一部分包括工程造价管理基础知识和工程造价构成；第二部分介绍了建设工程定额、工程单价和工程造价计价模式的基本内容；第三部分按照基本建设程序，从建设项目投资决策开始，经工程招标投标、建设实施（设计、施工）、竣工验收，直至建设项目后评价，充分结合我国建设工程管理体制改革内容，全面介绍了工程造价管理的内容和方法，并专门介绍了应用计算机估算工程造价的方法和发达国家及地区工程造价管理的模式。

为适应不同地区读者学习和工程造价管理改革的需要，基于《建设工程工程量清单计价规范》（GB 50500—2003）、《建筑安装工程费用项目组成》（建标〔2003〕206号）、《建筑工程施工发包与承包计价管理方法》（建设部第107号）、《建设工程价款结算暂行办法》（财建〔2004〕369号）、《建设工程施工合同（示范文本）》（GF—1999—0201）、《FIDIC施工合同条件》（1999）和《建筑工程量计算原则（国际通用）》的相关内容编写本书。

本书由北京交通大学郭婧娟主编，刘伊生主审。第2、4、5、6、13章由郭婧娟编写，第1、3、7、章由北京交通大学郭婧娟、李树贤及东北财经大学赵莹华共同编写，第8、9章由郭婧娟和西安建筑科技大学张涑贤、韦海民共同编写，第10、11章由湖南大学姜早龙编写，第12章由北京联合大学郭霞编写。

当前，我国工程造价体制正处于剧烈的变革时期，许多问题有待研究探讨，加之编者学术水平和实践经验有限，书中缺点和谬误难免存在，恳请读者批评指正。

郭婧娟

2005年5月

# ✧学习指南✧

## 1. 本书的编写思路与内容设置特点

工程造价管理是工程管理过程中的重要内容，它对于控制工程造价、降低工程投资都有十分重要的意义。在我国高等院校工程管理专业的培养计划中，都将《工程造价管理》设置为专业的核心课程。其主要任务是让学生了解工程估价的基础知识，掌握工程估价的基本原理和方法，掌握工程估价管理的基本步骤和方法。通过该课程的学习，能够基本具备工程概预算、投资决策及投标报价、工程结算和竣工决算的能力。

我国加入WTO之后，工程造价管理必须实现与国际社会的全面接轨，要求工程造价管理人员必须从全新的角度来管理和控制工程项目，"全面工程造价管理"的概念适时提出。按照全面造价管理的思想，工程造价管理涉及工程项目建设的全过程，涉及工程建设有关的各个要素，涉及业主、承包商、工程师、设计单位、咨询单位之间的利益和关系。另外，工程造价管理是一项不确定性很强的工作，在项目实施的过程中会出现许多不可预见的事项，而对这些事项，或者说风险的防范仅靠投资（成本）的控制很难做好，需要对工程造价管理的全过程、全要素进行系统的计划与控制。本书基于全过程、全方位、动态工程造价管理的理念进行编写，在内容设置上具有以下特点。

(1) 总体内容按照基础知识、计价基本依据与方法及工程建设各阶段造价管理组成。

(2) 主要内容按照工程建设的投资决策、设计、招标投标、施工、竣工验收、后评价全过程为主线展开。

(3) 从建设项目业主、监理工程师、设计单位、承包商、设备供应商等不同角度，全面、系统地讲述工程建设过程中各方对工程造价管理的内容和方法。

(4) 体现我国工程造价管理过渡时期的特点，即保留了定额计价模式，在内容设置上向工程量清单计价倾斜；紧密联系国内工程造价管理的实际，反映了工程造价管理体制改革的最新内容（法律、法规）。

(5) 在造价构成、工程计量、投标报价与工程价款结算等方面，介绍了国外工程造价管理的先进做法，并对美国、日本和我国香港特别行政区的工程造价管理模式做了全面介绍。

(6) 在内容设置上，参考了我国造价工程师考试大纲的部分要求，便于实现本科人才培养与执业资格认证的对接。

(7) 书中附有大量的实例，便于读者学习和加深理解。增加了工程计量的计算机处理方式，便于理论学习与实践的结合。

(8) 篇首增加了"学习指南"，阐述了全书的编写思路、内容设置特点和全书的知识结构及要点，便于指导读者尽快学习和领悟书中的知识结构；每章的首页都设置了本章学习的目的、任务、要求和知识框架，末尾都设置了本章小节，便于读者系统、条理清晰地掌握本章内容；每章都增加了复习题，读者可以考核自己的理解程度；部分章节后增加了案例，可以考核读者对所学知识的综合应用能力。

## 2. 本书的知识结构及内容组织

▨ **第1章工程造价管理基础知识** 本章是学习工程造价管理的基础知识。工程造价具有分层次多次计价的特点，所以本章阐述了建设工程概念、建设项目的组成和工程建设程序；提出了工程造价的概念、工程造价管理的主要内容及我国工程造价管理的现状。工程计价是造价管理中的核心内容，本章介绍了工程计价及其作用、我国适用和国际通用的工程计价模式。

▨ **第2章工程造价的构成** 掌握工程造价的构成内容是确定工程造价和控制工程造价的前提，本章结合我国的最新规定详细介绍了工程造价的构成内容。为拓展读者的视野，对国际工程建筑安装工程费用的组成做了简单介绍。

▨ **第3章工程建设定额，第4章工程单价** 工程造价的确定，必须借助于一定的计价依据，造价的形成不外乎由劳动资源消耗量与其单价两方面的因素决定。无论是定额计价，还是工程量清单计价，其价格的形成都会依据不同的定额和不同的工程单价。第3章全面介绍了施工定额（企业定额）、预算定额、概算定额及概算指标、投资估算指标及工程造价指数的概念、作用、编制原则和方法；第4章则详细介绍了人工、材料、机械台班预算单价的构成和编制方法，按定额计价和清单计价两种模式介绍了工料单价和综合单价的编制方法。

▨ **第5章工程造价的计价模式** 在介绍完造价确定的基础知识后，本章介绍了我国目前使用的两种计价模式，对定额计价模式做了简单介绍，详细介绍了工程量清单计价的作用、基本原理、步骤和程序；对两种计价模式做了比较分析。

▨ **第6章工程计量** 不同的计价模式都会涉及工程量的计算问题，这是工程估价中一项烦琐而重要的工作。本章首先介绍了工程计量的基本原理与方法，然后较为详细地介绍了目前国内推广使用的工程量清单计量规则，最后为读者提供了国际通用的建筑工程计量规则作参考。

▨ **第7章投资决策阶段的工程造价管理** 投资决策阶段是选择和决定投资行动方案、对项目可行性进行论证、对不同建设方案进行比较与选择的过程。在项目建设的各阶段中，投资决策阶段影响工程造价的程度最高。本章首先介绍了投资决策阶段工程造价管理的主要内容，然后又简单介绍了投资估算的内容与编制方法，主要介绍了建设工程财务评价的相关内容和方法。

▨ **第8章设计阶段的工程造价管理** 设计阶段是形成建设项目的建设标准和功能水平的关键阶段，所以设计阶段就成为工程造价控制的关键阶段。本章首先介绍了设计阶段工程造价管理的内容、控制程序和方法，然后分别介绍了限额设计、设计方案评价的内容和方法，重点介绍了设计概算和施工图预算的编制和审查方法。

▨ **第9章招投标阶段的工程造价管理** 招投标阶段是工程合同价形成的主要阶段，不管是招标人还是投标人，都希望在这一阶段形成工程的合理价格。所以，本章首先介绍了招投标阶段工程造价管理的内容和程序，然后分别介绍了招标文件和招标标底的编制、审查方法、投标报价的编制方法和策略，简单介绍了工程评标的方法及工程合同价的确定和施工合同的签订。最后简要介绍了设备招标与合同价的确定及国际工程投标报价的方法。

▨ **第10章施工阶段的工程造价管理** 施工阶段的工程造价管理的主要任务是通过付款控制、工程变更控制、预防并处理好费用索赔、挖掘节约工程造价的潜力来将实际发生的费用控制在计划投资内。本章首先介绍了施工阶段工程造价管理的内容与工作程序，然后简单介绍了资金使用计划的编制和施工组织设计的优化，按照我国现行和FIDIC合同条件下的不同做法，较详细地介绍了工程变更与变更价款的确定、工程索赔的基本方法和工程价款结算的基本方法，最后介绍了投资偏差分析的基本方法。

▨ **第11章竣工验收、后评价阶段的工程造价管理** 竣工验收后的竣工决算是工程造价确定的最终文件，后评价阶段造价管理的目的是总结经验、吸取教训，不断提高决策水平和投资效果。本章首先介绍了竣工验收、后评价阶段工程造价管理的内容，然后简单介绍了竣工结算、竣工决算的编制方法和保修费用的处理方法，最后介绍了建设项目后评价的基本方法。

▨ **第12章工程计价电算化** 本章介绍了常用工程造价管理软件的使用方法。

▨ **第13章发达国家和地区的工程造价管理** 了解和借鉴发达国家和地区工程造价管理的先进经验有助于我们自身的改革和进步。本章分别介绍了美国、日本和中国香港特别行政区的工程造价管理模式，并提出了我国工程造价管理的不足，对我国工程造价管理的发展进行了展望。

## 3. 学习指南图

本书的知识结构见图0-1。

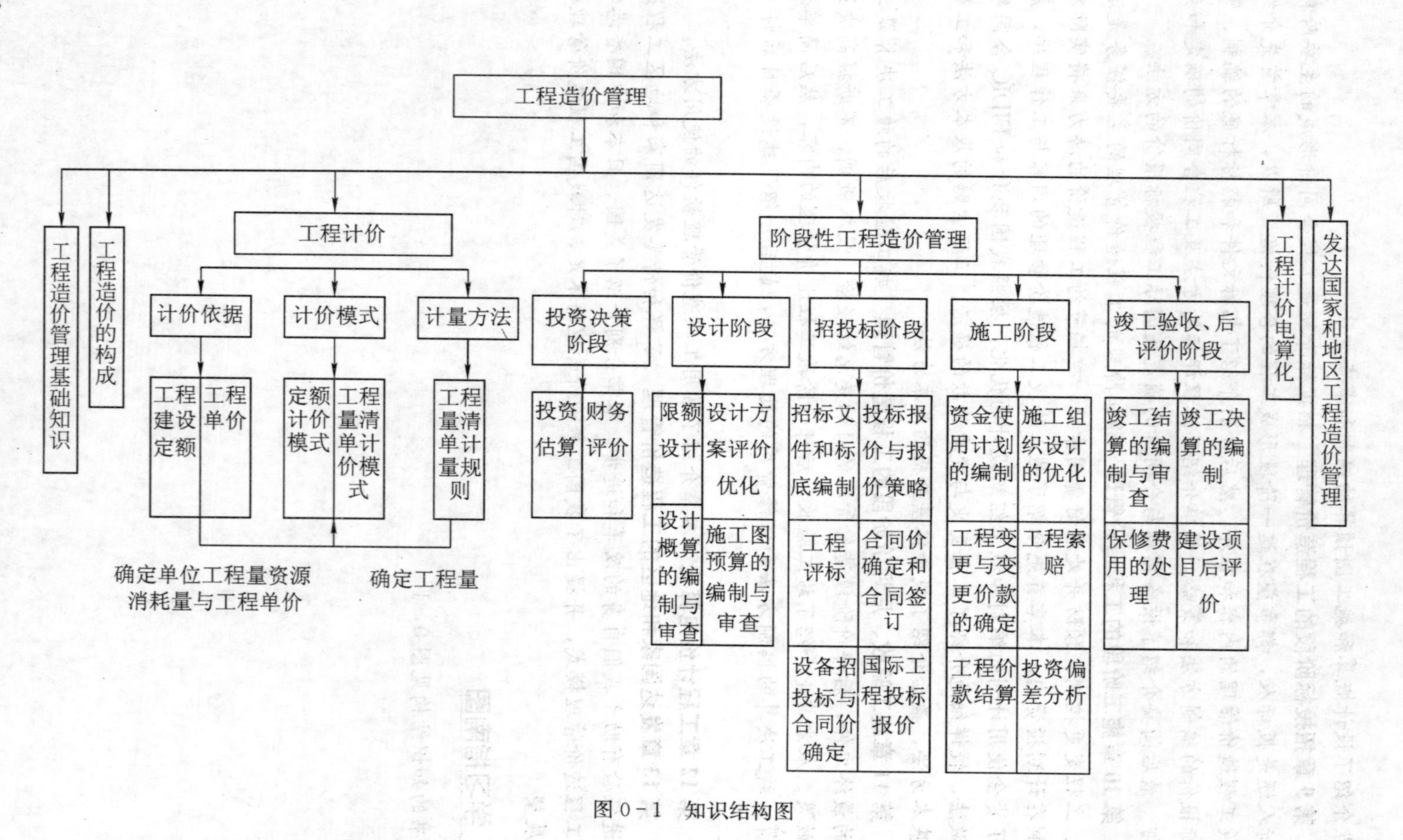
工程造价管理
工程造价管理基础知识
工程造价的构成
工程计价
计价依据
计价模式
计量方法
工程建设定额
工程单价
定额计价模式
工程量清单计价模式
工程量清单计量规则
确定单位工程量资源消耗量与工程单价
确定工程量
阶段性工程造价管理
投资决策阶段
投资估算
财务评价
设计阶段
限额设计
设计方案评价优化
设计概算的编制与审查
施工图预算的编制与审查
招投标阶段
招标文件和标底编制
投标报价与报价策略
工程评标
合同价确定和合同签订
设备招投标与合同价确定
国际工程投标报价
施工阶段
资金使用计划的编制
施工组织设计的优化
工程变更与变更价款的确定
工程索赔
工程价款结算
投资偏差分析
竣工验收、后评价阶段
竣工结算的编制与审查
竣工决算的编制
保修费用的处理
建设项目后评价
工程计价电算化
发达国家和地区工程造价管理

图 0-1 知识结构图

# ✧ 目 录 ✧

# 第 1 章　工程造价管理基础知识

## 知识结构

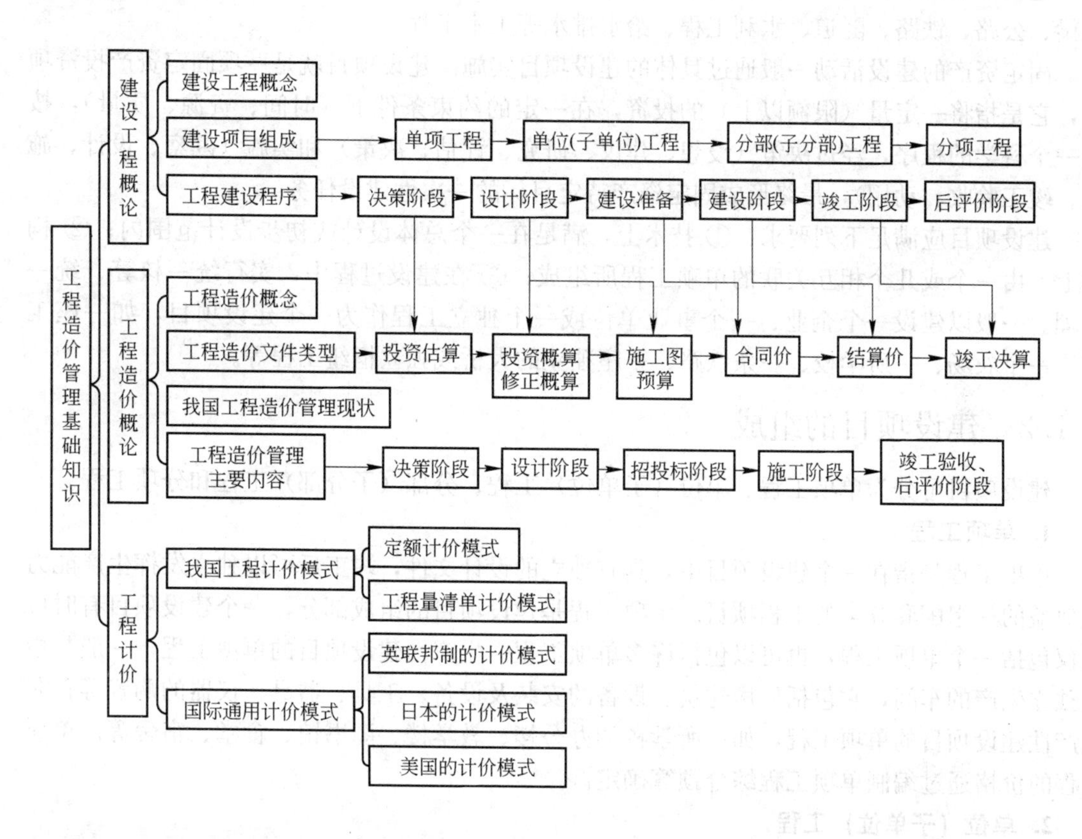


## 学习目的、任务与要求

本章为以后各个章节的学习奠定了理论基础，通过这部分知识的学习使读者了解工程造价管理的基础知识及发展现状。在学习中要求读者熟悉建设工程概念、建设项目的组成和工程建设程序；掌握工程造价的概念和工程造价管理的主要内容；了解我国工程造价管理现状及其国内外工程计价的模式。

# 1.1 建设工程概论

## 1.1.1 建设工程概念

建设工程属于固定资产投资对象。具体而言，建设工程包括建筑工程、设备安装工程、桥梁、公路、铁路、隧道、水利工程、给水排水等土木工程。

固定资产的建设活动一般通过具体的建设项目实施。建设项目就是一项固定资产投资项目，它是指将一定量（限额以上）的投资，在一定的约束条件下（时间、资源、质量），按照一个科学的程序，经过决策（设想、建议、研究、评估、决策）和实施（勘察、设计、施工、竣工验收、动用），最终形成固定资产特定目标的一次性建设任务。

建设项目应满足下列要求：① 技术上，满足在一个总体设计或初步设计范围内；② 构成上，由一个或几个相互关联的单项工程所组成；③ 在建设过程中，实行统一核算、统一管理。一般以建设一个企业、一个事业单位或一个独立工程作为一个建设项目，如一座工厂、一个农场、一所学校、一条铁路、一座独立的大桥或独立枢纽工程等。

## 1.1.2 建设项目的组成

建设项目可分为单项工程、单位（子单位）工程、分部（子分部）工程和分项工程。

**1. 单项工程**

单项工程是指在一个建设项目中，具有独立的设计文件，竣工后可以独立发挥生产能力或效益的一组配套齐全的工程项目。单项工程是建设项目的组成部分，一个建设项目有时可以仅包括一个单项工程，也可以包括许多单项工程。生产性建设项目的单项工程，一般是指能独立生产的车间，它包括厂房建筑、设备的安装及设备、工具、器具、仪器的购置等；非生产性建设项目的单项工程，如一所学校的办公楼、教学楼、图书馆、食堂、宿舍等。单项工程的价格通过编制单项工程综合预算确定。

**2. 单位（子单位）工程**

单位工程是指具备独立施工条件并能形成独立使用功能的建筑物及构筑物。对于建筑规模较大的单位工程，可将其能形成独立使用功能的部分分为一个子单位工程。

单位工程是单项工程的组成部分。按照单项工程的构成，又可将其分解为建筑工程和设备安装工程。如车间的土建工程是一个单位工程，设备安装工程又是一个单位工程，电气照明、室内给水排水、工业管道、线路铺设都是单项工程中所包含的不同性质的单位工程。

一般情况下，单位工程是进行工程成本核算的对象。单位工程产品的价格通过编制单位工程施工图预算来确定。

**3. 分部（子分部）工程**

分部工程是单位工程的组成部分，分部工程的划分应按专业性质、建筑部位确定。一般工业与民用建筑工程可划分为地基与基础工程、主体结构工程、装修工程、屋面工程、给排水及采暖工程、电气工程、智能建筑工程、通风与空调工程、电梯工程等分部工程。

当分部工程较大或较复杂时，可按材料种类、施工特点、施工程序、专业系统及类别等划分为若干子分部工程。例如，地基与基础分部工程又可细分为无支护土方、有支护土方、地基处理、桩基、地下防水、混凝土基础、砌体基础、劲钢（管）混凝土、钢结构等子分部工程；主体结构分部工程又可细分为混凝土结构、劲钢（管）混凝土结构、砌体结构、钢结构、木结构、网架和索膜结构等子分部工程；建筑装修分部工程又可细分为地面、抹灰、门窗、吊顶、轻质隔墙、饰面板（砖）、幕墙、涂饰、裱糊与软包、细部等子分部工程；智能建筑分部工程又可细分为通信网络系统、办公自动化系统、建筑设备监控系统、火灾报警及消防联动系统、安全防范系统、综合布线系统、智能化集成系统、电源与接地、环境、住宅小区智能化系统等子分部工程。

**4. 分项工程**

分项工程是分部工程的组成部分，也是形成建筑产品基本构件的施工过程。分项工程的划分应按主要工程、材料、施工工艺、设备类别等确定。例如钢筋工程、模板工程、混凝土工程、砌砖工程、木门窗制作工程等。

下面以某大学为例，来说明建设项目的组成，如图1-1所示。

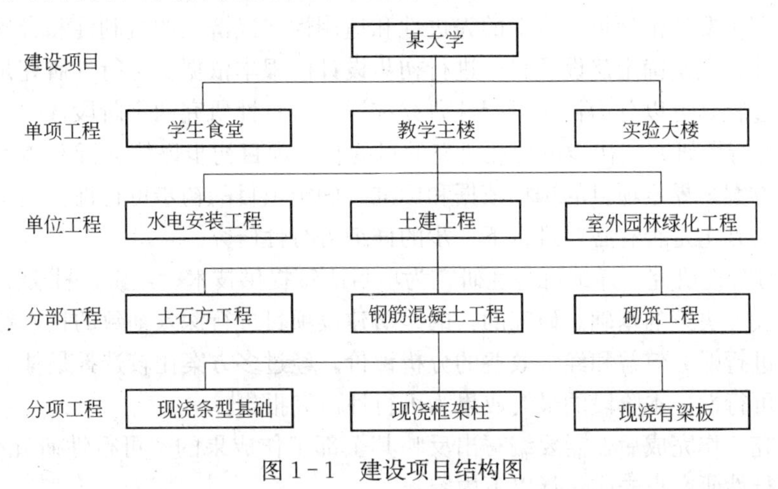


图1-1　建设项目结构图

## 1.1.3　工程建设程序

项目建设程序也称为项目周期，是指建设项目从策划决策、勘察设计、建设准备、施工、生产准备、竣工验收到考核评价的全过程中，各项工作必须遵循的先后次序。项目建设程序是人们在认识客观规律的基础上制订出来的，是建设项目科学决策和顺利实施的重要保证。

按照建设项目发展的内在联系和发展过程，建设程序分成若干阶段，这些发展阶段有严格的先后次序，可以合理交叉，但不能任意颠倒。

我国项目建设程序依次分为策划决策、勘察设计、建设准备、施工、生产准备、竣工验收和考核评价7个阶段。

**1. 策划决策阶段**

策划决策阶段又称为建设前期工作阶段，主要包括编报项目建议书和可行性研究报告两项工作内容。

1）编报项目建议书

对于政府投资工程项目，编报项目建议书是项目建设最初阶段的工作。项目建议书是要求建设某一具体工程项目的建议文件，是投资决策前对拟建项目的轮廓设想。其主要作用是为了推荐建设项目，以便在一个确定的地区或部门内，以自然资源和市场预测为基础，选择建设项目。

项目建议书经批准后，可进行可行性研究工作，但并不表明项目非上不可，项目建议书不是项目的最终决策。

2）可行性研究报告

可行性研究是指在项目建议书被批准后，对项目在技术上和经济上是否可行所进行的科学分析和论证。

可行性研究主要评价项目技术上的先进性和适用性、经济上的盈利性和合理性、建设的可能性和可行性，它是确定建设项目、进行初步设计的根本依据。可行性研究是一个由粗到细的分析研究过程，可以分为初步可行性研究和详细可行性研究两个阶段。

（1）初步可行性研究。初步可行性研究的目的是对项目初步评估进行专题辅助研究，广泛分析、筛选方案，界定项目的选择依据和标准，确定项目的初步可行性。通过编制初步可行性研究报告，判定是否有必要进行下一步的详细可行性研究。

（2）详细可行性研究。详细可行性研究为项目决策提供技术、经济、社会及商业方面的依据，是项目投资决策的基础。研究的目的是对建设项目进行深入细致的技术经济论证，重点对建设项目进行财务效益和经济效益的分析评价，经过多方案比较选择最佳方案，确定建设项目的最终可行性。本阶段的最终成果为可行性研究报告。

可行性研究工作完成后，需要编写出反映其全部工作成果的“可行性研究报告”。一般工业项目的可行性研究报告应包括以下内容：

① 项目提出的背景、项目概况及投资的必要性；

② 产品需求、价格预测及市场风险分析；

③ 资源条件评价（对资源开发项目而言）；

④ 建设规模及产品方案的技术经济分析；

⑤ 建厂条件与厂址方案；

⑥ 技术方案、设备方案和工程方案；

⑦ 主要原材料、燃料供应；

⑧ 总图、运输与公共辅助工程；

⑨ 节能、节水措施；

⑩ 环境影响评价；

⑪ 劳动安全卫生与消防；

⑫ 组织机构与人力资源配置；

⑬ 项目实施进度；

⑭ 投资估算及融资方案；

⑮ 财务评价和国民经济评价；

⑯ 社会评价和风险分析。

根据《国务院关于投资体制改革的决定》（国发［2004］20号），对于政府投资项目，采用直接投资和资本金注入方式的，政府投资主管部门需要从投资决策角度审批项目建议书和可行性研究报告。可行性研究报告经过审批通过之后，方可进入下一阶段的建设工作。

为了落实企业投资自主权，《国务院关于投资体制改革的决定》指出，彻底改革现行不分投资主体、不分资金来源、不分项目性质，一律按投资规模大小分别由各级政府及有关部门审批的企业投资管理办法。对于企业不使用政府资金投资建设的项目，一律不再实行审批制，区别不同情况实行核准制或登记备案制。其中，政府仅对重大项目和限制类项目从维护社会公共利益角度进行核准，其他项目无论规模大小，均改为备案制。

企业投资建设实行核准制的项目，仅需向政府提交项目申请报告，不再经过批准项目建议书、可行性研究报告和开工报告的程序。政府对企业提交的项目申请报告，主要从维护国家经济安全、合理开发利用资源、保护生态环境、优化重大布局、保障公共利益、防止出现垄断等方面进行核准。对于外商投资项目，政府还要从市场准入、资本项目管理等方面进行核准。

对于《政府核准的投资项目目录》以外的企业投资项目，实行备案制。

**2. 勘察设计阶段**

1）勘察阶段

根据建设项目初步选址建议，进行拟建场地的岩土、水文地质、工程测量、工程物探等方面的勘察，提出勘察报告，为设计做好充分准备。勘察报告主要包括拟建场地的工程地质条件、拟建场地的水文地质条件、场地、地基的建筑抗震设计条件、地基基础方案分析评价及相关建议、地下室开挖和支护方案评价及相关建议、降水对周围环境的影响、桩基工程设计与施工建议、其他合理化建议等内容。

2）设计阶段

落实建设地点、通过设计招标或设计方案比选确定设计单位后，即开始初步设计文件的编制工作。根据建设项目的不同情况，设计过程一般划分为两个阶段，即初步设计阶段和施工图设计阶段，对于大型复杂项目，可根据不同行业的特点和需要，在初步设计之后增加技术设计阶段（扩大初步设计阶段）。初步设计是设计的第一步，如果初步设计提出的总概算超过可行性研究报告投资估算的10%以上或其他主要指标需要变动时，要重新报批可行性研究报告。初步设计经主管部门审批后，建设项目被列入国家固定资产投资计划，可进行下一步的施工图设计。

根据建设部2000年颁布的《建筑工程施工图设计文件审查暂行办法》规定，建设单位应当将施工图报送建设行政主管部门，由建设行政主管部门委托有关审查机构，进行结构安全和强制性标准、规范执行情况等内容的审查。施工图一经审查批准，不得擅自进行修改，如遇特殊情况需要进行涉及审查主要内容的修改时，必须重新报请原审批部门，由原审批部门委托审查机构审查后再批准实施。

**3. 建设准备阶段**

广义的建设准备阶段包括对项目的勘察、设计、施工、资源供应、咨询服务等方面的采购及项目建设各种批文的办理。采购的形式包括招标采购和直接发包采购两种。鉴于勘察、设计的采购工作已落实于勘察设计阶段，此处的建设准备阶段的主要内容包括：落实征地、拆迁和平整场地，完成施工用水、电、通信、道路等接通工作，组织选择监理、施工单位及材料、设备供应商，办理施工许可证等。按规定做好建设准备，具备开工条件后，建设单位申请开工，即可进入施工阶段。

**4. 施工阶段**

建设工程具备了开工条件并取得施工许可证后方可开工。通常，项目新开工时间，按设计文件中规定的任何一项永久性工程第一次正式破土开槽时间而定，不需开槽的以正式打桩作为开工时间，铁路、公路、水库等以开始进行土石方工程作为正式开工时间。

施工阶段的主要工作内容是组织土建工程施工及机电设备安装工作。在施工安装阶段，主要工作任务是按照设计进行施工安装，建成工程实体，实现项目质量、进度、投资、安全、环保等目标。具体内容包括：做好图纸会审工作，参加设计交底，了解设计意图，明确质量要求；选择合适的材料供应商；做好人员培训；合理组织施工；建立并落实技术管理、质量管理体系和质量保证体系；严格把好中间质量验收和竣工验收环节。

**5. 生产准备阶段**

对于生产性建设项目，在其竣工投产前，建设单位应适时地组织专门班子或机构，有计划地做好生产或动用前的准备工作，包括招收、培训生产人员；组织有关人员参加设备安装、调试、工程验收；落实原材料供应；组建生产管理机构，健全生产规章制度等。生产准备是由建设阶段转入经营的一项重要工作。

**6. 竣工验收阶段**

工程竣工验收是全面考核建设成果、检验设计和施工质量的重要步骤，也是建设项目转入生产和使用的标志。根据国家规定，建设项目的竣工验收按规模大小和复杂程度分为初步验收和竣工验收两个阶段进行。规模较大、较复杂的建设项目应先进行初验，然后进行全项目的竣工验收。验收时可组成验收委员会或验收小组，由银行、物资、环保、劳动、规划、统计及其他有关部门组成，建设单位、接管单位、施工单位、勘察单位、监理单位参加验收工作。验收合格后，建设单位编制竣工决算，项目正式投入使用。

**7. 考核评价阶段**

建设项目考核评价是工程项目竣工投产、生产运营一段时间后，对项目的立项决策、设计施工、竣工投产、生产运营和建设效益等进行系统评价的一种技术活动，是固定资产管理的一项重要内容，也是固定资产投资管理的最后一个环节。建设项目考核主要从影响评价、经济效益评价、过程评价三个方面进行评价，采用的基本方法是对比法。通过建设项目考核评价，可以达到肯定成绩、总结经验、研究问题、吸取教训、提出建议、改进工作、不断提高项目决策水平和投资效果的目的。

建设过程各项工作之间的关系，见图1-2。

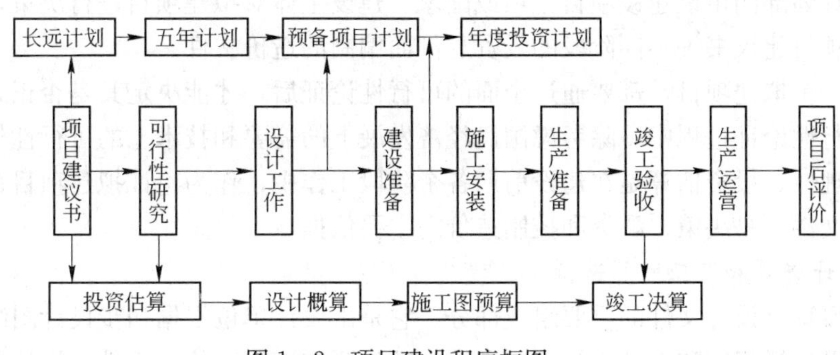


图1-2　项目建设程序框图

# 1.2　工程造价概论

## 1.2.1　工程造价概念

**1. 工程造价及相关概念**

建设项目总投资，是指进行一个工程项目的建造所投入的全部资金，包括固定资产投资和流动资金投入两部分。建设工程造价是建设项目投资中的固定资产投资部分，是建设项目从筹建到竣工交付使用的整个建设过程所花费的全部固定资产投资费用，这是保证工程项目建造正常进行的必要资金，是建设项目投资中最主要的部分。建筑安装工程造价是建设项目投资中的建筑安装工程投资部分，也是建设工程造价的组成部分。

**2. 工程造价的分类**

建设工程概预算，包括设计概算和施工图预算，两者都是确定拟建工程预期造价的文件，而在建设项目完全竣工以后，为反映项目的实际造价和投资效果，还必须编制竣工决算。除此之外，由于建设工程工期长、规模大、造价高，需要按建设程序分段建设。在项目建设全过程中，根据建设程序的要求和国家有关文件规定，还要编制其他有关的经济文件。按照工程建设的不同阶段，分为不同计价文件，如图1-3所示。

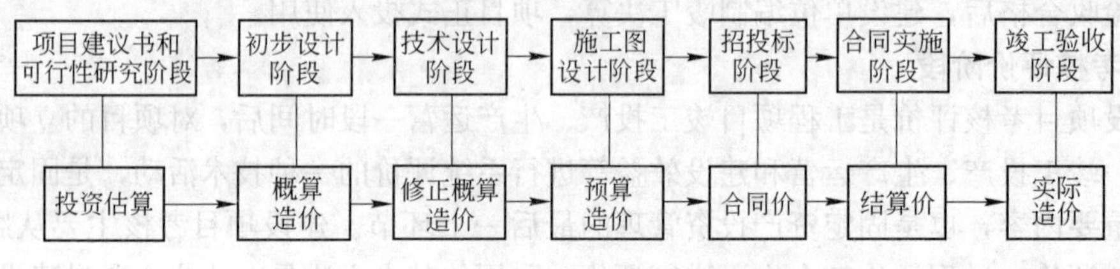


图 1-3 建设工程计价文件

1）投资估算

投资估算一般是指在工程项目建设的前期工作（规划、项目建议书）阶段，项目建设单位向国家计划部门申请建设项目立项或国家、建设主体对拟建项目进行决策，确定建设项目在规划、项目建议书等不同阶段的投资总额而编制的造价文件。

任何一个拟建项目，都要通过全面的可行性论证后，才能决定其是否正式立项或投资建设。在可行性论证过程中，除考虑国民经济发展上的需要和技术上的可行性外，还要考虑经济上的合理性。投资估算是在建设前期各个阶段工作中，作为论证拟建项目在经济上是否合理的重要文件，是决策、酬资和控制造价的主要依据。

2）设计概算和修正概算造价

设计概算是设计文件的重要组成部分。它是由设计单位根据初步设计图纸、概算定额规定的工程量计算规则和设计概算编制方法，预先测定工程造价的文件。设计概算文件较投资估算准确性有所提高，但又受投资估算的控制。设计概算文件包括建设项目总概算、单项工程综合概算和单位工程概算。

修正概算造价是在扩大初步设计阶段对概算进行的修正调整，较概算造价准确，但受概算造价控制。

3）施工图预算造价

施工图预算造价是指施工单位在工程开工前，根据已批准的施工图纸，在施工方案（或施工组织设计）已确定的前提下，按照预算定额规定的工程量计算规则和施工图预算编制方法预先编制的工程造价文件。施工图预算造价较概算造价更为详尽和准确，但同样要受前一阶段所确定的概算造价的控制。

4）合同价

合同价是指在工程招投标阶段通过签订总承包合同、建筑安装工程承包合同、设备材料采购合同，以及技术和咨询服务合同所确定的价格。合同价属于市场价格，它是由承发包双方，也即商品和劳务买卖双方根据市场行情共同议定和认可的成交价格，但它并不等同于实际工程造价。按计价方式不同，建设工程合同一般表现为 3 种类型，即总价合同、单价合同和成本加酬金合同。对于不同类型的合同，其合同价的内涵也有所不同。

5）结算价

结算价是指一个单项工程、单位工程、分部工程或分项工程完工后，经建设单位及有关部门验收并办理验收手续后，施工企业根据施工过程中现场实际情况的记录、设计变更通知书、现场工程更改签证、预算定额、材料预算价格和各项费用标准等资料，在工程结算时按合同调价范围和调价方法，对实际发生的工程量增减、设备和材料价差等进行调整后计算和确定的价格。结算价是该结算工程的实际价格。结算一般有定期结算、阶段结算和竣工结算等方式。它们是结算工程价款、确定工程收入、考核工程成本、进行计划统计、经济核算及竣工决算等的依据，其中竣工结算是反映上述工程全部造价的经济文件。以此为依据，通过建设银行向建设单位办理完工程结算后，就标志着双方所承担的合同义务和经济责任的结束。

6）竣工决算

竣工决算是指在竣工验收后，由建设单位编制的建设项目从筹建到建设投产或使用的全部实际成本的技术经济文件。它是最终确定的实际工程造价，是建设投资管理的重要环节，是工程竣工验收、交付使用的重要依据，也是进行建设项目财务总结，银行对其实行监督的必要手段。竣工决算的内容由文字说明和决算报表两部分组成。

上述几种造价文件之间存在的差异，如表1-1所示。

**表1-1 不同阶段工程造价文件的对比**

| 类别 | 投资估算 | 设计概算、修正概算 | 施工图预算 | 合同价 | 结算价 | 竣工决算 |
|---|---|---|---|---|---|---|
| 编制阶段 | 项目建议书、可行性研究 | 初步设计、扩大初步设计 | 施工图设计 | 招投标 | 施工 | 竣工验收 |
| 编制单位 | 建设单位、工程咨询机构 | 设计单位 | 施工单位或设计单位、工程咨询机构 | 承发包双方 | 施工单位 | 建设单位 |
| 编制依据 | 投资估算指标 | 概算定额 | 预算定额 | 概预算定额、工程量清单计价规范 | 预算定额、工程量清单、设计及施工变更资料 | 预算定额、工程量清单、工程建设其他费用定额、竣工决算资料 |
| 用途 | 投资决策 | 控制投资及造价 | 编制标底、投标报价等 | 确定工程承发包价格 | 确定工程实际建造价格 | 确定工程项目实际投资 |

## 1.2.2 我国工程造价管理的现状

工程造价管理包括以下两个层面。

一是从投资者或业主的角度，关注工程建设总投资，这称为工程建设投资管理，即在拟定的规划、设计方案条件下预测、计算、确定和监控工程造价及其变动的系统活动。工程建设投资管理又分为宏观投资管理和微观投资管理。宏观投资管理的任务是合理确定投资的规模和方向，提高宏观投资的经济效益；微观投资管理包括国家对投资项目的管理和投资者对自己投资的管理两个方面。国家对企事业单位及个人的投资，通过产业政策和经济杠杆，将分散的资金引导到符合社会需要的建设项目，投资者对自己投资的项目应做好计划、组织和监督工作。

二是对建筑市场建设产品交易价格的管理，这称为工程价格管理，属于价格管理范畴，包括宏观和微观两个层次。在宏观层次上，政府根据社会经济发展的需要，利用法律、经济、行政等手段，建立并规范市场主体的价格行为；在微观层次上，市场交易主体各方在遵守交易规则的前提下，对建设产品的价格进行能动的计划、预测、监控和调整，并接受价格对生产的调节。

**1. 工程定额管理制度**

长期以来，我国实行投资体制的集权管理模式，政府既是宏观调控的主体，又是微观的项目建设者，因此以统一的定额作为国家造价管理的主要手段和依据十分有效，所以我国的工程造价管理制度主要体现为工程定额管理制度。这种定额管理制度起源于前苏联模式——与高度集中的产品经济相适应的基本建设概预算制度，强调的是计划价格和消耗标准的统一，所以形成了以定额为基础的工程造价计价方法，即由国家、行业或地区规定统一的工程量计算规则。工程实体消耗标准，施工措施性消耗标准，劳动力、材料、机械的单价，依据这些标准编制工程造价。我国现行的工程造价计价依据是建设部标准定额司［99］1 号文件《建设工程施工发包与承包价格管理暂行规定》，从规定中可以看出，目前我国的工程计价方法仍以国家、行业或地区统一的定额为基础。

**2. 工程造价管理机构**

我国的工程造价管理机构为多部门、多层次的管理机构体系。国家工程造价归口领导机构是国家建设部标准定额司，其主要职责是组织制定工程造价管理的有关法规、制度并贯彻实施，组织制定和监督指导全国统一经济定额和部管行业经济定额，负责全国工程造价咨询单位的资质管理和工程造价专业技术人员的职业资格标准管理。各工业部一般在基建计划司或建设协调司中设立处级标准定额处（专业定额站），其主要职能是制定、修编各类工程建设定额，负责本系统的工程造价管理工作。国务院机构改革后，该机构的职能正在弱化。省、直辖市、自治区建设行政主管部门下设的工程造价管理站为地方级工程造价管理机构，除了对计价依据——定额、取费标准、计价制度等有直接管理权外，不少机构还有价格管理权。各级计划、财政管理部门也设立了工程造价管理机构，主要负责对政府投资项目的工程结算审核、工程款支付审核，并在一定程度上享有定额的发布和编审权。其他还有审计部门、物价部门、工商部门、监察部门、检查部门也从不同角度参与了工程造价的管理工作。

**3. 工程造价咨询机构和造价工程师**

随着市场经济的进一步深化，我国工程造价管理机构逐渐从政府机构中分离，成立了具有独立法人地位的工程造价咨询机构，为社会提供造价咨询。如设计院的工程经济处、建设银行的工程造价咨询处，以及依建设部 75 号令《工程造价咨询单位管理办法》成立的造价咨询机构等。由造价工程师为主体组建的工程造价事务所或发达国家的中介机构将是未来工程造价咨询的主要力量。我国1996年开始了造价工程师培训工作，1997年开始了全国造价工程师职业资格的考试，造价工程师在工程造价管理的各种岗位上发挥着日益重要的作用。

**4. 我国工程造价管理体制的改革**

我国工程造价管理体制的改革，需从以下几个方面具体实施。

(1) 从改革现行的工程造价管理体制入手，逐步建立通过市场竞争形成工程价格的机制。其具体内容和任务如下所述。

① 改革现行的工程定额管理方式，实行量价分离，逐步建立起由工程定额作为指导的通过市场竞争形成工程造价的机制。由国务院建设行政主管部门统一制定符合国家有关标准、规范，并反映一定时期施工水平的人工、材料、机械等消耗量标准，实现国家对消耗量标准的宏观管理；制定统一的工程项目划分、工程量计算规则，为逐步实行工程量清单报价创造条件。对人工、材料、机械单价等，由工程造价管理机构依据市场价格的变化发布工程造价相关信息和指数。

② 加强工程造价信息的收集、处理和发布工作。工程造价管理机构应做好工程造价资料的积累工作，建立相应的信息网络系统，及时发布信息，以适应市场的需要。

③ 对政府投资工程和非政府投资工程，实行不同的定价方式。对于政府投资工程，应以统一的工程量消耗定额为依据，按生产要素市场价格编制标底，并以此为基础实行在合理幅度内确定中标价的定价方式。对于非政府投资工程，应强化市场定价原则，既可参照政府投资工程的做法，采取以合理低价中标的定价方式，也可由承发包双方依照合同约定的其他方式定价。

④ 加强对工程造价的监督管理，逐步建立工程造价的监督检查制度，规范定价行为，确保工程质量和工程建设的顺利进行。

(2) 改革和完善现行的从业资质、资格管理办法，建立严格的、规范的建设市场准入制度。具体从以下方面执行：实行单位资质与个人执业资格注册管理相结合的市场准入与清出制度；科学设置单位资质的分类与分级标准；改革现行的单位资质审批办法，实行专家评审、政府核准，充分发挥学（协）会在单位资质和个人执业资格注册管理中的作用；对于单位资质评审和专业技术人员执业资格的考试，注册工作要建立严格的监督机制，凡有举报或投诉的，应予以认真核实和查处。

(3) 对不同投资主体的工程，改革按同一模式管理的办法，建立严格规范的政府投资工程管理制度。我国的政府投资工程，主要是指财政全额、控股和参股的投资、财政债券投资及政府提供保证的使用国外贷款进行转贷投资的工程，国有企事业单位全额及控股投资的工程，应参照政府投资工程管理办法执行。内容包括：对于政府投资工程应严格管理；对于非政府投资工程中直接关系到公众利益和公共安全的大型公共建筑及基础设施等，也应实行施工招标和工程监理。

(4) 改革传统的项目建设组织方式，建立完善的工程咨询代理制度。业主作为投资者，往往不具备直接管理工程项目的能力。因此需要大力发展专业化、社会化的机构，受业主的委托，协助或代表业主组织工程项目的实施。内容包括：积极发展工程造价咨询、招标代理及其他工程咨询机构，由其运用专业知识和经验，提供工程咨询服务；勘察、设计、工程监理、造价咨询、招标代理等机构的选择，也应引入以方案优劣和信誉、业绩等为主要判定依据的竞争机制；改革工程咨询的取费方法；提倡对建设工程项目实行总承包。

### 1.2.3 工程造价管理及其主要内容

工程造价管理主要指合理确定和有效地控制工程造价。工程造价管理强调全面造价管理。全面造价管理（Total Cost Management，TCM）最早提出于1991年举办的AACE西雅图年会上。其最初的定义是：全面造价管理就是有效地使用专业知识和专门技术去计划和控制资源、造价、盈利和风险。按照全面造价管理的思想，工程造价管理工作涉及工程项目的全过程，涉及与工程建设有关的各个要素，涉及业主、承包商、工程师的利益，涉及建设单位、施工单位、设计单位、咨询单位之间的关系。另外，工程造价管理是一项不确定性很强的工作，在项目实施的过程中会出现许多不可预见的事项，而对这些事项，或者说风险的防范，仅仅靠投资（成本）的控制是很难能做好的，需要对工程造价管理的全过程、全要素进行系统的计划与控制。建设项目各阶段工程造价管理的具体内容和措施如下所述。

**1. 投资决策阶段的工程造价管理**

主要内容有：对项目进行财务评价与国民经济评价，编制投资估算，进行项目投资前的审批管理。其中，投资估算的准确性不仅影响到建设前期的投资决策，而且直接关系到设计概算、施工图预算的编制及项目建设期的造价管理和控制，因而应作为管理的重点。

(1) 颁布统一的项目估算指标，配以相应的造价修正系数，定期公布价格调整指数。

(2) 制定投资估算编制的管理办法，使之能适应于动态管理，为项目决策、控制投资提供可靠依据。

(3) 在建设工程全过程中，批准的投资估算是拟建项目的控制造价，批准的初步设计总概算是控制工程造价的最高限额，其后各阶段的工程造价均应控制在上阶段确定的造价额度之内。如果必须超支，应重新报审批部门和造价主管部门审批。

**2. 设计阶段的工程造价管理**

主要内容有：对设计方案进行技术经济比选，设计招投标和方案竞选，进行限额设计，编制审查设计概算、施工图预算，有效控制工程造价。

(1) 严格按照批准的可行性研究报告中的投资估算搞好设计。根据初步设计编制概算，根据施工图设计编制施工图预算。施工图预算的造价必须控制在概预算造价范围内。

(2) 做好设计方案的技术经济比较，控制和降低工程造价。做好多方案优化比较，优化设计方案；采用先进工艺、技术，降低项目造价；寻求技术与经济相结合的最佳点。

(3) 严格推行限额设计。既要按估算控制概算，按概算控制预算，又要在保证工程功能要求的前提下按各专业分配造价限额。

**3. 招投标及施工、竣工阶段的工程造价管理**

主要内容有：在项目发包阶段，通过招投标建立竞争机制，合理确定标底和报价，最终确定工程承包合同价；在项目施工阶段，通过施工预算、施工方案技术经济评价，有效降低工程成本，并通过工程结算管理，进行工程价款结算；在竣工验收、交付使用阶段，编制竣工结算和竣工决算，使项目实际投资不超过批准的总概算。

(1) 建立约束机制，规范业主行为。强化施工总承包职能，严禁建设单位强行分包工程任务。具体包括业主在内的任何单位和个人，不得强行要求承包单位购买其指定厂家生产的材料设备。

(2) 严密签订承包合同，严格控制设计修改。严密签订承包合同，通过合同来规范承发包双方的权利、义务和责任。严格按照设计施工，必要的设计修改必须做好经济技术分析。发生索赔时，造价管理人员应依据有关合同规定、技术资料、施工日记等，认真核定索赔内容和款项。

(3) 合理进行竣工结算，把握最后关键。建立健全工程台账，避免通过各种方式套取工程款、加大工程造价问题的发生。不断学习工程造价管理新知识，及时收集专业工程资料和有关数据，有效发挥结算作用。

**4. 竣工验收及后评价阶段的工程造价管理**

项目建成投产或使用后，对项目决策的预期效果与项目实施后的实际结果进行全面对比评价，从中总结经验，吸取教训，灵活运用于以后的建设项目。

## 1.3 工程计价

### 1.3.1 工程计价及其作用

**1. 工程计价**

工程计价就是估算工程造价。由于工程造价具有单件计价、多次计价、动态价、组合计价和市场定价等特点，工程计价的内容、方法及表现形式也就有很多不同。业主或其委托的咨询单位编制的工程估算、设计单位编制的概算、咨询单位编制标底、承包商及分包商提出的报价，都是工程计价的不同表现形式。

**2. 工程计价的作用**

1) 工程计价是项目决策的工具

建设工程投资大、生产和使用周期长等特点决定了项目决策的重要性，工程造价决定项目的一次投资费用。投资者是否有足够的财务能力支付这笔费用，是否值得支付这项费用，是项目决策中要考虑的主要问题。在项目决策阶段，建设工程造价是项目财务分析和经济评价的重要依据。

2) 工程计价是制定投资计划和控制投资的有效工具

投资计划按照建设工期、工程进度和建设价格等逐年分月制订，正确的投资计划有助于合理和有效地使用资金。

工程计价在控制投资方面的作用非常明显。工程造价的每一次估算对下一次估算都是严格的控制，具体说后一次估算不能超过前一次估算的一定幅度。这种控制是在投资者财务能力的限度内为取得既定的投资效益所必需的。

3）工程计价是筹集建设资金的依据

投资体制的改革和市场经济的建立，要求项目的投资者必须有很强的筹资能力，以保证工程建设有充足的资金供应。工程计价基本确定了建设资金的需要量，从而为筹集资金提供了比较准确的依据。当建设资金来源于金融机构的贷款时，金融机构在对项目的偿贷能力进行评估的基础上，也需要依据工程估价来确定给予投资者的贷款数额。

4）工程计价是合理效益分配和调节产业结构的手段

在市场经济中，工程价格受供求状况的影响，并在围绕价值的波动中实现对建设规模、产业结构和利益分配的调节。政府采取正确的宏观调控和价格政策导向，可以使工程计价在这方面的作用更加明显。

5）工程计价是承包商加强成本控制的依据

在价格一定的条件下，企业实际成本决定企业的盈利水平，成本越高盈利越低，成本高于价格就危及企业的生存，所以企业要利用工程计价提供的信息资料作为控制成本的依据。

6）工程计价是评价投资效益的依据

工程计价是评价土地价格、建筑安装产品和设备价格的合理性的依据；工程计价是评价建设项目偿贷能力、获利能力的依据；工程计价也是评价承包商管理水平和经营成果的重要依据。

## 1.3.2 工程计价模式

**1. 我国适用的计价模式**

1）建设工程定额计价模式

建设工程定额计价是我国长期以来在工程价格形成中采用的计价模式，是国家通过颁布统一的估价指标、概算指标、概算定额、预算定额和相应的费用定额，对产品价格进行有计划管理的一种方式。在计价中以定额为依据，按定额规定的分部分项子目，逐项计算工程量，套用定额单价（或单位估价表）确定直接费，然后按规定取费标准确定构成工程价格的其他费用和利税，获得建筑安装工程造价。建设工程概预算书就是根据不同设计阶段设计图纸和国家规定的定额、指标及各项费用取费标准等资料，预先计算和确定的新建、扩建、改建工程全部投资额的技术经济文件。由建设工程概预算书所确定的每一个建设项目、单项工程或单位工程的建设费用，实质上就是相应工程的计划价格。

2）工程量清单计价模式

工程量清单计价方法，是建设工程招标投标中，按照国家统一的工程量清单计价规范，招标人或委托具有资质的中介机构编制反映工程实体消耗和措施消耗的工程量清单，并作为招标文件的一部分提供给投标人，由投标人依据工程量清单，根据各种渠道所获得的工程造价信息和经验数据，结合企业定额自主报价的计价方式。我国现行建设行政主管部门发布的工程预算定额消耗量和有关费用及相应价格是按照社会平均水平编制的，以此为依据形成的工程造价基本上属于社会平均价格。这种平均价格可作为市场竞争的参考价格，但不能充分反映参与竞争企业的实际消耗和技术管理水平，在一定程度上限制了企业的公平竞争。采用工程量清单计价能够反映出工程个别成本，有利于企业自主报价和公平竞争；同时，实行工程量清单计价，工程量清单作为招标文件和合同文件的重要组成部分，对于规范招标人计价行为，在技术上避免招标中弄虚作假和暗箱操作及保证工程款的支付结算都会起到重要作用。

目前我国建设工程造价实行“双轨制”计价管理办法，即定额计价方法和工程量清单计价方法。工程量清单计价作为一种市场价格的形成机制，主要在工程招投标和结算阶段使用。

**2. 国际通用的计价模式**

目前国际上通用的工程计价的计价模式大体有3种，即英联邦制的计价模式、日本的计价模式、美国的计价模式。

1）英联邦制的计价模式

英国是英联邦制国家中开展工程造价管理最早、体系最完整的一个国家，且英联邦制国家分布于世界五大洲，故其工程造价管理具有普遍性和代表性。

英国没有统一的定额，只有统一的工程量计算规则。现行的《英国建筑工程量计算规则》（SMM）是由英国皇家测量师学会组织制定并为各方共同认可的。统一的工程量计算规则为工程量的计算、计价工作及工程造价管理科学化、规范化提供了基础。工程造价由承包商依据统一的工程量计算规则，参照政府和各类咨询机构发布的造价指数自由报价，通过竞争，合同定价。

英国的计价模式有其深厚的社会基础。一是有统一的工程量计算规则。1922年英国首次在全国范围内制定了一套工程量计算规则，现名为《英国建筑工程量计算规则》（SMM）。该方法详细规定了项目划分、计量单位和工程量计算规则。二是有一大批高智能的咨询机构和高素质的测量师（以英国皇家测量师学会会员为核心），为业主和承包商提供造价指数、价格信息指数及全过程的咨询服务。三是有严格的法律体系规范市场行为，对政府项目和私人投资项目实行分类管理，政府项目实行公开招标，并对工程结算、承包商资格实行系统管理；而对私人项目可采用邀请议标等多种方式确定承包商，政府采取不干预政策。四是有通用合同文本，一切按合同办事。

2）日本的计价模式

日本的工程计价称为建筑工程积算，其计价有以下几个特点。

一是有统一的积算基准，如《建筑工程积算基准》、《土木工程积算基准》等。对公共建筑工程（主要指政府的房屋建筑工程），建设省发布了《建筑工程预算编制要领》、《建筑工程标准定额》、《建筑工程量计算基准》3个文件。

二是量、价分开的定额制度。量是公开的，价是保密的。劳务单价通过调查取得，材料、设备价格由“建设物价调查会”和“经济调查会”（均为财团法人）提供。

三是对政府项目与私人投资项目实施不同的管理。对政府投资项目的工程造价从调查（规划）开始直至引渡（交工）、保全（维修服务）实行全过程管理。对私人投资项目，政府通过对建筑市场的管理，用招标办法加以确认。

四是重视和扶植咨询业的发展。制定完整的概预算活动概要，规范咨询机构的行为，制定了《建设咨询人员注册章程》，以确保咨询业务质量。

3）美国的计价模式

美国没有统一的计价依据和标准，而是实行典型的市场化价格。工程造价计价由各地区的咨询机构根据地区的特点，制定出单位建筑面积消耗量、基价和费用估算格式。估价师综合考虑具体项目的多种因素后提出估价意见，并由承包双方通过一定的市场交易行为确定工程造价。

美国工程计价方法的确立有着深厚的社会基础，即社会咨询业高度发达。大多数咨询公司为了准确地估算和控制工程造价，均十分注意历史资料的积累和分析整理，广泛运用计算机，建立起完整的信息数据库，形成信息反馈、分析、判断、预测等一整套科学管理体系，为政府、业主和承包商确定工程造价、控制造价提供服务，在某种意义上充当了代理人或顾问。地方政府为控制政府投资项目的造价，也提供计价要求和造价指南。但对私人投资项目，这些计价要求和造价指南仅为一种信息服务。

总结上述计价模式可以发现，以欧美为代表的发达国家采用的是工程量清单报价的计价模式，即

$$工程报价 = \sum(估计工程量(清单) \times 工程单价) + 暂定金额$$

$$工程结算价 = \sum(实际发生工程量 \times 工程单价) + 暂定金额(实付)$$

这种计价模式的基础是：①工程量计算规则统一化；②工程量计算方法标准化；③工程造价的确定市场化。

按照惯例，除了完成暂定项目，按工日和机械台班计价的零星工程可以得到额外付款外（从工程量清单暂定金额款项中支付），其他一切费用都必须计入完成的工程量付款中。完成工程量的价格以综合单价的形式反映出来。

《建筑工程量计算规则（国际通用）》的“总则”中明确规定，除非另有规定，工程单价应包括：人工及其有关费用，材料、货物及其他一切有关费用，机械设备的提供，临时工程，开办费、管理费及利润。

实践证明，工程量清单计价模式是一种行之有效的先进的计价模式，已被包括世行、亚行、非行在内的国际组织和国际上普遍应用。

## 本章小结

建设项目可分为单项工程、单位（子单位）工程、分部（子分部）工程和分项工程，所以建设工程的计价体现了分层计价的特点。

我国工程建设程序依次分为决策、设计、建设实施、竣工验收和后评价5个阶段，所以建设工程的造价管理在不同阶段体现不同的管理内容和方法。按照工程建设的不同阶段，工程计价文件分为投资估算、设计概算和修正概算、施工图预算、合同价、结算价和竣工决算。

建设项目总投资，是指进行一个工程项目的建造所投入的全部资金。建设工程造价是建设项目投资中的固定资产投资部分，是建设项目从筹建到竣工交付使用的整个建设过程中所花费的全部固定资产投资费用。

工程造价管理主要指合理确定和有效地控制工程造价。工程造价管理强调全面造价管理。工程计价就是估算工程造价。由于工程造价具有单件计价、多次计价、动态价、组合计价和市场定价等特点，工程计价的内容、方法及表现形式也就有很多不同。目前我国适用的工程计价模式有建设工程定额计价模式和工程量清单计价模式，国际上通用的工程计价模式有英联邦制的计价模式、日本的计价模式、美国的计价模式等。

## 复习思考题

1. 何为建设工程？建设项目应满足哪些要求？
2. 举例说明建设项目的组成部分。
3. 试叙我国工程建设的程序。
4. 我国工程造价如何分类？找出不同造价文件之间的差异。
5. 简述建设项目各阶段工程造价管理的具体内容和措施。
6. 分析我国工程计价模式与国际通用的计价模式之间的区别和联系。

# 第2章　工程造价的构成

## 知识结构

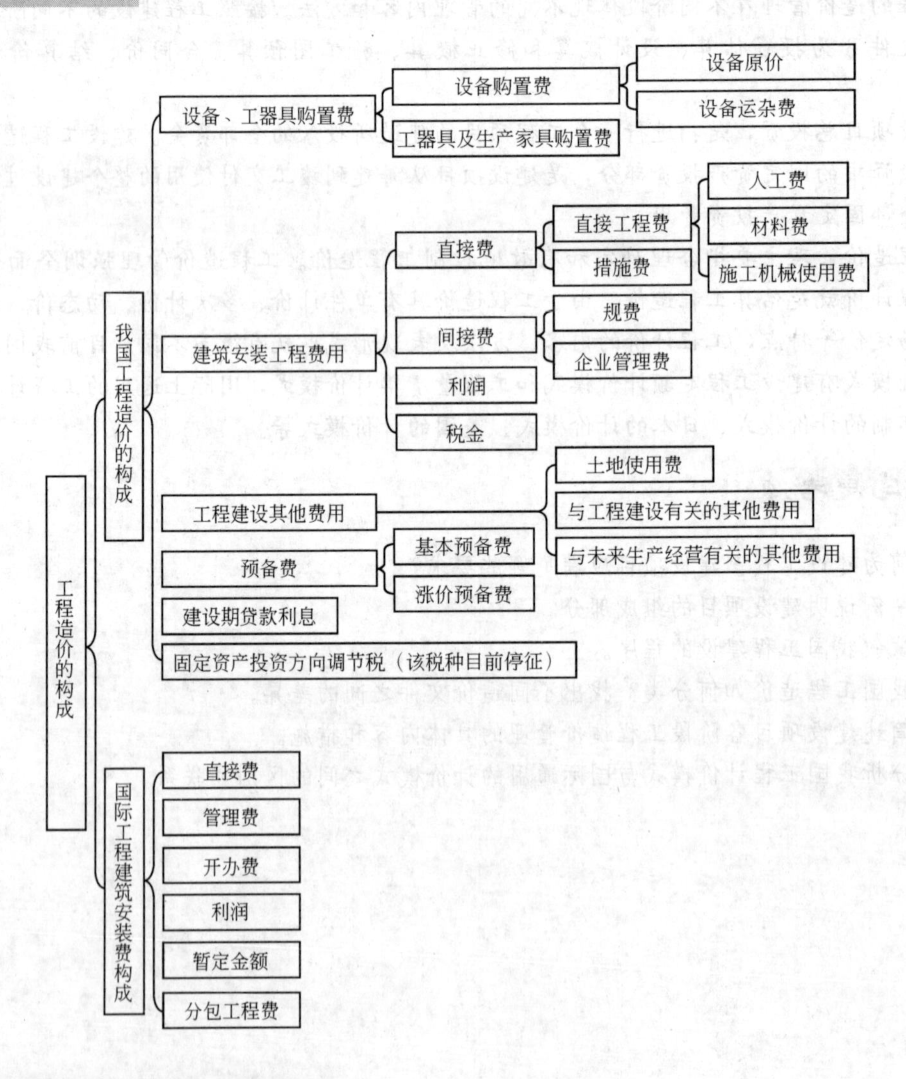


## 学习目的、任务与要求

通过本章的学习，使读者能够掌握我国工程造价的构成和主要内容，为工程计价的学习打好基础，同时对于国际工程建筑安装费用的构成有所了解。

# 2.1　我国工程造价的构成

## 2.1.1　建设工程造价

建设工程造价具体包括设备及工器具购置费、建筑安装工程费用、工程建设其他费用、预备费、建设期贷款利息和固定资产投资方向调节税（自 2000 年 1 月起发生的投资额，暂停征收该税种）。建设工程造价构成内容如图 2-1 所示。

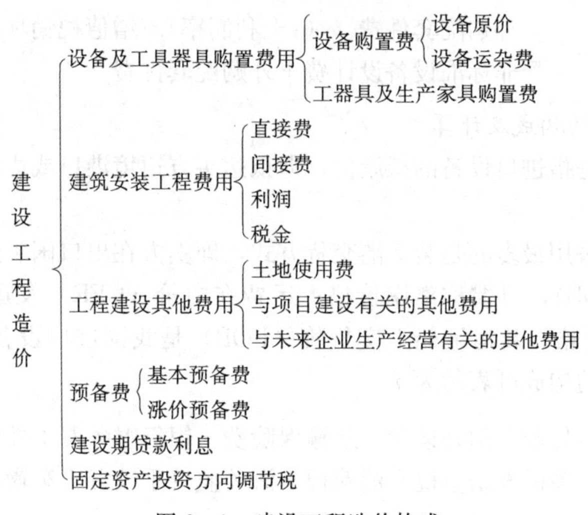


图 2-1　建设工程造价构成

## 2.1.2　设备、工器具购置费用

**1. 设备购置费**

设备购置费是指为建设项目自制的或购置达到固定资产标准的各种国产或进口设备、工器具的购置费用。它由设备原价和设备运杂费构成，即

$$设备购置费=设备原价+设备运杂费$$

其中，设备原价是指国产设备或进口设备的原价；运杂费是指除设备原价之外的关于设备采购、运输、途中包装及仓库保管等方面支出费用的总和。

1）国产设备原价的构成及计算

国产设备原价一般是指设备制造厂的交货价，即出厂价或订货合同价。它一般根据生产厂或供应商的询价、报价、合同价确定，或采用一定的方法计算确定。国产设备原价分为国产标准设备原价和国产非标准设备原价。

(1) 国产标准设备原价。国产标准设备原价有两种，即带有备件的原价和不带有备件的原价。在计算时，一般采用带有备件的出厂价确定原价。

(2) 国产非标准设备原价。国产非标准设备原价有多种不同的计算方法，如成本计算估价法、系列设备插入估价法、分部组合估价法、定额估价法等。但无论采用哪种方法都应该使非标准设备计价接近实际出厂价。按成本计算估价法，非标准设备的原价由材料费、加工费、辅助材料费、专用工具费、废品损失费、外购配套件费、包装费、利润、税金、非标准设备设计费组成。综上所述，单台非标准设备原价可表示为

单台非标准设备原价＝{[(材料费＋加工费＋辅助材料费)×(1＋专用工具费率)×(1＋废品损失率)＋外购配套件费]×(1＋包装费率)－外购配套件费}×(1＋利润率)＋增值税销项税＋非标准设备设计费＋外购配套件费

2) 进口设备原价的构成及计算

进口设备的原价是指进口设备的抵岸价，即抵达买方边境港口或边境车站且交完关税为止形成的价格。

通常，进口设备采用最多的是装运港交货方式，即卖方在出口国装运港交货，主要有装运港船上交货价（FOB），习惯称离岸价格；运费在内价（CFR）及运费、保险费在内价（CIF），习惯称到岸价格。装运港船上交货价（FOB）是我国进口设备采用最多的一种货价。进口设备抵岸价的构成可表示为

进口设备抵岸价＝货价＋国外运费＋运输保险费＋银行财务费＋外贸手续费＋关税＋增值税＋消费税＋海关监管手续费＋车辆购置税

3) 设备运杂费的构成及计算

设备运杂费通常由下列各项构成。

(1) 运费和装卸费。国产设备由设备制造厂交货地点起至工地仓库（或施工组织设计指定的需要安装设备的堆放地点）止所发生的运费和装卸费；进口设备则由我国到岸港口或边境车站起至工地仓库（或施工组织设计指定的需安装设备的堆放地点）止所发生的运费和装卸费。

(2) 包装费。在设备原价中没有包含的，为运输而进行的包装所支出的各种费用。

(3) 设备供销部门手续费。按有关部门规定的统一费率计算。

(4) 采购与仓库保管费。指采购、验收、保管和收发设备所发生的各种费用，包括设备采购人员、保管人员和管理人员的工资、工资附加费、办公费、差旅交通费，设备供应部门办公和仓库所占固定资产使用费、工具用具使用费、劳动保护费、检验试验费等。这些费用应按有关部门规定的采购与保管费费率计算。

设备运杂费按设备原价乘以设备运杂费率计算，即

设备运杂费＝设备原价×设备运杂费率

其中，设备运杂费率按有关部门的规定计取。

**2. 工器具及生产家具购置费**

工器具及生产家具购置费，是指新建或扩建项目初步设计规定的，保证初期正常生产必须购置的没有达到固定资产标准的设备、仪器、工卡模具、器具、生产家具和备品备件的购置费用。一般以设备购置费为计算基数，按照部门或行业规定的工器具及生产家具费率计算。计算公式为

工器具及生产家具购置费＝设备购置费×定额费率

## 2.1.3 建筑安装工程费用

建筑安装工程费用又称建筑安装工程造价，由直接费、间接费、利润和税金4部分组成，具体内容详见2.2节。

## 2.1.4 工程建设其他费用

工程建设其他费用是指建设单位在从工程筹建起到工程竣工验收交付使用止的整个建设期间，除建筑安装工程费用和设备、工器具购置费以外的，为保证工程建设顺利完成和交付使用后能够正常发挥效用而发生的各项费用的总和。工程建设其他费用具体包括土地使用费、与项目建设有关的其他费用、与未来生产经营有关的其他费用。

**1. 土地使用费**

土地使用费是指建设项目通过划拨或出让方式取得土地使用权，所需的土地征用及迁移补偿费或土地使用权出让金。

1）土地征用及迁移补偿费

这是指建设项目通过划拨方式取得无限期的土地使用权，依照《中华人民共和国土地管理法》等规定所支付的费用，包括征用集体土地的费用和对城市土地实施拆迁补偿所需费用。具体内容包括：土地补偿费，青苗补偿费和被征用土地上的房屋、水井、树木等附着物补偿费，安置补助费，耕地占用税或城镇土地使用税，土地登记费及征地管理费，征地动迁费，水利水电工程、水库淹没处理补偿费等。

2）土地使用权出让金

这是指建设项目通过土地使用权出让方式，取得有限期的土地使用权，依照《中华人民共和国城镇国有土地使用权出让和转让暂行条例》规定支付的土地使用权出让金。

**2. 与项目建设有关的其他费用**

1）建设单位管理费

这是指建设项目从立项、筹建、建设、联合试运转到竣工验收交付使用全过程管理所需费用，包括以下两部分内容。

（1）建设单位开办费。指新建项目为保证筹建和建设工作正常进行所需办公设备、生活家具、用具、交通工具等的购置费用。

(2) 建设单位经费。包括工作人员的基本工资、工资性津贴、职工福利费、劳动保护费、劳动保险费、办公费、差旅交通费、工会经费、职工教育经费、固定资产使用费、工具用具使用费、技术图书资料费、生产人员招募费、工程招标费、合同契约公证费、工程质量监督检测费、工程咨询费、法律顾问费、审计费、业务招待费、排污费、竣工交付使用清理及竣工验收费、后评价等费用；不包括应计入设备、材料预算价格的建设单位采购及保管设备材料所需的费用。

2) 研究试验费

这是指为本建设项目提供或验证设计参数、数据资料等进行必要的研究试验及设计规定在施工中必须进行的试验、验证所需的费用，包括自行或委托其他部门研究试验所需人工费、材料费、实验设备及仪器使用费，支付的科技成果、先进技术的一次性技术转让费。

3) 勘察设计费

这是指为本建设项目提供项目建议书、可行性研究报告及设计文件等所需费用，内容包括：

① 编制项目建议书、可行性研究报告及投资估算、工程咨询、评价及为编制上述文件所进行勘察、设计、研究试验等所需费用；

② 委托勘察、设计单位进行初步设计、施工图设计及概预算编制等所需费用；

③ 在规定范围内由建设单位自行完成的勘察、设计工作所需费用。

4) 工程监理费

这是指委托工程监理单位对工程实施监理工作所需支出的费用。

5) 工程保险费

这是指建设项目在建设期间根据需要，实施工程保险所需费用。它包括以各种建筑工程及其在施工过程中的物料、机器设备为保险标的的建筑工程一切险，以安装工程中的各种机器、机械设备为保险标的的安装工程一切险，以及机器损坏保险等。

6) 建设单位临时设施费

这是指建设期间建设单位所需临时设施的搭设、维修、摊销费用或租赁费用。临时设施包括临时宿舍、文化福利及公用事业房屋与构筑物、仓库、办公室、加工厂及规定范围内道路、水、电、管线等临时设施和小型临时设施。

7) 引进技术和设备进口项目的其他费用

引进技术和设备进口项目的其他费用包括：

① 为引进技术和进口设备派出人员进行设计和联络、设备材料监检、培训等所发生的差旅费、置装费、生活费用等；

② 国外工程技术人员来华差旅费、生活费和接待费用等；

③ 国外设计及技术资料费、专利和专有技术费，以及延期或分期付款利息；

④ 引进设备检验及商检费。

8）工程总承包费

工程总承包费是指具有总承包条件的工程公司，对工程建设项目从开始建设至竣工投产全过程的总承包所需费用。它包括组织勘察设计、设备材料采购、施工招标、施工管理、竣工验收的各种管理费用；不实行工程总承包的项目不计该费用。

**3. 与未来生产经营有关的其他费用**

1）联合试运转费

联合试运转费是指新建企业或新增加生产工艺过程的扩建企业在竣工验收前，按照设计规定的工程质量标准，进行整个车间的负荷或无负荷联合试运转所发生的费用支出超出试运转收入的亏损部分。其内容包括：试运转所需的原料、燃料、油料和动力的费用，机械使用费用，低值易耗品及其他物品的购置费用和施工单位参加联合试运转人员的工资等。试运转收入包括试运转产品销售和其他收入，不包括应由设备安装工程费项下列支的单台设备调试费和试车费用。联合试运转费一般根据不同性质的项目按需要试运转车间的工艺设备购置费的百分比计算。

2）生产准备费

生产准备费是指新建企业或新增生产能力的企业，为保证竣工交付使用而进行必要的生产准备所发生的费用。内容包括：

① 生产人员培训费，包括自行培训、委托其他单位培训的人员的工资、工资性补贴、职工福利费、差旅交通费、学习资料费、学习费、劳动保护费等；

② 生产单位提前进厂参加施工、设备安装、调试等，以及熟悉工艺流程及设备性能等人员的工资、工资性补贴、职工福利费、差旅交通费、劳动保护费等。

3）办公和生活家具购置费

这是指为保证新建、改建、扩建项目初期正常生产、使用和管理所必须购置的办公和生活用具的费用。改建、扩建项目所需的办公和生活用具的购置费应低于新建项目相应的购置费。

### 2.1.5 预备费、建设期贷款利息、固定资产投资方向调节税

**1. 预备费**

预备费包括基本预备费和涨价预备费。

1）基本预备费

基本预备费是指在初步设计及概算内难以预料的工程费用。内容包括：

① 在批准的初步设计范围内，技术设计、施工图设计及施工过程中所增加的工程费用，设计变更、局部地基处理等增加的费用；

② 一般自然灾害造成的损失和预防自然灾害所采取的措施费用，实行工程保险的工程项目费用应适当降低；

③ 竣工验收时为鉴定工程质量对隐蔽工程进行必要的挖掘修复的费用。

2）涨价预备费

涨价预备费是指建设项目在建设期间内由于价格等变化引起工程造价变化的预测预留费用，包括人工费、设备费、材料费、施工机械的价差费，建筑安装工程费及工程建设其他费用调整，利率、汇率调整等增加的费用。

**2. 建设期贷款利息**

建设期贷款利息是指为筹措建设项目资金发生的各项费用，包括建设期间投资贷款利息、企业债券发行费、国外借款手续费和承诺费、汇兑净损失及调整外汇手续费、金融机构手续费及为筹措建设资金发生的其他财务费用等。

除以上费用外，建设工程造价中还包括固定资产投资方向调节税。

## 2.2 建筑安装工程费用的构成

### 2.2.1 建筑安装工程费用内容

**1. 建筑工程费用**

建筑工程费用包括以下 4 方面内容。

① 各类房屋建筑工程和列入房屋建筑工程预算的供水、供暖、卫生、通风、煤气等设备费用及其装饰、油饰工程的费用，列入建筑工程预算的各种管道、电力、电信和敷设工程的费用。

② 设备基础、支柱、工作台、烟囱、水塔、水池、灰塔等建筑工程及各种炉窑的砌筑工程和金属结构工程的费用。

③ 为施工而进行的场地平整，工程和水文地质勘察，原有建筑物和障碍物的拆除及施工临时用水、电、气、路和完工后的场地清理、环境绿化、美化等工作的费用。

④ 矿井开凿，井巷延伸，露天矿剥离，石油、天然气钻井，修建铁路，公路、桥梁、水库、堤坝、灌渠及防洪等工程的费用。

**2. 安装工程费用**

安装工程费用包括两方面内容。

① 生产、动力、起重、运输、传动和医疗、实验等各种需要安装的机械设备的装配费用，与设备相连的工作台、梯子、栏杆等装设工程费用，附属于被安装设备的管线敷设工程费用，以及被安装设备的绝缘、防腐、保温、油漆等工作的材料费和安装费。

② 为测定安装工程质量，对单台设备进行单机试运转、对系统设备进行系统联动无负荷试运转工作的调试费。

### 2.2.2 我国现行建筑安装工程费用构成

建筑安装工程费用即建筑安装工程造价，是指在建筑安装工程施工过程中直接发生的费用和施工企业在组织管理施工中间接地为工程支出的费用，以及按国家规定施工企业应获得的利润和应缴纳的税金的总和。

根据建设部颁布的《建筑安装工程费用项目组成》（建标［2003］206 号，自 2004 年 1 月 1 日施行）文件规定，我国建筑安装工程费用包括直接费、间接费、利润和税金四大部分。建筑安装工程费的构成如图 2-2 所示。

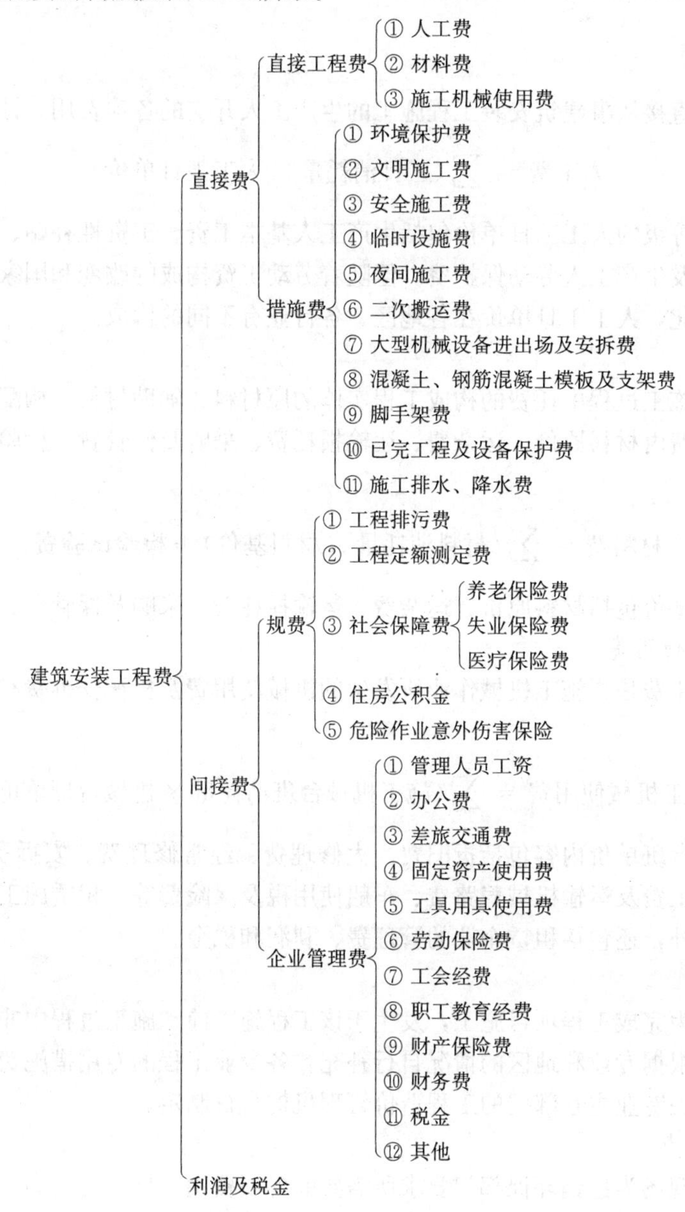


图 2-2　我国现行建筑安装工程费构成

## 2.2.3 直接费

建筑安装工程直接费由直接工程费和措施费构成。

**1. 直接工程费**

直接工程费是指施工过程中耗费的构成工程实体的各项费用，包括人工费、材料费、施工机械使用费。

1）人工费

人工费是指直接从事建筑安装工程施工的生产工人开支的各项费用。计算公式为

$$人工费 = \sum(工日消耗量 \times 人工工日单价)$$

其中，相应等级的人工工日单价包括生产工人基本工资、工资性补贴、生产工人辅助工资、职工福利费及生产工人劳动保护费。但随着劳动工资构成的改变和国家推行的社会保障和福利政策的变化，人工工日单价在各地区、各行业有不同的构成。

2）材料费

材料费是指施工过程中耗费的构成工程实体的原材料、辅助材料、构配件、零件、半成品的费用。材料费由材料原价、运杂费、运输损耗费、采购及保管费、检验试验费构成。计算公式为

$$材料费 = \sum(材料消耗量 \times 材料基价) + 检验试验费$$

其中，材料基价包括材料原价、运杂费、运输损耗费、采购及保管费。

3）施工机械使用费

施工机械使用费是指施工机械作业所发生的机械使用费及机械安拆费和场外运费。计算公式为

$$施工机械使用费 = \sum(施工机械台班消耗量 \times 机械台班单价)$$

其中，机械台班单价内容包括折旧费、大修理费、经常修理费、安拆费及场外运输费、燃料动力费、人工费及运输机械养路费、车船使用税及保险费等。租赁施工机械台班单价的构成除上述费用外，还包括租赁企业的管理费、利润和税金。

**2. 措施费**

措施费是指为完成工程项目施工，发生于该工程施工前和施工过程中非工程实体项目的费用。措施费可根据专业和地区的情况自行补充。各专业工程的专用措施费的计算方法由各地区或国务院有关专业主管部门的工程造价管理机构自行制定。

1）环境保护费

这是指施工现场为达到环保部门要求所需要的各项费用。计算公式为

$$环境保护费 = 直接工程费 \times 环境保护费费率(\%)$$

2）文明施工费

这是指施工现场文明施工所需要的各项费用。计算公式为

$$文明施工费=直接工程费\times文明施工费费率(\%)$$

3）安全施工费

这是指施工现场安全施工所需要的各项费用。计算公式为

$$安全施工费=直接工程费\times安全施工费费率(\%)$$

4）临时设施费

这是指施工企业为进行建筑工程施工所必须搭设的生活和生产用的临时建筑物、构筑物和其他临时设施费用等。临时设施包括：临时宿舍，文化福利及公用事业房屋与构筑物，仓库，办公室，加工厂及规定范围内道路、水、电、管线等临时设施和小型临时设施。临时设施费用包括：临时设施的搭设、维修、拆除费或摊销费，具体包括周转使用临建（如活动房屋）、一次性使用临建（如简易建筑）和其他临时设施（如临时管线）费。计算公式为

$$临时设施费=(周转使用临建费+一次性使用临建费)\times(1+其他临时设施所占比例(\%))$$

5）夜间施工费

这是指因夜间施工所发生的夜班补助费、夜间施工降效、夜间施工照明设备摊销及照明用电等费用。计算公式为

$$夜间施工费=\left(1-\frac{合同工期}{定额工期}\right)\times\frac{直接工程费中的人工费合计}{平均日工资单价}\times每工日夜间施工费开支$$

6）二次搬运费

这是指因施工场地狭小等特殊情况而发生的二次搬运费用。计算公式为

$$二次搬运费=直接工程费\times二次搬运费费率(\%)$$

7）大型机械设备进出场及安拆费

这是指机械整体或分体自停放场地运至施工现场或由一个施工地点运至另一个施工地点所发生的机械进出场运输及转移费用，以及机械在施工现场进行安装、拆卸所需的人工费、材料费、机械费、试运转费和安装所需的辅助设施的费用。计算公式为

$$大型机械设备进出场及安拆费=\frac{一次进出场及安拆费\times年平均安拆次数}{年工作台班}$$

8）混凝土、钢筋混凝土模板及支架费

这是指混凝土施工过程中需要的各种钢模板、木模板、支架等的支、拆、运输费用及模板、支架的摊销（或租赁）费用。计算公式为

混凝土、钢筋混凝土模板及支架费＝模板摊销量×模板价格＋支、拆、运输费用

租赁费＝模板使用量×使用日期×租赁价格＋支、拆、运输费用

9）脚手架费

这是指施工需要的各种脚手架搭、拆、运输费用及脚手架的摊销（或租赁）费用。计算公式为

脚手架搭拆费＝脚手架摊销量×脚手架价格＋搭、拆、运输费

租赁费＝脚手架每日租金×搭设周期＋搭、拆、运输费

10）已完工程及设备保护费

这是指竣工验收前，对已完工程及设备进行保护所需的费用。计算公式为

已完工程及设备保护费＝成品保护所需机械费＋材料费＋人工费

11）施工排水、降水费

这是指为确保工程在正常条件下施工而采取各种排水、降水措施所发生的各种费用。计算公式为

$$\text{施工排水、降水费} = \sum(\text{排水、降水机械台班费} \times \text{排水、降水周期}) + \text{排水、降水使用材料费、人工费}$$

## 2.2.4 间接费

按现行规定，建筑安装工程间接费由规费、企业管理费组成。

**1. 规费**

规费是指政府和有关权力部门规定必须缴纳的费用，包括以下内容。

(1) 工程排污费，是指施工现场按规定缴纳的工程排污费。

(2) 工程定额测定费，是指按规定支付工程造价（定额）管理部门的定额测定费。

(3) 社会保障费，它包括3部分内容：

① 养老保险费，是指企业按规定标准为职工缴纳的基本养老保险费；

② 失业保险费，是指企业按照国家规定标准为职工缴纳的失业保险费；

③ 医疗保险费，是指企业按照规定标准为职工缴纳的基本医疗保险费。

(4) 住房公积金，是指企业按照规定标准为职工缴纳的住房公积金。

(5) 危险作业意外伤害保险，是指按照建筑法规定，企业为从事危险作业的建筑安装施工人员支付的意外伤害保险费。

规费根据本地区典型工程发承包价的分析资料综合取定。

**2. 企业管理费**

企业管理费是指建筑安装企业组织施工生产和经营管理所需的费用，包括以下内容。

(1) 管理人员工资：是指管理人员的基本工资、工资性补贴、职工福利费、劳动保护费等。

(2) 办公费：是指企业办公用的文具、纸张、账表、印刷、邮电、书报、会议、水电、烧水和集体取暖（包括现场临时宿舍取暖）用煤等费用。

(3) 差旅交通费：是指职工因公出差、调动工作的差旅费，住勤补助费，市内交通费和误餐补助费，职工探亲路费，劳动力招募费，职工离退休、退职一次性路费，工伤人员就医路费，工地转移费及管理部门使用的交通工具的油料、燃料、养路费及牌照费。

(4) 固定资产使用费：是指企业管理和试验部门及附属生产单位使用的属于固定资产的房屋、设备仪器等的折旧、大修、维修或租赁费。

(5) 工具用具使用费：是指企业管理使用的不属于固定资产的生产工具、器具、家具、交通工具和检验、试验、测绘、消防用具等的购置、维修和摊销费。

(6) 劳动保险费：是指由企业支付离退休职工的易地安家补助费、职工退职金、6个月以上的病假人员工资、职工死亡丧葬补助费、抚恤费，以及按规定支付给离休干部的各项经费。

(7) 工会经费：是指企业按职工工资总额计提的工会经费。

(8) 职工教育经费：是指企业为职工学习先进技术和提高文化水平，按职工工资总额计提的费用。

(9) 财产保险费：是指施工管理用财产、车辆保险。

(10) 财务费：是指企业为筹集资金而发生的各种费用。

(11) 税金：是指企业按规定缴纳的房产税、车船使用税、土地使用税、印花税等。

(12) 其他：包括技术转让费、技术开发费、业务招待费、绿化费、广告费、公证费、法律顾问费、审计费、咨询费等。

**3. 间接费的计算**

间接费是按相应的计取基础乘以间接费费率（指导性费率）确定的。其中，间接费费率的计算公式为

$$间接费费率(\%)=规费费率(\%)+企业管理费费率(\%)$$

间接费的计算按取费基数的不同分为以下3种。

1) 以直接费为计算基础

土建工程：

$$间接费=直接费合计\times间接费费率(\%)$$

2) 以人工费和机械费合计为计算基础

设备安装工程：

$$间接费=人工费和机械费合计\times间接费费率(\%)$$

3) 以人工费为计算基础

装饰装修工程及其他安装工程：

间接费＝人工费合计×间接费费率(%)

## 2.2.5　利润及税金

建筑安装工程费用中的利润及税金是建筑安装企业职工为社会劳动所创造的价值在建筑安装工程造价中的体现。

**1. 利润**

利润是指施工企业完成所承包工程获得的盈利，它是按相应的计取基础乘以利润率确定的。随着工程建设管理体制改革和建设市场的不断完善，以及建设工程招标、投标的需要，利润在投标报价中可以上下浮动，以利于公平、合理的市场竞争。

**2. 税金**

建筑安装工程税金是指国家税法规定的应计入建筑安装工程造价内的营业税、城市维护建设税及教育费附加。建筑安装企业营业税税率为3%；城乡维护建设税的纳税人所在地为市区的，其适用税率为营业税的7%；所在地为县镇的，其适用税率为营业税的5%；所在地为农村的，其适用税率为营业税的1%。教育费附加按应纳营业税额乘以3%确定。

税金＝(税前造价＋利润)×税率(%)

其中，税率的计算分以下3种情况。

(1) 纳税地点在市区的企业，其税率的计算公式为

$$税率(\%)=\left(\frac{1}{1-3\%-3\%\times7\%-3\%\times3\%}-1\right)\times100\%=3.41\%$$

(2) 纳税地点在县城、镇的企业，其税率的计算公式为

$$税率(\%)=\left(\frac{1}{1-3\%-3\%\times5\%-3\%\times3\%}-1\right)\times100\%=3.35\%$$

(3) 纳税地点不在市区、县城、镇的企业，其税率的计算公式为

$$税率(\%)=\left(\frac{1}{1-3\%-3\%\times1\%-3\%\times3\%}-1\right)\times100\%=3.22\%$$

## 2.2.6　工程施工发包与承包计价办法

根据建设部第107号部令《建筑工程施工发包与承包计价管理办法》的规定，发包与承包价的计算方法分为工料单价法和综合单价法。

**1. 工料单价法**

工料单价法是以分项工程量乘以单价后的合计为直接工程费，其中分项工程工料单价为人工、材料、机械的消耗量乘以相应价格合计而成的直接工程费单价。

分项工程工料单价＝工日消耗量×人工工日单价＋材料消耗量×材料基价＋机械台班消耗量×机械台班单价

$$直接工程费=\sum(工程量\times分项工程工料单价)$$

因而工程承发包价的计算公式为

工程承发包价=直接工程费+措施费+间接费+利润+税金

其计算程序分为3种。

第一，以直接费为计算基础（用于土建工程取费），计价过程如表2-1所示。

**表2-1　建筑安装工程取费表（以直接费为基础）**

| 序　号 | 费用项目 | 计算方法 |
|---|---|---|
| (1) | 直接工程费 | 按预算表 |
| (2) | 措施费 | 按规定标准计算 |
| (3) | 直接费小计 | (1)+(2) |
| (4) | 间接费 | (3)×间接费率 |
| (5) | 利润 | [(3)+(4)]×利润率 |
| (6) | 合计 | (3)+(4)+(5) |
| (7) | 含税造价 | (6)×(1+税率) |

第二，以人工费和机械费为计算基础（用于设备安装工程取费），计价过程如表2-2所示。

**表2-2　建筑安装工程取费表（以人工费和机械费为基础）**

| 序　号 | 费用项目 | 计算方法 |
|---|---|---|
| (1) | 直接工程费 | 按预算表 |
| (2) | 其中人工费和机械费 | 按预算表 |
| (3) | 措施费 | 按规定标准计算 |
| (4) | 其中人工费和机械费 | 按规定标准计算 |
| (5) | 直接费小计 | (1)+(3) |
| (6) | 人工费和机械费小计 | (2)+(4) |
| (7) | 间接费 | (6)×间接费率 |
| (8) | 利润 | (6)×利润率 |
| (9) | 合计 | (5)+(7)+(8) |
| (10) | 含税造价 | (9)×(1+税率) |

第三，以人工费为计算基础（用于装饰装修工程和其他安装工程取费），计价过程如表2-3所示。

表 2-3 建筑安装工程取费表（以人工费为基础）

| 序 号 | 费用项目 | 计算方法 |
|---|---|---|
| (1) | 直接工程费 | 按预算表 |
| (2) | 其中人工费 | 按预算表 |
| (3) | 措施费 | 按规定标准计算 |
| (4) | 措施费中人工费 | 按规定标准计算 |
| (5) | 直接费小计 | (1)+(3) |
| (6) | 人工费小计 | (2)+(4) |
| (7) | 间接费 | (6)×间接费率 |
| (8) | 利润 | (6)×利润率 |
| (9) | 合计 | (5)+(7)+(8) |
| (10) | 含税造价 | (9)×(1+税率) |

**2. 综合单价法**

综合单价法是以各分项工程综合单价乘以工程量得到该分项工程的合价，汇总所有分项工程合价形成工程总价的方法。综合单价法中的分项工程单价为全费用单价，全费用单价经综合计算后生成，其内容包括直接工程费、间接费、利润和税金（措施费也可按此方法生成全费用价格），即

分项工程综合单价=直接工程费+间接费+利润+税金

因而工程承发包价的计算公式为

$$工程承发包价 = \sum(工程量 \times 分项工程综合单价)$$

由于各分部分项工程中的人工、材料、机械含量的比例不同，各分项工程综合单价可根据其材料费占人工费、材料费、机械费合计的比例（以字母“$C$”代表该项比值），在以下3种计算程序中选择一种计算。

(1) 当 $C>C_0$（$C_0$ 为本地区原费用定额测算所选典型工程材料费占人工费、材料费和机械费合计的比例）时，可以人工费、材料费、机械费合计数为基数计算该分项工程的间接费和利润。分项工程综合单价计算步骤如表2-4所示。

表 2-4 分项工程综合单价计算表 1

| 序 号 | 费用项目 | 计算方法 |
|---|---|---|
| (1) | 分项工程直接工程费 | 人工费+材料费+机械费 |
| (2) | 分项工程间接费 | (1)×间接费率 |
| (3) | 分项工程利润 | [(1)+(2)]×利润率 |
| (4) | 分项工程税前单价合计 | (1)+(2)+(3) |
| (5) | 分项工程综合单价 | (4)×(1+税率) |

（2）当 $C<C_0$ 值的下限时，可以人工费和机械费合计数为基数计算该分项工程的间接费和利润。分项工程综合单价计算步骤如表 2－5 所示。

**表 2－5　分项工程综合单价计算表 2**

| 序　号 | 费用项目 | 计算方法 |
|---|---|---|
| (1) | 分项工程直接工程费 | 人工费＋材料费＋机械费 |
| (2) | 其中人工费和机械费 | 人工费＋机械费 |
| (3) | 分项工程间接费 | (2)×间接费率 |
| (4) | 分项工程利润 | (2)×利润率 |
| (5) | 分项工程税前单价合计 | (1)＋(3)＋(4) |
| (6) | 分项工程综合单价 | (5)×(1＋税率) |

（3）如分项的直接工程费仅为人工费而无材料费和机械费时，可以人工费为基数计算该分项工程的间接费和利润。分项工程综合单价计算步骤如表 2－6 所示。

**表 2－6　分项工程综合单价计算表 3**

| 序　号 | 费用项目 | 计算方法 |
|---|---|---|
| (1) | 分项工程直接工程费 | 人工费＋材料费＋机械费 |
| (2) | 其中人工费 | 人工费 |
| (3) | 分项工程间接费 | (2)×间接费率 |
| (4) | 分项工程利润 | (2)×利润率 |
| (5) | 分项工程税前单价合计 | (1)＋(3)＋(4) |
| (6) | 分项工程综合单价 | (5)×(1＋税率) |

## 2.3　国际工程建筑安装工程费用的构成

国际建筑安装工程费用的构成与我国的情况大致相同，尤其是直接费的计算基本一致。但是由于历史的原因，国外基本上是市场经济条件下的计算习惯，并以西方经济学为依据，为竞争的目的而估价；而我国却是按照计划经济下，按固定价格进行预算而进行的计价习惯，所以在构成上还是有差异的。国外建筑安装工程费用的构成包括以下 6 部分内容。

**1. 直接费**

1）工资

国外一般工程施工的工人按技术要求划分为高级技工、熟练工、半熟练工和壮工。当工程价格采用平均工资计算时，要按各类工人总数的比例进行加权计算。工资应该包括基本工资、加班费、津贴、招雇解雇费用等。

2）材料费

材料费包括材料原价、运杂费和税金及预涨费 4 部分。

(1) 材料原价。在当地材料市场中采购的材料则为采购价，包括材料出厂价和采购供销手续费等；进口材料一般是指到达当地海港的交货价。

(2) 运杂费。在当地采购的材料是指从采购地点到工程施工现场的短途运输费、装卸费；进口材料则为从当地海港运至工程施工现场的运输费、装卸费。

(3) 税金。在当地采购的材料，采购价格中已经包括税金；进口材料则为工程所在国的进口关税和手续费等，运输损耗及采购保管费。

(4) 预涨费。根据当地材料价格年平均上涨率和施工年数，按材料原价、运杂费、税金之和的一定比例计算。

3) 施工机械费

大型自有机械台时单价，一般由每台时应摊折旧费、应摊维修费、台时消耗的能源和动力费、台时应摊的驾驶工人工资，以及工程机械设备险投保费、第三者责任险投保费等组成。如使用租赁施工机械时，其费用则包括租赁费、租赁机械的进出场费等。

**2. 管理费**

管理费包括工程现场管理费（约占整个管理费的20％～30％）和公司管理费（约占整个管理费的70％～75％）。管理费除了包括与我国施工管理费构成相似的工作人员工资、工作人员辅助工资、办公费、差旅交通费、固定资产使用费、生活设施使用费、工具用具使用费、劳动保护费、检验试验费以外，还含有业务经费。业务经费包括以下8个部分。

(1) 广告宣传费。

(2) 交际费。如日常接待饮料、宴请及礼品费等。

(3) 业务资料费。如购买投标文件、文件及资料复印费等。

(4) 业务所需手续费。施工企业参加投标时，必须由银行开具投标保函；在中标后必须由银行开具履约保函；在收到业主的工程预付款前必须由银行开具付款保函；在工程竣工后，必须由银行开具质量或维修保函。在开具以上保函时，银行要收取一定的担保费。

(5) 代理人费用和佣金。施工企业为争取中标或为加强收取工程款，又因在工程所在地（所在国）寻找代理人或签订代理合同，因而付出的佣金和费用。

(6) 保险费。包括建筑安装工程一切险投保费、第三者责任险投保费等。

(7) 税金。包括印花税、转手税、公司所得税、个人所得税、营业税、社会安定税等。

(8) 向银行贷款利息。

在许多国家，施工企业的业务及管理费往往是管理费中所占比例最大的一项，大约占整个管理费的30％～38％。

**3. 开办费**

在许多国家，开办费一般是在各分部分项工程造价的前面按单项工程分别单独列出。单项工程建筑安装工程量越大，开办费在工程价格中的比例就越小；反之开办费就越大。一般开办费约占工程价格的10％～20％。开办费包括的内容因国家和工程的不同而异，大致包括以下内容。

(1) 施工用水、用电费。施工用水费，按实际打井、抽水、送水发生的费用估算，也可以按占直接费的比率估计；施工用电费，按实际需要的电费或自行发电费估算，也可按照占直接费的比率估算。

(2) 工地清理费及完工后清理费，建筑物烘干费，临时围墙、安全信号、防护用品的费用，以及恶劣气候条件下的工程防护费、污染费、噪声费、其他法定的防护费用。

(3) 周转材料费。如脚手架、模板的摊销费等。

(4) 临时设施费。包括生活用房、生产用房、临时通信、室外工程（包括道路、停车场、围墙、给排水管道、输电线路等）的费用，可按实际需要计算。

(5) 驻工地工程师的现场办公室及所需设备的费用，现场材料试验及所需设备的费用。一般在招标文件的技术规范中有明确的面积、质量标准及设备清单等要求，如要求配备一定的服务人员或实验助理人员，则其工资费用也需计入。

(6) 其他。包括工人现场福利费及安全费、职工交通费、日常气候报表费、现场道路及进出场道路修筑及维护费、恶劣天气下的工程保护措施费、现场保卫设施费等。

**4. 利润**

国际市场上，施工企业的利润一般占成本的 10%～15%，也有的管理费与利润合取，占直接费的 30%左右。具体工程的利润率要根据具体情况，如工程难易、现场条件、工期长短、竞争对手的情况等随行就市确定。

**5. 暂定金额**

指包括在合同中，供工程任何部分的施工或提供货物、材料、设备或服务、不可预料事件的费用使用的一项金额，这项金额只有工程师批准后才能动用。

**6. 分包工程费用**

(1) 分包工程费。包括分包工程的直接费、管理费和利润。

(2) 总包利润和管理费。指分包单位向总包单位交纳的总包管理费、其他服务费和利润。

## 本章小结

我国现行建设工程造价包括设备及工器具购置费、建筑安装工程费用、工程建设其他费用、预备费、建设期贷款利息和固定资产投资方向调节税（自 2000 年 1 月起发生的投资额，暂停征收该税种）。

设备购置费是指为建设项目购置或自制的达到固定资产标准的各种国产或进口设备、工器具的购置费用。它由设备原价和设备运杂费构成。工器具及生产家具购置费，是指新建或扩建项目初步设计规定的，保证初期正常生产必须购置的没有达到固定资产标准的设备、仪器、工卡模具、器具、生产家具和备品备件的购置费用。

建筑安装工程费用即建筑安装工程造价，是指在建筑安装工程施工过程中直接发生的费用和施工企业在组织管理施工中间接地为工程支出的费用，以及按国家规定施工企业应获得的利润和应缴纳的税金的总和。我国建筑安装工程费用包括直接费、间接费、利润和税金四大部分。

工程建设其他费用是指建设单位在从工程筹建起到工程竣工验收交付使用止的整个建设期间，除建筑安装工程费用和设备、工器具购置费以外的，为保证工程建设顺利完成和交付使用后能够正常发挥效用而发生的各项费用的总和。它包括土地使用费、与项目建设有关的其他费用和与未来生产经营有关的其他费用。

## 复习思考题

1. 简述我国工程造价的组成。
2. 设备费、工器具费两者的区别是什么？
3. 简述我国工程造价中设备、工器具及生产家具购置费的组成。
4. 工程建设其他费用由哪些费用组成？
5. 预备费中的基本预备费和涨价预备费有何区别？
6. 建筑工程费用与安装工程费用有何不同？
7. 简述我国现行建筑安装工程费用的组成。
8. 我国发包与承包价计算的工料单价法和综合单价法有何区别？分别适用于什么情况？
9. 国际工程建筑安装工程费主要包括哪些方面？

# 第3章　工程建设定额

## 知识结构

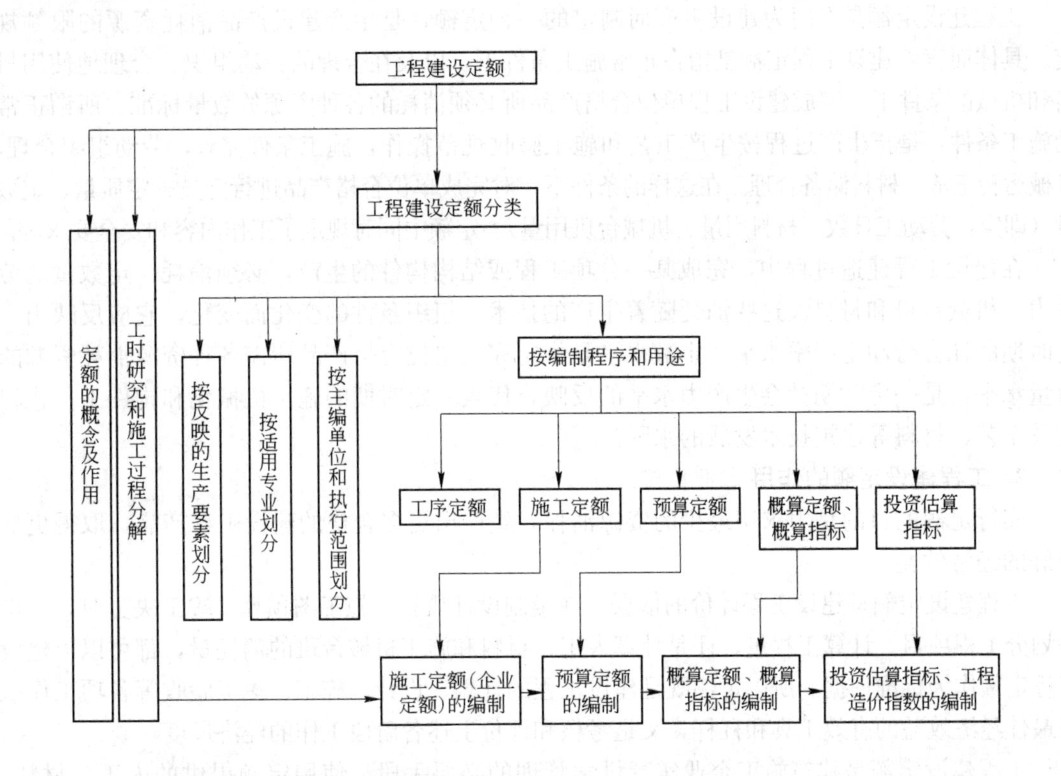


## 学习目的、任务与要求

通过本章的学习，使读者能够掌握工程建设定额的基本原理，为工程计价打好基础。要求读者了解工程建设定额的概念、作用和分类；了解工时研究与施工过程分解的作用和方法；熟悉施工定额（企业定额）、预算定额、概算定额、概算指标、投资估算指标和工程造价指数的概念、作用和编制方法。

# 3.1 工程建设定额概述

## 3.1.1 工程建设定额的概念及作用

**1. 工程建设定额的概念**

工程建设定额是专门为建设生产而制定的一种定额，是生产建设产品消耗资源的限额规定。具体而言，建设工程定额是指在正常施工条件下，以及在合理的劳动组织、合理地使用材料和机械的条件下，完成建设工程单位合格产品所必须消耗的各种资源的数量标准。所谓正常的施工条件，是指生产过程按生产工艺和施工验收规范操作，施工条件完善，劳动组织合理，机械运转正常，材料储备合理。在这样的条件下，对完成单位合格产品进行定员、定质量、定数量（即定：劳动工日数、材料用量、机械台班用量）。定额中同时规定了工作内容和安全要求等。

在建设工程建造过程中，完成某一分项工程或结构构件的生产，必须消耗一定数量的劳动力、机械台班和材料。这些消耗随着生产的技术、组织条件的变化而变化，它应反映出一定时期的社会劳动生产率水平。定额水平是规定完成单位合格产品所需各种资源消耗资源的数量水平，是一定时期社会生产力水平的反映，代表一定时期的施工机械化和构件工厂化程度及工艺、材料等建筑技术发展的水平。

**2. 工程建设定额的作用**

实行定额的目的是力求用最少的资源消耗，生产出更多合格的建设工程产品，取得更加良好的经济效益。

工程建设定额是建设工程计价的依据。在编制设计概算、施工图预算、竣工决算时，无论是划分工程项目、计算工程量，还是计算人工、材料和施工机械台班的消耗量，都可以以建设工程定额作为标准依据。所以定额既是建设工程的计划、设计、施工、竣工验收等各项工作取得最佳经济效益的有效工具和杠杆，又是考核和评价上述各阶段工作的经济尺度。

工程建设定额是建筑施工企业实行科学管理的必要手段。使用定额提供的人工、材料、机械台班消耗标准，可以编制施工进度计划、施工作业计划，下达施工任务，合理组织调配资源，进行成本核算。在建筑企业中推行经济责任制、招标承包制，贯彻按劳分配的原则等也以定额为依据。

随着建筑工程领域市场化进程的进一步加快，传统的定额已不能顺应市场定价的需要，定额应是对大量市场信息的加工，同时也是市场信息的反馈。目前，工程招投标价格处于政府指导价和市场形成价格相结合的状态，投标人的报价不仅仅依赖于其实际生产成本，而且与统一的概预算定额有很大关系。随着市场化水平的提高，私人信息的影响将逐渐替代公共信息。所以，造价管理部门的定额管理将主要集中在制定统一的工程量清单项目、计算规则及加强工程造价信息的收集和发布上。企业内部应加快建立内部使用的定额，作为其成本控制和自主报价的依据。

## 3.1.2 工程建设定额的分类

工程建设定额可按照生产要素、编制程序和定额的用途、投资的费用性质、主编单位和执行范围的不同，进行分类。

(1) 按定额反映的生产要素划分，可分为劳动定额、机械台班使用定额和材料消耗定额3种定额。

(2) 按定额的编制程序和用途划分，可分为工序定额、施工定额、预算定额、概算定额、概算指标、投资估算指标等。

(3) 按投资的费用性质可分为建筑工程定额、设备安装工程定额、市政工程定额、仿古建筑及园林定额、公路工程定额、铁路工程定额和井巷工程定额等。

(4) 按主编单位和执行范围划分，可分为全国统一定额、行业统一定额、地区统一定额、企业定额和补充定额等。我国过去主要采用全国、行业、地区统一定额，随着社会经济的发展，在工程量的计算和人工、材料、机械台班的消耗量计算中，将逐渐以全国统一定额为依据；而单价的确定，将逐渐为企业定额所替代或完全实现市场化。

## 3.1.3 工时研究和施工过程分解

**1. 工时研究的概念**

劳动者在生产过程中的劳动消耗量，体现为作业时间的消耗，为了分析研究劳动消耗量，必须对工人工作时间给予研究。研究作业时间的消耗及其性质，是技术测定的基本步骤和内容之一，也是编制工日消耗定额的基础工作。

作业时间的研究，是指把劳动者在整个生产过程中消耗的作业时间，根据其性质、范围和具体情况，予以科学地划分，归纳类别，分析取舍，明确规定哪些属于定额时间，哪些为非定额时间，找出原因，以便拟订技术和组织措施，消除产生非定额时间的因素，充分利用作业时间，提高劳动效率。工时研究产生的数据除了作为编制劳动定额和机械台班消耗量定额的依据外，还可用于提高施工管理水平，增强劳动效率。如合理配备人员和机械，制定机械利用和生产成果完成标准，优化施工方案，检查劳动效率，进行费用控制等。根据劳动定额和机械台班消耗定额编制的要求，作业时间的研究通常分为工人作业时间消耗和机械作业时间消耗两个系统进行。

**2. 施工过程的分解**

施工过程是在建筑工地范围内所进行的生产过程，其最终目的，是要建造、改建、扩建、修复或拆除建筑物、构筑物的全部或部分。例如，砌筑墙体、粉刷墙面、安装门窗和敷设管道等，都是施工过程。

按照不同的劳动分工、不同的操作方法、不同的工艺特点及不同的复杂程度将施工过程进行分解，来区别和认识其内容和性质，以便采取技术测定的方法，研究其必需的作业时间消耗，进而取得编制定额和改进施工管理所需要的技术资料。施工过程的分解还可以使之在技术上有可能采用不同的现场观测方法，研究和测定工时消耗和材料消耗的特点，从而取得详尽、准确的资料，查明达不到定额或大量超额的具体原因，以便进一步调整和修订定额。

根据施工组织的复杂程度，施工过程一般可分解为综合工作过程、工作过程、工序。

1）综合工作过程

凡是同时进行，并在组织上彼此有直接关系，而又为一个最终产品结合起来的各个工作过程的总和，称为综合工作过程。例如，浇灌混凝土的施工过程，是由搅拌、运输、浇灌和捣实等组成的。

2）工作过程

由同一工人或同一小组所完成的，在技术上相互联系的工序的综合，称为“工作过程”。工作过程的特征是劳动者不变，工作地点不变，而仅仅是使用的材料和工具可以改变。工作过程有个人工作过程与小组工作过程、手动工作过程与机械工作过程之分。如浇灌混凝土和在其上抹面是一个工作过程。一个工作过程，又可分解为若干个工序。

3）工序

工序是施工过程中一个基本的施工活动单元，即一个工人或一个工人班组在一个工作地点对同一劳动对象连续进行的生产活动。它的特征是劳动者、劳动对象和劳动手段均不改变，如果其中有一个发生变化，就意味着从一个工序转入另一个工序。一个工序按劳动过程又可以分解为若干个操作和动作。完成一项施工活动一般要经过若干道工序。如现浇砼或钢筋砼梁、柱，就需要经过支模板、绑扎钢筋、浇灌砼 3 个工艺过程，而每一工艺过程又可划分为若干工序。如支模板可分为模板制作、安装、拆除 3 道工序，当然这些工序前后还有搬运和检验工序。

## 3.1.4 工作时间的分析

**1. 人工工时的分析**

人工工时的分析是指将工人在整个生产过程中消耗的时间予以科学地划分、归纳，明确哪些属于定额时间，哪些属于非定额时间。对于非定额时间，在确定单位产品用工标准时，均不予考虑。人工工时可分解为定额时间和非定额时间，具体构成如图 3－1 所示。

1）定额时间

定额时间是指工人在正常施工条件下，为完成一定数量的产品或符合要求的工作所必须消耗的工作时间。定额时间由有效工作时间、不可避免中断时间和休息时间 3 部分组成。

（1）有效工作时间。指用于执行施工工艺过程中规定工序的各项操作所必须消耗的时间。它是定额时间中最主要的组成部分，包括准备与结束时间、基本工作时间和辅助工作时间。

准备与结束时间，指生产工人在执行施工任务前的准备工作及施工任务完成后的结束整理工作所消耗的时间。准备与结束时间按其内容不同又可分为工作班的准备与结束时间与任务的准备与结束时间。工作班的准备与结束时间是指用于工作班开始时的准备与结束工作及交接班所消耗的时间，如更换工作服、领取料具、工作地点布置、检查安全措施、调整和保

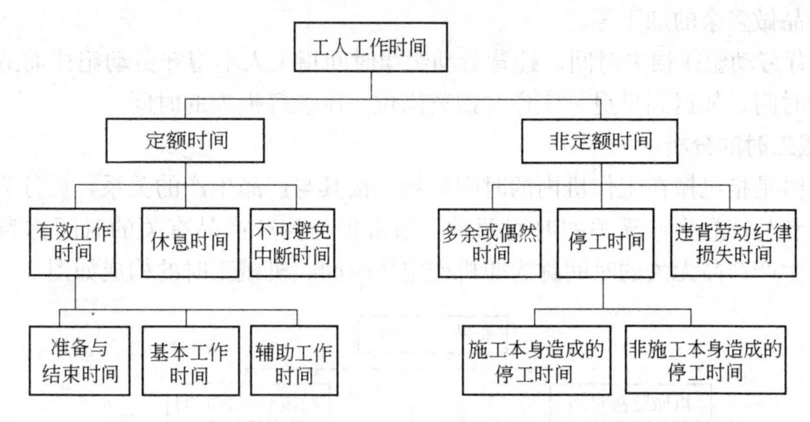


图 3－1　人工工时的分析

养机械设备、收拣工具等；任务的准备与结束时间是指生产工人为完成技术交底、熟悉图纸、明确施工工艺和操作方法、任务完成后交回图纸等所消耗的时间。

基本工作时间，指施工活动中直接完成基本施工工艺过程的操作所需消耗的时间，也就是生产工人借助于劳动手段，直接改变劳动对象的性质、形状、位置、外表、结构等所需消耗的时间。如钢筋成形、砌砖墙、门窗油漆等的时间消耗。

辅助工作时间，指为保证基本工作顺利进行所需消耗的时间。如机械上油，砌砖过程中的起线、收线、检查、搭设临时跳板等所消耗的时间。

(2) 不可避免中断时间。不可避免中断时间又称工艺性中断时间，是指生产工人在施工活动中，由于工艺上的要求，在施工组织或作业中引起的难以避免或不可避免的中断操作所消耗的时间。如抹水泥砂浆地面和压光时抹灰工因等待收水而造成的工作中断等。这类时间消耗的长短与产品的工艺要求、生产条件、施工组织情况等有关。通常是根据上述条件，为不同产品或作业规定一个适当比例作为中断时间。

(3) 休息时间。指生产工人在工作班内为恢复体力和生理需要而消耗的时间。休息时间应根据工作的繁重程度、劳动条件和劳动保护的规定列入定额时间内。

2) 非定额时间

非定额时间是指与完成施工任务无关的时间消耗，即明显的工时损失。非定额时间按产生时间损失的原因又可分为停工时间、多余或偶然工作时间、违背劳动纪律损失时间。

(1) 停工时间。停工时间指因非正常原因造成的工作中断所损失的时间。按照造成原因的不同，又可分为施工本身原因造成的停工和非施工本身原因造成的停工。施工本身造成的停工包括施工组织不善、材料供应不及时、施工准备工作不够充分而引起的停工；非施工原因造成的停工包括突然停电、停水、暴风、雷雨等造成的停工。

(2) 多余或偶然工作时间。多余或偶然工作时间指工人在工作中因粗心大意、操作不当或技术水平低等原因造成的工时浪费。如寻找工具，质量不符合要求时的整修和返工，对已加工好的产品做多余的加工等。

（3）违背劳动纪律损失时间。违背劳动纪律时间指工人不遵守劳动纪律而造成的工作中断所损失的时间。如迟到早退、工作时擅离岗位、闲谈等损失的时间。

**2. 机械工时的分析**

机械工时是指机械在工作班内的时间消耗，按其与产品生产的关系，可分为与产品生产有关的时间和与产品生产无关的时间两种。通常把与生产产品有关的时间称为机械定额时间，而把与生产产品无关的时间称为非机械定额时间。机械工时的构成如图 3-2 所示。

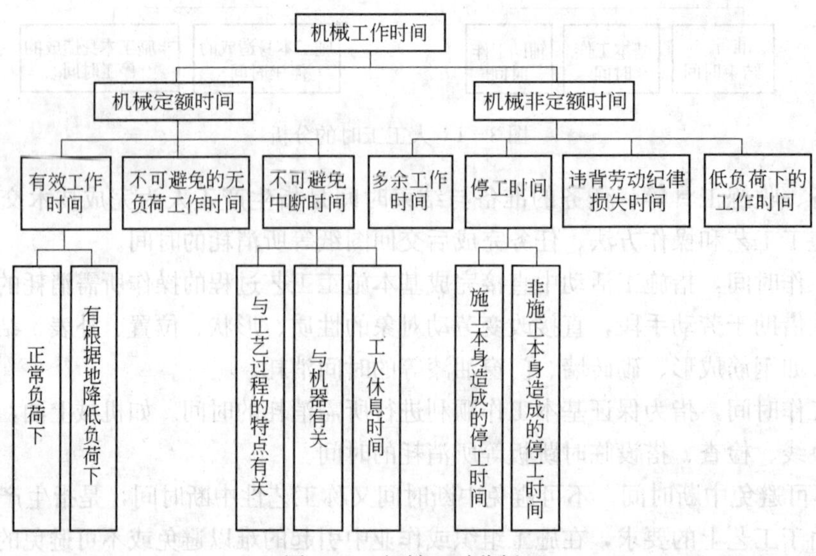


图 3-2 机械工时分析

1）机械定额时间

机械定额时间是指机械在工作班内消耗的与完成合格产品生产有关的工作时间。机械定额时间由有效工作时间、不可避免无负荷工作时间和不可避免中断时间。

（1）有效工作时间。有效工作时间指机械直接为完成产品生产而工作的时间，包括正常负荷下和有根据地降低负荷下两种工作时间的消耗。

① 正常负荷下的工作时间，指机械与其说明规定负荷相等的负荷下（满载）进行工作的时间。

② 有根据地降低负荷下的工作时间，指由于技术上的原因，个别情况下机械可能在低于规定负荷下工作。如汽车载运重量轻、体积大的货物时，不能充分利用汽车载重吨位而不得不降低负荷工作。

（2）不可避免的无负荷中断时间。不可避免的无负荷中断时间指由于施工过程的特点和机械结构的特点造成的机械无负荷工作时间。如筑路机在工作区末端调头等。

（3）不可避免中断时间。不可避免中断时间指施工中由于技术操作和组织的原因而造成机械工作中断的时间，包括下列3种。

① 与操作有关（即与工艺过程特点有关）的不可避免中断时间。如汽车装货、卸货的停歇中断，喷浆机喷浆时从一个地点转移到另一个地点的工作中断。

② 与机械有关的不可避免中断时间。如机械开动前的检查，给机械加油，加水时的停驶等。

③ 工人休息时间。如不能使用机械不可避免的停转机会，且组织轮班又不方便的工人休息所引起的机械工作中断时间。

2）机械非定额时间

机械非定额时间亦称损失时间，它是指机械在工作班内与完成产品生产无关的时间损失。这些时间损失并不是完成产品所必须消耗的时间。损失时间按其发生的原因可分为以下4种。

(1) 多余工作时间。多余工作时间指产品生产中超过工艺规定所用的时间。如搅拌机超过规定的搅拌时间而多余运转的时间等。

(2) 违背劳动纪律所损失的时间。如迟到早退、闲谈等所引起的机械停运转的损失时间。

(3) 停工时间。停工时间指由于施工组织不善和外部原因所引起的机械停运转的时间损失。如机械停工待料、保养不好的临时损坏，未及时给机械供水和燃料而引起的停工时间损失，水源、电源的突然中断，因大风、暴雨、冰冻等影响而引起的机械停工时间损失。

(4) 低负荷下工作时间。指由于工人、技术人员和管理人员的过失，使机械在降低负荷的情况下进行工作的时间。如工人装车的数量不足而引起汽车在降低负荷下工作，装入搅拌机的材料数量不够而使搅拌机降低负荷工作等。

## 3.2 施工定额（企业定额）

### 3.2.1 施工定额（企业定额）的概念

施工定额是规定在正常的施工条件下，为完成一定计量单位的某一施工过程或工序所需人工、材料和机械台班消耗的数量标准。施工定额包括劳动定额、材料消耗定额和机械台班使用定额。其中，我国有全国统一的《建筑安装工程劳动定额》、《市政工程劳动定额》等，而材料消耗定额和机械台班使用定额则由各地方或企业根据需要进行编制及管理。施工定额是直接用于建设工程施工管理中的定额，是建设安装企业的生产定额。它是以同一性质的施工过程为标定对象，以工序定额为基础编制的。为了适应生产组织和管理的需要，施工定额的划分很细，是建设工程定额中分项最细、定额子目最多的一种定额，也是工程建设中的基础性定额。在施工定额编制中，为了体现其鼓励建筑施工企业内部提高生产效率、降低生产要素消耗的目的，定额水平采用社会平均先进水平。平均先进的水平是指在正常的施工条件下，大多数施工班组或生产者通过努力可以达到、少数班组或生产者可以接近、个别先进班组或生产者可以超越的水平。

随着工程量清单计价模式的推广，施工定额更多的体现为企业自身的定额，即由施工企业根据本企业的技术水平和管理水平，编制完成单位合格产品所必需的人工、材料和施工机械台班的消耗量，以及其他生产经营要素消耗的数量标准，是施工企业生产力水平的体现，反映企业的施工生产与生产消费之间的数量关系，是施工企业进行施工管理和投标报价的基础和依据。

### 3.2.2 施工定额的编制原则

施工定额的编制体现定额水平平均先进原则、成果符合质量要求的原则、采用合理劳动组织原则、明确劳动手段与对象的原则、内容和形式的简明适用原则等。施工定额的编制要按人工定额、材料消耗定额、机械台班使用定额分别编制，工程量清单计价模式的推行，要求施工企业有自己的企业定额，企业定额的编制可参考以下施工定额编制的步骤和方法。

### 3.2.3 人工定额的编制

**1. 人工定额的概念和表现形式**

人工定额（又称劳动定额）是指在一定的技术装备和劳动组织条件下，生产单位合格施工产品或完成一定的施工作业过程所必需的劳动消耗量的额度或标准，或在单位时间内生产合格产品或施工作业过程的数量标准。

生产单位产品的劳动消耗量可用劳动时间来表示，同样在单位时间内劳动消耗量也可以用生产的产品数量来表示。因此，人工定额有以下两种基本的表现形式。

1）时间定额

时间定额是指在一定施工技术和组织条件下，完成合格单位产品或施工作业过程所需消耗工作时间的数量标准。一般用“工时”或“工日”为计量单位，每个工日的工作时间按现行劳动制度规定为8小时。时间定额公式表示为

单位产品时间定额(工日)＝1/每工产量

或

单位产品时间定额(工日)＝小组成员工日数总和/小组每班产量

2）产量定额

产量定额是指劳动者在单位时间（工日）内生产合格产品的数量标准或完成施工作业过程的数量额度。产量定额的单位以产品的计量单位来表示，如$m^3$、$m^2$、m 、kg、t、块、套、组、台等。计算公式为

每工产量＝1/单位产品时间定额

或

小组每班产量＝小组成员工日数总和/单位产品时间定额

由此可见，时间定额与产量定额之间互为倒数关系。时间定额降低，则产量定额相应提高，即

时间定额＝1/产量定额

或

时间定额×产量定额＝1

时间定额和产量定额是同一人工定额的不同表现形式，它们都表示同一人工定额，但各有其用途。时间定额的特点为单位统一，便于综合，便于计算分部分项工程的总需工日数和计算工期、核算工资；而产量定额具有形象化的特点，使工人的奋斗目标直观明确，便于小组分配任务，编制作业计划和考核生产效率。

**2. 人工定额的编制方法**

人工定额的编制方法是随着建筑业生产技术水平的不断提高而不断改进的，目前仍采用以下几种方法，即技术测定法、统计分析法、比较类推法和经验估计法。

1）技术测定法

技术测定法是在正常的施工条件下，对施工过程中的具体活动进行现场观察，详细记录工人和机械工作时间和产量，并客观分析影响时间消耗和产量的因素，从而制定定额的一种方法。这种方法有较高的科学性和准确性，但耗时大，常用于制定新定额和典型定额。该方法已发展成为一个多种技术测定体系，包括计时观察测定法、工作抽样测定法、回归分析测定法和标准时间资料法等。

(1) 计时观察测定法。计时观察测定法是最基本的一种技术测定法，它是在一定的时间内，对特定作业进行直接连续地观察和记录，从而获得工时消耗数据并据以分析制定劳动定额的方法。按其测定的具体方法又分为秒表时间研究法和工作日写实法。计时观察法的优点是对施工作业过程的各种情况记录比较详细，数据比较准确，分析研究比较充分。但缺点是测定工作量大，一般适用于重复程度比较高的工作过程或重复性手动作业。

(2) 工作抽样测定法。工作抽样测定法又称瞬间观察法，是通过对操作者或机械设备进行随机瞬间观测，记录各种作业项目在生产活动中发生的次数和发生率，由此取得工时消耗资料，推断各观测项目的时间结构及其演变情况，从而掌握工作状况的一种测定技术。同计时观察测定法比较，工作抽样测定法无需观测人员连续在现场记录，具有省力、省时、适应性广的优点。但缺点是不宜测定周期很短的作业，不能详细记录操作方法，观察结果不直观等。一般适用于间接劳动等工作的定额制定，如工时利用率、设备利用率等。

(3) 回归分析测定法。回归分析测定法是应用数理统计的回归与相关原理，对施工过程中从事多种作业的一个或几个操作者的工作成果与工时消耗进行分析的一种工作测定技术。其优点是速度较快，工作量小，特别对于一些难以直接测定的工作尤为有效。缺点是所需的技术资料来自统计报表，往往不够具体准确。

(4) 标准时间资料法。标准时间资料法是利用计时观察测定法所获得的大量数据，通过

分析、综合，整理出用于同类工作的基本数据而制定劳动定额的一种方法。优点是不进行大量的直接测定即可制定劳动定额，加快了定额制定的速度。由于标准资料是过去多次研究的成果，是衡量的标准统一，可提高定额的准确性，因而具有极大的适应性。

2）统计分析法

统计分析法是根据过去完成同类产品或完成同类工序的实际耗用工时的统计资料与当前生产技术组织条件的变化因素相结合，进而分析研究制定劳动定额的一种方法。该方法适用于施工条件正常、产品稳定且批量大、统计工作健全的施工过程。由于统计资料反映的是工人过去已达到的水平，在统计时并没有也不可能剔除施工活动中的不合理因素，因而这个水平一般偏于保守。为了克服这个缺陷，可采用二次平均法作为确定定额水平的依据，步骤如下所述。

（1）剔除统计资料中明显偏高、偏低的不合理数据。

（2）计算一次平均值。

$$\overline{t} = \sum_{i=1}^{n} t_i / n$$

式中：$\overline{t}$——一次平均值；

$t_i$——统计资料的各个数据；

$n$——统计资料的数据个数。

（3）计算平均先进值。

$$t_{\min} = \sum_{i=1}^{x} \overline{t}_{i,\min} / x$$

式中：$t_{\min}$——平均先进值；

$\overline{t}_{i,\min}$——小于一次平均值的统计数据；

$x$——小于一次平均值的统计数据个数。

（4）计算二次平均值。

$$\overline{t}_0 = (\overline{t} + t_{\min})/2$$

**例 3-1** 某种产品工时消耗的资料为 21，40，60，70，70，70，60，50，50，60，60，105，试用二次平均法制定该产品的时间定额。

**解** （1）剔除明显偏高、偏低值，即 21，105。

（2）计算一次平均值。

$$\overline{t} = (40+60+70+70+70+60+50+50+60+60)/10 = 590/10 = 59$$

（3）计算平均先进值。

$$t_{\min} = (40+50+50)/3 = 46.67$$

（4）计算二次平均值。

$$\bar{t}_0=(59+46.67)/2=52.84$$

3）比较类推法

比较类推法又称典型定额法，是以生产同类型产品（或工序）的定额为依据，经过分析比较，类推出同一组定额中相邻项目定额水平的方法。这种方法简便，工作量小，只要典型定额选择恰当，切合实际，具有代表性，类推出的定额水平一般比较合理。这种方法适用于同类型产品规格多、批量小的作业过程。

应用比较类推法测算定额，首先选择好典型定额项目，并通过技术测定或统计分析确定出相邻项目或类似项目的比例关系，然后算出定额水平。其计算公式为

$$t=p\cdot t_0$$

式中：$t$——所求项目的时间定额；

$p$——比例系数；

$t_0$——典型定额项目的时间定额。

4）经验估计法

经验估计法是由定额人员、技术人员和工人三者相结合，根据时间经验，经过分析图纸、现场观察、了解施工工艺、分析施工生产的技术组织条件和操作方法等情况，进行座谈讨论以制定定额的一种方法。经验估计法简便及时，工作量小，可以缩短定额制定的时间。但由于受到估计人员主观因素和局限性的影响，因而只适用于不易计算工作量的施工作业，通常是作为一次性定额制定使用。

经验估计法一般可用经验公式进行优化处理，即

$$t=\frac{a+4m+b}{6}$$

式中：$t$——优化定额时间；

$a$——先进作业时间；

$m$——一般作业时间；

$b$——后进作业时间。

## 3.2.4　材料消耗定额的编制

**1. 材料消耗定额的概念和消耗量的组成**

材料消耗定额是指在合理使用材料的条件下，生产单位合格产品或完成一定的施工作业过程所必须消耗的一定品种、规格的材料的数量标准，包括各种原材料、辅助材料、零件、半成品、构配件等。它是企业确定材料需要量和储备量的依据，是企业编制材料需要计划和材料供应计划不可缺少的条件；是施工队向工人班组签发限额领料单，实行材料核算的标

准；是实行经济责任制，进行经济活动分析，促进材料合理使用的重要资料。

定额中材料的消耗量由两部分组成，即材料净用量和材料损耗量。材料净用量是指为了完成单位合格产品或施工工作过程所必需的材料使用量，即构成工程实体的（即工程本身必须占有的）材料消耗量。材料损耗量是指材料从工地仓库领出到完成合格产品生产或施工作业过程生产中不可避免的合理损耗量，包括材料场内运输损耗量、加工制作损耗量和施工操作损耗量三部分。合格产品中某种材料的消耗量等于该种材料的净用量与损耗量之和，即

$$材料消耗量=净用量+损耗量$$

产品生产中某种材料损耗量的多少，常用损耗率表示。材料损耗率的计算公式为

$$材料损耗率=\frac{材料损耗量}{材料消耗量}\times 100\%$$

只要知道了生产某种产品中某种材料的合理损耗率，就可以根据其材料净用量计算出该单位产品的材料消耗量，即

$$材料消耗量=\frac{材料净用量}{1-材料损耗率}$$

**2. 材料消耗定额的制定方法**

材料消耗定额的制定方法有技术测定法、试验法、统计分析法和理论计算法等。

1）技术测定法

技术测定法是指在施工现场，通过对产品数量、材料净用量和消耗量的观察与测定，进行分析和计算，从而确定材料消耗定额的方法。采用这种方法时，观测对象应符合下列要求：工程结构是典型的；施工符合技术规范要求；材料品种和质量符合设计要求；被测定的工人在节约材料和保证产品质量方面有较好的成绩。技术测定法最适合于确定材料损耗量和损耗率。因为只有通过现场观察，才有可能测定出材料损耗数量，也才能区别出哪些是难以避免的合理损耗，哪些是不应发生的损耗，对后者则不能包括在材料消耗定额内。

2）试验法

试验法是在试验室内通过专门的仪器设备测定材料消耗量的一种方法。这种方法主要是对材料的结构、化学成分和物理性能作出科学的结论，从而给材料消耗定额的制定提供可靠的技术依据，如确定砼的配合比、砂浆的配合比等，然后计算出水泥、砂、石、水的消耗量。

试验法的优点是能够深入细致地研究各种因素对材料消耗的影响，其缺点是无法估计施工中的某些因素对材料消耗的制约。

3）统计分析法

统计分析法是以现场用料的大量统计资料为依据，通过分析计算，获得材料消耗的各项数据，然后确定材料消耗量的一种方法。

如某项产品在施工前共领某种材料数量为$N_0$，完工后的剩余材料数量为$\Delta N$，则用于该产品上的材料数量$N$为

$$N=N_0-\Delta N$$

若完成产品的数量为$n$，则单位产品的材料消耗量$m$为

$$m=N/n=(N_0-\Delta N)/n$$

统计分析法简单易行，但不能区分材料消耗的性质，即材料的净用量、不可避免的损耗量与可以避免的损耗量，只能笼统地确定出总的消耗量。所以，用该方法制定的材料消耗定额质量较差。

4）理论计算法

理论计算法是通过对施工图纸及其建筑材料、建筑构件的研究，用理论计算公式计算出某种产品所需的材料净用量，然后再查找损耗率，从而制定材料消耗定额的一种方法。理论计算法主要用于块、板类材料的净用量。如砖砌体、钢材、玻璃、锯材、镶巾材料、砼预制构件等，但材料的损耗量仍要在现场通过实测取得。例如在砌砖工程中，每立方米砌体的砖及砂浆净用量的计算公式为（只用于实砌墙）

$$每立方米砌体标准砖净用量=\frac{2\times 墙厚的砖数}{墙厚\times(砖长+灰缝)\times(砖厚+灰缝)}$$

$$每立方米砌体砂浆净用量=1立方米砌体-砌体中砌块材料净体积$$

其中，墙厚的砖数是指用标准砖的长度来标明的墙体厚度。例如半砖墙是指115墙，3/4砖墙是180墙，1砖墙是指240墙等。要理解标准砖净用量计算公式，首先要弄清该公式的计算思路，下面分步骤说明公式的含义。

(1) 根据实砌墙厚度计算出标准块的体积。所谓标准块，就是由砌块和砂浆所构成砌体的基本计算单元。不同墙厚标准块体积的计算公式为

$$标准块体积=墙厚\times(砖长+灰缝)\times(砖厚+灰缝)$$

例如，1砖半墙的标准块体积为

$$\begin{aligned}&(0.24+0.115+0.01)\times(0.24+0.01)\times(0.053+0.01)\\&=0.365\times 0.25\times 0.063=0.005\,75(m^3)\end{aligned}$$

(2) 根据标准块中所含标准砖的数量，用正比法算出1立方米砌体中标准砖净用量。

例如，1砖半墙的标准块中包含3块标准砖，在已知标准块体积的情况下，可以算出每立方米砌体标准砖的净用量。

$$每立方米1砖半墙砌体标准砖净用量=1\div 0.005\,75\times 3=521.8(块/m^3)$$

(3) 砂浆消耗量计算。

例如，每立方米1砖半墙中砂浆的净用量为

$$砂浆净用量=1-521.8\times0.24\times0.115\times0.053=0.2367(m^3)$$

如果已知砖和砂浆的损耗率，则可进一步求得这两种材料的消耗量。如砖和砂浆的损耗率均为1%，则每立方米1砖半墙中标准砖及砂浆的消耗量分别为

$$标准砖消耗量=521.8\div(1-0.01)=527.07(块)$$

$$砂浆消耗量=0.2367\div(1-0.01)=0.2391(m^3)$$

## 3.2.5 机械台班使用定额的编制

**1. 机械台班使用定额及表现形式**

机械台班使用定额是指在正常的施工条件及合理的施工组织和合理使用施工机械的条件下，由技术熟练的工人操纵机械，生产单位合格产品或完成一定施工作业过程所必须消耗的机械工作时间的标准。机械台班使用定额是企业编制机械需要量计划的依据，是考核机械生产率的尺度，是推行经济责任制、实行计件工资、签发施工任务书的依据。

按表达方式的不同，机械台班使用定额分为机械时间定额和机械产量定额。

1）机械时间定额

机械时间定额是指在前述条件下，某种机械生产单位合格产品或完成一定施工作业过程所必须消耗的作业时间。机械时间定额以“台班”为单位，即以一台机械作业一个工作班（8 h）为一个台班。用公式表示为

$$机械时间定额(台班)=1/机械每台班的产量$$

2）机械产量定额

机械产量定额是指在前述条件下，某种机械在一个台班内必须生产的合格产品的数量。机械产量定额的单位以产品的计量单位来表示，如$m^3$，$m^2$，m，t等。用公式表示为

$$机械产量定额=1/机械时间定额$$

**2. 机械台班使用定额的制定方法**

1）拟定正常的施工条件

拟定机械正常的施工条件，主要是拟定工作地点的合理组织和合理的工人编制。

工作地点的合理组织，是对施工地点机械和材料的放置位置、工人从事操作的场所，作出科学合理的平面布置和空间安排。它要求施工机械和操作机械的工人在最小范围内移动，但又不妨碍机械运转和工人操作；应使机械的开关和操纵装置尽可能集中地装置在操纵工人的旁边，以节省工作时间和减轻工作强度；应最大限度发挥机械的效能，减少工人的手工操作。

拟定合理的工人编制，就是根据施工机械的性能和设计能力，工人的专业分工和劳动工

效，合理确定操纵机械的工人和直接参加机械化施工过程的工人的编制人数。

拟定合理的工人编制，应要求保持机械的正常生产率和工人正常的劳动工效。

2）确定机械纯工作1 h的生产效率

机械纯工作时间，是指机械的必须消耗时间。机械纯工作1 h的生产效率是指在正常施工组织条件下，具有必须的知识和技能的技术工人操纵机械1 h的生产率。

建筑机械的动作可分为循环动作和连续动作两种类型。循环动作是指机械重复地、有规律地在每一周期内进行同样次序的动作，如塔式起重机、单斗挖土机等；连续动作是指机械工作时无规律性的周期界线，而是不停地做某一种动作（如转动、行走、摆动等），如皮带运输机、多斗挖土机等。进行这两类动作的机械纯工作1 h的生产效率有着不同的确定方法。

(1) 循环动作机械净工作1 h生产效率的确定。循环动作机械净工作1 h的生产效率 $N_h$，取决于该机械净工作1 h的循环次数 $n$ 和每次循环中所生产合格产品的数量 $m$，即

$$N_h = n \cdot m$$

确定循环次数 $n$ 首先要确定每一循环的正常延续时间。每一循环的延续时间，等于该循环各组成部分正常延续时间之和（$t_1+t_2+\cdots+t_i$），一般应根据技术测定法确定（个别情况也可根据技术规范确定）。观测中应根据各种不同的因素，确定相应的正常延续时间。对于某些机械工作的循环组成部分，必须包括有关循环的、不可避免的无负荷及中断时间。对于某些同时进行的动作，应扣除其重叠时间，例如挖土机“提升挖斗”与“回转斗臂”的重叠时间。这样机械净工作1 h的循环次数的计算公式为（时间单位：min）

$$n = \frac{60}{t_1+t_2+\cdots+t_n}$$

$$n = \frac{60}{t_1+t_2\cdots+\cdots t_i-t_1'-t_2'-\cdots-t_i'}$$

式中：$t_i'$——组成部分的重叠工作时间。

机械每循环一次所生产的产品数量 $m$ 可通过计时观察求得。

(2) 连续动作机械净工作1 h生产效率的确定。连续动作机械净工作1 h的生产率 $N_h$ 主要是根据机械性能来确定。在一定的条件下，净工作1 h的生产效率通常是一个比较稳定的数值。确定的方法是通过实际观察或试验得出一定时间（$t_h$）内完成的产品数量 $m$，然后得出 $N_h$，计算公式为

$$N_h = m/t_h$$

3）确定机械工作时间利用系数

机械净工作时间 $t$ 与工作班延续时间 $T$ 的比值，称为机械工作时间利用系数 $K_B$，即

$$K_B = t/T$$

工作班延续时间仅考虑生产产品所必须消耗的定额时间，它除了净工作时间之外，还包括其他工作时间，如机械操纵者或配合机械工作的工人在工作班内或任务内的准备与结束工作时间、正常维修保养机械等辅助工作时间、工人休息时间等；不包括机械的多余工作时间（超过工艺规定的时间）、机械停工损失的时间和工人违反劳动纪律所损失的时间等非定额时间。

4）确定机械台班产量定额

机械台班产量定额（台班）等于该机械净工作1 h的生产效率$N_h$乘以工作班的延续时间$T$（8 h）后，再乘以机械工作时间利用系数$K_B$。即

$$n_{台班}=N_h \cdot T \cdot K_B$$

对于某些一次循环时间大于1 h的机械作业过程，不必先计算出净工作1 h的生产效率，可直接用一次循环时间$t$（h）求台班循环次数$T/t$，再根据每次循环的产品数量$m$，确定其台班产量定额。计算公式为

$$n_{台班}=\left(\frac{T}{t}\right) \cdot m \cdot K_B$$

例如，某规格的混凝土搅拌机，正常生产率是每小时6.95 $m^3$混凝土，工作班内净工作时间是7.2 h。则工作时间利用系数$K_B=7.2/8=0.9$。机械台班产量为$N_{台班}=6.95\times8\times0.9=50$（$m^3$混凝土），生产每立方米混凝土的时间定额$n_{台班}=1/50=0.02$（台班）。

## 3.3 预算定额

### 3.3.1 预算定额的概念和作用

预算定额是指在正常合理的施工条件下完成一定计量单位的分部分项工程或结构构件和建筑配件所必须消耗的人工、材料和施工机械台班的数量标准。有些预算定额中不但规定了人、材、机消耗的数量标准，而且还规定了人、材、机消耗的货币标准和每个定额项目的预算定额单价，使其成为一种计价性定额。

预算定额反映在一定施工方案和一定资源配置条件下，施工企业在某个具体工程上的施工水平和管理水平，作为施工中各项资源的直接消耗、编制施工计划和核算工程造价的依据。

预算定额的作用主要体现在：

① 预算定额是编制施工图预算，确定工程预算造价的基本依据；

② 预算定额是进行工程结算的依据；

③ 预算定额是在招投标承包制中，编制招标标底和投标报价的依据；

④ 预算定额是施工企业编制施工组织设计，确定人工、材料、机具需要量计划的依据，也是施工企业进行经济核算和考核成本的依据；

⑤ 预算定额是国家对工程进行投资控制、设计单位对设计方案进行经济评价、对新结构、新材料进行技术经济分析的依据；

⑥ 预算定额是编制地区单位估价表、概算定额和概算指标的依据。

### 3.3.2 预算定额与施工定额的关系

预算定额是在施工定额的基础上制定的，两者都是施工企业实现科学管理的工具，但是这两种定额又有不同之处。它们的主要区别表现为以下几个方面。

1）定额作用不同

施工定额是施工企业内部管理的依据，直接用于施工管理；是编制施工组织设计、施工作业计划及劳动力、材料、机械台班使用计划的依据；是加强企业成本管理和经济核算的依据；是施工企业投标报价的依据。预算定额是一种计价性的定额，其主要作用表现在对工程造价的确定和计量方面；进行国家、建设单位和施工单位之间的拨款和结算；施工企业投标报价、建设单位编制标底也可以以预算定额为依据。

2）定额水平不同

施工定额中规定的活劳动和物化劳动消耗量标准，应是平均先进的水平标准，企业自身编制的企业定额反映本企业的施工和管理水平。编制预算定额的目的主要在于确定建筑安装工程每一单位分项工程的预算基价，而任何产品的价格都是按照生产该产品所需要的社会必要劳动量来确定的，所以预算定额中规定的活劳动和物化劳动消耗量标准，应体现社会平均水平。这种水平的差异，主要体现在预算定额比施工定额考虑了更多的实际存在的可变因素，如工序衔接、机械停歇、质量检查等。为此，在施工定额的基础上增加一个附加额，即幅度差。

3）项目划分和定额内容不同

施工定额的编制主要以工序或工作过程为研究对象，所以定额项目划分详细，定额工作内容具体；预算定额是在施工定额的基础上经过综合扩大编制而成的，所以定额项目划分更加综合，每一个定额项目的工作内容包括了若干个施工定额的工作内容。

### 3.3.3 预算定额的编制原则和编制依据

预算定额的编制原则为：定额水平以社会平均水平为准的原则，简明适用、严谨准确的原则，内容齐全原则的原则。

预算定额的编制依据为：

① 国家及有关部门的政策和规定；

② 现行的设计规范、国家工程建设标准强制性条文、施工技术规范和规程、质量评定标准和安全操作规程等建筑技术法规；

③ 通用的标准设计图纸、图集，有代表性的典型设计图纸、图集；

④ 有关的科学试验、技术测定、统计分析和经验数据等资料，成熟推广的新技术、新结构、新材料和先进管理经验的资料；

⑤ 现行的施工定额，国家和各省、市、自治区过去颁发或现行的预算定额及编制的基础资料；

⑥ 现行的工资标准、材料市场价格与预算价格、施工机械台班预算价格。

## 3.3.4 预算定额的内容构成

**1. 预算定额手册内容**

为了便于编制预算，使编制人员能准确地确定各分部分项工程的人工、材料和机械台班消耗指标及相应的价值指标，将预算定额按一定的顺序汇编成册，称为预算定额手册。预算定额手册一般由下列内容组成。

(1) 总说明。主要阐述预算定额的编制原则、编制依据、适用范围和定额的作用，说明编制定额时已经考虑和未考虑的因素，以及有关规定和定额的使用方法等。

(2) 建筑面积计算规则。严格、系统地规定计算建筑面积的内容范围和计算规则，从而使全国各地区的同类建筑产品的计划价格有一个科学的可比性。如对同类型结构的工程可通过计算单位建筑面积的工程量、造价、用工、用料等，进行技术经济分析和比较。

(3) 分部工程说明。每一分部工程即为定额的每一章，在说明中介绍了该分部中所包括的主要分项工程、工作内容及主要施工过程，阐述了各分项工程工程量的计算规则、计算单位、分界限的划分，以及使用定额的一些基本规定和计算附表等。

(4) 分项工程定额项目表。这是预算定额的主要组成部分，以分部工程归类，并以分项工程排列。在项目表的表头说明了该分项工程的工作内容。在项目表中标明了定额的编号、项目名称、计量单位，列有人工、材料、机械消耗量指标和工资标准（或工资等级）、材料预算价格、机械台班单价，以及据此计算出的人工费、材料费、机械费和汇总的定额基价(即综合单价)。有的项目表下部还列有附注，用以说明设计要求与定额规定不符时怎样进行调整，以及其他应说明的问题。预算定额项目表形式如表 3-1。

**表 3-1 建筑工程预算定额项目表（砌砖）**

工作内容：1. 基础：清理基槽、调运砂浆、运转、砌砖等。

2. 砖墙：筛砂、调运砂浆、运转、砌砖等。

$m^3$

| 定额编号 | | 4-1 | 4-2 | 4-3 | 4-4 | 4-5 | 4-6 |
|---|---|---|---|---|---|---|---|
| 项 目 | | 砖 | | | | | |
| | | 基础 | 外墙 | 内墙 | 贴砌墙 | | 圆弧形墙 |
| | | | | | 1/4 | 1/2 | |
| 基价/元 | | 165.13 | 178.46 | 174.59 | 246.7 | 205.54 | 183.6 |
| 其中 | 人工费/元 | 34.51 | 45.75 | 41.971 28 | 87.24 | 60.17 | 49.00 |
| | 材料费/元 | 126.57 | 128.24 | 128.20 | 153.75 | 140.40 | 130.07 |
| | 机械费/元 | 4.05 | 4.47 | 4.42 | 5.71 | 4.97 | 4.53 |

续表

| 定额编号 | | | | | 4-1 | 4-2 | 4-3 | 4-4 | 4-5 | 4-6 |
|---|---|---|---|---|---|---|---|---|---|---|
| 名　称 | | | 单位 | 单价/元 | 数　量 | | | | | |
| 人工 | 82002 | 综合工日 | 工日 | 28.240 | 1.183 | 1.578 | 1.445 | 3.031 | 2.082 | 1.692 |
| | 82013 | 其他人工费 | 元 | | 1.100 | 1.190 | 1.160 | 1.640 | 1.370 | 1.220 |
| 材料 | 04001 | 红机砖 | 块 | 0.177 | 523.600 | 510.000 | 510.000 | 615.900 | 563.100 | 520.000 |
| | 81071 | M5 水泥砂浆 | $m^3$ | 135.210 | 0.236 | 0.265 | 0.265 | 0.309 | 0.283 | 0.265 |
| | 84004 | 其他材料费 | 元 | | 1.980 | 2.140 | 2.100 | 2.960 | 2.470 | 2.200 |
| 机械 | 84023 | 其他机具费 | 元 | | 4.050 | 4.470 | 4.420 | 5.710 | 4.970 | 4.530 |

(5) 附录或附表。此项列在预算定额的最后面。例如某市的预算定额的附录包括砂浆配合比表、混凝土配合比表、材料预算价格、地模制作价格表、金属制品制作价格表等。

**2. 建筑工程基础定额简介**

中华人民共和国建设部发布了《全国统一建筑工程基础定额》，简称基础定额，其编制的指导思想是遵循市场经济原则，既有利于对工程造价的计价依据实行宏观调控，又有利于搞活企业，充分发挥竞争机制作用，以促进建筑市场朝着有序、规范化方向发展。

建筑工程基础定额是完成规定计量单位分项工程计价的人工、材料、机械台班消耗量标准，是编制建筑工程（土建部分）地区单位估价表和确定工程造价的依据。基础定额的突出特点是以控制工程消耗量为主，不带有货币数量的工、料、机费用和定额基价，即实行量、价分离。定额中的各消耗量标准，反映了建筑产品生产消耗的客观规律，反映了一定时期社会生产力的水平，并保持基础定额的相对稳定性。

为便于宏观控制，统一协调定额水平，基础定额尽可能做到“五统一”。这就是：

① 定额项目划分统一，包括项目名称、工作内容、选用国家标准规范的原则等；

② 工程量计算规则统一，使其作为建设、设计、施工、咨询等单位计算工程量共同遵守的计算方法；

③ 计量单位统一，包括建筑面积、工程数量、材料及半成品等的计量单位，均采用国家法定计量单位；

④ 消耗量计算方法统一，包括定额的工、料、机消耗量，混凝土、砂浆配合比等计算方法及各项损耗内容和取值；

⑤ 定额项目和工、料、机编码统一，并在附录中列出名词、术语对照表。

由于基础定额具有“统一性”的特点，为全国的工程建设建立了一个统一的计价核算尺度，能够比较和考核各地区、各部门工程建设经济效果和施工管理水平。所以基础定额是一种技术经济法规，具有指令性性质。但为了适应社会主义市场经济特征的需要，它在一定范围内又具有一定程度的灵活性，使之更加切合各地区的实际情况。总之，建筑工程基础定额具有科学性、统一性、法令性、稳定性等特点。

## 3.3.5 预算定额消耗量指标的确定

**1. 人工消耗量指标的确定**

预算定额中人工消耗量指标包括完成该分项工程的各种用工数量，它的确定有两种方法，一种是以施工定额为基础确定，另一种是以现场观察测定的资料为基础计算。预算定额的人工消耗由下列 4 部分组成。

1）基本用工

基本用工是指完成该分项工程的主要用工量。例如在完成砌筑砖墙体工程中的砌砖、运砖、调制砂浆、运砂浆等所需的工日数量。预算定额是综合性的，包括的工程内容较多。例如，包括在墙体工程中除实砌墙外还有附墙烟囱、通风道、垃圾道、预留抗震柱孔等内容，这些都比实砌墙用工量多，需要分别计算后加入到基本用工中。

基本用工数量，按综合取定的工程量和劳动定额中相应的时间定额进行计算，即

$$W_1 = \sum_{i=1}^{n} (V_i \cdot t_i)$$

式中：$V_i$——工序工程量；

$t$——相应工序的时间定额；

$i$——工序的序号；

$n$——工序的数量。

2）材料及半成品超运距用工

材料及半成品超运距用工是指预算定额中材料及半成品的运输距离超过了劳动定额基本用工中规定的距离所需增加的用工量。计算公式为

超运距＝预算定额规定的运距－劳动定额规定的运距

$$W_2 = \sum_{i=1}^{n} (V_i' \cdot t_i)$$

式中：$V_i'$——超运距材料的数量。

3）辅助用工

辅助用工是指在劳动定额内不包括而在预算定额内又必须考虑的施工现场所发生的材料加工等用工，如筛砂子、淋石灰膏等增加的用工。计算公式为

$$W_3 = \sum_{i=1}^{n} (V_i'' \cdot t_i)$$

式中：$V_i''$——加工材料的数量。

4）人工幅度差

人工幅度差主要是指预算定额和劳动定额由于定额水平不同而引起的水平差，另外还包

括在正常施工条件下，劳动定额中没有包含的而在一般正常施工情况下又不可避免的一些零星用工因素。这些因素不便计算出工程量，因此综合确定出一个合理的增加比例，即人工幅度差系数，纳入到预算定额中。人工幅度差的内容包括：

① 在正常施工条件下，土建工程中各工种施工之间的搭接，以及土建工程与水、暖、风、电等工程之间的交叉配合需要的停歇时间；

② 施工机械的临时维修和在单位工程之间转移时，以及水、电线路在施工过程中移动所发生的不可避免的工作停歇时间；

③ 由于工程质量检查和隐蔽工程验收而导致工人操作延长的时间；

④ 由于场内单位工程之间的地点转移，影响了工人的操作时间；

⑤ 由于工种交叉作业，造成的工程质量问题，对此所花费的用工。

人工幅度差的计算公式为

$$U=\left(\sum_{j=1}^{3}W_j\right)\cdot a$$

式中：$a$——人工幅度差系数，一般土建工程为10%，设备安装工程为12%。

综上所述，预算定额中各分项工程的人工消耗量指标就等于该分项工程的各种用工数量之和，即

$$W=\left(\sum_{j=1}^{3}W_j\right)\cdot(1+a)$$

以上所述内容为一般性规定，各地区在制定当地使用的预算定额或单位估价表时，应按上述原则执行。如《北京市建设工程预算定额》(2001) 的制定中，对于人工工日消耗不分工种和技术等级，统一按综合工日表示，人工工日的消耗包括基本用工、超运距用工和人工幅度差3项。

**2. 材料消耗量指标的确定**

预算定额的材料消耗量指标由材料的净用量和损耗量构成。从消耗内容来看，包括为完成该分项工程或结构构件的施工任务必需的各种实体性材料，从引起消耗的因素看，包括直接构成工程实体的材料消耗量、发生在施工现场该施工过程中的材料合理损耗量。材料消耗量确定的方法有技术测定法、试验法、统计分析法和理论计算法4种，具体方法与施工定额中所述一致。但是，两种定额中的材料损耗率并不同，预算定额中的材料损耗较施工定额中的范围更广，它考虑了整个施工现场范围内材料堆放、运输、制备、制作及施工操作过程中的损耗。另外，在确定预算定额中材料消耗量时，还必须充分考虑分项工程或结构构件所包括的工程内容、分项工程或结构构件的工程量计算规则等因素对材料消耗量的影响。

1）主材净用量的确定

(1) 主材净用量的计算。应结合分项工程的构造做法、综合取定的工程量及有关资料进行计算。例如砌筑1砖墙，经测定计算，每1立方米墙体中梁头、板头体积为0.028 $m^3$，预

留孔洞体积0.006 3 $m^3$，突出墙面砌体0.006 29 $m^3$，砖过梁为0.04 $m^3$，则每立方米墙体的砖及砂浆净用量计算为

$$(\text{未增减前})\text{标准砖}=\frac{1}{\text{墙厚}\times(\text{砖长}+\text{灰缝})\times(\text{砖厚}+\text{灰缝})}\times 2\times\text{墙厚的砖数}$$

$$=\frac{1}{0.24\times(0.24+0.01)\times(0.053+0.01)}\times 2\times 1=529.1(\text{块})$$

$$(\text{未增减前})\text{砂浆}=1-\text{砖数}\times\text{单块砖体积}=1-529.1\times(0.24\times 0.115\times 0.053)=0.226(m^3)$$

考虑扣除和增加的体积后，材料的净用量为

$$\text{标准砖}=529.1\times(1-2.8\%-0.63\%+0.629\%)=514.28(\text{块})$$

$$\text{砂浆}=0.226\times(1-2.8\%-0.63\%+0.629\%)=0.219\,7(m^3)$$

其中砌筑砖过梁所用的砂浆标号较高，称为附加砂浆，砌筑砖墙的其他部分砂浆为主体砂浆。

$$\text{附加砂浆}=0.219\,7\times 4\%=0.008\,8(m^3)$$

$$\text{主体砂浆}=0.219\,7\times 96\%=0.210\,9(m^3)$$

(2) 主材损耗量的计算。材料损耗量由施工操作损耗、场内运输（从现场内材料堆放点或加工点到施工操作地点）损耗、加工制作损耗和场内管理损耗（操作地点的堆放及材料堆放地点的管理）所组成。损耗量与损耗率的关系为

$$\text{损耗率}=\frac{\text{材料损耗量}}{\text{材料总消耗量}}\times 100\%$$

则

$$\text{材料总消耗量}=\text{材料净用量}+\text{材料损耗量}$$

$$=\text{材料净用量}/(1-\text{损耗率})$$

例如，根据资料砌筑标准砖的砖和砂浆的损耗率均为1%，则1砖墙每立方米的定额消耗量为

$$\text{标准砖}=514.28/(1-1\%)=519.47(\text{块})$$

$$\text{砂浆}=0.219\,7/(1-1\%)=0.222(m^3)$$

故预算定额中每立方米1砖墙标准砖的消耗量为519.47块，砂浆消耗量为0.222 $m^3$。

2) 次要材料消耗量的确定

次要材料包括两类材料：一类是直接构成工程实体，但用量很小，不便计算的零星材料，如砌砖墙中的木砖、混凝土中的外加剂等；另一类是不构成工程实体，但在施工中消耗的辅助材料，如草袋、氧气、电石等。总的来说，这些材料用量不多，价值不大，不便在定额中逐一列出，因而将它们合并统称为次要材料。对次要材料，采用估算等方法计算其用量

和总价值后，以“其他材料费”、以元为单位列入预算定额，或者以其他材料费占主材和周转性材料费之和的百分比的形式表示。

**3. 机械台班消耗量指标的确定**

预算定额中的机械台班消耗量指标，一般是在施工定额的基础上，再考虑一定的机械幅度差进行计算的。机械幅度差是指在合理的施工组织条件下机械的停歇时间，主要内容包括：

① 施工中机械转移工作面及配套机械相互影响所损失的时间；

② 在正常施工情况下，机械施工中不可避免的工序间歇；

③ 检查工程质量影响机械操作的时间；

④ 因临时水电线路在施工过程中移动而发生的不可避免的机械操作间歇时间；

⑤ 冬季施工期内发动机械的时间；

⑥ 不同厂牌机械的工效差、临时维修、小修、停水停电等引起机械间歇时间。

1）大型机械台班消耗量

大型机械，如土石方机械、打桩机械、吊装机械、运输机械等，在预算定额中按机械种类、容量或性能及工作对象，并按单机或主机与配合辅助机械，分别以台班消耗量表示。台班消耗量指标是按施工定额中规定的机械台班产量计算，再加上机械幅度差确定的。土石方机械的幅度差系数为2%，打桩机械为33%，吊装机械为30%。

$$机械台班消耗量=\frac{工序工程量}{机械台班产量}\times(1+机械幅度差系数)$$

2）专用机械台班消耗量

分部工程的各种专用中小型机械，如打夯、钢筋加工、木作、水磨石等专用机械，一般按机械幅度差系数为10%来计算其台班消耗量，列入预算定额的相应项目内。

3）其他中小型机械使用量

对于在施工中使用量较少的各种中小型机械，不便在预算定额中逐一列出，而将它们的台班消耗量和机械费计算后合并为“其他机械费”，以元为单位，列入预算定额的相应子目内。

## 3.4 概算定额和概算指标

### 3.4.1 概算定额的概念和作用

概算定额是规定一定计量单位的扩大分项工程或扩大结构构件所需人工、材料、机械台班消耗量和货币价值的数量标准。它是在相应预算定额的基础上，根据有代表性的设计图纸及通用图、标准图和有关资料，把预算定额中的若干相关项目合并、综合和扩大编制而成的，以达到简化工程量计算和编制设计概算的目的。例如，砌筑条形毛石基础，在概算定额中是一个项目，而在预算定额中，则分属于挖土、回填土、槽底夯实、找平层和砌石 5 个分项。

编制概算定额时，为了能适应规划、设计、施工各阶段的要求，概算定额与预算定额的水平应基本一致，即反映社会平均水平。但由于概算定额是在预算定额的基础上综合扩大而成，因此两者之间必然产生并允许留有一定的幅度差，这种扩大的幅度差一般在 5%以内，以便根据概算定额编制的设计概算能对施工图预算起控制作用。目前全国尚无编制概算定额的统一规定，各省、市、自治区的有关部门是在总结各地区经验的基础上编制概算定额的。

概算定额的主要作用是：

① 在初步设计阶段编制单位工程概算，扩大初步设计（技术设计）阶段编制修正概算的依据；

② 对设计方案进行技术经济比较和选择的依据；

③ 建筑安装企业在施工准备阶段编制施工组织总设计或总规划的各种资源需要量的依据；

④ 编制概算指标的基础。

## 3.4.2 概算定额的编制

**1. 概算定额的编制原则**

编制概算定额时，应遵循下列原则：扩大综合、简化计算的原则，简明适用的原则，定额水平控制在一定的幅度之内的原则，细算粗编的原则，以及考虑运用统筹法原理及电子计算机计算程序，提高概算工作效率的原则。

**2. 概算定额的编制依据**

① 现行的设计标准、规范和施工技术规范、规程等法规；

② 有代表性的设计图纸和标准设计图集、通用图集；

③ 现行的建设工程预算定额和概算定额；

④ 现行的人工工资标准、材料预算价格、机械台班预算价格及各项取费标准；

⑤ 有关的施工图预算和工程结算等经济资料；

⑥ 有关国家、省、市和自治区文件。

**3. 概算定额的内容**

各地区概算定额的形式、内容各有特点，但一般包括下列主要内容。

（1）总说明。主要阐述概算定额的编制原则、编制依据、适用范围、有关规定、取费标准和概算造价计算方法等。

（2）分章说明。主要阐明本章所包括的定额项目及工程内容，规定的工程量计算规则等。

（3）定额项目表。这是概算定额的主要内容，它由若干分节定额表组成。各节定额表表头注有工作内容，定额表中列有计量单位、概算基价、各种资源消耗量指标，以及所综合的预算定额的项目与工程量等。某地区概算定额项目表（摘录）如表 3-2 所示。

**表3-2 砖墙工程概算定额表（摘录）**

工程内容：包括过梁、圈梁、钢筋混凝土加固带、加固筋、砖砌垃圾道、通风道、附墙烟囱等。

| 定额编号 | | 单位 | 2-1 | 2-2 | 2-3 | 2-4 | 2-5 | 2-6 |
|---|---|---|---|---|---|---|---|---|
| 项目 | | | 红机砖 | | | | | |
| | | | 外墙 | | | 内墙 | | |
| | | | 240 | 365 | 490 | 115 | 240 | 365 |
| 基价 | | 元 | 60.15 | 91.08 | 121.99 | 23.92 | 53.04 | 81.22 |
| 其中 | 人工费 | 元 | 9.39 | 14.24 | 19.09 | 5.12 | 7.99 | 12.19 |
| | 材料费 | 元 | 49.99 | 75.67 | 101.35 | 18.54 | 44.40 | 67.99 |
| | 机械费 | 元 | 0.77 | 1.17 | 1.55 | 0.26 | 0.65 | 1.04 |
| 人工 | | 工日 | 0.44 | 0.66 | 0.88 | 0.24 | 0.37 | 0.57 |
| 主要工程量 | 砌体 | $m^3$ | 0.227 | 0.345 | 0.463 | 0.106 | 0.210 | 0.319 |
| | 现浇混凝土 | | 0.012 | 0.018 | 0.024 | | 0.011 | 0.017 |
| 主要材料 | 钢筋 | kg | 2 | 3 | 4 | | 1 | 2 |
| | 模板 | $m^3$ | | | | | | |
| | 水泥 | kg | 15 | 23 | 31 | 4 | 14 | 21 |
| | 过梁 | $m^3$ | 0.006 | 0.009 | 0.012 | 0.002 | 0.005 | 0.008 |
| | 红机砖 | 块 | 116 | 176 | 236 | 57 | 107 | 163 |
| | 石灰 | kg | 5 | 7 | 10 | 2 | 4 | 7 |
| | 砂子 | kg | 105 | 160 | 214 | 38 | 97 | 148 |
| | 石子 | kg | 15 | 23 | 31 | | 14 | 22 |
| | 钢模费 | 元 | 1.08 | 1.62 | 2.15 | | 0.99 | 1.53 |
| 其他材料费 | | 元 | 0.22 | 0.34 | 0.45 | 0.06 | 0.20 | 0.31 |

### 3.4.3 概算指标的概念

在建筑工程中，概算指标是以建筑面积（$m^2$ 或 100 $m^2$）或建筑体积（$m^3$ 或 100 $m^3$）、构筑物以座为计量单位，规定所需人工、材料、机械台班消耗量和资金数量的定额指标。概算指标是按整个建筑物或构筑物为对象编制的，因此它比概算定额更加综合和扩大。依据概算指标来编制设计概算也就更为简便。概算指标中各消耗量的确定，主要来自各种工程的概预算和决算的统计资料。

概算指标按项目划分有单位工程概算指标（如土建工程概算指标、水暖工程概算指标等）、单项工程概算指标、建设工程概算指标等；按费用划分有直接费概算指标和工程造价指标。概算指标的主要作用有：

① 在初步设计阶段，特别是当工程设计形象尚不具体时，计算分部分项工程量有困难，无法查用概算定额，同时又必须提出建筑工程概算的情况下，可以使用概算指标编制设计概算；

② 概算指标是在建设项目可行性研究阶段编制项目投资估算的依据；

③ 概算指标是建设单位编制基本建设计划、申请投资贷款和主要材料计划的依据；

④ 概算指标是设计和建设单位进行设计方案的技术经济分析、考核投资效果的标准。

## 3.4.4 概算指标的编制

**1. 概算指标的编制依据**

① 标准设计图纸和各类工程典型设计；

② 国家颁发的建筑标准、设计规范、施工规范等；

③ 各类工程造价资料；

④ 现行的概算定额和预算定额及补充定额资料；

⑤ 人工工资标准、材料预算价格、机械台班预算价格及其他价格资料。

**2. 概算指标的编制方法**

下面以房屋建筑工程为例，对概算指标的编制方法作简要概述。

编制概算指标，首先要根据选择好的设计图纸，计算出每一结构构件或分部工程的工程数量。计算工程量第一个目标是以 1 000 $m^3$ 建筑体积（或 100 $m^2$ 建筑面积）为计算单位，换算出某种类型建筑物所含的各结构构件和分部工程量指标。

例如，根据某砖混结构工程中的典型设计图纸的结果，已知其毛石带型基础的工程量为 90 $m^3$，混凝土基础的工程量为 70 $m^3$，该砖混结构建筑物的体积为 800 $m^3$，则 1 000 $m^3$ 砖混结构经综合归并后，所含的毛石带型和混凝土基础的工程量指标分别为

$$1\,000 \times 90/800 = 112.5(m^3)$$

$$1\,000 \times 70/800 = 87.5(m^3)$$

工程量指标是概算指标中的重要内容，它详尽地说明了建筑物的结构特征，同时也规定了概算指标的适用范围。

计算工程量的另一目的，是为了计算出人工、材料和机械的消耗量指标，计算出工程的单位造价。所以计算标准设计和典型设计的工程量，是编制概算指标的重要环节。

其次在计算工程量指标的基础上，要确定人工、机械和材料的消耗指标，确定的方法是按照所选择的设计图纸、现行的概预算定额、各类价格资料，编制单位工程概算或预算，并将各种人工、机械和材料的消耗量汇总，计算出人工、材料和机械的总用量，然后再计算出每平方米建筑面积和每立方米建筑物体积的单位造价，计算出该计量单位所需的主要人工、材料和机械的实物消耗量指标，次要人工、材料和机械的消耗量，综合为其他人工、其他机械、其他材料，用金额“元”表示。例如每平方米造价指标，就是以整个建筑物为对象，根据该项工程的全部预算（或概算、决算）价值除以总建筑面积而得的数值，而每平方米面积所包含的某种材料数量就是该工程预算（或概算、决算）中此种材料总的耗用量除以总建筑面积而得的数据。

假定从上例的单位工程预算书中取得如下资料：

一般土建工程 400 000 元，给排水工程 40 000 元，汇总预算造价 440 000 元。

根据以上资料，可以计算出单位工程的单位造价和整个建筑物的单位造价。

每立方米建筑物体积的一般土建工程造价＝400 000/800＝500(元)

每立方米建筑物体积的给排水工程造价＝40 000/800＝50(元)

每立方米建筑物体积造价＝440 000/800＝550(元)

每平方米建筑物的单位造价计算方法同上。

各种消耗指标的确定方法如下所述。

假定根据概算定额，10 $m^3$ 毛石基础需要用砌石工 6.54 工日，又假定在该项单位工程中没有其他工程需要砌石工，则 1 000 $m^3$ 建筑物需用的砌石工为

$$112.5\times6.54/10=73.58(\text{工日})$$

其他各种消耗指标的计算方法同上。

对于经过上述编制方法确定和计算出的概算指标，要经过比较平衡、调整和水平测算对比及试算修订，才能最后定稿报批。

### 3.4.5　概算指标的内容

概算指标在其表达形式上，可分为综合形式和单项形式。

**1. 综合形式的概算指标**

综合指标是以一种类型的建筑物或构筑物为研究对象，以建筑物或构筑物的体积或面积为计量单位，综合了该类型范围内各种规格的单位工程的造价和消耗量指标而形成的，它反映的不是具体工程的指标，而是一类工程的综合指标，是一种概括性比较大的概算指标，对于房屋来讲只包括单位工程的单方造价、单项工程造价和每百平方米土建工程的主要材料消耗量。在综合形式的概算指标中主要材料消耗是以每百平方米（材料消耗量单位/100 $m^2$）为单位。

**2. 单项形式的概算指标**

单项形式的概算指标，要比综合形式的概算指标详细。它是以典型的建筑物或构筑物为分析对象而编制的指标，反映某一具体工程的消耗情况。

单项形式的概算指标，通常包括 4 个方面的内容。

1）编制说明

主要从总体上说明概算指标的作用、编制依据、适用范围和使用方法等。

2）工程简图

也称“示意图”。它由立面图和平面图来表示。根据工程的复杂程度，必要时还要画出剖面图。对于单层厂房，只需画出平面图和剖面图。

3）经济指标

建筑工程中常用的经济指标有每平方米的造价（元/$m^2$）和每百平方米的造价（元/100 $m^2$），该单项工程中土建、给排水、采暖、电照等各单位工程单价指标。

造价指标中，包含了直接费、间接费、计划利润、其他费用和税金。

4）构造内容及工程量指标

说明该工程项目的构造内容（可作为不同构造内容进行换算的依据）和相应计算单位的扩大分项工程的工程量指标，以及人工、主要材料消耗量指标。

## 3.5 投资估算指标及工程造价指数

### 3.5.1 投资估算指标的作用和编制原则

投资估算指标是在项目建议书阶段和可行性研究阶段编制投资估算和计算投资需要量时使用的一种定额。该指标往往以独立的单项工程或完整的工程项目为计算对象，其概略程度与可行性研究相适应。投资估算指标往往根据历史的预、决算资料和价格变动等资料编制，但其编制基础仍然离不开预算定额、概算定额。投资估算指标在固定资产的形成过程中起着投资预测、投资控制、投资效益分析的作用，是合理确定项目投资的基础。

投资估算指标的编制除应遵循一般定额的编制原则外，还必须坚持下述原则。

① 投资估算指标项目的确定，应考虑以后几年编制建设项目建议书和可行性研究报告投资估算的需要。

② 投资估算指标的分类、项目划分、项目内容、表现形式等要结合各专业的特点，并且要与项目建议书、可行性研究报告的编制深度相适应。

③ 投资估算指标的编制内容、典型工程的选择，应既能反映现实的高科技成果，反映正常建设条件下的造价水平，也能适应今后若干年的科技发展水平。

④ 投资估算指标的编制要反映不同行业、不同项目和不同工程的特点。

⑤ 投资估算指标的编制要体现国家对固定资产投资实施间接调控作用的特点。要贯彻能分能合、有粗有细、细算粗编的原则，使投资估算指标能满足项目建议书和可行性研究各阶段的要求，既能有反映一个建设项目的全部投资及其构成，又要有组成建设项目投资的各个单项工程投资。

⑥ 投资估算指标的编制要贯彻静态和动态相结合的原则。要充分考虑到建设期内由于量差、价差、利息差、费用差等“动态”因素对投资估算的影响，同时对上述动态因素给予必要的调整办法和调整参数，尽可能减少这些动态因素对投资估算准确度的影响，使指标具有较强的实用性和可操作性。

### 3.5.2 投资估算指标的内容

投资估算指标是确定和控制建设项目全过程各项投资支出的技术经济指标，其范围涉及建设前期、建设实施期和竣工验收交付使用期等各个阶段的费用支出，内容因行业不同而各异，一般可分为建设项目综合指标、单项工程指标和单位工程指标 3 个层次。

**1. 建设项目综合指标**

建设项目综合指标指按规定应列入建设项目总投资的、从立项筹建开始至竣工验收交付使用的全部投资额，包括单项工程投资、工程建设其他费用和预备费等。

建设项目综合指标一般以项目的综合生产能力单位投资表示，如“元/t”和“元/kW”，或以使用功能表示，如医院床位：“元/床”。

**2. 单项工程指标**

单项工程指标指按规定应列入能独立发挥生产能力或使用效益的单项工程内的全部投资额，包括建筑工程费、安装工程费、设备、工器具及生产家具购置费和其他费用。单项工程一般划分原则如下所述。

(1) 主要生产设施，指直接参加生产产品的工程项目，包括生产车间或生产装置。

(2) 辅助生产设施，指为主要生产车间服务的工程项目，包括集中控制室、中央实验室、机修、电修、仪器仪表修理及木工（模）等车间，原材料、半成品、成品及危险品等仓库。

(3) 公用工程，包括给排水系统（给排水泵房、水塔、水池及全厂给排水管网）、供热系统（锅炉房及水处理设施、全厂热力管网）、供电及通信系统（变配电所、开关所及全厂输电、电信线路）及热电站、热力站、煤气站、空压站、冷冻站、冷却塔和全厂管网等。

(4) 环境保护工程，包括废气、废渣、废水等处理和综合利用设施及全厂性绿化。

(5) 总图运输工程，包括厂区防洪、围墙大门、传达及收发室、汽车库、消防车库、厂区道路、桥涵、厂区码头及厂区大型土石方工程。

(6) 厂区服务设施，包括厂部办公室、厂区食堂、医务室、浴室、哺乳室、自行车棚等。

(7) 生活福利设施，包括职工医院、住宅、生活区食堂、职工医院、俱乐部、托儿所、幼儿园、子弟学校、商业服务点及与之配套的设施。

(8) 厂外工程，如水源工程、厂外输电、输水、排水、通信、输油等管线及公路、铁路专用线等。

单项工程指标一般以单项工程生产能力单位投资，如“元/t”或其他单位表示。如变配电站以“元/（kV·A）”表示，锅炉房以“元/蒸气吨”表示，供水站以“元/$m^3$”表示，办公室、仓库、宿舍、住宅等房屋则区别不同结构形式以“元/$m^2$”表示。

**3. 单位工程指标**

单位工程指标按规定应列入能独立设计、施工的工程项目的费用，即建筑安装工程费用。

单位工程指标一般以如下方式表示：房屋区别于不同结构形式以“元/$m^2$”表示；道路区别不同结构层、面层以“元/$m^2$”表示；水塔区别不同结构层、容积以“元/座”表示；管道区别不同材质、管径以“元/m”表示。

### 3.5.3 投资估算指标的编制阶段

投资估算指标的编制工作，涉及建设项目的产品规模、产品方案、工艺流程、设备选型、工程设计和技术经济等各个方面，既要考虑到现阶段的技术状况，又要展望近期技术发展趋势和设计动向，从而可以指导以后建设项目的实践。投资估算指标的编制一般分为3个阶段进行。

**1. 收集整理资料阶段**

收集整理已建成或正在建设的、符合现行技术政策和技术发展方向、有可能重复采用的、有代表性的工程设计施工图、标准设计及相应的竣工决算或施工图预算资料等，同时对调查收集到的资料要选择占投资比重大、相互关联多的项目进行认真的分析整理，由于已建成或正在建设的工程的设计意图、建设时间和地点、资料的基础等不同，相互之间的差异很大，需要去粗取精、去伪存真地加以整理，才能重复利用。将整理后的数据资料按项目划分栏目加以归类，按照编制年度的现行定额、费用标准和价格，调整成编制年度的造价水平及相互比例。

**2. 平衡调整阶段**

由于调查收集的资料来源不同，虽然经过一定的分析整理，但难免会由于设计方案、建设条件和建设时间上的差异带来的某些影响，使数据失准或漏项等，必须对有关资料进行综合平衡调整。

**3. 测算审查阶段**

测算是将新编的指标和选定工程的概预算，在同一价格条件下进行比较，检验其“量差”的偏离程度是否在允许偏差的范围之内，如偏差过大，则要查找原因，进行修正，以保证指标的确切、实用。测算同时也是对指标编制质量进行的一次系统检查，应由专人进行，以保持测算口径的统一，在此基础上组织有关专业人员予以全面审查定稿。

由于投资估算指标的计算工作量非常大，在现阶段计算机已经广泛普及的条件下，应尽可能应用电子计算机进行投资估算指标的编制工作。

### 3.5.4 工程造价指数

**1. 工程造价指数及其编制意义**

随着我国经济体制改革，特别是价格体制改革的不断深化，设备、材料价格和人工费的变化对工程造价的影响日益增大。在建筑市场供求和价格水平发生经常性波动的情况下，建设工程造价及其各组成部分也处于不断变化之中，这不仅使不同时期的工程在“量”与“价”两方面都失去可比性，也给合理确定和有效控制造价造成了困难。根据工程建设的特点，编制工程造价指数是解决这些问题的最佳途径。

工程造价指数是反映一定时期由于价格变化对工程造价影响程度的一种指标，它是调整工程造价价差的依据。工程造价指数反映了报告期与基期相比的价格变动趋势，利用它来研究实际工作中以下问题很有意义：

① 可以利用工程造价指数分析价格变动趋势及其原因；

② 可以利用工程造价指数估计工程造价变化对宏观经济的影响；

③ 工程造价指数是工程承发包双方进行工程估价和结算的重要依据。

指数按其所反映的现象范围的不同，分为个体指数、总指数；按其编制方法的不同，分为综合指数和平均数指数。综合指数是总指数的基本形式，它解决了计算总指数时不同度量单位的问题，使不能直接加总的不同使用价值的各种商品或产品的总体变为能够进行对比的两个时期的现象的总体。运用综合指数计算总指数时，一般要涉及两个因素，一个是指数所要研究的对象，叫指数化因素；另一个是将不能同度量现象过渡为可以同度量现象的因素，叫同度量因素。平均数指数是综合指数的变形，是以个体指数为基础，通过对个体指数计算加权平均数编制的总指数。当然，根据价格资料的期限长短来分类，也可以把指数分为时点造价指数、月指数、季指数和年指数等。

**2. 工程造价指数的编制**

1）各种单项价格指数的编制

单项价格指数包括了反映各类工程的人工费、材料费、施工机械使用费报告期价格对基期价格的变化程度的指标。

(1) 人工费、材料费、施工机械使用费等价格指数的编制。这种价格指数的编制可以直接用报告期价格与基期价格相比后得到。其计算公式为

$$人工费(材料费、施工机械使用费)价格指数=P_n/P_o$$

式中：$P_o$——基期人工日工资单价（材料预算价格、机械台班单价）；

$P_n$——报告期人工日工资单价（材料预算价格、机械台班单价）。

(2) 措施费、间接费及工程建设其他费等费率指数的编制。其计算公式为

$$措施费(间接费、工程建设其他费)费率指数=P_n/P_o$$

式中：$P_o$——基期措施费（间接费、工程建设其他费）费率；

$P_n$——报告期措施费（间接费、工程建设其他费）费率。

2）设备、工器具价格指数的编制

设备、工器具费用的变动通常是由两个因素引起的，即设备、工器具单件采购价格的变化和采购数量的变化，并且工程所采购的设备、工器具是由不同规格、不同品种组成的，因此，设备、工器具价格指数属于总指数。由于采购价格与采购数量的数据无论是基期还是报告期都比较容易获得，因此设备、工器具价格指数是用综合指数的形式表示的总指数。

(1) 同度量因素的选择。在设备、工器具价格指数的计算中面临的问题是，应该选择基期计划采购数量为同度量因素，还是选择报告期实际采购数量为同度量因素。根据统计学的一般原理，此处可分为拉斯贝尔体系和派许体系。

拉斯贝尔体系以基期销售量为同度量因素，计算公式可以表示为

$$K_p=\frac{\sum q_0 p_1}{\sum q_0 p_0}$$

式中：$K_p$——综合指数；

$p_0$ 和 $p_1$——基期与报告期价格；

$q_0$——基期数量。

派许体系则以报告期销售量为同度量因素，计算公式可以表示为

$$K_p = \frac{\sum q_1 p_1}{\sum q_1 p_0}$$

式中：$K_p$——综合指数；

$p_0$ 和 $p_1$——基期与报告期价格；

$q_1$——报告期数量。

拉斯贝尔公式（简称拉氏公式）将同度量因素固定在基期，其结果说明的是，按过去的采购量计算设备、工器具价格的变动程度。公式分子项与分母项的差额，说明由于价格的变动，按过去的采购量购买设备、工器具，将多支出或少支出的金额，显然是没有现实意义的。而派许公式（简称派氏公式）以报告期数量指标为同度量因素，使价格变动与现实的采购数量相联系，而不是与物价变动前的采购数量相联系。由此可见，用派氏公式计算价格总指数，比较符合价格指数的经济意义。

(2) 设备、工器具价格指数的编制。考虑到设备、工器具的采购品种很多，为简化起见，计算价格指数时可选择其中用量大、价格高、变动多的主要设备、工器具的购置数量和单价进行计算，按照派氏公式进行计算公式为

$$\text{设备、工器具价格指数} = \frac{\sum(\text{报告期设备工器具单价} \times \text{报告期购置数量})}{\sum(\text{基期设备工器具单价} \times \text{报告期购置数量})}$$

3) *建筑安装工程价格指数*

建筑安装工程造价指数也是一种综合指数，其中包括了人工费指数、材料费指数、施工机械使用费指数及措施费、间接费等各项个体指数的综合影响。由于建筑安装工程造价指数相对比较复杂，涉及的方面较广，利用综合指数来进行计算分析难度较大。因此，可以通过对各项个体指数的加权平均，用平均数指数的形式来表示。建筑安装工程价格指数也属于质量指标指数，所以也应用派氏公式计算。

(1) 平均数指数。在利用派氏公式计算综合指数时，需要掌握基期价格乘报告期数量之积的和（$\sum q_1 p_0$），这是比较困难的。而相比而言，基期和报告期的费用总值（$\sum q_0 p_0$，$\sum q_1 p_1$）却是比较容易获得的资料。因此，利用派氏综合指数进行变形后计算得出的平均数指数可以代替综合指数，称为加权调和平均数指数。其计算过程如下所述。

设 $k_p = p_1/p_0$ 表示个体价格指数，则派氏综合指数可以表示为

$$\text{派氏价格指数} = \frac{\sum q_1 p_1}{\sum p_1 p_0} = \frac{\sum q_1 p_1}{\sum \frac{1}{K_p} q_1 p_1}$$

(2) 建筑安装工程造价指数的编制。根据加权调和平均数指数的推导公式，可得到建筑

安装工程造价指数，具体的计算过程为（由于计划利润率不会变化，可以认为其个体价格指数为1）

$$\text{建筑安装工程造价指数}=\frac{\text{报告期建筑安装工程费}}{\dfrac{\text{报告期人工费}}{\text{人工费指数}}+\dfrac{\text{报告期材料费}}{\text{材料费指数}}+\dfrac{\text{报告期施工机械使用费}}{\text{施工机械使用费指数}}+\dfrac{\text{报告期建筑安装工程其他费用}}{\text{建筑安装工程其他费用综合指数}}}$$

4）建设项目或单项工程造价指数的编制

该指数是由设备、工器具价格指数、建筑安装工程造价指数、工程建设其他费用指数综合得到的。它也属于总指数，并且与建筑安装工程造价指数类似，一般也用平均数指数的形式来表示。具体的计算过程为

$$\text{建筑项目或单项工程指数}=\frac{\text{报告期建设项目或单项工程造价}}{\dfrac{\text{报告期建筑安装工程费}}{\text{建筑安装工程造价指数}}+\dfrac{\text{报告期设备工器具费用}}{\text{设备、工器具价格指数}}+\dfrac{\text{报告期工程建设其他费}}{\text{工程建设其他费指数}}}$$

编制完成的工程造价指数有很多用途，如作为政府对建设市场宏观调控的依据，也可以作为工程估算及概预算的基本依据。当然，其最重要的作用是在建设市场的交易过程中，为承包商提出合理的投标报价提供依据，此时的工程造价指数也可称为是投标价格指数，具体的表现形式如表3-3所示。工程造价指数还可以通过图形的形式来表示，可以更加直观、形象地反映出在一定时期内工程造价的波动状况，图3-3为深圳市各类建筑工程造价指数1987—2000年各季度的变化情况（1986年为100）。

**表3-3 我国深圳、香港特别行政区、台湾地区及东南亚地区投标价格指数对比表（基准：2001年第一季度=100）**

| 年度 | | | 2001 | | | | 2002 | |
|---|---|---|---|---|---|---|---|---|
| 季度 | | | 一 | 二 | 三 | 四 | 一 | 二 |
| 深圳 | 深圳市建设工程造价管理站（官方）CMD | 高层 | 100 | 99.47 | 99.26 | 99.14 | 98.77 | 98.52 |
| | | 多层 | 100 | 99.59 | 99.53 | 99.58 | 99.32 | 99.26 |
| | 深圳市造价工程师协会（非官方）CEA | 高层 | 100 | 96.00 | 96.76 | 99.85 | 99.90 | 95.12 |
| | | 多层 | 100 | 100 | 95.34 | 99.64 | 101.65 | 92.72 |
| 香港特别行政区 | 香港政府建筑署（官方）ASD | 土建 | 100 | 97.68 | 93.62 | 83.64 | 79.70 | 86.08 |
| | | 设备 | 100 | 100.80 | 98.26 | 92.22 | 89.57 | 87.83 |
| | 香港利比测量师事务所（非官方）L&B | 综合 | 100 | 99.29 | 97.14 | 92.14 | 90.71 | 88.57 |
| | 香港威宁谢工料测量公司（非官方）DLS | 综合 | 100 | 96.97 | 95.45 | 94.44 | 92.42 | 89.90 |

续表

| 年度 | | | 2001 | | | | 2002 | |
|---|---|---|---|---|---|---|---|---|
| 季度 | | | 一 | 二 | 三 | 四 | 一 | 二 |
| 台湾地区 | 台湾地区建设工程单位造价（官方）TWC | 综合 | 100 | 97.65 | 91.02 | 102.85 | 76.55 | 90.56 |
| | 台湾地区营造工程特价指数（官方）TWP | 综合 | 100 | 99.77 | 100.41 | 100.32 | 100.71 | 102.26 |
| 新加坡 | 新加坡建筑成本（非官方）SRC | 住宅 | 100 | 97.17 | 97.17 | 95.41 | 95.41 | 98.15 |
| | 新加坡建筑成本（非官方）SRO | 办公 | 100 | 96.38 | 96.65 | 94.85 | 94.85 | 97.56 |
| | 新加坡建筑成本（非官方）SRW | 厂房 | 100 | 96.92 | 96.92 | 95.48 | 97.54 | 99.59 |
| 马来西亚 | 吉隆坡建筑成本（非官方）KRC | 住宅 | 100 | 100.62 | 107.74 | 108.36 | 146.44 | 150.77 |
| | 吉隆坡建筑成本（非官方）KRO | 办公 | 100 | 101.86 | 103.72 | 105.59 | 116.39 | 118.62 |
| | 吉隆坡建筑成本（非官方）KRW | 厂房 | 100 | 100.88 | 102.20 | 104.40 | 108.91 | 115.42 |
| 泰国 | 曼谷建筑成本（非官方）BRC | 住宅 | 100 | 99.46 | 99.20 | 99.73 | 100.00 | 100.02 |
| | 曼谷建筑成本（非官方）BRO | 办公 | 100 | 100 | 100 | 100 | 100 | 100 |
| | 曼谷建筑成本（非官方）BRW | 厂房 | 100 | 100 | 100 | 100 | 100 | 100 |
| 印度尼西亚 | 雅加达建筑成本（非官方）JRC | 住宅 | 100 | 96.00 | 93.38 | 96.47 | 98.82 | 121.88 |
| | 雅加达建筑成本（非官方）JRO | 办公 | 100 | 100 | 102.00 | 104.00 | 106.00 | 111.00 |
| | 雅加达建筑成本（非官方）JRW | 厂房 | 100 | 101.13 | 101.69 | 102.82 | 103.95 | 105.65 |

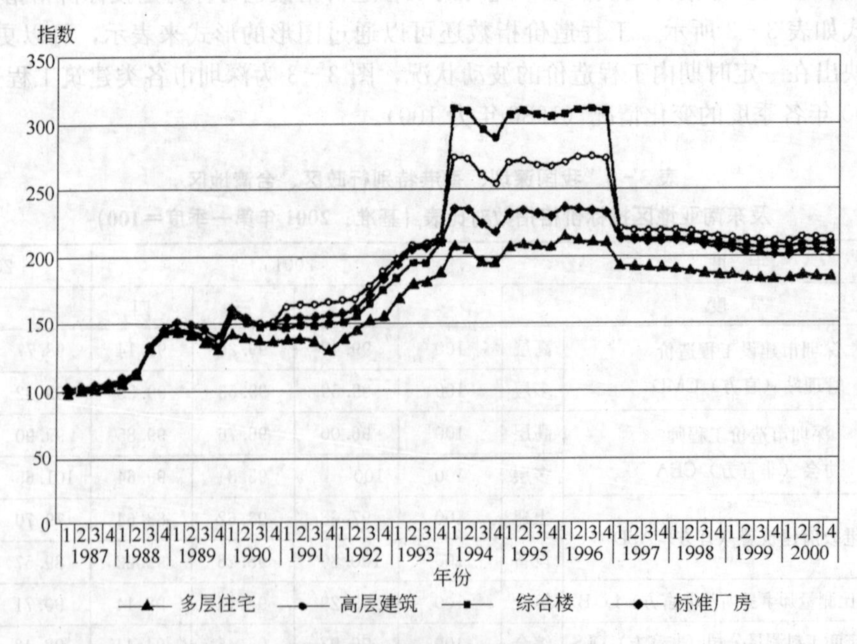


图 3-3 深圳市建筑工程造价指数

## 本章小结

建设工程定额是指在正常施工条件下，以及在合理的劳动组织、合理地使用材料和机械的条件下，完成建设工程单位合格产品所必须消耗的各种资源的数量标准。建设工程定额可按照生产要素、编制程序和定额的用途、投资的费用性质、主编单位和执行范围的不同，分为不同类型。研究作业时间及施工过程的分解，是测定定额的基本步骤和内容。

施工定额是规定在正常的施工条件下，为完成一定计量单位的某一施工过程或工序所需的人工、材料和机械台班消耗的数量标准。它包括人工定额、材料消耗定额和机械台班使用定额。施工定额更多地体现为企业自身的定额。人工定额制定的方法包括技术测定法、统计分析法、比较类推法和经验估计法。材料消耗定额的制定方法有技术测定法、试验法、统计法和理论计算法等。

预算定额是指在正常合理的施工条件下完成一定计量单位的分部分项工程或结构构件和建筑配件所必须消耗的人工、材料和施工机械台班的数量标准。预算定额与施工定额的定额作用、定额水平、项目划分和定额内容不同。预算定额中的人工消耗由基本用工、材料及半成品超运距用工、辅助用工和人工幅度差组成。材料消耗量指标是由材料的净用量和损耗量构成，预算定额与施工定额中材料的损耗率并不相同。机械台班消耗量一般是在施工定额的基础上，再考虑一定的机械幅度差计算。

概算定额是规定一定计量单位的扩大分项工程或扩大结构构件所需人工、材料、机械台班消耗量和货币价值的数量标准。概算指标是以建筑面积（$m^2$ 或 $100\ m^2$）或建筑体积（$m^3$ 或 $100\ m^3$）、构筑物以座为计量单位，规定所需人工、材料、机械台班消耗量和资金数量的定额指标。投资估算指标往往以独立的单项工程或完整的工程项目为计算对象，其概略程度与可行性研究相适应，一般分为建设项目综合指标、单项工程指标和单位工程指标。工程造价指数是反映一定时期由于价格变化对工程造价影响程度的指标，是调整工程造价价差的依据，包括各种单项价格指数、建筑安装工程价格指数、建设项目或单项工程造价指数。

## 复习思考题

1. 简述我国工程建设定额的分类和作用。
2. 简述工时研究和施工过程分解的概念及作用。
3. 简述工时分析的内容。
4. 简述施工定额的概念及其性质。
5. 简述人工、材料消耗和机械台班定额的编制方法。
6. 简述预算定额的概念及性质，施工定额与预算定额的区别。
7. 概括说明在施工定额基础上编制预算定额的基本原理。
8. 简述概算定额和概算指标的概念、性质及编制方法。

9. 简述投资估算指标与工程造价指数的概念、性质及编制方法。

10. 从研究对象、作用、编制方法等方面对不同定额加以比较。

## 案例分析

**案例3-1** 某砌筑1砖砖墙工程，技术测定资料如下所述。

(1) 完成$1m^3$砌体的基本工作时间为16.6 h（折算成一人工作）；辅助工作时间为工作班的3%；准备与结束时间为工作班的2%；不可避免的中断时间为工作班的2%；休息时间为工作班的18%；超距离运输砖每千块需耗时2 h；人工幅度差系数为10%。

(2) 砌墙采用M5水泥砂浆，其实体积折算虚体积系数为1.07，砖和砂浆的损耗率分别为3%和8%，完成$1\ m^3$砌体需耗水$0.8\ m^3$，其他材料占上述材料的2%。

(3) 砂浆用400 L搅拌机现场搅拌，具体为：运料200s，装料40s，搅拌80s，卸料30s，正常中断10s，机械利用系数0.8，幅度差系数为5%。

**问题** 在不考虑题目未给出的其他条件的前提下，试确定：

(1) 砌筑$1\ m^3$砖墙的施工定额；

(2) 砌筑$10\ m^3$的1砖墙预算定额。

**案例3-2** 某项毛石护坡砌筑工程，定额测定资料如下：

(1) 完成每立方米毛石砌体的基本工作时间为7.9 h；

(2) 辅助工作时间、准备与结束时间、不可避免中断时间和休息时间分别占毛石砌体的工作延续时间3%、2%、2%、16%；

(3) 每$10\ m^3$毛石砌体需要M5水泥砂浆$3.93\ m^3$，毛石$11.2\ m^3$，水$0.79\ m^3$；

(4) 每$10\ m^3$毛石砌体需要200 L砂浆搅拌机0.66台班。

**问题** (1) 确定砌筑$1\ m^3$毛石护坡的人工时间定额和产量定额；

(2) 若预算定额的其他用工占基本用工12%，试编制该分项工程的预算定额。

# 第4章 工程单价

## 知识结构

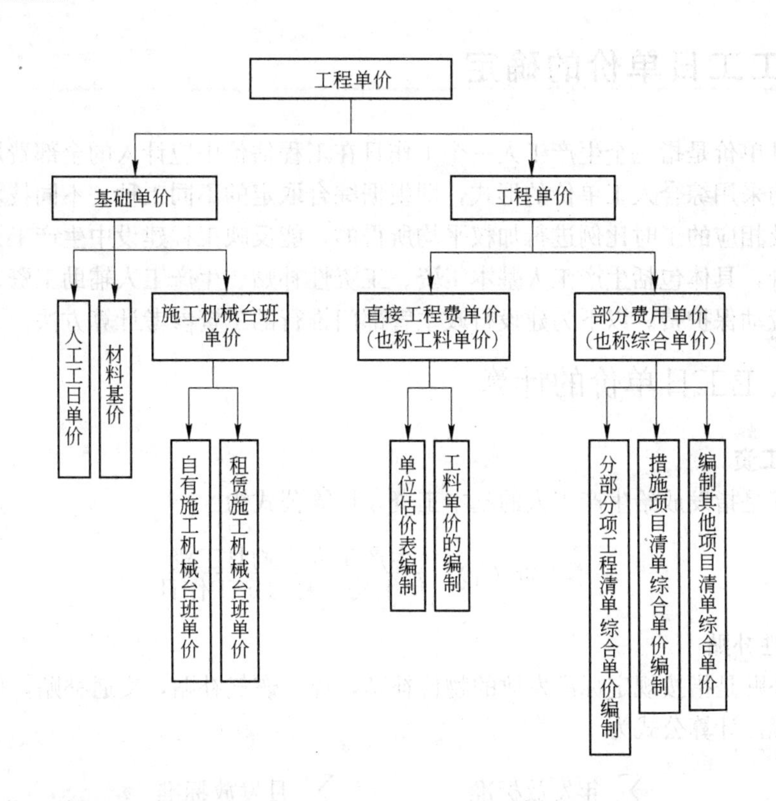


## 学习目的、任务与要求

通过本章的学习，使读者能够掌握工程造价构成中各项基础单价和综合单价的编制方法，能够在定额计价和清单计价时理论联系实际，熟练应用所学知识。要求读者熟悉人工单价、材料预算单价、机械台班单价的构成和确定方法；掌握工料单价和综合单价的构成和编制方法。

一项工程直接工程费的多少，除取决于分部分项工程人工、材料和机械台班的消耗量外，还取决于人工工资标准、材料和机械台班的单价，以及获取该资源时的市场条件、取得该资源的方式、使用该资源的方式及一些政策性因素。因此，合理确定人工工资标准、材料和机械台班的单价，是合理估算工程造价的重要依据。

在工程估价的过程中，不同的计价方式，要求使用不同的工程单价，合理确定预算单价是施工图预算编制的基础；同样，合理确定综合单价是工程量清单计价的基础。

## 4.1 人工工日单价的确定

人工工日单价是指一个生产工人一个工作日在工程估价中应计入的全部费用。目前我国的人工单价均采用综合人工单价的形式，即根据综合取定的不同工种、不同技术等级的工人的人工单价及相应的工时比例进行加权平均所得的，能反映工程建设中生产工人一般价格水平的人工单价，具体包括生产工人基本工资、工资性补贴、生产工人辅助工资、职工福利费和生产工人劳动保护费。以下为建设行政主管部门推行的工资参考计算方法。

### 4.1.1 人工工日单价的计算

**1. 基本工资**

基本工资是指发放给生产工人的基本工资，计算公式为

$$\text{基本工资}(G_1)=\frac{\text{生产工人平均月工资}}{\text{年平均每月法定工作日}}$$

**2. 工资性补贴**

工资性补贴是指按规定标准发放的物价补贴，煤、燃气补贴，交通补贴，住房补贴，流动施工津贴等。计算公式为

$$\text{工资性补贴}(G_2)=\frac{\sum\text{年发放标准}}{\text{全年日历日}-\text{法定假日}}+\frac{\sum\text{月发放标准}}{\text{年平均每月法定工作日}}+\text{每工作日发放标准}$$

**3. 生产工人辅助工资**

生产工人辅助工资是指生产工人年有效施工天数以外非作业天数的工资，包括职工学习、培训期间的工资，调动工作、探亲、休假期间的工资，因气候影响的停工工资，女工哺乳时间的工资，病假在6个月以内的工资及产、婚、丧假期的工资。计算公式为

$$\text{生产工人辅助工资}(G_3)=\frac{\text{全年无效工作日}\times(G_1+G_2)}{\text{全年日历日}-\text{法定假日}}$$

**4. 职工福利费**

职工福利费是指按规定标准计提的职工福利费，计算公式为

$$职工福利费(G_4)=(G_1+G_2+G_3)\times 福利费计提比例(\%)$$

**5. 生产工人劳动保护费**

生产工人劳动保护费是指按规定标准发放的劳动保护用品的购置费及修理费，徒工服装补贴，防暑降温费，在有碍身体健康环境中施工的保健费用等。其计算公式为

$$生产工人劳动保护费(G_5)=\frac{生产工人年平均支出劳动保护费}{全年日历日-法定假日}$$

人工工日单价为以上5部分之和，即

$$人工工日单价=\sum_{i=1}^{5}G_i$$

### 4.1.2　影响人工工日单价的因素

影响建筑安装工人人工工日单价的因素很多，归纳起来有以下几个方面。

(1) 社会平均工资水平。建筑安装工人人工工日单价必然和社会平均工资水平趋同，社会平均工资水平取决于经济发展水平。由于我国改革开放以来经济迅速增长，社会平均工资也有了大幅增长，从而影响人工工日单价的大幅提高。

(2) 生活消费指数。生活消费指数的提高会影响人工单价的提高，以减少生活水平的下降，或维持原来的生活水平。生活消费指数的变动决定于物价的变动，尤其决定于生活消费品物价的变动。

(3) 人工工日单价的组成内容。例如住房消费、养老保险、医疗保险、失业保险费等列入人工工日单价，会使人工工日单价提高。

(4) 劳动力市场供需变化。如果需求大于供给，人工工日单价就会提高；供给大于需求，市场竞争激烈，人工工日单价就会下降。

(5) 政府推行的社会保障和福利政策也会影响人工工日单价的变动。

## 4.2　材料基价的确定

### 4.2.1　材料基价的构成

材料预算单价是指建筑材料（构成工程实体的原材料、辅助材料、构配件、零件、半成品）由其来源地（或交货地点）运至工地仓库（或施工现场材料存放点）后的出库价格。具体包括：

(1) 材料原价（或供应价格），指出厂价或交货地价格；

(2) 材料运杂费，是指材料自来源地运至工地仓库或指定堆放地点所发生的全部费用；

(3) 运输损耗费，是指材料在运输装卸过程中不可避免的损耗；

(4) 采购及保管费，是指为组织采购、供应和保管材料过程中所需要的各项费用，包括采购费、仓储费、工地保管费、仓储损耗。

### 4.2.2 材料基价的计算方法

材料基价的计算公式为

材料基价=[供应价格+运杂费×(1+运输损耗率)]×(1+采购保管费率)

式中，各项的确定方法如下所述。

**1. 材料供应价格的确定**

在确定原价时，一般采用询价的方法确定该材料的出厂价或供应商的批发牌价和市场采购价。从理论上讲，凡不同的材料均应分别确定其单价。同一种材料，因产地或供应单位的不同而有几种原价时，应根据不同来源地的供应数量及不同的单价，计算出加权平均原价。

**例 4-1** 某地区需用中砂，经货源调查知有 3 个地方可供货，甲地供货 30%，原价为 19.80 元/t；乙地供货 30%，原价为 18.80 元/t；丙地供货 40%，原价为 21.70 元/t。试求中砂的综合平均原价是多少?

**解** 中砂加权平均原价=(19.80×30%+18.80×30%+21.70×40%)=20.26(元/t)

**2. 材料运杂费**

如前所述，材料运杂费是指材料由其来源地或交货地运到施工工地仓库，在全部运输过程中所发生的一切费用。一般包括车船运费、调车费、装卸费、服务费、运输保险费、有关过境费及上交必要的管理费等。运杂费费用标准的取定，应根据材料的来源地、运输里程、运输方法，并根据国家有关部门或地方政府交通运输管理部门规定的运价标准分别计算。

材料运杂费通常按外埠运费和市内运费计算。外埠运费是指材料由来源地运至本市仓库的全部费用，包括调车费、装卸费、车船运费、保险费等。一般通过铁路、公路、水路运输或采用混合运输方式。公路、水路运输按交通部门规定的运价计算；铁路运输按铁道部门规定的运价计算。市内运费是由本市仓库至工地仓库的运费。根据不同的运输方式和运输工具，运输费也应按不同的方法分别计算。运费的计算按当地运输公司的运输里程示意图确定里程，然后再按货物所属等级，从运价表上查出运价计算，两者相乘，再加上装卸费即为该材料的市内运杂费。

当同种材料有几个货源点时，按照同类材料在各货源点的供应比重和各货源至施工现场的运输距离，计算出材料综合平均运杂费。

**3. 材料采购及保管费的确定**

材料采购及保管费是指施工企业的材料供应部门在组织采购、供应和保管材料过程中所发生的各种费用。其中包括：各级材料部门的职工工资、职工福利、劳动保护费、差旅及交通费、办公费、固定资产使用费、工具用具使用费、工地材料仓库的保管费、货物过秤费和材料在储存中的损耗费用等。材料的采购及保管费按材料原价、运杂费及运输损耗费之和的一定比率计算。建筑材料的种类、规格繁多，材料保管费不可能按每种材料在采购保管过程中所发生的实际费用计算，只能规定几种费率计算。

材料基价按适用范围分，有地区材料基价和某项工程使用的材料基价。地区材料基价与某项工程使用的基价的编制原理和方法是一致的，只在材料来源地、运输数量权数等具体数据上有所不同。

### 4.2.3 影响材料基价变动的因素

(1) 市场供需变化。材料原价是材料基价中最基本的组成。市场供大于求时，价格就会下降；反之，价格就会上升，从而也就影响材料基价的涨落。

(2) 材料生产成本的变动直接涉及材料基价的波动。

(3) 流通环节的多少和材料供应体制也会影响材料基价。

(4) 运输距离和运输方法的改变会影响材料运输费用的增减，从而也会影响材料基价。

(5) 国际市场行情会对进口材料基价产生影响。

## 4.3 施工机械台班单价的确定

### 4.3.1 机械台班单价及其组成内容

机械台班单价是指一台施工机械，在正常运转条件下一个工作班中所发生的全部费用。根据不同的获取方式，工程施工中所使用的机械设备一般可分为自有机械和外部租赁使用两种情况。

**1. 自有机械台班单价**

自有机械台班单价共包括 7 项内容。

1) 折旧费

折旧费是指施工机械在规定的使用期限内，每一台班所摊的机械原值及支付贷款利息而分摊到每一台班的费用。

2) 大修理费

台班大修理费是指为保证机械完好和正常运转达到大修理间隔期需进行大修而支出各项费用的台班分摊额。包括必须更换的配件、消耗的材料、油料及工时费等。

3) 经常修理费

经常修理费是指机械在寿命期内除大修理以外的各级保养（包括一、二、三级保养）及临时故障排除和机械停置期间的维护等所需各项费用；为保障机械正常运转所需替换设备、随机工器具的摊销费用及机械日常保养所需润滑擦拭材料费之和，分摊到台班费中，即为台班经常修理费。

4) 安拆费及场外运费

(1) 安拆费。指机械在施工现场进行安装、拆卸所需人工、材料、机械和试运转费用，包括机械辅助设施（如基础、底座、固定锚桩、行走轨道、枕木等）的折旧、搭设、拆除等费用。

(2) 场外运费。指机械整体或分体自停置地点运至现场或由一工地运至另一工地的运输、装卸、辅助材料及架线等费用。

5）燃料动力费

指机械在运转或施工作业中所耗用的固体燃料（煤炭、木材）、液体燃料（汽油、柴油）、电力、水和风力等费用。

6）人工费

该费用是指专业操作机械的司机、司炉及操作机械的其他人员的工作日及上述人员在机械规定的年工作台班以外的人工费用。工作班以外机上人员人工费用，以增加机上人员的工日数形式列入定额内。

7）养路费及车船使用税

指机械按照国家有关规定应交纳的养路费和车船使用税，按各省、自治区、直辖市规定标准计算后列入定额。

**2. 租赁机械台班单价**

机械台班单价的计算也与机械的购买方式有关，如施工机械是以租赁的方式获取，则其台班单价应按照租赁制来计取。租赁单价可以根据市场情况确定，但必须在充分考虑机械租赁单价的组成因素基础上，通过计算得到保本的边际单价水平，并以此为基础根据市场策略增加一定的期望利润来确定租赁单价。机械租赁单价包括下列内容。

(1) 折旧费等。指为了拥有该机械设备并保持其正常的使用功能所需发生的费用，包括施工机械的购置成本、折旧和大修理费等。

(2) 使用成本。指在施工机械正常使用过程中所需发生的运行成本，包括使用和修理费、管理费和执照及保险费等。

(3) 机械的出租或使用率。指一年内出租（或使用）机械时间与总时间的比率。

(4) 期望的投资收益率。指投资购买并拥有该施工机械的投资者所希望的收益率。

## 4.3.2 机械台班单价的计算

**1. 自有机械台班单价的计算**

自有机械的台班单价的计算公式为

台班单价＝台班折旧费＋台班大修费＋台班经常修理费＋台班安拆费及场外运费＋台班人工费＋台班燃料动力费＋台班养路费及车船使用税

1）台班折旧费

$$台班折旧费=\frac{机械预算价格\times(1-残值率)\times(1+贷款利息系数)}{使用总台班}$$

$$使用总台班=年工作台班\times使用年限$$

式中各项含义及表达式详见如下所述。

(1) 机械预算价格。机械预算价格包括国产机械预算价格和进口机械预算价格。国产机械预算价格是指机械出厂价格加上从生产厂家（或销售单位）交货地点运至使用单位验收入库的全部费用，由出厂价格、供销部门手续费和一次运杂费组成。进口机械预算价格是由进口机械到岸完税价格加关税、外贸部门手续费、银行财务费及由口岸运至使用单位验收入库的全部费用。

(2) 残值率。残值率是指机械报废时回收的残值占机械原值（机械预算价格）的比率。残值率按 1993 年有关文件规定：运输机械 2%，特大型机械 3%，中小型机械 4%，掘进机械 5%执行。

(3) 贷款利息系数。为补偿企业贷款购置机械设备所支付的利息，从而合理反映资金的时间价值，以大于 1 的贷款利息系数，将贷款利息（单利）分摊在台班折旧费中。其计算公式为

$$贷款利息系数=1+\frac{n+1}{2}i$$

式中：$n$——国家有关文件规定的此类机械折旧年限；

$i$——当年银行贷款利率。

(4) 使用总台班。机械使用总台班指机械在正常施工作业条件下，从投入使用直到报废止，按规定应达到的使用总台班数，即机械使用寿命，一般可分为机械技术使用寿命、经济使用寿命。《全国统一施工机械台班费用定额》中的使用总台班是以经济使用寿命为基础，并依据国家有关固定资产折旧年限规定，结合施工机械工作对象和环境及年能达到的工作台班而确定的。

机械使用总台班等于使用周期数与大修理间隔台班之积，即

$$使用总台班=使用周期\times大修理间隔台班$$

使用周期是指机械在正常施工作业条件下，将其寿命期按规定的大修理次数划分为若干个周期。使用周期等于寿命期大修理次数加 1；大修理间隔台班是指机械自投入使用起至第一次大修止或自上次大修后投入使用起至下次大修止应达到的使用台班数。

2) 台班大修理费

$$台班大修理费=\frac{一次大修理费\times大修理次数}{使用总台班}$$

$$大修理次数=使用周期-1=\frac{使用总台班}{大修理间隔台班}-1$$

3) 台班经常修理费

$$台班经常修理费=\frac{中修理费+\sum(各级保养一次费用\times各级保养次数)}{大修理间隔台班}$$

$$=台班大修理费\times系数$$

为了简化计算，台班经常修理费可按台班大修费乘以系数来确定，如载重汽车系数为 1.46，自卸汽车系数为 1.52，塔式起重机系数为 1.69 等。

4）台班安拆费及场外运费

$$台班安装拆卸费=\frac{一次安拆费\times每年安拆次数}{摊销台班数}$$

$$台班辅助设施折旧费=\sum\frac{一次使用量\times预算单价\times(1-残值率)}{摊销台班数}$$

$$台班场外运费=\frac{(一次运费及装卸费+辅助材料一次摊销费+一次架线费)\times年平均场外运输次数}{年工作台班}$$

5）台班人工费

$$台班人工费=定额机上人工工日\times人工工日单价$$

$$定额机上人工工日=机上定员工日\times(1+增加工日系数)$$

$$增加工日系数=\frac{年度工日-年工作台班-管理费内非生产天数}{年工作台班}$$

6）燃料动力费

$$台班燃料动力费=每台班所消耗的燃料动力数\times相应单价$$

7）养路费及牌照税

养路费及牌照税一般按机械载重吨位或机械自重收取。

$$台班养路费=\frac{自重(或核定吨位)\times年工作月\times(月养路费+牌照税)}{年工作台班}$$

**例 4-2** 某地区用滚筒式 500L 混凝土搅拌机，计算其台班使用费。计算机械台班使用费有关资料如下：

| | | | |
|---|---|---|---|
| 预算价格（台） | 35 000 元 | 一次大修理费 | 2 800 元 |
| 机械残值率 | 4% | 耐用周期 | 5 次 |
| 使用总台班 | 1 400 | 经常维修系数 | 1.81 |

**解**

(1) 台班折旧费＝35 000×(1－4%)/1 400＝24.00(元/台班)

(2) 大修理费＝2 800×(5－1)/1 400＝8.00(元/台班)

(3) 经常维修费＝8×1.81＝14.48(元/台班)

(4) 安装拆卸及场外运输费：4.67 元/台班

(5) 台班动力燃料费：台班耗电为 29.36 kW·h，1 kW·h 按 0.39 元计算。

29.36×0.39＝11.45(元/台班)

(6) 台班机上人工费：每台班用工 1.25 工日，每工日单价 25 元/工日。

1.25×25＝31.25(元/台班)

(7) 合计：24.00＋8.00＋14.48＋4.67＋11.45＋31.25＝93.85(元/台班)

**2. 租赁机械台班单价的计算**

租赁机械台班单价的计算一般有两种方法，即静态和动态的方法。

1）静态方法

静态方法即不考虑资金时间价值的方法，其计算租赁单价的基本思路是：首先根据所规定的租赁单价的费用组成，计算机械在单位时间里所必须发生的费用总和并使之作为该机械的边际租赁单价，然后增加一定的利润即为租赁机械的台班单价。

**例4-3** 某租赁机械的资料如下，试计算其台班单价。

| | |
|---|---|
| 机械购置费用 | 44 050 元 |
| 该机械转售价值 | 2 050 元 |
| 每年平均工作时数 | 2 000 小时 |
| 设备的寿命年数 | 10 年 |
| 每年的保险费 | 200 元 |
| 每年的执照费和税费 | 100 元 |
| 每小时 20L 燃料费 | 0.10 元 |
| 机油和润滑油 | 燃料费的 10% |
| 修理和保养费 | 购置费的 15% |
| 人工费 | 10 000 元 |
| 要求达到的资金利润率 | 15% |

为简化，管理费未列入。

**解** （1）计算机械的边际租赁单价

折旧（直线法）：(44 050－2 050)/10＝4 200(元)

贷款利息，用年利率 9.9%计算：44 050×0.099＝4 361(元)

保险和税款：300 元

燃料：20×0.1×2 000＝4 000(元)

机油和润滑油：4 000 元×0.1＝400(元)

修理费：0.15×44 050＝6 608(元)

人工费：10 000 元

总成本：4 200＋4 361＋300＋4 000＋400＋6 608＋10 000＝29 869(元)

则该机械的边际租赁单价：29 869/2 000＝14.93(元/小时)

折合成台班单价：14.93×8＝119.44(元)

（2）计算机械的台班单价

$$租赁机械的台班单价＝119.44×(1＋0.15)＝137.36(元/台班)$$

2）动态方法

所谓动态方法，即在计算租赁机械台班单价时考虑资金时间价值的方法。一般可以采用

“折现现金流量法”来计算时间价值的租赁单价。仍以例 4－3 为例，使用动态方法的计算过程如下：

| | |
|---|---|
| 一次性投资 | 44 050 元 |
| 每年的使用成本 | 21 008 元 |
| 每年的税金及保险 | 300 元 |
| 机械的寿命期 | 10 年 |
| 到期的转让费 | 2 050 元 |
| 期望收益率 | 15% |

则当净现值为零时所必需的年机械租金收入为 23 453 元，折合成租赁台班单价为 93.8 元/台班。

### 4.3.3 影响机械台班单价变动的因素

（1）施工机械的价格。这是影响折旧费，从而影响机械台班单价的重要因素。

（2）机械使用年限。这不仅影响折旧费的提取，也影响到大修理费和经常维修费的开支。

（3）机械的使用效率和管理水平。

（4）政府征收税费的规定。

## 4.4 工程单价的编制

### 4.4.1 工程单价的概念与分类

工程单价一般指单位假定建筑安装产品的不完全价格。工程单价与完整的建筑产品（如单位产品、最终产品）价值在概念上是完全不同的一种单价。完整的建筑产品价值，是建筑物或构筑物在真实意义上的全部价值，即完全成本加利税。单位假定建筑产品单价不仅不是可以独立表现建筑物或构筑物价值的价格，甚至不是单位假定产品的完整价格。

工程单价按照单价综合的程度可以划分为直接工程费单价和部分费用单价。

**1. 直接工程费单价**

直接工程费单价也称工料单价，是由人工费、材料费和机械台班使用费组成的。我国目前的预算定额单价（或地区单位估价表单价）就是按照现行预算定额的工、料、机消耗标准及预算价格确定的直接工程费单价。这种单价是确定分部分项工程直接工程费的主要依据，因而广泛应用于施工图预算的编制。

**2. 部分费用单价**

部分费用单价也称综合单价，它只综合了直接工程费、管理费和利润，并依据综合单价计算公式确定综合单价。该综合单价对应图纸分部分项工程量清单即分部分项同工程实物量计价表，且该综合单价为工程量清单计价方式下使用的单价，不仅适用于分部分项工程量清单，也适用于措施项目清单及其他项目清单等。

### 4.4.2 工料单价和单位估价表

**1. 单位估价表的概念**

预算定额是确定一定计量单位的分项工程或结构构件所需各种消耗量标准的文件，主要是研究和确定定额消耗量，而单位估价表则是在预算定额所规定的各项消耗量的基础上，根据所在地区的人工工资、物价水平确定人工工日单价、材料基价、机械台班单价，从而用货币形式表达拟定预算定额中每一分项工程的预算定额单价的计算表格。它既反映了预算定额统一规定的量，又反映了本地区所确定的价，把量与价的因素有机地结合起来，但主要还是确定价的问题。

单位估价表的一个非常明显的特点是地区性强，所以也称作“地区单估价表”或“工程预算单价表”。不同地区分别使用各自的单位估价表，互不通用。单位估价表的地区性特点是由工资标准的地区性及材料、机械预算价格的地区性所决定的。

《全国统一建筑工程基础定额（GJD—101—95）》作为预算定额，只规定了每个分项及其子目的人工、材料和机械台班的消耗量标准，没有用货币形式表达。为了便于编制施工图预算，各省、市和自治区，一般多采用预算定额与单位估价表合并在一起的形式，编成××省（市或自治区）建筑工程预算定额（手册），统称为预算定额。在定额中既反映全国统一规定的人工、材料、机械台班的消耗量指标，又有各自地区统一的人工、材料和机械台班的单价，从而发挥计价性定额的作用。

对于全国统一预算定额项目不足的，可由地区主管部门补充。个别特殊工程或大型建设工程，当不适用统一的地区单位估价表时，履行向主管部门申报和审批程序，单独编制单位估价表。

单位估价表经主管政府部门批准颁发后，就和预算定额一样具有法令性质，单位估价表就是法定单价。

**2. 单位估价表的作用**

单位估价表的作用有：①单位估价表是编制和审核施工图预算和确定工程造价的基础依据；②单位估价表是工程拨款、工程结算和竣工决算的依据；③单位估价表是施工企业实行经济核算，考核工程成本，以及向工人班组下达作业任务书的依据；④单位估价表是编制概算价目表的依据。

**3. 单位估价表的编制依据**

单位估价表的编制依据为：①中华人民共和国建设部1995年发布的《全国统一建筑工程基础定额（GJD—101—95）》；②省、市和自治区建设委员会编制的《建筑工程预算定额》或《建设工程预算定额》；③地区建筑安装工人工日单价；④地区材料基价；⑤地区施工机械台班单价；⑥国家与地区对编制单位估价表的有关规定及计算手册等资料。

**4. 工料单价和单位估价表的编制**

单位估价表由若干个分项工程或结构构件的工料单价组成，因此编制单位估价表的工作就是计算分项工程或结构构件的工料单价。单价中的人工费由预算定额中每一分项工程用工数乘以地区人工工日单价计算得出；材料费由预算定额中每一分项工程的各种材料消耗量乘以地区相应材料基价之和算出；机械费由预算定额中每一分项工程的机械台班消耗量乘以地区相应施工机械台班单价之和算出。计算公式为

$$分项工程预算单价=人工费+材料费+机械费$$

其中：

$$人工费=分项工程定额用工量\times地区综合平均工日单价$$

$$材料费=\sum(分项工程定额材料用量\times相应材料基价)$$

$$机械费=\sum(分项工程定额机械台班使用量\times相应机械台班单价)$$

分项工程的工料单价计算如表4-1所示。

**表4-1 分项工程单价计算表**

| 定额项目名称 | 单位 | 分项工程单价（基价） | 计算式 |
|---|---|---|---|
| M5水泥砂浆砌砖基础 | $10m^3$ | 1 612.35 | 人工费+材料费+机械费 |
| 其中，人工费 | 元 | 343.96 | 12.18×28.24=343.96 |
| 材料费 | 元 | 1 249.23 | 普通砖：5.236×177=926.77<br>M5水泥砂浆：2.36×135.21=319.10<br>水：1.05×3.2=3.36 |
| 机械费 | 元 | 19.16 | 灰浆搅拌机200L：0.39×49.14=19.16 |
| 小计 | 元 | 1 612.35 | |

## 4.4.3 综合单价的编制

本章所介绍的综合单价不同于建设部第107号部令《建筑工程施工发包与承包计价管理办法》中规定的综合单价，这里所指的综合单价是指工程量清单计价中所指的综合单价。

工程量清单计价采用综合单价计价的方法。综合单价应包括完成每一规定计量单位、合格产品所需的全部费用，它包括除规费、税金以外的全部费用。综合单价不但适用于分部分项工程量清单，也适用于措施项目清单、其他项目清单等。

**1. 分部分项工程量清单的综合单价**

分部分项工程量清单的综合单价应按设计文件或参照计价规范附录的工程内容确定，包括分部分项工程主体项目，辅助项目的人、材、机、管理费、利润和不同条件下施工需增加的或不同时期应调整的人、材、机、管理费、利润。

分部分项工程综合单价的分析，应根据工程施工图纸，参考建设行政主管部门颁发的消

耗量定额或企业定额。若套用企业定额，投标报价时除按招标文件的要求外，一般招标人还要求应附上相应的分析和说明，以便于评标定标。

在分析分部分项工程项目综合单价时，若出现：①工程量清单的工程数量与投标报价编制标底的工程数量不同（如工程发生超高增加的数量等）；②分部分项工程主体项目的计量单位与消耗量定额的计量单位不同时，应将其按计价规范规定计取的工程数量计量单位分摊折算，计入综合单价中。这种现象主要发生在以物理计量单位计算的工程项目中，以自然计量单位计算的工程项目一般不会发生这种情况。

综合单价是以招标文件、合同条件、工程量清单和消耗量定额为计算依据的。综合单价的计算必须按清单项目描述的内容计算，并从分部分项工程综合单价分析表（如表4-2所示）开始。表中每一行为一个清单项目，其中项目编码、项目名称、工程内容与工程量清单相同，而人工费、材料费、机械使用费、管理费、利润均为每一计量单位价格。

**表4-2　分部分项工程综合单价分析表**

| 序号 | 项目编码 | 项目名称 | 工程内容 | 综合单价组成 | | | | | 综合单价 |
|---|---|---|---|---|---|---|---|---|---|
| | | | | 人工费 | 材料费 | 机械使用费 | 管理费 | 利润 | |
| | | | | | | | | | |

**2. 措施项目清单中的综合单价**

在计算措施项目的综合单价时，应根据拟建工程的施工组织设计或施工方案，详细分析其所包含的工程内容，然后确定综合单价。措施项目不同，其综合单价组成内容可能有差异。为指导社会正确计算措施项目费，各省、市都有制定相应的项目名称和费用标准，可供参考。招标人提出的措施项目清单是根据一般情况提出的，没有考虑不同投标人的“个性”，因此投标人在报价时，应根据本企业的实际情况，调整措施项目的内容及报价。

**3. 其他项目清单中的综合单价**

其他项目清单中的预留金、材料购置费和零星工作项目费，均为估算、预测数量，虽在投标时计入投标人的报价中，但不为投标人所有，工程结算时应按约定和承包人实际完成的工作量结算，剩余部分仍归招标人所有。为便于社会正确计算其他项目费，各省、市都制定有相应的项目费用标准，可供工程招投标双方参考，计算时按招标文件或合同约定执行。

**4. 综合单价的计算**

将工程量清单主体项目及其组合的辅助项目汇总，填入分部分项工程综合单价计算表。如采用消耗量定额分析综合单价的，则应按照定额的计量单位，选套相应定额，计算出各项的管理费和利润，汇总为清单项目费合价，分析出综合单价。综合单价是报价和调价的主要依据。投标人可以用本企业定额，也可以用建设行政主管部门的消耗量定额，甚至可以根据本企业的技术水平调整消耗量定额的消耗量来计价。

## 本章小结

合理确定人工工日、材料和机械台班的单价，是合理估算工程造价的重要依据。人工工日单价是指一个生产工人一个工作日在工程估价中应计入的全部费用。目前我国的人工单价均采用综合人工单价的形式，具体包括生产工人基本工资、工资性补贴、生产工人辅助工资、职工福利费和生产工人劳动保护费。材料基价是指建筑材料（构成工程实体的原材料、辅助材料、构配件、零件、半成品）由其来源地（或交货地点）运至工地仓库（或施工现场材料存放点）后的出库价格。材料基价的计算公式为

材料基价＝[(供应价格＋运杂费)×(1＋运输损耗率)]×(1＋采购保管费率)

机械台班单价是指一台施工机械，在正常运转条件下一个工作班中所发生的全部费用。工程施工中所使用的机械设备一般可分为自有机械和外部租赁使用两种情况。自有机械台班单价的计算公式为

台班单价＝折旧费＋大修费＋经常修理费＋安拆费及场外运费＋
人工费＋燃料动力费＋养路费及车船使用税

租赁机械台班单价的计算一般包括静态和动态的方法。

工程单价是指单位假定建筑安装产品的不完全价格。按照单价综合程度的不同，工程单价可以划分为直接工程费单价和部分费用单价。

单位估价表是在预算定额所规定的各项消耗量的基础上，根据所在地区的人工工资、物价水平确定人工工日单价、材料基价、机械台班单价，从而用货币形式表达拟定预算定额中每一分项工程的预算定额单价的计算表格。单位估价表由若干个分项工程或结构构件的工料单价组成。编制单位估价表的工作就是计算分项工程或结构构件的工料单价。综合单价应包括完成每一规定计量单位、合格产品所需的全部费用，它包括除规费、税金以外的全部费用。综合单价不但适用于分部分项工程量清单，也适用于措施项目清单、其他项目清单等。

## 复习思考题

1. 简述工程单价的作用。
2. 简述人工工日单价的构成内容、计算方法和影响工日单价的因素。
3. 简述材料基价的构成内容、计算方法和影响材料基价的因素。
4. 简述施工机械台班单价的构成内容、计算方法和影响机械台班单价的因素。
5. 比较自有和租赁机械台班单价的不同。
6. 简述工程单价的概念和分类。
7. 简述单位估价表和工料单价的编制原理。
8. 简述综合单价的费用构成和编制方法。

## 案例分析

**案例4-1** 结合案例3-1的基础资料，已知人工工日单价：20.5元/工日；M5水泥砂浆：130元/$m^3$；机砖：180元/千块；水：0.8元/$m^3$；400 L砂浆搅拌机台班单价：120元/台班。

**问题** 确定砌筑10 $m^3$的1砖墙预算定额的工料单价。

**案例4-2** 结合案例3-2的基础资料，已知该地区有关资源的现行价格如下：人工工日：25元/工日；M5水泥砂浆：95.51元/$m^3$；毛石单价：58元/$m^3$，水单价：1.85元/$m^3$；200L砂浆搅拌机台班单价：51.41元/台班。

**问题** (1) 若预算定额的其他用工占基本用工12%，试编制该分项工程的工料单价；

(2) 若毛石护坡砌筑砂浆设计变更为M10水泥砂浆。该砂浆现行单价111.20元/$m^3$，定额消耗量不变，换算后的工料单价是多少？

**案例4-3** 某建设项目在进行某分项工程施工时，甲方认为应重新确定其预算单价。实测的某机械的台班消耗量为0.25台班/10$m^3$；人工工日消耗量为2.3工日/10$m^3$；所需某种地方材料3.5t/10$m^3$；已知所用机械台班预算单价为150元/台班，人工工资为25元/工日，地方材料的货源为：甲厂可以提供30%，原价为65元/t；乙厂可以提供30%，原价为66.50元/t；丙厂可以提供20%，原价为63.50元/t；其余由丁厂供货，原价为64.20元/t。甲、乙两厂是水路运输，运费为0.50元/km，装卸费为3元/t，驳船费为1.5元/t，途中损耗2.5%，甲厂运距70 km，乙厂运距65 km。丙、丁两厂为陆路运输，运费为0.55元/km，装卸费2.8元/t，调车费1.35元/t，途中损耗3%，丙厂运距50 km，丁厂运距60 km。材料的包装费均为9元/t，采购保管费费率为2.4%。

**问题** 试确定该分项工程工料单价。

# 第5章　工程造价的计价模式

## 知识结构

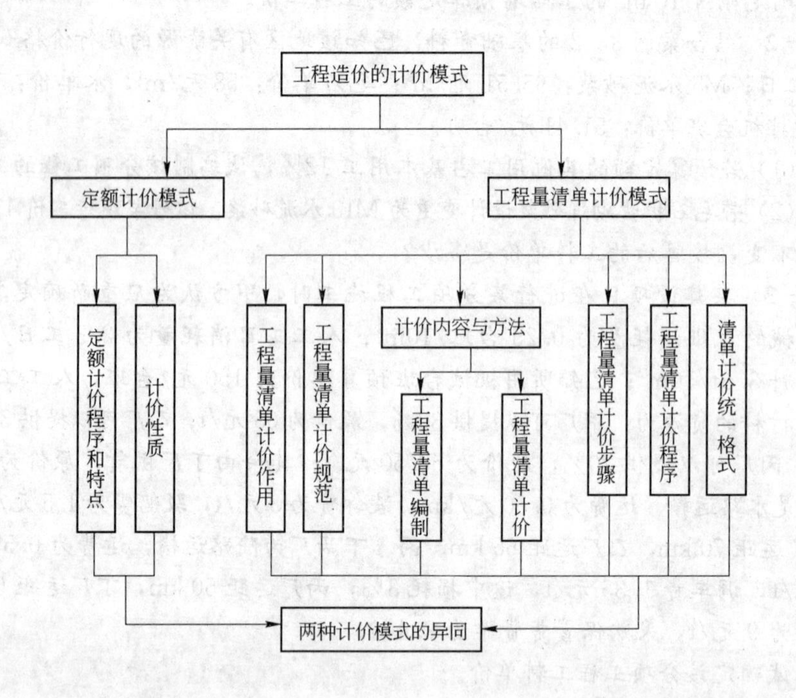


## 学习目的、任务与要求

通过本章的学习，使读者能够了解我国现行工程造价计价模式的基本原理和方法，为工程计价打好理论基础。要求读者熟悉定额计价的基本程序和方法，了解定额计价方法的性质；掌握工程量清单计价的原理；熟悉工程量清单计价的作用及工程量清单计价规范的基本内容；掌握工程量清单计价的基本内容、方法、步骤和程序；熟悉工程量清单计价的统一格式；熟悉清单计价模式与定额计价模式的异同。

# 5.1 定额计价模式

## 5.1.1 定额计价的基本程序和特点

在我国，长期以来在工程价格形成中采用定额计价模式，定额计价法是一种与计划经济相适应的工程造价管理制度。定额计价实际上是国家通过颁布统一的估算指标、概算指标，以及概算、预算和有关定额，来对建筑产品价格进行有计划管理的计价方法。国家以假定的建筑安装产品为对象，制定统一的预算和概算定额。计算出每一单元子项的费用后，再综合形成整个工程的价格。工程计价的基本程序如图5-1所示。

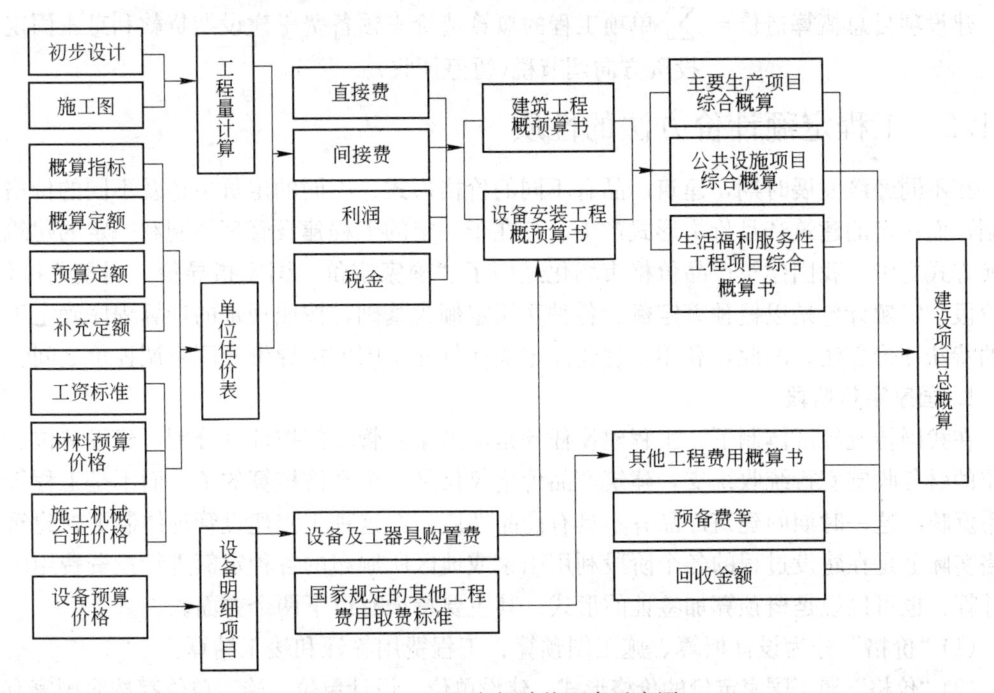


图5-1 工程定额计价程序示意图

从上述定额计价的过程示意图中可以看出，编制建设工程造价最基本的过程有两个：工程量计算和工程计价。为统一口径，工程量的计算均按照统一的项目划分和工程量计算规则计算。工程量确定以后，就可以按照一定的方法确定出工程的成本及盈利，最终就可以确定出工程预算造价（或投标报价）。定额计价方法的特点就是一个量与价结合的问题。概预算的单位价格的形成过程，就是依据概预算定额所确定的消耗量乘以定额单价或市场价，经过不同层次的计算达到量与价最优结合的过程。

用公式来进一步表明建设工程定额计价的基本方法和程序，如下所述。

$$\frac{\text{每一计量单位建筑产品基本构造要素}}{\text{（假定建筑产品）的工料单价}} = \text{人工费} + \text{材料费} + \text{机械使用费}$$

式中：

$$\text{人工费} = \sum(\text{人工工日数量} \times \text{人工工日单价})$$

$$\text{材料费} = \sum(\text{材料用量} \times \text{材料预算价格})$$

$$\text{机械使用费} = \sum(\text{机械台班用量} \times \text{机械台班单价})$$

$$\text{单位工程直接费} = \sum(\text{假定建筑产品工程量} \times \text{工料单价}) + \text{措施费}$$

$$\text{单位工程概预算造价} = \sum \text{单位工程直接费} + \text{间接费} + \text{利润} + \text{税金}$$

$$\text{单项工程概预算造价} = \sum \text{单位工程概预算造价} + \text{设备、工器具购置费}$$

$$\text{建设项目总概算造价} = \sum \text{单项工程的概算造价} + \text{预备费} + \text{建设期贷款利息} + \text{固定资产投资方向调节税（暂停征收）}$$

### 5.1.2 工程定额计价方法的性质

在不同经济发展时期，建筑产品有不同的价格形式、不同的定价主体及不同的价格形成机制，而一定的建筑产品价格形式产生、存在于一定的工程建设管理体制和一定的建筑产品交换方式之中。我国建筑产品价格市场化经历了“国家定价—国家指导价—国家调控价”3个阶段。定额计价是以概预算定额、各种费用定额为基础，按照规定的计算程序确定工程造价的特殊计价方法。因此，利用工程建设定额计价介于国家指导价和国家调控价之间。

**1. 国家定价阶段**

在我国传统经济体制下，工程建设任务是由国家主管部门按计划分配，建设单位、施工单位的财务收支实行统收统支，建筑产品价格仅仅是一个经济核算的工具而不是工程价值的货币反映，这一时期的建筑产品并不具有商品性质。在这种工程建设管理体制下，建筑产品价格实际上是在建设过程的各个阶段利用国家或地区所颁布的各种定额进行投资费用的预估和计算，也可以说是概预算加签证的形式。其主要特征有以下两个方面。

（1）“价格”分为设计概算、施工图预算、工程费用签证和竣工结算。

（2）“价格”属于国家定价的价格形式。建设单位、设计单位、施工单位都按照国家有关部门规定的定额标准、材料价格和取费标准，计算、确定工程价格，工程价格水平由国家规定。

**2. 国家指导价阶段**

改革开放以后，出现了预算包干价格形式和工程招标投标价格形式。包干额按照国家有关部门规定的包干系数、包干标准及计算方法计算。但是因为预算包干价格对工程施工过程中费用的变动采取了一次包死的形式，对提高工程价格管理水平有一定作用。工程招标投标价格是在建筑产品招标投标交易过程中形成的工程价格，表现为标底价、投标报价、中标价、合同价、结算价格等形式。在这种价格形成过程中，国家和企业是价格的双重决策主体。其价格形成的特征有以下3个方面。

(1) 计划控制性。作为评标基础的标底价格要按照国家工程造价管理部门规定的定额和有关取费标准制定，标底价格的最高数额受到国家批准工程概算的控制。

(2) 国家指导性。国家工程招标管理部门对标底的价格进行审查，管理部门组成的监督小组直接监督和指导大中型工程招标、投标、评标和决标过程。

(3) 竞争性。投标单位可以根据本企业的条件和经营状况确定投标报价，并以价格作为竞争承包工程手段。招标单位可以在标底价格的基础上，择优确定中标单位和工程中标价格。

**3. 国家调控价阶段**

国家调控的招标投标价格形式，是一种由市场形成价格为主的价格机制。它是在国家有关部门调控下，由工程承发包双方根据工程市场中建筑产品供求关系变化自主确定工程价格。其价格的形成可以不受国家工程造价管理部门的直接干预，而是根据市场的具体情况，承发包双方协商形成。国家调控招标投标价格形成特征有以下3个方面。

(1) 自发形成。应由工程承发包双方根据工程自身的物质劳动消耗、供求状况等协商议定，不受国家计划调控。

(2) 自发波动。随着工程市场供求关系的不断变化，工程价格经常处于上升或者下降的波动之中。

(3) 自发调节。通过价格的波动，自发调节建筑产品的品种和数量，以保持工程投资与工程生产能力的平衡。

## 5.2 工程量清单计价模式

长期以来，我国工程承发包计价、定价以工程预算定额作为主要依据，其计价特点是生产消耗是法定计划的，所用价格也是计划的。为了适应建设市场改革的要求，提出了“控制量、指导价、竞争费”的改革措施，控制量即由国家根据有关规范、标准及社会的平均水平控制预算定额中的人工、材料、机械的消耗量，指导价就是要逐步走向市场形成价格，这一措施对在我国实行社会主义市场经济初期起到了积极的作用。随着建设市场化进程的发展，由于国家控制的消耗量不能全面地体现企业技术装备水平、管理水平和劳动生产率，不能充分体现市场公平竞争，上述做法仍然难以改变工程预算定额中国家指令性的状况，难以满足招标投标和评标的要求。一种全新的符合市场经济特点的工程计价模式应运而生，即工程量清单计价模式，改变了以工程预算定额为计价依据的计价模式，推行政府宏观调控、企业自主报价、市场竞争形成价格、社会全面监督的工程造价管理思路。

### 5.2.1 工程量清单计价模式及作用

工程量清单计价方法，是指在建设工程招标投标中，招标人按照国家统一的《建设工程工程量清单计价规范》(GB 50500—2008) 的要求编制和提供工程量清单，投标人依据工程量清单、拟建工程的施工方案，结合自身实际情况并考虑风险后自主报价的工程造价计价模式。

工程量清单计价是市场形成工程造价的主要形式。实行工程量清单计价的作用主要体现在以下方面。

(1) 有利于规范建设市场计价行为，规范建设市场秩序。工程量清单计价是市场形成工程造价的主要形式，有利于发挥企业自主报价的能力，实现政府定价到市场定价的转变；有利于规范业主在招标中的行为，有效改变招标单位在招标中盲目压价的行为。淡化了标底的作用。定额作为指导性依据不再是指令性标准，标底则起参考性作用。由于实现了量价分离，标底审查这一环节可以被取消，甚至可以不设标底，避免了泄露和探听标底等不良现象的发生，从程序上规范了招标运作和建筑市场秩序，从而真正体现公开、公平、公正的原则，反映市场经济规律。

(2) 促进建设市场有序竞争和企业健康发展。实行工程量清单计价，招标人和投标人的市场风险得以合理分担。招标人确定量，承担工程量误差的风险，投标人确定价，一定程度上承担涨价的风险。由于工程量清单是公开的，避免了工程招标中弄虚作假、暗箱操作等不规范行为；所有投标单位均在统一量的基础上，结合工程具体情况和企业实力，并充分考虑各种市场风险因素，自主报价。为企业提供了平等的竞争平台，是企业综合实力和管理水平的真正较量。改变了过去过分依赖国家发布定额的状况，企业可以根据自身的条件编制出自己的企业定额。

(3) 适应我国建设市场对外开放的需要。随着我国改革开放的进一步加快，特别是我国加入世界贸易组织（WTO）后，建设市场将进一步对外开放。为了适应这种对外开放建设市场的形势，就必须与国际通行的计价方法相适应。工程量清单计价是国际通行的计价做法。在我国实行工程量清单计价，有利于提高国内建设各方主体参与国际化竞争的能力，有利于提高工程建设的管理水平。

(4) 有利于工程款的拨付和工程造价的最终确定。合同签订后，工程量清单的报价就成了合同价的基础，在合同执行过程中，以清单报价作为拨付工程款的依据。工程竣工后，再根据设计变更、工程量的增减乘以清单报价或经协商的单价，确定工程造价。

(5) 有利于业主投资控制。采用工程量清单计价，业主能随时掌握设计变更、工程量增减引起的工程造价变化，从而根据投资情况决定是否变更或对方案进行比较，能有效降低工程造价。

### 5.2.2 建设工程工程量清单计价规范

为了指导工程量清单计价方法的全面实施，住房和城乡建设部发布《建设工程工程量清单计价规范》(GB 50500—2008)（以下简称《计价规范》），于2008年12月1日起在全国范围内全面实施。该《计价规范》是根据《中华人民共和国建筑法》、《中华人民共和国合同法》、《中华人民共和国招投标法》等法律，按照我国工程造价管理的总体目标，本着国家宏观调控、市场竞争形成价格的原则制定的。是统一工程量清单编制、规范工程量清单计价的国家标准，共包括5章和6个附录。第1章总则，第2章术语，第3章工程量清单编制，第4章工程量清单计价，第5章工程量清单计价表格。附录分别为建筑工程、装饰装修工程、安装工程、市政工程、园林绿化工程和矿山工程工程量清单项目及计算规则。附录表格中包括项目编码、项目名称、计量单位、工程量计算规则和工程内容，要求招标人在编制清单时必须执行。表5-1为《计价规范》附录A混凝土桩中预制钢筋混凝土桩清单项目的示意，附录中其他项目的形式与其类似。

**表5-1 混凝土桩**

| 项目编码 | 项目名称 | 项目特征 | 计量单位 | 工程量计算规则 | 工程内容 |
|---|---|---|---|---|---|
| 010201001 | 预制钢筋混凝土桩 | 1. 土壤级别<br>2. 单桩长度、根数<br>3. 桩截面<br>4. 板桩面积<br>5. 管桩填充材料种类<br>6. 桩倾斜度<br>7. 混凝土强度等级<br>8. 防护材料种类 | m（根） | 按设计图示尺寸以桩长（包括桩尖）或根数计算 | 1. 桩制作、运输<br>2. 打桩、试验桩、斜桩<br>3. 送桩<br>4. 管桩填充材料、刷防护材料<br>5. 清理、运输 |

## 5.2.3 工程量清单计价的基本内容和方法

《计价规范》规定，全部使用国有资产投资或国有资产投资为主的工程建设项目，必须采用工程量清单计价。

工程量清单计价的基本过程可以总结为：招标人在统一的工程量清单计算规则的基础上，按照统一的工程量清单计价表格、统一的工程量清单项目设置规则，根据具体工程的施工图纸编制工程量清单，计算出各个清单项目的工程量，编制工程量清单；投标人根据各种渠道所获得的工程造价信息和经验数据，结合企业定额计算编制工程投标报价。所以其编制过程分为两个阶段：工程量清单编制和工程量清单计价过程。

**1. 工程量清单编制**

工程量清单是表示建设工程的分部分项工程项目、措施项目、其他项目、规费项目和税金项目的名称和相应数量等的明细清单。是由招标人或受其委托的工程造价咨询机构按照《计价规范》附录中统一的项目编码、项目名称、项目特征、计量单位和工程量计算规则，结合施工设计文件、施工现场情况、工程特点、常规施工方案和招投文件中的有关要求等进行编制。包括分部分项工程清单、措施项目清单、其他项目清单、规范项目清单、税金项目清单组成。它是由招标方提供的一种技术文件，是招标文件的组成部分，一经中标签订合同，即成为合同的组成部分。工程量清单的描述对象是拟建工程，其内容涉及清单项目的性质、数量等，并以表格为主要表现形式。

1）分部分项工程量清单

在编制分部分项工程量清单时，应根据附录规定的项目编码、项目名称、项目特征、计量单位和工程量计算规则进行编制。

(1) 项目编码。项目编码以五级编码设置，用12位阿拉伯数字表示，前9位为全国统一编码，编制分部分项工程量清单时不得变动，其中1、2位为附录顺序码，3、4位为专业工程顺序码，5、6位为分部工程顺序码，7、8、9位为分项工程项目名称顺序码。后3位为清单项目名称顺序编码，由编制人根据设置的清单项目编制。项目编码结构如图5-2所示(以建筑工程为例)。

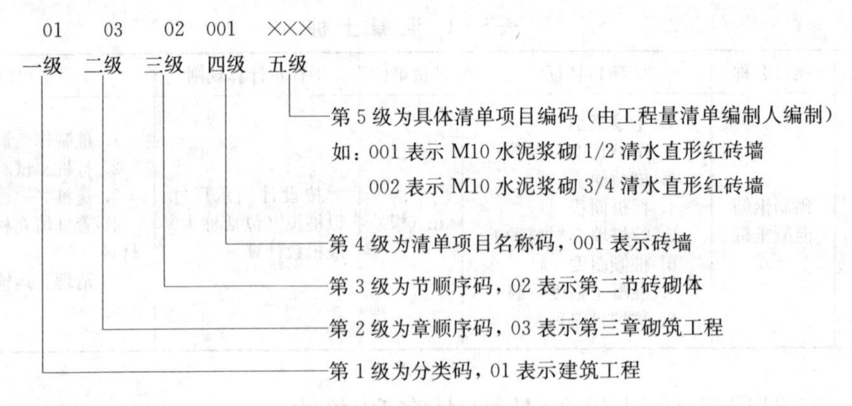


图5-2 项目编码结构

(2) 项目名称。分部分项工程清单项目名称的设置，原则上按形成的工程实体设置，实体是由多个项目综合而成的，在清单编制中项目名称的设置，可按《计价规范》附录中的项目名称为主体，考虑该项目的规格、型号、材质等特殊要求，结合拟建工程的实际情况而命名。在《计价规范》附录中清单项目的表现形式，是由主体项目和辅助项目（或称组合项目）构成（主体项目即《计价规范》中的项目名称，辅助项目即《计价规范》中的工程内容)。《计价规范》对各清单项目可能发生的辅助项目均做了提示，列在"工程内容"一栏内，供工程量清单编制人根据拟建工程实际情况有选择地对项目名称描述时参考和投标人确定报价时参考。如果发生了在《计价规范》附录中没有列出的工程内容，在清单项目设置中应予以补充。项目名称如有缺项，招标人可按相应的原则进行补充，并报当地工程造价管理部门备案。

(3) 项目特征。项目特征应按照附录中规定的有关项目特征的要求，结合拟建工程项目的实际、技术规范、标准图集、施工图纸，按照工程结构、使用材质及规格或安装位置等，予以详细而准确的表述和说明，要能满足确定综合单价的需要。若采用标准图集或施工图纸能够全部或部分满足项目特征描述的要求，项目特征描述可直接采用详见××图集或××图号的方式。对不能满足项目特征描述要求的部分，仍应用文字描述。

(4) 计量单位。计量单位采用基本单位，按照《计价规范》附录中各项目规定的单位确定。

(5) 工程数量。除另有说明外，所有清单项目的工程量应以实体工程量为准，并以完成后的净值计算；投标人报价时，应在单价中考虑施工中的各种损耗和需要增加的工程量。工程量计算规则应按照《计价规范》附录中给定的规则计算。

2）措施项目清单

措施项目指为完成工程施工，发生于该工程施工前和施工过程中技术、生活、安全等方面的非工程实体项目。措施项目清单的编制除考虑工程的实际情况外，还涉及水文、气象、环境、安全等和施工企业的实际情况列项，其中，通用措施项目可参考《计价规范》提供的“通用措施项目一览表”（见表5－2）列项，各专业工程的措施项目可按附录中规定的项目选择列项。若出现规范中未列的项目，可根据工程实际情况补充。

**表5－2　通用措施项目一览表**

| 序　号 | 项目名称 |
| --- | --- |
| 1 | 安全文明施工（含环境保护、文明施工、安全施工、临时设施） |
| 2 | 夜间施工 |
| 3 | 二次搬运 |
| 4 | 冬雨季施工 |
| 5 | 大型机械设备进出场及安拆 |
| 6 | 施工排水 |
| 7 | 施工降水 |
| 8 | 地上、地下设施、建筑物的临时保护设施 |
| 9 | 已完工程及设备保护 |

3）其他项目清单

其他项目清单应根据拟建工程的具体情况列项。《计价规范》提供了4项作为列项参考，不足部分可补充。

（1）暂列金额。因一些不能预见、不能确定的因素的价格调整而设立。暂列金额由招标人根据工程特点，按有关计价规定进行估算确定。编制竣工结算的时候，变更和索赔项目应列一个总的调整，签证和索赔项目在暂列金额中处理。暂列金额的余额归招标人。

（2）暂估价。是指招标阶段直至签订合同协议时，招标人在招标文件中提供的用于支付必然要发生但暂时不能确定价格的材料以及需另行发包的专业工程金额。包括材料暂估价和专业工程暂估价。

（3）计日工。在施工过程中，完成发包人提出的施工图纸以外的零星项目或工作，按合同中约定的综合单价计价。计日工是为了解决现场发生的对零星工作的计价而设立的。零星工作一般是指合同约定之外的或因变更而产生的、工程量清单中没有相应项目的额外工作，尤其是那些时间不允许事先商定价格的额外工作。

（4）总承包服务费。总承包服务费是总承包人为配合协调发包人而进行的工程分包自行采购的设备、材料等进行管理、服务以及施工现场管理、竣工资料汇总整理等服务所需的费用。

4）规费项目清单

根据省级政府或省级有关权力部门规定必须缴纳的，应计入建筑安装工程造价的费用。《计价规范》提供了以下5项作为列项参考，不足部分可根据省级政府或省级有关权利部门的规定列项：

（1）工程排污费；

（2）工程定额测定费；

（3）社会保障费，包括养老保险费、失业保险费、医疗保险费；

（4）住房公积金；

（5）危险作业意外伤害保险。

5）税金项目清单

《计价规范》提供了3项作为列项参考，不足部分可根据税务部门的规定列项。

（1）营业税；

（2）城市维护建设税；

（3）教育费附加。

**2. 工程量清单计价**

工程量清单计价适用于编制招标控制价、招标标底、投标价、合同价款的约定、工程量计量与价款支付、索赔与现场签证、工程价款调整、竣工结算和工程计价争议处理等。采用工程量清单计价，建设工程造价由分部分项工程费、措施项目费、其他项目费、规费和税金组成。工程量清单计价采用综合单价计价。综合单价是有别于现行定额工料单价计价的一种单价计价方式，包括完成规定计量单位合格产品所需的人工费、材料费、机械使用费、企业管理费、利润，并考虑一定范围内的风险金。即包括除规费、税金以外的全部费用。综合单价适用于分部分项工程量清单、措施项目清单。

1）招标控制价的编制

国有资金投资的工程应实行工程量清单招标，招标人应编制招标控制价。招标控制价超过批准的概算时，招标人应报原概算审批部门审核。投标人的投标报价高于招标控制价的，其投标应予拒绝。招标控制价应在招标文件中公布，不应上调或下浮，同时将招标控制价的明细表报工程所在地工程造价管理机构备查。招标控制价应依据下列内容编制。①《计价规范》；②国家或省级、行业建设主管部门颁发的计价定额和计价办法；③建设工程设计文件及相关资料；④招标文件中的工程量清单及有关要求；⑤与建设项目相关的标准、规范、技术资料；⑥工程造价管理机构发布的工程造价信息，工程造价信息没有发布的按市场价；⑦其他的相关资料。

2）投标价

投标价由投标人自主确定，但不得低于成本。投标人应按招标人提供的工程量清单填报价格。填写的项目编码、项目名称、项目特征、计量单位、工程量必须与招标人提供的一致。投标价的应根据下列依据编制：①《计价规范》；②国家或省级、行业建设主管部门颁发的计价办法；③企业定额，国家或省级、行业建设主管部门颁发的计价定额；④招标文件、工程量清单及其补充通知、答疑纪要；⑤建设工程设计文件及相关资料；⑥施工现场情况、工程特点及拟定的投标施工组织设计或施工方案；⑦与建设项目相关的标准、规范等技术资料；⑧市场价格信息或工程造价管理机构发布的工程造价信息；⑨其他的相关资料。

投标价计价过程如下。

1）分部分项工程费

分部分项工程量清单的综合单价按招标文件中分部分项工程量清单项目的特征描述确定。综合单价中除包括完成分部分项工程项目所需人、材、机、企业管理费和利润外，还包括招标文件中要求投标人应承担的风险费用。分部分项工程费报价最重要依据之一是该项目的特征描述，投标人应依据招标文件中分部分项工程量清单项目的特征描述确定清单项目的综合单价，当出现招标文件中分部分项工程量清单项目的特征描述与设计图纸不符时，应以工程量清单项目的特征描述为准；当施工中施工图纸或设计变更与工程量清单项目的特征描述不一致时，发、承包双方应按实际施工的项目特征，依据合同约定重新确定综合单价。

在投标报价时，对招标人给定了暂估单价的材料，应按暂估的单价计入分部分项工程综合单价中。投标人在自主决定投标报价时，还应考虑招标文件中要求投标人承担的风险内容及其范围（幅度）以及相应的风险费用。投标人应完全承担的风险是技术风险和管理风险，如管理费和利润；应有限度承担的是市场风险，如材料价格涨价幅度在5%以内，施工机械使用费涨价在10%以内的风险由承包人承担，超过者在结算时双方协商予以调整；应完全不承担的是法律、法规、规章和政策变化的风险。如税金、规费等，应按照当地造价管理机构发布的文件按实调整。根据我国目前工程建设的实际情况，各省、市建设行政主管部门均根据当地劳动行政主管部门的有关规定发布人工成本信息，对此关系职工切身利益的人工费不宜纳入风险。在施工过程中，当出现的风险内容及其范围（幅度）在招标文件规定的范围内时，综合单价不得变更，工程价款不做调整。

$$\text{分部分项工程费} = \sum(\text{分部分项工程量} \times \text{分部分项工程综合单价})$$

2）措施项目费

措施项目清单的金额，投标人投标时应根据拟建工程的实际情况，结合自身编制的投标施工组织设计（或施工方案）确定措施项目，参照《计价规范》规定的综合单价组成自主确定，并可对招标人提供的措施项目进行调整，但应通过评标委员会的评审。措施项目费的计算包括以下内容。

(1) 措施项目清单费的计价方式应根据招标文件的规定，凡可以精确计量的措施清单项目如模板、脚手架费用，采用综合单价方式报价，不宜计算工程量的项目，如大型机械进出场费等，采用以“项”为计量单位的方式报价。

(2) 措施项目清单费的确定原则是由投标人自主确定，但其中安全文明施工费应按国家或省级、行业建设主管部门的规定确定。

投标时，编制人没有计算或少计算费用，视为此费用已包括在其他费用内，额外的费用除招标文件和合同约定外，不予支付。

$$措施项目费 = \sum(措施项目工程量 \times 措施项目综合单价)$$

3）其他项目费

其他项目清单的金额，宜按照下列内容列项和计算。

（1）暂列金额按招标人在其他项目清单中列出的金额填写；只有按照合同约定程序实际发生后，暂列金额才能成为中标人的应得金额，纳入合同结算价款中。扣除实际发生价款后的余额仍属于招标人所有。

（2）暂估价中的材料暂估价按招标人在其他项目清单中列出的单价计入投标人相应清单的综合单价，其他项目费合计中不包含，只是列项；专业工程暂估价按招标人在其他项目清单中列出的金额填写，按项列支。如塑钢门窗、玻璃幕墙、防水等，价格中包含除规费、税金外的所有费用，并计入其他项目费合计中。

（3）计日工按招标人在其他项目清单中列出的项目和数量，由投标人自主确定综合单价计算总价，并入其他项目费总额中。

（4）总承包服务费根据招标文件中列出的分包专业工程内容和供应材料、设备情况，按照招标人提出协调、配合与服务要求和施工现场管理需要由投标人自主确定。招标人一定要在招标文件中说明总包的范围，以减少后期不必要的纠纷。总承包服务费参考计算标准如下：

招标人仅要求对分包的专业工程进行总承包管理和协调时，按分包的专业工程估算造价的1.5%计算；招标人要求对分包的专业工程进行总承包管理和协调并同时要求提供配合服务时，根据招标文件中列出的配合服务内容和提出的要求按分包的专业工程估算造价的3%～5%计算；招标人自行供应材料的，按招标人供应材料价值的1%计算。

其他项目费＝暂列金额＋专业工程暂估价＋计日工费＋总承包服务费

4）规费

规费作为政府和有关权力部门规定必须缴纳的费用，政府和有关权力部门可根据形势发展的需要，对规费项目进行调整。

5）税金

包括营业税、城市建设维护税及教育费附加。如国家税法发生变化增加了税种，应对税金项目清单进行补充。

规费和税金应按国家或省级、行业建设主管部门的规定计算，不得作为竞争性费用。

6）单位工程报价

单位工程报价＝分部分项工程费＋措施项目费＋其他项目费＋规费＋税金

7）单项工程报价

$$单项工程报价 = \sum 单位工程报价$$

8）工程项目总报价

$$工程项目总报价 = \sum 单项工程报价$$

**3. 工程合同价款的约定**

实行招标的工程合同价款应在中标通知书发出之日起 30 日内，由承发、包双方依据招标文件和中标人的投标文件在书面合同中约定。不实行招标的工程合同价款，在发、承包双方认可的工程价款基础上，由发、承包双方在合同中约定。实行招标的工程，合同约定不得违背招、投标文件中关于工期、造价、质量等方面的实质性内容。招标文件与中标人投标文件不一致的地方，以投标文件为准。

工程量清单计价适用于工程招投标、工程施工、竣工结算等各阶段的工程计价工作，因而涉及编制工程量清单、招标控制价、投标报价，合同价款的约定、工程计量与价款支付、工程价款调整、索赔、竣工结算、工程计价争议处理等多方面的内容。其他相关内容在本章第 5 节有所涉及，在此不再赘述。

### 5.2.4　工程量清单计价的步骤

(1) 熟悉工程量清单。工程量清单是计算工程造价最重要的依据，在计价时必须全面了解每一个清单项目的特征描述，熟悉其所包括的工程内容，以便在计价时不漏项，不重复计算。

(2) 研究招标文件。工程招标文件的有关条款、要求和合同条件，是工程计价的重要依据。在招标文件中对有关承发包工程范围、内容、期限、工程材料、设备采购供应办法等都有具体规定，只有按规定计价，才能保证计价的有效性。因此，投标人应根据招标文件的要求，对照图纸，对招标文件提供的工程量清单进行复查或复核，其内容主要包括以下 3 个方面。

① 分专业对施工图进行工程量审核。招标文件中对投标人审核工程量清单提出了要求，如投标人发现由招标人提供的工程量清单有误，招标人可对清单进行修改。如果投标人不予审核，则不能发现招标人清单编制中存在的问题，也就不能充分利用招标人给予投标人澄清问题的机会，由此产生的后果则由投标人自行负责。

② 根据图纸说明和各种选用规范对工程量清单项目进行审查。主要是指根据规范和技术要求，审查清单项目是否漏项，如电气设备中有许多调试工作（母线系统调试、低压供电系统调试等），是否在工程量清单中被漏项。

③ 根据技术要求和招标文件的具体要求，对工程需要增加的内容进行审查。认真研究招标文件是投标人争取中标的第一要素。招标项目的特殊要求，都会在招标文件中反映出来，投标人应仔细研究工程量清单要求增加的内容、技术要求，与招标文件是否一致，只有通过审查和澄清才能统一起来。

(3) 熟悉施工图纸。全面、系统地阅读图纸，是准确计算工程造价的重要工作。阅读图纸时应注意以下几点：①按设计要求，收集图纸选用的标准图、大样图；②认真阅读设计说明，掌握安装构件的部位和尺寸，安装施工要求及特点；③了解本专业施工与其他专业施工工序之间的关系；④对图纸中的错、漏算以及表示不清楚的地方予以记录，以便在招标答疑会上询问解决。

(4) 了解施工组织设计。施工组织设计或施工方案是施工单位的技术部门针对具体工程编制的施工作业的指导性文件，其中对施工技术措施、安全措施、施工机械配置、是否增加辅助项目等，都应在工程计价的过程中予以注意。施工组织设计所涉及的费用主要属于措施项目费。

(5) 熟悉加工订货的有关情况。明确建设、施工单位双方在加工订货方面的分工。对需要进行委托加工定货的设备、材料、零件等，提出委托加工计划，并落实加工单位及加工产品的价格。

(6) 明确主材和设备的来源情况。主材和设备的型号、规格、重量、材质、品牌等对工程计价影响很大，因此主材和设备的范围及有关内容需要招标人予以明确，必要时注明产地和厂家。

(7) 计算工程量。清单计价的工程量计算主要有两部分内容：一是核算工程量清单所提供清单项目工程量是否准确；二是计算每一个清单主体项目所组合的辅助项目工程量，以便计算综合单价。清单计价时，辅助项目随主体项目计算，将不同工程内容发生的辅助项目组合在一起，计算出主体项目的综合单价。

(8) 确定措施项目清单内容。措施项目清单的内容必须结合项目的施工方案或施工组织设计的具体情况填写，因此在确定措施项目清单内容时，一定要根据自己的施工方案或施工组织设计加以修改。

(9) 计算综合单价。将工程量清单主体项目及其组合的辅助项目汇总，填入分部分项工程综合单价计算表。如采用消耗量定额分析综合单价的，则应按照定额的计量单位，选套相应定额，计算出各项的管理费和利润，汇总为清单项目费合价，计算出综合单价。投标人可以使用企业定额；或者使用建设行政主管部门颁发的计价定额，也可以在统一的计价定额的基础上根据本企业的技术水平调整消耗量来计价。

(10) 计算措施项目费、其他项目费、规费、税金等。

(11) 将分部分项工程项目费、措施项目费、其他项目费和规费、税金汇总、合并、计算出工程造价。

**例 5-1** 某基础工程，基础为 C25 混凝土带形基础，垫层为 C15 混凝土垫层，垫层底宽度为 1 400 mm，挖土深度为 1 800 mm，基础总长为 220 m。室外设计地坪以下基础的体积为 227 $m^3$，垫层体积为 31 $m^3$。用清单计价法计算挖基础土方的分部分项工程项目综合单价。已知当地人工单价为 30 元/工日，8 吨自卸汽车台班单价为 385 元/台班。管理费按人工费加机械费的 15%计取，利润按人工费的 30%计取。

**解** 工程量清单计价采用综合单价模式，即综合了工料机费、管理费和利润。综合单价中的人工单价、材料单价、机械台班单价，可由企业根据自己的价格资料以及市场价格自主确定，也可结合企业定额或建设主管部门颁发的计价定额确定。此例结合统一的计价定额确定消耗量，与当地市场价格结合确定综合单价。

1）清单工程量（业主根据施工图按照《计价规范》中的工程量计算规则计算）

《计价规范》中挖基础土方的工程量计算规则：按设计图示尺寸以基础垫层底面积乘以挖土深度计算。

基础土方挖方总量＝1.4×1.8×220＝554($m^3$)

2）投标人报价计算

(1) 按照《计价规范》中挖基础土方的工程内容，找到与挖基础土方主体项目对应的辅助项目，可组合的内容包括人工挖土方、人工装自卸汽车运卸土方，运距3 km。

(2) 结合施工图纸，计算各辅助项目的工程量。

按照计价定额中的工程量计算规则计算各辅助项目的工程量。

① 人工挖土方（三类土，挖深2 m以内）

根据施工组织设计要求，需在垫层底面增加操作工作面，其宽度每边0.3 m。并且需从垫层底面放坡，放坡系数为0.33。

基础土方挖方总量＝(1.4＋2×0.3＋0.33×1.8)×1.8×220＝1 027($m^3$)

② 人工装自卸汽车运卸土方

采用人工挖土方量为1 027 $m^3$，基础回填＝人工挖土方量－基础体积－垫层体积＝1 027－227－31＝769($m^3$)，剩余弃土为1 027－769＝258($m^3$)，由人工装自卸汽车运卸，运距3 km。

3）综合单价计算

① 人工挖土方（三类土，挖深2 m以内）

计价定额中该项人工消耗量为53.51工日/100 $m^3$，材料和机械消耗量为0。

人工费：53.51/100×30×1 027/100＝16 486.43(元)

材料和机械费为0。

小计：16 486.43元

② 人工装自卸汽车运卸弃土3 km

计价定额中该项人工消耗量为11.32工日/100 $m^3$，材料消耗量为0，机械台班消耗量为2.45台班/100 $m^3$

人工费：11.32/100 $m^3$×30×258/100＝876.17(元)

材料费为0；

机械费：2.45/100 $m^3$×385×258/100＝2 433.59(元)

小计：3 309.76元

③ 综合单价

工料机费合计：16 486.43＋3 309.76＝19 796.19(元)

管理费：(人工费＋机械费)×15%＝(16 486.43＋876.17＋2 433.59)×15%＝2 969.43(元)

利润：人工费×30%=(16 486.43+876.17)×30%=5 208.78(元)

总计：19 796.19+2 969.43+5 208.78=27 974.4(元)

综合单价：27 974.4/554=50.5(元/$m^3$)

## 5.2.5 工程量清单计价的程序

根据《计价规范》的规定，工程量清单计价程序可用表 5-3 表示。

**表 5-3 工程量清单计价程序**

| 序 号 | 名 称 | 计算办法 |
| --- | --- | --- |
| 1 | 分部分项工程费 | ∑(分部分项清单工程量×综合单价) |
| 2 | 措施项目费 | 按规定计算 |
| 3 | 其他项目费 | 按招标文件规定计算 |
| 4 | 规费 | 按直接费、人工费或人工费与机械费的合计为基数计算 |
| 5 | 不含税工程造价 | 1+2+3+4 |
| 6 | 税金 | 5×税率 |
| 7 | 含税工程造价 | 5+6 |

## 5.2.6 工程量清单统一格式

工程量清单计价应采用统一格式，由招标人编制，并随招标文件发至投标人，由投标人填报。投标人填报的工程量清单格式主要包括下列内容。

**1. 封面（表 5-4）**

由投标人或投标人按规定的内容填写、签字、盖章。

**表 5-4 封 面**

＿＿＿＿＿＿＿＿＿＿＿＿工程

**工程量清单**

| | | | |
| --- | --- | --- | --- |
| 投 标 人： | ＿＿＿＿＿＿＿＿<br>(单位盖章) | 工程造价<br>咨 询 人： | ＿＿＿＿＿＿＿＿<br>(单位资质专用章) |
| 法定代表人<br>或其授权人： | ＿＿＿＿＿＿＿＿<br>(签字或盖章) | 法定代表人<br>或其授权人： | ＿＿＿＿＿＿＿＿<br>(签字或盖章) |
| 编 制 人： | ＿＿＿＿＿＿＿＿<br>(造价人员签字盖专用章) | 复 核 人： | ＿＿＿＿＿＿＿＿<br>(造价工程师签字盖专用章) |
| 编制时间： | | 复核时间： | |

______________工程

**招标控制价**

招标控制价(小写)：______________

(大写)：______________

投　标　人：______________　　工程造价咨询人：______________

(单位盖章)　　(单位资质专用章)

法定代表人　　法定代表人

或其授权人：______________　　或其授权人：______________

(签字或盖章)　　(签字或盖章)

编　制　人：______________　　复　核　人：______________

(造价人员签字盖专用章)　　(造价工程师签字盖专用章)

编 制 时 间：　　复 核 时 间：

**2. 投标总价（表 5－5）**

投标报价应按工程项目投标报价汇总表合计金额填写。

**表 5－5　投 标 总 价**

**投标总价**

招 标 人：______________

工程名称：______________

投标总价(小写)：______________

(大写)：______________

投　标　人：______________

(单位盖章)

法定代表人

或其授权人：______________

(签字或盖章)

编　制　人：______________

(造价人员签字盖专用章)

编制时间：

**3. 工程项目投标报价汇总表（表 5－6）**

单项工程名称按照单项工程投标报价汇总表（表 5－7）的工程名称填写；金额按照单项工程投标报价汇总表（表 5－7）的合计金额填写。

表 5-6 工程项目投标报价汇总表

工程名称： 第 页 共 页

| 序号 | 单项工程名称 | 金额/元 | 其中 | | |
|---|---|---|---|---|---|
| | | | 暂估价 | 安全文明施工费 | 规费 |
| | | | | | |
| 合计 | | | | | |

**4. 单项工程投标报价汇总表（表 5-7）**

单位工程名称按照单位工程投标报价汇总表（表 5-8）的工程名称填写；金额按照单位工程投标报价汇总表（表 5-8）的合计金额填写。

表 5-7 单项工程投标报价汇总表

工程名称： 第 页 共 页

| 序号 | 单位工程名称 | 金额/元 | 其中 | | |
|---|---|---|---|---|---|
| | | | 暂估价 | 安全文明施工费 | 规费 |
| | | | | | |
| 合计 | | | | | |

**5. 单位工程投标报价汇总表（表 5-8）**

金额应分别按照分部分项工程量清单计价表（表 5-9）、措施项目清单计价表（表 5-10）、其他项目清单计价表（表 5-11）、规费、税金项目清单计价表的合计金额计算。

表 5-8 单位工程投标报价汇总表

工程名称： 标段： 第 页 共 页

| 序号 | 项目名称 | 金额/元 | 其中：暂估价 |
|---|---|---|---|
| 1 | 分部分项工程 | | |
| 2 | 措施项目 | | |
| 3 | 其他项目 | | |
| 4 | 规费 | | |
| 5 | 税金 | | |
| 合计 | | | |

### 6. 分部分项工程量清单与计价表（表 5－9）

表 5－9　分部分项工程量清单与计价表

工程名称：　　　　　　　　　　标段：　　　　　　　　　　第　页　共　页

| 序号 | 项目编码 | 项目名称 | 项目特征描述 | 计量单位 | 工程量 | 金额/元 | | |
|---|---|---|---|---|---|---|---|---|
| | | | | | | 综合单价 | 合价 | 其中：暂估价 |
| | | | | | | | | |
| 本页小计 | | | | | | | | |
| 合　计 | | | | | | | | |

### 7. 措施项目清单与计价表（表 5－10）。投标人可根据施工组织设计采取的措施增加项目。

表 5－10　措施项目清单与计价表

工程名称：　　　　　　　　　　标段：　　　　　　　　　　第　页　共　页

| 序号 | 项目名称 | 计算基础 | 费率/% | 金额/元 |
|---|---|---|---|---|
| 1 | 安全文明施工（含环境保护、文明施工、安全施工、临时设施） | | | |
| 2 | 夜间施工 | | | |
| 3 | 二次搬运 | | | |
| 4 | 冬雨季施工 | | | |
| 5 | 大型机械设备进出场及安拆 | | | |
| 6 | 施工排水 | | | |
| 7 | 施工降水 | | | |
| 8 | 地上、地下设施、建筑物的临时保护设施 | | | |
| 9 | 已完工程及设备保护 | | | |
| 10 | 各专业工程的措施项目 | | | |
| 合　计 | | | | |

注：本表适用于以“项”为计价的措施项目。以综合单价形式计价的措施项目表格形式同分部分项工程量清单计价表。

### 8. 其他项目清单与计价汇总表（表 5－11）

表 5－11　其他项目清单与计价汇总表

工程名称：　　　　　　　　　　标段：　　　　　　　　　　第　页　共　页

| 序号 | 项目名称 | 计量单位 | 金额/元 | 备注 |
|---|---|---|---|---|
| 1 | 暂列金额 | | | |
| 2 | 暂估价 | | | |
| 3 | 计日工 | | | |
| 4 | 总承包服务费 | | | |
| | 小　计 | | | |
| 合　计 | | | | |

**9. 规费、税金项目清单与计价表（表 5－12）**

**表 5－12 规费、税金项目清单与计价表**

工程名称： 标段： 第 页 共 页

| 序号 | 项目名称 | 计算基础 | 费率/% | 金额/元 |
| --- | --- | --- | --- | --- |
| 1 | 规费 | | | |
| 1.1 | 工程排污费 | | | |
| 1.2 | 社会保障费 | | | |
| (1) | 养老保险费 | | | |
| (2) | 失业保险费 | | | |
| (3) | 医疗保险费 | | | |
| 1.3 | 住房公积金 | | | |
| 1.4 | 危险作业意外伤害保险 | | | |
| 1.5 | 工程定额测定费 | | | |
| 2 | 税金 | 分部分项工程费＋措施项目费＋其他项目费＋规费 | | |
| 合　计 | | | | |

## 5.2.7 工程量清单计价与定额计价的异同

自《计价规范》颁布后，我国建设工程计价逐渐转向以工程量清单计价为主、定额计价为辅的模式。由于我国地域辽阔，各地的经济发展状况不一致，市场经济的程度存在差异，将定额计价立即转变为清单计价还存在一定困难，定额计价模式在一定时期内还有其发挥作用的市场。以下对清单计价和定额计价两种计价模式做一比较，如表 5－13 所示。

**表 5－13 两种计价模式的比较**

| 内　容 | 定额计价 | 清单计价 |
| --- | --- | --- |
| 项目设置 | 定额的项目一般是按施工工序、工艺进行设置的，定额项目包括的工程内容一般是单一的 | 工程量清单项目的设置是以一个“综合实体”考虑的，“综合项目”一般包括多个子目工程内容 |
| 定价原则 | 按工程造价管理机构发布的有关规定及定额中的基价计价 | 按照清单的要求，企业自主报价，反映的是市场决定价格 |
| 计价价款构成 | 定额计价价款包括直接工程费、措施费、规费、企业管理费、利润和税金。而分部分项工程费中的子目基价是指为完成定额分部分项工程项目所需的人工费、材料费、机械费。它没有反映企业的真正水平和没有考虑风险的因素 | 工程量清单计价价款是指完成招标文件规定的工程量清单项目所需的全部费用。即包括：分部分项工程费、措施项目费、其他项目费、规费和税金；完成每分项工程所含全部工程内容的费用；完成每项工程内容所需的全部费用（规费、税金除外）；工程量清单中没有体现的，施工中又必须发生的工程内容所需的费用；考虑风险因素而增加的费用 |

续表

| 内　容 | 定额计价 | 清单计价 |
| --- | --- | --- |
| 单价构成 | 定额计价采用定额子目基价，定额子目基价只包括定额编制时期的人工费、材料费、机械费，并不包括各种风险因素带来的影响 | 工程量清单采用综合单价。综合单价包括人工费、材料费、机械费、管理费和利润，且各项费用均由投标人根据企业自身情况和考虑各种风险因素自行编制 |
| 价差调整 | 按工程承发包双方约定的价格与定额价对比，调整价差 | 按工程承发包双方约定的价格直接计算，除招标文件规定外，不存在价差调整的问题 |
| 计价过程 | 招标方只负责编写招标文件，不设置工程项目内容，也不计算工程量。工程计价的子目和相应的工程量是由投标方根据设计文件确定。项目设置、工程量计算、工程计价等工作在一个阶段内完成 | 招标方必须设置清单项目并计算清单工程量，同时在清单中对清单项目的特征和包括的工程内容必须清晰、完整地告诉投标人，以便投标人报价。故清单计价模式由两个阶段组成：<br>① 由招标方编制工程量清单；<br>② 投标方拿到工程量清单后根据清单报价 |
| 人工、材料、机械消耗量 | 定额计价的人工、材料、机械消耗量按定额标准计算，定额一般是按社会平均水平编制的 | 工程量清单计价的人工、材料、机械消耗量由投标人根据企业的自身情况或《企业定额》自定。它真正反映企业的自身水平 |
| 工程量计算规则 | 按定额工程量计算规则 | 按清单工程量计算规则 |
| 计价方法 | 根据施工工序计价，即将相同施工工序的工程量相加汇总，选套定额，计算出一个子项的定额直接工程费，每一个项目独立计价 | 按一个综合实体计价，即子项目随主体项目计价，由于主体项目与组合项目是不同的施工工序，所以往往要计算多个子项才能完成一个清单项目的分部分项工程综合单价，每一个项目组合计价 |
| 价格表现形式 | 只表示工程总价，分部分项直接工程费不具有单独存在的意义 | 主要为分部分项工程综合单价，是投标、评标、结算的依据，单价一般不调整 |
| 适用范围 | 编审标底，设计概算，工程造价鉴定 | 全部使用国有资金投资或国有资金投资为主的大中型建设工程和需招标的小型工程 |
| 工程风险 | 工程量由投标人计算和确定，价差一般可调整，故投标人一般只承担工程量计算风险。不承担材料价格风险 | 招标人编制工程量清单，计算工程量，数量不准会被投标人发现并利用，招标人要承担差量的风险。投标人报价应考虑多种因素，由于单价通常不调整。故投标人要承担组成价格的全部因素风险 |

另外，我国发包与承包价计算方法中的综合单价法与工程量清单计价的综合单价有所不同，前者中的综合单价为全费用单价，其内容包括直接工程费、间接费、利润和税金，综合单价形成的过程也不同于清单计价中的综合单价。

## 本章小结

我国长期以来在工程计价中采用定额计价模式，定额计价法是一种与计划经济相适应的工程造价管理制度。定额计价是国家通过颁布统一的估算指标、概算指标，以及概算、预算和有关定额，来对建筑产品价格进行有计划管理的计价方法。定额计价的过程分为工程量计算和工程计价两个阶段，工程量的计算均按照统一的项目划分和工程量计算规则计算。工程计价的过程主要指套算定额和取费的过程。我国建筑产品价格市场化经历了“国家定价—国家指导价—国家调控价”3个阶段。定额计价介于国家指导价和国家调控价之间。

工程量清单计价方法，是指在建设工程招标投标中，招标人按照国家统一的建设工程工程量清单计价规范的要求编制和提供工程量清单，投标人依据工程量清单、拟建工程的施工方案，结合自身实际情况并考虑风险后自主报价的工程造价计价模式。工程量清单计价是市场形成工程造价的主要形式，全部使用国有资产投资或国有资产投资为主的工程建设项目，必须采用工程量清单计价。

工程量清单计价的基本过程为：招标人在统一的工程量清单计算规则的基础上，按照统一的工程量清单标准格式、统一的工程量清单项目设置规则，根据具体工程的施工图纸编制工程量清单，计算出各个清单项目的工程量，编制工程量清单；投标人根据各种渠道所获得的工程造价信息和经验数据，结合企业定额计算编制工程投标报价。所以其编制过程分为两个阶段：工程量清单编制和工程量清单计价过程。

工程量清单计价适用于编制招标控制价、招标标底、投标价、合同价款的约定、工程量计量与价款支付、索赔与现场签证、工程价款调整、竣工结算和工程计价争议处理等。采用工程量清单计价，建设工程造价由分部分项工程费、措施项目费、其他项目费、规费和税金组成。工程量清单计价采用综合单价计价。综合单价包括完成规定计量单位合格产品所需的人工费、材料费、机械使用费、管理费、利润，并考虑风险因素。综合单价适用于分部分项工程量清单、措施项目清单和其他项目清单。

工程量清单计价的步骤为：①熟悉工程量清单；②研究招标文件；③熟悉施工图纸；④了解施工组织设计；⑤熟悉加工定货的有关情况；⑥明确主材和设备的来源情况；⑦计算工程量；⑧确定措施项目清单内容；⑨计算综合单价；⑩计算措施项目费、其他项目费、规费、税金等；⑪将分部分项工程项目费、措施项目费、其他项目费和规费、税金汇总、合并、计算出工程造价。

定额计价与工程量清单计价模式在项目设置、定价原则、计价价款构成、单价构成、价差调整、计价过程、人工、材料、机械消耗量、工程量计算规则、计价方法、价格表现形式、适用范围和工程风险方面存在异同。

## 复习思考题

1. 简述定额计价的原理与方法。
2. 简述工程量清单计价的模式及其作用。
3. 简述工程量清单计价的基本过程和阶段划分。
4. 编制分部分项工程量清单时的“四个统一”分别是什么？

5. 其他项目清单的组成内容与编制要求是什么?
6. 工程量清单计价的具体要求有哪些?
7. 简述工程量清单计价的基本步骤。
8. 简述工程量清单计价的程序。
9. 简述定额计价与工程量清单计价的异同。

# 第6章　工程计量

## 知识结构

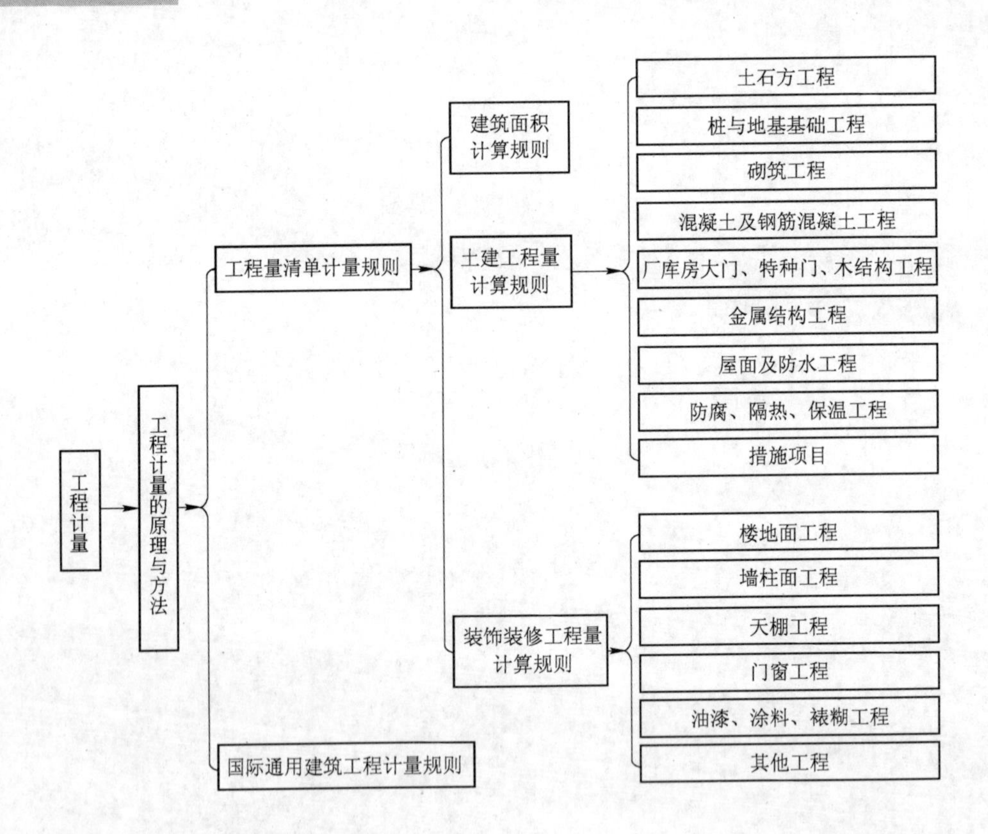


## 学习目的、任务与要求

工程量的计算是编制建筑工程施工图预算和工程量清单的基础工作，是预算文件和工程量清单的重要组成部分。通过本章的学习，使读者能够掌握工程计量的基本原理与方法，为工程计价的开展打好基础。要求读者在学习中熟悉工程量计算的依据和原则，了解工程量计算的方法和顺序；掌握工程量清单计量规则的主要内容和要求，能够理论联系实际；了解国际通用建筑工程计量规则。

# 6.1 工程计量的原理与方法

工程造价的确定，要以该工程所要完成的工程实体数量为依据。对实体的数量做出正确的计算，并以一定的计量单位表述工程量是工程造价计算过程中的一个重要环节，以物理计量单位或自然计量单位表示的各分项工程或结构构件的数量的过程就是工程量的计算。

计算工程量是编制建筑工程施工图预算和工程量清单的基础工作，是预算文件和工程量清单的重要组成部分。工程量计算的准确与否，将直接影响工程直接工程费，进而影响整个工程的预算造价。工程量又是施工企业编制施工计划、组织劳动力和供应材料、机具的重要依据。同时，工程量也是基本建设管理职能部门（如计划和统计部门）工作的内容之一。因此，正确计算工程量对建设单位、施工企业和管理部门加强管理，对正确确定工程造价都具有重要的现实意义。

## 6.1.1 工程量计算规则

工程量计算规则，是规定在计算分项工程实物数量时，从施工图纸中摘取数值的取定原则。在计算工程量时，必须按照工程量清单计价规范或所采用的定额规定的计算规则进行计算。

为统一工业与民用建筑工程预算工程量的计算，建设部于1995年制定《全国统一建筑工程基础定额》（土建工程）的同时发布了《全国统一建筑工程预算工程量计算规则》（土建工程$GJD_{GZ}$—101—95)，作为指导预算工程量计算的依据。2003年发布的《建设工程工程量清单计价规范》（GB 50500—2003）中也规定了配套的工程量计算规则。现行预算定额的定额项目一般是按施工工序进行设置的，包括的工程内容较为单一，据此规定了相应的工程量计算规则。工程量清单项目的划分，一般以一个“综合实体”进行设置，每一清单项目包括多项内容，据此规定的工程量计算规则与预算定额计算规则有所区别。下面将对《建设工程工程量清单计价规范》中规定的工程量计算规则和《建筑工程量计算原则（国际通用)》作简单介绍。

## 6.1.2 工程量计算的依据

**1. 经审定的施工设计图纸及设计说明**

设计施工图是计算工程量的基础资料，因为施工图纸反映工程的构造和各部位尺寸，是计算工程量的基本依据。在取得施工图和设计说明等资料后，必须全面、细致地熟悉和核对有关图纸和资料，检查图纸是否齐全、正确。经过审核、修正后的施工图才能作为计算工程量的依据。

**2. 工程量清单计价规范、建筑工程预算定额**

《建设工程工程量清单计价规范》、《全国统一建筑工程预算工程量计算规则》及省、市、自治区颁发的地区性工程定额中比较详细地规定了各个分部分项工程量的计算规则和计算方法。计算工程量时必须严格按照工程适用的规定中的计量单位、计算规则和方法进行；否则，将可能出现计算结果的数据和单位等的不一致。

**3. 审定的施工组织设计、施工技术措施方案和施工现场情况**

计算工程量时，还必须参照施工组织设计或施工技术措施方案进行。例如计算土方工程时，只依据施工图是不够的，因为施工图上并未标明实际施工场地土壤的类别及施工中是否采取放坡或是否用挡土板的方式进行。对这类问题就需要借助于施工组织设计或者施工技术措施加以解决。工程量中有时还要结合施工现场的实际情况进行。例如平整场地和余土外运工程量，一般在施工图纸上是不反映的，应根据建设基地的具体情况予以计算确定。

**4. 经确定的其他有关技术经济文件**

## 6.1.3 计算工程量应遵循的原则

(1) 工程量计算所用原始数据必须和设计图纸相一致。工程量是按每一分项工程根据设计图纸进行计算的，计算时所采用的原始数据都必须以施工图纸所表示的尺寸或施工图纸能读出的尺寸为准进行计算，不得任意加大或缩小各部位尺寸。特别对工程量有重大影响的尺寸（如建筑物的外包尺寸、轴线尺寸等）及价值较大的分项工程（如钢筋混凝土工程等）的尺寸，其数据的取定，均应根据图纸所注尺寸线及尺寸数字，通过计算确定。

(2) 计算口径（工程子目所包括的工作内容）必须与工程量清单计价规范或预算定额相一致。

(3) 计算单位必须与工程量清单计价规范或预算定额相一致。

(4) 工程量计算规则必须与工程量清单计价规范或预算定额一致。

(5) 工程量计算的准确度。

工程量的数字计算要准确，一般应精确到小数点后3位，汇总时其准确度取值要达到：①立方米（$m^3$）、平方米（$m^2$）及米（m）以下取两位小数；②吨（t）以下取3位小数；③千克（kg）、件等取整数。

(6) 按图纸，结合建筑物的具体情况进行计算。一般应做到主体结构分层计算；内装修按分层分房间计算；外装修分立面计算，或按施工方案的要求分段计算。由几种结构类型组成的建筑，要按不同结构类型分别计算；比较大的由几段组成的组合体建筑，应分段进行计算。

## 6.1.4 工程量计算方法和顺序

在掌握了基础资料，熟悉了图纸之后，不要急于计算，应该先把在计算工程量中需要的数据统计和计算出来，其内容包括以下几个方面。

**1. 计算基数**

所谓基数，是指在工程量计算中需要反复使用的基本数据。如在土建工程预算中主要项目的工程量计算，一般都与建筑物轴线内所包面积有关。因此，它是计算和描述许多分项工程量的基数，在计算中要反复多次地使用。为了避免重复计算，一般都事先把它们计算出来，随用随取。

**2. 编制统计表**

所谓统计表，在土建工程中主要是指门窗洞口面积统计表和墙体埋件体积统计表。另外，还应统计好各种预制混凝土构件的数量、体积及所在的位置。

**3. 编制预制构件加工委托计划**

为了不影响正常的施工进度，一般都需要把预制构件加工或订购计划提前编出来。这项工作多数由预算员来做，也可由施工技术员来做。需要注意的是，此项委托计划应把施工现场自己加工的、委托预制构件厂加工的或是由厂家订购的分开来编制，以满足施工实际需要。

**4. 计算工程量**

计算工程量时，其计算顺序一般有以下3种基本方法。

(1) 按图纸顺序计算，即按图纸的顺序由建施到结施，由前到后依次计算。用这种方法计算工程量的要求是，对预算定额的章节内容要很熟，否则容易出现项目间的混淆及漏项。

(2) 按工程量清单编码或预算定额编码的顺序计算。即按清单或定额的章节、子目次序、由前到后，逐项对照计算。这种方法，要求首先熟悉图纸，要有很好的工程设计基础知识。使用这种方法要注意，工程图纸是按使用要求设计的，其平立面造型、内外装修、结构形式及内部设计千变万化，有些设计采用了新工艺、新材料，或有些零星项目可能没有相应的清单编码或定额编码，在计算工程量时应单列出来，不能因缺项而漏掉。

(3) 按施工顺序计算。即由平整场地、基础挖土算起，直到装饰工程等全部施工内容结束止。用这种方法计算工程量，要求具有一定的施工经验，能掌握组织施工的全过程，并且要求对定额及图纸内容要十分熟悉，否则容易漏项。

此外，计算工程量也可按建筑设计对称规律及单元个数计算。因为单元组合住宅设计，一般由一个或两个单元平面布置组合，所以在这种情况下，只需计算一个或两个单元的工程量，最后乘以单元的个数，把各相同单元的工程量汇总，即得到该栋住宅的工程量。这种算法，端头尾面工程量需另行补加，并要注意公共轴线不要重复，端头轴线也不要漏掉，计算时可灵活处理。

在计算一张图纸内的工程量时，为了防止重复计算或漏算，也应该遵循一定的顺序。通常采用4种不同的顺序。

(1) 按顺时针方向计算。先外后内从平面图左上角开始，按顺时针方向由左而右环绕一周后再回到左上角为止。这种方法适用于外墙挖地槽、外墙砖石基础、外墙砖石墙、外墙墙基垫层、楼地面、天棚、外墙粉饰、内墙粉饰等。

(2) 按横竖分割计算。以施工图上的轴线为准，先横后竖，从上而下，从左到右计算。这种方法适用于内墙挖地槽、内墙砖石基础、内墙砖石墙、间壁墙、内墙墙基垫层等。

(3) 按构配件的编号顺序计算。按图纸上注明的分类编号，按号码次序由小到大进行计算。这种方法适用于打桩工程、钢筋混凝土工程中的柱、梁、板等构件，金属构件及钢木门窗等。

(4) 按轴线编号计算。以平面图上的定位轴线编号顺序，从左到右，从下到上依次进行计算。这种方法适用情况同第（2）种方法，而尤其适用于造型或结构复杂的工程。

在计算工程量时，要参考建施及结施图纸的设计总说明、每张图纸的说明及选用标准图集的总说明和分项说明等，因为很多项目的做法及工程量来自此处。此外，在计算每项工程量的同时，要准确而详细地填列“工程量清单”或“工程量计算表”中的各项内容，尤其要准确填写各项目名称、项目特征。如对于钢筋混凝土工程，要填写现浇、预制、断面形式和尺寸等字样；对于砌筑工程，要填写砌体类型、厚度和砂浆强度等级等字样；对于装饰工程，要填写装饰类型、材料种类和标号等字样，以此类推，目的是为报价或选套定额项目提供方便，加快编制速度。

# 6.2 工程量清单计量规则

按照《建设工程工程量清单计价规范》（以下简称《计价规范》）的规定，建筑面积及各分部工程工程量计算规则如下所述。

## 6.2.1 建筑面积计算规则

**1. 一般规则**

（1）单层建筑物不论其高度如何，均按一层计算建筑面积。多层建筑物自然层的层高在2.2 m以上者（含2.2 m，下同），方可计算建筑面积。单层建筑物的建筑面积和多层建筑物首层的建筑面积，均按建筑物外墙勒脚以上结构外围水平面积计算。单层建筑物内设有部分楼层者，其二层及二层以上的楼层（见图6-1），以及多层建筑物二层及二层以上的楼层，层高在2.2 m以上者，均应计算建筑面积。有围护外墙的，按外墙结构的外围水平面积计算；无外墙的，按自然层结构板水平投影面积计算。

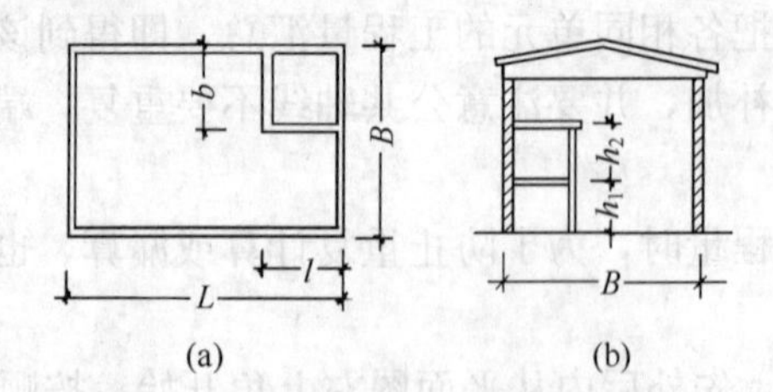


图6-1 设有部分楼层的单层建筑物

（2）高低联跨的单层建筑物，以高跨结构外边线为界，可分别计算建筑面积（见图6-2）。同一建筑物的结构、层数不同时，应分别计算建筑面积。

（3）设有围护结构（或围栏）不垂直于水平面而超出底板外沿的建筑物，按其底板面的围护结构外围水平面积计算建筑面积。设有围护性幕墙的建筑物，按幕墙主墙外边线计算建筑面积。

**2. 计算全面积的范围**

（1）单层建筑物计算一层建筑面积，多层建筑物按各层建筑面积的总和计算。

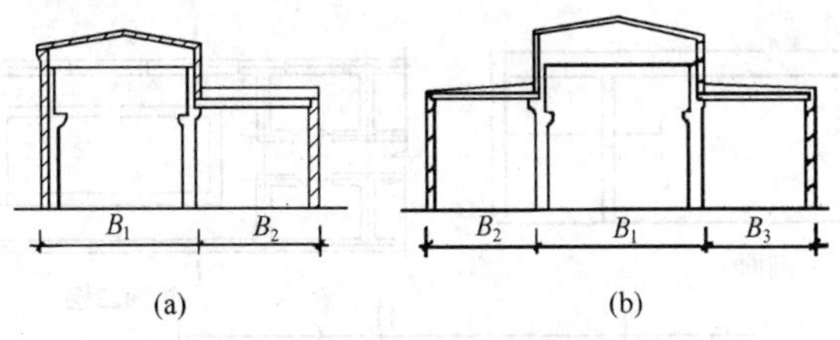


图 6-2 高低联跨的单层建筑物

(2) 地下室、半地下室、地下商店（或仓库、车间）、地下车站、地下泳池、地下指挥部等（包括相应的有永久性顶盖的出入口）建筑面积，按其外墙上口（不包括采光井、外墙以外的通风排气竖井、外墙防潮层及其保护墙）外围水平面积计算（见图 6-3）。

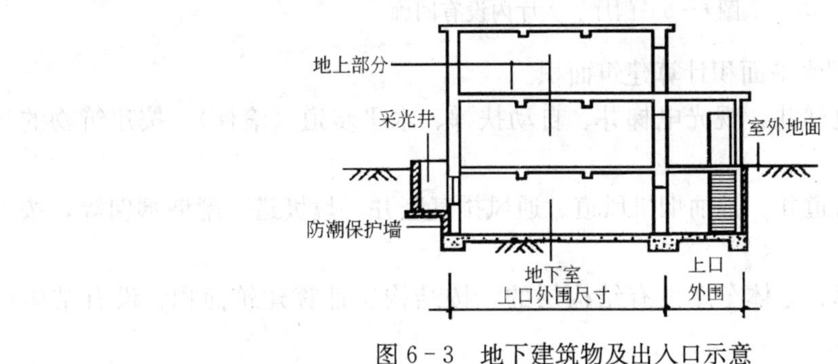


图 6-3 地下建筑物及出入口示意

(3) 建于坡地的建筑物吊脚架空层、深基础地下架空层，设计加以利用时，有围护结构且层高在 2.2 m 以上的部位，按该部位的水平面积计算建筑面积（见图 6-4 和图 6-5）。

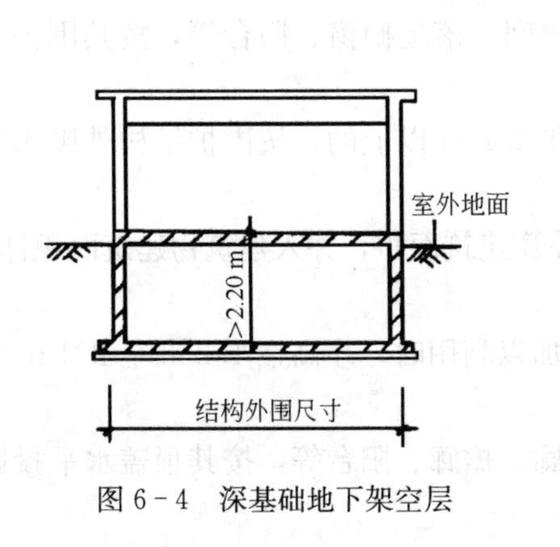


图 6-4 深基础地下架空层

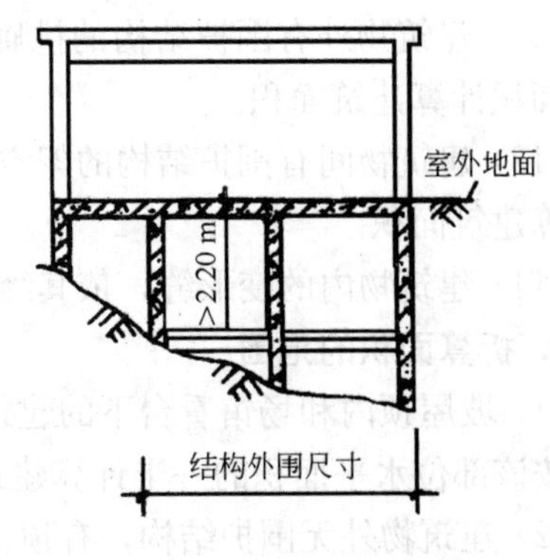


图 6-5 坡地吊脚架空层

(4) 建筑物内的门厅、大厅，按一层建筑面积计算。门厅、大厅内设有回廊时，按其水平投影面积计算建筑面积（见图 6-6）。

(5) 建筑物内的夹层、插层，按其层高在 2.2 m 以上的部位计算建筑面积。

(6) 技术层和检修通道内设有围护结构的办公室、值班室、储藏室等，层高在 2.2 m 以

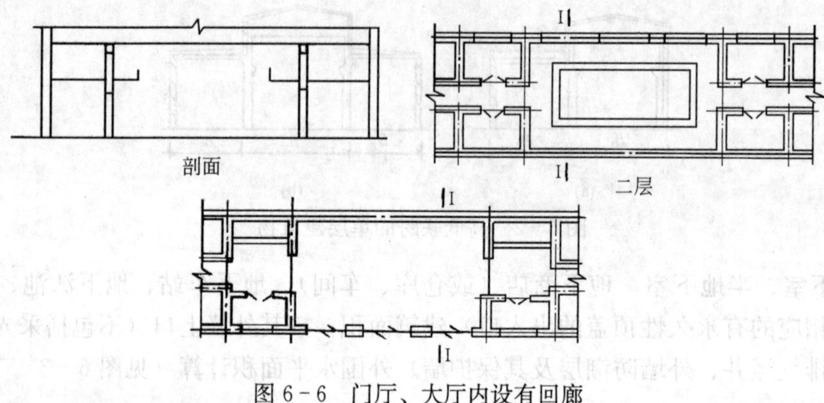


图 6-6 门厅、大厅内设有回廊

上时，按其围护结构外围水平面积计算建筑面积。

(7) 室内楼梯间、电梯井、观光电梯井、自动扶梯、水平步道（滚梯），按建筑物的自然层计算建筑面积。

(8) 室内提物井、管道井、抽油烟机风道、通风排气竖井、垃圾道、附墙烟囱等，按首层面积计算建筑面积。

(9) 书库、立体仓库、立体车库设有结构层的，按结构层计算建筑面积；没有结构层的，按一层计算建筑面积。

(10) 有围护结构的舞台灯光控制室，按其围护结构外围水平面积分层计算建筑面积。

(11) 坡屋顶内和场馆看台下的建筑空间，设计加以利用时，净高超过 2.1 m（不含 2.1 m）的部位，按水平面积计算建筑面积。

(12) 建筑物外有围护结构的挑廊、走廊、眺望间、落地橱窗、阳台等，按其围护结构外围面积计算建筑面积。

(13) 建筑物间有围护结构的架空走廊，层高在 2.2 m 以上的，按围护结构外围水平面积计算建筑面积。

(14) 建筑物内的变形缝，依其缝宽按自然层计算建筑面积，并入建筑物建筑面积计算。

**3. 折算面积的范围**

(1) 坡屋顶内和场馆看台下的建筑空间，设计加以利用时，净高在 1.2 m 至 2.1 m 的部位，按该部位水平面积的一半计算建筑面积。

(2) 建筑物外无围护结构，有顶盖的走廊、挑廊、檐廊、阳台等，按其顶盖水平投影面积一半计算建筑面积（见图 6-7）。计算公式为

$$S=\frac{1}{2}l \cdot b$$

(3) 有永久性顶盖的室外楼梯，按其依附的建筑物自然层数的水平投影面积之和的一半计算建筑面积。

(4) 雨篷的外边线至外墙结构外边线的宽度超过 2.1 m 时，按其水平投影面积的一半计算建筑面积。

(5) 有顶盖无围护结构的车棚、货棚、站台、加油站、收费站等，按其顶盖水平投影面积一半计算建筑面积（见图 6-8）。

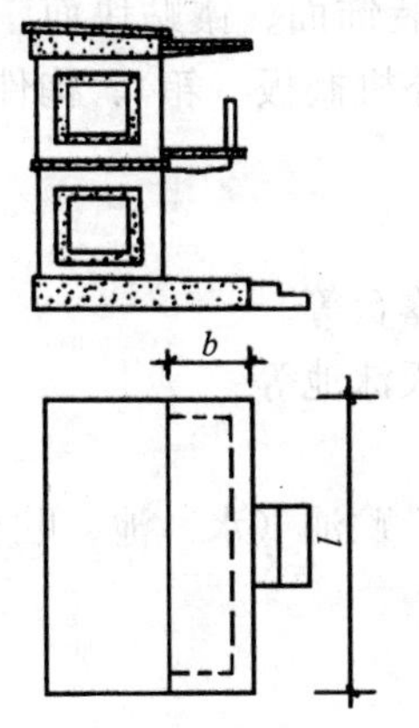


图 6-7 有顶盖的走廊、檐廊

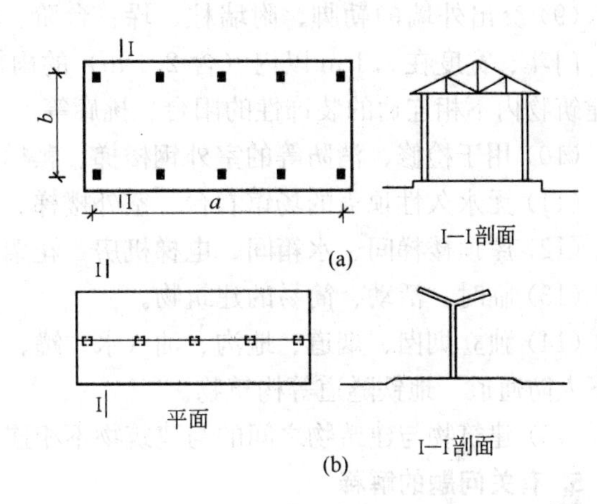


图 6-8 有柱车棚、货棚、站台

(6) 建筑物间有顶盖无围护结构的架空走廊，按其顶盖水平投影面积一半计算建筑面积（见图 6-9）。计算公式为

$$S=\frac{l}{2}\cdot b$$

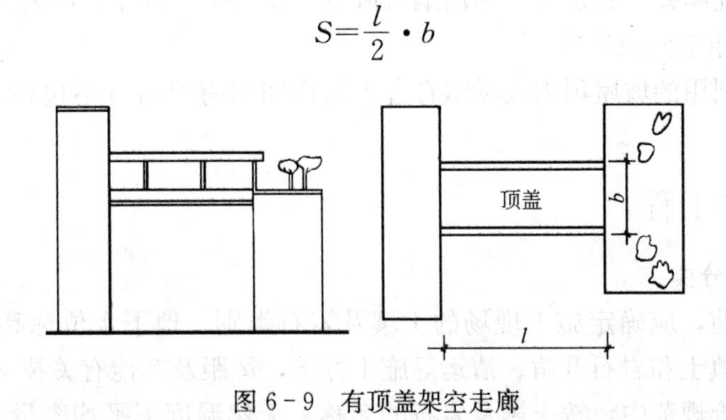


图 6-9 有顶盖架空走廊

(7) 有顶盖无围护结构的场馆看台，按其顶盖水平投影面积一半计算建筑面积。

**4. 不计算面积的范围**

(1) 层高不足 2.2 m 的楼层或部位。

(2) 属于道路组成部分的穿过建筑物的通道（骑楼、过街楼的底层）、吊脚架空层、架空走廊、走廊、檐廊。

(3) 设计不利用，或作为技术层，或层高不足 2.2 m 的深基础架空层、吊脚架空层。

(4) 利用地下室设置的消防水池。

(5) 建筑物内操作平台、上料平台、安装箱和罐体的平台。

(6) 单层建筑物内分隔单层房间，舞台及后台悬挂的幕布、布景天桥、挑台。

(7) 建筑物内的技术层和检修通道（不论其层高如何）。

(8) 设计不利用或净高不足 1.2 m 的坡屋顶内和场馆看台下的建筑空间。

(9) 突出外墙的勒脚、附墙柱、垛、台阶、墙面抹灰、装饰面、镶贴块面、装饰性幕墙、门斗、宽度在 2.1 m 以内（含 2.1 m）的雨篷、空调室外机搁板（箱）、构件、配件及与建筑物内不相连通的装饰性的阳台、挑廊等。

(10) 用于检修、消防等的室外钢楼梯、爬梯。

(11) 无永久性顶盖的场馆看台、室外楼梯、架空走廊、露台等。

(12) 屋顶楼梯间、水箱间、电梯机房、花架、凉亭、露天泳池等。

(13) 临时、活动、简易的建筑物。

(14) 独立烟囱、烟道、地沟、油（水）罐、气柜、水塔、贮油（水）池、贮仓、栈桥、地下人防通道、地铁隧道等构筑物。

(15) 建筑物与建筑物之间的与建筑物不相连通的变形缝。

**5. 有关问题的解释**

(1) 地铁车站与地铁隧道的划分以变形缝为界。

(2) 室外楼梯的上层楼梯为下层楼梯的顶盖时，下层楼梯按有永久性顶盖的室外楼梯计算建筑面积。

(3) 扣除室内提物井、管道井、抽油烟机风道、通风排气竖井、垃圾道、附墙烟囱等的面积时，应按结构净空面积计算。

(4) 设计加以利用的坡屋顶内或场馆看台下的房间内有梁时（不包括墙上部的梁），其净高算至梁底。

## 6.2.2 土石方工程

**1. 土壤及岩石分类**

在计算工程量前，应确定施工现场的土壤及岩石类别、地下水位标高及排（降）水方法，挖土、运土、填土和岩石开凿、清运等施工方法，运距及其他有关技术资料，以便准确计算工程量。在计价规范中，按土壤及岩石的名称、天然湿度下平均容量、极限压碎强度、开挖方法及紧固系数等，将土壤划分为一类土壤、二类土壤、三类土壤、四类土壤。岩石划分为松石、次坚石、普坚石等。

**2. 工程量清单项目设置**

土石方工程的工程量清单分 3 节共 10 个清单项目，包括土方工程、石方工程、土（石）方回填，适用于建筑物和构筑物的土石方开挖及回填工程。工程量清单项目设置的内容包括项目编码、项目名称、项目特征、计量单位、工程量计算规则及工程内容等。表 6-1 选列了土方工程中平整场地、挖土方、挖基础土方等项目设置的内容，其他清单项目的设置内容可查阅《建设工程工程量清单计价规范》附录A中A.1土（石）方工程。

**表6-1 土方工程（编码：010 101）**

| 项目编码 | 项目名称 | 项目特征 | 计量单位 | 工程量计算规则 | 工程内容 |
|---|---|---|---|---|---|
| 010101001 | 平整场地 | 1. 土壤类别<br>2. 弃土运距<br>3. 取土运距 | $m^2$ | 按设计图示尺寸以建筑物首层面积计算 | 1. 土方挖填<br>2. 场地找平<br>3. 运输 |
| 010101002 | 挖土方 | 1. 土壤类别<br>2. 挖土平均厚度<br>3. 弃土运距 | $m^3$ | 按设计图示尺寸以体积计算 | 1. 排地表水<br>2. 土方开挖<br>3. 挡土板支拆<br>4. 截桩头<br>5. 基底钎探<br>6. 运输 |
| 010101003 | 挖基础土方 | 1. 土壤类别<br>2. 基础类型<br>3. 垫层底宽、底面积<br>4. 挖土深度<br>5. 弃土运距 | | 按设计图示尺寸以基础垫层底面积乘以挖土深度计算 | |

### 3. 平整场地

这是指工程开工前，对建筑场地挖、填土方厚度在±30 cm以内的高低不平部分进行就地挖填、运输和找平工作。平整场地的工程量按设计图示尺寸以建筑物首层面积计算。

**例6-1** 根据图6-10，计算人工平整场地工程量。

**解** $S_{底}=(30.8+0.24)\times(29.2+0.24)-(10.8-0.24)\times21.6=685.72(m^2)$

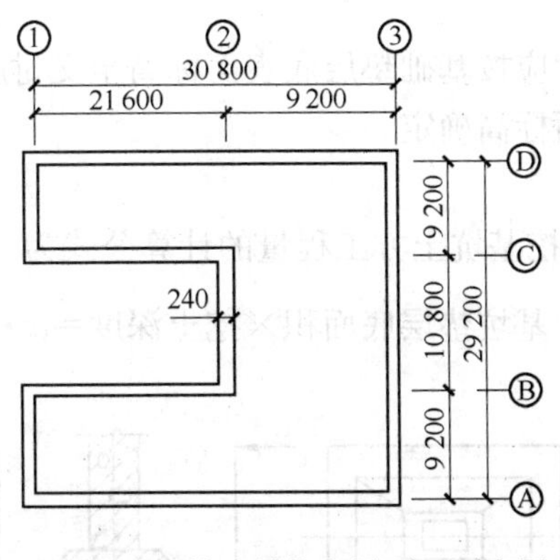


图6-10 某建筑物底层平面示意图

### 4. 挖基础土方及管沟土方

指开挖浅基础、桩承台及管沟等施工而进行的土石方工程。挖基础土方适用于基础土方开挖、指定范围内土方运输其中基础土方包括带形基础、独立基础、满堂基础（包括地下室基础）及设备基础、人工挖孔桩等的挖方；管沟土方适用于管沟土方开挖和回填。工程量按设计图示尺寸以基础垫层底面积乘以挖土深度，以体积计算。

1）挖沟槽土方

挖沟槽土方见图6－11，其挖沟槽土方工程量的计算公式为

$$V_{沟槽}=a\cdot H\cdot L$$

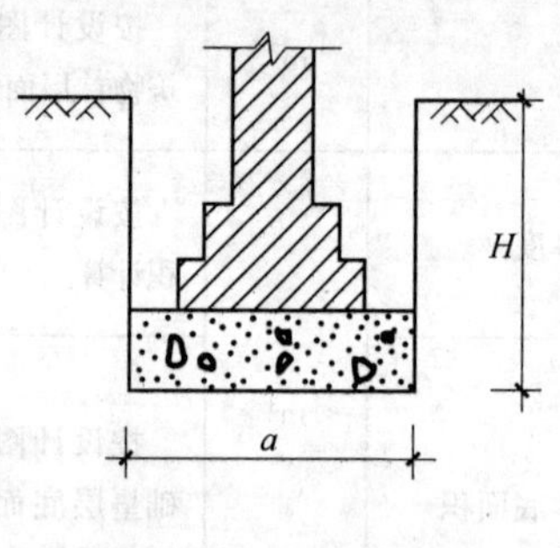


图6－11　沟槽示意图

式中：$V_{沟槽}$——挖沟槽土方工程量，$m^3$；

$a$——基础垫层宽度，m；

$H$——沟槽深度，m；

$L$——沟槽长度，m。

对于沟槽长度，外墙沟槽按图示中心线长度计算；内墙沟槽按图示基础底面之间净长度计算（有垫层的指垫层底面之间的净长）；内、外突出部分（垛、附墙烟囱等）体积并入沟槽土方工程量内计算。

基础土方、石方开挖深度应按基础垫层底表面标高至交付施工场地标高确定，无交付施工场地标高时，应按自然地面标高确定。

2）挖基坑土方

挖基坑土方见图6－12，挖基坑土方工程量的计算公式为

$$V_{基坑}=基坑垫层底面积\times 挖土深度=a\cdot b\cdot H$$

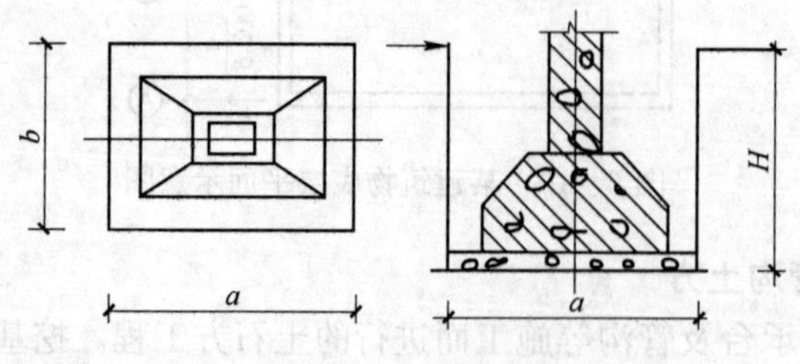


图6－12　基坑示意图

式中：$V_{基坑}$——挖基坑土方工程量，$m^3$；

$a$——基础垫层底长度，m；

$b$——基础垫层底宽度，m；

$H$——基坑挖土深度，m。

**例6-2** 某工程人工挖基坑，混凝土基础垫层长为1.50 m，宽为1.20 m，深度为2.20 m，四类土，求挖基坑土方工程量。

**解** 已知：$a=1.5$ m，$b=1.2$ m，$H=2.2$ m。

所以

$$V_{基坑}=1.5\times1.2\times2.2=3.96(m^3)$$

3）人工挖孔桩挖土（石）方工程

人工挖孔桩挖土（石）方按桩长乘以设计截面面积（含护壁），以体积计算，公式为

$$V=(\pi D^2/4)\cdot L$$

式中：$V$——人工挖孔桩挖土（石）方工程量，$m^3$；

$D$——人工挖孔桩桩外径（即含护壁），m；

$L$——人工挖孔桩设计桩长，m。

4）管沟土方

工程量按设计图示以管道中心线长度计算。有管沟设计时，平均深度以沟垫层底表面标高至交付施工场地标高计算；无管沟设计时，直埋管深度应按管底外表面标高至交付施工场地标高的平均高度计算。

**5. 挖土（石）方**

挖土方是指±30 cm以外的竖向布置的挖土或山坡切土，是指设计室外地坪以上的挖土，并包括指定范围内的土方运输；挖石方指人工凿石、人工打眼爆破、机械打眼爆破等工作，并包括指定范围内的石方清除运输。土石方工程按开挖方法分为人工土石方工程及机械土石方工程两种。工程量按设计图示尺寸以体积计算，土石方体积应按挖掘前的天然密实体积计算。如需按天然密实体积折算时，应按表6-2所列系数计算；建筑物场地厚度在±30 cm以外的竖向布置挖土或山坡切土，应按挖土方项目编码列项。

**表6-2 土石方体积折算系数表**

| 天然密实体积 | 虚方体积 | 夯实后体积 | 松填体积 |
| --- | --- | --- | --- |
| 1.00 | 1.30 | 0.87 | 1.08 |
| 0.77 | 1.00 | 0.67 | 0.83 |
| 1.15 | 1.49 | 1.00 | 1.24 |
| 0.93 | 1.20 | 0.81 | 1.00 |

**6. 回填土**

回填土适用于场地回填、室内回填和基础回填，并包括指定范围内的运输及取土回填的土方开挖。基础回填土是指在基础施工完毕以后，将槽、坑四周未做基础的部分进行回填至室外设计地坪标高。室内回填土指的是室内地坪以下，由室外设计地坪标高填至地坪垫层底

标高的夯填土。回填土的工程量按设计图示尺寸以体积计算。

(1) 场地回填土：按回填面积乘以平均回填厚度计算。

(2) 室内回填土：按主墙之间净面积乘以回填厚度计算，室内回填土计算公式为

室内回填土＝室内净面积×回填土厚

其中，

回填土厚＝设计室内外地坪高差－地面面层和垫层的厚度

(3) 基础回填土：按挖方体积减去设计室外地坪以下埋设的基础体积（包括基础垫层及其他构筑物）计算，计算公式为

清单基础回填土体积＝清单槽、坑挖土体积－设计室外地坪标高以下埋设的基础体积

## 6.2.3 桩与地基基础工程

计算桩基础工程量前，应依据工程地质资料中的土层构造和土壤物理、力学性质及每米沉桩时间，鉴别不同的土质级别（不同于土壤类别）。此外，还要确定施工方法、工艺流程、采用机型、桩和泥浆运输等事项。

**1. 工程量清单项目的设置**

《计价规范》设置的本部分清单项目有混凝土桩、其他桩、地基与边坡处理 3 节共 12 个项目。其中混凝土桩的项目名称及其相应的项目编码、项目特征、计量单位计算规则和工程内容，如表 6-3 所示。

**表 6-3 混凝土桩（编码：010201）**

| 项目编码 | 项目名称 | 项目特征 | 计量单位 | 工程量计算规则 | 工程内容 |
|---|---|---|---|---|---|
| 010201001 | 预制钢筋混凝土桩 | 1. 土壤级别<br>2. 单桩长度、根数<br>3. 桩截面<br>4. 板桩面积<br>5. 管桩填充材料种类<br>6. 桩倾斜度<br>7. 混凝土强度等级<br>8. 防护材料种类 | m 或根 | 按设计图示尺寸以桩长（包括桩尖）或根数计算 | 1. 桩制作、运输<br>2. 打桩、试验桩、斜桩<br>3. 送桩<br>4. 管桩填充材料、刷防护材料<br>5. 清理、运输 |
| 010201002 | 接　桩 | 1. 桩截面<br>2. 接头长度<br>3. 接桩材料 | 个或 m | 按设计图示规定以接头数量（板桩按接头长度）计算 | 1. 桩制作、运输<br>2. 接桩、材料运输 |
| 010201003 | 混凝土灌注桩 | 1. 土壤级别<br>2. 单桩长度、根数<br>3. 成孔方法<br>4. 混凝土强度等级 | m 或根 | 按设计图示尺寸以桩长（包括桩尖）或根数计算 | 1. 成孔、固壁<br>2. 混凝土制作、运输、灌注、振捣、养护<br>3. 泥浆池及沟槽砌筑、拆除<br>4. 泥浆制作、运输<br>5. 清理、运输 |

**2. 预制钢筋混凝土桩**

计量单位为m或根，按设计图示尺寸以桩长（包括桩尖）或根数计算。如按桩长计算，在编制标底和投标报价时，按设计图示尺寸计算，但结算时按桩实际入土长度计算。

**3. 接桩**

(1) 预制钢筋混凝土桩接桩计量单位为个，按设计图示规定计算。

(2) 钢板桩接桩计量单位为m，按设计图示规定计算。

**4. 混凝土灌注桩、砂石灌注桩、灰土挤密桩、旋喷桩、喷粉桩**

混凝土灌注桩、砂石灌注桩、灰土挤密桩、旋喷桩、喷粉桩工程量计算规则与预制钢筋混凝土桩相同。

**5. 地下连续墙**

地下连续墙见图6-13，计量单位为$m^3$，计算公式为

$$V=L\cdot B\cdot H$$

式中：$V$——连续墙体积，$m^3$；

$L$——连续墙中心线长度，m；

$B$——连续墙厚度，m；

$H$——槽深，m。

高压定喷防渗墙计算规则与地下连续墙相同。

**6. 振冲灌注碎石**

振冲灌注碎石见图6-14，计量单位为$m^3$，计算公式为

$$V=3.14D^2/4\cdot H$$

式中：$V$——振冲灌注体积，$m^3$；

$D$——振冲孔直径，m；

$H$——振冲孔孔深，m。

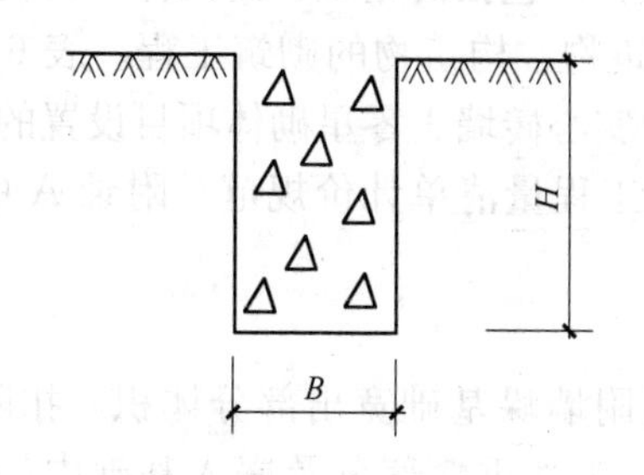


图6-13 地下连续墙

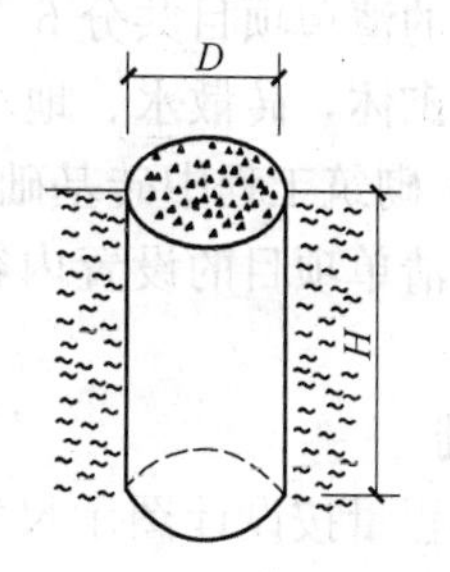


图6-14 振冲灌注碎石

**7. 地基强夯**

地基强夯见图6-15，计量单位为$m^2$，计算公式为

$$S=L \cdot B$$

式中：$S$——地基强夯面积，$m^2$；

$L$——地基强夯长度，m；

$B$——地基强夯宽度，m。

**8. 锚杆支护、土钉支护**

锚杆支护、土钉支护见图 6-16，计量单位为 $m^2$，计算公式为

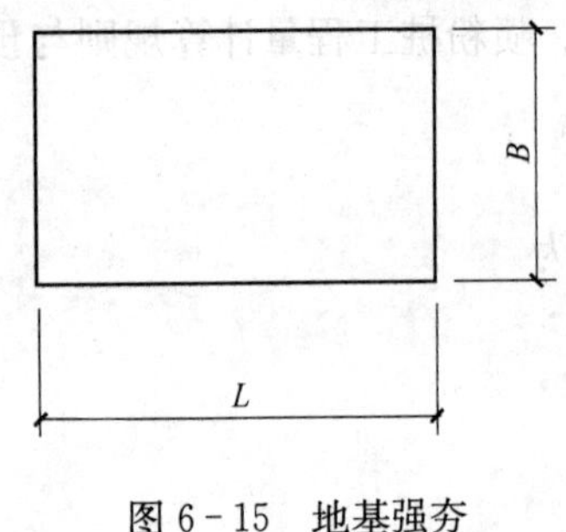


图 6-15 地基强夯

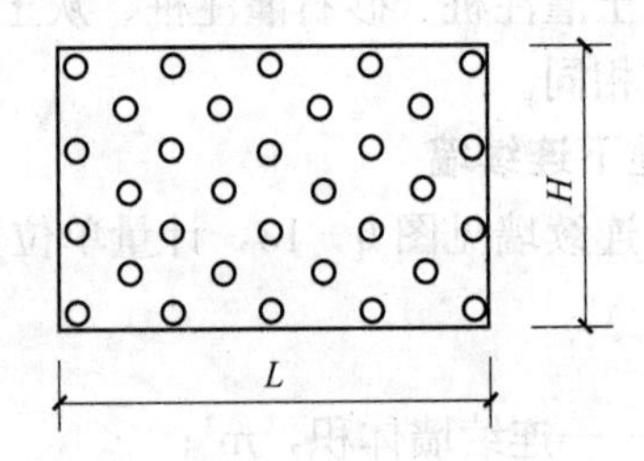


图 6-16 锚杆支护、土钉支护

$$S=L \cdot H$$

式中：$S$——锚杆支护面积，$m^2$；

$L$——锚杆支护长度，m；

$H$——锚杆支护宽度，m。

**9. 钢板桩、钢支撑**

计量单位为 t，计算规则按金属结构工程量计算规则计算。

## 6.2.4 砌筑工程

**1. 工程量清单项目设置**

砌筑工程的清单项目共分 6 节，设置 25 个清单项目。包括砖基础，砖砌体，砖构筑物，砌块砌体，石砌体，砖散水、地坪、地沟，适用于建筑物、构筑物的砌筑工程。表 6-4 和表 6-5 选列了砌筑工程中砖基础项目及砖砌体项目中实心砖墙、零星砌体项目设置的内容。砌筑工程其他清单项目的设置内容可查阅《建设工程工程量清单计价规范》附录 A 中 A.3 砌筑工程。

**2. 砖基础**

砖基础工程量按设计图示尺寸以体积计算。包括附墙垛基础宽出部分体积，扣除地梁(圈梁)、构造柱所占体积，不扣除基础大放脚 T 型接头处重叠部分及嵌入基础内的钢筋、铁件、管道、基础砂浆防潮层及单个面积在 0.3 $m^2$ 以内的孔洞所占体积，靠墙暖气沟的挑檐不增加。

**表 6-4 砖基础（编码：010301）**

| 项目编码 | 项目名称 | 项目特征 | 计量单位 | 工程量计算规则 | 工程内容 |
| --- | --- | --- | --- | --- | --- |
| 010301001 | 砖基础 | 1. 垫层材料种类、厚度<br>2. 砖品种、规格、强度等级<br>3. 基础类型<br>4. 基础深度<br>5. 砂浆强度等级 | $m^3$ | 按设计图示尺寸以体积计算。包括附墙垛基础宽出部分体积，扣除地梁（圈梁）、构造柱所占体积，不扣除基础大放脚T型接头处重叠部分及嵌入基础内的钢筋、铁件、管道、基础砂浆防潮层及单个面积在0.3 $m^2$以内的孔洞所占体积，靠墙暖气沟的挑檐不增加。基础长度：外墙按中心线，内墙按净长线计算 | 1. 砂浆制作、运输<br>2. 铺设垫层<br>3. 砌砖<br>4. 防潮层铺设<br>5. 材料运输 |

**表 6-5 砖砌体（编码：010302）**

| 项目编码 | 项目名称 | 项目特征 | 计量单位 | 工程量计算规则 | 工程内容 |
| --- | --- | --- | --- | --- | --- |
| 010302001 | 实心砖墙 | 1. 砖品种、规格、强度等级<br>2. 墙体类型<br>3. 墙体厚度<br>4. 墙体高度<br>5. 勾缝要求<br>6. 砂浆强度等级、配合比 | $m^3$ | 按设计图示尺寸以体积计算，扣除门窗洞口、过人洞、空圈、嵌入墙内的钢筋混凝土柱、梁、圈梁、挑梁、过梁及凹进墙内的壁龛、管槽、暖气槽、消火栓箱所占体积；不扣除梁头、板头、檩头、垫木、木楞头、沿缘木、木砖、门窗走头、砖墙内加固钢筋、木筋、铁件、钢管及单个面积0.3 $m^2$以内的孔洞所占体积，凸出墙面的腰线、挑檐、压顶、窗台线、虎头砖、门窗套的体积也不增加；凸出墙面的砖垛并入墙体体积内计算<br>1. 墙长度：外墙按中心线，内墙按净长线计算。<br>2. 墙高度<br>（1）外墙：斜（坡）屋面无檐口天棚者算至屋面板底；有屋架且室内外均有天棚者算至屋架下弦底另加200 mm；无天棚者算至屋架下弦底另加300 mm；出檐宽度超过600 mm时按实砌高度计算；平屋面算至钢筋混凝土板底<br>（2）内墙：位于屋架下弦者，算至屋架下弦底；无屋架者算至天棚底另加100 mm；有钢筋混凝土楼板隔层者算至楼板顶；有框架梁时算至梁底<br>（3）女儿墙：从屋面板上表面算至女儿墙顶面（如有混凝土压顶时，算至压顶下表面）<br>（4）内、外山墙：按其平均高度计算。<br>3. 围墙：高度算至压顶上表面（如有混凝土压顶时算至压顶下表面），围墙柱并入围墙体积内 | 1. 砂浆制作、运输<br>2. 砌砖<br>3. 勾缝<br>4. 砖压顶砌筑<br>5. 材料运输 |

续表

| 项目编码 | 项目名称 | 项目特征 | 计量单位 | 工程量计算规则 | 工程内容 |
| --- | --- | --- | --- | --- | --- |
| 010302006 | 零星砌体 | 1. 零星砌体名称<br>2. 勾缝要求<br>3. 砂浆强度等级、配合比 | $m^3$（$m^2$、m、个） | 按设计图示尺寸以体积计算，扣除混凝土及钢筋混凝土梁垫、梁头、板头所占体积 | 1. 砂浆制作、运输<br>2. 砌砖<br>3. 勾缝<br>4. 材料运输 |

1）基础长度

外墙墙基按外墙中心线长度计算；内墙墙基按内墙基净长计算（它等于内墙中心线长减去外墙基础墙厚度或内墙基础墙厚度）。

2）砖基础与砖墙（身）划分

基础与墙（柱）身使用同一种材料时，应以设计室内地坪为界（有地下室的按地下室室内设计地坪为界），以下为基础，以上为墙（柱）身，见图 6－17。基础与墙身使用不同材料时，位于设计室内地坪±300 mm 以内时以不同材料为界；超过±300 mm，应以设计室内地坪为界。如图 6－18 所示。

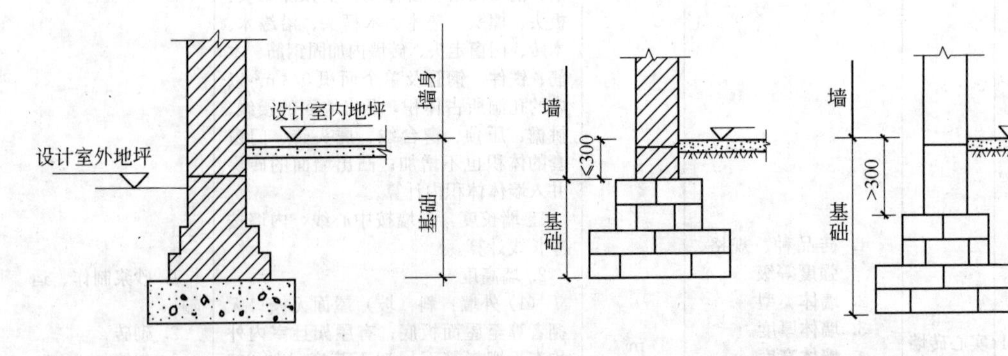


图 6－17　基础与墙（柱）身的划分示意图 1　　图 6－18　基础与墙（柱）身的划分示意图 2

砖围墙应以设计室外地坪为界，以下为基础，以上为墙身。

3）条（带）形砖基础工程量计算

砖基础多为大放脚形式，大放脚有等高与不等高两种，不等高大放脚又称间隔式大放脚。等高大放脚是以墙厚为基础，每挑宽 1/4 砖，挑出砖厚为 2 皮砖。不等高大放脚，每挑宽 1/4 砖，挑出砖厚为 1 皮砖与 2 皮砖相间（见图 6－19）。

$$
\begin{aligned}
V_{基} &= 基础断面积 \times 基础长 \\
&= (基础墙厚 \times 基础高 + 大放脚增加面积) \times 基础长 \\
&= (d \cdot h + \Delta S) \cdot L
\end{aligned}
$$

或

$$
\begin{aligned}
V_{基} &= 基础断面积 \times 基础长 \\
&= 基础墙厚 \times (基础高 + 大放脚折加高度) \times 基础长 \\
&= d \cdot (h + \Delta h) \cdot L
\end{aligned}
$$

式中：$d$——基础墙厚，m；

$h$——基础高，m；

$\Delta S$——大放脚增加断面面积，$m^2$；

$\Delta h$——大放脚折加高度，m；

$L$——基础长，m。

4）大放脚折加高度

大放脚折加高度，是将大放脚增加的断面面积按其相应的标准墙基厚度折合成的高度（见图 6－20），同样，大放脚增加的断面面积是按等高和不等高及放脚层数计算的增加断面面积（见图 6－20）。等高式和不等高式砖墙基础大放脚的折加高度和增加断面面积如表 6－6 所示，供计算基础体积时查用。

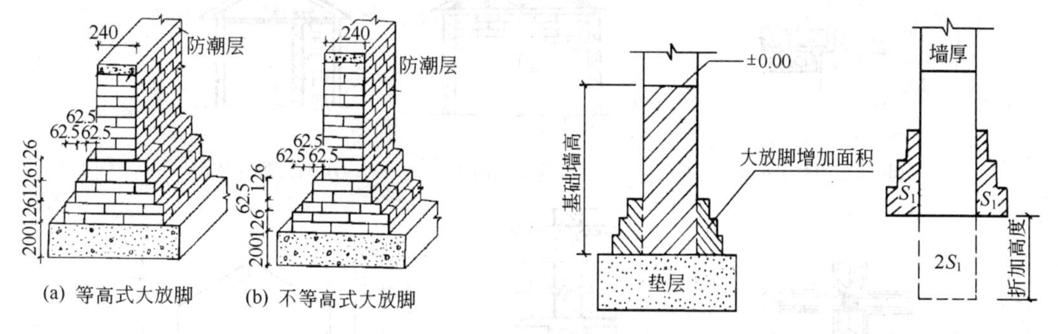


图 6－19 砖基础大放脚　　图 6－20 砖基断面图

**表 6－6 砖墙基大放脚折加高度及增加面积表**

| 放脚层数 | 折加高度/m | | | | | | | | 增加面积 | |
|---|---|---|---|---|---|---|---|---|---|---|
| | 1/2 砖（0.115） | | 1 砖（0.24） | | 3/2 砖（0.365） | | 2 砖（0.49） | | $m^2$ | |
| | 等 高 | 不等高 | 等 高 | 不等高 | 等 高 | 不等高 | 等 高 | 不等高 | 等 高 | 不等高 |
| 一 | 0.137 | 0.137 | 0.066 | 0.066 | 0.043 | 0.043 | 0.032 | 0.032 | 0.01575 | 0.01575 |
| 二 | 0.411 | 0.342 | 0.197 | 0.164 | 0.129 | 0.108 | 0.096 | 0.08 | 0.04725 | 0.03938 |
| 三 | | | 0.394 | 0.328 | 0.259 | 0.216 | 0.193 | 0.161 | 0.0945 | 0.07875 |
| 四 | | | 0.656 | 0.525 | 0.432 | 0.345 | 0.321 | 0.253 | 0.1575 | 0.126 |
| ⋮ | ⋮ | ⋮ | ⋮ | ⋮ | ⋮ | ⋮ | ⋮ | ⋮ | ⋮ | ⋮ |

**3. 砖砌体**

1）实心砖墙

实心砖墙工程量按设计图示尺寸以体积计算。扣除门窗洞口、过人洞、空圈、嵌入墙内的钢筋混凝土柱、梁、圈梁、挑梁、过梁及凹进墙内的壁龛、管槽、暖气槽、消火栓箱所占体积；不扣除梁头、板头、檩头、垫木、木楞头、沿缘木、木砖、门窗走头、砖墙内加固钢筋、木筋、铁件、钢管及单个面积 0.3 $m^2$ 以内的孔洞所占体积；凸出墙面的腰线、挑檐、压顶、窗台线、虎头砖、门窗套的体积也不增加；凸出墙面的砖垛并入墙体体积内计算。

(1) 墙长度：外墙按中心线，内墙按净长线计算。

(2) 墙高度：见图 6-21。

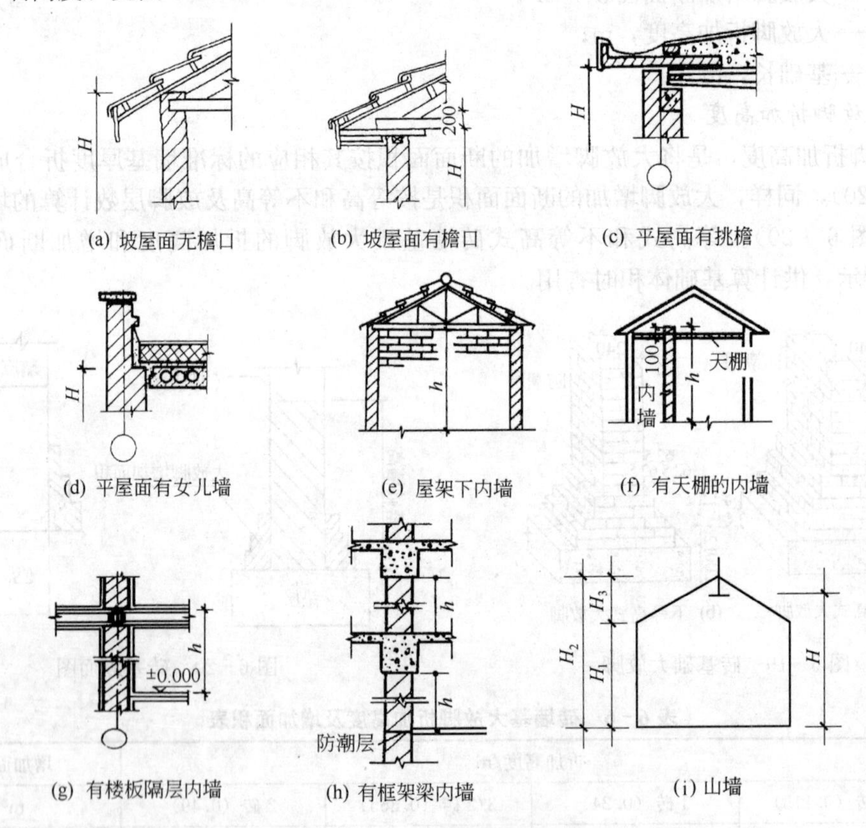


图 6-21 墙身高度示意图

① 外墙：斜（坡）屋面无檐口天棚者算至屋面板底，有屋架且室内外均有天棚者算至屋架下弦底另加 200 mm，无天棚者算至屋架下弦底另加 300 mm，出檐宽度超过 600 mm 时按实砌高度计算，平屋面算至钢筋混凝土板底。参见图 6-21(a)～6-21(d)。

② 内墙：位于屋架下弦者，算至屋架下弦底；无屋架者算至天棚底另加 100mm；有钢筋混凝土楼板隔层者算至楼板顶；有框架梁时算至梁底。参见图 6-21(e)～6-21(h)。

③ 女儿墙：从屋面板上表面算至女儿墙顶面（如有混凝土压顶时，算至压顶下表面）。

④ 内、外山墙：按其平均高度计算，参见图 6-21(i)。

⑤ 围墙：高度算至压顶上表面（如有混凝土压顶时算至压顶下表面），围墙柱并入围墙

体积内。

2）空斗墙

空斗墙工程量按设计图示尺寸以空斗墙外形体积计算。墙角、内外墙交接处、门窗洞口立边、窗台砖、屋檐处的实砌部分体积并入空斗墙体积内计算。空斗墙的窗间墙、窗台下、楼板下、梁头下的实砌部分，应另行计算，按零星砌砖项目编码列项。

3）空花墙

空花墙工程量按设计图示尺寸以空花部分外形体积计算（应包括空花的外框），不扣除空洞部分体积。使用混凝土花格砌筑的空花墙分实砌墙体与混凝土花格分别计算工程量，混凝土花格按混凝土及钢筋混凝土预制零星构件编码列项。

4）填充墙

填充墙工程量按设计图示尺寸以填充墙外形体积计算。

5）实心砖柱

工程量按设计图示尺寸以体积计算，应扣除混凝土及钢筋混凝土梁垫、梁头、板头所占体积。“实心砖柱”项目适用于各种类型柱、矩形柱、异形柱、圆柱、包柱等。

6）零星砌砖

零星砌砖工程量按设计图示尺寸以体积计算，应扣除混凝土及钢筋混凝土梁垫、梁头、板头所占体积。

“零星砌砖”项目适用于台阶、台阶挡墙、梯带、锅台、炉灶、蹲台、池槽、池槽腿、花台、花池、楼梯栏板、阳台栏板、地垄墙、屋面隔热板下的砖墩、0.3 $m^2$ 孔洞填塞等。台阶工程量可按水平投影面积以平方米计算（不包括梯带或台阶挡墙）。小型池槽、砖砌锅台、炉灶按外形尺寸以个计算，砖砌小便槽、地垄墙等可按长度计算，其他工程量按立方米计算。

**4. 砖构筑物**

1）砖烟囱、水塔

砖烟囱、水塔工程量按设计图示筒壁平均中心线周长乘以厚度后，再乘以高度以体积计算，扣除各种孔洞、钢筋混凝土圈梁、过梁等的体积。

砖烟囱应按设计室外地坪为界，以下为基础，以上为筒身。

砖烟囱体积的计算公式为

$$V = \pi \sum_{i=1}^{n} H_i C_i D_i$$

式中：$V$——筒身体积，$m^3$；

$H_i$——每段筒身垂直高度，m；

$C_i$——每段筒壁厚度，m；

$D_i$——每段筒壁平均直径，m；

$n$——段数。

水塔基础与塔身划分以砖砌体的扩大部分顶面为界，以上为塔身，以下为基础。

2）砖烟道

砖烟道工程量按图示尺寸以体积计算。砖烟道与炉体的划分应按第一道闸门为界。

3）砖窨井、检查井

砖窨井、检查井工程量按设计图示数量以座计算。

4）砖水池、化粪池

砖水池、化粪池工程量按设计图示数量以座计算。

**5. 砌块砌体**

1）空心砖墙、砌块墙

空心砖墙、砌块墙工程量按设计图示尺寸以体积计算（与实心砖墙计算方法相同）。嵌入空心砖墙、砌块墙内的实心砖不扣除。墙长与墙高的计算均与实心砖墙计算方法相同。

2）空心砖柱、砌块柱

空心砖柱、砌块柱工程量按设计图示尺寸以体积计算。扣除混凝土及钢筋混凝土梁垫、梁头、板头所占体积；梁头、板头下镶嵌的实心砖体积不扣除。

**6. 石砌体**

石基础、石勒脚、石墙身的划分：基础与勒脚应以设计室外地坪为界，勒脚与墙身应以设计室内地坪为界。

石围墙内外地坪标高不同时，应以较底地坪标高为界，以下为基础；内外标高之差为挡土墙时，挡土墙以上为墙身。

1）石基础

石基础工程量按设计图示尺寸以体积计算。包括附墙垛基础宽出部分体积，不扣除基础砂浆防潮层及单个面积在 0.3 $m^2$ 以内的孔洞所占体积，靠墙暖气沟的挑檐不增加体积。

基础长度：外墙按中心线，内墙按净长线计算。

2）石勒脚

石勒脚工程量按设计图示尺寸以体积计算，扣除单个 0.3 $m^2$ 以外的孔洞所占的体积。

3）石墙

石墙工程量按设计图示尺寸以体积计算（与实心砖墙计算方法相同）。墙长与墙高的计算均与实心砖墙计算方法相同。

4）石挡土墙

石挡土墙工程量按设计图示尺寸以体积计算。

5）石柱

石柱工程量按设计图示尺寸以体积计算。石柱工程量应扣除混凝土梁头、板头和梁垫所占体积。

6）石栏杆

石栏杆工程量按设计图示尺寸以长度计算。

7）石护坡

石护坡工程量按设计图示尺寸以体积计算。

8）石台阶

石台阶工程量按设计图示尺寸以体积计算。石梯带工程量应计算在石台阶工程量内。

9）石坡道

石坡道工程量按设计图示尺寸以水平投影面积计算。

10）石地沟、石明沟

石地沟、石明沟工程量按设计图示尺寸以中心线长度计算。

**7. 砖散水、地坪、地沟**

1）砖散水、地坪

砖散水、地坪工程量按设计图示尺寸以面积计算。

2）砖地沟、明沟

工程量按设计图示尺寸以中心线长度计算。

**例6－3** 根据图6－22所示基础施工图的尺寸，计算砖基础的工程量（基础墙厚为240 mm）。

**解** （1）外墙砖基础长（$L_{中}$）

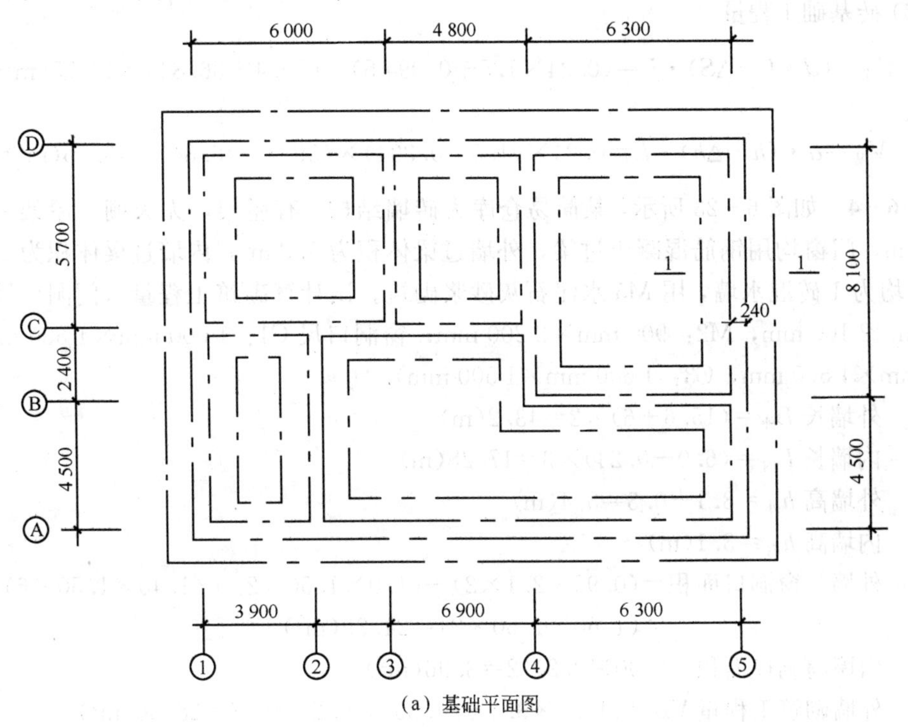


(a) 基础平面图

图6－22 砖基础施工图（一）

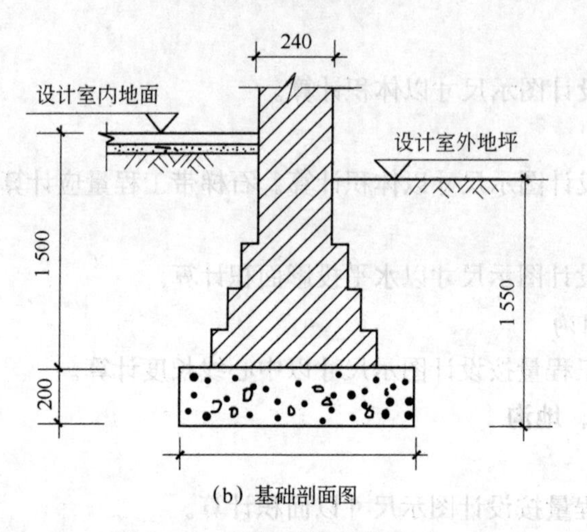


(b) 基础剖面图

图 6-22 砖基础施工图（二）

$L_{中}=[(4.5+2.4+5.7)+(3.9+6.9+6.3)]\times2=(12.6+17.1)\times2=59.40(m)$

(2) 内墙砖基础长（$L_{内}$）

$L_{内}=(5.7-0.24)+(8.1-0.24)+(4.5+2.4-0.24)+(6.0+4.8-0.24)+6.3=36.84(m)$

(3) 砖基础工程量

$$V_{基}=(d\cdot h+\Delta S)\cdot L=(0.24\times1.5+0.0945)\times(59.4+36.84)=43.75(m^3)$$

或

$$V_{基}=d\cdot(h+\Delta h)\cdot L=0.24\times(1.5+0.394)\times(59.4+36.84)=43.75(m^3)$$

**例 6-4** 如图 6-23 所示，某简易仓库为砖墙结构，有屋架，无天棚。屋架下弦标高为 3.1 m，门窗均用钢筋混凝土过梁，外墙过梁体积为 0.8 $m^3$，内墙过梁体积为 0.12 $m^3$。内外墙均为 1 砖混水墙，用 M5 水泥石灰砂浆砌筑。试计算砌筑工程量（门洞口尺寸 M1：950 mm×2 100 mm，M2：900 mm×2 200 mm；窗洞口尺 C1：1 000 mm×1 500 mm，C2：1 400 mm×1 500 mm，C3：1 600 mm×1 500 mm）。

**解** 外墙长 $L_{外}=(15.6+6)\times2=43.2(m)$

内墙长 $L_{内}=(6.0-0.24)\times3=17.28(m)$

外墙高 $h_{外}=3.1+0.3=3.4(m)$

内墙高 $h_{内}=3.1(m)$

外墙门窗洞口面积 $=(0.95\times2.1\times2)+(1.0\times1.50\times2)+(1.40\times1.50\times6)+(1.60\times1.50\times2)=24.39(m^2)$

内墙门洞口面积 $=0.90\times2.2\times2=3.96(m^2)$

外墙砌筑工程量 $V_{外}=(43.2\times3.4-24.39)\times0.24-0.8=28.60(m^3)$

内墙砌筑工程量 $V_{内}=(17.28\times3.1-3.96)\times0.24-0.12=11.79(m^3)$

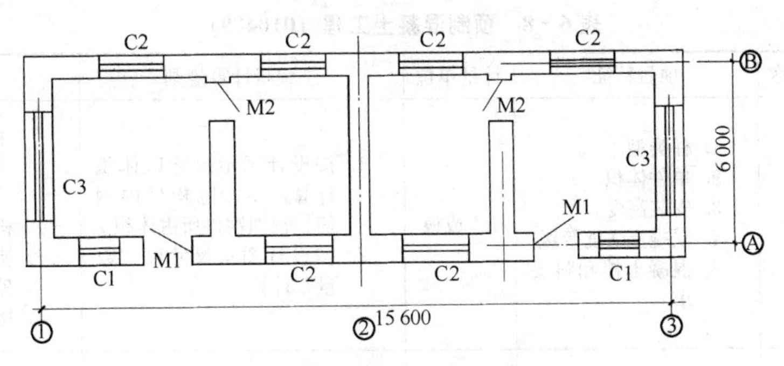


图 6－23　简易仓库平面图

## 6.2.5　混凝土及钢筋混凝土工程

### 1. 工程量清单设置

现浇混凝土工程量清单项目有现浇混凝土基础、现浇混凝土柱、现浇混凝土梁、现浇混凝土墙、现浇混凝土板、现浇混凝土楼梯、现浇混凝土其他构件、后浇带、混凝土构筑物等17节69个项目。各项目编号、名称、特征、工程量计算规则及包含的工程内容详见《计价规范》，其形式参见表6－7～表6－10。

**表 6－7　现浇混凝土工程（010402）**

| 项目编号 | 项目名称 | 项目特征 | 计量单位 | 工程量计算规则 | 工程内容 |
|---|---|---|---|---|---|
| 010402001 | 矩形柱 | 1. 柱高度<br>2. 柱截面尺寸<br>3. 混凝土强度等级<br>4. 混凝土拌和料要求 | $m^3$ | 按设计图示尺寸以体积计算，不扣除构件内钢筋、预埋铁件所占体积<br>柱高：<br>1. 有梁板的柱高，应自柱基上表面（或楼板上表面）至上一层楼板上表面之间的高度计算<br>2. 无梁板的柱高，应自柱基上表面（或楼板上表面）至柱帽下表面之间的高度计算<br>3. 框架柱的柱高，应自柱基上表面至柱顶高度计算<br>4. 构造柱按全高计算，嵌接墙体部分并入柱身体积<br>5. 依附柱上的牛腿和升板的柱帽，并入柱身体积计算 | |
| 010402002 | 异形柱 | | | | |
| 010405001 | 有梁板 | 1. 板底标高<br>2. 板厚度<br>3. 混凝土强度等级<br>4. 混凝土拌和料要求 | $m^3$ | 按设计图示尺寸以体积计算，不扣除构件内钢筋、预埋铁件及单个面积0.3 $m^2$ 以外的孔洞所占体积<br>有梁板（包括主、次梁与板）按梁、板体积之和计算，无梁板按板和柱帽体积之和计算，各类板伸入墙内的板头并入板体积内计算，薄壳板的肋、基梁并入薄壳体积内计算 | 混凝土制作、运输、浇筑、振捣、养护 |
| 010405002 | 无梁板 | | | | |
| 010405003 | 平　板 | | | | |
| 010405004 | 拱　板 | | | | |
| 010405005 | 薄壳板 | | | | |
| 010405006 | 栏　板 | | | | |

表 6-8 预制混凝土工程（010409）

| 项目编号 | 项目名称 | 项目特征 | 计量单位 | 工程量计算规则 | 工程内容 |
|---|---|---|---|---|---|
| 010409001 | 矩形柱 | 1. 柱类型<br>2. 单件体积<br>3. 安装高度<br>4. 混凝土强度等级<br>5. 混凝土拌和料要求 | $m^3$ 或根 | 1. 按设计图示尺寸以体积计算，不扣除构件内钢筋、预埋铁件所占体积<br>2. 按设计图示尺寸以“数量”计算 | 1. 混凝土制作、运输、浇筑、振捣、养护<br>2. 构件制作、运输<br>3. 构件安装<br>4. 砂浆制作、运输<br>5. 接头灌缝、养护 |
| 010409002 | 异形柱 | | | | |
| 0104010001 | 矩形梁 | 1. 单件体积<br>2. 安装高度<br>3. 混凝土强度等级<br>4. 砂浆强度要求 | $m^3$ 或根 | 按设计图示尺寸以体积计算，不扣除构件内钢筋、预埋铁件所占体积 | 1. 混凝土制作、运输、浇筑、振捣、养护<br>2. 构件制作、运输<br>3. 构件安装<br>4. 砂浆制作、运输<br>5. 接头灌缝、养护 |
| 0104010002 | 异形梁 | | | | |
| 0104010003 | 过　梁 | | | | |
| 0104010004 | 拱形梁 | | | | |
| 0104010005 | 鱼腹式吊车梁 | | | | |
| 0104010006 | 风道梁 | | | | |

表 6-9 现浇混凝土构筑物工程（010415）

| 项目编号 | 项目名称 | 项目特征 | 计量单位 | 工程量计算规则 | 工程内容 |
|---|---|---|---|---|---|
| 010415001 | 贮水（油）池 | 1. 池类型<br>2. 池规格<br>3. 混凝土强度等级<br>4. 混凝土拌和料要求 | $m^3$ | 按设计图示尺寸以体积计算，不扣除构件内钢筋、预埋铁件及单个面积 0.3 $m^2$ 以内的孔洞所占体积 | 混凝土制作、运输、浇筑、振捣、养护 |
| 010415002 | 贮　仓 | 1. 类型、高度<br>2. 混凝土强度等级<br>3. 混凝土拌和料要求 | | | |

表 6-10 钢筋工程（010116）

| 项目编号 | 项目名称 | 项目特征 | 计量单位 | 工程量计算规则 | 工程内容 |
|---|---|---|---|---|---|
| 010116001 | 现浇混凝土钢筋 | 钢筋种类、规格 | t | 按设计图示钢筋（网）长度（面积）乘以单位理论质量计算 | 1. 钢筋（网、笼）制作、运输<br>2. 钢筋（网、笼）安装 |
| 010116002 | 预制构件钢筋 | | | | |
| 010116003 | 钢筋网片 | | | | |
| 010116004 | 钢筋笼 | | | | |

**2. 现浇混凝土工程**

(1) 带形基础、独立基础、满堂基础、设备基础和桩承台基础，按设计图示尺寸以体积计算，不扣除构件内钢筋、预埋铁件和伸入承台基础的桩头所占体积。

(2) 矩形柱、异形柱，按设计图示尺寸以体积计算，不扣除构件内钢筋、预埋铁件所占体积。

柱高（图6-24）：

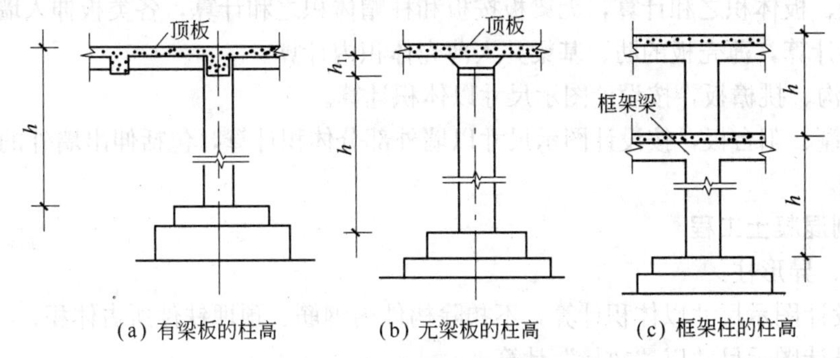


图6-24 柱高计算示意图

① 有梁板的柱高，应自柱基上表面（或楼板上表面）至上一层楼板上表面之间的高度计算；

② 无梁板的柱高，应自柱基上表面（或楼板上表面）至柱帽下表面之间的高度计算；

③ 框架柱的柱高，应自柱基上表面至柱顶高度计算；

④ 构造柱按全高计算，嵌接墙体部分并入柱身体积；

⑤ 依附柱上的牛腿和升板的柱帽，并入柱身体积计算。

(3) 基础梁、矩形梁、异形梁、圈梁、过梁、弧形及拱形梁，按设计图示尺寸以体积计算，不扣除构件内钢筋、预埋铁件所占体积，伸入墙内的梁头、梁垫并入梁体积内。

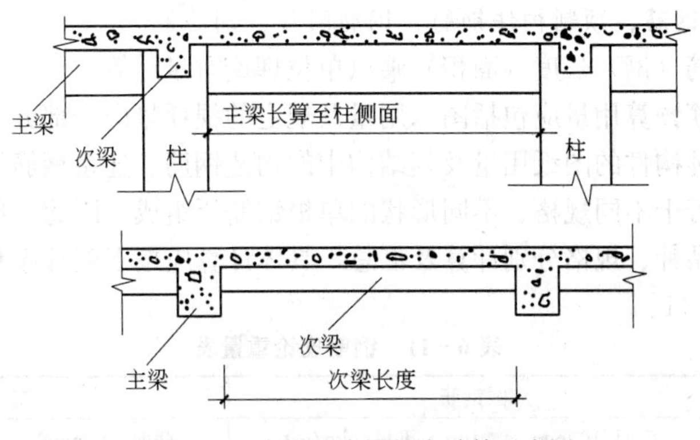


图6-25 主梁、次梁长度计算示意图

梁长（图6-25）：

① 梁与柱连接时，梁长算至柱侧面；

② 主梁与次梁连接时，次梁长算主梁侧面。

(4) 直形墙、弧形墙：按设计图示尺寸以体积计算，不扣除构件内钢筋、预埋铁件所占体积，扣除门窗洞口及单个面积0.3 $m^2$ 以外的孔洞所占体积，墙垛及突出墙面部分并入墙体体积内计算。

(5) 有梁板、无梁板、平板、拱板、薄壳板、栏板，按设计图示尺寸以体积计算，不扣除构件内钢筋、预埋铁件及单个面积 0.3 $m^2$ 以外的孔洞所占体积。有梁板（包括主、次梁与板）按梁、板体积之和计算，无梁板按板和柱帽体积之和计算，各类板伸入墙内的板头并入板体积内计算，薄壳板的肋、基梁并入薄壳体积内计算。

(6) 天沟、挑檐板，按设计图示尺寸以体积计算。

(7) 雨篷、阳台板，按设计图示尺寸以墙外部分体积计算，包括伸出墙外的牛腿和雨篷挑檐的体积。

**3. 预制混凝土工程**

(1) 柱、异形柱：

① 按设计图示尺寸以体积计算，不扣除构件内钢筋、预埋铁件所占体积；

② 按设计图示尺寸以"数量"计算。

(2) 矩形梁、异形梁、过梁、拱形梁、鱼腹式吊车梁、风道梁，按设计图示尺寸以体积计算，不扣除构件内钢筋、预埋铁件所占体积。

(3) 折线型屋架、组合屋架、薄腹屋架、门式钢架屋架、天窗架屋架，按设计图示尺寸以体积计算，不扣除构件内钢筋、预埋铁件所占体积。

(4) 平板、空心板、槽形板、网架板、折线板、带肋板、大型板，按设计图示尺寸以体积计算，不扣除构件内钢筋、预埋铁件及单个尺寸 300 mm×300 mm 以内的孔洞所占体积，扣除空心板空洞体积。

**4. 钢筋工程**

1) 现浇混凝土钢筋、预制构件钢筋、钢筋网片、钢筋笼

按设计图示钢筋（网）长度（面积）乘以单位理论重量计算。

单位工程的钢筋预算用量应包括图示用量及规定的损耗量两个部分。图示用量应等于钢筋混凝土工程中各种构件的图纸用量及其结构中的构造钢筋、连系钢筋等用量之和。各种结构及构件的钢筋由若干不同规格、不同形状的单根钢筋所组成。因此，单位工程的钢筋预算用量应分别按不同品种、规格分别计算及汇总，具体计算应按下列程序和方法进行。钢筋型号理论重量见表 6-11。

**表 6-11 钢筋理论重量表**

| 品 种 | 圆钢筋 | | 螺纹钢筋 | |
|---|---|---|---|---|
| 直径/mm | 截面/100mm | 重量/(kg/m) | 截面/100mm² | 重量/(kg/m) |
| 5 | 0.196 | 0.154 | | |
| 6 | 0.283 | 0.222 | | |
| 8 | 0.503 | 0.395 | | |
| 10 | 0.785 | 0.617 | 0.785 | 0.062 |
| 12 | 1.131 | 0.888 | 1.131 | 0.089 |
| 14 | 1.539 | 1.21 | 1.54 | 1.21 |
| 16 | 2.011 | 1.58 | 2.0 | 1.58 |
| 18 | 2.545 | 2.00 | 2.54 | 2.00 |

续表

| 品　种 | 圆钢筋 | | 螺纹钢筋 | |
|---|---|---|---|---|
| 直径/mm | 截面/100mm | 重量/(kg/m) | 截面/100mm² | 重量/(kg/m) |
| 20 | 3.142 | 2.47 | 3.14 | 2.47 |
| 22 | 3.801 | 2.98 | 3.80 | 2.98 |
| 25 | 4.909 | 3.85 | 4.91 | 3.85 |
| 28 | 6.158 | 4.83 | 6.16 | 4.83 |
| 30 | 7.069 | 5.55 | | |
| 32 | 8.042 | 6.31 | 8.04 | 6.31 |

(1) 不同品种、不同规格的钢筋重量计算。

① 某型号钢筋的重量计算公式为

$$G_{xi}=l_i\cdot g_i\cdot N_i \qquad i=1，2，3\cdots 为钢筋编号$$

② 某型号箍筋的重量计算公式为

$$G_{xi}=l_{gi}\cdot g_i\cdot N_i \qquad i=1，2，3\cdots 为钢筋编号$$

式中：$l_i$——某种型号钢筋的计算长度；

$g_i$——某种规格钢筋每m的重量；

$N_i$——钢筋或箍筋的数量；

$G_{xi}$——某型号钢筋或箍筋的重量；

$l_{gi}$——某种型号钢筋或箍筋的计算周长。

③ 钢筋混凝土每一分部工程的钢筋图纸用量为

$$G_{dj}=\sum G_{xi} \quad j=1，2，3\cdots 为构件号$$

式中：$G_{dj}$——某种型号构件单位构件的钢筋重量，等于该构件中各种型号钢筋的重量之和。

(2) 单位工程钢筋用量的计算。

① 确定施工图用量，应先求出钢筋混凝土分部工程的钢筋图示用量，即

$$G_n=\sum G_{dj}$$

然后，再求出单位工程的钢筋施工图用量，即

$$G_t=G_h+G_c$$

式中：$G_t$——单位工程钢筋的施工图用量；

$G_h$——钢筋混凝土分部工程的钢筋施工图用量；

$G_c$——钢筋混凝土工程以外的其他方面的用筋量，如墙加筋、结构插筋、施工缝插筋等。

② 预算用量的确定。单位工程钢筋预算用量应为施工图用量加上规定的损耗率，即

$$G_y = G_t(1+\gamma)$$

式中：$G_y$——单位工程钢筋的预算用量；

$\gamma$——钢筋的定额损耗率。

(3) 钢筋长度计算。

① 通常，钢筋长度的计算公式为

$$L_1 = L - 2a$$

式中：$L$——构件的结构长度；

$a$——钢筋保护层厚度，见表 6-12。

② 带弯钩钢筋长度的计算公式为

$$L_2 = L - 2a + 2\Delta L_g$$

式中：$L$——构件的结构长度；

$a$——钢筋保护层厚度，见表 6-12；

$\Delta L_g$——钢筋一端的弯钩增加长度，见表 6-13，各地规定稍有区别。

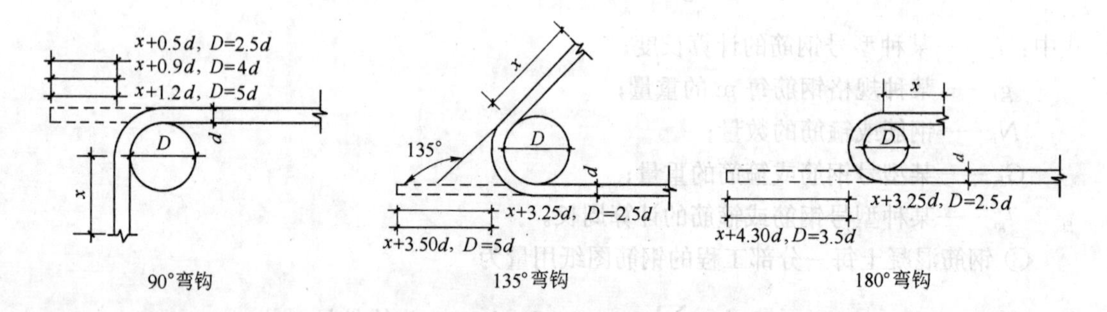


图 6-26　钢筋弯钩增加长度示意图

**表 6-12　纵向受力钢筋的混凝土保护层最小厚度**　mm

| 环境 | | 板、墙、壳 | | | 梁 | | | 柱 | | |
|---|---|---|---|---|---|---|---|---|---|---|
| | | ≤C20 | C25～C45 | ≥C50 | ≤C20 | C25～C45 | ≥C50 | C20 | C25～C45 | ≥C50 |
| 一类 | | 20 | 15 | 15 | 30 | 25 | 25 | 30 | 30 | 30 |
| 二类 | a | — | 20 | 20 | — | 30 | 30 | — | 30 | 30 |
| | b | — | 25 | 20 | — | 35 | 30 | — | 35 | 30 |
| 三类 | | — | 30 | 25 | — | 40 | 35 | — | 40 | 35 |

注：(1) 基础中纵向受力钢筋的混凝土保护层厚度不应小于 40 mm，当无垫层时不应小于 70 mm。

(2) 一类环境指室内正常环境；二类 a 环境指室内潮湿环境、非严寒和非寒冷地区露天环境及与无侵蚀性的水或土壤直接接触的环境；二类 b 环境指严寒和严寒地区露天环境及与无侵蚀性的水或土壤直接接触的环境；三类环境指使用除冰盐的环境、严寒和寒冷地区冬季水位变动的环境及滨海室外环境。

**表 6-13 钢筋弯钩增加长度**

| 弯钩角度 | | 180° | 90° | 135° |
|---|---|---|---|---|
| 增加长度 | HPB235（Ⅰ级）钢筋 | $6.25d$ | $3.5d$ | $4.9d$ |
| | HRB335（Ⅱ级）钢筋 | | $x+0.9d$ | $x+2.9d$ |
| | HRB400（Ⅲ级）钢筋 | | $x+1.2d$ | $x+3.6d$ |

③ 弯起钢筋长度的计算公式为

$$L_3=L-2a+2(S-L)+2\Delta L_g$$

式中：$L$——构件的结构长度；

$a$——钢筋保护层厚度，见表 6-12；

$S$，$L$——如表 6-14 中配图所示；

$\Delta L_g$——钢筋一端的弯钩增加长度，见表 6-13。

常用弯起钢筋的弯起角度有 30°、45°、60°三种，表 6-14 为弯起钢筋的弯起长度，其中 $H$ 为减去保护层的弯起钢筋净高，($S-L$) 为弯起部分增加长度。

**表 6-14 弯起钢筋长度计算表**

| 弯起钢筋形状 | H cm | α=30° S | α=30° L | α=30° S−L | H cm | α=45° S | α=45° L | α=45° S−L | H cm | α=60° S | α=60° L | α=60° S−L |
|---|---|---|---|---|---|---|---|---|---|---|---|---|
| | 6 | 12 | 10 | 2 | 20 | 28 | 20 | 8 | 75 | 86 | 44 | 42 |
| | 7 | 14 | 12 | 2 | 25 | 35 | 25 | 10 | 80 | 92 | 46 | 46 |
| | 8 | 16 | 14 | 2 | 30 | 42 | 30 | 12 | 85 | 98 | 49 | 49 |
| | 9 | 18 | 16 | 2 | 35 | 49 | 35 | 14 | 90 | 104 | 52 | 52 |
| | 10 | 20 | 17 | 3 | 40 | 56 | 40 | 16 | 95 | 109 | 55 | 54 |
| | 11 | 22 | 19 | 3 | 45 | 63 | 45 | 18 | 100 | 115 | 58 | 57 |
| | 12 | 24 | 21 | 3 | 50 | 71 | 50 | 21 | 105 | 121 | 61 | 60 |
| | 13 | 26 | 22 | 4 | 55 | 78 | 55 | 23 | 110 | 127 | 64 | 63 |
| | 14 | 28 | 24 | 4 | 60 | 85 | 60 | 25 | 115 | 132 | 67 | 65 |
| | 15 | 30 | 26 | 4 | 65 | 92 | 65 | 27 | 120 | 138 | 70 | 68 |
| α \| S \| L \| S−L | 16 | 32 | 28 | 4 | 70 | 99 | 70 | 29 | 125 | 144 | 73 | 71 |
| 30° \| 2.00H \| 1.73H \| 0.27H | 17 | 34 | 29 | 5 | 75 | 106 | 75 | 31 | 130 | 150 | 75 | 75 |
| 45° \| 1.41H \| 1.00H \| 0.41H | 18 | 36 | 31 | 5 | 80 | 113 | 80 | 33 | 135 | 155 | 78 | 77 |
| 60° \| 1.15H \| 0.58H \| 0.57H | 19 | 38 | 33 | 5 | 85 | 120 | 85 | 35 | 140 | 161 | 81 | 80 |

注：表内 $H$ 为减去保护层弯起钢筋之净高。

④ 箍筋长度的计算公式为

$$L_4 = 构件截面周长 - 8a + 2\Delta L_g$$

式中：$L_4$——每个箍筋的计算长度，m；

$a$—— 钢筋保护层厚度见表 6－12；

$\Delta L_g$——箍筋末端每个弯钩增加长度，其值按表 6－15 取定。

**表 6－15　箍筋弯钩长度**

| 弯钩形式 | | 180 | 90 | 135 |
|---|---|---|---|---|
| 弯钩增加值 | 一般结构 | $8.25d$ | $5.5d$ | $6.87d$ |
| | 抗震结构 | $13.25d$ | $10.5d$ | $11.87d$ |

根据箍筋的配置形式不同，可分为以下 5 种情况，分别计算其长度。

一是方形或矩形单箍，见图 6－27。

方形　$L_4 = 4b - 8a + 2\Delta L_g$

矩形　$L_4 = (b+h) \times 2 - 8a + 2\Delta L_g$

二是方形双箍或称方形箍内带套箍，见图 6－28。

由图 6－28 可知，套箍与方形箍呈 45°放置，其计算长度为方箍和套箍长度之和，即

$$L_4 = L_4(方) + 2L_4(套)$$

其中

$$L_4(套) = 2(b-2a)2 + 2\Delta L_g$$

由图 6－29 可见，在矩形断面内，放置两肢相同的箍筋，因此矩形相同双肢箍的计算长度为该图形单箍计算长度的 2 倍，即

$$L_4 = 2L_4(单)$$

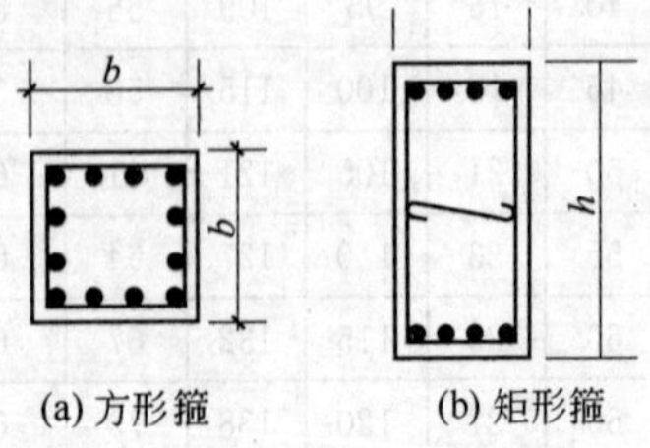

(a) 方形箍　(b) 矩形箍

图 6－27　方形或矩形单箍

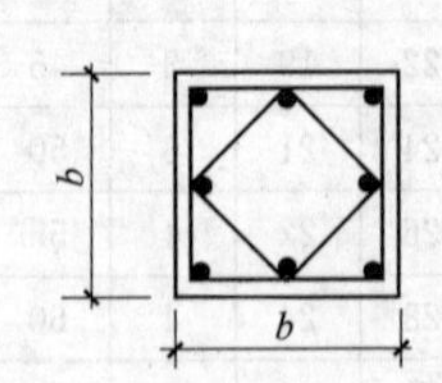

图 6－28　方形套箍

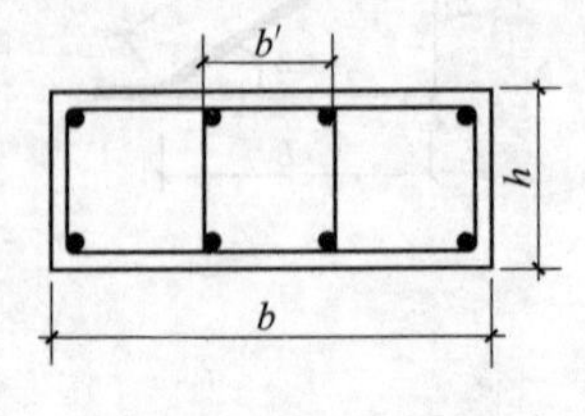

图 6－29　矩形双肢箍

式中：$L_4$(单)——大小为 $b+b'+2h-8a+2\Delta L_g$，指相同双肢箍中每肢箍筋的计算长度。

三是三角箍，见图 6－30。

$$L_4 = (b-2a) + \sqrt{(2h-4a)^2 + (b-2a)^2} + 2\Delta L_g$$

四是 $S$ 箍，见图 6－27。

$S$ 箍的计算长度为

$$L_4=b-2a+2\Delta L_g$$

五是螺旋箍，见图6-31。

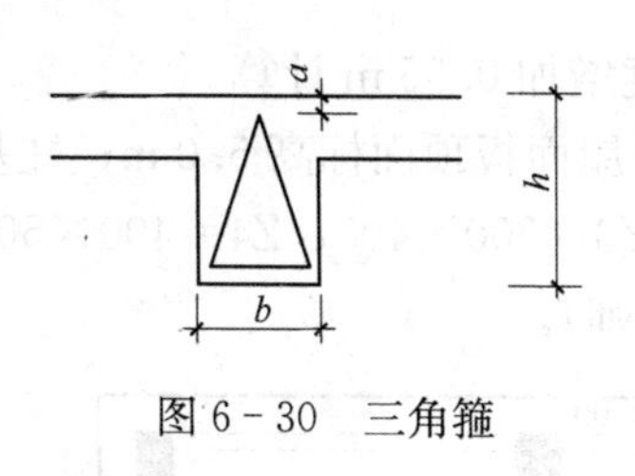


图6-30 三角箍

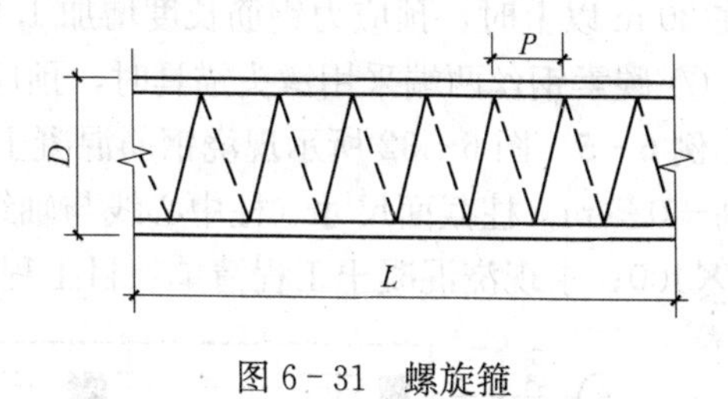


图6-31 螺旋箍

图示螺旋箍的计算长度为

$$L_4=N\sqrt{P^2+(D-2a+d)^2}\times\pi^2+2\Delta L_g$$

式中：$N$——螺旋箍圈数；

$D$——圆柱直径，m；

$P$——螺距。

⑤ 箍筋根数的计算。箍筋根数与钢筋混凝土构件的长度有关，若箍筋为等间距配置，间距为 $c$，则每一构件箍筋根数 $N$ 的计算分以下3种情况：

两端均设箍筋　$N=l/c+1$；

两端中只有一端设箍筋　$N=l/c$；

两端均不设箍筋　$N=l/c-1$。

每一构件箍筋总长度 $=L_4\cdot N$

在实际工作中，为简化计算，箍筋长度一般按以下方法计算：

箍筋的两端各为半圆弯钩，即每端各增加 $8.25d$（有时取 $6.25d$）。

2）先张法预应力钢筋

按设计图示钢筋长度乘以单位理论质量计算。

3）后张法预应力钢筋、预应力钢丝、预应力钢绞线

按设计图示钢筋（丝束、绞线）长度乘以单位理论质量计算。

① 低合金钢筋两端采用螺杆锚具时，预应力钢筋按预留孔道长度减0.35 m，螺杆锚具另行计算。

② 低合金钢筋一端采用镦头插片，另一端采用螺杆锚具时，应力钢筋长度按预留孔道长度计算，螺杆锚具另行计算。

③ 低合金钢筋一端采用镦头插片，另一端采用帮条锚具时，应力钢筋增加0.15 m，两端均采用帮条锚具时，预应力钢筋共增加0.3 m计算。

④ 低合金钢筋采用后张法混凝土自锚时，预应力钢筋增加0.35 m计算。

⑤ 低合金钢筋或钢绞线采用JM、XM、QM型锚具，孔道长度在20 m以内时，预应力

钢筋长度增加 1 m；孔道长度 20 m 以上时，预应力钢筋长度增加 1.8 m 计算。

⑥ 碳素钢丝采用锥形锚具，孔道长度 20 m 以内时，预应力钢筋长度增加 1 m；孔道长度在 20 m 以上时，预应力钢筋长度增加 1.8 m 计算。

⑦ 碳素钢丝两端采用镦头锚具时，预应力钢丝长度增加 0.35 m 计算。

**例 6-5** 图 6-32 所示现浇钢筋混凝土单层厂房，屋面板顶面标高 5.0 m；柱基础顶面标高－0.5 m；柱截面尺寸（柱中心线与轴线重合）为 Z3＝300×400，Z4＝400×500，Z5＝300×400；求现浇混凝土工程清单项目工程量（不含基础）。

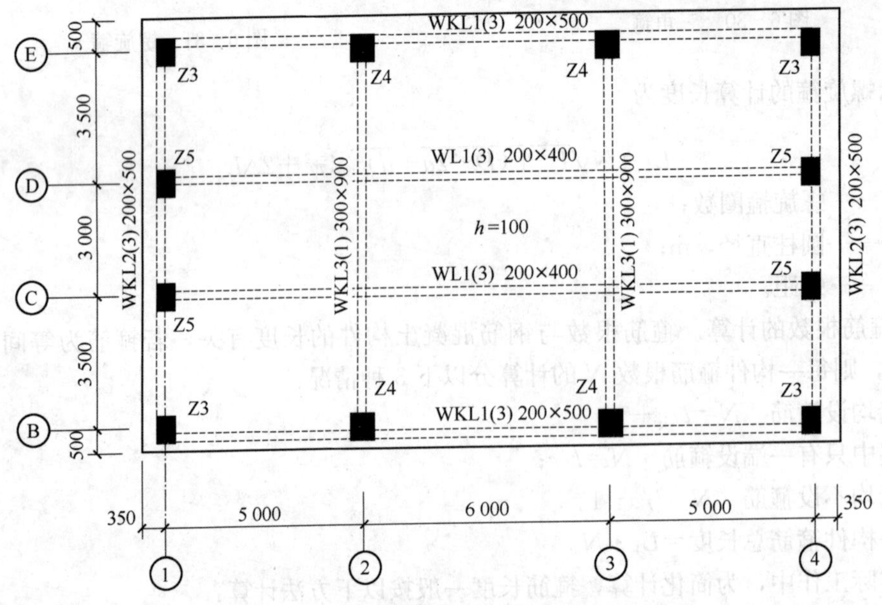


图 6-32 现浇钢筋混凝土单层厂房示意图

**解** 1）清单项目设置

清单项目包括现浇柱、现浇有梁板和现浇挑檐、天沟

2）清单项目工程量计算

（1）现浇柱

Z3：0.3×0.4×5.5×4＝2.64($m^3$)

Z4：0.4×0.5×5.5×4＝4.40($m^3$)

Z5：0.3×0.4×5.5×4＝2.64($m^3$)

小计：9.68$m^3$

（2）现浇有梁板

WKL1：（16－0.15×2－0.4×2）×0.2×（0.5－0.1）×2＝2.38($m^3$)

WL1：（16－0.15×2－0.3×2）×0.2×（0.4－0.1）×2＝1.81($m^3$)

WKL2：（10－0.2×2－0.4×2）×0.2×（0.5－0.1）×2＝1.41($m^3$)

WKL3：(10－0.25×2)×0.3×(0.9－0.1)×2＝4.56($m^3$)

板：[(10＋0.2×2)×(16＋0.15×2)－(0.3×0.4×8＋0.4×0.5×4)]×0.1＝16.77($m^3$)

小计：26.94$m^3$

(3) 现浇挑檐、天沟

{[0.3×(16＋0.35×2)]＋[0.2×(11－0.3×2)]}×2×0.1＝1.42($m^3$)

**例 6－6**　图 6－33 为某钢筋混凝土连续梁配筋图，试计算该梁钢筋用量。(箍筋弯钩按抗震结构考虑)。

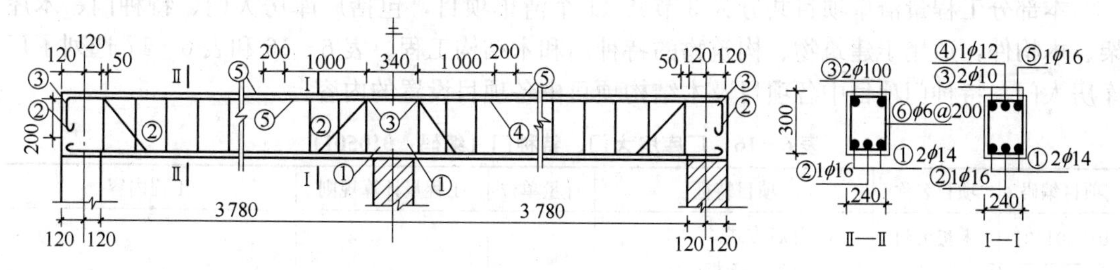


图 6－33　某钢筋混凝土连续梁配筋图

**解**　1) 清单项目设置

清单项目包括现浇钢筋 φ10 内圆钢、φ10 内箍筋和 φ25 内圆钢。

2) 清单项目工程量计算

(1) 2φ14：

(3.78＋0.12×2－0.025＋6.25×0.014)×2×2×1.21＝19.76(kg)

(2) 1φ16：

[3.78＋0.12×2－0.025＋0.2＋(0.3－0.025×2)×(1.414－1)×2＋6.25×0.016]×2×1.58＝14.23(kg)

(3) 2φ10：

(3.78＋0.12×2－0.025＋6.25×0.01)×2×2×0.617＝10.01(kg)

(4) 1φ12：

(1.0×2＋0.34＋6.25×0.012×2)×0.888＝2.21(kg)

(5) 1φ16：

(0.2×2＋1.0×2＋0.34＋6.25×0.016×2)×1.58＝4.65(kg)

(6) φ6@200：

[(3.78＋0.12×2)×2－0.025×2]÷0.2＋1＝41(根)

$[(0.3-0.025\times2+0.24-0.025\times2)\times2+2\times13.25\times0.006]\times41\times0.222=9.46(kg)$

故：$\phi10$ 内圆钢工程量：0.010t；

$\phi10$ 内箍筋工程量：0.009t；

$\phi25$ 内圆钢工程量：0.041t。

## 6.2.6 厂库房大门、特种门、木结构工程

**1. 工程量清单项目设置**

本部分工程量清单项目共分为 3 节共 11 个清单项目，包括厂库房大门、特种门、木屋架、木构件，适用于建筑物、构筑物的特种门和木结构工程。表 6-16 和表 6-17 选列了厂库房大门、特种门项目中各项目及木结构项目中各项目设置的内容。

**表 6-16 厂库房大门、特种门（编码：010501）**

| 项目编码 | 项目名称 | 项目特征 | 计量单位 | 工程量计算规则 | 工程内容 |
|---|---|---|---|---|---|
| 010501001 | 木板大门 | 1. 开启方式<br>2. 有框、无框<br>3. 含门扇数<br>4. 材料品种、规格<br>5. 五金种类、规格<br>6. 防护材料种类<br>7. 油漆品种、刷漆遍数 | 樘 | 按设计图示数量计算 | 1. 门（骨架）制作、运输<br>2. 门、五金配件安装<br>3. 刷防护材料、油漆 |
| 010501002 | 钢木大门 | | | | |
| 010501003 | 全钢板大门 | | | | |
| 010501004 | 特种门 | | | | |
| 010501005 | 围墙铁丝门 | | | | |

**表 6-17 木屋架（编码：010502）**

| 项目编码 | 项目名称 | 项目特征 | 计量单位 | 工程量计算规则 | 工程内容 |
|---|---|---|---|---|---|
| 010502001 | 木屋架 | 1. 跨度<br>2. 安装高度<br>3. 材料品种、规格<br>4. 刨光要求<br>5. 防护材料种类<br>6. 油漆品种、刷漆遍数 | 榀 | 按设计图示数量计算 | 1. 制作、运输<br>2. 安装<br>3. 刷防护材料、油漆 |
| 010502002 | 钢木屋架 | | | | |

**2. 厂库房大门、特种门**

木板大门、钢木大门、全钢板大门、特种门、围墙铁丝门项目的制作、安装、运输等工程量均以“樘”为计量单位，按设计图示数量计算。

**3. 木屋架**

木屋架、钢木屋架项目的制作、安装、运输等工程量均以“榀”为计量单位，按设计图示数量计算。

**4. 木构件**

(1) 木柱、木梁项目的制作、安装、运输等工程量按设计图示尺寸以体积计算；

(2) 木楼梯项目的制作、安装、运输等工程量按设计图示尺寸以水平投影面积计算，不扣除宽度小于300 mm的楼梯井，伸入墙内部分不计算；

(3) 其他木构件项目的制作、安装、运输等工程量按设计图示尺寸以体积或长度计算。

## 6.2.7 金属结构工程

**1. 工程量清单的设置**

本部分清单项目有：钢屋架，钢网架，钢托架、钢桁架、钢柱、钢梁、压型钢板楼板、墙板、钢构件、金属网共24个项目。其中，钢柱的实腹柱项目如表6-18所示。

**表6-18 钢柱（0106030）**

| 项目编码 | 项目名称 | 项目特征 | 计量单位 | 工程量计算规则 | 工程内容 |
| --- | --- | --- | --- | --- | --- |
| 010603001 | 实腹柱 | 1. 钢材品种、规格<br>2. 单根柱重量<br>3. 探伤要求<br>4. 油漆品种、刷漆遍数 | t | 按设计图示尺寸以质量计算，不扣除孔眼切肢的质量，焊条、铆钉、螺栓等不另增加质量，不规则或多边形钢板，以其外接矩形面积乘以厚度后，再乘以单位理论质量计算，依附在钢柱上的牛腿及悬臂梁等并入钢柱工程量内 | 1. 制作<br>2. 运输<br>3. 拼装<br>4. 安装<br>5. 探伤<br>6. 刷油漆 |

**2. 金属结构**

(1) 金属结构清单的工程量按图示尺寸以质量计算，不扣除孔眼、切肢、切边的质量，焊条、铆钉、螺栓等质量也不增加。在计算不规则或多边形钢板质量时，均以其外接矩形面积乘以厚度后，再乘以单位理论质量计算。

(2) 依附在钢柱上的牛腿及悬臂梁等并入钢柱工程量内。

(3) 钢管柱上的节点板、加强环、内衬管、牛腿等并入钢管柱工程量内。

(4) 制动桁架、制动板、车挡等并入制动梁的工程量内。

(5) 依附在钢漏斗的型钢并入钢漏斗工程量内。

(6) 压型钢板楼板，按设计图示尺寸以铺设水平投影面积计算，不扣除柱、垛及单个0.3 $m^2$ 以内的孔洞所占面积。

(7) 压型钢板墙板按设计图示尺寸以铺挂面积计算，不扣除单个0.3 $m^2$ 以内的孔洞所占面积，包角、包边、窗台泛水等不另增加面积。

(8) 金属网按设计图示尺寸以面积计算。

## 6.2.8 屋面及防水工程

(1) 工程量清单的设置。屋面及防水工程有3节共12个项目，包括瓦、型材屋面，屋面防水，墙、地面防水，防潮等工程量清单项目。各项目编号、名称、特征、工程量计算规则及包含的工程内容详见《计价规范》，其形式参见表 6－19。

**表 6－19　屋面及防水（010701）**

| 项目编号 | 项目名称 | 项目特征 | 计量单位 | 工程量计算规则 | 工程内容 |
|---|---|---|---|---|---|
| 010701001 | 瓦屋面 | 1. 瓦品种、规格、品牌、颜色<br>2. 防水材料种类<br>3. 基础材料种类<br>4. 檩条种类、截面<br>5. 防护材料种类 | $m^2$ | 按设计图示尺寸以斜面积计算，不扣除房上烟囱、风帽底座、风道、小气窗、斜沟等所占面积，小气窗的出檐部分不增加面积 | 1. 檩条、椽子安装<br>2. 基础铺设<br>3. 铺防水层<br>4. 安顺水条和挂瓦条<br>5. 安瓦<br>6. 刷防护材料 |
| 010701003 | 膜结构屋面 | 1. 膜布品种、规格、颜色<br>2. 支柱（网架）钢材品种、规格<br>3. 钢丝绳品种、规格<br>4. 油漆品种、刷漆遍数 | | 按设计图示尺寸以需要覆盖的水平面积计算 | 1. 膜布热压胶接<br>2. 支柱（网架）制作、安装<br>3. 膜布安装<br>4. 穿钢丝绳、锚头锚固<br>5. 刷油漆 |
| 010702001 | 屋面卷材防水 | 1. 卷材品种、规格<br>2. 防水层做法<br>3. 嵌缝材料种类<br>4. 防护材料种类 | $m^2$ | 按设计图示尺寸以面积计算<br>1. 斜屋面（不包括平屋顶找坡）按斜面积计算，平屋顶按水平投影面积计算<br>2. 不扣除房上烟囱、风帽底座、风道、屋面小气窗和斜沟所占面积<br>3. 屋面女儿墙、伸缩缝和天窗等处的弯起部分，并入屋面工程量计算 | 1. 基层处理<br>2. 抹找平层<br>3. 刷底油<br>4. 铺油毡卷材、接缝、嵌缝<br>5. 铺保护层 |
| 010702002 | 屋面涂膜防水 | 1. 防水膜品种<br>2. 涂膜厚度、遍数、增强材料种类<br>3. 嵌缝材料种类<br>4. 防护材料种类 | | | 1. 基层处理<br>2. 抹找平层<br>3. 涂防水膜<br>4. 铺保护层 |
| 010702003 | 屋面刚性防水 | 1. 防水层厚度<br>2. 嵌缝材料种类<br>3. 混凝土强度等级 | | 按设计图示尺寸以面积计算。不扣除房上烟囱、风帽底座、风道等所占面积 | 1. 基层处理<br>2. 混凝土制作、运输、铺筑、养护 |
| 010702004 | 屋面排水管 | 1. 排水管品种、规格、品牌、颜色<br>2. 接缝、嵌缝材料种类<br>3. 油漆品种、刷漆遍数 | m | 按设计图示尺寸以长度计算，如设计未标注尺寸，以檐口至设计室外散水上表面垂直距离计算 | 1. 排水管及配件安装、固定<br>2. 雨水斗、雨水箅子安装<br>3. 接缝、嵌缝 |

(2) 瓦屋面、型材屋面，按设计图示尺寸以斜面积计算，不扣除房上烟囱、风帽底座、风道、小气窗、斜沟等所占面积，小气窗的出檐部分不增加面积。

(3) 膜结构屋面，按设计图示尺寸以需要覆盖的水平面积计算（见图6-34）。

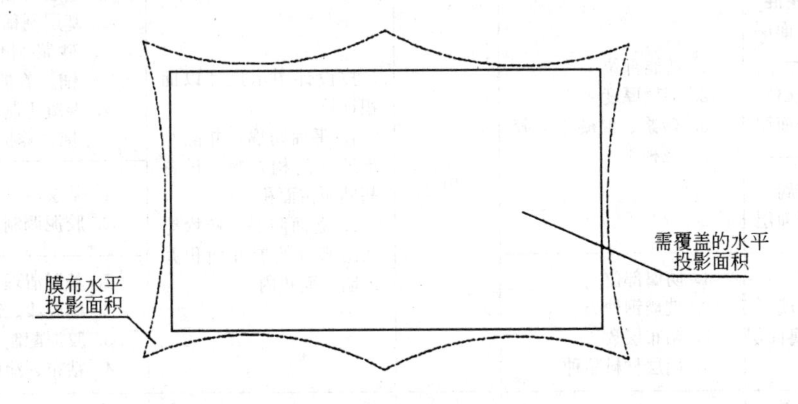


图6-34 膜结构屋面示意图

(4) 屋面卷材防水、屋面涂膜防水，按设计图示尺寸以面积计算：

① 斜屋面（不包括平屋顶找坡）按斜面积计算，平屋顶按水平投影面积计算；

② 不扣除房上烟囱、风帽底座、风道、屋面小气窗和斜沟所占面积；

③ 屋面女儿墙、伸缩缝和天窗等处的弯起部分，并入屋面工程量计算。

(5) 屋面刚性防水，按设计图示尺寸以面积计算，不扣除房上烟囱、风帽底座、风道等所占面积。

(6) 屋面排水管，按设计图示尺寸以长度计算，如设计未标注尺寸，以檐口至设计室外散水上表面垂直距离计算。

(7) 屋面天沟、沿沟，按设计图示尺寸以面积计算，铁皮和卷材天沟按展开面积计算。

(8) 卷材防水、涂膜防水、砂浆防水（潮），按设计图示尺寸以面积计算。

① 地面防水，按主墙间净空面积计算，扣除凸出地面的构筑物、设备基础等所占面积，不扣除间壁墙及单个0.3 $m^2$以内的柱、垛、烟囱和孔洞所占面积。

② 墙基防水，外墙按中心线，内墙按净长乘以宽度计算。

(9) 变形缝，按设计图示以长度计算。

其他工程量计算规则详见《计价规范》附录A。

## 6.2.9 防腐、隔热、保温工程

### 1. 工程量清单设置

防腐、隔热、保温工程清单项目有防腐面层及其他防腐、隔热、保温等3节共14个项目。各项目编号、名称、特征、工程量计算规则及包含的工程内容详见《计价规范》，其形式参见表6-20。

**表 6-20 防腐、隔热、保温工程（010801）**

<table>
<tr><th>项目编号</th><th>项目名称</th><th>项目特征</th><th>计量单位</th><th>工程量计算规则</th><th>工程内容</th></tr>
<tr><td>010801001</td><td>防腐混凝土面层</td><td rowspan="3">1. 防腐部位<br>2. 面层厚度<br>3. 砂浆、混凝土、胶泥种类</td><td rowspan="4">$m^2$</td><td rowspan="4">按设计图示尺寸以面积计算<br>1. 平面防腐：扣除凸出地面的构筑物、设备基础所占面积<br>2. 立面防腐：砖垛等凸出部分按展开面积并入墙内面积内</td><td rowspan="2">1. 基层清理<br>2. 基层刷稀胶泥<br>3. 砂浆制作、运输、摊铺、养护<br>4. 混凝土制作、运输、摊铺、养护</td></tr>
<tr><td>010801002</td><td>防腐砂浆面层</td></tr>
<tr><td>010801003</td><td>防腐胶泥面层</td><td>1. 基层清理<br>2. 胶泥调制、摊铺</td></tr>
<tr><td>010801004</td><td>玻璃钢防腐面层</td><td>1. 防腐部位<br>2. 玻璃钢种类<br>3. 贴布层数<br>4. 面层材料品种</td><td>1. 基层清理<br>2. 刷底漆、刮腻子<br>3. 胶泥配制、涂刷<br>4. 粘布、涂刷面层</td></tr>
<tr><td>010803001</td><td>保温隔热屋面</td><td rowspan="4">1. 保温隔热部位<br>2. 保温隔热方式（内保温、外保温、夹心保温）<br>3. 踢脚线、勒脚线保温做法<br>4. 保温隔热面层材料品种、规格、性能<br>5. 保温隔热材料品种、规格<br>6. 隔气层厚度<br>7. 粘结材料种类<br>8. 防护材料种类</td><td rowspan="4">$m^2$</td><td rowspan="2">按设计图示尺寸以面积计算，不扣除柱、垛所占面积</td><td rowspan="2">1. 基层清理<br>2. 铺粘保温层<br>3. 刷防护材料</td></tr>
<tr><td>010803002</td><td>保温隔热天棚</td></tr>
<tr><td>010803003</td><td>保温隔热墙</td><td>按设计图示尺寸以面积计算，扣除门窗洞口所占面积；门窗洞口侧壁需做保温时，并入保温墙体工程量内</td><td>1. 基层清理<br>2. 底层抹灰<br>3. 粘贴龙骨<br>4. 填贴保温材料<br>5. 粘贴面层<br>6. 嵌缝<br>7. 刷防护材料</td></tr>
<tr><td>010803005</td><td>隔热楼地面</td><td>按设计图示尺寸以面积计算，不扣除柱、垛所占面积</td><td>1. 基层清理<br>2. 铺设粘贴材料<br>3. 铺贴保温层<br>4. 刷防护材料</td></tr>
</table>

**2. 防腐混凝土面层、防腐砂浆面层、防腐胶泥面层、玻璃钢防腐面层**

按设计图示尺寸以面积计算：

① 平面防腐，扣除凸出地面的构筑物、设备基础所占面积；

② 立面防腐，砖垛等凸出部分按展开面积并入墙内面积内。

**3. 聚氯乙烯板面层、块料防腐面层**

按设计图示尺寸以面积计算：

① 平面防腐，扣除凸出地面的构筑物、设备基础所占面积；

② 立面防腐，砖垛等凸出部分按展开面积并入墙内面积内；

③ 踢脚板防腐，扣除门洞所占面积并相应增加门洞侧壁面积。

**4. 隔离层**

按设计图示尺寸以面积计算：

① 平面防腐，扣除凸出地面的构筑物、设备基础所占面积；

② 立面防腐，砖垛等凸出部分按展开面积并入墙内面积内。

**5. 砌筑沥青浸渍砖**

按设计图示尺寸以体积计算。

**6. 防腐涂料**

按设计图示尺寸以面积计算：

① 平面防腐，扣除凸出地面的构筑物、设备基础所占面积；

② 立面防腐，砖垛等凸出部分按展开面积并入墙内面积内。

**7. 保温隔热屋面、保温隔热天棚**

按设计图示尺寸以面积计算，不扣除柱、垛所占面积。

**8. 保温隔热墙**

按设计图示尺寸以面积计算，扣除门窗洞口所占面积；门窗洞口侧壁需做保温时，并入保温墙体工程量内。

**9. 保温柱**

按设计图示尺寸以保温中心线展开长度乘以保温层高度计算。

**10. 隔热楼地面**

按设计图示尺寸以面积计算，不扣除柱、垛所占面积。

**例 6-7** 如图 6-35 所示冷库，设计采用沥青贴软木保温层，厚 0.1 m；顶棚做带木龙骨（40 mm×40 mm，间距 400 mm×400 mm）保温层，墙面 1∶1∶6 水泥石灰砂浆 15 mm 打底附墙贴软木，地面直接铺保温层。门为保温门，不需考虑门及框保温。求清单项目工程量。

**解** 1）清单项目设置

清单项目包括墙面抹底灰、保温隔热天棚、保温隔热墙和隔热楼地面。

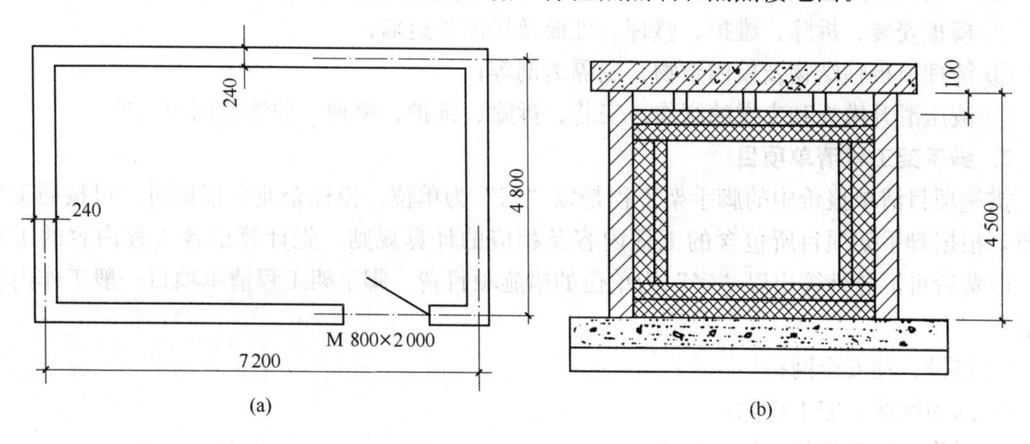


图 6-35 冷库示意图

2）清单项目工程量计算

（1）墙面抹底灰

$$[(7.2-0.24)+(4.8-0.24)]\times 2\times 4.5-0.8\times 2=102.08(m^2)$$

（2）墙面保温（不计门框）

$$(7.2-0.24-0.1+4.8-0.24-0.1)\times 2\times (4.5-0.1-0.1-0.1)-0.8\times 2=93.49(m^2)$$

（3）地面保温

$$(7.2-0.24)\times (4.8-0.24)=31.74(m^2)$$

（4）天棚保温

$$(7.2-0.24)\times (4.8-0.24)=31.74(m^2)$$

### 6.2.10 建筑工程措施项目

措施项目是为完成工程项目施工，发生于该工程施工前和施工过程中技术、生活、安全等方面的非工程实体项目。主要有模板、脚手架、临时设施等，具体项目详见《建设工程工程量清单计价规范》措施项目一览表。大部分措施项目报价是依据分部分项工程费的一定比例计算，这里主要介绍模板、脚手架措施项目的清单计价，相关装饰、园建工程的模板、脚手架措施项目也一并介绍。

**1. 模板工程清单项目**

措施项目中的模板工程项目包括建筑工程模板和园林建筑工程模板。模板工程清单项目为一宗，合并计算某一工程的全部模板工程工作内容。

模板工程清单项目工作内容包括：

① 模板制作；

② 模板安装、拆除、维护、整理、堆放及场内外运输；

③ 清理模板粘结物及模内杂物、刷隔离剂等；

④ 液压滑升模板和支撑的制作、安装、拆除、维护、整理、油漆及回程运输。

**2. 脚手架工程清单项目**

措施项目清单报价中的脚手架工程是以“宗”为单位。投标企业在报价时，可按照工程性质，根据脚手架项目所包含的工程内容及相应的计算规则，先计算出各工程内容的工程量，取费后再汇总计算出以“宗”为单位的措施项目费。脚手架工程清单项目一般工作内容包括：

① 搭设、挂安全网；

② 加固维修，完工拆除；

③ 拆除后材料堆放、场内运输。

## 6.2.11 楼地面工程

### 1. 工程量清单项目设置

楼地面工程清单项目有整体面层、块料面层、橡塑面层、其他材料面层、踢脚线、楼梯装饰、扶手、栏杆、栏板装饰、台阶装饰、零星装饰项目等 9 节共 42 个项目。各项目编码、名称、特征、工程量计算规则及包含的工程内容详见《计价规范》，其形式参见表 6－21。

**表 6－21 楼地面工程（020101）**

| 项目编号 | 项目名称 | 项目特征 | 计量单位 | 工程量计算规则 | 工程内容 |
|---|---|---|---|---|---|
| 020101001 | 水泥砂浆楼地面 | 1. 垫层材料种类、厚度<br>2. 找平层厚度、砂浆配合比<br>3. 防水层厚度、材料种类<br>4. 面层厚度、砂浆配合比 | $m^2$ | 按设计图示尺寸以面积计算，扣除凸出地面构筑物、设备基础、室内铁道、地沟等所占面积，不扣除间壁墙和 0.3 $m^2$ 以内的柱、垛、附墙烟囱及孔洞所占面积。门洞、空圈、暖气包槽、壁龛的开口部分不增加面积 | 1. 基层清理<br>2. 垫层铺设<br>3. 抹找平层<br>4. 防水层铺设<br>5. 抹面层<br>6. 材料运输 |
| 020102001 | 石材楼地面 | 1. 垫层材料种类、厚度<br>2. 找平层厚度、砂浆配合比<br>3. 防水层厚度、材料种类<br>4. 填充材料种类、厚度<br>5. 接合层厚度、砂浆配合比<br>6. 面层材料品种、规格、品牌、颜色<br>7. 嵌缝材料种类<br>8. 防护层材料种类<br>9. 酸洗、打蜡要求 | | 按设计图示尺寸以面积计算，扣除凸出地面构筑物、设备基础、室内铁道、地沟等所占面积，不扣除间壁墙和 0.3 $m^2$ 以内的柱、垛、附墙烟囱及孔洞所占面积。门洞、空圈、暖气包槽、壁龛的开口部分不增加面积 | 1. 基层清理、铺设垫层、抹找平层<br>2. 防水层铺设、填充层<br>3. 面层铺设<br>4. 嵌缝<br>5. 刷防护材料<br>6. 材料运输 |
| 020102002 | 块料楼地面 | | | | |
| 020104002 | 竹木地板 | 1. 找平层厚度、砂浆配合比<br>2. 填充材料种类、厚度、找平层厚度、砂浆配合比<br>3. 龙骨材料种类、规格、铺设间距<br>4. 基层材料种类、规格<br>5. 面层材料品种、规格、品牌、颜色<br>6. 粘结材料种类<br>7. 防护材料种类<br>8. 油漆品种、刷漆遍数 | $m^2$ | 按设计图示尺寸以面积计算，门洞、空圈、暖气包槽、壁龛的开口部分并入相应的工程量内 | 1. 基层清理、抹找平层<br>2. 铺设填充层<br>3. 龙骨铺设<br>4. 铺设基层<br>5. 面层铺设<br>6. 刷防护材料<br>7. 材料运输 |

续表

| 项目编号 | 项目名称 | 项目特征 | 计量单位 | 工程量计算规则 | 工程内容 |
|---|---|---|---|---|---|
| 020105001 | 水泥砂浆踢脚线 | 1. 踢脚线高度<br>2. 底层厚度、砂浆配合比<br>3. 面层厚度、砂浆配合比 | $m^2$ | 按设计图示长度乘以高度，以面积计算 | 1. 基层清理<br>2. 底层抹灰<br>3. 面层铺贴<br>4. 勾缝<br>5. 磨光、酸洗、打蜡<br>6. 刷防护材料<br>7. 材料运输 |
| 020105002 | 石材踢脚线 | 1. 踢脚线高度<br>2. 底层厚度、砂浆配合比<br>3. 粘贴层厚度、材料种类<br>4. 面层材料品种、规格、品牌、颜色<br>5. 勾缝材料种类<br>6. 防护材料种类 | | | |
| 020106001 | 石材楼梯面 | 1. 找平层厚度、砂浆配合比<br>2. 粘结层材料种类、厚度<br>3. 面层材料品种、规格、品牌、颜色<br>4. 防滑条材料种类、规格<br>5. 勾缝材料种类<br>6. 防护层材料种类<br>7. 酸洗、打蜡要求 | $m^2$ | 按设计图示尺寸以楼梯（包括踏步、休息平台及 500 mm 以内的楼梯井）水平投影面积计算。楼梯与楼地面相连时，算至梯口梁内侧边沿；无梯口梁者，算至最上一层踏步边沿加 300 mm | 1. 基层清理<br>2. 抹找平层<br>3. 面层铺贴<br>4. 贴嵌防滑条<br>5. 勾缝<br>6. 刷防护材料<br>7. 酸洗<br>8. 材料运输 |
| 020106002 | 块料楼梯面 | | | | |

**2. 水泥砂浆楼地面、现浇水磨石楼地面、菱苦土楼地面**

按设计图示尺寸以面积计算。扣除凸出地面构筑物、设备基础、室内铁道、地沟等所占面积，不扣除间壁墙和 0.3 $m^2$ 以内的柱、垛、附墙烟囱及孔洞所占面积。门洞、空圈、暖气包槽、壁龛的开口部分不增加面积。

**3. 石材楼地面、块料楼地面**

按设计图示尺寸以面积计算。扣除凸出地面构筑物、设备基础、室内铁道、地沟等所占面积，不扣除间壁墙和 0.3 $m^2$ 以内的柱、垛、附墙烟囱及孔洞所占面积。门洞、空圈、暖气包槽、壁龛的开口部分不增加面积。

**4. 橡胶板楼地面、橡胶卷材楼地面、塑料板楼地面、塑料卷材楼地面**

按设计图示尺寸以面积计算。门洞、空圈、暖气包槽、壁龛的开口部分并入相应的工程量内。

**5. 楼地面地毯、竹木地板、防静电活动地板、金属复合地板**

按设计图示尺寸以面积计算。门洞、空圈、暖气包槽、壁龛的开口部分并入相应的工程量内。

**6. 水泥砂浆踢脚线、石材踢脚线、块料踢脚线、现浇水磨石踢脚线、塑料板踢脚线、木质踢脚线、金属踢脚线、防静电踢脚线**

按设计图示长度乘以高度，以面积计算。

**7. 石材楼梯面、块料楼梯面、水泥砂浆楼梯面、现浇水磨石楼梯面、地毯楼梯面、木板楼梯面**

按设计图示尺寸以楼梯（包括踏步、休息平台及500 mm以内的楼梯井）水平投影面积计算。楼梯与楼地面相连时，算至梯口梁内侧边沿；无梯口梁者，算至最上一层踏步边沿加300 mm。

**8. 工程量计算规则的说明**

(1) 单跑楼梯不论其中间是否有休息平台，其工程量与双跑楼梯同样计算。

(2) 台阶面层与平台面层是同一种材料时，平台计算面层后，台阶不再计算最上一层踏步面积；如台阶计算最上一层踏步（加30 cm），平台面层中必须扣除该面积。

(3) 包括垫层的地面和不包括垫层的楼面应分别计算工程量，分别编码（第5级编码）列项。

**例6-8** 图6-36现浇钢筋混凝土楼梯水磨石面层，面层20 mm，1∶1.25石子浆、找平层15 mm，1∶2.5水泥砂浆、嵌铜防滑条，计算其清单项目工程量（墙厚均为240 mm）。

**解** 1) 清单项目设置

现浇水磨石楼梯面层，面层20 mm，1∶1.25石子浆、找平层15 mm，1∶2.5水泥砂浆、嵌铜防滑条。

2) 工程量计算

楼梯面层的工程量以图示尺寸的水平投影面积计算，包括踏步、平台（计算至梯口梁内侧），不扣除小于500 mm的楼梯井。

水磨石楼梯面层工程量$=(2.4-0.24)\times(2.34+1.34-0.12)=7.69(\mathrm{m}^2)$

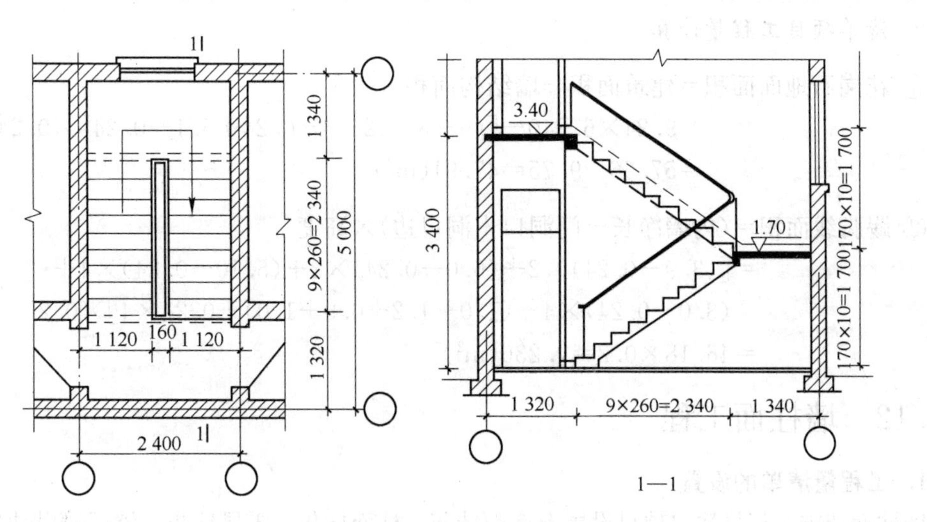


图6-36 现浇钢筋混凝土楼梯示意图

**例6-9** 图6-37建筑物地面1∶2水泥砂浆铺花岗石（600 mm×600 mm），踢脚线高200 mm，用同种花岗石铺贴；地面找平层 1∶3 水泥砂浆 25 mm 厚，求该工程清单项目工程量。

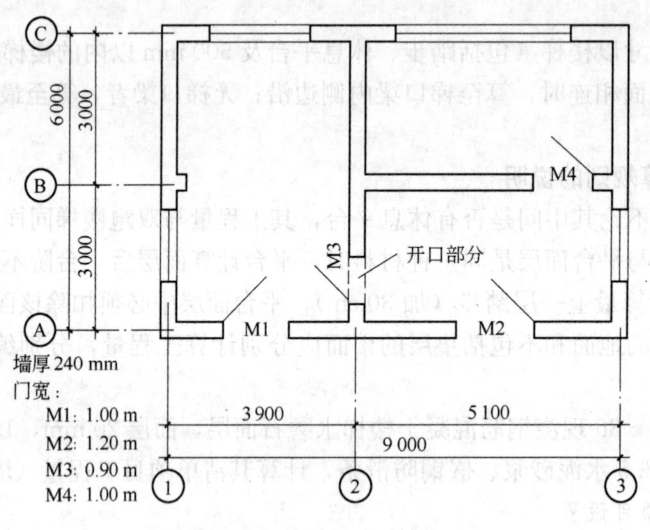


图 6-37 建筑平面图

**解** 1）清单项目设置

清单项目包括：

① 石材地面 1∶3 水泥砂浆找平层，厚 25 mm，1∶25 水泥砂浆铺贴花岗岩（600 mm×600 mm）；

② 踢脚线铺贴块料面层，1∶2 水泥砂浆铺贴花岗石高 200 mm。

2）清单项目工程量计算

① 花岗石地面面积＝建筑面积－墙结构面积

$=9.24\times6.240-[(9+6)\times2+6-0.24+5.1-0.24]\times0.24$

$=57.66-9.75=47.91(\text{m}^2)$

② 踢脚线面积＝(内墙净长－门洞口＋洞口边)×高度

$=[(3.9-0.24)\times2+(6.0-0.24)\times2+(5.10-0.24)\times4+(3.0-0.24)\times4-(1.0+1.2+0.9+1.0)+0.24\times4]\times0.2$

$=46.18\times0.2=9.236(\text{m}^2)$

## 6.2.12 墙柱面工程

### 1. 工程量清单的设置

墙柱面装饰工程量清单项目设置有墙面抹灰、柱面抹灰、零星抹灰、墙面镶贴块料、柱面镶贴块料、零星镶贴块料、墙饰面、柱（梁）饰面、隔断、幕墙 10 节共 25 个项目。各项目编号、名称、特征、工程量计算规则及所包含的工程内容详见《计价规范》，其形式参见表 6-22。

表 6-22 墙柱面装饰工程（020201）

| 项目编号 | 项目名称 | 项目特征 | 计量单位 | 工程量计算规则 | 工程内容 |
| --- | --- | --- | --- | --- | --- |
| 020201001 | 墙面一般抹灰 | 1. 墙体类型<br>2. 底层厚度、砂浆配合比<br>3. 面层厚度、砂浆配合比<br>4. 装饰面材料种类<br>5. 分格缝宽度、材料种类 | $m^2$ | 按设计图示尺寸以面积计算，扣除墙裙、门窗洞口及单个 0.3 $m^2$ 的孔洞所占的面积，不扣除踢脚线、挂镜线和墙与构件交接处的面积，门窗洞口和孔洞的侧壁及顶面不增加面积。附墙梁、柱、跺、烟囱侧面并入相应的墙面面积内<br>1. 面抹灰面积，按外墙面的垂直投影面积计算<br>2. 外墙裙抹灰面积，按其长度乘以高度计算<br>3. 内墙抹灰面积，按主墙间的净长乘以高度计算<br>(1) 无墙裙的，其高度按室内地面或楼面至天棚之间距离计算<br>(2) 有墙裙的，其高度按墙裙顶至天棚底面之间的距离计算<br>(3) 有吊顶天棚的，其高度按室内地面或楼面至天棚另加 100 mm 计算<br>4. 内墙裙抹灰的长度，按内墙净长乘以高度计算 | 1. 基层清理<br>2. 砂浆制作、运输<br>3. 底层抹灰<br>4. 抹面层<br>5. 抹装饰面<br>6. 勾分格缝 |
| 020201002 | 墙面装饰抹灰 | | | | |
| 020204001 | 石材墙面 | 1. 墙体类型<br>2. 底层厚度、砂浆配合比<br>3. 贴结层厚度、材料种类<br>4. 挂贴方式<br>5. 干挂方式（膨胀螺栓、钢龙骨）<br>6. 面层材料品种、规格、品牌、颜色<br>7. 缝宽、嵌缝材料种类<br>8. 防护材料种类<br>9. 磨光、酸洗、打蜡 | $m^2$ | 按设计图示尺寸以面积计算 | 1. 基层清理<br>2. 砂浆制作、运输<br>3. 底层抹灰<br>4. 结合层铺贴<br>5. 面层铺贴<br>6. 面层挂贴<br>7. 嵌缝<br>8. 刷防护材料<br>9. 磨光、酸洗、打蜡 |
| 020204002 | 碎拼石材墙面 | | | | |
| 020204003 | 块料墙面 | | | | |
| 020210001 | 带骨架幕墙 | 1. 骨架材料种类、规格、中距<br>2. 面层材料品种、规格、颜色<br>3. 面层固定方式<br>4. 嵌缝、塞口材料品种 | $m^2$ | 按设计图示框外围尺寸以面积计算，与幕墙同种材质的窗所占面积不扣除 | 1. 骨架制作、运输、安装<br>2. 面板安装<br>3. 嵌缝、塞口<br>4. 清洗 |
| 020210002 | 全玻璃幕墙 | 1. 玻璃品种、规格、品牌、颜色<br>2. 粘结塞口材料种类<br>3. 固定方式 | | 按设计图示框外围尺寸以面积计算，带肋全玻璃幕墙按展开面积计算 | 1. 幕墙安装<br>2. 嵌缝、塞口<br>3. 清洗 |

**2. 工程量计算注意事项**

(1) 墙面抹灰不扣除与构件交接处的面积，是指墙与梁的交接处所占面积，不包括墙与楼板的交接。

(2) 外墙裙抹灰面积，按其长度乘以高度计算，是指按外墙裙的长度。

(3) 柱的一般抹灰和装饰抹灰及勾缝，以柱断面的周长乘以高度计算，柱断面周长是指结构断面周长。

(4) 装饰板柱（梁）面，按设计图示外围饰面尺寸乘以高度（长度）以面积计算，外围饰面尺寸是饰面的表面尺寸。

(5) 带肋全玻璃幕墙是指玻璃幕墙带玻璃肋，玻璃肋的工程量应合并在玻璃幕墙工程量内计算。

**例 6-10** 计算图 6-38 所示小型住宅外墙装饰工程清单项目工程量，外墙顶面标高 2.9 m，设计外墙面 1∶1∶6 混合砂浆打底 15 mm 厚，水泥膏贴纸皮条型瓷砖；室外地坪标高−0.3 m；（门、窗框厚均按 90 mm 计，安装于墙体中间，墙厚 240 mm）。

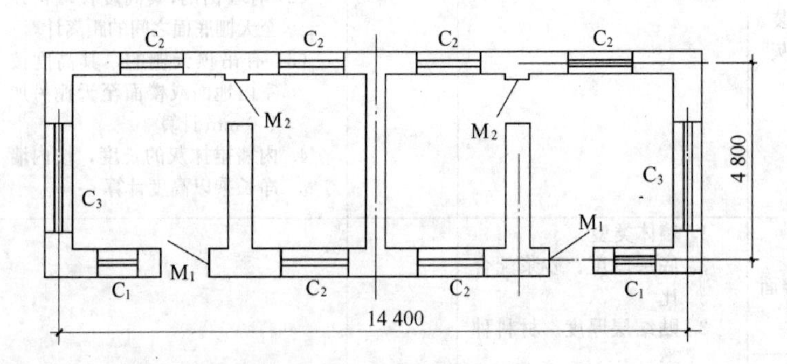


$M_1$：1.0 m×2.0 m；$M_2$：0.9 m×2.2 m；$C_1$：1.1 m×1.5 m；$C_2$：1.6 m×1.5 m；$C_3$：1.8 m×1.5 m

图 6-38 小型住宅平面图

**解** 1) 清单项目设置

依据清单项目设置规则，清单项目包括：块料面层，砖墙体 1∶1∶6 混合砂浆打底 15 mm厚，贴纸皮条型瓷砖。

2) 工程量计算

块料面层工程量：按成品面积计算（近似取外墙外立面面积）。

外墙长＝[(14.4＋0.24)＋(4.8＋0.24)]×2＝39.36($m^2$)

块料面层高度＝2.9＋0.3＝3.2(m)

门面积　$M_1$＝1.0×2.0×2＝4.0($m^2$)

窗面积　C＝(1.8×2＋1.1×2＋1.6×6)×1.5＝23.1($m^2$)

外墙块料面层面积＝39.36×3.2−4−23.1＝98.85($m^2$)

## 6.2.13　天棚工程

### 1. 工程量清单的设置

天棚工程量清单项目有天棚抹灰、天棚吊顶、天棚其他装饰等3节9个项目。各项目编号、名称、特征、工程量计算规则及包含的工程内容详见《计价规范》，其形式参见表6-23。

表6-23　天棚工程

| 项目编号 | 项目名称 | 项目特征 | 计量单位 | 工程量计算规则 | 工程内容 |
|---|---|---|---|---|---|
| 020301001 | 天棚抹灰 | 1. 基层类型<br>2. 抹灰厚度、材料种类<br>3. 装饰线条道数<br>4. 砂浆配合比 | $m^2$ | 按设计图示尺寸以水平投影面积计算。不扣除间壁、垛、柱、附墙烟囱、检查口和管道所占的面积。带梁天棚，梁两侧抹灰面积并入天棚面积内，板式楼梯底面抹灰按斜面积计算，锯齿形楼梯底面抹灰按展开面积计算 | 1. 基层清理<br>2. 底层抹灰<br>3. 抹面层<br>4. 抹装饰线条 |
| 020302001 | 天棚吊顶 | 1. 吊顶形式<br>2. 龙骨类型、材料、种类、规格、中距<br>3. 基层材料种类、规格<br>4. 面层材料品种、规格、颜色<br>5. 压条材料种类、规格<br>6. 嵌缝材料品种<br>7. 防护材料种类<br>8. 油漆品种、刷漆遍数 | $m^2$ | 按设计图示尺寸以水平投影面积计算 | 1. 基层清理<br>2. 龙骨安装<br>3. 基层板铺设<br>4. 面层铺贴<br>5. 嵌缝<br>6. 刷防护材料、油漆 |
| 020303001 | 灯　带 | 1. 灯带型式、尺寸<br>2. 隔栅片材料品种、规格、品牌、颜色<br>3. 安装、固定方式 | $m^2$ | 按设计图示尺寸以框外围面积计算 | 安装、固定 |
| 020303002 | 送风口、回风口 | 1. 风口材料品种、规格、品牌、颜色<br>2. 安装、固定方式<br>3. 防护材料种类 | 个 | 按设计图示数量计算 | 1. 安装、固定<br>2. 刷防护材料 |

### 2. 工程量计算注意事项

(1) 天棚抹灰与天棚吊顶工程量计算规则有所不同：天棚抹灰不扣除柱垛所占面积；天棚吊顶不扣除柱垛所占面积，但应扣除独立柱所占面积。柱垛是指与墙体相连的柱面突出墙体部分。

(2) 天棚吊顶应扣除与天棚吊顶相连的窗帘盒所占的面积。

**例6-11**　如图6-39所示的建筑物首层平面，走廊及梯间水磨石地面，5个主房均在水泥地面上铺硬木拼花地板；刷本色油漆两遍，烫硬蜡，木地板下防潮层为干铺油毡一层；

主房间天棚方木楞龙骨（断面 25×40 mm，中距 400×400 mm）胶合板（榉木胶合板 3 mm 厚）面层刷调和漆两遍，求主房木天棚清单项目工程量。

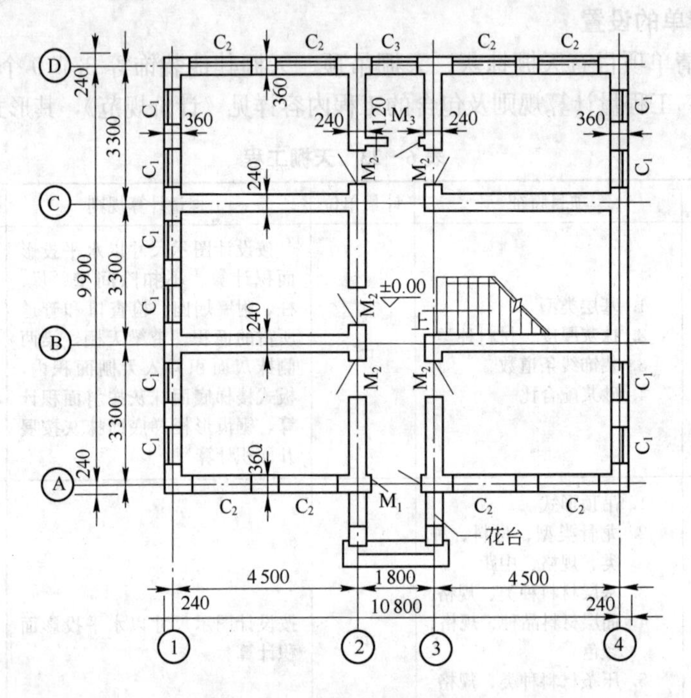


图 6－39　某建筑首层平面图

**解**　1）清单项目设置

依据清单项目设置规则，清单项目包括天棚吊顶、平面天棚、方木龙骨、胶合板面层、刷调和漆面漆。

2）清单项目工程量计算

天棚吊顶平面天棚面积＝(4.5－0.18－0.12)×(3.3－0.18－0.12)×4＋(4.5－0.18－0.12)×(3.3－0.24)×2＝76.10($m^2$)

## 6.2.14　门窗工程

### 1. 工程量清单项目的设置

本部分的工程量清单项目分 9 节共 59 个清单项目。包括木门、金属门、金属卷帘门、其他门、木窗、金属窗、门窗套、窗帘盒、窗帘轨、窗台板等项目。工程量清单项目设置的内容包括项目编码、项目名称、项目特征、计量单位、工程量计算规则及工程内容等。表 6－24～表 6－26 分别选列了门窗工程中木门项目、金属窗项目及门窗套项目设置的内容。本部分的其他清单项目的设置内容可查阅《建设工程工程量清单计价规范》附录 B 中 B.4 门窗工程。

**表6-24 木门（编码：020401）**

| 项目编码 | 项目名称 | 项目特征 | 计量单位 | 工程量计算规则 | 工程内容 |
|---|---|---|---|---|---|
| 020401001 | 镶板木门 | 1. 门类型<br>2. 框截面尺寸、单扇面积<br>3. 骨架材料种类<br>4. 面层材料品种、规格、品牌、颜色<br>5. 玻璃品种、厚度、五金材料、品种、规格<br>6. 防护层材料种类<br>7. 油漆品种、刷漆遍数 | 樘 | 按设计图示数量计算 | 1. 门制作、运输、安装<br>2. 五金、玻璃安装<br>3. 刷防护材料、油漆 |
| 020401002 | 企口木板门 | | | | |
| 020401003 | 实木装饰门 | | | | |
| 020401004 | 胶合板门 | | | | |
| 020401005 | 夹板装饰门 | 1. 门类型<br>2. 框截面尺寸、单扇面积<br>3. 骨架材料种类<br>4. 防护材料种类<br>5. 门纱材料品种、规格<br>6. 面层材料品种、规格、品牌、颜色<br>7. 玻璃品种、厚度、五金材料、品种、规格<br>8. 防护材料种类<br>9. 油漆品种、刷漆遍数 | | | |
| 020401006 | 木质防火门 | | | | |
| 020401007 | 木纱门 | | | | |
| 020401008 | 连窗门 | 1. 门窗类型<br>2. 框截面尺寸、单扇面积<br>3. 骨架材料种类<br>4. 面层材料品种、规格、品牌、颜色<br>5. 玻璃品种、厚度、五金材料、品种、规格<br>6. 防护材料种类<br>7. 油漆品种、刷漆遍数 | | | |

**表6-25 金属窗（编码：020406）**

| 项目编码 | 项目名称 | 项目特征 | 计量单位 | 工程量计算规则 | 工程内容 |
|---|---|---|---|---|---|
| 020406001 | 金属推拉窗 | 1. 窗类型<br>2. 框材质、外围尺寸<br>3. 扇材质、外围尺寸<br>4. 玻璃品种、厚度、五金材料、品种、规格<br>5. 防护材料种类<br>6. 油漆品种、刷漆遍数 | 樘 | 按设计图示数量计算 | 1. 窗制作、运输、安装<br>2. 五金、玻璃安装<br>3. 刷防护材料、油漆 |
| 020406002 | 金属平开窗 | | | | |
| 020406003 | 金属固定窗 | | | | |
| 020406004 | 金属百叶窗 | | | | |
| 020406005 | 金属组合窗 | | | | |
| 020406006 | 彩板窗 | | | | |
| 020406007 | 塑钢窗 | | | | |
| 020406008 | 金属防盗窗 | | | | |
| 020406009 | 金属格栅窗 | | | | |
| 0204060010 | 特殊五金 | 1. 五金名称、用途<br>2. 五金材料、品种、规格 | 个/套 | 按设计图示数量计算 | 1. 五金安装<br>2. 刷防护材料、油漆 |

表 6-26 门窗套（编码：020407）

| 项目编码 | 项目名称 | 项目特征 | 计量单位 | 工程量计算规则 | 工程内容 |
| --- | --- | --- | --- | --- | --- |
| 020407001 | 木门窗套 | 1. 底层厚度、砂浆配合比<br>2. 立筋材料种类、规格<br>3. 基层材料种类<br>4. 面层材料品种、规格、品牌、颜色<br>5. 防护材料种类<br>6. 油漆品种、刷漆遍数 | $m^2$ | 按设计图示尺寸以展开面积计算 | 1. 清理基层<br>2. 底层抹灰<br>3. 立筋制作、安装<br>4. 基层板安装<br>5. 面层铺贴<br>6. 刷防护材料、油漆 |
| 020407002 | 金属门窗套 | | | | |
| 020407003 | 石材门窗套 | | | | |
| 020407004 | 门窗木贴脸 | | | | |
| 020407005 | 硬木筒子板 | | | | |
| 020407006 | 饰面夹板筒子板 | | | | |

**2. 门窗制作、安装工程量**

均以“樘”为计量单位，按设计图示数量计算，如遇框架结构的连续长窗也以“樘”计算。

**3. 门窗套、门窗贴脸、筒子板**

按设计图示尺寸以展开面积计算，即按其铺钉面积计算。门窗套、筒子板、贴脸的示意图如图 6-40 所示。门窗套包括 A 面和 B 面，筒子板指 A 面，贴脸指 B 面。

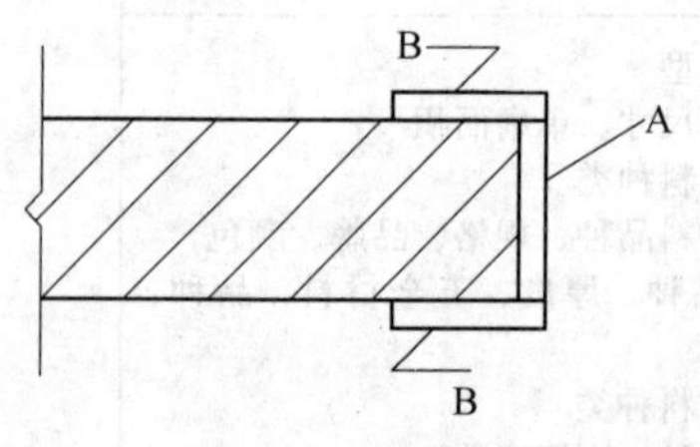


图 6-40 门窗套、门窗贴脸、筒子板示意图

**4. 窗帘盒、窗帘轨、窗台板**

按设计图示尺寸以长度计算，如为弧形时，其长度以中心线计算。

## 6.2.15 油漆、涂料、裱糊工程

**1. 工程量清单设置**

油漆、涂料、裱糊工程量清单项目按门油漆、窗油漆、木扶手及其他板条线条油漆、木材面油漆、金属面油漆、抹灰面油漆、喷刷、涂料、花饰、线条刷涂料、裱糊等 9 节共 29 个项目，具体内容参见表 6-27。

**2. 门油漆、窗油漆**

按设计图示数量计算。

**3. 木扶手油漆、窗帘盒油漆、封檐板、顺水板油漆、挂衣板、黑板框油漆、挂镜线、窗帘棍、单独木线油漆**

按设计图示尺寸以长度计算。

表 6-27 油漆、涂料、裱糊工程（编码：02050）

<table>
<tr><th>项目编号</th><th>项目名称</th><th>项目特征</th><th>计量单位</th><th>工程量计算规则</th><th>工程内容</th></tr>
<tr><td>020501001</td><td>门油漆</td><td>1. 门种类<br>2. 腻子种类<br>3. 刮腻子要求<br>4. 防护材料种类<br>5. 油漆品种、刷漆遍数</td><td>樘</td><td>按设计图示数量计算</td><td>1. 基础清理<br>2. 刮腻子<br>3. 刷防护材料、油漆</td></tr>
<tr><td>020504001</td><td>木板、纤维板、胶合板油漆</td><td rowspan="11">1. 腻子种类<br>2. 刮腻子要求<br>3. 油漆体单位展开面积<br>4. 油漆体长度<br>5. 防护材料种类<br>6. 油漆品种、刷漆遍数</td><td rowspan="12">m²</td><td rowspan="7">按设计图示尺寸以面积计算</td><td rowspan="11">1. 基础清理<br>2. 刮腻子<br>3. 刷防护材料、油漆</td></tr>
<tr><td>020504002</td><td>木护墙、木墙裙油漆</td></tr>
<tr><td>020504003</td><td>窗台板、筒子板、盖板、门窗套、踢脚线油漆</td></tr>
<tr><td>020504004</td><td>清水板条天棚、檐口油漆</td></tr>
<tr><td>020504005</td><td>木方格吊顶天棚油漆</td></tr>
<tr><td>020504006</td><td>吸音板墙面、天棚面油漆</td></tr>
<tr><td>020504007</td><td>暖气罩油漆</td></tr>
<tr><td>0205040011</td><td>衣柜、壁柜油漆</td><td rowspan="4">按设计图示尺寸以油漆部分展开面积计算</td></tr>
<tr><td>0205040012</td><td>梁柱饰面油漆</td></tr>
<tr><td>0205040013</td><td>零星木装修油漆</td></tr>
<tr><td>0205040014</td><td>木地板油漆</td></tr>
<tr><td>0205040015</td><td>木地板烫硬蜡面</td><td>1. 硬蜡品种<br>2. 面层处理要求</td><td>按设计图示尺寸以面积计算，空洞、空圈、暖气包槽、壁龛的开口部分并入相应的工程量内</td><td>1. 基础清理<br>2. 烫蜡</td></tr>
</table>

**4. 木板、纤维板、胶合板油漆、木护墙、木墙裙油漆、窗台板、筒子板、盖板、门窗套、踢脚线油漆、清水板条天棚、檐口油漆、木方格吊顶天棚油漆、吸音板墙面、天棚面油漆、暖气罩油漆**

按设计图示尺寸以面积计算。

**5. 木间壁、木隔断油漆、玻璃间壁露明墙筋油漆、木栅栏、木栏杆（带扶手）油漆**

按设计图示尺寸以单面外围面积计算。

**6. 清单项目工程量计算的注意事项**

① 楼梯木扶手工程量按中心线斜长计算，弯头长度应计算在扶手长度内；

② 博风板工程量按中心线斜长计算，有大刀头的每个大刀头增加长度 50 cm；

③ 木板、纤维板、胶合板油漆、单面油漆按单面面积计算，双面油漆按双面面积计算；

④ 木护墙、木墙裙油漆按垂直投影面积计算；

⑤ 台板、筒子板、盖板、门窗套、踢脚线油漆按水平或垂直投影面积（门窗套的贴脸板和筒子板垂直投影面积合并）计算；

⑥ 清水板条天棚、檐口油漆、木方格吊顶天棚油漆以水平投影面积计算，不扣除空洞面积；

⑦ 暖气罩油漆，垂直面按垂直投影面积计算，突出墙面的水平面按水平投影面积计算，不扣除空洞面积；

⑧ 工程量以面积计算的油漆、涂料项目，线角、线条、压条等不展开。

### 6.2.16 其他工程

**1. 工程量清单项目设置**

其他工程量清单项目有柜类、货架，暖气罩，浴厕配件，压条、装饰线，雨篷、旗杆，招牌、灯箱，美术字共 7 大类。每大类又分为多个项目，如柜类、货架分为柜台、酒柜、衣柜、存包柜、鞋柜、书柜、厨房壁柜、厨房壁柜、木壁柜、厨房低柜、厨房吊柜、矮柜、吧台背柜、酒吧吊柜、酒吧台、展台、收银台、试衣间、货架、服务台共 20 个项目。各项目编码、名称、特征、工程量计算规则及包含的工程内容详见《计价规范》，其形式参见表 6－28。

**表 6－28 柜类、货架（020601）**

| 项目编码 | 项目名称 | 项目特征 | 计量单位 | 工程内容 |
|---|---|---|---|---|
| 020601001 | 柜台 | 1. 台柜规格<br>2. 材料种类、规格<br>3. 五金种类、规格<br>4. 防护材料种类<br>5. 油漆品种、刷漆遍数 | 个 | 1. 台柜制作、运输、安装（安放）<br>2. 刷防护材料、油漆 |
| 020601002 | 酒柜 | | | |
| 020601003 | 衣柜 | | | |
| 020601004 | 存包柜 | | | |
| 020601005 | 鞋柜 | | | |
| 020601006 | 书柜 | | | |
| 020601007 | 厨房壁柜 | | | |
| 020601008 | 木壁柜 | | | |
| 020601009 | 厨房低柜 | | | |
| 020601010 | 厨房吊柜 | | | |
| 020601011 | 矮柜 | | | |
| 020601012 | 吧台背柜 | | | |
| 020601013 | 酒吧吊柜 | | | |
| 020601014 | 酒吧台 | | | |

续表

| 项目编码 | 项目名称 | 项目特征 | 计量单位 | 工程内容 |
|---|---|---|---|---|
| 020601015 | 展　　台 | | | |
| 020601016 | 收 银 台 | | | |
| 020601017 | 试 衣 间 | | | |
| 020601018 | 货　　架 | | | |
| 020601019 | 书　　架 | | | |
| 020601020 | 服 务 台 | | | |

**2. 清单项目工程量计算注意事项**

(1) 台柜工程量以个计算，即以能分离的同规格的单体个数计算，如：柜台有同规格为 1 500×400×1 200 的 5 个单体，另有一个柜台规格为 1 500×400×1 150，台底安装胶轮 4 个，以便柜台内营业员由此出入。这样，1 500×400×1 200 规格的柜台数为 5 个，1 500×400×1 150 柜台数为 1 个。

(2) 洗漱台放置洗面盆的地方必须挖洞，根据洗漱台摆放的位置有些还需选形，产生挖弯、削角，为此洗漱台的工程量按外接矩形计算。挡板指镜面玻璃下边沿到洗漱台面和侧墙与台面接触部位的竖挡板。挡板和吊沿均以面积并入台面面积内计算。

## 6.3 国际通用建筑工程计量规则

随着建筑业的全球化发展，越来越多的国家参与到国际工程承包的市场中。在国际工程的招标中，不同国家和地区的承包商都在寻求减轻投标工作量的途径，但在国际建筑市场上总是缺乏统一的工程量计算草案和计量基础。为此，英国皇家特许测量师学会于 1979 年修订了《建筑工程量计算原则（国际通用）》，为国际工程招标提供了统一的工程量计算原则，减轻了投标工作的工作量，也为工程的合同管理创造了一定的条件。该计算原则分为总则、总的要求、现场工程、混凝土工程、砌筑工程、金属结构工程、木作工程、隔热和防潮工程、门窗工程、饰面工程、附件工程、设备、家具陈设、特殊工程、传送系统、机械安装工程、电气安装工程等部分。以下为该计算原则的部分内容，供读者参考。

**一、总则**

1.1　工程量计算原则

(1) 本原则作为计算建筑工程量的统一依据。在执行本原则时，为了说明工作的确切性和工作条件，尚需制订较本文所要求的更为详细的细则。

(2) 本原则如用于特殊地区或本原则未包括的工程时，可制订补充规定，并作为附录予以载列。

1.2　工程量表

(1) 工程量表的作用：

① 有助于为招标准备提供统一的工程量；

② 根据合同条件，为工程项目的财务控制提供基础。

(2) 工程量表应说明及代表所需进行的工程，对于不能计量的工程项目应注明其近似值或近似工程量。

(3) 合同条件、图纸及工程说明书应与工程量表同时提供。

(4) 本原则的各节标题和分类不作为工程量表的表式及其大小的限制。

1.3 计量方法

(1) 工程量应以安装就位后的净值为准，且每一笔数字至少应保证计算至厘米。此原则不应用于项目说明中的尺寸。

(2) 除另有规定外，以面积计算的项目，小于1m的空洞不予扣除。

(3) 最小扣除的空洞系指该计量面积内的边缘之内的空洞为限，对位于被计量面积边缘上的这些洞，不论其尺寸大小，均须扣除。

(4) 如使用本原则以外的计量单位时，必须在补充规定中加以说明。

(5) 对小型建筑物或构筑物可另行单独规定计量规则，不受本原则限制。

1.4 项目必须包括的全部内容

除另有规定外，所有项目应包括合同规定的所必须完成的责任和义务，并应包括：

① 人工及其有关费用；

② 材料、货物及其一切有关费用；

③ 机械设备的提供；

④ 临时工程；

⑤ 开业费、管理费及利润。

1.5 项目的说明

(1) 凡需列举的项目，或为此需要的项目，均须全面说明。

(2) 以长和宽计量的项目，应注明其断面尺寸、形状大小、周长或周长的范围及其他适当的说明，管道工程应注明其内径或外径尺寸。

(3) 以面积计量的项目应注明厚度或其他适当的说明。

(4) 以质量计量的项目应注明材料的厚度，必要时应注明其单位质量（如空调风管工程）。

(5) 对于专利产品应尽量适合制造厂价目表或习惯的计算方法，可不受本原则的限制。

(6) 工程量表中的项目说明可以其他文件或图纸为依据。在这种情况下，应理解为该项资料是符合本计算原则的。此外，也可以公开发表的资料为依据。

1.6 由业主指定专业单位施工的工程

(1) 除合同条件另有要求外，由业主指定专业单位施工的工程，应另立一个不包括利润的金额数。在这种情况下，可列出一个专供增加承包人利润的项目。

(2) 由承包人协助的项目，应单独列项，其内容包括：

① 使用承包人管理的设备；

② 使用施工机械；

③ 使用承包人的设施；

④ 使用临时工程；

⑤ 为专业单位提供的办公和仓库位置；

⑥ 清除废料；

⑦ 专业单位所需的脚手架（说明细节）；

⑧ 施工机械或其他类似设备的卸货、分配、起吊及安装到位的项目（说明细节）。

1.7 由业主指定的供应商提供的货物、材料或服务

(1) 除合同条件另有规定外，由业主指定的供应商提供的货物、材料或服务，应列一个不包括利润的金额数。在这种情况下，可列出一个专供增加承包人利润的项目。

(2) 货物、材料等的处理应根据本计算原则中有关条款的规定。所谓处理包括卸货、储存、分配及起吊，并说明其细节，以便于承包人安排运输及支付费用。

1.8 由政府或地方当局执行的工程

(1) 除合同条件另有要求外，只能由政府或地方当局进行的工程，应另列一个不包括利润的金额数。在这种情况下，可列出一个专供增加承包人利润的项目。

(2) 凡由承包人协助的工作，应另列项目，其包括内容同1.6 (2) 条。

1.9 零星工程（计日工作）

(1) 零星工程的费用应另列一金额数，或分别列出各不同工种的暂定工时数量表。

(2) 人工费中应包括直接从事于零星工程操作所需的工资、奖金及所有津贴（包括操作所需的机械及运输设备）。上述的费用应根据适当的雇佣协议执行。如无协议，则应按有关人员的实际支付工资计算。

(3) 零星工程中的材料费应另列一项金额数，或包括各种不同材料的暂定数量表。

(4) 列为金额数或表内的材料费应为运到现场的实际发票载列的价格。

(5) 专用于零星工程中的施工机械费应另列一项金额数，或包括各种不同设备种类的暂定台时量表，或每台机械的使用时间。

(6) 施工机械费应包括燃料、消耗材料、折旧、维修及保险费。

(7) 每项零星工程的人工、材料或施工机械费，可另列一个增加承包人的开业费、管理费及利润的项目。

(8) 承包人的开业费、管理费及利润应包括：

① 工人的雇用（招聘）费用；

② 材料的储存、运输和储存损耗费；

③ 承包人的管理费；

④ 零星工程以外的施工机械费；

⑤ 承包人的设施；

⑥ 临时工程；

⑦ 杂项项目。

1.10 不可预见费

除合同条件另有要求外，不可预见费应另列一项金额数，但不得另计利润。

## 二、总的要求

1. 合同条件

1.1 在工程量表中应列出合同条件的章节表头目录。

1.2 在合同条件中如有插入的附录，则工程量表中也应将其列入。

2. 技术规范

如技术规范（工程说明书）中包含与下列总要求有关的条款时，工程量表应以该有关条款为依据。

3. 限制（约束）

应把限制的细节列出。

3.1 现场人口的所有权及使用权。

3.2 施工场地的限制。

3.3 施工时间的限制。

3.4 现场地下或地上的原有公用事业设施的维护。

3.5 特殊命令进行的工程、部分工程或分期工程的施工及完工的限制。

3.6 其他类似的项目。

4. 承包人的行政管理

承包人的行政管理应单独列项。

4.1 现场管理。

4.2 施工监督。

4.3 保卫。

4.4 工人的安全、卫生及福利。

4.5 工人的接送。

5. 施工机械

施工机械应单独列项。

5.1 小型机械及工具。

5.2 脚手架。

5.3 吊车及起重机械。

5.4 现场运输。

5.5 特殊工艺所需的机械。

6. 业主的设施

业主或业主代表所需的设施应列出细节。

6.1 临时设施（如办公室、试验室、居住设施等），包括供热、供冷、照明、家具、侍从用房及其他有关设施。

6.2 电话，包括按次数计的电话使用费，也可将电话使用费列出一笔总数。

6.3 车辆。

6.4 职员的侍从（如司机、助理试验员等）。

6.5 设备（如测量或试验室设备等）。

6.6 计划或进度表所需特殊设备。

6.7 其他设施（如工程进行中的照明、招牌等）。

7. 承包人的设施

7.1 承包人所需的设施应单独列项。

① 住房及房屋，包括办公室，试验室，围墙包围的空地、仓库、食堂及居住设施；

② 临时围护物，包括围板、矮墙、屋顶及护轨等；

③ 临时道路，包括停机坪和交叉道等；

④ 工程用水，如系对承包人提供用水时，应予说明；

⑤ 工程用照明及电力，如系对承包人供电时，应予说明；

⑥ 临时电话。

7.2 如设施的性质和范围不由承包人自由决定时，应予说明。

8. 临时工程

8.1 临时工程应单独列项，包括：

① 交通的改道；

② 入口道路；

③ 桥梁；

④ 围堰；

⑤ 泵水；

⑥ 排水；

⑦ 开隧道用的压缩空气。

8.2 如临时工程的性质及范围不由承包人自己决定时，应予说明。

9. 杂项项目

9.1 杂项项目应单独列项，包括：

① 材料试验；

② 工程试验；

③ 寒冷天气的保护；

④ 清除废料、保护性的围护及遮盖，完工后的清理；

⑤ 交通管理；

⑥ 公共及私人道路的维修；

⑦ 工程的干燥；

⑧ 噪声及污染的控制；

⑨ 执行各项法令的措施。

9.2 如杂项项目的性质及范围不由承包人自己决定时，应予说明。

## 三、现场工程

1. 现场勘探一般规则

1.1 现场观测、现场试验和实验室的试验记录应予保存并单独列项。

1.2 试样、现场观测、现场试验、试验室的试验及分析应单独列项。

1.3 提供报告应单独列项。

2. 试验孔

2.1 开挖的试验孔应沿中心线以深度计算，须注明其数量及起点标高以下的最大深度。

2.2 不由承包人决定的土方支撑应按深度计算。

3. 钻孔（包括测试井的抽水等）

3.1 大钻孔按中心线以深度计算，应注明其数量及起点标高以下的最大深度；斜孔应另行说明。

3.2 不由承包人决定的内衬按深度计算。

3.3 孔盖以个计算。

4. 现场准备工作

4.1 迁移树木以棵计算。

4.2 迁移篱笆以长度计算。

4.3 现场清理应包括迁移草木、树丛、矮树、树篱等，以面积计算。

5. 拆除及改建

5.1 每项拆迁的位置应予注明。除另有规定外，旧材料应归承包人所有并应予清走；如旧材料须归业主所有时，应另行说明。

5.2 从原有结构处拆除单独的用具、设备、安装工程等，应分别单独列项。

5.3 拆除独立的结构（或其部分结构）应分别单独列项，或在现场拆除全部结构时可合并为一项。

5.4 在原有结构上打洞及改变原有结构时，应分别单独列项；将损坏部分修复到完好程度应包括在内。

5.5 临时围护及屋面应另列项目。

6. 支撑

6.1 支撑一般应包括拆除和改动，也包括清理并将损坏部分修复到完好程度等在内。

6.2 支撑（不属于拆除和改动者）应另列项目，必须说明其位置，并包括清理和将损坏部分修复到完好程度等在内。

6.3 不由承包人任意设计的支撑，应予说明。

6.4 对在技术规范（工程说明书）中规定不需拆除的支撑，应予说明。

7. 托换基础

7.1 托换基础工程应列在适当标题之下，并注明其位置。

7.2 除另有规定外，托换基础工程应根据本文件的有关章节计算。

7.3 临时支撑应单独列项，不由承包人任意设计的临时支撑应予注明。

7.4 挖方工程按基础突出处的外边线或按新基础的外包尺寸（取其大者），以体积计算。其分类如下：

(1) 自初挖地槽起下至原有的基底止；

(2) 原有基底以下。

7.5 铲除突出的基础以长度计算。

8. 土方工程一般规则

8.1 应随同工程量表提供有关地面和地层的土质资料。

8.2 挖土方、淤泥及隧道的工程量均为开挖前的体积；对以后该体积内的工作空间或变更均不予增加，原有的空缺处应予扣除。

8.3 材料的多次搬运和场内运输，均应包括在土方处理项目内；技术规范（工程说明书）中所规定的多次搬运应在土方处理项目中说明。

8.4 土方支撑应单独列项。

8.5 对岩石开挖应予注明，也可以之作为挖土方的外加工程量（即将岩石的体积计算后，对岩石在挖方工程中所占体积不再扣除）。

8.6 根据业主代表的意见，为了正确计算工程量，岩石的定义是指只能用铁镐、特殊设备或炸药才能改变其尺寸或位置的材料。

9. 挖方

9.1 除另有规定外，挖方应作为由永久性建筑物所占的空洞或垂直于永久性建筑物任何部分的空洞，以体积计算。其分类如下：

(1) 场地挖方去除表面土，说明平均深度；

(2) 挖土方（降低地面标高）；

(3) 挖掘路基（路堑）；

(4) 地下室挖土；

(5) 挖基底地槽，包括桩帽及地梁；

(6) 挖基底地坑，说明个数；

(7) 挖挡泥板墙，说明永久性建筑物的宽度及挡住流体的形式。

9.2 挖管沟、电缆沟等的土方按长度计算，说明其平均深度，余土处理及填土应包括在内。

9.3 挖隧道土方见第24条。

10. 挖淤泥

10.1 挖淤泥按体积计算，应说明其位置及界限；除另有规定外，测量计方应理解为采用测锤以测得其深度。

11. 土方的处理

处理挖出的土方、淤泥、隧道土，按挖方量的体积计算。其分类如下：

11.1 挖土回填。

11.2 增加地面标高的回填土。

11.3 回填场地表面土，对于特殊的等高线、堤岸等应详细说明。

11.4 运土应包括提供适当的堆土场。

12. 填土

填土（除挖出的土方、淤泥、隧道土以外）按需填的空洞以体积计算。其分类如下：

12.1 挖方后的填土。

12.2 增加地面标高的填土。

12.3 填场地表面土，对于特殊的等高线、堤岸等应详细说明。

13. 打桩工程的一般规则

13.1 为了正确计算工程量，订桩应包括木桩、预制混凝土桩或金属桩。

13.2 其他桩类（如现场灌注混凝土桩）应根据打桩或钻孔桩的有关计算原则计算。

13.3 除另有规定外，钢筋应根据第四部分的规定计算。

14. 打桩工程

14.1 成品桩以长度计算，应注明根数，钢筋另计。

14.2 桩帽和桩靴以个计算。

14.3 打桩按长度计算，自插入地面的桩点至打下的桩点止，应注明根数，倾斜的桩应予以说明。

14.4 切割桩头及接桩以个计算。

15. 钻孔桩

15.1 钻孔桩按长度计算，自地面标高起至孔底止，应注明根数。当桩顶埋入地面以下时，其长度应包括盲桩部分在内。

15.2 钻孔通过岩石时作为钻孔桩的外加项目，以长度计（即钻岩石桩的长度不在钻孔桩的总长度中扣除）。

15.3 桩的内衬以长度计算。

15.4 钻孔桩的余土（石）处理按第11条计算。

15.5 混凝土灌注桩以体积计算。

15.6 切割桩头及扩大的桩基成型以个计算。

16. 板桩

16.1 板桩沿中心线以长度计算。

16.2 板桩制作（供应）按最后部位以面积计算。

16.3 角桩以长度计算。

16.4 打板桩以面积计算，自地面标高起至桩的底边止，垂直和横撑及拔桩均包括在内。

16.5 切割板桩以长度计算。

16.6 技术规范（工程说明书）中规定留在原位上的板桩应予注明。

17. 按性能要求设计的桩

17.1 按性能要求设计的桩以根计算，钢筋及钻桩所产生的余土处理应包括在内。

17.2 如桩顶埋入地下时，应详细注明。

18. 试验桩

试验桩应包括试桩及正式施工的试验桩在内，应单独列项。

19. 地下排水管道

19.1 排水管道按中心线的长度（包括配件在内）计算，在检查井以内的管道应予说明，并包括安装零件及支承在内。

19.2 在长度以内的管道配件（如弯头、接头等）应以个计算，每种管径的零件合并在一起，并注明“零件”。

19.3 排水管道附件（如雨水口、存水弯等）以个计算，混凝土保护壳及额外的挖方应包括在内。

19.4 排水管的混凝土垫层及封顶，分别以长度计算并注明管径，立管的保护壳应予说明，并包括模板在内。

19.5 检查井等以个计算，或根据本文件的有关章节计算，应另列适当标题。

19.6 与原有的排水管之间的连接以个计算，详见有关章节。

20. 路面铺砌及处理

20.1 路面铺砌及处理以面积计算。

20.2 伸缩缝及挡水条以长度计算。

20.3 路槽、道牙、边缘处理等，以长度计算，弧形的构件应予注明。

21. 围栏

21.1 围栏包括立柱（杆）及支撑，以长度计算，挖坑及土方的处理与回填均应包括在内。

21.2 特殊立柱（杆）（如大门柱、紧拉杆等）以“个”计算，挖坑及土方的处理与回填均应包括在内。

21.3 大门、栏栅等以“个”（处）计算。

21.4 粉刷工程根据第十部分的规定计算。

22. 绿化

22.1 耕作及施肥的土地以面积计算。

22.2 施肥、播种及草皮，以面积计算。

22.3 乔木树、灌木树，以棵计算。

23. 铁路工程

23.1 轨道、护轨及导轨，分别以沿中心线的长度（包括所有零件在内）计算，弯曲的轨道等应予说明。

23.2 枕木及辙枕以根计算。

23.3 转盘及道岔以个计算，其分类如下；

23.3.1 转盘及让车道岔；

23.3.2 菱形道岔；

23.3.3 单股道岔；

23.3.4 双股道岔；

23.3.5 其他转盘及道岔。

23.4 道渣以体积计算，不扣除轨道。其分类如下：

23.4.1 铺轨道前的底渣；

23.4.2 辅轨道后的面渣。

23.5 除超宽度的转盘及道岔的混凝土基础以面积计算外，混凝土轨道基础均以长度计算，钢筋及模板均包括在内。

23.6 轨道安装的沥青灌缝以长度计算。

23.7 缓冲器、轮闸等以个计算。

23.8 信号安装根据第12部分或第18部分的规定计算。

24. 隧道挖土

24.1 隧道挖土按其所占空洞以体积计算，包括永久性内衬所占的体积在内，须分出不同长度。其分类如下：

(1) 直线隧道；

(2) 直线竖井；

(3) 弧形隧道；

(4) 弧形竖井；

(5) 锥形隧道；

(6) 锥形竖井；

(7) 其他洞穴应包括坑井与隧道间的过渡点、抢修站及交叉点。

24.2 探井以长度计算，须说明探井的数量。

24.3 土方处理见第11条。

25. 隧道内衬

25.1 现浇混凝土内衬以面积计算，说明是否喷灌或就地浇灌。其分类如下：

(1) 第一道衬；

(2) 第二道衬。

25.2 预制弓形隧道内衬以个计算。

26. 隧道的支撑及稳定

26.1 木支撑以体积计算。

26.2 喷灌混凝土支撑及钢筋以面积计算。

26.3 岩石锚定螺栓以长度计算。

26.4 面层密垫以个计算。

26.5 钢（金属）拱形支撑以质量计算。

26.6 注入的灌浆材料以质量计算。

**四、混凝土工程**

1. 一般规则

1.1 现浇钢筋混凝土及现浇素混凝土应分别说明。

1.2 按照技术规范（工程说明书）规定现浇混凝土的浇灌、密实、养护或其他处理等的特殊要求，应予说明。

1.3 $1m^2$ 以内的孔隙可不扣除，也不扣除混凝土中钢筋或金属结构所占的体积，但对于混凝土中的箱式、管式金属结构所占的空间则应扣除。

1.4 除另有规定外，混凝土的水平表面必须捣实。

2. 现浇混凝土

2.1 除另有规定外，现浇混凝土以体积计算。其分类如下：

(1) 基础，包括综合的或独立的基底；

(2) 桩帽，包括地梁；

(3) 垫层；

(4) 底层，包括道路及人行道底层，应注明厚度；

(5) 悬板，包括楼板、楼梯平台板、层面板等，应注明厚度；

(6) 墙，包括壁柱，应说明厚度；

(7) 柱，包括有外包层的钢支撑；

(8) 梁（计算板底以下的部分），应包括过梁及有外包层的钢梁；

(9) 楼梯，应包括踏步及侧板；

(10) 隔板墙；

(11) 其他类型（如隧道内衬、桥墩等）。

2.2 特殊的现浇混凝土悬板，包括楼板、楼梯平台、屋面等，以面积计算；方格板及槽形板应予注明并详细说明其实体边缘等。

2.3 以体积计算的混凝土项目在说明其厚度时，不同的厚度可合并考虑，但应注明其不同厚度的幅度范围。

3. 钢筋

3.1 钢筋的质量应以净重计算，轧钢误差、支垫、隔离件及绑扎铁丝等不另增加。

3.2 钢筋以质量计算，应注明直径，不同直径应分别列出。

3.3 钢筋网以面积计算，搭接部分不另增加。

3.4 如由承包人负责施工图设计的钢筋应另列项目。

4. 模板

4.1 除另有规定外，模板按混凝土的竣工接触面以面积计算，其分类如下：

(1) 板底，特殊建筑的板底模板应予说明；

(2) 斜板底，包括楼梯的板底；

(3) 有坡度的上部表面，包括大于15°的水平面；

(4) 基础侧面，包括基底、桩帽及地梁；

(5) 墙侧面，包括壁柱；

(6) 墙的转弯部分，包括墙的终端、突出部分及洞口或壁龛的侧壁；

(7) 梁的侧板及底板，包括过梁及拼接处的底板，独立梁等应予说明；

(8) 斜梁的侧板及底板，包括过梁及拼接处的底板，独立梁等应予说明；

(9) 桩的侧板；

(10) 楼梯，包括踏步、侧板及斜梁，但不包括底板；

(11) 其他类型（如隧道内衬、桥梁、桥墩等）。

4.2 板边模，包括板边面板或楼板面的直立或拼接部分，以长度计算，不同高度合并为一项，可注明高度的幅度范围。

4.3 槽模板包括槽的突出部分、槽舌、凹线等截面积在2 500 $mm^2$ 或以上者，以长度计算；截面积在2 500 $mm^2$ 以内者，应理解为包括在内。

4.4 模板如宜于以个计算者，即以个计算（如装饰构件等）。

4.5 技术规范（工程说明书）规定不拆除的模板，应予注明。

4.6 弧形模板、圆锥及球形模板，应分别注明。

4.7 特殊表面模板应予注明。

4.8 除另有规定外，对不扣除混凝土体积部分的空洞的模板应予包括，不另增加。

5. 预制混凝土

5.1 预制构件的模板应包括在内。

5.2 钢筋应根据第3条的规定计算，应列出适当的标题或在项目中加以说明。

5.3 楼板、隔断板等，以面积计算。

5.4 过梁、窗台、沟盖板等，以长度计算，沟盖板也可以面积计算。

5.5 结构构件（如梁、支撑、隧道拱等）以个计算。

5.6 垫块、压顶等以个计算。

6. 预应力混凝土

6.1 预应力混凝土工程应写明适当的标题。

6.2 预应力混凝土以体积计算，其分类根据第2条规定计算。

6.3 钢筋根据第 3 条规定计算，受力钢丝或钢丝束以质量计算。

6.4 模板根据第 4 条规定计算，应说明系供采用先张还是后张的构件所用。

7. 杂项

7.1 面层粉出坡度或双向坡度，以面积计算。

7.2 除混凝土捣实抹面已包括外，混凝土的面层粉刷以面积计算。

7.3 伸缩缝材料等以面积计算。

7.4 设计的接缝、挡水条、灌注凹缝等，以长度计算。

7.5 阴沟、凹槽等以长度计算，该项目可包括所加的挖土、碎石垫层、模板及混凝土，或可以个计算。

7.6 固定配件、联系件、镶入件等，以个计算或以面积计算。

7.7 榫眼、孔洞等均已包括在混凝土项目以内。

**五、砌筑工程**

1. 一般规则

1.1 有坡度的、斜面的和弧度的工程，应分别说明。

1.2 加筋的砌筑工程应予说明。

2. 墙及壁柱

2.1 墙及壁柱以面积计算。其分类如下：

(1) 墙、必要的壁柱，作为带壁柱的墙和墙厚计算；

(2) 与其他结构相结合的墙；

(3) 空心墙作为一个综合的项目，包括面层及空心部分，但也可将面层及空心部分分别以面积计算，空心墙尽端及洞口四周的封闭部分（实心部分）应包括在内。

(4) 独立柱。

2.2 混水墙或清水墙应分别说明，或作为增价的项目，注明是单面或双面的混水墙或清水墙（即混水墙或清水墙的面积照算，但在墙的总面积中不再扣除混水墙或清水墙所占的面积）。

3. 窗台等

3.1 窗台、压顶、凹凸的砌体等，以长度计算。

3.2 拱碹以长度计算。

4. 钢筋

钢筋根据第 3 条的规定计算，钢筋网以长度计算。

5. 杂项

5.1 用混凝土填的空隙物以面积计算。

5.2 伸缩缝等以长度计算。

5.3 通风砖等以块计算。

**六、金属结构工程**

1. 一般规则

1.1 金属结构的质量应以净重（净质量）计算，轧钢误差及焊接材料不另增加；空洞、斜面切口、缺口等不予扣除。

1.2 焊接、铆接或螺栓连接，应分别说明。

2. 承重金属结构

2.1 除另有规定外，承重金属结构以质量计算，其分类如下：

(1) 格栅、花栅、花板；

(2) 梁；

(3) 柱；

(4) 大门骨架（框），注明数量；

(5) 屋架，注明数量；

(6) 支撑钢结构，包括墙架、支撑、斜撑等。

2.2 零星构件（如风帽、托架等）应单独列项。

2.3 安装零件（如螺栓、垫块、铆钉等）应单独列项。

2.4 基底嵌缝或灌浆，以个计算。

2.5 底脚螺栓孔等以个计算，临时模匣及灌浆应包括在内。

2.6 保护措施应单独列项。

3. 非承重金属结构

3.1 地板、管道盖板、铁皮盖及衬板等，以面积计算。

3.2 承台、栏杆、扶手（已包括在楼梯内者除外）、框架等，以长度计算。

3.3 擦脚板边框、爬梯、大门、楼梯等，以个计算。

## 七、木作工程

1. 一般规则

1.1 毛料枋材（即未刨光的）及净料枋材（即刨光的）应予说明。

1.2 对木构件的项目说明应明确是否是基本尺寸（即未加工前的）还是竣工后的尺寸（即在允许误差范围内的刨光尺寸）。

2. 构造用的木材

2.1 构造用的木材以长度计算。其分类如下：

(1) 地板及平屋面；

(2) 坡屋面；

(3) 墙；

(4) 踢脚板、支承件等；

(5) 木墩（檐）、接椽等。

2.2 搁栅间的剪刀撑以长度计算（包括搁栅外包尺寸在内）。

3. 安装木板及铺地板

3.1 除另有规定外，安装木板及铺地板以面积计算，接缝及搭接不另增加。其分类如下：

(1) 地板，包括平台在内；

(2) 墙，包括墙的端侧、洞口或凹进部分的边框及附柱、立柱等；

(3) 平顶，包括主次龙骨及楼梯的底部；

(4) 屋面，包括面层、老虎窗的顶部及侧面和天沟底，应注明是平的、斜的或直的，灰板条及立柱均包括在内。

3.2 屋檐及挡风板，包括挑口板、封檐板等，以长度计算。

3.3 压边条及圆形线脚以长度计算。

4. 底材及板条衬底

4.1 成片的底材及板条衬底以外包面积计算。

4.2 单独的底材及板条衬底以长度计算。

5. 木构架

木构架按外包尺寸以面积计算，也可以长度计算。

6. 木装修及木配件

6.1 木装修以长度计算。其分类如下：

(1) 木盖口条包括门头线、踢脚板等；

(2) 木压条包括木档头等；

(3) 边缘木装修包括窗台板、突缘饰等。

6.2 除另有规定外，木配件以长度计算。其分类如下：

(1) 工作台面包括坐椅等；

(2) 扶手或栏杆。

6.3 搁板以面积计算，也可以长度计算。

6.4 靠背板等以个计算。

6.5 装配式构件应予说明。

6.6 塑料贴面等列在相应使用的项目中，并说明单面或双面，或分别（单面）以面积计算。

6.7 板材衬里以面积计算，其分类如下：

(1) 墙，包括端侧、洞口或凹进部分的边框及附柱及立柱等；

(2) 平顶，包括主次龙骨及楼梯的底部。

7. 综合式项目

7.1 除另有规定外，综合式项目（系指场外制作或非场外制作的）以个计算，所有铁活等均包括在内。

7.2 任何其他与木作有关的工作（如装饰等），应根据文件有关章节规定计算。

8. 杂项

刨光成材木料以长度计算。

9. 铁活

连接在木作工程上的铁活以个计算，或如披水条等可以长度计算。

10. 五金

成件或成套的五金以件（套）计算。

## 八、隔热和防潮工程

1. 一般规则

1.1　隔热及防潮工程以平整面计算，搭接和接缝不另增加。

1.2　弧形、球形及圆锥形的隔热和防潮工程，应分别说明。

2. 面层和内衬

2.1　除另有规定外，面层、水箱、防水面层、内衬等，以面积计算。其分类如下：

(1) 平面面层；

(2) 有坡度的面层；

(3) 垂直的面层。

2.2　檐口、屋脊、踢脚板、挑口板、泛水、散水等，以长度计算；或将踢脚板、挑口板等综合在屋面项目内，以面积计算。

2.3　屋面采光窗、通风器，屋面烟囱泛水、特殊屋面防水材料等，以个计算；或将特殊屋面防水材料作为屋面增价项目（即该材料照算，但不从屋面总量中扣除其所占数量）。

3. 防潮层

防潮层以长度计算，或以面积计算。

4. 隔热层

隔热层以面积计算，或综合在屋面项目中并加以说明。

## 九、门窗工程

1. 门

1.1　门以樘计算。

1.2　门侧壁、门顶板、门槛、立挺、横档等，以长度计算，门框及衬板或以套计算。

2. 窗

窗、天窗等（包括窗框）以樘计算，不同材料的副框可单独以根或长度计算。

3. 屏幕

3.1　屏幕、借光窗、玻璃幕墙等，以面积计算，或以樘（扇）计算。

3.2　在屏幕上的门及门框以樘计算。

4. 五金

五金以件或套计算。

5. 玻璃

5.1　除另有规定外，玻璃以面积计算，不规则形状的窗格玻璃以其切边的最小长方形计算面积。

5.2 制造厂镶配的密闭成品玻璃，以块计算。

5.3 玻璃百叶窗以樘计算，或说明其数量以长度计算。

5.4 特殊形状的玻璃或带有装饰处理的玻璃以块计算。

6. 专利玻璃安装

6.1 专利玻璃的安装以面积计算。其分类如下：

(1) 屋面；

(2) 天窗，包括灯笼式天窗；

(3) 垂直面。

6.2 开启部分的玻璃以块计算。

## 十、饰面工程

1. 一般规则

1.1 饰面工程以平整面计算，搭接及接缝不另增加，波状或有装饰表面的饰面工程应予说明。

1.2 弧形、球形及圆锥形的饰面工程，应分别说明。

1.3 室内及室外饰面工程应分别说明。

2. 底层

2.1 底层以面积计算，地面、墙面或平顶的底层应分别说明。

2.2 现抹的底层（如准条等）应分别注明，并说明面层做法。

2.3 预先成形的底层（如灰膏板、钢丝网板条等）应分别说明。

3. 面层

3.1 除另有规定外，面层以面积计算。其分类如下：

(1) 地面，包括楼梯平台；

(2) 墙，包括端侧、洞口或凹进部分的侧边及附柱及柱等；

(3) 平顶，包括主次梁及楼梯底板；

(4) 楼梯，包括踏步、侧板及平台的边，但不包括底板。

3.2 踢脚线、腰线、楼梯斜梁、道牙罩面、装饰线、凹圆线、凹槽等，以长度计算。

4. 杂项

防滑条、分格条、角钢压条、不同底层接缝处的钉板条等，以长度计算，也可附在所属项目中并加以说明。

5. 吊平顶

吊平顶以面积计算。其分类如下：

(1) 吊平顶，说明其吊饰；

(2) 梁的侧面、底面或直立面。

6. 装饰面层

6.1 不同表面的装饰应分别说明。

6.2 采用特殊施工方法的（如喷浆等），应详细说明。

6.3 除另有规定外，装饰工程以面积计算。其分类如下：

(1) 地面，包括楼梯平台；

(2) 墙，包括端侧、洞口或凹进部分的侧边及附柱及柱等；

(3) 平顶，包括主次梁及楼梯底板；

(4) 楼梯，包括踏步、侧板、斜梁及平台的边，但不包括底板；

(5) 檐口板；

(6) 普通装饰面层，包括门、封闭式围墙等，一般玻璃面层（以玻璃平面计算）应予说明；

(7) 独立式的普通装饰面层，包括门框，内衬，窗的不同材料处的副框、踢脚线、横档、框边、腰线、立柱、栏杆等；

(8) 窗（以包括玻璃、窗框、立挺、横档及下档在内的外围面积计算），包括玻璃隔断等，不包括窗的不同材料处的副框，但窗格的边应包括在内；

(9) 暖气片以其散热面积的外包尺寸计算；

(10) 天沟以内外两层面积计算；

(11) 次口径管子（即内径超过 60 mm 者），包括干管等，除作为附带工作计算外，吊钩、支架等（服务性的普通支架除外）应理解为包括在内；

(12) 金属结构包括屋架在内。

6.4 小口径管子的装饰工程（即内径在 60 mm 及以内者），除作为附带工作计算外，以长度计算，吊钩、支架等（服务性的普通支架除外）应理解为包括在内。

6.5 格栅、雨水口等的装饰工程，不管其尺寸大小，分别以个计算。

7. 招牌

招牌上的字等以个（块）计算。

### 十一、附件工程

1. 一般规则

1.1 为了便于区别，根据本原则规定计算的附件工程，仅限于本文件其他部分不包括的特制品或专利品项目。

1.2 除另有规定外，附件工程以个（件）计算。

2. 隔断

2.1 隔断以长度计算，包括门及安装玻璃部件的外围长度在内。

2.2 门及安装有玻璃的部件以扇（樘）计算，应说明其在隔断上的所占部位。

2.3 （以隔断围成的）小室等以处计算。

## 本章小结

工程量计算规则，是规定在计算分项工程实物数量时，从施工图纸中摘取数值的取定原则。在计算工程量时，必须按照工程量清单计价规范或所采用的定额规定的计算规则进行计算。

工程量计算的依据包括：经审定的施工设计图纸及设计说明，工程量清单计价规范，建筑工程预算定额，审定的施工组织设计，施工技术措施方案和施工现场情况，经确定的其他有关技术经济文件等。

计算工程量应遵循一定的原则，计算的内容要符合一定的要求，为了提高计算的效率和防止重算漏算，应按一定的顺序计算。

在《建设工程工程量清单计价规范》的附录中，对各分项工程的工程量计算规则以表格的形式做了规定。表格中工程量清单项目设置的内容包括项目编码、项目名称、项目特征、计量单位、工程量计算规则及工程内容等。

## 复习思考题

1. 何为工程计量，工程计量的作用是什么？

2. 工程计量的依据有哪些？

3. 工程计量应遵循哪些原则？

4. 简述工程量计算的方法与顺序。

5. 在《建设工程工程量清单计价规范》规定的建筑面积计算规则中，计算全面积的范围有哪些？

6. 在《建设工程工程量清单计价规范》规定的建筑面积计算规则中，折算面积的范围有哪些？

7. 在《建设工程工程量清单计价规范》规定的建筑面积计算规则中，不计算面积的范围有哪些？

8. 请分别阐明《工程量清单计价规范》中平整场地、挖基础土方及管沟土方和挖土（石）方的工程量计算规则。

9. 请分别阐明《工程量清单计价规范》中预制钢筋混凝土桩、接桩、混凝土灌注桩的工程量计算规则。

10. 请分别阐明《工程量清单计价规范》中砖基础、实心砖墙的工程量计算规则。

11. 请分别阐明《工程量清单计价规范》中现浇混凝土基础、柱、梁、墙、板及钢筋的工程量计算规则。

12. 请分别阐明《工程量清单计价规范》中楼地面工程整体面层、块料面层、橡塑面层、其他材料面层的工程量计算规则。

13. 请分别阐明《工程量清单计价规范》中墙柱面装饰工程墙面一般抹灰、装饰抹灰、石材墙面、块料墙面、幕墙的工程量计算规则。

14. 请分别阐明《工程量清单计价规范》中天棚工程的天棚抹灰、天棚吊顶工程量计算规则。

## 案例分析

**案例 6-1** 某砖混结构2层住宅首层平面图见图6-41，二层平面图见图6-42，基础平面图见图6-43，基础剖面图见图6-44。土质为二类土，室外地坪标高为−0.2。钢筋混凝土屋面板顶高度为6 m，每层高均为3 m，内外墙厚均为240 mm；屋面板顶标高6 m，外墙均有女儿墙，高600 mm，厚240 mm；预制钢筋混凝土楼板、屋面板厚度均为120 mm。已知内墙砖基础为二步等高大放脚；外墙上的过梁、圈梁体积为2.5 $m^3$，内墙上的过梁、圈梁体积为1.5 $m^3$；门窗洞口尺寸：C1为1 500 mm×1 200 mm，M1为900 mm×2 000 mm，M2为1 000 mm×2 100 mm。楼梯井宽400 mm，预制楼板厚度为120 mm，内墙面为石灰砂浆抹面，外墙面及女儿墙均为混合砂浆抹面，混凝土地面垫层厚度为60 mm，居室内墙做水泥踢脚线。

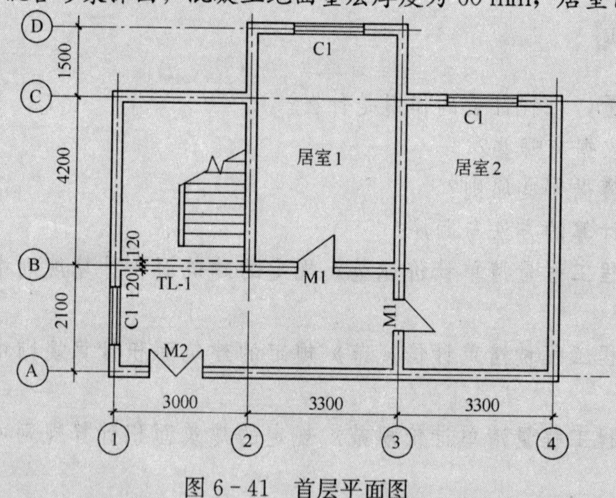


图6-41 首层平面图

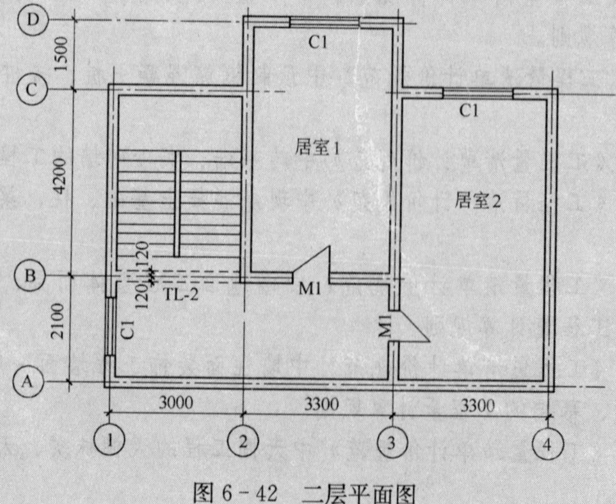


图6-42 二层平面图

**问题** 请按照工程量清单计价规范附录中的工程量计算规则计算以下工程量：

(1) 建筑面积；(2) 平整场地；(3) 挖基础土方；(4) 砖基础；(5) 门、窗；(6) 砖外墙；(7) 砖内墙；(8) 外墙钢筋混凝土基础的混凝土工程量、钢筋工程量（已知直径为 12 mm 钢筋的每米质量为 0.888 kg，16 mm 钢筋为 1.578 kg；直径 16 mm 钢筋的端头保护层厚度取为 40 mm)。(9) 楼梯水泥砂浆面层；(10) 水泥砂浆楼地面面层；(11) 居室内墙水泥砂浆踢脚线；(12) 内墙石灰砂浆抹面；(13) 外墙混合砂浆抹面；(14) 天棚石灰砂浆抹面。

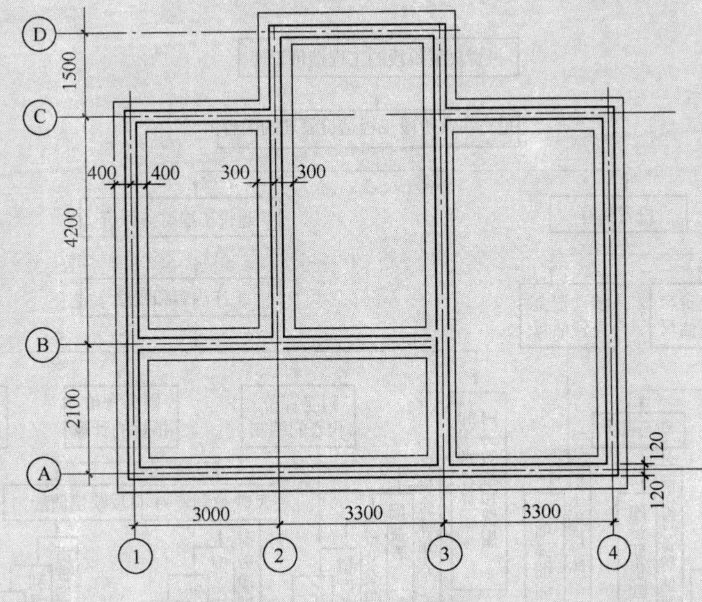


图 6-43 基础平面图

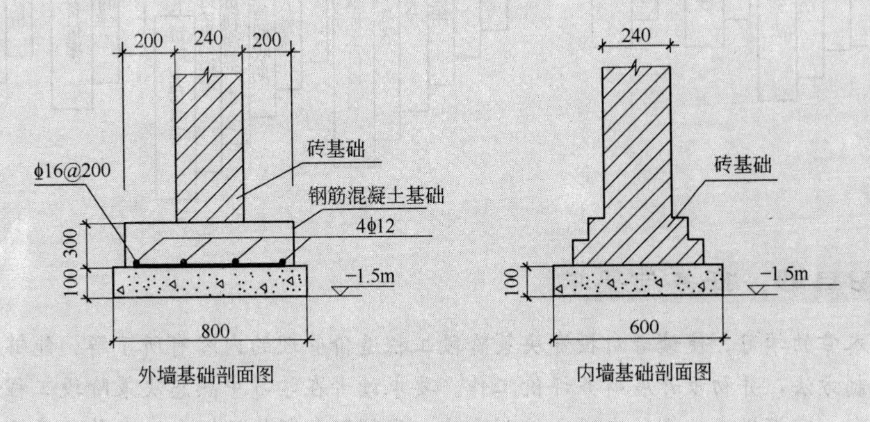


图 6-44 基础剖面图

# 第7章　投资决策阶段的工程造价管理

## 知识结构

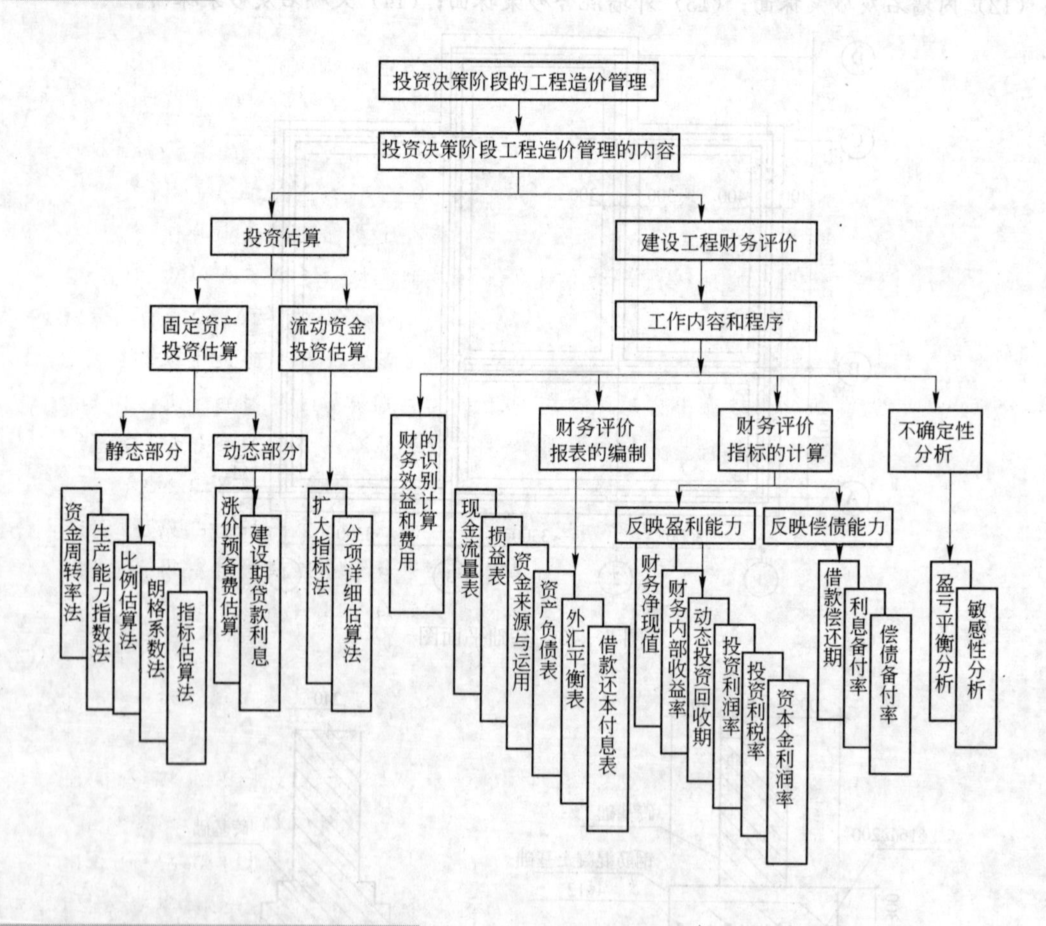


## 学习目的、任务与要求

通过本章的学习，使读者对投资决策阶段工程造价管理的内容有所了解，能够掌握投资估算的编制方法，并初步开展财务评价工作。要求读者在学习中熟悉决策阶段工程造价管理的主要内容；掌握投资估算的内容和编制方法；了解财务评价的概念、工作程序及内容，识别和计算财务效益和费用，熟悉财务评价报表的编制，掌握财务评价指标的计算和评价标准。

# 7.1 投资决策阶段工程造价管理的内容

## 7.1.1 建设项目投资决策的含义

项目投资决策是选择和决定投资行动方案的过程，是对拟建项目的必要性和可行性进行技术经济论证，对不同建设方案进行技术经济比较及做出判断和决定的过程。据有关资料统计，在项目建设各大阶段中，投资决策阶段影响工程造价的程度最高，达到80%～90%。项目决策正确与否，直接关系到项目建设的成败，关系到工程造价的高低和投资效果的好坏。加强建设项目决策阶段的工程造价管理意义重大。

## 7.1.2 投资决策阶段工程造价管理的主要内容

项目投资决策阶段工程造价管理，要从整体上把握项目的投资，造价的控制包括选择资金的筹措方式、处理好各种影响因素对造价的作用，做好项目的经济评价和风险管理等。具体内容如下所述。

**1. 确定影响项目造价的主要因素**

1）确定建设项目的资金来源

目前，我国建设项目的资金来源有多种渠道，一般从国内资金和国外资金两大范围来筹集。国内资金来源一般包括国内贷款、国内证券市场筹集、国内外汇资金和其他投资等。国外资金来源一般包括国外直接投资、国外贷款、融资性贸易、国外证券市场筹集等。应根据建设项目的实际情况和所处环境选择恰当的资金来源。

2）选择资金的筹集方法

从全社会来看，筹资主要有利用财政预算投资、利用自筹资金安排的投资、利用银行贷款安排的投资、利用外资、利用债券和股票等方式。应选择经济合理的筹资组合方式筹集资金。

3）合理处理影响建设项目投资决策的主要因素

在项目的决策阶段，应合理地确定项目的规模、建设地区和建设地点，科学地确定建设标准水平并选择适当的工艺和设备，这直接关系到项目的投资效益。

(1) 确定项目的合理规模。项目合理规模的确定，就是要合理选择拟建项目的生产规模，解决“生产多少”的问题。项目规模合理化的制约因素有以下 3 个方面。

① 市场因素。市场因素是项目规模确定中需考虑的首要因素。其中，项目产品的市场需求状况是确定项目生产规模的前提。此外，还要考虑原材料市场、资金市场、劳动力市场等。

② 技术因素。先进的生产技术及技术装备是项目规模效益赖以存在的基础，而相应的管理技术水平则是实现规模效益的保证。

③ 环境因素。项目的建设、生产和经营离不开一定的社会经济环境，项目规模确定中需考虑的主要环境因素有政策因素、燃料动力供应、协作及土地条件、运输及通信条件。

(2) 确定建设标准水平。建设标准主要包括建设规模、占地面积、工艺装备、建筑标准、配套工程、劳动定员等方面的标准或指标。建设标准水平应从我国目前的经济发展水平出发，区别不同地区、不同规模、不同等级、不同功能，合理确定。

(3) 选择建设地区及建设地点（厂址）。建设地区的选择要充分考虑国家地区发展规划、能源条件、自然条件、社会环境等因素；同时，应遵循两个基本原则，即靠近原料、燃料提供地和产品消费地的原则和工业项目适当聚集的原则。建设地点的选择是一项极为复杂的技术经济综合性很强的系统工程，它不仅涉及项目建设条件、产品生产要素、生态环境和未来产品销售等重要问题，受社会、政治、经济、国防等多因素的制约，而且还直接影响到项目建设投资、建设速度和施工条件，以及未来企业的经营管理及所在地点的城乡建设规划与发展。因此，必须从国民经济和社会发展的全局出发，运用系统观点和方法分析决策。

(4) 确定工程的技术方案。生产工艺是指生产产品所采用的工艺流程和制作方法。评价及确定拟采用的工艺是否可行，标准有二：其一是先进适用，这是评定工艺的最基本的标准；其二是经济合理，这是指所用的工艺应能以尽可能小的消耗获得最大的经济效果，要求综合考虑所用工艺所能产生的经济效益和国家的经济承受能力。

主要设备的选用应遵循以下原则：尽量选用国产设备，凡国内能够制造并能保证质量、数量和按期供货的设备，或者进口一些技术资料就能仿制的设备，原则上必须国内生产，不必从国外进口；凡只引进关键设备就能由国内配套使用的，就不必成套引进。注意进口设备之间及国内外设备之间的衔接配套问题；注意进口设备与原有国产设备、厂房之间的配套问题；注意进口设备与原材料、备品备件及维修能力之间的配套问题，主要应注意本厂原有国产设备的质量、性能与引进设备是否配套，以免因国内外设备能力不平衡而影响生产。应尽量避免引进的设备所用主要原料需要进口。如果必须从国外引进时，应安排国内有关厂家尽快研制这种原料。另外，对于进口的设备，还必须懂得如何操作和维修，否则不能发挥设备的先进性。

**2. 建设项目决策阶段的投资估算**

投资估算是一个项目决策阶段的主要造价文件，也是项目可行性研究和项目建议书的组成部分，投资估算对于项目的决策及投资的成败十分重要。编制工程项目的投资估算时，应根据项目的具体内容及国家有关规定和估算指标等，以估算编制时的价格进行编制，并应按照有关规定，合理地预测估算编制后至竣工期间的价格、利率、汇率等动态因素的变化，打足建设投资，确保投资估算的编制质量。

提高投资估算的准确性，可以从以下几点做起：认真收集整理各种建设项目的竣工决算的实际造价资料；不能生搬硬套工程造价数据，要结合时间、物价现场条件、装备水平等因素做出充分的调查研究；提高造价专业人员和设计人员的技术水平；提高计算机的应用水平；合理估算工程预备费；对引进的设备和技术项目要考虑每年的价格浮动和外汇的折算变化。

**3. 建设项目决策阶段的经济分析**

在我国，建设项目的可行性研究是对拟建工程项目技术上是否先进适用，经济上是否合理有利，财务上是否盈利，社会上是否创造效益，环境上是否对环保有利，建造能力上是否具备等各方面进行全系统地分析、论证，提出研究结果，进行方案优选，从而提出拟建项目是否值得投资建设和怎样建设的意见，最终为项目投资决策提供可靠的依据。

建设工程项目的经济分析是指以建设工程和技术方案为对象的经济方面的研究。它是可行性研究的核心内容，是工程项目决策的主要依据。其主要内容是对工程项目的经济效果和投资效益进行分析。进行项目经济评价就是在项目决策的可行性研究和评价过程中，采用现代化经济分析方法，对拟建项目计算期（包括建设期和生产期）内投入产出等诸多经济因素进行调查、预测、研究、计算和论证，做出全面的经济评价，提出投资决策的经济依据，确定最佳投资方案。

1）现阶段建设项目经济评价的基本要求

① 动态分析与静态分析相结合，以动态分析为主；

② 定量分析与定性分析相结合，以定量分析为主；

③ 全过程经济效益分析与阶段性经济效益分析相结合，以全过程分析为主；

④ 宏观效益分析与微观效益分析相结合，以宏观效益分析为主；

⑤ 价值量分析与实物量分析相结合，以价值量分析为主；

⑥ 预测分析与统计分析相结合，以预测分析为主。

2）财务评价

财务评价是项目可行性研究中经济评价的重要组成部分，它是根据国际现行财税制度和价格体系，分析、计算项目直接发生的财务效益和费用，编制财务报表，计算评价指标，考察项目的盈利能力、清偿能力及外汇平衡等财务状况，据以判别项目的财务可行性。其评价结果是决定项目取舍的重要决策依据。

(1) 财务盈利能力分析。财务评价的盈利能力分析主要是考察项目投资的盈利水平，主要指标有：

① 财务内部收益率（FIRR），这是考察项目盈利能力的主要动态评价指标；

② 投资回收期，这是考虑项目在财务上投资回收能力的主要静态评价指标；

③ 财务净现值（FNPV），这是考察项目在计算期内盈利能力的动态评价指标；

④ 投资利润率，这是考察项目单位投资盈利能力的静态指标；

⑤ 投资利税率，这是判别单位投资对国家积累的贡献水平高低的指标；

⑥ 资本金利润率，这是反映投入项目的资本金盈利能力的指标。

(2) 项目清偿能力分析。项目清偿能力分析主要是考察计算期内各年的财务状况及偿债能力，主要指标有：

① 固定资产投资国内借款偿还期；

② 利息备付率，表示使用项目利润偿付利息的保证倍率；

③ 偿债备付率，表示可用于还本付息的资金偿还借款本息的保证倍率。

(3) 财务外汇效果分析。建设项目涉及产品出口创汇及替代进口节汇时，应进行项目的外汇效果分析。在分析时，计算财务外汇净现值、财务换汇成本、财务节汇成本等指标。

**4. 国民经济评价与社会效益评价**

1) 国民经济评价

国民经济评价是按照资源合理配置的原则，从国家整体角度考虑项目的效益和费用，用货物影子价格、影子工资、影子汇率和社会折现率等经济参数分析、计算项目对国民经济的净贡献，评价项目的经济合理性。

(1) 国民经济评价指标。国民经济评价的主要指标是经济内部收益率。另外，根据建设项目的特点和实际需要，可计算经济净现值和经济净现值率指标。初选建设项目时，可计算静态指标投资净效益率。其中经济内部收益率（EIRR）是反映建设项目对国民经济贡献程度的相对指标；经济净现值（ENPV）反映工程项目对国民经济所做贡献，是绝对指标；经济净现值率（ENPVR）是反映工程项目单位投资为国民经济所做净贡献的相对指标；投资净效益率是反映工程项目投产后单位投资对国民经济所做年净贡献的静态指标。

(2) 国民经济评价外汇分析。设计产品出口创汇及替代进口节汇的工程项目，应进行外汇分析，计算经济外汇净现值、经济换汇成本、经济节汇成本等指标。

2) 社会效益评价

目前，我国现行的建设项目经济评价指标体系中，还没有规定出社会效益评价指标。社会效益评价以定性分析为主，主要分析项目建成投产后，对环境保护和生态平衡的影响，对提高地区和部门科学技术水平的影响，对提供就业机会的影响，对产品质量的提高后对产品用户的影响，对提高人民物质文化生活及社会福利生活的影响，对城市整体改造的影响，对提高资源利用率的影响等。

**5. 建设项目决策阶段的风险管理**

风险，通常是指产生不良后果的可能性。在工程项目的整个建设过程中，决策阶段是进行造价控制的重点阶段，也是风险最大的阶段，因而风险管理的重点也是投资决策阶段。

1) 风险辨识

风险按其属性划分，一般可分为人为风险（Artificial Risk）、经济风险（Economic Risk）、自然风险（Physical Risk）和特殊风险（Special Risk）。

风险辨识（Risk Identification）的任务就是通过对项目建设过程中存在的风险及引起风险的主要因素等的分析，做出对这些风险可能产生后果的极严重程度的定性分析。风险辨识的方法主要有以下几种。

① 保险调查法。以保险公司公布的任何企业都有可能发生的所有损失一览表为基础，结合本企业所面临的潜在损失予以具体、完善，制定项目的风险一览表。

② 专家调查法。所调查的问题应覆盖面广、内容深刻，具有一定的代表性；所调查的信息来源应具有相当的准确性和代表性。

③ 财务状况分析法。例如对资产负债表等财务报表进行分析，可以辨识一些风险因素（风险源）。

④ 环境分析法。对项目的资金来源、产业政策环境、主管部门情况、市场需求情况、可能的竞争对手、材料供应情况等进行综合分析，辨识风险因素（风险源）。

2）建设项目的风险分析

风险分析也称风险评价，是对处于不确定性环境中建设项目的建设和生产运营的变化进行定性与定量分析，预算项目的风险指标，评价项目的抗风险能力。项目风险分析的主要方法有盈亏平衡分析、敏感性分析和概率分析。

(1) 盈亏平衡分析。盈亏平衡分析是通过计算项目盈亏平衡点（BEP）来分析项目成本与收益的平衡关系的一种方法。盈亏平衡点是项目盈利与亏损的转折点，在这一点上项目刚好不亏不盈。盈亏平衡点越低，表明项目适应市场变化的能力越大，抗风险能力越强。

(2) 敏感性分析。敏感性分析是通过分析测算项目主要因素发生变化时，对经济评价指标的影响及影响程度，从而找出项目敏感因素的不确定性分析方法。通常是分析全部投资内部收益率指标对产品质量、产品价格、主要原材料或动力价格、固定资产投资、建设工期等因素的敏感程度。进行敏感性分析时，一般需回执敏感性分析图。

(3) 概率分析。概率分析，是指使用概率来研究、预测各种不确定性因素和风险因素的发生对项目评价指标影响的一种定量分析方法。一般是计算项目净现值的期望值及净现值大于或等于零时的累计概率。累计概率值越大，说明项目承担的风险越小。也可以通过模拟法测算项目评价指标（如内部收益率）的概率分布。根据项目特点和实际需要，有条件时应进行概率分析。

3）决策阶段风险的防范

(1) 对不稳定国家的防范。对政局不稳的国家投资，要采取风险回避的措施，即不到这些国家进行投资活动。如果一定要到这些国家投资以获得很高的回报率，可采取由第三国提供担保措施，进行风险转移。

(2) 对政策风险防范。这是一定发生而又难控制的风险，因此要研究政策的现状、实效，判断政策的走势。了解、掌握这些现有的政策，目的在于利用优惠的条件，减少风险，为我所用；对未来的政策走势，则应从国际发展、国内政策沿革情况分析判断。

(3) 市场风险的防范。这是项目投资风险管理的重中之重，只有做到知己知彼，才能百战百胜。首先是生产能力和销售量调查，其中包括国内现有生产能力总量、销量变化、需求结构、价格状况；已列入规划、一批可行性研究报告及在建项目个数、生产能力、技术水平、地区分布、预计建成时间、资金投入数量、价格；重要生产厂家名称、地点、生产能力、生产分布、财务状况等因素。其次是替代产品调查，其中包括可替代产品的性能、质量、生产能力、价格、区域分布及走势。最后是国外市场调查，其中包括同类产品的国际需求、重要生产国家、厂家的生产技术、生产能力、销售量及分布、财务状况、科技发展展望等。市场的分析关键是取决于对信息的占有和分析能力。

(4) 对国内贷款利率的风险防范。如在经济转轨过程中，贷款利率的发展方向是逐步执行市场利率。为此要采取利率调期、期权，或者增大股东人数、扩大资本金的数额，相应减少贷款；根据项目的实际需要，延缓贷款的使用时间，同样起到降低风险的作用。

(5) 对汇率风险的防范。在外债的借、用、收和放4个环节中，币种越是一致，汇率风险就越小。

(6) 人员风险的防范。要求高层管理人员具有强烈的敬业精神、组织能力、开拓意识，同时还要考虑年龄、性别、精力、业绩，对管理层要精干、高效，树立全体员工的风险观念，与项目共存亡。

(7) 设计风险的防范。首先选择国家认可的甲级设计单位，同时对项目建筑规模、工艺、技术、财务效益等设计方案进行咨询评估，对设计漏项缺项，给投资人造成的损失由设计单位承担，在设计费用中扣留20%作为风险抵押金。

(8) 外部条件的防范。主要是通过契约的方式来分散风险，即把水、电、气、路所产生的风险转移出去，因此合同条款必须严密，具有法律效力，依靠法律手段维护自己的权利。

(9) 建筑原材料价格风险的防范。这主要受政策和国际市场的影响，现行的做法是建立风险基金，表现形式为不可预见费和涨价预备费。这笔费用应由投资人掌握，根据实际发生的情况支付。

## 7.2 投资估算

### 7.2.1 投资估算的内容

投资估算是指在项目建议书阶段和可行性研究阶段，通过编制估算文件对拟建项目所需投资预先测算和确定的过程。从费用构成来看，其估算内容包括项目从筹建、施工直至竣工投产所需的全部费用。建设项目的投资估算包括固定资产投资估算和流动资金估算两部分。

固定资产投资按费用性质划分，包括设备及工器具购置费、建筑安装工程费用、工程建设其他费用、基本预备费、涨价预备费、建设期贷款利息和固定资产投资方向调节税。固定资产投资又可分为静态部分和动态部分。涨价预备费、建设期贷款利息和固定资产投资方向调节税构成固定资产投资的动态部分，其余部分为静态投资部分。静态部分指编制预期造价时以某一基准年、月的建设要素的价格为依据所计算的建设项目造价的瞬时值，其中包括因工程量误差而可能引起的造价增加值；动态投资部分包括基准年、月后因价格上涨等风险因素增加的投资，以及因时间推移而发生的投资利息支出。

流动资金是指生产经营性项目投产后，用于购买原材料、燃料、支付工资及其他经营费用等所需的周转资金。它是伴随着固定资产投资而发生的长期占用的流动资产投资，其值等于项目投产运营后所需全部流动资产扣除流动负债后的余额。

## 7.2.2 投资估算的编制方法

**1. 固定资产投资的估算方法**

1) 静态投资部分的估算

(1) 资金周转率法。这是一种用资金周转率来推测投资额的简便方法。其计算公式为

$$\text{投资额}=\frac{\text{产品的年产量}\times\text{产品单价}}{\text{资金周转率}}$$

$$\text{资金周转率}=\frac{\text{年销售总额}}{\text{总投资}}=\frac{\text{产品的年产量}\times\text{产品单价}}{\text{总投资}}$$

这种方法比较简便，计算速度快，但精确度较低，可用于投资机会研究及项目建议书阶段的投资估算。

(2) 生产能力指数法。这种方法根据已建成项目的投资额或其设备投资额，估算同类而不同生产规模的项目投资或其设备投资。计算公式为

$$C_2=C_1(Q_2/Q_1)^n\cdot f$$

式中：$C_1$——已建类似项目或装置的投资额；

$C_2$——拟建项目或装置的投资额；

$Q_1$——已建类似项目或装置的生产能力；

$Q_2$——拟建项目或装置的生产能力；

$f$——不同时期、不同地点的定额、单价、费用变更等的综合调整系数；

$n$——生产规模指数（$0\leqslant n\leqslant 1$）。

若已建类似项目或装置的规模和拟建项目或装置的规模相差不大，生产规模比值在0.5～2之间，则指数$n$的取值近似为1；若已建类似项目或装置与拟建项目或装置的规模相差不大于50倍，且拟建项目规模的扩大仅靠增大设备规模来达到时，则$n$取值在0.6～0.7之间；若是靠增加相同规格设备的数量达到时，$n$的取值在0.8～0.9之间。

采用这种方法，计算简单、速度快，但要求类似工程的资料可靠，条件与拟建项目基本相同，否则误差就会增大。

(3) 比例估算法。比例估算法又分为以下两种。

一是以拟建项目或装置的设备费为基数，根据已建成的同类项目或装置的建筑安装费和其他工程费用等所占设备价值的百分比，求出相应的建筑安装费及其他工程费用等，再加上拟建项目的其他有关费用，其总和即为项目或装置的投资。计算公式为

$$C=E\cdot(1+f_1p_1+f_2p_2+f_3p_3+\cdots)+I$$

式中：$C$——拟建项目或装置的投资额；

$E$——根据拟建项目或装置的设备清单按当时当地价格计算的设备费（包

括运杂费）的总和；

$p_1$，$p_2$，$p_3$…——已建项目中建筑、安装及其他工程费用等占设备费百分比；

$f_1$，$f_2$，$f_3$…——由于时间因素引起的定额、价格、费用标准等变化的综合调整系数；

$I$—拟建项目的其他费用。

二是以拟建项目中最主要、投资比重较大并与生产能力直接相关的工艺设备的投资（包括运杂费及安装费）为基数，根据同类型的已建项目的有关统计资料，计算出拟建项目的各专业工程（总图、土建、暖通、给排水、管道、电气及电信、自控及其他工程费用等）所占工艺设备投资的百分比，据以求出各专业的投资，然后将各部分投资费用（包括工艺设备费）求和，再加上工程其他有关费用，即为项目的总投资。其表达式为

$$C=E\cdot(1+f_1p'_1+f_2p'_2+f_3p'_3+\cdots)+I$$

式中：$p'_1$、$p'_2$、$p'_3$…——各专业工程费用占工艺设备费用百分比。

(4) 朗格系数法。这种方法是以设备费为基数，乘以适当系数来推算项目的建设费用，其计算公式为

$$D=(1+\sum K_i)\cdot K_c\cdot C$$

式中：$D$——总建设费用；

$C$——主要设备费用；

$K_i$——管线、仪表、建筑物等直接费用的估算系数；

$K_c$——包括工程费、合同费、应急费等间接费在内的总估算系数。

总建设费用与设备费用的比值为郎格系数 $K$，即

$$K=\frac{D}{C}=(1+\sum K_i)\cdot K_c$$

这种方法比较简单，但没有考虑设备规格、材质的差异，因此精确度不高。

(5) 指标估算法。根据编制的各种具体的投资估算指标，进行单位工程投资的估算。投资估算指标的表示形式较多，可以用元/m、元/m²、元/m³、元/t、元/(kV·A) 等单位表示。利用这些投资估算指标，乘以所需的长度、面积、体积、重量、容量等，就可以求出相应的土建工程、给排水土程、照明工程、采暖工程、变配电工程等各单位工程的投资。在此基础上，可汇总成某一单项工程的投资，再估算工程建设其他费用等，即求得投资总额。

指标估算法简便易行，但由于项目相关数据的确定性较差，投资估算的精度较低。

2）动态投资部分的估算

(1) 涨价预备费。涨价预备费估算的计算公式为

$$P_F=\sum_{t=1}^{n}\{I_t\cdot[(1+f)^t-1]\}$$

式中：$P_F$——涨价预备费估算额；

$I_t$——建设期中第 $t$ 年的投资计划额（按基准年建筑安装工程费与设备工器具及生产家具购置费两项之和为基础）；

$n$——建设期年份数；

$f$——年平均价格预计上涨率。

**例 7-1** 某项目的建筑安装工程费、设备工器具与生产家具购置费之和计划为 22 310 万元，按本项目进度计划，项目建设期为 3 年，3 年的投资分年使用比例为第 1 年 20%，第 2 年 55%，第 3 年 25%，建设期内年平均价格变动率预测为 6%，试估计该项目建设期的涨价预备费。

**解** 第 1 年投资计划额：

$$I_1=22\,310\times 20\%=4\,462(\text{万元})$$

第 1 年涨价预备费：

$$P_{F1}=I_1\cdot[(1+f)-1]=4\,462\times[(1+6\%)-1]=267.72(\text{万元})$$

第 2 年投资计划额：

$$I_2=22\,310\times 55\%=12\,270.5(\text{万元})$$

第 2 年涨价预备费：

$$P_{F2}=I_2\cdot[(1+f)^2-1]=12\,270.5\times[(1+6\%)^2-1]=1\,516.63(\text{万元})$$

第 3 年投资计划额：

$$I_3=22\,310\times 25\%=5\,577.5(\text{万元})$$

第 3 年涨价预备费：

$$P_{F3}=I_3\cdot[(1+f)^3-1]=5\,577.5\times[(1+6\%)^3-1]=1\,065.39(\text{万元})$$

所以，建设期的涨价预备费：

$$P_F=267.72+1\,516.63+1\,065.39=2\,849.74(\text{万元})$$

(2) 建设期贷款利息。建设期贷款利息包括向国内银行和其他非银行金融机构贷款、出口信贷、外国政府贷款、国际商业银行贷款及在境内外发行的债券等在建设期间内应偿还的贷款利息。建设期贷款利息按复利计算。

对于贷款总额一次性贷出且利率固定的贷款的计算公式为

$$F=P\cdot(1+i)^n$$
$$\text{贷款利息}=F-P$$

式中：$P$——一次性贷款金额；

$F$——建设期还款时的本利和；

$i$——年利率；

$n$——贷款期限。

当总贷款是分年均衡发放时，建设期利息的计算可按当年借款在年中支用考虑，即当年贷款按半年计息，上年贷款按全年计息。计算公式为

$$q_j=(p_{j-1}+A_j/2)\cdot i$$

式中：$q_j$——建设期第 $j$ 年应计利息；

$p_{j-1}$——建设期第（$j-1$）年末贷款累计金额与利息累计金额之和；

$A_j$——建设期第 $j$ 年贷款金额；

$i$——年利率。

**例 7-2** 某新建项目，建设期为 3 年，分年均衡贷款，第 1 年贷款 300 万元，第 2 年贷款 600 万元，第 3 年贷款 400 万元，年利率为 12%，试计算建设期贷款利息。

**解** 在建设期，各年利息计算为

$$q_1=A_1/2\cdot i=300/2\times 12\%=18(\text{万元})$$

$$q_2=(p_1+A_2/2)\cdot i=(300+18+600/2)\times 12\%=74.16(\text{万元})$$

$$q_3=(p_2+A_3/2)\cdot i=(318+600+74.16+400/2)\times 12\%=143.06(\text{万元})$$

所以，建设期贷款利息$=q_1+q_2+q_3=235.22$(万元)

**2. 流动资金的估算**

流动资金是保证生产性建设项目投产后，能正常生产经营所需要的最基本的周转资金数额。流动资金的估算一般采用分项详细估算法进行估算，个别情况或小型项目可采用扩大指标估算法。

1）扩大指标估算法

扩大指标估算法是根据流动资金占某种基数的比率估算的。如占产值、销售收入、经营成本、总成本、固定资产总投资和生产能力等数据的比率。例如：

流动资金＝固定资产总投资×流动资金占固定资产总投资比例

2）分项详细估算法

分项详细估算法是根据周转额与周转速度之间的关系，对构成流动资金的各项流动资产和流动负债分别进行估算。在可行性研究中，为简化计算，仅对存货、现金、应收账款和应付账款 4 项内容进行估算，计算公式为

流动资金＝流动资产－流动负债

其中

流动资产＝现金＋存货＋应收账款

流动负债＝应付账款

式中的现金、存货、应收账款的计算分别如下所述。

现金＝(年工资福利费＋年其他费)/年现金周转次数

其中

年其他费＝制造费用＋管理费用＋销售费用－(前3项中所含的工资及福利费、折旧费、维简费、摊销费、修理费)

存货＝外购原材料占用资产＋外购燃料占用资产＋在产品占用资产＋产成品占用资产

其中外购原材料、燃料占用资产＝年外购原材料燃料费用/年原材料、燃料周转次数

$$在产品占用资产=\frac{年外购原材料、燃料费+年工资福利费+年修理费+年其他费用}{年在产品周转次数}$$

产成品占用资产＝年经营成本/年产成品周转次数

应收账款＝年销售收入/年应收账款周转次数

流动负债＝应付账款＝(年外购原材料燃料动力费)/年周转次数

## 7.3 建设工程财务评价

### 7.3.1 财务评价概述

**1. 财务评价的概念**

财务评价是在国家现行财税制度和价格体系下，从项目的角度出发，计算项目范围内的财务效益和费用，分析项目的盈利能力和清偿能力，评价项目在财务上的可行性的方法。财务评价多用静态分析与动态分析相结合，以动态为主的办法进行，并用财务评价指标分别和相应的基准参数——基准收益率、同行业投资回收期参考值、同行业总投资收益率参考值、同行业资本金净利润率参考值等相比较，以判断项目在财务上的可行性。财务评价是项目可行性研究的核心内容，其评价结论是决定项目取舍的重要决策依据。国家发展改革委和建设部于2006年7月发布了“关于印发建设项目经济评价方法与参数的通知”（发改投资[2006] 1325号），建议推广使用重新修订的《建设项目经济评价方法》和《建设项目经济评价参数》。本书按照以上内容介绍建设工程财务评价的基本内容和要求。

**2. 财务评价的工作程序及内容**

建设项目财务评价是在项目市场研究和技术研究的基础上进行的。财务分析是在财务效益与费用的估算及编制财务辅助报表的基础上，编制财务报表，计算财务分析指标、考察和分析项目的盈利能力、偿债能力和财务生存能力，判断项目的财务可行性，明确项目对财务主体的价值及对投资者的贡献，为投资决策、融资决策及银行审贷提供依据。其基本程序和内容如下。

(1) 收集、整理和计算有关基础财务数据资料。根据项目市场研究和技术研究的结果、现行价格体系及财税制度进行财务预测，获得项目建设投资、营业收入、生产成本、利润、税金及项目计算期等一系列财务基础数据。以上数据需为项目在建设期和投产后整个寿命周期的数据，并将所得的数据编制成财务分析报表。

(2) 编制财务分析报表。由上述财务预测数据及辅助报表，分别编制反映项目财务盈利能力、偿债能力及财务生存能力等的财务分析报表。

(3) 财务评价指标的计算与评价。根据财务分析报表计算各财务评价指标，并分别与对应的评价标准或基准值进行对比，对项目的盈利能力、偿债能力等各项财务状况作出评价，得出结论。

(4) 进行不确定性分析。通过盈亏平衡分析、敏感性分析、概率分析等不确定性分析方法，分析项目可能面临的风险及项目在不确定情况下的抗风险能力，得出项目在不确定情况下的财务评价结论或建议。

(5) 作出项目财务评价的最终结论。由上述确定性分析和不确定性分析的结果，对项目的财务可行性作出最终判断。

**3. 财务效益和费用的识别和计算**

正确识别项目的财务效益和费用应以项目为界，以项目的直接收入和支出为目标。建设项目的财务效益指项目实施后所获得的营业收入，对于适用增值税的经营性项目，其可得到的增值税返还也应作为补贴收入计入财务效益；对于非经营性项目，财务效益应包括可能获得的各种补贴收入。财务费用主要包括项目的投资、成本费用和税金。财务效益和费用采用的价格体系应一致，采用预测价格，有要求时可考虑价格变动因素。

1) 财务效益

财务效益项目主要为营业收入。营业收入包括销售产品或提供服务所获得的收入，其估算的基础数据，包括产品或服务的数量和价格。对于先征后返的增值税、按销量或工作量等依据国家规定的补助定额计算并按期给予的定额补助，以及属于财政扶持而给予的其他形式的补贴等，应按相关规定合理估算，记作补贴收入。

营业收入估算应分析、确认产品或服务的市场预测分析数据，特别要注意目标市场有效需求分析；各期营运负荷（产品或服务的数量）应根据技术的成熟度、市场的开发程度、产品的寿命期、需求量的增减变化等因素，结合行业和项目特点，通过制定运营计划，合理确定。

2) 财务费用

(1) 建设投资。建设投资由工程费用（建筑安装工程费、设备购置费）、工程建设其他费用和预备费（基本预备费和涨价预备费）组成（以上投资内容具体参见第7章）。建设投资估算应在给定的建设规模、产品方案和工程技术方案的基础上，估算项目建设所需的费用。

根据项目前期研究各个阶段对投资估算精度的要求、行业特点和相关规定，可选用相应的投资估算方法。投资估算的内容与深度应满足项目前期研究各个阶段的要求，并为融资决策提供基础。建设投资的分期使用计划应根据项目进度计划安排，应明确各期投资额及其中的外汇和人民币额度。

(2) 流动资金。流动资金是指营运期内长期占用并周转使用的营运资金，不包括营运中需要的临时性营运资金。流动资金的估算基础是经营成本和商业信用等。一般项目的流动资金宜采用分项详细估算法，即先对流动资产和流动负债主要构成要素进行分项估算，流动资金等于流动资产与流动负债的差额。为了简化计算，项目评价中流动资金可从投产第一年开始安排。

(3) 经营成本。经营成本是指项目总成本费用扣除固定资产折旧、无形及其他资产摊销费和利息支出以后的全部费用，即

经营成本＝总成本费用－折旧费－摊销费－利息支出

其中　总成本费用＝生产成本＋营业费用＋管理费用＋财务费用

或　总成本费用＝外购原材料、燃料及动力费＋工资及福利费＋折旧费＋摊销费＋修理费＋财务费用（利息支出）＋其他费用

经营成本的构成和估算也可采用下式表达形式，即

经营成本＝外购原材料、燃料和动力费＋工资及福利费＋修理费＋其他费用

式中，其他费用是指从制造费用、管理费用和营业费用中扣除了折旧费、摊销费、修理费、工资及福利以后的其余部分。

总成本费用是构成项目成本的全部成本费用，包括生产成本和按有关财务和会计制度分配的各项费用；而经营成本是指总成本费用中以现金形式支付的成本。

(4) 税费。税费主要包括关税、增值税、营业税、消费税、所得税、资源税、城市维护建设税和教育费附加等，有些行业还包括土地增值税。税种和税率的选择，应根据相关税法和项目的具体情况确定。如有减免税优惠，应说明依据及减免方式并按相关规定估算。例如

营业税应纳税额＝计税营业额×适用税率

所得税应纳税额＝应纳税所得额×所得税税率

(5) 维持运营投资。某些项目在运营期需要投入一定的固定资产投资才能维持正常运营，如设备更新费用、油田的开发费用、矿山的井巷开拓延伸费用等。对这类项目，应估算项目维持运营的投资费用，并在现金流量表中将其作为现金流出。

**4. 财务分析指标体系**

财务评价效果的好坏，一方面取决于基础数据的可靠性，另一方面取决于选取的评价指标体系的合理性。只有选取正确的评价指标体系，财务评价的结果才能与客观实际情况相吻合，才具有实际意义。一般来说，由于投资者的目标不止一个，项目的财务评价指标不是唯一的，根据不同的评价深度要求和可获得资料的多少，以及项目本身所处的条件不同，可选

用不同的指标。建设项目财务评价指标体系根据不同的标准，可进行不同的分类。

（1）根据是否考虑资金时间价值，可分为静态评价指标和动态评价指标。如图 7－1 所示。

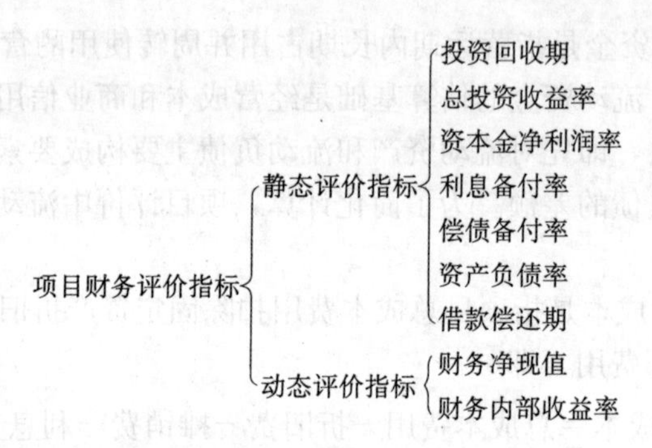


图 7－1 财务评价指标分类之一

（2）根据指标的性质，可分为时间性、价值性和比率性指标，如图 7－2 所示。

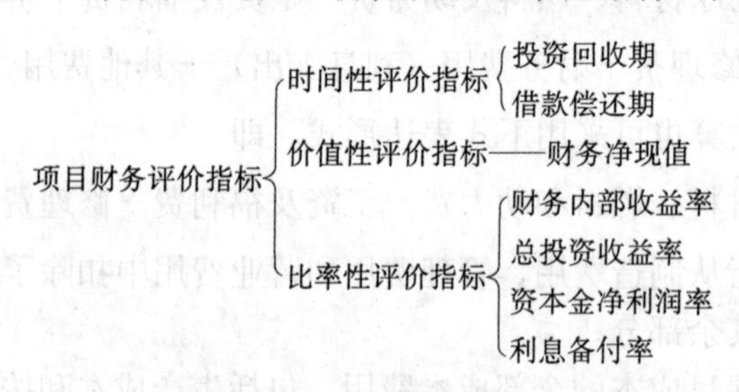


图 7－2 财务评价指标分类之二

通过评价指标与评价标准或基准值的对比分析，即可对项目的盈利能力、偿债能力等财务状况做出评价，判别项目的财务可行性。财务评价的盈利能力分析要计算财务净现值、财务内部收益率、投资回收期等主要评价指标。根据项目的特点及实际需要，也可计算总投资收益率、资本金净利润率等指标。偿债能力分析要计算利息备付率、偿债备付率、资产负债率等指标。此外，还可计算其他价值指标或实物指标（如单位生产能力投资），进行辅助分析。

## 7.3.2 财务分析报表

在财务评价中，项目的评价指标是根据项目的有关财务分析报表中的数据算得的，所以在计算财务指标之前，需要编制一套财务分析报表。基本财务报表主要包括各类现金流量表、利润与利润分配表、财务计划现金流量表、资产负债表和借款还本付息估算表等。另外，还应编制辅助报表，主要有建设投资估算表、建设期利息估算表、流动资金估算表、项目总投资使用计划与资金筹措表、营业收入、营业税金及附加和增值税估算表、总成本费用估算表等。

**1. 现金流量表**

在商品货币经济中，任何建设项目的效益和费用都可以抽象为现金流量系统。从项目财务评价角度看，在某一时点上流出项目的资金称为现金流出，记为 CO；流入项目的资金称为现金流入，记为 CI。现金流入与现金流出统称为现金流量，现金流入为正现金流量，现金流出为负现金流量。同一时点上的现金流入量与现金流出量的代数和（CI－CO）称为净现金流量，记为 NCF。

建设项目的现金流量系统将项目计算期内各年的现金流入与现金流出按照各自发生的时点顺序排列，表达为具有确定时间概念的现金流量。现金流量表即为对建设项目计算期内各年的现金流量系统的表格式反映，用以计算各项静态和动态评价指标，进行项目财务盈利能力分析。按投资计算基础的不同，现金流量表分为项目投资现金流量表、项目资本金现金流量表和投资各方现金流量表。

1）项目投资现金流量表

该表不分投资资金来源，以全部投资作为计算基础，用以计算全部投资所得税前及所得税后财务内部收益率、财务净现值及投资回收期等评价指标，考察项目全部投资的盈利能力，为各个投资方案（不论其资金来源及利息多少）进行比较建立共同基础。表格格式如表 7－1 所示。表中计算期的年序为 1，2，…，$n$，建设开始年作为计算期的第一年，年序为 1。也可在年序“1”以前另加一栏“建设起点”，年序填“0”，将建设期初或以前发生的现金流入填入此栏。

**表 7－1　项目投资现金流量表**　　万元

| 序号 | 项目 | 合计 | 计算期 | | | | | |
|---|---|---|---|---|---|---|---|---|
| | | | 1 | 2 | 3 | 4 | … | $n$ |
| 1 | 现金流入 | | | | | | | |
| 1.1 | 营业收入 | | | | | | | |
| 1.2 | 补贴收入 | | | | | | | |
| 1.3 | 回收固定资产余值 | | | | | | | |
| 1.4 | 回收流动资金 | | | | | | | |
| 2 | 现金流出 | | | | | | | |
| 2.1 | 建设投资 | | | | | | | |
| 2.2 | 流动资金 | | | | | | | |
| 2.3 | 经营成本 | | | | | | | |
| 2.4 | 营业税金及附加 | | | | | | | |
| 2.5 | 维持运营投资 | | | | | | | |
| 3 | 所得税前净现金流量（1－2） | | | | | | | |
| 4 | 累计所得税前净现金流量 | | | | | | | |
| 5 | 调整所得税 | | | | | | | |

续表

| 序号 | 项目 | 合计 | 计算期 | | | | | |
|---|---|---|---|---|---|---|---|---|
| | | | 1 | 2 | 3 | 4 | … | $n$ |
| 6 | 所得税后净现金流量（3-5） | | | | | | | |
| 7 | 累计所得税后净现金流量 | | | | | | | |

计算指标：

项目投资财务内部收益率（%）（所得税前）

项目投资财务内部收益率（%）（所得税后）

项目投资财务净现值（所得税前）（$i_c$=%）

项目投资财务净现值（所得税后）（$i_c$=%）

项目投资回收期（年）（所得税前）

项目投资回收期（年）（所得税后）

注：本表适用于新设法人项目与既有法人项目的增量和“有项目”的现金流量分析。

现金流入为营业收入、补贴收入、回收固定资产余值、回收流动资金4项之和。其中，营业收入是指项目建成后对外销售产品或提供劳务所取得的收入。营业收入＝销售量×销售价格。计算销售收入时，假设生产出的产品全部售出，销售量等于生产量；销售价格一般采用出厂价格，也可根据需要采用送达用户的价格或离岸价格。另外，固定资产余值和流动资金均在计算期最后一年回收。固定资产余值＝固定资产原值－累计提取折旧。流动资金回收额为全部流动资金。

现金流出包含建设项目的建设投资、流动资金、经营成本和营业税金及附加等各项支出。如果运营期内需要发生设备或设施的更新费用及矿山、石油开采项目的拓展费用（维持运营投资），也应作为现金流出。建设投资取自建设投资估算表，流动资金投入为各年流动资金增加额，经营成本取自总成本费用估算表，营业税金及附加取自产品营业收入和营业税金及附加估算表。因为项目投资现金流量表主要用于建设项目融资前的财务评价，主要进行盈利能力分析，所以表中的调整所得税为以息税前利润为基数计算的所得税，区别于利润与利润分配表、项目资本金现金流量表中的所得税。

现金流量表反映项目在计算期内逐年发生的现金流入和流出。与常规会计方法不同，现金收支何时发生，就在何时计算，不作分摊。由于投资已按其发生的时间作为一次性支出被计入现金流出，所以不能再以折旧和摊销方式计入现金流出，否则会发生重复计算。因此，作为经常性支出的经营成本中不包括折旧费和摊销费。因为全部投资现金流量表以全部投资作为计算基础，不分投资资金来源，因而利息支出不作为现金流出，而自有资金现金流量表中已将利息支出单列，因此经营成本中也不包括利息支出。

项目计算期内各年的净现金流量为各年现金流入量减对应年份的现金流出量，各年累计净现金流量为本年及以前各年净现金流量之和。

所得税前净现金流量为上述净现金流量加所得税之和，即在现金流出中不计入所得税时的净现金流量。

2）项目资本金现金流量表

项目资本金现金流量表从投资者角度出发，以投资者的出资额作为计算基础，把借款本金偿还和利息支付作为现金流出，用以计算资本金财务内部收益率等评价指标，考察项目自有资金的盈利能力。表格格式如表7－2所示。从项目投资主体的角度看，建设项目投资借款是现金流入，但又同时将借款用于项目投资，构成同一时间、相同时点的现金流出，二者相抵对净现金流量的计算实无影响。因此，表中投资只计自有资金。另一方面，现金流入又是因项目全部投资所获得，故应将借款本金的偿还及利息支付计入现金流出。

**表7－2　项目资本金现金流量表**　　万元

| 序　号 | 项　目 | 合　计 | 计　算　期 | | | | | |
|---|---|---|---|---|---|---|---|---|
| | | | 1 | 2 | 3 | 4 | … | $n$ |
| 1 | 现金流入 | | | | | | | |
| 1.1 | 营业收入 | | | | | | | |
| 1.2 | 补贴收入 | | | | | | | |
| 1.3 | 回收固定资产余值 | | | | | | | |
| 1.4 | 回收流动资金 | | | | | | | |
| 2 | 现金流出 | | | | | | | |
| 2.1 | 项目资本金 | | | | | | | |
| 2.2 | 借款本金偿还 | | | | | | | |
| 2.3 | 借款利息支付 | | | | | | | |
| 2.4 | 经营成本 | | | | | | | |
| 2.5 | 营业税金及附加 | | | | | | | |
| 2.6 | 所得税 | | | | | | | |
| 2.7 | 维持运营投资 | | | | | | | |
| 3 | 净现金流量（1－2） | | | | | | | |
| 计算指标：资本金财务内部收益率（%） | | | | | | | | |

现金流入各项和数据来源与项目投资现金流量表相同。由于项目资本金现金流量表主要用于建设项目融资后的财务评价，主要进行盈利能力分析、偿债能力分析和财务生存能力分析，所以表中所得税为以应纳税所得额与所得税率的乘积。

现金流出项目资本金部分数额取自项目总投资使用计划与资金筹措表中资金筹措项下的资本金分项。借款本金偿还由两部分组成：一部分为借款还本付息计算表中本年还本额；另一部分为流动资金借款本金偿还，一般发生在计算期最后一年。借款利息支付数额来自总成本费用估算表中的利息支出项（包括流动资金借款利息和长期借款利息）。现金流出中其他各项与全部投资现金流量表中相同。

项目计算期各年的净现金流量为各年现金流入量减对应年份的现金流出量。

**2. 利润与利润分配表**

利润与利润分配表反映项目计算期内各年的营业收入、总成本费用、利润总额等情况，以及所得税及税后利润的分配情况，用以计算总投资收益率、资本金净利润率等指标。其报表格式如表7-3所示。

表7-3 利润与利润分配表 万元

| 序号 | 项目 | 合计 | 计算期 | | | | | |
|---|---|---|---|---|---|---|---|---|
| | | | 1 | 2 | 3 | 4 | … | n |
| 1 | 营业收入 | | | | | | | |
| 2 | 营业税金及附加 | | | | | | | |
| 3 | 总成本费用 | | | | | | | |
| 4 | 补贴收入 | | | | | | | |
| 5 | 利润总额（1－2－3＋4） | | | | | | | |
| 6 | 弥补以前年度亏损 | | | | | | | |
| 7 | 应纳税所得额（5－6） | | | | | | | |
| 8 | 所得税 | | | | | | | |
| 9 | 净利润（5－8） | | | | | | | |
| 10 | 期初未分配利润 | | | | | | | |
| 11 | 可供分配的利润（9＋10） | | | | | | | |
| 12 | 提取法定盈余公积金 | | | | | | | |
| 13 | 可供投资者分配的利润（11－12） | | | | | | | |
| 14 | 应付优先股股利 | | | | | | | |
| 15 | 提取任意盈余公积金 | | | | | | | |
| 16 | 应付普通股股利（13－14－15） | | | | | | | |
| 17 | 各投资方利润分配<br>其中：××方<br>××方 | | | | | | | |
| 18 | 未分配利润（13－14－15－17） | | | | | | | |
| 19 | 息税前利润（利润总额＋利息支出） | | | | | | | |
| 20 | 息税折旧摊销前利润（息税前利润＋折旧＋摊销） | | | | | | | |

营业收入、营业税金及附加、总成本费用的各年度数据分别取自相应的辅助报表。

$$利润总额＝营业收入－营业税金及附加－总成本费用＋补贴收入$$

$$所得税＝应纳税所得额×所得税税率$$

应纳税所得额为利润总额根据国家有关规定进行调整后的数额。在建设项目财务评价中，主要是按减免所得税及用税前利润弥补上年度亏损的有关规定进行的调整。按现行《企业会计制度》（2001）的规定，企业发生的年度亏损，可以用下一年度的税前利润等弥补，下一年度利润不足弥补的，可以在 5 年内延续弥补；5 年内不足弥补的，用税后利润等弥补。

净利润＝利润总额－所得税

净利润按法定盈余公积金、优先股股利、任意盈余公积金、普通股股利（各投资方利润）及未分配利润等项进行分配。

（1）表中当期实现的净利润，加上期初未分配利润（或减去期初未弥补亏损）为可供分配的利润。

（2）内资项目以当年净利润为基数提取法定盈余公积金；外商投资项目按有关法律提取的是储备基金、企业发展基金、职工奖励和福利基金。法定盈余公积金按照净利润的 10% 提取，法定盈余公积金累计额为公司注册资金 50%以上的，可以不再提取。

（3）可供分配的利润减去提取的法定盈余公积金等后，为可供投资者分配的利润。

（4）可供投资者分配的利润，按下列顺序分配。

① 应付优先股股利（如有优先股的话）。是指按照利润分配方案分配给优先股股东的现金股利。

② 提取任意盈余公积金。提取法定盈余公积金后，经股东会或者股东大会决议，还可以从净利润中提取任意盈余公积金。

③ 应付普通股股利。是指企业按照利润分配方案分配给普通股股东的现金股利。企业分配给投资者的利润，也在此核算之内。在还款资金短缺时，当期可供投资者分配的利润先用于偿还借款，剩余部分按投资方各自股权比例分配。

④ 经过上述分配后的剩余部分为未分配利润，可用于偿还固定资产投资借款及弥补以前年度亏损。

**3. 财务计划现金流量表**

在项目运营期间，确保从各项经济活动中得到足够的净现金流量是项目能够持续生存的条件。财务分析中应在财务分析辅助表和利润分配表的基础上编制财务计划现金流量表，通过项目计算期内的投资、融资和经营活动所产生的各项现金流入和流出，计算净现金流量和累计盈余资金，分析项目是否有足够的净现金流量维持正常运营，以实现财务的可持续性。因此，财务生存能力分析亦可称为资金平衡分析。

财务可持续性应首先体现在有足够大的经营活动净现金流量，其次各年累积盈余资金不应出现负值。若出现负值，应进行短期借款，同时分析该短期借款的年份长短和数额大小，进一步判断项目的财务生存能力。短期借款应体现在财务计划现金流量表中，其利息应计入财务费用。为维持项目正常运营，还应分析短期借款的可靠性。

**4. 资产负债表**

资产负债表综合反映项目计算期内各年末资产、负债和所有者权益的增减变化及对应关系，以考察项目资产、负债、所有者权益的结构是否合理，用以计算资产负债率等，进行偿债能力分析。

**5. 借款还本付息计划表**

借款还本付息计划表（见表7-4）反映项目计算期内各年借款本金偿还和利息支付情况，用于计算偿债备付率和利息备付率指标。借款还本付息计划表与“建设期利息估算表”可合二为一。

**表7-4　借款还本付息计划表**　　万元

| 序号 | 项目 | 合计 | 计算期 | | | | | |
|---|---|---|---|---|---|---|---|---|
| | | | 1 | 2 | 3 | 4 | … | *n* |
| 1 | 借款1 | | | | | | | |
| 1.1 | 期初借款余额 | | | | | | | |
| 1.2 | 当期还本付息 | | | | | | | |
| | 其中：还本 | | | | | | | |
| | 付息 | | | | | | | |
| 1.3 | 期末借款余额 | | | | | | | |
| 2 | 借款2 | | | | | | | |
| 2.1 | 期初借款余额 | | | | | | | |
| 2.2 | 当期还本付息 | | | | | | | |
| | 其中：还本 | | | | | | | |
| | 付息 | | | | | | | |
| 2.3 | 期末借款余额 | | | | | | | |
| 3 | 债券 | | | | | | | |
| 3.1 | 期初债务余额 | | | | | | | |
| 3.2 | 当期还本付息 | | | | | | | |
| | 其中：还本 | | | | | | | |
| | 付息 | | | | | | | |
| 3.3 | 期末债务余额 | | | | | | | |
| 4 | 借款和债券合计 | | | | | | | |
| 4.1 | 期初余额 | | | | | | | |
| 4.2 | 当期还本付息 | | | | | | | |
| | 其中：还本 | | | | | | | |
| | 付息 | | | | | | | |
| 4.3 | 期末余额 | | | | | | | |
| 计算指标 | 利息备付率 | | | | | | | |
| | 偿债备付率 | | | | | | | |

按现行财务制度的规定，归还固定资产投资借款（长期借款）的资金来源主要是项目投产后的折旧费、摊销费和未分配利润等。因流动资金借款本金在项目计算期末用回收流动资金一次偿还，在此不必考虑流动资金借款偿还问题。

常见的还本付息方式包括以下 5 种。

(1) 最大额偿还方式。指在项目投产运营后，将获得的盈利中可用于还贷的资金全部用于还贷，以最大限度减少企业债务，使偿还期缩至最短的方式。

(2) 逐年等额还本、年末付息方式（也称等额还本利息照付方式）。是将贷款本金分若干年等额偿还并在年末计息的方式。

(3) 本利等额偿还方式（也称等额还本付息方式）。是将贷款本利和在偿还期内的各年平均分摊到每年等额偿还的方式。

(4) 年末付息、期末一次还本方式（也称等额利息方式）。是指每年只支付本金利息而不还本金，到偿还期末一次性还本的方式。

(5) 期末本利和一次付清方式（也称一次偿付方式）。是指在贷款期满前一直不还款，到期末连本带利全部付清的方式。

项目评价中可以选择等额还本付息或者等额还本利息照付方式来计算长期借款利息。

借款还本付息表的结构包括两大部分，即借款及还本付息部分和偿债能力分析指标部分。借款还本付息表的填列，在项目的建设期，当期期初余额为上期期末借款余额，当期期末余额为当期期初余额与当期应计利息之和（在当期期间借款或发行债券时，还应加上当期期间借款或债券额），当期还本、付息均为零。在项目的生产期，当期还本和付息额度应区别不同的还本付息方式采用不同的计算方法。如采用等额还本利息照付方式还款，生产期当期还本额＝建设期末借款余额（或运营期初借款余额）÷计划还本年限。当期付息额度可以根据期初借款余额结合贷款年利率求得（具体计算方法参见第 7 章建设期贷款利息的计算）。

## 7.3.3 财务分析指标

**1. 项目盈利能力分析指标**

盈利能力分析是指通过对“现金流量表”，“利润及利润分配表”的计算，考察项目计算期内各年的盈利能力。盈利能力分析的主要指标是项目投资财务内部收益率、投资财务净现值和资本金财务内部收益率、投资回收期、总投资收益率、项目资本金净利润率等，可根据项目的特点及财务分析的目的、要求等选用。

1) 投资财务净现值（FNPV）

项目投资财务净现值是按设定的折现率（一般采用基准收益率 $i_c$）计算的项目计算期（$n$）内各年净现金流量折现到建设期初的现值之和。可根据现金流量表计算得到。其表达式为

$$FNPV = \sum_{t=1}^{n}\left[(CI - CO)_t(1 + i_c)^{-t}\right]$$

一般情况下，财务盈利能力分析中，财务净现值只计算项目投资财务净现值，可根据需要选择计算所得税前净现值或所得税后净现值。在多方案比选中，取财务净现值大者为优，如果 FNPV≥0，说明项目的获利能力达到或超过了基准收益率的要求，因而在财务上可以

考虑接受。

2）投资财务内部收益率（FIRR）

项目投资财务内部收益率是指项目在整个计算期内各年净现金流量现值累计等于零时的折现率。它的经济含义是在项目终了时，保证所有投资被完全收回的折现率。它代表了项目占用资金预期可获得的收益率，可以用来衡量投资的回报水平。其表达式为

$$\sum_{t=1}^{n}\left[(CI-CO)_t(1+FIRR)^{-t}\right]=0$$

净现值与折现率的关系，一般如图 7－3 所示。对于具有常规现金流量（即在计算期内，项目的净现金流量序列的符号只改变一次的现金流量）的投资项目，其净现值的大小与折现率的高低有直接的关系。选用的折现率越大，净现值就越小；折现率越小，净现值就越大。随着折现率的逐渐增大，净现值将由大变小，由正变负。当折现率等于内部收益率时，财务净现值为零。

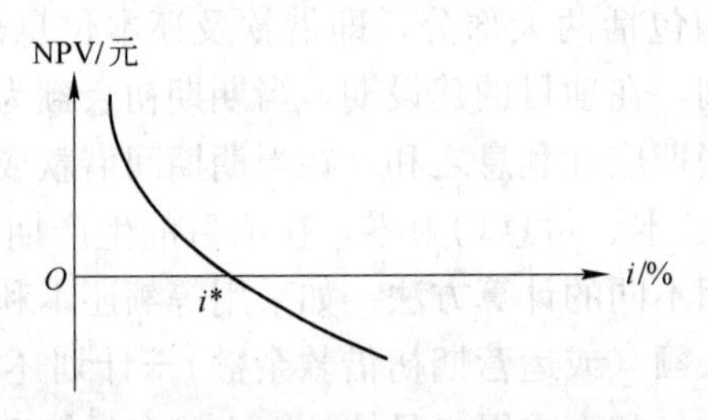


图 7－3　净现值与折现率关系图

由于内部收益率是净现值为零时的收益（折现）率，在计算财务内部收益率时，要经过多次试算，使得净现金流量现值累计等于零。所以财务内部收益率的计算应先采用试算法，后采用内插法求得。首先按基准收益率或目标收益率求得项目的财务净现值，如为正，则表明 FIRR$>i_c$，应采用更高的折现率试算，最终采用更高的两个折现率（$i_1$、$i_2$）使净现值为接近于零的正值（采用 $i_1$ 计算的 $NPV_1$）和负值（采用 $i_2$ 计算的 $NPV_2$）各一个（如图 7－4 所示），最后用内插公式求出，内插公式为

$$FIRR=i_1+\frac{|NPV_1|(i_2-i_1)}{|NPV_1|+|NPV_2|}$$

由此计算出的内部收益率通常为一近似值。为控制误差，$i_1$ 与 $i_2$ 之差不超过 2%，否则，折现率 $i_1$、$i_2$ 和净现值之间不一定呈线性关系，从而使求得的内部收益率失真。项目投资财务内部收益率、项目资本金财务内部收益率和投资各方财务内部收益率都依据上式计算，但所用的现金流入和现金流出不同。

内部收益率愈大，说明项目的获利能力越大；当财务内部收益率大于或等于所设定的判别基准 $i_c$（通常称为基准收益率）时，项目方案在财务上可考虑接受。项目投资财务内部收益率、项目资本金财务内部收益率和投资各方财务内部收益率可有不同的判别基准。

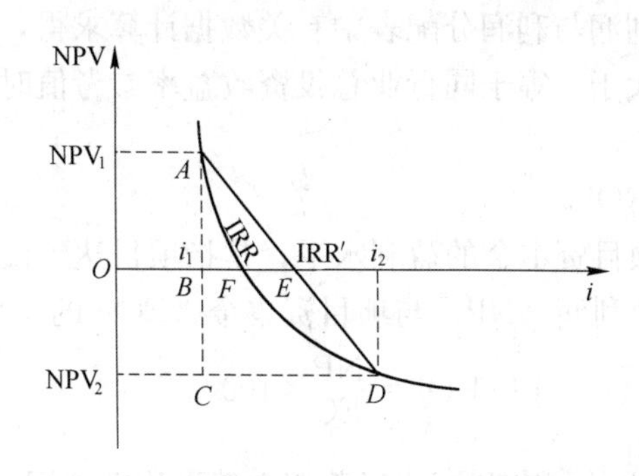


图7-4　内部收益率的近似计算图解

3）投资回收期（$P_t$）

投资回收期是指以项目的净收益回收项目投资所需要的时间，一般以年为单位。项目投资回收期宜从项目建设开始年算起，若从项目投产开始年计算，应予以特别注明。项目投资回收期可借助项目投资现金流量表计算。项目投资现金流量表中累计净现金流量由负值变为零的时点，即为项目的投资回收期，其表达式为

$$\sum_{t=1}^{P_t}(\mathrm{CI}-\mathrm{CO})_t = 0$$

投资回收期具体计算公式为

$$P_t = T-1+\frac{\left|\sum_{i=1}^{T-1}(\mathrm{CO}-\mathrm{CI})_i\right|}{(\mathrm{CO}-\mathrm{CI})_T}$$

式中：$T$——各年累计净现金流量首次为正值或零的年数。

上式中的小数部分也可以折算成月数，以年和月表示。

在项目财务评价中，投资回收期愈小说明项目投资回收快，抗风险能力强。投资回收期$P_t$与基准回收期$P_c$相比较，如果$P_t \leqslant P_c$，表明项目投资能在规定的时间内收回，则项目在财务上可行。

4）总投资收益率（ROI）

总投资收益率表示总投资的盈利水平，是指项目达到设计能力后正常年份的年息税前利润或运营期内年平均息税前利润（EBIT）与项目总投资（TI）的比率。它是考察项目单位投资盈利能力的静态指标。其计算公式为

$$\mathrm{ROI}=\frac{\mathrm{EBIT}}{\mathrm{TI}}\times 100\%$$

式中：EBIT——项目正常年份的年息税前利润或运营期内年平均息税前利润；

TI——项目总投资。

总投资收益率可根据利润与利润分配表中有关数据计算求得，其数值愈大愈好。在财务评价中，当总投资收益率大于、等于同行业总投资收益率参考值时，表明用总投资收益率表示的盈利能力满足要求。

5）资本金净利润率（ROE）

资本金净利润率表示项目资本金的盈利水平，是指项目达到设计能力后正常年份的年净利润或运营期间内年平均净利润（NP）与项目资本金（EC）的比率。其计算公式为

$$ROE=\frac{NP}{EC}\times 100\%$$

式中：NP——项目正常年份的年净利润或运营期内年平均净利润；

EC——项目资本金。

项目资本金净利润率可根据利润与利润分配表中有关数据计算求得，其数值愈大愈好。在财务评价中，资本金净利润率大于、等于同行业资本金净利润率参考值时，表明用项目资本金净利润率表示的盈利能力满足要求。

**2. 项目偿债能力分析指标**

偿债能力分析是通过对“借款还本付息计划表”，“资产负债表”的计算，考察项目计算期内各年的偿债能力，并计算利息备付率、偿债备付率和资产负债率等指标而实现的。

1）利息备付率（ICR）

利息备付率是指在借款偿还期内的息税前利润（EBIT）与应付利息（PI）的比值，它从付息资金来源的充裕性角度反映项目偿付债务利息的保障程度。其计算公式为

$$ICR=\frac{EBIT}{PI}$$

式中：EBIT——息税前利润，其大小等于利润总额加上计入总成本费用的利息费用；

PI——当期应付利息，指计入总成本费用的全部利息。

利息备付率应分年计算。利息备付率高，表明利息偿付的保障程度高。

利息备付率应当大于1，并结合债权人的要求确定。根据我国企业历史数据统计分析，一般情况下，利息备付率不宜低于2。

2）偿债备付率（DSCR）

偿债备付率是指在借款偿还期内，用于计算还本付息的资金（$EBITDA-T_{AX}$）与应还本付息金额（PD）的比值，表示可用于还本付息的资金偿还借款本息的保障程度。其计算公式为

$$DSCR=\frac{EBITDA-T_{AX}}{PD}$$

式中：EBITDA——息税前利润加折旧和摊销；

$T_{AX}$——企业所得税；

PD——应还本付息金额，包括当期还本金额和计入总成本费用的全部利息。融资租赁费用可视同为借款偿还，运营期间的短期借款本息也应纳入计算。

可用于还本付息的资金包括：可用于还款的折旧和摊销，成本中列支的利息费用，可用于还款的利润等。如果项目在运行期内有维持运营的投资，可用于还本付息的资金应扣除维持运营的投资。

偿债备付率应分年计算，偿债备付率高，表明可用于还本付息的资金保障程度高。偿债备付率应当大于1，并结合债权人的要求确定。根据我国企业历史数据统计分析，一般情况下，偿债备付率不宜低于1.3。

3）资产负债率（LOAR）

资产负债率是指各期末负债总额（TL）同资产总额（TA）的比率。其计算公式为

$$LOAR=\frac{TL}{TA}\times 100\%$$

式中：TL——期末负债总额；

TA——期末资产总额。

适度的资产负债率，表明企业经营安全、稳健，具有较强的筹资能力，也表明企业和债权人的风险较小。对该指标的分析，应结合国家宏观经济状况、行业发展趋势、企业所处的竞争环境等具体条件判定。项目财务分析中，在长期债务还清后，可不再计算资产负债率。

4）借款偿还期

借款偿还期是指根据国家财政规定及投资项目的具体财务条件，以项目可作为偿还贷款的项目收益（利润、折旧及其他收益）来偿还项目投资借款本金和利息所需要的时间。对于筹措了债务资金的项目，通过计算利息备付率和偿债备付率指标，判断项目的偿债能力。如果能得知或根据经验设定所要求的借款偿还期，可以直接计算利息备付率和偿债备付率指标；如果难以设定借款偿还期，也可以先大致估算出借款偿还期，在采用适宜方法计算出每年需要还本和付息的金额，代入公式计算利息备付率和偿债备付率指标。

借款偿还期以年表示。其具体推算公式为

借款偿还期＝借款偿还后开始出现盈余年份数－开始借款年份＋
当年偿还借款额/当年可用于还款的资金额

借款偿还期指标只是为估算利息备付率和偿债备付率指标所用，不应与利息备付率和偿债备付率指标并列。

## 7.3.4 财务评价示例

**例7－3** 某投资者在市区购买了30 000平方米的写字楼拟用于出租经营，购买价格为10 000元/平方米，同时按照购买价格4%的比例支付契税、0.5%的比例支付手续费、0.5%的比例支付律师费、0.3%的比例支付其他费用。其中，30%的购房费用和各种税费均

由投资者的自有资金支付，70%的购房费用使用商业贷款，贷款期限为15年，年利率为7.5%（假设在还款期内利率保持不变）。目前同一商圈内同等类型写字楼的出租价格为4.5元/（平方米·天），据分析，这一价格在5年内以2%的年增长率上升，第6年开始保持在第5年的价格水平之上。该写字楼前3年的出租率分别为65%、75%和85%，从第4年开始出租率达到95%，且在此后的出租经营期内始终保持该出租率。出租经营期间的经营成本为经营收入的10%，税费为经营收入的17.5%。如果购买投资发生在第1年的年初，每年的净经营收入和抵押贷款还本付息支出均发生在年末，土地使用年限为50年，建设期已使用2年，土地使用年限期止建筑物的残值收入约为其建安造价的50%，该建筑物的建安造价约为4 500元/平方米。投资者的基准收益率为12%。编制该项投资的项目资本金现金流量表并计算所得税前的财务净现值、财务内部收益率和投资回收期，判断该项目的可行性。

**解** 项目计算期为50－2＝48(年)，基准收益率为12%。

1) 现金流入

写字楼租赁收入：第1年 30 000×4.5×30×12×65%/10 000＝3 159.00(万元)

第2年 30 000×4.5×1.02×30×12×75%/10 000＝3 717.90(万元)

第3年 30 000×4.5×$1.02^2$×30×12×85%/10 000＝4 297.89(万元)

第4年 30 000×4.5×$1.02^3$×30×12×95%/10 000＝4 899.60(万元)

第5～48年 30 000×4.5×$1.02^4$×30×12×95%/10 000＝4 997.59(万元)

回收固定资产余值：

第48年 4 500×30 000×50%/10 000＝6 750.00(万元)

2) 现金流出

自有资金流出＝30 000×(30%＋4%＋0.5%＋0.5%＋0.3%)＝10 590.00(万元)

借款还本付息＝30 000×70%×7.5%/[1－(1＋7.5%)$^{-15}$]＝2 379.03(万元)

经营成本＝租赁收入×10%

销售税金及附加＝租赁收入×17.5%

具体数据如表7－7中所示。

3) 净现金流量

净现金流量等于现金流入减去现金流出。

4) 指标计算

(1) 财务净现值。财务净现值为折现净现金流的累计，如现金流量表（表7－7）中所示，财务净现值为962.76万元。

(2) 内部收益率。该项目财务净现值大于零，则其内部收益率一定大于基准收益率，故取13%的折现率进行试算。当折现率为13%时，计算所得的净现值为－454.21，故内部收益率在12%与13%之间，计算过程为

内部收益率＝12%＋[962.76/(962.76＋454.21)]×100%＝12.68%

表7-7 现金流量表（自有资金）

万元

| 序号 | 年份 | 0 | 1 | 2 | 3 | 4 | 5 | 6～10 | 11 | 12～15 | 16～29 | 30 | 31～47 | 48 |
|---|---|---|---|---|---|---|---|---|---|---|---|---|---|---|
| 1 | 现金流入 |  | 3 159.00 | 3 717.90 | 4 297.89 | 4 899.60 | 4 997.59 | 4 997.59×5 | 4 997.59 | 4 997.59×4 | 4 997.59×14 | 4 997.59 | 4 997.59×17 | 11 747.59 |
| 1.1 | 租赁收入 |  | 3 159.00 | 3 717.90 | 4 297.89 | 4 899.60 | 4 997.59 | 4 997.59×5 | 4 997.59 | 4 997.59×4 | 4 997.59×14 | 4 997.59 | 4 997.59×17 | 4 997.59 |
| 1.2 | 回收固定资产余值 |  |  |  |  |  |  |  |  |  |  |  |  | 6 750.00 |
| 2 | 现金流出 | 10 590.00 | 3 247.76 | 3 401.45 | 3 560.95 | 3 726.42 | 3 753.37 | 3 753.37×5 | 3 753.37 | 3 753.37×4 | 1 374.34×14 | 1 374.34 | 1 374.34×17 | 1 374.34 |
| 2.1 | 自有资金 | 10 590.00 |  |  |  |  |  |  |  |  |  |  |  |  |
| 2.2 | 借款还本付息 |  | 2 379.03 | 2 379.03 | 2 379.03 | 2 379.03 | 2 379.03 | 2 379.03×5 | 2 379.03 | 2 379.03×4 |  |  |  |  |
| 2.3 | 经营成本 |  | 315.9 | 371.79 | 429.79 | 489.96 | 499.76 | 499.76×5 | 499.76 | 499.76×4 | 499.76×14 | 499.76 | 499.76×17 | 499.76 |
| 2.4 | 销售税金及附加 |  | 552.83 | 650.63 | 752.13 | 857.43 | 874.58 | 874.58×5 | 874.58 | 874.58×4 | 874.58×14 | 874.58 | 874.58×17 | 874.58 |
| 3 | 所得税前净现金流量 | −10 590.00 | −88.76 | 316.45 | 736.94 | 1 173.18 | 1 244.22 | 1 244.22×5 | 1 244.22 | 1 244.22×4 | 3 623.25×14 | 3 623.25 | 3 623.25×17 | 10 373.25 |
| 4 | 所得税前净现金流量累计 | −10 590.00 | −10 678.76 | −10 362.31 | −9 625.37 | −8 452.19 | −7 207.97 | −986.85 | 257.37 | 5 234.26 | 55 959.79 | 59 583.04 | 121 178.33 | 131 551.58 |
| 5 | 折现系数($i$=12%) | 1.000 0 | 0.892 9 | 0.797 2 | 0.711 8 | 0.635 5 | 0.567 4 | 0.506 6～0.322 0 | 0.287 5 | 0.256 7～0.187 2 | 0.163 1～0.037 4 | 0.033 4 | 0.029 8～0.004 9 | 0.004 3 |
| 6 | 折现净现金流量 | −10 590.00 | −79.25 | 252.27 | 524.54 | 745.58 | 706.01 | 630.36～400.61 | 357.68 | 319.36～227.31 | 591.03～135.45 | 120.94 | 107.98～17.61 | 45.02 |
| 7 | 折现净现金流量累积 | −10 590.00 | −10 669.25 | −10 416.98 | −9 892.43 | −9 146.86 | −8 440.85 | −5 895.86 | −5 538.18 | −4 451.77 | −64.22 | 56.72 | 917.74 | 962.76 |
| 评价指标 | 财务内部收益率(%) | 12.68 |  |  |  |  |  |  |  |  |  |  |  |  |
|  | 财务净现值($i$=12%) | 962.76 |  |  |  |  |  |  |  |  |  |  |  |  |
|  | 投资回收期(年) | 10.79年 |  |  |  |  |  |  |  |  |  |  |  |  |

(3) 投资回收期。根据表 7-7 中所得税前净现金流量累计可以看出，在第 10 年末，净现金流量累计为－986.85 万元，第 11 年末为 257.37 万元，所以静态投资回收期为

$$10+\frac{|-986.85|}{|-986.85|+|257.37|}=10.79(\text{年})$$

5) 结论

因为该项目财务净现值 962.76>0，内部收益率 12.68%>12%，故该项目可行。

## 7.3.5 不确定性分析

**1. 盈亏平衡分析**

盈亏平衡分析的目的是寻找盈亏平衡点，据此判断项目风险大小及对风险的承受能力，为投资决策提供科学依据。盈亏平衡点就是盈利与亏损的分界点，在这一点“项目总收益等于项目总成本”。项目总收益（$T_R$）及项目总成本（$T_C$）都是产量（$Q$）的函数，根据 $T_C$、$T_R$ 与 $Q$ 的关系不同，盈亏平衡分析分为线性盈亏平衡分析和非线性盈亏平衡分析。在线性盈亏平衡分析中存在以下关系式。

$$T_R=P\cdot(1-t)\cdot Q$$
$$T_C=F+V\cdot Q$$

式中：$T_R$——表示项目总收益；

$P$——表示产品销售价格；

$t$——表示销售税率；

$Q$——表示产量或销售量；

$T_C$——表示项目总成本；

$F$——表示固定成本；

$V$——表示单位产品可变成本。

令 $T_R=T_C$ 即可分别求出盈亏平衡产量、盈亏平衡价格、盈亏平衡单位产品可变成本、盈亏平衡生产能力利用率。它们的表达式分别为

盈亏平衡产量　$Q^*=\dfrac{F}{P\cdot(1-t)-V}$

盈亏平衡价格　$P^*=\dfrac{F+V\cdot Q_c}{(1-t)\cdot Q_c}$

盈亏平衡单位产品可变成本　$V^*=P\cdot(1-t)-\dfrac{F}{Q_c}$

盈亏平衡生产能力利用率　$\alpha^*=\dfrac{Q^*}{Q_c}\times100\%$

式中：$Q_c$——设计生产能力。

盈亏平衡产量表示项目的保本产量，盈亏平衡产量越低，项目保本越容易，则项目风险

越低；盈亏平衡价格表示项目可接受的最低价格，该价格仅能收回成本，该价格水平越低，表示单位产品成本越低，项目的抗风险能力就越强；盈亏平衡单位产品可变成本表示单位产品可变成本的最高上限，实际单位产品可变成本低于 $V^*$ 时，项目盈利，因此 $V^*$ 越大，项目的抗风险能力越强。

**2. 敏感性分析**

敏感性分析是通过分析、预测项目主要影响因素发生变化时对项目经济评价指标（如NPV、IRR等）的影响，从中找出敏感因素，并确定其影响程度的一种分析方法。敏感性分析的核心是寻找敏感因素，并将其按影响程度按大小排序。敏感性分析根据同时分析敏感因素数量的多少分为单因素敏感性分析和多因素敏感性分析。这里简要介绍单因素敏感性分析中敏感因素的确定方法。

1）相对测定法

即设定要分析的因素均从初始值开始变动，且假设各个因素每次均变动相同的幅度，然后计算在相同变动幅度下各因素对经济评价指标的影响程度，即灵敏度，灵敏度越大的因素越敏感。在单因素敏感性分析图上，表现为变量因素的变化曲线与横坐标相交的角度（锐角）越大的因素越敏感。

$$\text{灵敏度}(\beta)=\frac{\text{评价指标变化幅度}}{\text{变量因素变化幅度}}=\frac{\left|\dfrac{Y_1-Y_0}{Y_0}\right|}{|\Delta X|}$$

2）绝对测定法

取经济评价指标等于其临界值，然后计算变量因素的取值，假设为 $X_1$，变量因素原来的取值为 $X_0$，则该变量因素最大允许变化范围为 $\left|\dfrac{X_1-X_0}{X_0}\right|$，最大允许变化范围越小的因素越敏感。在单因素敏感性分析图上，表现为变量因素的变化曲线与评价指标临界值曲线相交的横截距越小的因素越敏感。

## 本章小结

项目投资决策阶段的工程造价管理，包括选择资金的筹措方式、处理好各种影响因素对造价的作用，做好项目的经济评价和风险管理等。影响项目造价的主要因素有项目的资金来源、资金的筹集方法和影响建设项目投资决策的因素等，其中影响项目投资决策的因素包括项目的合理规模、建设标准水平、建设地区及建设地点（厂址）及工程的技术方案。

投资决策阶段对项目的评价包括财务评价、国民经济评价与社会效益评价。风险管理的重点在投资决策阶段，项目风险分析的主要方法有盈亏平衡分析、敏感性分析和概率分析。

投资估算是在项目建议书阶段和可行性研究阶段，通过编制估算文件对拟建项目所需投资预先测算和确定的过程。从费用构成来看，包括项目从筹建、施工直至竣工投产所需的全部费用，由固定资产投资估算和流动资金估算两部分构成。静态投资部分估算的方法有资金周转率法、生产能力指数法、比例估算法、郎格系数法和指标估算法。动态投资部分的估算包括涨价预备费的估算和建设期贷款利息的估算。流动资金是保证生产性建设项目投产后，能正常生产经营所需要的最基本的周转资金数额。流动资金一般采用分项详细估算法和扩大指标估算法估算。

财务评价是根据国家现行财税制度和价格体系，分析、计算项目直接发生的财务效益和费用，编制财务报表，计算评价指标，考察项目的盈利能力、清偿能力及外汇平衡等财务状况，据以判断项目的财务可行性的方法。财务评价的基本报表有现金流量表、损益表、资金来源与运用表、资产负债表和外汇平衡表。评价项目盈利能力的指标有财务净现值、财务内部收益率、动态投资回收期、投资利润率、投资利税率和资本金利润率。评价项目清偿能力的指标有借款偿还期、利息备付率和偿债备付率。

## 复习思考题

1. 项目投资决策阶段工程造价管理的主要内容有哪些?
2. 投资估算包括哪些内容?
3. 简述静态投资部分估算各种编制方法的特点、计算方法和适用条件。
4. 对于贷款总额一次性贷出和总贷款分年均衡发放的建设期贷款利息的计算有何不同?
5. 简述流动资金估算的一般方法。
6. 简述财务评价的概念、工作程序及内容。
7. 建设项目的财务效益和财务支出（费用）项目主要有哪些?
8. 经营成本与建设项目的总成本费用有何区别?
9. 财务评价中的动态评价指标有哪些?
10. 财务报表中的基本报表和辅助报表分别有哪些?
11. 现金流量表的现金流出项目中为何选用经营成本而非总成本费用?
12. 全部资金现金流量表和自有资金现金流量表的现金流出项目有何不同?
13. 简述税后利润的分配程序和方法。
14. 常见的还本付息方式有哪些?
15. 简述借款还本付息表的填列方式。
16. 简述财务净现值、财务内部收益率、动态投资回收期的内涵、计算方法和评价标准。
17. 投资利润率、投资利税率、资本金利润率的计算有何不同?
18. 简述借款偿还期、利息备付率和偿债备付率的计算方法。

## 案例分析

**案例7-1**　某企业预投资建设某化工项目，设计生产能力为$4.5\times10^5$ t。已知生产能力为$3\times10^5$ t的同类项目投入设备费为30 000万元，设备综合调整系数为1.1。该项目生产能力指数估计为0.8，该类项目的建筑工程费是设备费的10%，安装工程费为设备费的20%，其他工程费是设备费的10%。该三项的综合调整系数定为1.0，其他投资费用估算为1 000万元。该项目自有资金30 000万元，其余通过银行贷款获得，年贷款利率为8%，按季计息。建设期为3年，投资进度分别为30%、50%、20%，基本预备费为10%，建设期内生产资料涨价预备费率为5%。自有资金50 000万元。投资计划为：第一年30%，第二年50%，第三年20%。固定资产投资方向调节税免征，估算该项目固定资产总额。

该项目达到设计生产能力后，全厂定员1 100人，工资与福利费按每人每年12 000元估算，每年的其他费用为860万元，生产存货占用流动资金估算为8 000万元，年外购原材料、燃料及动力费为20 200万元，年经营成本为24 000万元，年销售收入30 000万元。各项流动资金的最低周转天数分别为：应收账款30天，现金45天，应收账款30天。要求：

(1) 估算建设期贷款利息；

(2) 用分项详细估算法估算拟建项目的流动资金；

(3) 求建设项目的总投资估算额。

**案例7-2**　拟建某工业生产项目，基础数据如下所述。

(1) 固定资产投资5 058.9万元（其中，含无形资产600万元）。建设期2年，运营期8年。

(2) 本项目建设投资资金来源为贷款和自有资金。贷款总额为2000万元，在建设期内每年贷入1 000万元。贷款年利率为10%（按年计息），按照实际偿还能力偿还贷款。无形资产在运营期8年中，均匀摊入成本。固定资产残值300万元，按照直线法折旧，折旧年限为12年。自有资金在建设期内均匀投入。

(3) 本项目第三年投产，当年生产负荷达到设计生产能力的50%，第4年达到设计生产能力的80%，以后各年均达到设计生产能力的100%。流动资金全部为自有资金。

(4) 建设项目的资金投入、收益、成本费用表见表7-8。

(5) 行业基准收益率为12%，行业的投资利润率20%，投资利税率为25%。

**表7-8　建设项目的资金投入、收益、成本费用表**

| 序　号 | 年份、项目 | 1 | 2 | 3 | 4 | 5 | 6 | 7～10 |
|---|---|---|---|---|---|---|---|---|
| 1 | 固定资产投资 | | | | | | | |
| 1.1 | 其中：自有资金 | 1 529.45 | 1 529.45 | | | | | |
| 1.2 | 贷款 | 1 000.00 | 1 000.00 | | | | | |
| 2 | 销售收入 | | | 2 500.00 | 4 000.00 | 5 000.00 | 5 000.00 | 5 000.00 |

续表

| 序　号 | 年份、项目 | 1 | 2 | 3 | 4 | 5 | 6 | 7～10 |
|---|---|---|---|---|---|---|---|---|
| 3 | 销售税金及附加 | | | 150.00 | 240.00 | 300.00 | 300.00 | 300.00 |
| 4 | 总成本费用 | | | 1 500.00 | 2 400.00 | 3 000.00 | 3 000.00 | 3 000.00 |
| 5 | 流动资产（应收账款＋现金＋存货） | | | 380.00 | 608.00 | 760.00 | 760.00 | 760.00 |
| 6 | 流动负债 | | | 64.16 | 102.66 | 128.33 | 128.33 | 128.33 |
| 7 | 流动资金 | | | 315.84 | 505.34 | 631.67 | 631.67 | 631.67 |
| 8 | 本年新增流动资金 | | | 315.84 | 189.50 | 126.33 | | |

要求：(1) 编制本项目的还本付息表、损益表、现金流量表；

(2) 计算项目的盈利能力指标和清偿能力指标；

(3) 分别从盈利能力角度和清偿能力角度分析项目的可行性。

**案例 7-3**　某工业项目投资 5 000 万元人民币，预计寿命周期为 15 年，其中建设期 2 年，生产期 13 年，其他有关数据如下：

(1) 建设期内，第一年投资 1 600 万元，第二年投资 2 000 万元；

(2) 生产期内，流动资金分两年投入，第一年投入 900 万元，第二年投入 500 万元；

(3) 投产后第一年达产率为 70%，第二年达产率为 90%，第三年开始正常生产；

(4) 经过市场调查和预测，预计正常年份销售收入为 4 500 万元，经营成本为 2 000 万元，税金为 740 万元；

(5) 项目寿命期末固定资产残值为 300 万元，流动资金全部收回；

(6) 年利率为 10%，行业基准动态投资回收期为 9 年；

(7) 各现金流量均发生在年末。

**问题**　(1) 编制该项目的全部资金现金流量；

(2) 列式计算静态和动态投资回收期；

(3) 判断项目是否可行，并说明理由。

(折现系数保留 4 位小数，其余保留 2 位小数。)

# 第 8 章　设计阶段的工程造价管理

## 知识结构

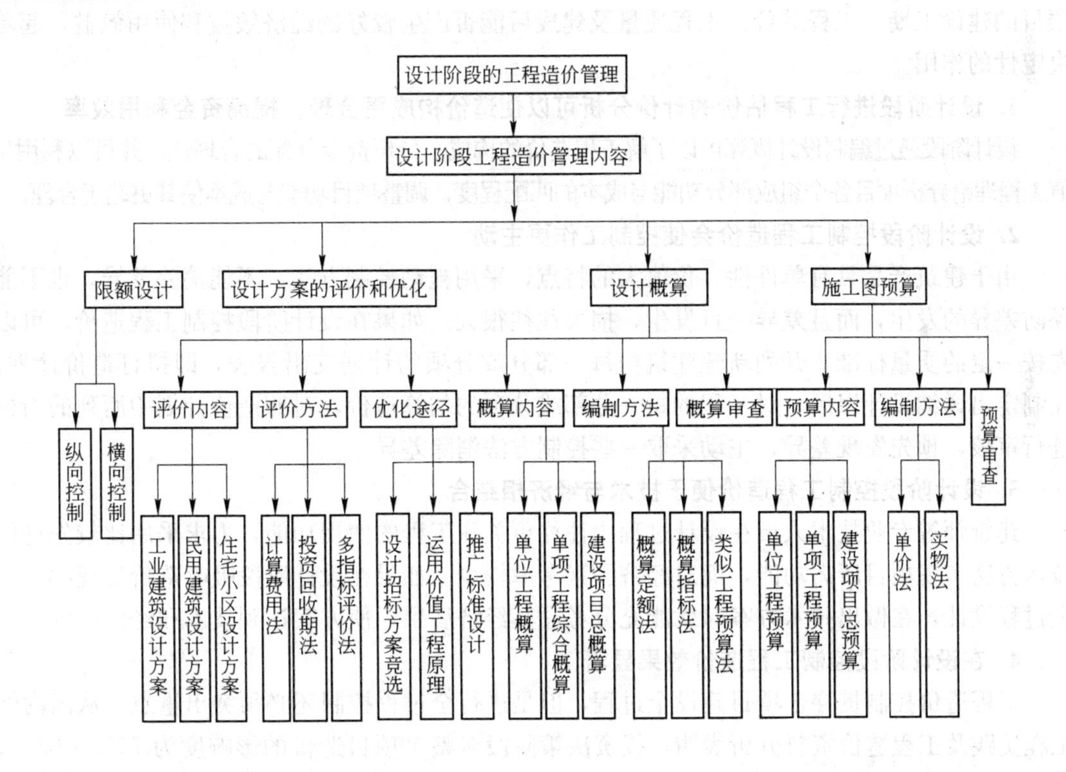


## 学习目的、任务与要求

通过本章的学习，使读者对设计阶段工程造价管理的内容有所了解，能够独立开展设计概算和施工图预算的编制，学会审查设计概算和施工图预算的方法。要求读者在学习中了解设计阶段工程造价管理的意义和管理程序，熟悉设计阶段工程造价管理的措施和方法；了解限额设计的方法，熟悉设计方案评价的内容与方法，了解工程设计优化途径；掌握设计概算和施工图预算的概念、作用、编制依据和内容；掌握设计概算和施工图预算的编制方法和审查方法。

# 8.1 设计阶段工程造价管理的内容

## 8.1.1 设计阶段工程造价管理的重要意义

在拟建项目经过投资决策阶段后，设计阶段就成为工程造价控制的关键阶段。它对建设项目的建设工期、工程造价、工程质量及建成后能否产生较好的经济效益和使用效益，起着决定性的作用。

**1. 设计阶段进行工程估价的计价分析可以使造价构成更合理，提高资金利用效率**

设计阶段通过编制设计概算可以了解工程造价的构成，分析资金分配的合理性。并可以利用价值工程理论分析项目各个组成部分功能与成本的匹配程度，调整项目功能与成本使其更趋于合理。

**2. 设计阶段控制工程造价会使控制工作更主动**

由于建筑产品具有单件性、价值大的特点，采用被动控制方法，不能消除差异，也不能预防差异的发生，而且差异一旦发生，损失往往很大。如果在设计阶段控制工程造价，可以先按一定的质量标准，开列新建建筑物每一部分或分项的计划支出报表，即拟订造价计划。在制定出详细设计以后，对工程的每一分部或分项的估算造价，对照造价计划中所列的指标进行审核，预先发现差异，主动采取一些控制方法消除差异。

**3. 设计阶段控制工程造价便于技术与经济相结合**

建筑师等专业技术人员在设计过程中往往更关注工程的使用功能，力求采用比较先进的技术方法实现项目所需功能，而对经济因素考虑较少。如果在设计阶段吸收造价工程师参与全过程设计，在做出技术方案时就能充分考虑其经济后果，使方案达到技术和经济的统一。

**4. 在设计阶段控制工程造价效果显著**

工程造价控制贯穿于项目建设全过程，但是进行全过程控制还必须突出重点。从国内外工程实践及工程造价资料分析表明，投资决策阶段对整个项目造价的影响度为75%～95%，设计阶段的影响度为35%～75%，施工阶段为5%～35%，竣工阶段为0～5%。很显然，当项目投资决策确定以后，设计阶段就是控制工程造价的关键环节。因此在设计一开始就应将控制投资的思想根植于设计人员的头脑中，保证选择恰当的设计标准和合理的功能水平。

## 8.1.2 设计阶段工程造价管理的程序

随着工程设计工作的开展，各个设计阶段工程造价管理的内容又有所不同，各阶段工程造价管理的主要工作内容和程序如图 8-1 所示。

**1. 方案设计阶段**

根据方案图纸和说明书，作出各专业详尽的建安工程造价估算书。

**2. 初步设计阶段**

根据初步设计图纸和说明书及概算定额（扩大预算定额或综合预算定额）编制初步设计

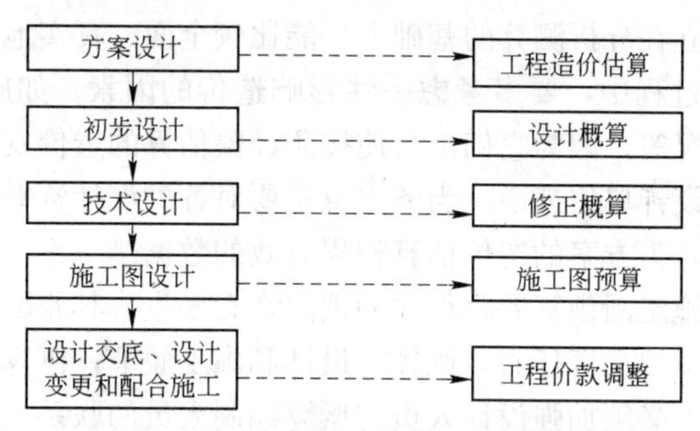


图 8－1　设计阶段工程造价控制程序

总概算；概算一经批准，即为控制拟建项目工程造价的最高限额。总概算是确定建设项目的投资额、编制固定资产投资计划的依据；是签订建设工程总包合同、贷款总合同、实行投资包干的依据；同时也可作为控制建设工程拨款、组织主要设备订货、进行施工准备及编制技术、设计文件或施工图设计文件等的依据。

**3. 技术设计阶段（扩大初步设计阶段）**

根据技术设计的图纸和说明书及概算定额编制初步设计修正总概算。这一阶段往往是针对技术比较复杂、工程比较大的项目而设立的。

**4. 施工图设计阶段**

根据施工图纸和说明书及预算定额编制施工图预算，用以核实施工图阶段造价是否超过批准的初步设计概算。以施工图预算为基础招标投标的工程，则是以中标的施工图预算作为以经济合同形式确定的承包合同价的依据，同时也是作为结算工程价款的依据。

**5. 设计交底和配合施工**

设计单位应负责交代设计意图，进行技术交底，解释设计文件，及时解决施工中设计文件出现的问题，参加试运转和竣工验收、投产及进行全面的工程设计总结。设计过程中应及时地对项目投资进行分析对比，反馈造价信息，能动地影响设计，控制投资。

设计阶段的造价控制是一个有机联系的整体，各设计阶段的造价（估算、概算、预算）相互制约、相互补充，前者控制后者，后者补充前者，共同组成工程造价的控制系统。

### 8.1.3　设计阶段造价控制的措施和方法

设计阶段控制造价的方法有：对设计方案进行优选或优化设计，推广限额设计和标准化设计，加强对设计概算、施工图预算的编制管理和审查。

**1. 方案的造价估算、设计概算和施工图预算的编制与审查**

设计阶段加强对设计方案估算、初步设计概算、施工图预算编制的管理和审查是至关重要的。实际工作中经常发现有的方案估算不够完整，有的限额设计的目标值缺乏合理性，有的概算不够正确，有的施工图预算或者标底不够精准，影响到设计过程中各个阶段造价控制目标的制定，最终不能达到以造价目标控制设计工作的目的。

首先方案估算要建立在分析测算的基础上，能比较全面、真实地反映各个方案所需的造价。在方案的投资估算过程中，要多考虑一些影响造价的因素，如施工的工艺和方法的不同、施工现场的不同情况等，因为它们都会使按照经验估算的造价发生变化，只有这样才能使估算更加完善。对于设计单位来说，当务之急是要对各类设计资料进行分析测算，以掌握大量的第一手资料数据，为方案的造价估算积累有效的数据。

设计概算不准，与施工图预算差距很大的现象常有发生，其原因主要包括初步设计图纸深度不够，概算编制人员缺乏责任心，概算与设计和施工脱节，概算编制中错误太多等。要提高概算的质量，首先，必须加强设计人员与概算编制人员的联系与沟通；其次，要提高概算编制人员的素质，加强责任心，多深入实际，丰富现场工作经验；再次，加强对初步设计概算的审查，概算审查可以避免重大错误的发生，避免不必要的经济损失，设计单位要建立健全三审制度（自审、审核、审定），大的设计单位还应建立概算抽查制度。概算审查不仅仅局限于设计单位，建设单位和概算审批部门也应加强对初步设计概算的审查，严格概算的审批，也可以有效控制工程造价。

施工图预算是签订施工承包合同，确定承包合同价，进行工程结算的重要依据，其质量的高低直接影响到施工阶段的造价控制。提高施工图预算的质量可以从加强对编制施工图预算的单位和人员的资质审查，以及加强对他们的管理的方式实现。

**2. 设计方案的优化和比选**

为了提高工程建设投资效果，从选择建设场地和工程总平面布置开始，直到最后结构构件的设计，都应进行多方案比选，从中选取技术先进、经济合理的最佳设计方案，或者对现有的设计方案进行优化，使其能够更加经济合理。在设计过程中，可以利用价值工程的思路和方法对设计方案进行比较，对不合理的设计提出改进意见，从而达到控制造价、节约投资的目的。

**3. 限额设计和标准化设计的推广**

限额设计是设计阶段控制工程造价的重要手段，它能有效地克服和控制“三超”现象，使设计单位加强技术与经济的对立统一管理，能克服设计概预算本身的失控对工程造价带来的负面影响。另外，推广成熟的、行之有效的标准设计不但能够提高设计质量，而且能够提高效率，节约成本；同时因为标准设计大量使用标准构配件，压缩现场工作量，所以有益于工程造价的控制。

**4. 推行设计索赔及设计监理等制度，加强设计变更管理**

设计索赔和设计监理等制度的推行，能够真正提高人们对设计工作的重视程度，从而使设计阶段的造价控制得以有效开展，同时也可以促进设计单位建立完善的管理制度，提高设计人员的质量意识和造价意识。设计索赔制度的推行和加大索赔力度是切实保障设计质量和控制造价的必要手段。另外，设计图纸变更发生得越早，造成的经济损失越小；反之则损失越大。工程设计人员应建立设计施工轮训或继续教育制度，尽可能地避免设计与施工相脱节的现象发生，由此可减少设计变更的发生。对非发生不可的变更，应尽量控制在设计阶段，且要用先算账后变更、层层审批等方法，以使投资得到有效控制。

# 8.2 限额设计

## 8.2.1 限额设计的概念

所谓限额设计，就是按照批准的设计任务书及投资估算控制初步设计，按照初步设计总概算控制施工图设计，同时各专业在保证达到使用功能的前提下，按分配的投资限额控制设计，严格控制技术设计和施工图设计的不合理变更，保证总投资限额不被突破。

限额设计将上阶段设计审定的投资额和工程量先行分解到各专业，然后再分解到各单位工程和分部工程，通过层层分解，实现对投资限额的控制与管理，同时也实现了对设计规模、设计标准、工程数量与概预算指标等各个方面的控制。影响工程设计静态投资（或基础价）的项目都应作为限额设计的控制对象。

在项目建设过程中采用限额设计是我国工程建设领域控制投资支出和有效使用建设资金的有力措施。限额设计按上一阶段批准的投资（或造价）控制下一阶段的设计，而且在设计中以控制工程量为主要内容，抓住了控制工程造价的核心，从而能有效地克服和控制“三超”现象。限额设计可促使设计单位加强技术与经济的对立统一，克服长期以来重技术、轻经济的思想，树立设计人员的责任感。限额设计可促使设计院内部设计与概预算形成有机的整体，克服相互脱节的现象。

## 8.2.2 限额设计的目标

**1. 限额设计目标的确定**

限额设计目标是在初步设计开始前，根据批准的可行性研究报告及其投资估算确定的。限额设计目标由项目经理或总设计师提出，经主管院长审批下达，其总额度一般只下达直接工程费的 90%，以便项目经理或总设计师和室主任留有一定的调节指标。专业之间或专业内部节约下来的单项费用，未经批准不能互相调用。

**2. 采用优化设计，确保限额目标的实现**

所谓优化设计，是以系统工程理论为基础，应用现代数学方法，借助计算机技术，对工程设计方案、设备选型、参数匹配、效益分析、项目可行性等方面进行最优化的设计方法。这是控制工程造价的重要措施。在进行优化设计时，必须根据最优化问题的性质，选择不同的最优化方法。

优化设计通常是通过建立数学模型进行的。一般工作步骤是：① 分析设计对象综合数据建立目标、构筑模型；② 选择合适的最优化方法；③ 用计算机对问题求解；④ 对计算结果进行分析和比较，并侧重分析实现的可行性。以上 4 个步骤反复进行，直至结果满意为止。

## 8.2.3 限额设计全过程

限额设计的全过程实际上就是对工程项目投资目标管理的过程，即目标分解与计划、目标实施、目标实施检查、信息反馈的控制循环过程。这个过程可用图 8-2 来表示。

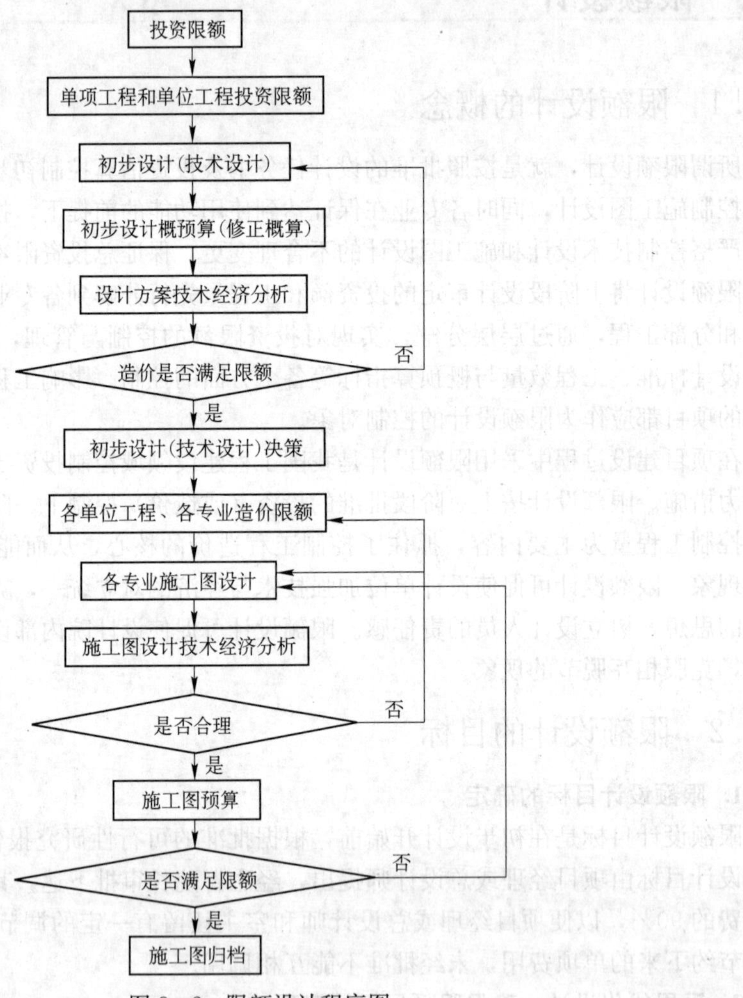


图 8-2 限额设计程序图

## 8.2.4 限额设计的纵向控制

**1. 初步设计阶段的限额设计**

初步设计开始时，项目总设计师应将可行性研究报告的设计原则、建设方针和各项控制经济指标向设计人员交底，对关键设备、工艺流程、主要建筑和各种费用指标提出技术方案比较，研究实现可行性研究报告中投资限额的可行性，将设计任务和投资限额分专业下达，促使设计人员进行多方案比选。并以单位工程为考核单元，事先做好专业内部的平衡调整，提出节约投资的措施，力求将工程造价和工程量控制在限额内。对由于初步设计阶段的主要设计方案与可行性研究阶段的工程设想方案相比较发生重要变化所增加的投资，应本着节约的原则，在概算静态投资不大于同年度估算投资的110%的前提下，经方案优化，报总工程师和主管院长批准后，才可列入工程概算。初步设计阶段控制概算不超过投资估算，主要是对工程量和设备、材质的控制。为此，初步设计阶段的限额设计工程量应以可行性研究阶段审定的设计工程量和设备、材质标准为依据，对可行性研究阶段不易确定的某些工程量，可参照通用设计或类似已建工程的实物工程量确定。

**2. 施工图设计阶段的限额设计**

(1) 施工图设计必须严格按照批准的初步设计所确定的原则、范围、内容、项目和投资额进行。施工图阶段限额设计的重点应放在工程量控制上，控制的工程量标准是经审定的初步设计工程量，并作为施工图设计工程量的最高限额，不得突破。

(2) 施工图设计阶段的限额设计应在专业设计、总图设计阶段下达任务书，并附上审定的概算书、工程量和设备单价表等，供设计人员在限额设计中参考使用。

(3) 施工图设计阶段的投资分解和工程量控制的项目划分应在与概算书相一致的前提下，由设计和造价人员协商并经总设计师审定。条件具备时，主要项目也可按施工图分次进行投资分解与工程量控制。施工图设计与初步设计的年份价差影响，在投资分解时不予考虑，均以初步设计时的价格水平为准。

(4) 限额设计应贯穿于设计工作全过程。在施工阶段，造价工程师应参加项目实施的全过程，并做到严格把关。由设计变更产生的新增投资额不得超过基本预备费的1/3。限额设计范围内工程发生的总投资额以不超过限额设计的总投资额为原则。

(5) 当建设规模、产品方案、工艺流程或设计方案发生重大变更时，必须重新编制或修改初步设计及其概算，并报原主管部门审批。其限额设计的投资控制额也以新批准的修改或新编的初步设计的概算造价为准。

**3. 加强设计变更管理，实行限额动态控制**

设计变更是影响工程造价的重要因素。不同阶段发生的变更其损失费用并不相同。变更发生得越早，损失越小；反之就越大。使设计、建设更趋完善的设计变更在一定范围内是允许的。如果施工图设计变更设计建设规模、产品方案、工艺流程或者设计方案发生重大变更，使原初步设计失去指导施工图设计的意义时，必须重新编制或修改初步设计文件，并重新报原审查单位审批。对于非发生不可的设计变更，应尽量提前，以减少对工程造价的损失。对影响工程造价的重大设计变更，需要采取先算账后变更的办法解决，以便对工程造价实行有效控制。

在市场经济条件下，要改变过去造价估算和概算编制中套定额、乘费率的静态管理做法；考虑涉及时间变化的因素，如价格、汇率、利率、税率等的影响；及时掌握工程进展和投资情况，掌握投资额与目标值对比情况，以便采取相应的措施，将投资控制在目标值以内；同时，可以利用计算机掌握市场信息，变静态控制为动态控制，保证限额设计的有效实施。

### 8.2.5 限额设计的横向控制

限额设计控制工程造价可以从两个角度入手，一种是按照限额设计过程从前向后依次进行控制，这种方法称为纵向控制；一种是对设计单位内部各专业、科室及设计人员进行考核，实施奖罚，进而保证设计质量的控制，这种方法称为横向控制。

限额设计横向控制首先必须明确各设计单位及设计单位内部各专业科室对限额设计所负的责任，将工程投资按专业进行分配，并分段考核，下段指标不得突破上段指标，责任落实越接近于个人效果越明显，并赋予责任者履行责任的权利；其次，要建立和健全限额设计的奖惩制度。设计单位在保证工程安全和不降低工程功能的前提下，采用新材料、新工艺、新设备、新方案从而节约了投资的，应根据节约投资额的，对设计单位给予奖励；因设计单位的设计错误、漏项或扩大规模和提高标准而导致工程静态投资超支，要视其超支比例扣减相应比例的设计费。

## 8.3 设计方案的评价和优化

### 8.3.1 设计方案评价的原则

（1）设计方案必须要处理好经济合理性与技术先进性之间的关系。在满足功能要求的前提下，尽可能降低工程造价。如果资金有限制，也可以在资金限制范围内，尽可能提高项目功能水平。

（2）设计方案必须兼顾建设与使用，考虑项目全寿命费用。选择设计方案时不但要考虑工程的建造成本，控制其成本的支出，同时还要考虑使用成本，应以全寿命费用最低为设计目标。即做到成本低、维修少、使用费省。

（3）设计必须兼顾近期与远期的要求。设计者如果按照目前的要求设计工程，在不远的将来，会出现由于项目功能水平无法满足需要而重新建造的情况；如果按照未来的需要设计工程，又会出现由于功能水平过高而资源闲置浪费的现象。所以设计者要兼顾两者的要求，选择项目合理的功能水平；同时也要根据远景发展需要，适当留有发展余地。

（4）设计方案能够节约用地和能源，与国内同类建设项目及国际常规相比回收期短，收益率高。

### 8.3.2 工程设计方案评价的内容

不同类型的建筑，使用目的及功能要求不同，评价的内容也不相同。

**1. 工业建筑设计评价**

1）总平面设计评价

工业项目总平面设计应满足生产工艺过程的要求，尽量节约建设用地，不占或少占农田，适应厂内外运输需要和建设地点的气候、地形、地质等自然条件，避免大开大挖，力求减少土方工程量，从而降低工程造价，加快建设速度。此外，还要考虑与城市规划和工业区规划相协调。目的是确定建筑物、构筑物、交通线路、地上地下技术管线及绿化美化设施的相互配置，创造符合该企业生产特性的统一建筑整体。

工业项目总平面设计中，常用的技术经济评价有以下各指标。

(1) 建筑系数（建筑密度）。这是指厂区内（一般指厂区围墙内）建筑物、构筑物和各种露天仓库及堆场、操作场地等的占地面积与整个厂区建设用地面积的比值。它是反映总平面图设计用地是否经济合理的指标，建筑系数大，表明布置紧凑，节约用地，又可缩短管线距离，降低工程造价。

(2) 土地利用系数。这是指厂区内建筑物、构筑物、露天仓库及堆场、操作场地、铁路、道路、广场、排水设施及地上地下管线等所占面积与整个厂区建设用地面积的比值。它综合反映出总平面布置的经济合理性和土地利用效率。

(3) 工程量指标。这是指场地平整土石方量、铁路道路及广场铺砌面积、排水工程、围墙长度及绿化面积等。

(4) 企业经营条件指标。这是指铁路、道路每吨货物的运输费用、经营费用等。

2) 工艺设计评价

工艺设计以可行性研究中的市场分析为基础，考虑技术发展的最新动态，选择先进适用的技术方案。在工艺设计中首先确定生产工艺流程，然后根据工厂生产规模和工艺过程的要求，选择设备型号和数量，并对一些标准和非标准设备进行设计。设备选型和设计应注意标准化、通用化和系列化；要考虑建设地点的实际情况和动力、运输、资源等具体条件；采用高效率的先进设备要符合技术先进、稳妥可靠、经济合理，设备的选择应立足国内；对于国内不能生产的关键设备，进口时要注意与工艺流程相适应，并与有关设备配套，不要重复引进。

不同的工艺技术方案会产生不同的投资效果，工艺技术方案的评价就是互斥投资项目的比选，因此评价指标有净现值、净年值、差额内部收益率等。

3) 建筑设计评价

在建筑平面布置和立面形式选择上，应该满足生产工艺要求。在建筑设计时必须采用各种切合实际的先进技术，从建筑形式、材料和结构的选择、结构布置和环境保护等方面采取措施，以满足生产工艺对建筑设计的要求。

常用的建筑设计评价指标有以下 5 个。

(1) 单位面积造价。建筑物平面形状、层数、层高、柱网布置、建筑结构及建筑材料等因素都会影响单位面积造价。

(2) 建筑物周长与建筑面积比。这主要用于评价建筑物平面形状是否合理。该指标越小，平面形状越合理。

(3) 厂房展开面积。这主要用于确定多层厂房的经济层数，展开面积越大，经济层数越可得以提高。

(4) 厂房有效面积与建筑面积比。该指标主要用于评价柱网布置是否合理，合理的柱网布置可以提高厂房有效使用面积。

(5) 工程全寿命成本。工程全寿命成本包括工程造价及工程建成后的使用成本，这是评价建筑物功能水平是否合理的一个综合性指标。一般来讲，功能水平低，工程造价低但使用成本高；功能水平高，工程造价高但使用成本低。工程全寿命成本最低时，功能水平最合理。

**2. 民用建筑设计评价**

民用建筑一般包括公共建筑和住宅建筑两大类。民用建筑设计要坚持“适用、经济、美观”的原则。设计中平面布置应合理，长度和宽度比例适当，合理确定户型和住户面积，合理确定层数与层高，合理选择结构方案。

常用的民用建筑设计的评价指标如下所述。

1）公共建筑

公共建筑类型繁多，具有共性的评价指标有占地面积、建筑面积、使用面积、辅助面积、有效面积、平面系数、建筑体积、单位指标（$m^2$/人，$m^2$/床，$m^3$/座）、建筑密度等。其中：

$$有效面积=使用面积+辅助面积$$

$$平面系数\ K=使用面积\div 建筑面积$$

$$建筑密度=建筑基底面积\div 占地面积$$

平面系数指标反映了平面布置的紧凑合理性。

2）居住建筑

(1) 平面系数。对于居住建筑的平面系数，同公共建筑的平面系数计算公式完全一样，但有以下3种具体形式，即

$$平面系数\ K_1=\frac{居住面积}{有效面积}$$

$$平面系数\ K_2=\frac{辅助面积}{有效面积}$$

$$平面系数\ K_3=\frac{结构面积}{建筑面积}$$

(2) 建筑周长指标，即墙长与建筑面积之比。居住建筑进深加大，则单元周长缩小，可节约用地，减少墙体积，降低造价。

$$单元周长指标=\frac{单元周长}{建筑面积}$$

$$建筑周长指标=\frac{建筑周长}{建筑占地面积}$$

(3) 建筑体积指标。该指标是建筑体积与建筑面积之比，是衡量层高的指标。

$$建筑体积指标=\frac{建筑体积}{建筑面积}$$

(4) 平均每户建筑面积的计算公式为

$$平均每户建筑面积=\frac{建筑面积}{总户数}$$

(5) 户型比。指不同居室数的户数占总户数的比例，这是评价户型结构是否合理的指标。

**3. 居住小区设计评价**

进行居住小区建设规划时，应根据居住小区基本功能和要求来确定各构成部分的合理层次与关系，合理安排住宅建筑、公共建筑、绿化及管网和道路等，正确确定小区的居住建筑密度、居住建筑面积密度、居住面积密度、居住人口密度等。进行小区规划设计时，必须在节约用地的前提下，既要为居民的生活、工作和生活创造方便、舒适、优美的环境，又要能体现独特的城市风貌。

居住小区设计方案中常用的评价指标见表 8-1。

**表 8-1 居住小区设计方案评价指标**

| 序 号 | 指标名称 | 计算公式 |
|---|---|---|
| 1 | 建设用地利用率 | $建设用地利用率=\frac{居住小区建筑面积}{居住小区占地总面积}$ |
| 2 | 绿化比率 | $绿化比率=\frac{居住小区绿化面积}{居住小区占地总面积}$ |
| 3 | 建筑毛密度 | $建筑毛密度=\frac{居住和公共建筑基底面积}{居住建筑总面积}\times 100\%$ |
| 4 | 居住建筑净密度 | $居住建筑净密度=\frac{居住建筑基底面积}{居住建筑占地面积}\times 100\%$ |
| 5 | 居住面积密度 | $居住面积密度=\frac{居住面积}{居住建筑占地面积}$ |
| 6 | 居住建筑面积密度 | $居住建筑面积密度=\frac{居住建筑面积}{居住建筑占地面积}$ |
| 7 | 人口毛密度 | $人口毛密度=\frac{居住人数}{居住小区占地总面积}$ |
| 8 | 人口净密度 | $人口净密度=\frac{居住人数}{居住建筑占地面积}$ |
| 9 | 居住建筑工程造价 | $居住建筑工程造价=\frac{工程原造价}{居住建筑面积}$ |

其中，居住建筑净密度是衡量用地经济性和保证居住区必要卫生条件的主要经济技术指标。其数值的大小与建筑层数、房屋间距、层高、房屋排列方式等因素有关。适当提高建筑密度，可节省用地，但应保证日照、通风、防火、交通安全的基本需要。

居住面积密度是反映建筑布置、平面设计与用地之间关系的重要指标。影响居住面积密度的主要因素是房屋的层数，增加层数其数值就增大，有利于节约土地和管线费用。

### 8.3.3 设计方案评价的方法

设计方案评价的方法需要采用技术与经济的比较方法，按照工程项目经济效果，针对不同的设计方案，分析其技术经济指标，从中选出经济效果最优的方法。在设计方案评价比较中一般采用计算费用法、投资回收期法和多目标优选法。

**1. 计算费用法**

建设工程的全寿命是指从投资决策、勘察、设计、施工、建成后使用直至报废拆除所经历的时间。全寿命费用应包括上述各阶段的合理支出。评价设计方案的优劣应考虑工程的全寿命费用。

计算费用法又叫最小费用法，它以货币表示的计算费用来反映设计方案对物化劳动和活化劳动量消耗的多少，从而评价设计方案优劣。它可以将一次性投资与经常性的经营成本统一为一种性质的费用。最小费用法是指在诸设计方案的功能（或产出）相同的条件下，项目在整个寿命周期内费用最低者为最优的方案，最小费用法可分为静态计算费用法和动态计算费用法。

1）静态计算费用法

静态计算费用法的数学表达式为

$$C_{年}=K\cdot E+V$$

$$C_{总}=K+V\cdot T$$

式中：$C_{年}$——年计算费用；

$C_{总}$——项目总计算费用；

$K$——总投资额；

$E$——投资效果系数，是投资回收期的倒数；

$V$——年生产成本；

$T$——投资回收期，年。

2）动态计算费用法

对于寿命期相同的设计方案，可以采用净现值法、净年值法、差额内部收益率法等。寿命期不同的设计方案比选，可以采用净年值法。其数学表达式为

$$PC=\sum_{t=0}^{n}CO_t(P/F,\ i_c,\ t)$$

$$AC=PC(A/P,\ i_c,\ n)=\sum_{t=0}^{n}CO_t(P/F,\ i_c,\ t)\cdot(A/P,\ i_c,\ n)$$

式中：PC——费用现值；

$CO_t$——第 $t$ 年的现金流出量；

$i_c$——基准折现率；

AC——费用年值。

**例8-1** 某企业为扩大生产规模，在3个设计方案中进行选择：方案1是改建现有工厂，一次性投资需2 545万元，年经营成本760万元；方案2是建新厂，一次性投资3 340万元，年经营成本670万元；方案3是扩建现有工厂，一次性投资4 360万元，年经营成本650万元。3个方案的寿命期相同，所在行业的标准投资效果系数为10%，试用计算费用法选择最优方案。其中，$(P/A,8\%,10)=6.71$。

**解** (1) 静态计算费用法

由 $C_{年}=K\cdot E+V$ 计算可知

$$C_{年1}=0.1\times 2\,545+760=1\,014.5(万元)$$

$$C_{年2}=0.1\times 3\,340+670=1\,004(万元)$$

$$C_{年3}=0.1\times 4\,360+650=1\,086(万元)$$

因为 $C_{年2}$ 最小，故方案2最优。

(2) 动态计算费用法

改建现有工厂方案：

$$PC_1=2\,545+760\times(P/A,8\%,10)=7\,644.68(万元)$$

建新厂方案：

$$PC_2=3\,340+670\times(P/A,8\%,10)=7\,835.77(万元)$$

扩建现有工厂方案：

$$PC_3=4\,360+650\times(P/A,8\%,10)=8\,721.57(万元)$$

由于 $PC_1<PC_2<PC_3$，所以，方案1最优。

以上计算结果表明：建设期投资最少，方案不一定最优；当用静态与动态方法时，其结论并不一致。这说明在进行设计方案评价选择时，当比较项目建设的一次性投资，最好使用动态计算费用法进行优选。

**2. 投资回收期法**

设计方案的比选往往是比选各方案的功能水平及成本。功能水平先进的设计方案一般需要的投资较多，方案实施过程中的效益一般也比较好。用方案实施过程中的效益回收投资，即投资回收期反映初始投资补偿速度，衡量设计方案也是非常必要的。投资回收期越短的设计方案越好。

不同设计方案的比选实际上是互斥方案的比选，首先要考虑方案可比性问题。当相互比较的各设计方案能满足相同的需要时，就只需比较它们的投资和经营成本的大小，用差额投资回收期比较。差额投资回收期是指在不考虑时间价值的情况下，用投资大的方案比投资小的方案所节约的经营成本，回收差额投资所需的时间。其计算公式为

$$\Delta P_t=\frac{K_2-K_1}{C_1-C_2}$$

式中：$\Delta P_t$——差额投资回收期；

$K_2$——方案 2 的投资额；

$K_1$——方案 1 的投资额，且 $K_2>K_1$；

$C_2$——方案 2 的年经营成本，且 $C_2<C_1$；

$C_1$——方案 1 的年经营成本。

当 $\Delta P_t \leqslant P_c$（基准投资回收期）时，投资大的方案优；反之，投资小的方案优。

如果两个比较方案的年业务量不同，则需将投资和经营成本转化为单位业务量的投资和成本，然后再计算差额投资回收期，进行方案比选。此时差额投资回收期的计算公式为

$$\Delta P_t=\frac{K_2/Q_2-K_1/Q_1}{C_1/Q_1-C_2/Q_2}$$

式中 $Q_1$，$Q_2$ 分别为各设计方案的年业务量，其他符号含义同前。

**例 8-2** 某新建企业有两个设计方案，方案甲总投资 1 500 万元，年经营成本 400 万元，年产量为 1 000 件；方案乙总投资 1 000 万元，年经营成本 360 万元，年产量为 800 件。基准投资回收期 $P_c$ 为 6 年，试选择最优设计方案。

**解** 首先计算各方案单位产量的费用。

$$K_{甲}/Q_{甲}=1\,500\div 1\,000=1.5(万元/件)$$

$$K_{乙}/Q_{乙}=1\,000\div 800=1.25(万元/件)$$

$$C_{甲}/Q_{甲}=400\div 1\,000=0.4(万元/件)$$

$$C_{乙}/Q_{乙}=360\div 800=0.45(万元/件)$$

$$\Delta P_t=(1.5-1.25)/(0.45-0.4)=5(年)$$

因为 $\Delta P_t$ 小于 6 年，所以方案甲较优。

**3. 多指标评价法**

通过对反映建筑产品功能和耗费特点的若干技术经济指标的计算、分析、比较，评价设计方案的经济效果。多指标评价法又可分为多指标对比法和多目标优选法。

1) 多指标对比法

这是目前采用比较多的一种方法。它的基本特点是使用一组适用的指标体系，将对比方案的指标值列出，然后一一进行对比分析，根据指标值的高低分析判断方案的优劣。

利用这种方法首先需要将指标体系中的各个指标，按其在评价中的重要性，分为主要指标和辅助指标。当主要指标不足以说明方案的技术经济效果优劣时，辅助指标就成为进一步进行技术经济分析的依据。但是要注意参选方案在功能、价格、时间、风险等方面的可比性。如果方案不完全符合对比条件，要加以调整，使其满足对比条件后再进行对比，并在综合分析时予以说明。

这种方法的优点是：指标全面，分析确切，可通过各种技术经济指标定性或定量直接反映方案技术经济性能的主要方面。其缺点是：不便于考虑对某一功能的评价，不便于综合定量分析，容易出现某一方案有些指标较优，另一些指标较差；而另一方案可能是有些指标较差，另一些指标较优。这样就使分析工作复杂化。有时也会因方案的可比性而产生客观标准不统一的现象。因此，在进行综合分析时，要特别注意检查对比方案在使用功能和工程质量方面的差异，并分析这些差异对各指标的影响，避免导致错误的结论。

2）多目标优选法

在对设计方案评价中需要使用费用指标，而有时因获取的费用指标不准确，而严重影响方案优选的正确性。这种情况下，可以采用多目标优选法，这种方法首先对需要进行分析评价的设计方案设定若干个评价指标，并按其重要程度确定各指标的权重，然后确定评分标准，并就各设计方案对各指标的满足程度打分，最后计算各方案的加权得分，以加权得分最高者为最优设计方案。这种方法是定性分析、定量打分相结合的方法。本方法的关键是评价指标的选取和指标的权重。其计算公式为

$$S = \sum_{i=1}^{n}(W_i \cdot S_i)$$

式中：$S$——设计方案总得分；

$S_i$——某方案在评价指标 $i$ 上的得分；

$W_i$——评价指标 $i$ 上的权重，$\sum W_i = 1$；

$n$——评价指标的数量。

**例 8-3**　某建设方案有 3 个设计方案，根据该项目的特点拟对设计方案的设计技术应用工程造价、建设工期、施工技术方案、三材用量等进行比较分析，各指标的权重及 3 个方案的得分情况如表 8-2 所示。试对 3 个设计方案进行评价。

**表 8-2　各评价指标权重表**

| 指　标 | 设计技术应用 | 工程造价 | 建设工期 | 施工技术方案 | 三材用量 |
|---|---|---|---|---|---|
| 权　重 | 0.3 | 0.25 | 0.1 | 0.2 | 0.15 |

**解**　根据各方案的具体情况，组织专家进行评价，结果如表 8-3 所示。

方案 A：$S_1 = \sum_{i=1}^{3}(W_i \cdot S_i) = 9\times0.3 + 8\times0.25 + 9\times0.1 + 9\times0.2 + 8\times0.15 = 8.6$

表 8-3 各方案的专家打分

| | 设计技术应用 | 工程造价 | 建设工期 | 施工技术方案 | 三材用量 |
|---|---|---|---|---|---|
| 方案 A | 9 | 8 | 9 | 9 | 8 |
| 方案 B | 8 | 9 | 7 | 8 | 7 |
| 方案 C | 9 | 9 | 8 | 9 | 8 |

方案 B：$S_2=\sum_{i=1}^{3}(W_i\cdot S_i)=8\times0.3+9\times0.25+7\times0.1+8\times0.2+7\times0.15=8.0$

方案 C：$S_3=\sum_{i=1}^{3}(W_i\cdot S_i)=9\times0.3+9\times0.25+8\times0.1+9\times0.2+8\times0.15=8.75$

显然，$S_2<S_1<S_3$，所以方案 C 得分最高，故方案 C 为最优。

## 8.3.4 工程设计优化途径

**1. 通过设计招标和设计方案竞选，优化设计方案**

建设单位发布设计任务公告，吸引设计单位参加设计招标或设计方案竞选，以获得众多的设计方案；组织 7～11 人的专家评定小组，其中技术经济专家人数应占 2/3 以上；专家评定小组采用实现确定的科学方法，综合评定各设计方案优劣，从中选择最优的设计方案，或将各方案的可取之处重新组合，提出最佳方案。专家评价法有利于多种设计方案的比较与选择，能集思广益，吸收众多设计方案的优点，使设计更完美。同时，这种方法有利于控制建设工程造价，因为选中的项目投资概算一般能控制在投资者限定的投资范围内。

**2. 运用价值工程优化设计方案**

1）价值工程原理

价值工程是通过各相关领域的协作，对所研究对象的功能与费用进行系统分析，不断创新，旨在提高研究对象价值的思想方法和管理技术。其目的是以研究对象的最低寿命周期成本可靠地实现使用者所需的功能，以获取最佳的综合效益。价值工程的目标是提高研究对象的价值，价值的表达式为

$$价值=功能/成本$$

价值的提高取决于功能和费用两个因素，所以提高价值可以通过以下 5 种途径实现：

① 在提高功能水平的同时，降低成本；

② 在保持成本不变的情况下，提高功能水平；

③ 在保持功能水平不变的情况下，降低成本；

④ 成本稍有增加，但功能水平大幅度提高；

⑤ 功能水平稍有下降，但成本大幅度下降。

价值工程是一项有组织的管理活动，涉及面广，研究过程复杂，必须按照一定的程序进

行。价值工程的一般工作程序，如表8-4所示。

表8-4 价值工程一般工作程序

| 阶 段 | 步 骤 | 阶 段 | 步 骤 |
|---|---|---|---|
| 准备阶段 | 1. 对象选择<br>2. 组成价值工程工作小组<br>3. 制定工作计划 | 创新阶段 | 7. 方案创新<br>8. 方案评价<br>9. 提案编写 |
| 分析阶段 | 4. 收集整理信息资料<br>5. 功能系统分析<br>6. 功能评价 | 实施阶段 | 10. 审批<br>11. 实施与检查<br>12. 成果鉴定 |

2) 在设计阶段实施价值工程的意义

在研究对象寿命周期的各个阶段都可以实施价值工程，但是在设计阶段实施价值工程意义更为重大。

(1) 可以使建筑产品的功能更合理。工程设计实质上就是对建筑产品的功能进行设计，而价值工程的核心就是功能分析。价值工程的实施，可以使设计人员更准确地了解用户所需和建筑产品各项功能之间的比重，同时还可以考虑各方建议，使设计更加合理。

(2) 可以有效地控制工程造价。价值工程需要对研究对象的功能与成本之间的关系进行系统分析。设计人员参与价值工程，可以避免在设计过程中只重视功能而忽视成本的倾向，在明确功能的前提下，发挥设计人员的创造精神，从多种实现功能的方案中选取最合理的方案。这样既保证了用户所需功能的实现，又有效地控制了工程造价。

(3) 可以节约社会资源。价值工程的目的是以研究对象的最低寿命周期成本可靠地实现使用者所需功能。实施价值工程，既可以避免一味地降低工程造价而导致研究对象功能水平偏低的现象，也可以避免一味地降低使用成本而导致功能水平偏高的现象，使工程造价、使用成本及建筑产品功能合理匹配，节约社会资源消耗。

3) 价值工程在项目设计方案优选中的应用示例

**例8-4** 现以某建筑设计院在建筑设计中用价值工程方法进行住宅设计方案优选，说明价值工程在工程设计中的应用。

**解** (1) 价值工程对象选择。该院承担设计的工程种类繁多，通过对该院近几年各种建筑设计项目类别的统计分析，该院设计项目中住宅所占比重最大，因此将住宅作为价值工程的主要研究对象。

(2) 资料收集。主要收集以下几方面资料：① 工程回访，收集用户对住宅的意见；② 对不同地质情况和基础形式的住宅进行定期沉降观测，获取地基方面的资料；③ 了解有关住宅施工方面的情况；④ 收集大量有关住宅建设的新工艺和新材料等数据资料；⑤ 分地区按不同地质情况、基础形式和类型标准统计分析近年来住宅建筑的各种技术经济指标。

（3）功能分析。由设计、施工及建设单位的有关人员组成价值工程研究小组，共同讨论，对住宅的以下各种功能进行定义、整理和评价分析：① 平面布局；② 采光通风、保温、隔热、隔声等；③ 层高、层数；④ 牢固耐久；⑤ 三防设施（防火、防震和防空）；⑥ 建筑造型；⑦ 室内外装饰；⑧ 环境设计；⑨ 技术参数。

在功能分析中，用户、设计人员、施工人员以百分形式分别对各功能进行评分，即假设住宅功能合计为100分，分别确定各项功能占总体功能中所占比例，然后将所选定的用户、设计人员、施工人员的评分意见进行综合，三者的权重分别为0.7、0.2、0.1，各功能重要性系数参见表8-5。

表中：功能重要性系数 $\varphi_i=(0.7f_{i1}+0.2f_{i2}+0.1f_{i3})\div100$

**表8-5　功能评分及重要性系数**

| 功能 | | 用户评分 | | 设计人员评分 | | 施工人员评分 | | 功能重要性系数 $\varphi_i$ |
|---|---|---|---|---|---|---|---|---|
| | | 得分 $f_{i1}$ | $0.7f_{i1}$ | 得分 $f_{i2}$ | $0.2f_{i2}$ | 得分 $f_{i3}$ | $0.1f_{i3}$ | |
| 适用 | 平面布局 | 41 | 28.7 | 38 | 7.6 | 43 | 4.3 | 0.406 |
| | 采光通风等 | 16 | 11.2 | 17 | 3.4 | 15 | 1.5 | 0.161 |
| | 层高、层数 | 4 | 2.8 | 5 | 1 | 4 | 0.4 | 0.042 |
| 安全 | 牢固耐用 | 20 | 14 | 21 | 4.2 | 19 | 1.9 | 0.201 |
| | 三防设施 | 4 | 2.8 | 3 | 0.6 | 3 | 0.3 | 0.037 |
| 美观 | 建筑造型 | 3 | 2.1 | 5 | 1 | 3 | 0.3 | 0.034 |
| | 室外装修 | 2 | 1.4 | 3 | 0.6 | 2 | 0.2 | 0.022 |
| | 室内装饰 | 7 | 4.9 | 6 | 1.2 | 5 | 0.5 | 0.066 |
| 其他 | 环境设计 | 2 | 1.4 | 1 | 0.2 | 4 | 0.4 | 0.02 |
| | 技术参数 | 1 | 0.7 | 1 | 0.2 | 2 | 0.2 | 0.011 |
| 总计 | | 100 | 70 | 100 | 20 | 100 | 10 | 1.000 |

（4）方案设计与评价。在某住宅小区设计中，根据收集的资料及上述功能重要性系数的分析结果，价值工程研究推广小组集思广益，创造设计了十余个方案。在采用优缺点列举法进行定性分析筛选后，对所保留的5个较优方案进行定量评价选优，如表8-6～表8-8所示。其中：

$$成本系数\ C_k=\frac{方案成本}{各方案成本综合}$$

$$方案总分\ Y_k=\sum(重要系数\ \varphi_i\times方案功能评分值\ P_{ik})$$

$$功能评价系数\ F_k=\frac{各方案总分\ Y_k}{各方案总分之和}$$

(5) 效果评价。根据对所收集资料的分析结果表明，近年来该地区在建设条件与该工程大致相同的住宅，每平方米建筑面积造价一般平均为1 080元，方案二只有894元，节约186元，可节约投资17.2%。该小区18.4万平方米的住宅可节省投资3 422.4万元。

**表8-6 备选方案成本及成本系数**

| 方 案 | 主要特征 | 单位造价 | 成本系数 |
|---|---|---|---|
| 方案一 | 7层混合结构，层高3 m，240内外砖墙，预制桩基础，半地下室储存间，外装修一般，内装饰好，室内设备较好 | 784 | 0.234 2 |
| 方案二 | 7层混合结构，层高2.9 m，240内外砖墙，120非承重内砖墙，条形基础（基底经过真空预压处理），外装修一般，内装饰较好 | 596 | 0.178 0 |
| 方案三 | 7层混合结构，层高3 m，240内外砖墙，沉管灌注桩基础，外装修一般，内装饰和设备较好 | 740 | 0.221 0 |
| 方案四 | 5层混合结构，层高3m，空心砖内外砖，满堂基础，装修及室内设备一般，屋顶无水箱 | 604 | 0.180 4 |
| 方案五 | 层高3m，其他特征同方案二 | 624 | 0.186 4 |

**表8-7 方案功能评分**

| 评价因素 | | 方案功能评分值 $P_{ik}$ | | | | |
|---|---|---|---|---|---|---|
| 功能因素 | 重要系数 $\varphi_i$ | 方案一 | 方案二 | 方案三 | 方案四 | 方案五 |
| $F_1$ | 0.406 | 10 | 10 | 9 | 9 | 10 |
| $F_2$ | 0.161 | 10 | 9 | 10 | 10 | 9 |
| $F_3$ | 0.042 | 9 | 8 | 9 | 10 | 9 |
| $F_4$ | 0.201 | 10 | 10 | 10 | 8 | 10 |
| $F_5$ | 0.037 | 8 | 7 | 8 | 7 | 7 |
| $F_6$ | 0.034 | 10 | 8 | 9 | 7 | 6 |
| $F_7$ | 0.022 | 6 | 6 | 6 | 6 | 6 |
| $F_8$ | 0.066 | 10 | 8 | 8 | 6 | 6 |
| $F_9$ | 0.02 | 9 | 8 | 9 | 8 | 8 |
| $F_{10}$ | 0.011 | 8 | 10 | 9 | 2 | 10 |
| 方案总分 | | 9.574 | 9.316 | 9.193 | 8.499 | 9.361 |

**表8-8 价值系数计算**

| 方 案 | 方案功能得分 | 功能评价系数 | 成本系数 | 价值系数 |
|---|---|---|---|---|
| 方案一 | 9.574 | 0.208 3 | 0.234 2 | 0.889 4 |
| 方案二 | 9.316 | 0.202 8 | 0.178 0 | 1.139 3 |
| 方案三 | 9.193 | 0.200 1 | 0.221 0 | 0.905 4 |
| 方案四 | 8.499 | 0.184 8 | 0.180 4 | 1.024 4 |
| 方案五 | 9.361 | 0.203 6 | 0.186 4 | 1.092 3 |

由于功能评价系数分数越高说明方案越满足功能要求，据此计算的价值系数也就越大越好。方案二的价值系数最高为1.139 3，故方案二最优。

**3. 推广标准化设计，优化设计方案**

标准化设计又称定型设计通用设计，是工程建设标准化的组成部分。标准设计覆盖范围较广，重复建造的建筑类型及生产能力相同的企业、单独的房屋构筑物均应采用标准设计或通用设计。在设计阶段投资控制工作中，对不同用途和要求的建筑物，应按统一的建筑模数、建筑标准、设计规范、技术规定等进行设计。若房屋或构筑物整体不便定型化时，应将其中重复出现的建筑单元、房间和主要的结构节点构造，在构配件标准化的基础上定型化。建筑物和构筑物的柱网、层高及其他构件参数尺寸应力求统一化，在基本满足使用要求和修建条件的情况下，尽可能具有通用互换性。广泛推广标准化设计首先能够加快设计速度，缩短设计周期，节约设计费用；其次，可使工艺定型，易提高工人技术水平，提高劳动生产率和节约材料，有益于较大幅度降低建设投资；再次，可加快施工准备和定制预制构件等项工作，并能使施工速度大大加快；最后，可以贯彻执行国家的技术经济政策，密切结合自然条件和技术发展水平，合理利用资源和材料设备，考虑施工、生产、使用和维修的要求，便于工业化生产。

## 8.4 设计概算

### 8.4.1 概述

**1. 设计概算及其作用**

设计概算是设计文件的重要组成部分，是在投资估算的控制下由设计单位根据初步设计（或技术设计）图纸及说明、概算定额（概算指标）、各项费用定额或取费标准（指标）、设备、材料预算价格等资料，编制和确定的建设项目从筹建至竣工交付使用所需全部建设费用的文件。按照国家规定，采用两阶段设计的建设项目，初步设计阶段必须编制设计概算；采用三阶段设计的，技术设计阶段必须编制修正概算。在施工图设计阶段，必须按照经批准的初步设计及其相应的设计概算进行施工图的设计工作。

设计概算的编制内容包括静态投资和动态投资两部分。其中，静态投资部分是以某一基准年、月建设要素的价格为依据所计算出的投资瞬时值（包含因工程量误差而引起的工程造价的增减），包括建筑安装工程费、设备和工器具购置费、工程建设其他费用、基本预备费。动态投资部分则包括建设期贷款利息、投资方向调节税、涨价预备费等。静态投资部分作为考核工程设计和施工图预算的依据，静、动态两部分投资之和则作为筹措和控制资金使用的限额。

设计概算的主要作用体现在以下几个方面。

(1) 设计概算是国家制定和控制建设投资的依据。对于国家投资项目按照规定报请有关部门或单位批准初步设计及总概算，一经上级批准，总概算就是总造价的最高限额，不得任意突破，如有突破须报原审批部门批准。

(2) 设计概算是编制建设计划的依据。建设年度计划安排的工程项目，其投资需要量的确定、建设物资供应计划和建筑安装施工计划等，都以主管部门批准的设计概算为依据。若实际投资超过了总概算，设计单位和建设单位共同提出追加投资的申请报告，经上级计划部门批准后，方能追加投资。

(3) 设计概算是进行拨款和贷款的依据。建设银行根据批准的设计概算和年度投资计划，进行拨款和贷款，并严格实行监督控制。

(4) 设计概算是签订总承包合同的依据。对于施工期限较长的大中型建设项目，可以根据批准的建设计划、初步设计和总概算文件确定工程项目的总承包价，采用工程总承包的方式进行建设。

(5) 设计概算是考核设计方案的经济合理性和控制施工图预算和施工图设计的依据。

(6) 设计概算是考核和评价工程建设项目成本和投资效果的依据。工程建设项目的投资转化为建设项目法人单位的新增资产，可根据建设项目的生产能力计算建设项目的成本、回收期及投资效果系数等技术经济指标，并将以概算造价为基础计算的指标与以实际发生造价为基础计算的指标进行对比，从而对工程建设项目成本及投资效果进行评价。

**2. 设计概算的编制依据和内容**

1) 设计概算的编制依据

设计概算的编制依据有：①国家发布的有关法律、法规、规章、规程等；②批准的可行性研究报告及投资估算、设计图纸等有关资料；③有关部门颁布的现行概算定额、概算指标、费用定额等和建设项目设计概算编制办法；④有关部门发布的人工、材料价格，有关设备原价及运杂费率，造价指数等。⑤建设场地自然条件和施工条件，有关合同、协议等。⑥其他有关资料。

2) 设计概算的内容

设计概算可分为单位工程概算、单项工程综合概算和建设项目总概算3级。各级概算之间的相互关系如图8-3所示。

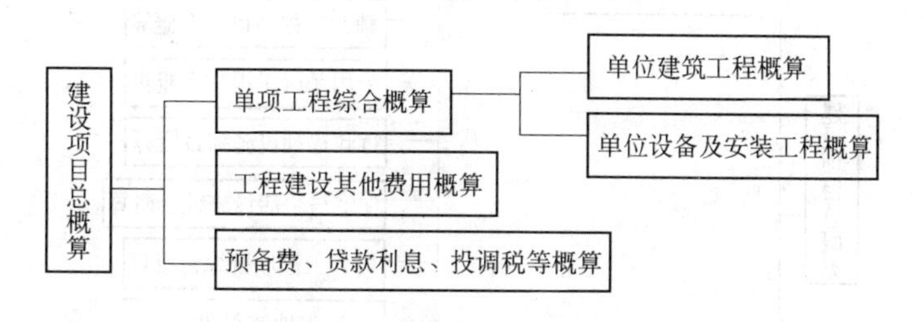


图8-3 设计概算文件的组成内容

(1) 单位工程概算。单位工程概算是确定各单位工程建设费用的文件，是编制单项工程综合概算的依据，是单项工程综合概算的组成部分。对一般工业与民用建筑工程而言，单位工程概算按其工程性质分为建筑工程概算和设备及安装工程概算两大类。建筑工程概算包括土建工程概算，给排水、采暖工程概算，通风、空调工程概算，电气照明工程概算，弱电工程概算，特殊构筑物工程概算等；设备及安装工程概算包括机械设备及安装工程概算，电气设备及安装工程概算，以及工器具及生产家具购置费概算等。

（2）单项工程综合概算。单项工程综合概算是确定一个单项工程所需建设费用的文件，是由单项工程中的各单位工程概算汇总编制而成的，是建设项目总概算的组成部分。对一般工业与民用建筑工程而言，单项工程综合概算的组成内容如图 8-4 所示。

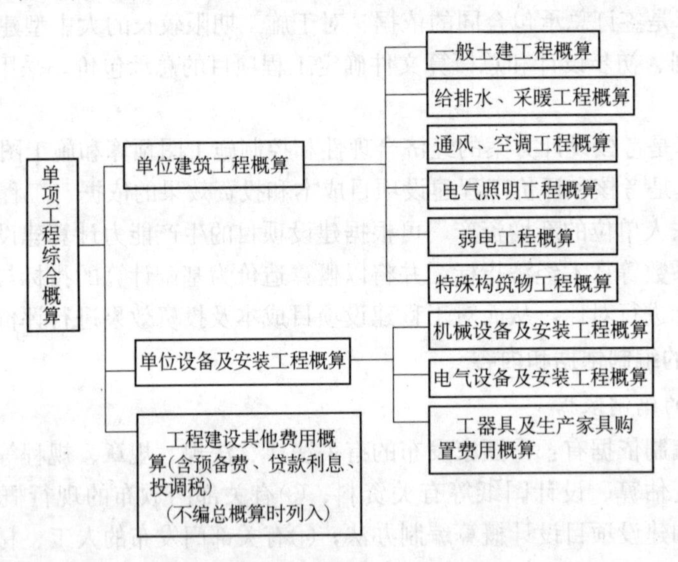


图 8-4　单项工程综合概算的组成内容

（3）建设项目总概算。建设项目总概算由各单项工程综合概算、工程建设其他费用概算、预备费、投资方向调节税和贷款利息概算等汇总编制而成，如图 8-5 所示。

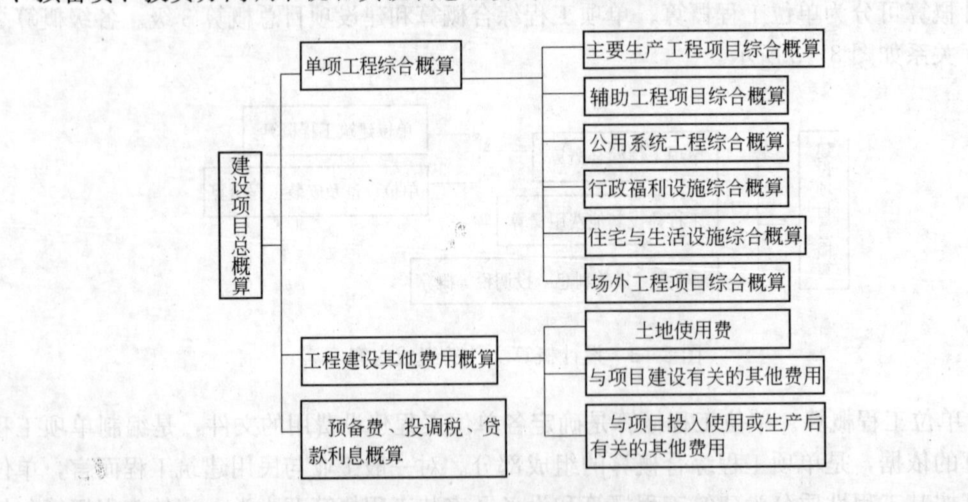


图 8-5　建设项目总概算的组成内容

## 8.4.2　单位工程概算编制方法

单位工程概算分建筑工程概算和设备及安装工程概算两大类。建筑工程概算的编制方法有概算定额法、概算指标法、类似工程预算法；设备及安装工程概算的编制方法有预算单价法、扩大单价法、设备价值百分比法和综合吨位指标法等。

**1. 单位建筑工程概算编制方法**

1）概算定额法

利用概算定额编制单位建筑工程设计概算的方法，与利用预算定额编制单位建筑工程施工图预算的方法基本相同。其不同之处在于编制概算所采用的依据是概算定额，所采用的工程量计算规则是概算工程量计算规则。该方法要求初步设计达到一定深度，建筑结构比较明确时，方可采用。

利用概算定额法编制设计概算的具体步骤如下所述。

(1) 按照概算定额分部分项顺序，列出各分项工程的名称。工程量计算应按概算定额中规定的工程量计算规则进行，并将计算所得各分项工程量按概算定额编号顺序，填入工程概算表内。

(2) 确定各分部分项工程项目的概算定额单价。工程量计算完毕后，逐项套用相应概算定额单价和人工、材料消耗指标，然后分别将其填入工程概算表和工料分析表中。如遇设计图中的分项工程项目名称、内容与采用的概算定额手册中相应的项目有某些不相符时，则按规定对定额进行换算后方可套用。

有些地区根据地区人工工资、物价水平和概算定额编制与概算定额配合使用的扩大单位估价表，该表确定了概算定额中各扩大分项工程或扩大结构构件所需的全部人工费、材料费、机械台班使用费之和，即概算定额单价。在采用概算定额法编制概算时，可以将计算出的扩大分部分项工程的工程量，乘以扩大单位估价表中的概算定额单价进行直接工程费的计算。计算概算定额单价的计算公式为

概算定额单价＝概算定额人工费＋概算定额材料费＋概算定额机械台班使用费

$$=\sum(\text{概算定额中人工消耗量}\times\text{人工单价})+\sum(\text{概算定额中材料消耗量}\times\text{材料预算单价})+\sum(\text{概算定额中机械台班消耗量}\times\text{机械台班单价})$$

(3) 计算单位工程直接工程费和直接费。将已算出的各分部分项工程项目的工程量及在概算定额中已查出的相应定额单价和单位人工、材料消耗指标分别相乘，即可得出各分项工程的直接工程费和人工、材料消耗量。再汇总各分项工程的直接工程费及人工、材料消耗量，即可得到该单位工程的直接工程费和工料总消耗量。最后，再汇总措施费即可得到该单位工程的直接费。如果规定有地区的人工、材料价差调整指标，计算直接工程费时，按规定的调整系数或其他调整方法进行调整计算。

(4) 根据直接费，结合其他各项取费标准，分别计算间接费、利润和税金。

(5) 计算单位工程概算造价，其计算公式为

单位工程概算造价＝直接费＋间接费＋利润＋税金

2）概算指标法

概算指标法采用直接工程费指标。将拟建厂房、住宅的建筑面积或体积乘以技术条件相同或基本相同的概算指标而得出直接工程费，然后按规定计算出措施费、间接费、利润和税金等。该方法适用于初步设计深度不够，不能准确地计算工程量，但工程设计采用技术比较成熟而又有类似工程概算指标可以利用的情况。因此，其计算精度较低，是一种对工程造价估算的方法，但由于其编制速度快，故有一定实用价值。在资产评估中，可作为估算建（构）筑物重置成本的参考方法。

（1）拟建工程结构特征与概算指标相同时的计算。在使用概算指标法时，如果拟建工程在建设地点、结构特征、地质及自然条件、建筑面积等方面与概算指标相同或相近，就可直接套用概算指标编制概算。在直接套用概算指标时，拟建工程应符合以下条件：

① 拟建工程的建设地点与概算指标中的工程建设地点相同；

② 拟建工程的工程特征、结构特征分别与概算指标中的工程特征、结构特征基本相同；

③ 拟建工程的建筑面积与概算指标中工程的建筑面积相差不大。

根据选用的概算指标的内容，可选用两种套算方法。

一种方法是以指标中所规定的工程每平方米或立方米的造价，乘以拟建单位工程建筑面积或体积，得出单位工程的直接工程费，再计算其他费用，即可求出单位工程的概算造价。直接工程费计算公式为

直接工程费＝概算指标每平方米(立方米)工程造价×拟建工程建筑面积(体积)

这种简化方法的计算结果参照的是概算指标编制时期的价值标准，未考虑拟建工程建设时期与概算指标编制时期的价差，所以在计算直接工程费后还应用物价指数另行调整。

另一种方法以概算指标中规定的每 100 $m^2$ 建筑物面积（或 1 000 $m^3$）所耗人工工日数、主要材料数量为依据，首先计算拟建工程人工、主要材料消耗量，再计算直接工程费，并取费。在概算指标中，一般规定了 100 $m^2$ 建筑物面积（或 1 000 $m^3$）所耗工日数、主要材料数量，通过套用拟建地区当时的人工工日单价和主材预算单价，便可得到每 100 $m^2$（或 1 000 $m^3$）建筑物的人工费和主材费而无需再作价差调整。计算公式为

100 $m^2$ 建筑物面积的人工费＝指标规定的工日数×本地区人工工日单价

100 $m^2$ 建筑物面积的主要材料费 ＝ $\sum$(指标规定的主要材料数量 × 相应的地区材料预算单价)

100 $m^2$ 建筑物面积的其他材料费 ＝ 主要材料费 × 其他材料费占主要材料费的百分比

100 $m^2$ 建筑物面积的机械使用费 ＝(人工费 ＋ 主要材料费 ＋ 其他材料费) × 机械使用费所占百分比

每 $m^2$ 建筑面积的直接工程费 ＝(人工费 ＋ 主要材料费 ＋ 其他材料费 ＋ 机械使用费) ÷ 100

根据直接工程费，结合其他各项取费方法，分别计算措施费、间接费、利润和税金，得到每 m² 建筑面积的概算单价，乘以拟建单位工程的建筑面积，即可得到单位工程概算造价。

**例 8-5** 某砖混结构住宅建筑面积为4 000 m²，其工程特征与在同一地区的概算指标中表8-9、表8-10的内容基本相同。试根据概算指标，编制土建工程概算。

**表 8-9 某地区砖混结构住宅概算指标**

<table>
<tr><td colspan="3">工程名称</td><td colspan="4">××住宅</td><td colspan="4">结构类型</td><td colspan="3">砖混结构</td><td colspan="4">建筑层数</td><td colspan="3">6 层</td></tr>
<tr><td colspan="3">建筑面积</td><td colspan="4">3 800平方米</td><td colspan="4">施工地点</td><td colspan="3">××市</td><td colspan="4">竣工日期</td><td colspan="3">1996年6月</td></tr>
<tr><td rowspan="4">结构特征</td><td colspan="5">基础</td><td colspan="5">墙体</td><td colspan="5">楼面</td><td colspan="5">地面</td></tr>
<tr><td colspan="5">混凝土带型基础</td><td colspan="5">240空心砖墙</td><td colspan="5">预应力空心板</td><td colspan="5">混凝土地面，水泥砂浆面层</td></tr>
<tr><td colspan="4">屋面</td><td colspan="4">门窗</td><td colspan="4">装饰</td><td colspan="4">电照</td><td colspan="4">给排水</td></tr>
<tr><td colspan="4">炉渣找坡，油毡防水</td><td colspan="4">钢窗、木窗、木门</td><td colspan="4">混合砂浆抹内墙面、瓷砖墙裙、外墙彩色弹涂面</td><td colspan="4">槽板明敷线路、白炽灯</td><td colspan="4">镀锌给水钢管、铸铁排水管、蹲式大便器</td></tr>
</table>

**表 8-10 工程造价及费用构成**

<table>
<tr><td colspan="2" rowspan="3">项 目</td><td rowspan="3">平米指标/（元/m²）</td><td colspan="8">其中各项费用占总造价百分比/（%）</td></tr>
<tr><td colspan="5">直接费</td><td rowspan="2">间接费</td><td rowspan="2">利 润</td><td rowspan="2">税 金</td></tr>
<tr><td>人工费</td><td>材料费</td><td>机械费</td><td>措施费</td><td>直接费</td></tr>
<tr><td colspan="2">工程总造价</td><td>1 340.80</td><td>9.26</td><td>60.15</td><td>2.30</td><td>5.28</td><td>76.99</td><td>13.65</td><td>6.28</td><td>3.08</td></tr>
<tr><td rowspan="3">其中</td><td>土建工程</td><td>1 200.50</td><td>9.49</td><td>59.68</td><td>2.44</td><td>5.31</td><td>76.92</td><td>13.66</td><td>6.34</td><td>3.08</td></tr>
<tr><td>给排水工程</td><td>82.20</td><td>5.85</td><td>68.52</td><td>0.65</td><td>4.55</td><td>79.57</td><td>12.35</td><td>5.01</td><td>3.07</td></tr>
<tr><td>电照工程</td><td>60.10</td><td>7.03</td><td>63.17</td><td>0.48</td><td>5.48</td><td>76.16</td><td>14.78</td><td>6.00</td><td>3.06</td></tr>
</table>

**解** 计算步骤及结果详见表8-11。

**表 8-11 某住宅土建工程概算造价计算表**

| 序 号 | 项目内容 | 计算式 | 金额/元 |
|---|---|---|---|
| 1 | 土建工程造价 | 4 000×1 200.50=4 802 000 | 4 802 000 |
| 2 | 直接费<br>其中：人工费<br>材料费<br>机械费<br>措施费 | 4 802 000×76.92%=3 693 698.4<br>4 802 000×9.49%=455 709.8<br>4 802 000×59.68%=2 865 833.6<br>4 802 000×2.44%=117 168.8<br>4 802 000×5.31%=254 986.2 | 3 693 698.4<br>455 709.8<br>2 865 833.6<br>117 168.8<br>254 986.2 |
| 3 | 间接费 | 4 802 000×13.66%=655 953.2 | 655 953.2 |
| 4 | 利润 | 4 802 000×6.34%=304 446.8 | 304 446.8 |
| 5 | 税金 | 4 802 000×3.08%=147 901.6 | 147 901.6 |

(2) 拟建工程结构特征与概算指标有局部差异时的调整。在实际工作中，经常会遇到

拟建对象的结构特征与概算指标中规定的结构特征有局部不同的情况，因此必须对概算指标进行调整后方可套用。调整方法如下所述。

第一，调整概算指标中的每平方米（立方米）造价

这种调整方法是将原概算指标中的单位造价进行调整（仍使用直接工程费指标），扣除每平方米（立方米）原概算指标中与拟建工程结构不同部分的造价，增加每平方米（立方米）拟建工程与概算指标结构不同部分的造价，使其成为与拟建工程结构相同的工程单位直接工程费造价。计算公式为

$$\text{结构变化修正概算指标(元/m}^2\text{)}=J+Q_1P_1-Q_2P_2$$

式中：$J$——原概算指标；

$Q_1$——概算指标中换入结构的工程量；

$Q_2$——概算指标中换出结构的工程量；

$P_1$——换入结构的直接工程费单价；

$P_2$——换出结构的直接工程费单价。

则拟建工程造价为

直接工程费＝修正后的概算指标×拟建工程建筑面积(或体积)

求出直接工程费后，再按照规定的取费方法计算其他费用，最终得到单位工程概算价值。

第二，调整概算指标中的工、料、机数量

这种方法是将原概算指标中每 100 m² （1 000 m³）建筑面积（体积）中的工、料、机数量进行调整，扣除原概算指标中与拟建工程结构不同部分的工、料、机消耗量，增加拟建工程与概算指标结构不同部分的工、料、机消耗量，使其成为与拟建工程结构相同的每100 m²（1 000 m³）建筑面积（体积）工、料、机数量。计算公式为

结构变化修正概算指标的工、料、机数量＝原概算指标的工、料、机数量＋换入结构件工程量×相应定额工、料、机消耗量－换出结构件工程量×相应定额工、料、机消耗量

以上两种方法，前者是直接修正概算指标单价，后者是修正概算指标工料机数量。修正之后，方可按上述方法分别套用。

**例 8－6** 假设新建单身宿舍一座，其建筑面积为 3 500 m²，按概算指标和地区材料预算价格等算出一般土建工程单位造价为 640.00 元/m²（其中直接工程费为 468.00 元/m²），采暖工程 32.00 元/m²，给排水工程 36.00 元/m²，照明工程 30.00 元/m²。按照当地造价管理部门规定，土建工程措施费费率为 8%，间接费费率为 15%，利率为 7%，税率为 3.4%。

但新建单身宿舍设计资料与概算指标相比较，其结构构件有部分变更，设计资料表明外墙为 1 砖半外墙，而概算指标中外墙为 1 砖外墙，根据当地土建工程预算定额，外墙带型毛石基础的预算单价为 147.87 元/m³，1 砖外墙的预算单价为 177.10 元/m³，1 砖半外墙的预

算单价为 178.08 元/$m^3$；概算指标中每 100 $m^2$ 建筑面积中含外墙带型毛石基础为 18 $m^3$，1 砖外墙为 46.5 $m^3$，新建工程设计资料表明，每 100 $m^2$ 中含外墙带型毛石基础为 19.6 $m^3$，1 砖半外墙为 61.2 $m^3$。

请计算调整后的概算单价和新建宿舍的概算造价。

**解**　对土建工程中结构构件的变更和单价调整过程如表 8－12 所示。

**表 8－12　土建工程概算指标调整表**

| 序　号 | 结构名称 | 单　位 | 数量（每 100 $m^2$ 含量） | 单　价 | 合价/元 |
|---|---|---|---|---|---|
| | 土建工程单位直接工程费造价 | | | | 468.00 |
| 1 | 换出部分： | $m^3$ | 18 | 147.87 | 2 661.66 |
| | 外墙带型毛石基础 | $m^3$ | 46.5 | 177.10 | 8 235.15 |
| 2 | 一砖外墙 | 元 | | | 10 896.81 |
| | 合计 | | | | |
| | 换入部分： | $m^3$ | 19.6 | 147.87 | 2 898.25 |
| 3 | 外墙带型毛石基础 | $m^3$ | 61.2 | 178.08 | 10 898.5 |
| 4 | 一砖半外墙 | 元 | | | 13 796.75 |
| | 合计 | | | | |
| 结构变化修正指标 | 468.00－10 896.81/100＋13 796.75/100＝497.00(元) | | | | |

以上计算结果为直接工程费单价，需取费得到修正后的土建单位工程造价，即

$$497.00\times(1+8\%)\times(1+15\%)\times(1+7\%)\times(1+3.4\%)=682.94(\text{元}/m^2)$$

其余工程单位造价不变，因此经过调整后的概算单价为

$$682.94+32.00+36.00+30.00=780.94(\text{元}/m^2)$$

新建宿舍楼概算造价为

$$780.94\times3\,500=2\,733\,290(\text{元})$$

3）类似工程预算法

类似工程预算法是利用技术条件与设计对象相类似的已完工程或在建工程的工程造价资料来编制拟建工程设计概算的方法。该方法适用于拟建工程初步设计与已完工程或在建工程的设计相类似且没有可用的概算指标的情况，但必须对建筑结构差异和价差进行调整。

(1) 建筑结构差异的调整。调整方法与概算指标法的调整方法相同。即先确定有差别的项目，然后分别按每一项目算出结构构件的工程量和单位价格（按编制概算工程所在地区的单价），然后以类似预算中相应（有差别）的结构构件的工程数量和单价为基础，算出总差价。将类似预算的直接工程费总额减去（或加上）这部分差价，就得到结构差异换算后的直接工程费，再行取费得到结构差异换算后的造价。

(2) 价差调整。类似工程造价的价差调整方法通常有两种：一是类似工程造价资料有具

体的人工、材料、机械台班的用量时，可按类似工程造价资料中的主要材料用量、工日数量、机械台班用量乘以拟建工程所在地的主要材料预算价格、人工工日单价、机械台班单价，计算出直接工程费，再行取费即可得出所需的造价指标；二是类似工程造价资料只有人工、材料、机械台班费用和其他费用时，可作如下调整。

$$D=A\cdot K$$

$$K=a\%K_1+b\%K_2+c\%K_3+d\%K_4+e\%K_5$$

式中：$D$——拟建工程单方概算造价；

$A$——类似工程单方预算造价；

$K$——综合调整系数；

$a\%$、$b\%$、$c\%$、$d\%$、$e\%$——类似工程预算的人工费、材料费、机械台班费、措施费、间接费占预算造价的比重；

$K_1$、$K_2$、$K_3$、$K_4$、$K_5$——拟建工程地区与类似工程地区人工费、材料费、机械台班费、措施费、间接费价差系数。

$$K_1=\frac{\text{拟建工程概算的人工费(或工资标准)}}{\text{类似工程预算人工费(或工资标准)}}$$

$$K_2=\frac{\sum(\text{类似工程主要材料数量}\times\text{编制概算地区材料预算价格})}{\sum\text{类似地区各主要材料费}}$$

类似地，可得出其他指标的表达式。

**例 8-7** 拟建办公楼建筑面积为 3 000 m²，类似工程的建筑面积为 2 800 m²，预算造价为 3 200 000 元。各种费用占预算造价的比例为：人工费 6%，材料费 55%，机械使用费 6%，措施费 3%，其他费用 30%。试用类似工程预算法编制概算。

**解** 根据前面的公式计算出各种价格差异系数为：人工费 $K_1=1.02$，材料费 $K_2=1.05$，机械使用费 $K_3=0.99$，措施费 $K_4=1.04$，其他费用 $K_5=0.95$。

综合调整系数 $K=6\%\times1.02+55\%\times1.05+6\%\times0.99+3\%\times1.04+30\%\times0.95=1.014$

价差修正后的类似工程预算造价＝3 200 000×1.014 ＝3 244 800(元)

价差修正后的类似工程预算单方造价＝3 244 800/2 800 ＝1 158.86(元)

由此可得，拟建办公楼概算造价＝1 158.86×3 000＝3 476 580(元)

**例 8-8** 某住宅楼为 2 229.15 m²，其土建工程预算造价为 142.56 元/m²，土建工程总预算造价为 31.78 万元（1989 年价格水平），该住宅所在地土建工程万元定额如表 8-13 所示。今在某地拟建类似住宅楼 2 500 m²。采用类似工程预算法求拟建类似住宅楼 2 500 m² 土建工程概算平方米造价和总造价。

表8-13 某地某土建工程万元定额（1989年）

| 序号 | 名称 | 材料规格 | 单位 | 数量 | 万元基价 | | 占造价比重/(%) | 2000年拟建住宅当地价 |
|---|---|---|---|---|---|---|---|---|
| | | | | | 单价/元 | 合价/元 | | |
| 1 | 人工费 | | 工日 | 486 | 1.59 | 772 | 6.6 | 32元/工日 |
| 2 | 钢筋 | Φ10以上占60%<br>Φ10以下占40% | t | 3.14 | 569.1 | 1 781 | | 2 400元/t |
| | 型钢 | ∠100×75×8占30%<br>∠100×75×9占15%<br>1 200×102占5%<br>钢板占50% | t | 1.88 | 670.12 | 1 260 | | 2 500元/t |
| 3 | 木材 | 二级松圆木 | $m^3$ | 2.82 | 136.5 | 385 | | 640元/$m^3$ |
| 4 | 水泥 | 425号 | t | 15.65 | 53.6 | 839 | | 348元/t |
| 5 | 砂子 | 粗细净砂 | $m^3$ | 36.71 | 12.20 | 448 | | 36元/$m^3$ |
| 6 | 石子 | | $m^3$ | 35.62 | 14.00 | 499 | | 65元/$m^3$ |
| 7 | 红砖 | | 千块 | 11.97 | 43.10 | 516 | | 177元/千块 |
| 8 | 木门窗 | | $m^2$ | 15.01 | 25.35 | 380 | | 120元/$m^2$ |
| 9 | 其他 | | 元 | 2 200 | | 2 200 | | 5 500元 |
| | | 2～9项小计（材料费） | | | | 8 308 | 71.1 | |
| 10 | 施工机械费 | | 元 | 920 | | 920 | 7.9 | 机械台班系数 $K_3=1.05$ |
| | 合计 | 人工费＋材料费＋机械费 | 元 | | | 10 000 | | |
| 11 | 综合费用 | | | | | 1 690 | 14.5 | 拟建地综合费率17.5% |
| | | 合计 | | | | 11 690 | | |

**解**

(1) 求出工、料、机、综合费用所占造价的百分比。

人工费：772/11 690＝6.6%

材料费：8 308/11 690＝71.1%

机械使用费：920/11 690＝7.8%

综合费用：1 690/11 690＝14.5%

(2) 求出工、料、机、间接费价差系数

① 人工工资价差系数 $K_1=32/1.59=20.13$

② 材料价差系数 $K_2$

按万元定额及拟建工程地材料预算价格计算。

钢筋：3.14×2 400＝7 536(元)

型钢：1.88×2 500＝4 700(元)

木材：2.82×640＝1 804.8(元)

水泥：15.65×348＝5 446.2(元)

砂子：36.71×36＝1 321.56(元)

石子：35.62×65＝2 315.3(元)

红砖：11.97×177＝2 118.69(元)

木门窗：15.01×120＝1 801.2(元)

其他：5 500元

小计：32 543.75元

则：$K_2=m_2/m_1=32\,543.75/8\,308=3.92$

③ 求施工机械价差系数：

将主要台班费对照后，确定$K_3=1.05$

④ 综合费率价差系数：

设拟建工程地区综合费率为17.5%

则$K_4=17.5/16.9=1.04$

(3) 求出拟建工程综合调整系数：

$$
\begin{aligned}
K &= K_1 \cdot a\% + K_2 \cdot b\% + K_3 \cdot c\% + K_4 \cdot d\% \\
&= 20.13\times 6.6\% + 3.92\times 71.1\% + 1.05\times 7.9\% + 1.04\times 14.5\% \\
&= 4.35
\end{aligned}
$$

(4) 求拟建住宅概算造价：

① 平方米造价＝142.56×4.35＝620.14(元/m²)

② 总土建概算造价＝620.14×2 500＝155.04(万元)

**例8-9** 拟建砖混结构住宅工程3 420 m²，结构形式与已建成的某工程相同，只有外墙保温贴面不同，其他部分均较为接近。类似工程外墙面为珍珠岩板保温、水泥砂浆抹面，每平方米建筑面积消耗量分别为0.044 m³、0.842 m²，珍珠岩板为153.1元/m³、水泥砂浆为8.95元/m²；拟建工程外墙为加气混凝土保温、外贴釉面砖，每平方米建筑面积消耗量分别为：0.08 m³、0.82 m²，加气混凝土185.48元/ m³，贴釉面砖49.75元/m²。类似工程单方直接工程费为465元/ m²，其中，人工费、材料费、机械费占单方直接工程费比例分别为：14%、78%、8%，综合费率为20%。拟建工程与类似工程预算造价在这些方面的差异系数分别为：2.01、1.06和1.92。

**问题** (1) 应用类似工程预算法确定拟建工程的单位工程概算造价。

(2) 若类似工程预算中，每平方米建筑面积主要资源消耗为：人工消耗5.08工日，钢材 23.8 kg，水泥 205 kg，原木 0.05 $m^3$，铝合金门窗 0.24 $m^2$，其他材料费为主材费的 45%，机械费占直接工程费比例为 8%，拟建工程主要资源的现行预算价格分别为人工 20.31 元/工日，钢材 3.1 元/kg，水泥 0.35 元/kg，原木 1 400 元/$m^3$，铝合金门窗平均350 元/$m^2$，拟建工程综合费率为 20%，应用概算指标法，确定拟建工程的单位工程概算造价。

**解** 问题（1）：首先计算直接工程费差异系数，通过直接工程费部分的价差调整进而得到直接工程费单价，再做结构差异调整，最后取费得到单位造价，计算步骤如下所述。

拟建工程直接工程费差异系数＝14%×2.01＋78%×1.06＋8%×1.92＝1.261 8

拟建工程概算指标(直接工程费)＝465×1.261 8＝586.74(元/$m^2$)

结构修正概算指标(直接工程费)＝586.74＋(0.08×185.48＋0.82×49.75)－(0.044×153.1＋0.842×8.95)＝628.10(元/$m^2$)

拟建工程单位造价＝628.10×(1＋20%)＝753.72(元/$m^2$)

拟建工程概算造价＝753.72×3420＝2 577 722(元)

问题（2）：首先，根据类似工程预算中每平方米建筑面积的主要资源消耗和现行预算价算价格，计算拟建工程单位建筑面积的人工费、材料费、机械费。

人工费＝每平方米建筑面积人工消耗指标×现行人工工日单价
＝5.08×20.31＝103.17(元)

材料费＝∑(每平方米建筑面积材料消耗指标×相应材料预算价格)
＝(23.8×3.1＋205×0.35＋0.05×1 400＋0.24×350)×(1＋45%)＝434.32(元)

机械费＝直接工程费×机械费占直接工程费的比率
＝直接工程费×8%

直接工程费＝103.17＋434.32＋直接工程费×8%

则：直接工程费＝(103.17＋434.32)/(1－8%)＝584.23(元/$m^2$)

其次，进行结构差异调整，按照所给综合费率计算拟建单位工程概算指标、修正概算指标和概算造价。

结构修正概算指标(直接工程费)＝拟建工程概算指标＋换入结构指标－换出结构指标
＝584.23＋0.08×185.48＋0.82×49.75－(0.044×153.1＋0.842×8.95)
＝625.59(元/$m^2$)

拟建工程单位造价＝结构修正概算指标×(1＋综合费率)
＝625.59×(1＋20%)＝750.71(元/$m^2$)

拟建工程概算造价＝拟建工程单位造价×建筑面积
＝750.71×3 420＝2 567 428(元)

**2. 单位设备及安装工程概算编制方法**

1）设备购置费概算

设备购置费由设备原价和运杂费两项组成。

国产标准设备原价可根据设备型号、规格、性能、材质、数量及附带的配件，向制造厂家询价或向设备、材料信息部门查询或按主管部门规定的现行价格逐项计算。非主要标准设备和工器具、生产家具的原价可按主要标准设备原价的百分比计算，百分比指标按主管部门或地区有关规定执行。

设备运杂费按有关部门规定的运杂费率计算，即

设备运杂费＝设备原价×运杂费率

2）设备安装工程概算的编制方法

(1) 预算单价法。当初步设计较深，有详细的设备清单时，可直接按安装工程预算定额单价编制设备安装工程概算，概算程序与安装工程施工图预算程序基本相同。

(2) 扩大单价法。当初步设计深度不够，设备清单不完备，只有主体设备或仅有成套设备重量时，可采用主体设备、成套设备的综合扩大安装单价来编制概算。

(3) 设备价值百分比法，又叫安装设备百分比法。当初步设计深度不够，只有设备出厂价而无详细规格、重量时，安装费可按其占设备费的百分比计算。其百分比值（即安装费率）由主管部门制定或由设计单位根据已完类似工程确定。该法常用于价格波动不大的定型产品和通用设备产品。计算公式为

设备安装费＝设备原价×安装费率

(4) 综合吨位指标法。当初步设计提供的设备清单有规格和设备重量时，可采用综合吨位指标编制概算，其综合吨位指标由主管部门或由设计单位根据已完类似工程资料确定。该法常用于设备价格波动较大的非标准设备和引进设备的安装工程概算。计算公式为

设备安装费＝设备吨重×每吨设备安装费指标

### 8.4.3 单项工程综合概算的编制方法

单项工程综合概算是以其所包含的建筑工程概算表和设备及安装工程表为基础汇总编制的。当建设工程只有一个单项工程时，单项工程综合概算（实为总概算）还应包括工程建设其他费用概算（含建设期贷款利息、预备费和固定资产投资方向调节税）。

单项工程综合概算文件一般包括编制说明（不编制总概算时列入）和综合概算表两部分。

**1. 编制说明**

主要包括编制依据、编制方法、主要设备和材料的数量及其他有关问题。

**2. 综合概算表**

综合概算表是根据单项工程所辖范围内的各单位工程概算等基础资料，按照国家规定的统一表格进行编制。对于工业建筑而言，其概算包括建筑工程和设备及安装工程；对于民用

建筑工程而言，其概算包括一般土木建筑工程、给排水、采暖、通风及电气照明工程等。综合概算表式如表 8－14 所示。

**表 8－14　综合概算表**

建设项目＿＿＿＿＿＿＿＿

单项工程＿＿＿＿＿＿＿＿　　　　综合概算价值＿＿＿元

| 序号 | 工程或费用名称 | 概算价值 | | | | | | 指标 | | | 占投资额/(%) | 备注 |
|---|---|---|---|---|---|---|---|---|---|---|---|---|
| | | 建筑工程费 | 安装工程费 | 设备购置费 | 工器具及生产家具购置费 | 工程建设其他费用 | 合计 | 单位 | 数量 | 指标 | | |
| 1 | 2 | 3 | 4 | 5 | 6 | 7 | 8 | 9 | 10 | 11 | 12 | 13 |
| (1) | 一般土建工程 | | | | | | | | | | | |
| (2) | 给水排水工程 | | | | | | | | | | | |
| (3) | 采暖工程 | | | | | | | | | | | |
| (4) | 通风工程 | | | | | | | | | | | |
| (5) | 电气照明工程 | | | | | | | | | | | |
| | 合计 | | | | | | | | | | | |
| | | | | | | | | | | | | |

审核＿＿＿＿＿＿＿＿编制＿＿＿＿＿＿＿＿　　　　日期＿＿＿年＿＿＿月＿＿＿日

## 8.4.4　建设项目总概算编制方法

建设项目总概算是设计文件的重要组成部分。它由各单项工程综合概算、工程建设其他费用、建设期贷款利息、预备费、固定资产投资方向调节税和经营性项目的铺底流动资金组成，并按主管部门规定的统一表格编制而成。

设计概算文件一般应包括以下 6 部分。

(1) 封面、签署页及目录。

(2) 编制说明。编制说明应包括下列内容。

① 工程概况。简述建设项目性质、特点、生产规模、建设周期、建设地点等主要情况。对于引进项目要说明引进内容及与国内配套工程等主要情况。

② 资金来源及投资方式。

③ 编制依据及编制原则。

④ 编制方法。说明设计概算是采用概算定额法，还是采用概算指标法等。

⑤ 投资分析。主要分析各项投资的比重、各专业投资的比重等经济指标。

⑥ 其他需要说明的问题。

(3) 总概算表。总概算表应反映静态投资和动态投资两个部分，如表 8－15 所示。

**表 8－15　某工业建设项目总概算**

| 序号 | 主项号 | 工程项目或费用名称 | 建设规模(t/年) | 概算价值 | | | | | | | | | | 技术经济指标 | | 占总投资额/(%) | |
|---|---|---|---|---|---|---|---|---|---|---|---|---|---|---|---|---|---|
| | | | | 静态部分 | | | | | | | 动态部分 | | 静、动态合计 | 静态指标/(元/t) | 动态指标/(元/t) | 静态部分 | 动态部分 |
| | | | | 建筑工程费 | 设备购置费 | | 安装工程费 | 其他 | 合计 | 其中外币(币种) | 合计 | 其中外币(币种) | | | | | |
| | | | | | 需安装设备 | 不需安装设备 | | | | | | | | | | | |
| 一 | | 工程费用 | | | | | | | | | | | | | | | |
| | 1 | 主要生产工程 | 1 0000 | 764.08 | 1 286.00 | 59.30 | 64.30 | | 2 173.68 | | | | 2 173.68 | | | | |
| | 2 | 辅助生产工程 | | 242.13 | 854.00 | 27.00 | 42.70 | | 1 165.83 | | | | 1 165.83 | | | | |
| | 3 | 公用设施工程 | | 122.65 | 86.00 | 56.00 | 4.30 | | 268.95 | | | | 268.95 | | | | |
| | | 小　计 | | 1 128.86 | 2 226.00 | 142.30 | 111.30 | | 3 608.46 | | | | 3 608.46 | 3 608.46 | | | |
| 二 | | 工程建设其他费用 | | | | | | | | | | | | | | | |
| | 1 | 土地征用费 | | | | | | 75.20 | 75.20 | | | | 75.20 | | | | |
| | 2 | 勘察设计费 | | | | | | 113.00 | 113.00 | | | | 113.00 | | | | |
| | 3 | 其　他 | | | | | | 66.00 | 66.00 | | | | 66.00 | | | | |
| | | 小　计 | | | | | | 254.20 | 254.20 | | | | 254.20 | 254.20 | | | |
| 三 | | 预备费 | | | | | | | | | | | | | | | |
| | 1 | 基本预备费 | | | | | | 308.00 | 308.00 | | | | 308.00 | 308.00 | | | |
| | 2 | 涨价预备费 | | | | | | | | | 354.60 | | 354.60 | | 354.60 | | |
| | | 小　计 | | | | | | 308.00 | 308.00 | | 354.60 | | 662.60 | | | | |
| 四 | | 投资方向调节税 | | | | | | | | | 67.00 | | 67.00 | | 67.00 | | |
| 五 | | 建设期贷款利息 | | | | | | | | | 324.00 | | 324.00 | | 324.00 | | |
| | | 固定资产投资合计 | 10 000 | 1 128.86 | 2 226.00 | 142.30 | 111.30 | 562.20 | 4 170.66 | | 745.60 | | 4 916.26 | 4 170.66 | 745.60 | 84.83 | 15.17 |
| 六 | | 铺底流动资金 | | | | | | | | | | | 500.00 | | | | |
| | | 建设项目概算总投资 | | | | | | | | | | | 5 416.26 | | | | |

(4) 工程建设其他费用概算表。工程建设其他费用概算按国家或地区或部委所规定的项目和标准确定，并按统一表式编制。

(5) 单项工程综合概算表和建筑安装单位工程概算表。

(6) 工程量计算表和工、料数量汇总表。

### 8.4.5 设计概算的审查

**1. 设计概算审查的内容**

设计概算编制得准确合理，才能保证投资计划的真实性。审核概算的目的就是力求投资的准确、完整，防止扩大投资规模或出现漏项，减少投资缺口。要打足投资、不留缺口，提高建设项目的经济效益。设计概算的审查内容一般包括以下7部分内容。

1) 设计概算的编制依据

审查编制依据的合法性、时效性和适用范围。采用的各种编制依据必须经过国家和授权机关的批准，符合国家的现行编制规定，并且在规定的适用范围之内使用。

2) 审查概算编制深度

(1) 审查编制说明。审查编制说明可以检查概算的编制方法、深度和编制依据等重大原则问题，若编制说明有差错，具体概算必有差错。

(2) 审查概算编制深度。审查是否有符合规定的“三级概算”，各级概算的编制、校对、审核是否按规定签署，有无随意简化，有无把“三级概算”简化为“二级概算”，甚至“一级概算”的现象。

(3) 审查概算的编制范围。审查概算的编制范围及具体内容是否与主管部门批准的建设项目范围及具体工程内容一致；审查分期建设项目的建筑范围及具体工程内容有无重复交叉，是否重复计算或漏算；审查其他费用应列的项目是否符合规定，静态投资、动态投资和经营性项目铺底流动资金是否分别列出等。

3) 审查建设规模、标准

审查概算的投资规模、生产能力、设计标准、建设用地、建筑面积、主要设备、配套工程、设计定员等是否符合原批准可行性研究报告或立项批文的标准。如超过投资可能增加，如概算总投资超过原批准投资估算10%以上，应进一步审查超估算的原因。

4) 审查设备规格、数量和配置

审查所选用的设备规格、台数是否与生产规模一致，材质、自动化程度有无提高标准，引进设备是否配套、合理，备用设备台数是否适当，消防、环保设备是否合理等。此外，还要重点审查设备价格是否合理、是否符合有关规定。

5) 审查工程量

建筑安装工程投资随工程量增加而增加，要认真审查。要根据初步设计图纸、概算定额及工程量计算规则、专业设备材料表、建构筑物和总图运输一览表进行审查，有无多算、重算、漏算的现象。

6）审查计价指标

审查建筑工程采用工程所在地区的定额、价格指数和有关人工、材料、机械台班单价是否符合现行规定；审查安装工程所采用的专业或地区定额是否符合工程所在地区的市场价格水平，概算指标调整系数，以及主材价格、人工、机械台班和辅材调整系数是否按当时最新规定执行；审查引进设备安装费率或计取标准、部分行业专业设备安装费率是否按有关规定计算等。

7）审查其他费用

审查费用项目是否按国家统一规定计列，具体费率或计取标准是否按国家、行业或有关部门规定计算，有无随意列项，有无多列、交叉计列和漏项等。

**2. 设计概算审查的方法**

1）对比分析法

对比分析法主要是指通过建设规模、标准与立项批文对比，工程数量与设计图纸对比，综合范围、内容与编制方法、规定对比，各项取费与规定标准对比，材料、人工单价与统一信息对比，引进设备、技术投资与报价要求对比，技经指标与同类工程对比，等等。通过以上对比分析，容易发现设计概算存在的主要问题和偏差。

2）查询核实法

查询核实法是对一些关键设备和设施、重要装置、引进工程图纸不全、难以核算的较大投资进行多方查询核对，逐项落实的方法。主要设备的市场价向设备供应部门或招标公司查询核实；重要生产装置、设施向同类企业（工程）查询了解；引进设备价格及有关费税向进出口公司调查落实，复杂的建筑安装工程向同类工程的建设、承包、施工单位征求意见；深度不够或不清楚的问题直接同原概算编制人员、设计者询问清楚。

3）联合会审法

联合会审前，可先采取多种形式分头审查，包括：设计单位自审，主管、建设、承包单位初审，工程造价咨询公司评审，邀请同行专家预审，审批部门复审等，经层层审查把关后，由有关单位和专家进行联合会审。在会审大会上，由设计单位介绍概算编制情况及有关问题，各有关单位、专家汇报初审及预审意见。然后进行认真分析、讨论，结合对各专业技术方案的审查意见所产生的投资增减，逐一核实原概算出现的问题。经过充分协商，认真听取设计单位意见后，实事求是地处理、调整。

## 8.5 施工图预算

### 8.5.1 施工图预算及其作用

施工图预算是指在施工图设计完成以后，按照政府制定的预算定额、费用定额和其他取费文件等编制的单位工程或单项工程预算价格的文件，按照施工图纸及计价所需的各种依据在工程实施前所计算的工程价格，均可称为施工图预算价格。该施工图预算价格可以是按照政府统一规定的预算单价、取费标准、计价程序计算得到的计划中的价格，也可以是根据企业自身的实力和市场供求及竞争状况计算的反映市场的价格。施工图预算可以划分为两种计价模式，即传统计价模式和工程量清单计价模式。

**1. 传统计价模式**

我国的传统计价模式是采用国家、部门或地区统一规定的定额和取费标准进行工程造价计价的模式，通常也称为定额计价模式。传统计价模式下，工、料、机消耗量根据“社会平均水平”综合测定，取费标准根据不同地区价格水平平均测算，企业自主报价的空间很小。工程量计算由招投标的各方单独完成，计价基础不统一，不利于招标工作的规范性。

**2. 工程量清单计价模式**

工程量清单计价模式是指按照工程量清单规范规定的全国统一工程量计算规则，由招标人提供工程量清单和有关技术说明，投标人根据企业自身的定额水平和市场价格进行计价的模式。目前，我国以使用传统计价模式为主，今后我国将以使用工程量清单计价模式为主。

施工图预算的作用主要体现在以下几个方面。

(1) 施工图预算是进行招投标的基础。推行工程量清单计价方法以后，传统的施工图预算在投标报价中的作用将逐渐弱化，但施工图预算的原理、依据、方法和编制程序仍是投标报价的重要参考资料。

(2) 施工图预算是施工单位组织材料、机具、设备及劳动力供应的依据，是施工企业编制进度计划、进行经济核算的依据，也是施工单位拟定降低成本措施和按照工程量计算结果编制施工预算的依据。

(3) 施工图预算是甲乙双方统计完成工作量，办理工程结算和拨付工程款的依据。

(4) 施工图预算是工程造价管理部门监督、检查执行定额标准，合理确定工程造价，测算造价指数及审定招标工程标底的依据。

以下将主要介绍传统计价模式下的施工图预算，工程量清单计价模式的相关内容可参见第 5 章。

## 8.5.2 施工图预算的内容和编制依据

**1. 施工图预算的内容**

施工图预算包括单位工程预算、单项工程预算和建设项目总预算。通过施工图预算统计建设工程造价中的建筑安装工程费用。单位工程预算是根据单位工程施工图设计文件，现行预算定额，费用标准及人工、材料、设备、机械台班等预算价格资料，以一定方法编制出的施工图预算；汇总所有单位工程施工图预算，就成为单项工程施工图预算；再汇总所有单项工程施工图预算，便成为建设项目的总预算。

单位工程预算包括建筑工程预算和设备安装工程预算。对一般工业与民用建筑工程而言，建筑工程预算按其工程性质分为一般土建工程预算、卫生工程预算（包括室内外给排水工程）、采暖通风工程、煤气工程、电气照明工程预算、特殊构筑物（如炉窑、烟囱、水塔等）工程预算和工业管道工程预算等。设备安装工程预算可分为机械设备安装工程预算、电气设备安装工程预算和化工设备、热力设备安装工程预算等。

**2. 施工图预算的编制依据**

（1）施工图纸、说明书和标准图集。经审定的施工图纸、说明书和标准图集，完整地反映了工程的具体内容、各部分的具体做法、结构尺寸、技术特征及施工方法，是编制施工图预算的重要依据。

（2）现行预算定额及单位估价表、建筑安装工程费用定额、工程量计算规则。国家和地区颁发的现行建筑、安装工程预算定额、建筑安装工程费用定额及单位估价表和相应的工程量计算规则，是编制施工图预算、确定分项工程子目、计算工程量、选用单位估价表、计算直接工程费的主要依据。企业定额也是编制施工图预算的主要依据。

（3）施工组织设计或施工方案、施工现场勘察及测量资料。因为施工组织设计或施工方案中包含了编制施工图预算必不可少的有关资料，如建设地点的土质、地质情况、土石方开挖的施工方法及余土外运方式与运距、施工机械使用情况、结构件预制加工方法及运距、重要的梁板柱的施工方案、重要或特殊机械设备的安装方案等。

（4）材料、人工、机械台班预算价格、工程造价信息及动态调价规定。在市场经济条件下，材料、人工、机械台班的价格是随市场而变化的。为使预算造价尽可能接近实际，各地区主管部门对此都有明确的调价规定。

（5）预算工作手册及有关工具书。预算工作手册和工具书包括了计算各种结构件面积和体积的公式，钢材、木材等各种材料规格、型号及用量数据，各种单位换算比例，特殊断面、结构件的工程量的速算方法，金属材料重量表等。

（6）工程承包协议或招标文件。它明确了施工单位承包的工程范围，应承担的责任、权利和义务。

## 8.5.3 一般土建工程施工图预算编制程序和方法

目前国内通常采用的施工图预算的编制方法有工料单价法和综合单价法两种方法。

**1. 工料单价法**

工料单价法是指分部分项工程单价为直接工程费单价，以分部分项工程量乘以对应分部分项工程单价后的合计为单位工程直接工程费。直接工程费汇总后另加措施费、间接费、利润、税金生成工程承发包价。工料单价法又分为预算单价法和实物法。

1）预算单价法

用预算单价法编制施工图预算，就是根据地区统一单位估价表中的各项定额单价，乘以相应的各分项工程的工程量，汇总相加得到单位工程的人工费、材料费、机械使用费之和；再加上按规定程序计算出来的措施费、间接费、利润和税金，便可得出单位工程的施工图预算造价。

用预算单价法编制施工图预算的主要计算公式为

$$单位工程施工图预算直接工程费 = \sum(工程量 \times 预算定额单价)$$

(1) 预算单价法编制施工图预算的步骤。

单价法编制施工图预算的步骤如图8-6所示。

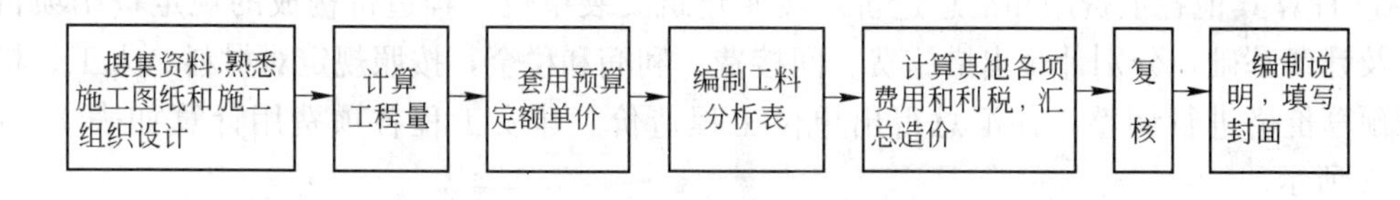


图8-6 单价法编制施工图预算的步骤

① 搜集各种编制依据资料。资料包括施工图纸、施工组织设计或施工方案,现行建筑安装工程预算定额,取费标准,统一的工程量计算规则,预算工作手册和工程所在地区的材料、人工、机械台班预算价格与调价规定、工程预算软件等。

② 熟悉施工图纸和定额。只有对施工图和预算定额有全面详细的了解,才能全面准确地计算出工程量,进而合理地编制出施工图预算造价。

③ 熟悉施工图纸和施工组织设计。即熟悉施工图纸和施工组织设计中的施工方案、施工技术。

④ 计算工程量。工程量的计算在整个预算过程中是最重要、最烦琐的环节,不仅影响预算编制的及时性,更重要的是影响预算造价的准确性。因此,在工程量计算上要投入较大精力。

计算工程量一般可按下列具体步骤进行:

• 根据施工图纸的工程内容和定额项目,列出计算工程量的分部分项工程;

• 根据一定的计算顺序和计算规则,列出计算式;

• 根据施工图示尺寸及有关数据,代入计算式进行数学计算;

• 按照定额中的分部分项工程的计量单位对相应的计算结果的计量单位进行调整,使之相一致。

⑤ 套用预算定额单价。工程量计算完毕并核对无误后,用所得到的分部分项工程量套用单位估价表中相应的定额单价,相乘后相加汇总,便可求出单位工程的直接工程费。

套用单价时需注意如下几点:

• 分项工程量的名称、规格、计量单位必须与预算定额或单位估价表所列内容一致,重套、错套、漏套预算单价都会引起直接工程费的偏差,进而导致施工图预算造价出现偏差;

• 当施工图纸的某些设计要求与定额单价的特征不完全符合时,必须根据定额使用说明对定额单价进行调整或换算；

• 当施工图纸的某些设计要求与定额单价特征相差甚远，既不能直接套用也不能换算、调整时，必须编制补充单位估价表或补充定额。

⑥ 编制工料分析表。根据各分部分项工程的实物工程量和相应定额中项目所列的用工工日及材料数量，计算出各分部分项工程所需的人工及材料数量，相加汇总便得出该单位工程所需要的各类人工和材料的数量。

⑦ 计算其他各项费用和汇总造价。按照建筑安装单位工程造价构成的规定费用项目的费率及计费基础，分别计算出措施费、间接费、利润和税金，按照规定对材料、人工、机械台班预算价格进行调整，并汇总得出单位工程造价。建安工程各项费用计算如表 2－1～表2－3 所示。

⑧ 复核。单位工程预算编制后，有关人员对单位工程预算进行复核，以便及时发现差错，提高预算质量。复核时应对工程量计算公式和结果、套用定额单价、各项费用的取费费率及计算基础和计算结果、材料和人工预算价格及其价格调整等方面是否正确进行全面复核。

⑨ 编制说明，填写封面。编制说明是编制者向审核者交代编制方面的有关情况，包括编制依据、工程性质、内容范围，设计图纸号、所用预算定额编制年份（即价格水平年份）、有关部门的调价文件号、套用单价或补充单位估价表方面的情况及其他需要说明的问题。封面填写应写明工程名称、工程编号、工程量（建筑面积）、预算总造价及单方造价、编制单位名称及负责人和编制日期、审查单位名称及负责人和审核日期等。

预算单价法是目前国内编制施工图预算的常用方法，具有计算简单、工作量较小和编制速度较快、便于工程造价管理部门集中统一管理的优点。但由于是采用事先编制好的统一的单位估价表，其价格水平只能反映定额编制年份的价格水平，在市场价格波动较大的情况下，预算单价法的计算结果会偏离实际价格水平，虽然可采用调价，但调价系数和指数从测定到颁布滞后且计算也较烦琐；另外，由于预算单价法采用的地区统一的单位估价表进行计价，承包商之间竞争的并不是自身的施工、管理水平，所以单价法并不适应市场经济环境。

(2) 预算单价法编制施工图预算实例。

以某市一住宅楼土建工程为例，该工程主体设计采用 7 层轻框架结构、钢筋混凝土筏式基础，建筑面积为 7 670.22 m$^2$。现取其基础部分来说明预算单价法编制施工图预算的过程。表8－16 是该住宅采用预算单价法编制的单位工程（基础部分）预算施工图预算表。该单位工程预算是采用该市当时的建筑工程预算定额及单位估价表编制的。

2）实物法编制施工图预算

应用实物法编制施工图预算，首先根据施工图纸分别计算出分项工程量，然后套用相应预算人工、材料、机械台班的定额用量，再分别乘以工程所在地当时的人工、材料、机械台班的实际单价，求出单位工程的人工费、材料费和施工机械使用费，并汇总求和，进而求得直接工程费，然后再按规定计取其他各项费用，汇总后就可得出单位工程施工图预算造价。

表 8-16　某住宅楼建筑工程基础部分预算书（预算单价法）

| 工程定额编号 | 工程或费用名称 | 计量单位 | 工程量 | 价值/元 | |
|---|---|---|---|---|---|
| | | | | 单　价 | 合　价 |
| (1) | (2) | (3) | (4) | (5) | (6) |
| 1042 | 平整场地 | $m^2$ | 1 393.59 | 0.309 | 430.62 |
| 1063 | 挖土机挖土（砂砾坚土） | $m^3$ | 2 781.73 | 1.29 | 3 588.43 |
| 1092 | 干铺土石屑层 | $m^3$ | 892.68 | 52.14 | 46 544.34 |
| 1090 | C10 混凝土基础垫层（10 cm 内） | $m^3$ | 110.03 | 146.87 | 16 160.11 |
| 5006 | C20 带形钢筋混凝土基础（有梁式） | $m^3$ | 372.32 | 310.06 | 115 441.54 |
| 5014 | C20 独立式钢筋混凝土基础 | $m^3$ | 43.26 | 274.06 | 11 855.84 |
| 5047 | C20 矩形钢筋混凝土柱（1.8 m 外） | $m^3$ | 9.23 | 599.72 | 5 535.42 |
| 13002 | 矩形柱与异形柱差价 | 元 | 61.00 | | 61.00 |
| 3001 | M5 砂浆砌砖基础 | $m^3$ | 34.99 | 97 | 3 394.03 |
| 5003 | C10 带形无筋混凝土基础 | $m^3$ | 54.22 | 198.43 | 10 758.87 |
| 4028 | 满堂脚手架（3.6 m 内） | $m^2$ | 370.13 | 0.96 | 355.32 |
| 1047 | 槽底扦探 | $m^2$ | 1 233.77 | 0.225 | 277.60 |
| 1040 | 回填土（夯填） | $m^3$ | 1 260.94 | 14.01 | 17 665.77 |
| 3004 | 基础抹隔潮层（有防水粉） | 元 | 130.00 | | 130.00 |
| | 直接工程费小计 | | | | 232 198.90 |

注：其他各项费用在土建工程预算书汇总时计列

实物法编制施工图预算中主要的计算公式为

单位工程预算直接工程费 $=\sum$(工程量 × 人工预算定额用量 × 当时当地人工工日单价) +
$\sum$(工程量 × 材料预算定额用量 × 当时当地材料预算单价) +
$\sum$(工程量 × 机械台班预算定额用量 × 当时当地机械台班单价)

(1) 实物法编制施工图预算的步骤。实物法编制施工图预算的步骤如图 8-7 所示。

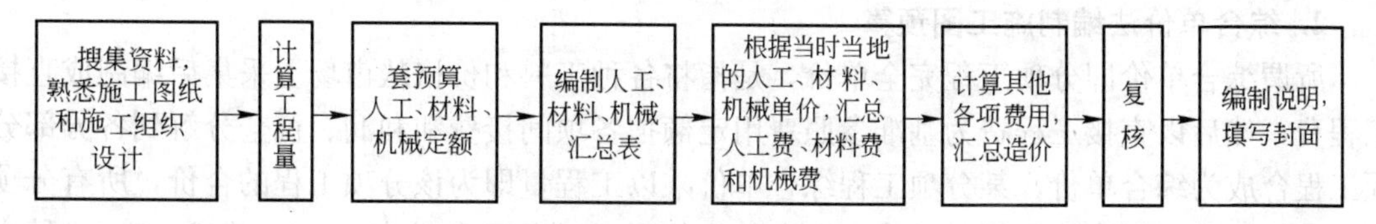


图 8-7　实物法编制施工图预算的步骤

从图 8-7 可以看出，实物法编制施工图预算的首尾步骤与单价法相同，两者最大的区别在于中间的步骤，也就是计算人工费、材料费和施工机械使用费及汇总三者费用之和的方法不同。

① 套用相应预算人工、材料、机械台班定额用量。国家建设部 1995 年颁发的《全国统一建筑工程基础定额》（土建部分，是一部量价分离定额）和 2000 年颁布的《全国统一安装

工程预算定额》、专业统一和地区统一的计价定额的实物消耗量，是完全符合国家技术规范、质量标准并反映一定时期施工工艺水平的分项工程计价所需的人工、材料、施工机械的消耗量的标准。这个消耗量标准，在建材产品、标准、设计、施工技术及其相关规范和工艺水平等没有大的突破性变化之前，是相对稳定不变的。因此，它是合理确定和有效控制造价的依据。从长远角度看，特别是从承包商角度，实物消耗量应根据企业自身消耗水平确定。这是因为完成单位工程量所消耗的人工、材料、机械台班的数量直接反映了企业的施工技术和管理水平，是施工企业之间展开竞争的一个重要方面。因此，实物消耗量将逐渐以企业自身消耗水平替代全国统一定额消耗水平。

② 统计各分项工程人工、材料、机械台班消耗数量并汇总单位工程所需各类人工工日、材料和机械台班的消耗量。各分项工程人工、材料、机械台班消耗数量由分项工程的工程量乘以预算人工定额用量、材料定额用量和机械台班定额用量而得出，汇总后便可得出单位工程各类人工、材料和机械台班的消耗量。

③ 用当时当地的各类人工、材料和机械台班的实际预算单价分别乘以相应的人工、材料和机械台班的消耗量，并汇总便得出单位工程的人工费、材料费和机械使用费。人工单价、材料预算单价和机械台班的单价可在当地工程造价主管部门的专业网站查询，或由工程造价主管部门定期发布的价格、造价信息中获取，企业也可根据自己的情况自行确定。如人工单价可按各专业、各地区企业一定时期实际发放的平均工资水平合理确定，并按规定加入工资性补贴计算；材料预算价格可分解为原价（供应价）和运杂费及采购保管费两部分，原价可按各地生产资料交易市场或销售部门一定时间销售量和销售价格综合确定。

在市场经济条件下，人工、材料和机械台班单价是随市场而变化的，而它们是影响工程造价最活跃、最主要的因素。用实物法编制施工图预算，采用的是工程所在地当时人工、材料、机械台班价格，较好地反映实际价格水平，工程造价的准确性高。虽然计算过程较单价法烦琐，但利用计算机便可解决此问题。因此，实物法是与市场经济体制相适应的预算编制方法。

(2) 实物法编制施工图预算实例。仍以前面单价法所举某市 7 层轻框架结构住宅为例，说明用实物法编制施工图预算的过程，结果见表 8－17 和表 8－18。

**2. 综合单价法编制施工图预算**

所谓综合单价即分项工程完全单价，是指将各种工料和价格从市场上采集后编制成直接工程费，然后以直接工程费为基准参照费用定额把各项间接费和利润、税金分解到各分部分项工程合成为综合单价，某分项工程综合单价乘以工程量即为该分项工程的合价，所有分项工程合价汇总后即为该工程的总价。综合单价的形成过程可参见表 2－4～表 2－6。这种方法与前述两种方法相比较，主要区别在于间接费和利税是用一个费率分摊到分项工程单价中，从而组成分项工程完全单价。

这种方法是为了适应快速报价的要求而产生的，但是由于采用的价格是一种综合单价，仍然是一种计划的综合单价，而不是通过市场竞争形成的单价，所以称这种方法为“过渡时期计价模式”，相应地称这种综合单价为过渡时期计价依据。

**表 8-17　某住宅建筑工程基础部分预算书（实物法）人工、材料和机械实物工程量汇总表**

| 项目编号 | 工程或费用名称 | 计量单位 | 工程量 | 人工实物量 | | 材料实物量 | | | | | |
|---|---|---|---|---|---|---|---|---|---|---|---|
| | | | | 人工用量/工日 | | 土石屑/$m^3$ | | C10 素混凝土/$m^3$ | | C20 钢筋混凝土/$m^3$ | |
| | | | | 单位用量 | 合计用量 | 单位用量 | 合计用量 | 单位用量 | 合计用量 | 单位用量 | 合计用量 |
| (1) | (2) | (3) | (4) | (5) | (6) | (7) | (8) | (9) | (10) | (11) | (12) |
| 1 | 平整场地 | $m^2$ | 1 393.59 | 0.058 | 80.828 2 | | | | | | |
| 2 | 挖土机挖土（砂砾坚土） | $m^3$ | 2 781.73 | 0.029 8 | 82.895 6 | | | | | | |
| 3 | 干铺土石屑层 | $m^3$ | 892.68 | 0.444 | 396.349 9 | 1.34 | 1 196.191 2 | | | | |
| 4 | C10 混凝土基础垫层（10 cm 内） | $m^3$ | 110.03 | 2.211 | 243.276 3 | | | 1.01 | 111.13 | | |
| 5 | C20 带形钢筋混凝土基础（有梁式） | $m^3$ | 372.32 | 2.097 | 780.755 0 | | | | | 1.015 | 377.904 8 |
| 6 | C20 独立式钢筋混凝土基础 | $m^3$ | 43.26 | 1.813 | 78.430 4 | | | | | 1.015 | 43.908 9 |
| 7 | C20 矩形钢筋混凝土柱（1.8 m 外） | $m^3$ | 9.23 | 6.323 | 58.361 3 | | | | | 1.015 | 9.368 5 |
| 8 | 矩形柱与异形柱差价 | 元 | 61.00 | | | | | | | | |
| 9 | M5 砂浆砌砖基础 | $m^3$ | 34.99 | 1.053 | 36.844 5 | | | | | | |
| 10 | C10 带形无筋混凝土基础 | $m^3$ | 54.22 | 1.8 | 97.596 0 | | | 1.015 | 55.033 3 | | |
| 11 | 满堂脚手架（3.6 m 内） | $m^2$ | 370.13 | 0.093 2 | 34.496 1 | | | | | | |
| 12 | 槽底扦探 | $m^2$ | 1 233.77 | 0.057 8 | 71.311 9 | | | | | | |
| 13 | 回填土（夯填） | $m^3$ | 1 260.94 | 0.22 | 277.406 8 | | | | | | |
| 14 | 基础抹隔潮层（有防水粉） | 元 | 89.00 | | | | | | | | |
| | 合计 | | | | 2 238.552 0 | | 1 196.191 2 | | 166.163 3 | | 431.182 2 |

续表

| 项目编号 | 材料实物量 | | | | | | | | 机械实物量 | | | | | | | |
|---|---|---|---|---|---|---|---|---|---|---|---|---|---|---|---|---|
| | M5 主体砂浆/$m^3$ | | 机砖/千块 | | 脚手架材料费/元 | | 黄土/$m^3$ | | 蛙式打夯机/台班 | | 挖土机/台班 | | 推土机/台班 | | 其他机械费/元 | |
| | 单位用量 | 合计用量 | 单位用量 | 合计用量 | 单位用量 | 合计用量 | 单位用量 | 合计用量 | 单位用量 | 合计用量 | 单位用量 | 合计用量 | 单位用量 | 合计用量 | 单位用量 | 合计用量 |
| (1) | (13) | (14) | (15) | (16) | (17) | (18) | (19) | (20) | (21) | (22) | (23) | (24) | (25) | (26) | (27) | (28) |
| 1 | | | | | | | | | | | | | | | | |
| 2 | | | | | | | | | | | 0.024 | 12.517 8 | 0.000 9 | 2.503 6 | | |
| 3 | | | | | | | | | 0.024 | 21.424 3 | | | | | | |
| 4 | | | | | | | | | | | | | | | 3.676 0 | 404.470 3 |
| 5 | | | | | | | | | | | | | | | 5.525 0 | 2 057.068 0 |
| 6 | | | | | | | | | | | | | | | 4.897 0 | 211.844 2 |
| 7 | | | | | | | | | | | | | | | 17.189 0 | 158.654 5 |
| 8 | | | | | | | | | | | | | | | | |
| 9 | 0.24 | 8.397 6 | 0.509 | 17.809 9 | | | | | | | | | | | 0.610 0 | 21.343 9 |
| 10 | | | | | | | | | | | | | | | 4.601 7 | 249.502 4 |
| 11 | | | | | 0.259 6 | 96.085 7 | | | | | | | | | 0.092 7 | 34.311 1 |
| 12 | | | | | | | | | | | | | | | | |
| 13 | | | | | | | 1.5 | 1 891.4 | 0.059 | 74.395 5 | | | | | | |
| 14 | | | | | | | | | | | | | | | | |
| | | 8.397 6 | | 17.809 9 | | 96.085 7 | | 1 891.4 | | 95.819 8 | | 12.517 8 | | 2.503 6 | | 3 137.194 4 |

表 8-18　某住宅楼建筑工程基础部分预算书（实物法）人工、材料、机械费用汇总表

| 序　号 | 人工、材料、机械或费用名称 | 计量单位 | 实物工程数量 | 价值/元 | |
|---|---|---|---|---|---|
| | | | | 当时当地单价 | 合　价 |
| 1 | 人工 | 工日 | 2 238.552 | 20.79 | 46 539.50 |
| 2 | 土石屑 | $m^3$ | 1 196.191 2 | 50 | 59 809.56 |
| 3 | C10 素混凝土 | $m^3$ | 166.163 3 | 132.68 | 22 046.55 |
| 4 | C20 钢筋混凝土 | $m^3$ | 431.182 2 | 290.83 | 125 400.72 |
| 5 | M5 主体砂浆 | $m^3$ | 8.397 6 | 130.81 | 1 098.49 |
| 6 | 机砖 | 千块 | 17.809 9 | 142.1 | 2 530.79 |
| 7 | 脚手架材料费 | 元 | 96.085 7 | | 96.09 |
| 8 | 黄土 | $m^3$ | 1 891.41 | 10.77 | 20 370.49 |
| 9 | 蛙式打夯机 | 台班 | 95.819 8 | 10.28 | 985.03 |
| 10 | 挖土机 | 台班 | 12.517 8 | 143.14 | 1 791.80 |
| 11 | 推土机 | 台班 | 2.503 6 | 155.13 | 388.38 |
| 12 | 其他机械费 | 元 | 3 137.194 4 | | 3 137.19 |
| 14 | 矩形柱与异形柱差价 | 元 | 61 | | 61 |
| 15 | 基础抹隔潮层费 | 元 | 130 | | 130 |
| | 直接工程费小计 | 元 | | | 284 385.59 |

注：其他各项费用在土建工程预算书汇总时计列

## 8.5.4　给排水、采暖、燃气、电气照明安装工程施工图预算的编制

**1. 收集资料、熟悉施工图纸和有关资料**

工程施工图纸包括图纸目录、主要设备材料表、设计施工说明、平面布置图、系统图（轴侧图）、室外小区给排水、热网、燃气工程；根据内容还应包括管道纵断面图、污水处理构筑物详图等。

**2. 确定分项工程项目**

确定施工图预算分项工程项目的工作称为列项。按照《全国统一安装工程预算定额》（第 1～11 册）（GYD—201—2000～GYD—211—2000）第 8 册的规定，给排水、采暖、燃气包括 7 章内容，分别为管道安装、各类阀门安装、低压器具水表的组成与安装、卫生器具的安装、供暖器具安装、小型容器制作安装、燃气管道附件和器具安装。电气分册包括变压器、配电装置、电缆、防雷接地、10 kV 以下架空配电线路、配管配线、照明器具安装、电梯电气装置等 13 节内容。在编制施工图预算时，按照设计图纸列出的分项和子项的口径和计量单位，必须与预算定额中的相应分项或子项的口径和计量单位一致。

**3. 按工程量计算规则计算工程量**

要求使用《全国统一安装工程预算定额》时，则工程量的计算应选用《全国统一安装工程预算工程量计算规则》。

**4. 套用定额**

按预算定额的规定，根据汇总的分项工程量，逐项套用安装工程预算定额。在定额中标有"()"的材料均未计价，"()"中的数字表示在该项工程中消耗的该材料的数量；另外，在设备安装预算定额计价中不包括主材费。因此，安装工程直接工程费中的材料费等于计算计价材料费和未计价材料费之和，两者计算公式分别为

$$未计价材料量=工程量\times定额未计价材料量$$

$$未计价材料费=\sum(未计价材料量\times地区材料预算价格)$$

**5. 计算安装工程预算造价**

在套定额计算分项工程直接工程费之后，将其汇总为单位安装工程直接工程费，依据以上步骤计算的人工费和规定的各项取费费率、计费方法，计算直接费、间接费、利润，计取差价，综合当地有关部门规定的税率计算出税金，最后得出安装工程施工图预算造价。

**6. 工料分析**

为了使施工图预算真实反映编制预算时期和地点的市场价格，则应对人工、材料进行工料分析，从定额项目表中分别将各分项工程消耗的各项材料和人工的定额消耗量查出，再分别乘以工程量，得到分项工程工料消耗量，汇总单位工程工料消耗量，计算差价，并入到预算造价中去。

**7. 编制说明，完成安装工程施工图预算**

编制施工图预算所采用的施工图及编号，采用的预算定额、单位估价表、费用定额，对存在的问题及处理结果等内容加以说明。

### 8.5.5 土建施工图预算的审查方法

施工图预算的审查目标是施工图预算不超过设计概算。重点审查编制依据是否合法及定额的时效性，工程量是否准确，预算单价是否正确，取费标准是否符合规定，有无重复计费，费用调整是否真实等。施工图预算的审查是合理确定工程造价的必要程序及重要组成部分。但由于施工图预算的审查对象不同，或要求的进度不同，或投资规模不同，则审查方法并不相同。

总体而言，审查方式有单审和会审两种。单审由建设银行、建设单位和承包单位单独进行，发现问题，按国家规定充分协商、实事求是地修正预算；会审由建设主管部门或建设单位牵头，邀请建设银行及设计、施工承包单位组成班子进行。一般地，中小型建设项目采用单审，会审仅用于复杂的大中型建设项目。施工图预算审查涉及的单位多、工作量大，因此选定审查方法非常重要。常用的审查方法包括以下5种。

**1. 全面审查法**

指审查人重新编制施工图预算的方法。首先根据施工图全面计算工程量，然后将计算的

工程量与审查对象的工程量逐一进行对比。同时，根据定额或单位估价表逐项核实审查对象的单价。

这种方法常常适用于以下情况：① 初学者审查的施工图预算；② 投资不多的项目，如维修工程；③ 工程内容比较简单（分项工程不多）的项目，如围墙、道路挡土墙、排水沟等；④ 建设单位审查施工单位的预算，或施工单位审查设计单位设计单价的预算。

这种方法的优点是审查后的施工图预算准确度较高，缺点是工作量大（实质是重复劳动）。

**2. 重点审查法**

这种方法类同于全面审查法，它与全面审查法的区别仅是审查范围的不同。该方法有侧重、有选择地根据施工图，计算部分价值较高或占投资比例较大的分项工程量；而对其他价值较低或占投资比例较小的分项目工程，往往忽略不计，重点核实与上述工程量相对应的定额单价，尤其是重点审查定额子目档次易混淆的单价（如构件断面、单体体积），其次是对混凝土标号、砌筑、抹灰砂浆的标号核算。

这种方法在审查进度较紧张的情况下，适用于建设单位审查施工单位的预算或施工单位审查设计单位的预算。这种方法与全面审查法比较，工作量相对减少，但能取得相对较好的效果。

**3. 分析对比审查法**

该方法是在总结分析预结算资料的基础上，找出同类工程造价及工料消耗的规律性，整理出用途不同、结构形式不同、地区不同的工程造价及工料消耗指标。然后，根据这些指标对审查对象进行分析对比，从中找出不符合投资规律的分部分项工程，针对这些子目进行重点审查，分析其差异较大的原因。

常用的指标有以下几种类型：① 单方造价指标（元/m、元/$m^2$、元/$m^3$）；② 分部工程比例；③ 各种结构比例；④ 专业投资比例；⑤ 工料消耗指标。

**4. 常见问题审查法**

由于预算人员所处地位不同，立场不同，则在预算编制中不同程度地出现某些常见问题，如：① 工程量计算正负误差；② 定额单价高套正误差；③ 项目重复正误差；④ 综合费用计算正误差；⑤ 预算项目遗漏负误差等。上述问题的出现具有普遍性，审查施工图预算时，可根据这些线索，剔除其不合理部分，补充完善预算内容，准确计算工程量，合理取定定额单价，以达到合理确定工程造价的目的。

**5. 相关项目、相关数据审查法**

利用施工图预算项目、数据之间的联系，认真分析总结，找出数据之间的规律来审查施工图预算。对其中不符合规律的项目及数据，如漏项、重项、工程量数据错误等，进行重点审查，如：① 与建筑面积相关的项目和工程量数据；② 与室外净面积相关的项目和工程量数据；③ 与墙体面积相关的项目和工程量数据；④ 与外墙边线相关的项目和工程量数据；⑤ 其他相关项目与数据。而对于一些规律性较差的工程量数据，如柱基与柱身、墙基与墙身、梁与柱等，可以采用重点审查法。

相关项目、相关数据审查法实质是工程量计算统筹法在预算审查工作中的应用。应用这种方法，可使审查工作效率大提高。

## 本章小结

设计阶段对建设项目的建设工期、工程造价、工程质量及建成后能否产生较好的经济效益和使用效益，起着决定性的作用。设计阶段控制造价的方法有：对设计方案进行优选或优化设计，推广限额设计和标准化设计，加强对设计概算、施工图预算的编制管理和审查。

限额设计就是按照批准的设计任务书及投资估算控制初步设计，按照初步设计总概算控制施工图设计，同时各专业在保证达到使用功能的前提下，按分配的投资限额控制设计，严格控制技术设计和施工图设计的不合理变更，保证总投资限额不被突破。不同类型的建筑，使用目的及功能要求不同，工程设计方案评价的内容也不相同。设计方案的评价一般采用计算费用法、投资回收期法和多目标优选法。工程设计优化途径包括：通过设计招标和设计方案竞选优化、运用价值工程优化和推广标准化设计，优化设计方案。价值工程是通过各相关领域的协作，对所研究对象的功能与费用进行系统分析，不断创新，旨在提高研究对象的价值的思想方法和管理技术。其目的是以研究对象的最低寿命周期成本可靠地实现使用者所需的功能，以获取最佳的综合效益。

设计概算是在投资估算的控制下由设计单位根据初步设计（或技术设计）图纸及说明、概算定额（概算指标）、各项费用定额或取费标准（指标）、设备、材料预算价格等资料，编制和确定的建设项目从筹建至竣工交付使用所需全部建设费用的文件。设计概算可分为单位工程概算、单项工程综合概算和建设项目总概算三级。单位建筑工程概算编制方法有概算定额法、概算指标法和类似工程预算法，单位设备安装工程概算编制方法有预算单价法、扩大单价法、设备价值百分比法和综合吨位指标法。设计概算审查的方法有对比分析法、查询核实法和联合会审法。

施工图预算是根据施工图，按照各专业工程的预算工程量计算规则计算出工程量，并考虑施工组织设计确定的施工方案或方法，按照现行预算定额、工程建设费用定额、材料预算价格和建设主管部门规定的费用计算程序及其他取费规定等，确定的建筑安装工程造价文件。施工图预算包括单位工程预算、单项工程预算和建设项目总预算。施工图预算的编制方法有单价法和实物法。另外，综合单价法是过渡时期的一种施工图预算编制方法。土建施工图预算的审查方法有单审和会审两种。具体包括全面审查法、重点审查法、分析对比审查法、常见问题审查法和相关项目、相关数据审查法。

## 复习思考题

1. 简述设计阶段工程造价管理的重要意义。

2. 画图说明设计阶段工程造价管理的程序。
3. 设计阶段工程造价控制的措施和方法有哪些?
4. 简述限额设计的理念。
5. 简述设计方案评价的原则。
6. 简述工业建筑设计评价的内容。
7. 常用的民用建筑设计的评价指标有哪些?
8. 常用的居住小区设计方案评价的指标有哪些?
9. 简述设计方案评价的方法及各种方法之间的异同。
10. 简述利用价值工程进行设计方案评价的原理。
11. 简述设计概算的概念及其作用。
12. 单位工程概算、单项工程综合概算和建设项目总概算分别包括哪些内容?
13. 详述单位建筑工程概算编制的3种方法。
14. 简述单位设备及安装工程概算的编制方法。
15. 简述设计概算审查的内容和方法。
16. 简述施工图预算的概念及其作用。
17. 简述施工图预算的编制内容和编制依据。
18. 对比分析土建工程施工图预算编制的单价法和实物法。
19. 简述施工图预算的审查方法。

## 案例分析

**案例8-1** 某城市拟建设一条高速公路,正在考虑两条备选路线,沿河建设与越山建设,两条线路的平均车速都提高了50公里/小时,日平均流量都是6 000辆,寿命均为30年,且无残值,基准收益率为8%,其他数据如表8-19所示。

**表8-19 两条线路的效益、费用**

| 方 案 | 沿河路线 | 越山路线 |
|---|---|---|
| 全长/km | 20 | 15 |
| 初期投资/万元 | 490 | 650 |
| 年维护及运营费/[万元/(千米·年)] | 0.2 | 0.25 |
| 大修每10年一次/(万元/10年) | 85 | 65 |
| 运输费用节约/[元/(千米·辆)] | 0.098 | 0.1127 |
| 时间费用节约/[元/(小时·辆)] | 2.6 | 2.6 |

**问题** 用全寿命周期成本法比较两条线路的优劣,并作出方案选择。

**案例8-2** 拟建设二层砖混结构职工宿舍,预计建筑面积为700 $m^2$。造价人员获得了与待建建筑物类似的某砖混结构房屋土建工程预算书，该预算书标明类似土建工程预算造价为75.50万元，建筑面积为780 $m^2$，建造于2000年。人工、主要材料和主要机械的消耗量如表8-20所示。另外，类似土建工程的其他材料费占材料费的比例为18%，其他机械费占机械台班费的比例为30%。为了相对准确地估算待估项目的工程造价，造价人员从当地工程造价网站查到近日预算价格如表8-20所示。

**表8-20　人工、主要材料和主要机械的消耗量**

| 序　号 | 名　称 | 单　位 | 数　量 | 单价/元 |
| --- | --- | --- | --- | --- |
| 1 | 人　工 | 工　日 | 3 950 | 30 |
| 2 | 钢筋 $\Phi10$ 以内 | t | 55 | 2 800 |
| 3 | 钢筋 $\Phi10$ 以外 | t | 10 | 2 750 |
| 4 | 铝合金型材 | t | 1.5 | 16 500 |
| 5 | 扁　钢 | t | 3 | 2 370 |
| 6 | 普通硅酸盐水泥 | t | 140 | 358 |
| 7 | 石 | t | 530 | 27 |
| 8 | 砂 | t | 730 | 36 |
| 9 | 面砖 150 * 75 | $m^2$ | 860 | 22 |
| 10 | 普通黏土砖 | 千　块 | 150 | 167 |
| 11 | 预制水磨石板 | $m^2$ | 730 | 88 |
| 12 | 电动打夯机 | 台　班 | 22 | 776 |
| 13 | 载重汽车 6t | 台　班 | 12 | 340 |

（计算过程及结果以元为单位保留整数，百分率取整。）

该工程与类似工程在构造上略有不同，类似工程外墙面为磁砖贴面，该工程为水泥砂浆抹面。类似工程外墙面贴磁砖面积为650 $m^2$。根据当地使用的预算定额，外墙面贴磁砖的预算单价为58元/$m^2$，水泥砂浆抹面的预算单价为11元/$m^2$。当地措施费以直接工程费为计费基数，费率为4%，间接费费率为7%，利率为5%，税率为3.41%。建设类似工程的给排水、电气、采暖工程一般占建安工程造价的比例为12%。

**问题**　根据以上资料，请求职工宿舍的概算价值。

# 第 9 章　招投标阶段的工程造价管理

## 知识结构

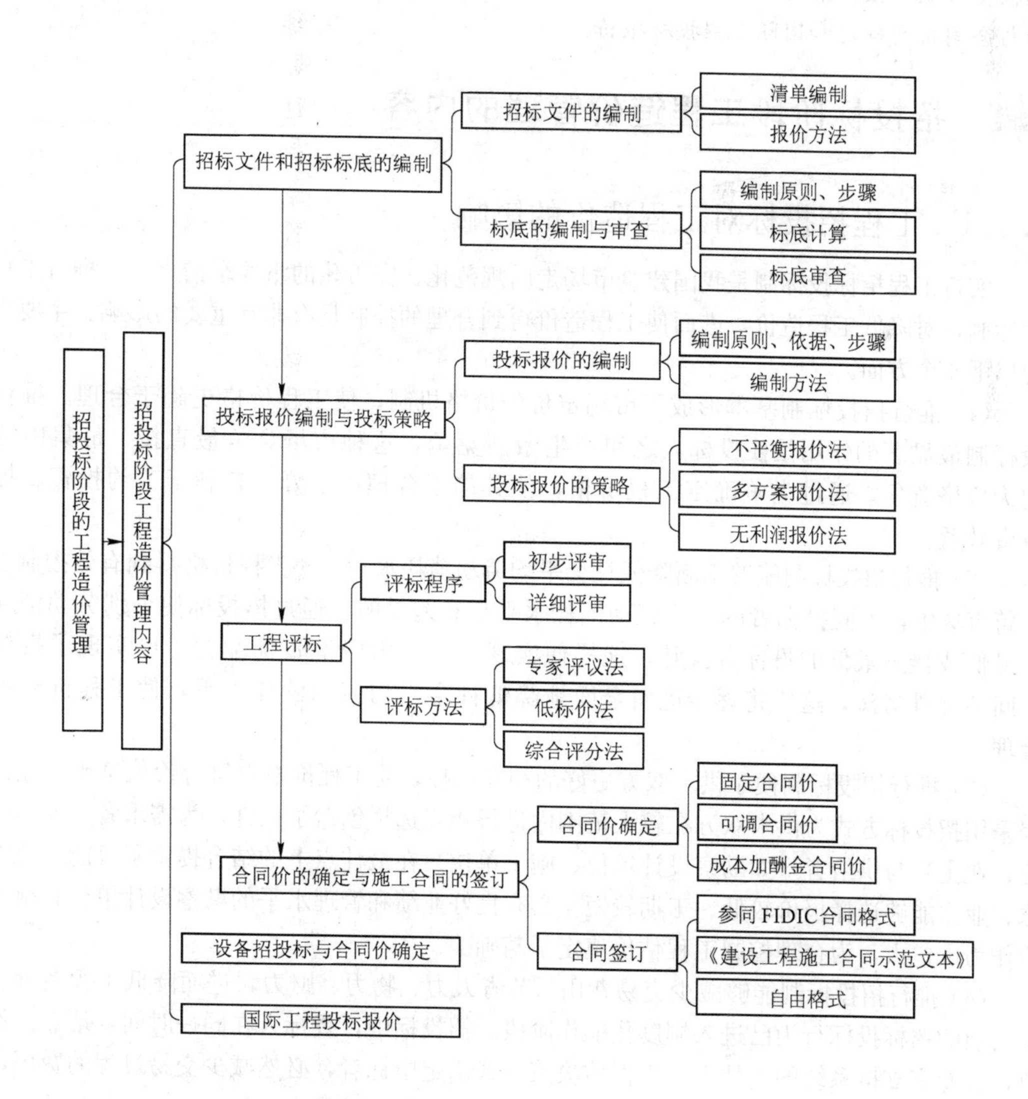

**学习目的、任务与要求**

通过本章的学习，使读者对招投标阶段工程造价管理的内容和方法有所了解，初步掌握标底价、投标报价和合同价的确定方法。要求读者在学习中了解工程招投标对工程造价的影响，熟悉招投标阶段工程造价管理的内容和程序，掌握招标文件和招标标底的编制，掌握投标报价编制与报价策略，熟悉工程评标工程合同价的确定与施工合同的签订，了解设备招投标与合同价的确定和国际工程投标报价。

## 9.1 招投标阶段工程造价管理的内容

### 9.1.1 工程招投标对工程造价的影响

实行工程招标投标制是我国建筑市场走向规范化、完善化的重要举措之一。推行工程招投标制，对降低工程造价，进而使工程造价得到合理的控制具有非常重要的影响，主要表现为以下 4 个方面。

(1) 推行招投标制基本形成了市场定价的价格机制，使工程价格更趋于合理。推行招投标制最显著的作用是使投标人之间产生激烈竞争，这种市场竞争最直接、最集中的表现为价格竞争。通过竞争确定工程价格，使其趋于合理或下降，有利于节约投资、提高投资效益。

(2) 推行招投标制能够不断降低社会平均劳动消耗水平，使工程价格得到有效控制。在建筑市场中，不同投标者的个别劳动消耗水平是有差异的。通过招投标使个别劳动消耗水平最低或接近最低的投标者获胜，这样便实现了生产力资源较优配置，也实现了投标者之间的优胜劣汰，这样将逐步进而全面地降低社会平均劳动消耗水平，使工程价格更趋合理。

(3) 推行招投标制便于供求双方更好的相互选择，使工程价格更符合价值基础。建设工程采用招投标方式为供求双方在较大范围内进行相互选择创造了条件，为需求者（如建设单位、业主）与供给者（如勘察设计单位、施工单位）在最佳点上的结合提供了可能。建设单位、业主能够选择报价较低、工期较短、具有良好业绩和管理水平的勘察设计单位和施工单位作为承包人，为合理控制工程估价奠定了基础。

(4) 推行招投标制能够减少交易费用，节省人力、物力、财力，进而降低工程造价。我国目前的招标投标行为已进入制度化操作阶段。招投标中，投标人在同一时间、地点报价竞争，在专家支持系统的评估下，以群体决策方式确定中标者，必然减少交易过程的费用，这本身就意味着招标人收益的增加，对工程造价必然产生积极的影响。

## 9.1.2 招投标阶段工程造价管理的内容

**1. 发包人选择合理的招标方式**

《中华人民共和国招标投标法》允许的招标方式有公开招标和邀请招标。邀请招标一般只适用于国家投资的特殊项目和非国有经济投资的项目，公开招标方式是能够体现公开、公正、公平原则的最佳招标方式。选择合理的招标方式是合理确定工程合同价款的基础。

**2. 发包人选择合理的承包模式**

常见的承包模式包括总分包模式、平行承包模式、联合承包模式和合作承包模式，不同的承包模式适用于不同类型的工程项目，对工程造价的控制也体现出不同的作用。

总分包模式的总包合同价格可以较早确定，业主可以承担较少风险。对总承包商而言，责任重、风险大，获得高额利润的潜力也比较大。

平行承包模式的总合同价不易短期确定，从而影响工程造价控制的实施。工程招标任务量大，需控制多项合同价格，从而增加了工程造价控制的难度。但对于大型复杂工程，如果分别招标，可参与竞争的投标人增多，业主就能够获得具有竞争性的商业报价。

联合承包对业主而言，合同结构简单，有利于工程造价的控制。对联合体而言，可以集中各成员单位在资金、技术和管理等方面的优势，增强了抗风险能力。

合作承包模式与联合承包相比，业主的风险较大，合作各方之间信任度不够。

**3. 发包人编制招标文件，确定合理的工程计量方法和投标报价方法，确定招标工程标底**

建设项目的发包数量、合同类型和招标方式一经批准确定以后，即应编制为招标服务的有关文件。工程计量方法和报价方法的不同，会产生不同的合同价格，因而在招标前，应选择有利于降低工程造价和便于合同管理的工程计量方法和报价方法。编制标底是建设项目招标前的另一项重要工作，而且是较复杂和细致的工作。标底的编制应当实事求是，综合考虑和体现发包人和承包人的利益。没有合理的标底可能会导致工程招标的失误，达不到降低建设投资、缩短建设工期、保证工程质量、择优选用工程承包队伍的目的。

**4. 承包人编制投标文件，合理确定投标报价**

拟投标招标工程的承包商在通过资格审查后，根据获取的招标文件，编制投标文件并对其作出实质性响应。在核实工程量的基础上依据企业定额进行工程估价，然后在广泛了解潜在竞争者及工程情况和企业情况的基础上，运用投标技巧和正确的策略来确定最后报价。

**5. 发包人选择合理的评标方式进行评标，在正式确定中标单位之前，对潜在中标单位进行询标**

评标过程中使用的方法很多，不同的计价方式对应不同的评标方法，正确的评标方法选择有助于科学选择承包人。在正式确定中标单位之前，一般都对得分最高的一二家潜在中标单位的投标函进行质询，意在对投标函中有意或无意的不明和笔误之处作进一步明确或纠正。尤其是当投标人对施工图计量的遗漏、对定额套用的错项、对工料机市场价格不熟悉而引起的失误，以及对其他规避招标文件有关要求的投机取巧行为进行剖析，以确保发包人和潜在中标人等各方的利益都不受损害。

**6. 发包人通过评标定标，选择中标单位，签订承包合同**

评标委员会依据评标规则，对投标人评分并排名，向业主推荐中标人，并以中标人的报价作为承包价。合同的形式应在招标文件中确定，并在投标函中作出响应。目前的建筑工程合同格式一般采用有3种：① 参同FIDIC合同格式订立的合同；② 按照国家工商部和建设部推荐的《建设工程合同示范文本》格式订立的合同；③ 由建设单位和施工单位协商订立的合同。不同的合同格式适用于不同类型的工程，正确选用合适的合同类型是保证合同顺利执行的基础。

## 9.2 招标文件和招标标底的编制

### 9.2.1 招标文件的编制

招标文件是工程招标工作的纲领性文件，同时又是投标人编制投标书的依据，以及承包人、发包人签订合同的主要内容。招标文件的编制要符合投资控制、进度控制、质量控制的总体目标，符合发包人的要求及工程项目特点。

在招标文件编写过程中进行造价控制的主要工作是选定合理的工程计量方法和计价方法。按照我国目前的规定，对于全部使用国有资金投资或国有资金投资为主的大中型建设工程应使用工程量清单计价模式，其他项目可使用定额计价的模式。

**1. 工程量清单编制**

招标文件内容包括工程量清单。工程量清单是按照国家或地方颁布的计算规则、统一的工程项目划分方法、统一的计量单位、统一的工程量计算规则，根据设计图纸、设计说明、图纸会审记录、考虑招标人的要求、工程项目的特点计算工程量并予以统计、排列，从而得到的清单。它作为投标报价参考文件的重要组成部分提供给投标人，目的在于将投标价格的工程量部分固定不变。编制工程量清单的方法可以参见第5章相关内容。

**2. 报价方法**

报价方法要根据招标文件要求的计价模式进行选择，如按定额计价方式，则选用工料单价法和综合单价法。工料单价法针对单位工程，汇兑所有分部分项工程各种工料机数量，乘以相应的工料机市场单价，所得总和，再考虑总的间接费和利税后报出总价。它不但包括各种费用计算顺序，而且反映各种工料机市场单价。综合单价法针对分部分项内容，综合考虑其工料机成本和各类间接费及利税后报出单价，再根据各分项量价积之和而组成工程总价，一般不反映工料机分析。如采用工程量清单计价，则要按照工程量清单的综合单价法进行报价，每个分部分项工程综合单价包括直接工程费、管理费、利润和风险金，不包括措施费、规费和税金，在汇总所有分部分项工程费后加措施费、其他费、规费和税金后得到单位工程报价。

## 9.2.2 标底的编制原则和步骤

标底是指招标人根据招标项目的具体情况，自行编制或委托具有相应资质的工程造价咨询机构代为编制的完成招标项目所需的全部费用，是依据国家规定的计价依据和计价办法计算出来的工程造价，并按规定程序审定的招标工程的预期价格。标底是建筑安装工程造价的表现形式之一，一般应控制在批准的总概算及投资包干限额内。标底是评价投标人所投单价和总价合理性的重要参考依据，是对生产建筑产品所消耗的社会必要劳动的估值，是核算成本价的依据，是合同管理中确定合同变更、价格调整、索赔和额外工程的费率和价格的依据。因此，正确计算标底对控制工程造价有重要的意义。在确定标底时，要进行大量市场行情调查，掌握较多的工程所在地区或条件相近地区同类工程项目的造价资料，经过认真的研究、分析、比较计算，尽量将工程标底控制在低于或等于同类工程社会平均水平上。

**1. 标底价格的编制原则**

在标底的编制过程中，应遵循以下原则。

(1) 根据国家统一工程项目划分、计量单位、工程量计算规则及设计图纸、招标文件，并参照国家、行业或地方批准发布的定额和国家、行业、地方规定的技术标准规范，以及要素市场价格确定工程量和编制标底。标底价格反映社会平均水平。

(2) 标底作为招标人的期望价格，应力求与市场的实际变化相吻合，要有利于竞争和保证工程质量。

(3) 标底应由直接费、间接费、利润、税金等组成，一般应控制在批准的建设工程投资估算或总概算（修正概算）价格以内。

(4) 标底应考虑人工、材料、设备、机械台班等价格变化因素，还应包括措施费及不可预见费、预算包干费、考虑现场因素、保险等。采用固定价格的，还应考虑工程的风险金等。

(5) 一个工程只能编制一个标底。

(6) 工程标底价格完成后应及时封存，在开标前应严格保密，所有接触过工程标底价格的人员都负有保密责任，不得泄露。

**2. 标底的编制步骤**

1) 准备工作

首先，要熟悉施工图设计及说明，如发现图纸中的问题或不明确之处，可要求设计单位进行交底、补充，并做好记录，在招标文件中加以说明；其次，要勘察现场，实地了解现场情况及周围环境，以作为确定施工方案、包干系数和技术措施费等有关费用计算的依据；再次，要了解招标文件中规定的招标范围，材料、半成品和设备的加工订货情况，工程质量和工期要求，物资供应方式；要进行市场调查，掌握材料、设备的市场价格。

2) 收集编制资料

编制标底需收集的资料和依据，包括建设行政主管部门制定的有关工程造价的文件、规定；设计文件、图纸、技术说明及招标时的设计交底，按设计图纸确定的或招标人提供的工程量清单等相关基础资料；拟采用的施工组织设计、施工方案、施工技术措施等；工程定额、现场环境和条件、市场价格信息等。总之，凡在工程建设实施过程中可能影响工程费用的各种因素，在编制标底价格前都必须予以考虑，收集所有必需的资料和依据，达到标底编制具备的条件。

3）计算标底价格

（1）以工程量清单确定划分的计价项目及其工程量，按照国家、行业或地区发布的工程定额或招标文件的规定，计算整个工程的人工、材料、机械台班需用量。

（2）确定人工、材料、设备、机械台班的市场价格，分别编制人工工日及单价表、材料价格清单表、机械台班及单价表等标底价格表格。

（3）确定工程施工中的措施费用和特殊费用，编制工程现场因素、施工技术措施、赶工措施费用表及其他特殊费用表。

（4）采用固定合同价格的，预测和测算工程施工周期内的人工、材料、设备、机械台班价格波动的风险系数。

（5）根据招标文件的要求，按工料单价计算直接工程费，然后计算措施费、间接费、利润和税金，编制工程标底价格计算书和标底价格汇总表。或者根据招标文件的要求，通过综合计算完成分部分项工程所发生的直接工程费、措施费、间接费、利润、税金，形成综合单价，按综合单价法编制工程标底价格计算书和标底价格汇总表。如采用工程量清单计价，则结合国家、行业或地区发布的工程定额和人工、材料、设备、机械台班等的市场价格，形成综合单价，按工程量清单的综合单价法计算标底价格。

4）审核标底价格

计算得到标底价格以后，应再依据工程设计图纸、特殊施工方法、工程定额等对填有单价与合价的工程量清单、标底价格计算书、标底价格汇总表、采用固定价格的风险系数测算明细，以及现场因素、各种施工措施测算明细、材料设备清单等标底价格编制表格进行复查与审核。

## 9.2.3 标底价格的计算

**1. 标底价格的计算方式**

工程标底的编制，需要根据招标工程的具体情况，如设计文件和图纸的深度、工程的规模和复杂程度、招标人的特殊要求、招标文件对投标报价的规定等，选择合适的编制方法计算。

在工程招标时施工图设计已经完成的情况下，标底价格应按施工图纸进行编制；如果招标时只是完成了初步设计，标底价格只能按照初步设计图纸进行编制；如果招标时只有设计方案，标底价格可用每平方米造价指标或单位指标等进行编制。

标底价格的编制，除依据设计图纸进行费用的计算外，还需考虑图纸以外的费用，包括由合同条件、现场条件、主要施工方案、施工措施等所产生费用的取定，如依据招标文件或合同条件规定的不同要求，选择不同的计价方式。根据我国现行工程造价的计算方法与习惯做法，分为定额计价和工程量清单计价两种模式，在定额计价时，单价的计算可采用工料单价法和综合单价法。综合单价法针对分部分项工程内容，综合考虑其工料机成本和各类间接费及利税后报出单价，再根据各分项量价积之和而组成工程总价；工料单价法则首先汇总各种工料机消耗量，乘以相应的工料机市场单价，得到直接工程费，再考虑措施费、间接费和利税得出总价。在采用工程量清单计价模式时，标底应根据招标文件中的工程量清单和有关要求、施工现场实际情况、合理的施工方法，以及按照省、自治区、直辖市建设行政主管部门制定的有关工程造价计价办法进行编制，具体可参照第 5 章相关内容进行标底计算。

**2. 编制标底需考虑的其他因素**

(1) 标底价格必须适应目标工期的要求。预算价格反映的是按定额工期完成合格产品的水平。若招标工程的目标工期不属于正常工期，而需要缩短工期，应按缩短的天数，给出必要的赶工费和奖励，并列入标底价格。

(2) 标底价格必须反映招标人的质量要求。预算价格反映的是按照国家有关的施工验收规范所规定的合格产品的价格水平。当招标人提出需达到高于国家验收规范的质量要求时，就意味着承包方要付出比完成合格水平的工程更多的费用。因此，标底价格应体现优质优价。

(3) 标底价格计算时，必须合理确定措施费、间接费、利润等费用，费用的计取应反映企业和市场的现实情况，尤其是利润，一般应以行业平均水平为基础。

(4) 标底价格应根据招标文件或合同条件的规定，按规定的工程发承包模式，确定相应的计价方式，考虑相应的风险费用。

(5) 标底价格必须综合考虑招标工程所处的自然地理条件和招标工程的范围等因素。

### 9.2.4　标底价格的审查

对于实行设有标底进行招标承发包的建设工程，必须认真对待标底价格，加强对标底价格的审查，保证标底的准确、严谨和科学。

**1. 工程标底的审查内容**

1) 审查分部分项工程数量

由于分部分项工程数量既是编制工程标底的依据，又是投标人计算投标报价的主要资料，因此应把招标工程的分部分项工程数量，作为审查标底的一项重要内容。主要审查内容包括：

① 工程量的项目是否与定额或工程量计价规范附录中所列项目一致，有无漏项或重复列项；

② 工程量的计算单位是否与定额或工程量清单计价规范的计量单位一致，计算方法是否符合计算规则的规定；

③ 计算数据是否与图示尺寸符合，应加减的尺寸是否已经增加或扣除等。

2）审查各项费用

这主要包括：

① 工程的直接工程费计算是否准确，预算单价的套用是否合理，预算单价的换算是否符合规定；

② 费用项目是否齐全，有无重复和漏项；

③ 费用标准是否正确，是否符合工程类型，费率选择是否合适；

④ 各项费用的计算方法是否正确，计算基础是否合理。

3）审查“活口”费用

所谓“活口”费用，是指施工图预算以外的费用，主要指措施性项目费用和价差等。这些费用情况较复杂，计算依据准确性较差，在审查时要搞好调查研究，在全面熟悉工程实际情况的基础上进行。

**2. 标底审查的方法**

标底审查的方法主要有全面审查法、标准预算审查法、分组计算审查法、筛选审查法、重点审查法、利用手册审查法、分解对比审查法等。具体方法与施工图预算的审查方法一致。审查方法的选择要根据审查标底的工程特点、审查的粗细程度及各种审查方法的适用范围进行。

## 9.3 投标报价编制与报价策略

### 9.3.1 投标报价的编制

**1. 投标报价的原则**

(1) 根据招标文件中设定的工程发承包模式和发承包双方责任划分，综合考虑投标报价的费用项目、费用计算方法和计算深度。

(2) 投标报价计算前须经技术经济比较，确定拟投标工程的施工方案、技术措施等。

(3) 应以反映企业技术和管理水平的企业定额来计算人工、材料和机械台班消耗量。

(4) 充分利用现场考察、调研的成果及市场价格信息、行情资料，编制基价，确定调价方法。

**2. 投标报价的计算依据**

(1) 招标人发放的招标文件及提供的设计图纸、工程量清单及有关的技术说明书等。

(2) 国家及地区颁发的现行建筑、安装工程预算定额及与之相配套执行的各种费用定额和企业内部制定的有关取费、价格等的规定、标准。

(3) 拟投标工程当地现行材料预算价格、采购地点及供应方式，其他市场价格信息等。

(4) 由招标单位答疑后书面回复的有关资料。

(5) 其他与报价计算有关的各项政策、规定及调整系数等。

**3. 投标报价的编制方法**

我国工程项目投标报价的方法一般包括定额计价模式和工程量清单计价模式下的投标报

价，具体内容如表9-1所示。

**表9-1 我国投标报价的模式**

| 定额计价模式 | | | | 工程量清单计价模式 |
|---|---|---|---|---|
| 预算单价法 | 实物法 | 部分费用综合单价法 | 全费用综合单价法 | 综合单价法 |
| 计算工程量<br>↓<br>查套定额单价<br>↓<br>计算直接工程费<br>↓<br>取费计算<br>↓<br>投标报价书 | 计算工程量<br>↓<br>查套定额消耗量<br>↓<br>套用市场价格<br>↓<br>取费计算<br>↓<br>投标报价书 | 计算各分项工程资源消耗量<br>↓<br>套用市场价格<br>↓<br>计算部分费用综合单价<br>↓<br>部分费用综合单价乘以工程量后汇总<br>↓<br>计算其他未计取费用<br>↓<br>投标报价书 | 计算各分项工程资源消耗量<br>↓<br>套用市场价格和根据企业实际情况计算的措施费、管理费、利润、税金<br>↓<br>计算全费用综合单价<br>↓<br>全费用综合单价乘以工程量后汇总<br>↓<br>投标报价书 | 计算各分项工程资源消耗量<br>↓<br>套用市场价格和根据企业实际情况计算的管理费和利润<br>↓<br>计算分部分项综合单价<br>↓<br>计算分部分项费<br>↓<br>汇总分部分项费、措施费、其他费、规费、税金<br>↓<br>投标报价书 |

1）以定额计价模式投标报价

具体包括预算单价法、实物法、综合计价法，可参照第2章和第8章相关内容。

一般采用预算定额来编制，即按照定额规定的分部分项工程子目逐项计算工程量，套用定额基价或根据市场价格确定直接工程费，然后再按规定的费用定额计取各项费用，最后汇总形成投标报价。

2）以工程量清单计价模式投标报价

这是与市场经济相适应的投标报价方法，也是国际通用的竞争性招标方式所要求的报价方法。一般由标底编制单位根据业主委托，将拟建招标工程全部项目和内容按清单计价规范中的计算规则计算出工程量，列在清单上作为招标文件的组成部分，供投标人逐项填报单价，计算出总价，作为投标报价，然后通过评标竞争，最终确定合同价。

在工程量清单计价模式下，投标人对工程量清单工程量审核后，依据企业自己的定额确定人材机消耗量和价格、间接费率、利润率，结合市场因素自主报价。投标人的企业定额根据企业本身的技术专长、材料采购渠道和管理水平制定。因此各投标报价体现自身的优势与经验，反映市场竞争状况。采用工程量清单投标报价时，投标人填入工程量清单中的单价是综合单价，应包括人工费、材料费、机械费、企业管理费、利润及风险金等费用，分部分项工程费、措施项目费和其他项目费用均采用综合单价计价。工程量清单的投标报价由分部分项工程费、措施项目费和其他项目费用等构成（见图9-1）。

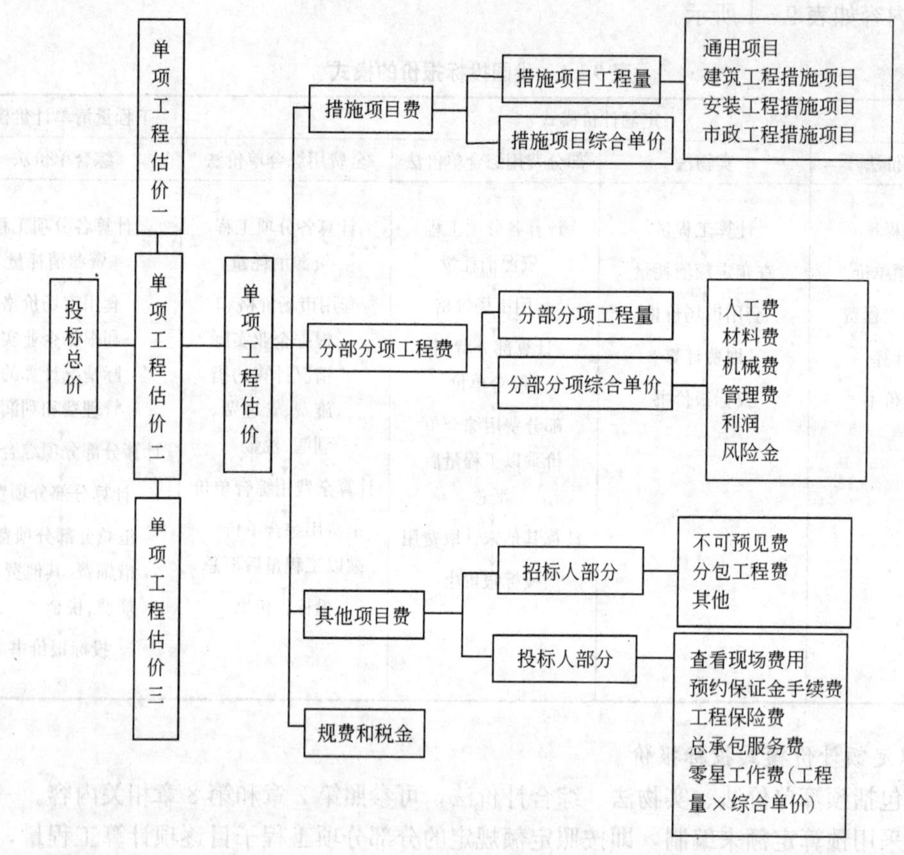


图 9-1 工程量清单计价模式下的投标总价构成

**4. 投标报价的编制程序**

1）复核或计算工程量

工程招标文件中若提供有工程量清单，投标价格计算之前，要对工程量进行校核。若招标文件中没有提供工程量清单，则必须根据图纸计算全部工程量。

2）确定单价，计算合价

计算单价时，应将构成分部分项工程的所有费用项目都归入其中。人工费、材料费、机械费应该是根据分部分项工程的人工、材料、机械消耗量及其相应的市场价格计算而得。一般来说，承包企业应用自己的企业定额对某一具体工程进行投标报价时，需要对选用的单价进行审核评价与调整，使之符合拟投标工程的实际情况，反映市场价格的变化。

3）确定分包工程费

来自分包人的工程分包费用是投标价格的一个重要组成部分，在编制投标价格时需要熟悉分包工程的范围，对分包人的能力进行评估，从而确定一个合适的价格来衡量分包人的价格。

4）确定利润

利润指的是承包人的预期利润，确定利润取值的目标是考虑既可以获得最大的可能利润，又要保证投标价格具有一定的竞争性。投标报价时承包人应根据市场竞争情况确定在该工程上的利润率。

5）确定风险费

风险费对承包人来说是一个未知数，在投标时应该根据该工程规模及工程所在地的实际情况，由有经验的专业人员对可能的风险因素进行逐项分析后确定一个比较合理的费用比率。

6）确定投标价格

将所有的分部分项工程的合价汇总后就可以计算出工程的总价。由于计算出来的价格可能重复也可能漏算，甚至某些费用的预估有偏差等，因而还必须对计算出来的工程总价进行调整。调整总价应用多种方法从多角度对工程进行盈亏分析及预测，找出计算中的问题，以及分析可以通过采取哪些措施降低成本、增加盈利，确定最后的投标报价。

图9-2为工程投标报价编制的一般程序。

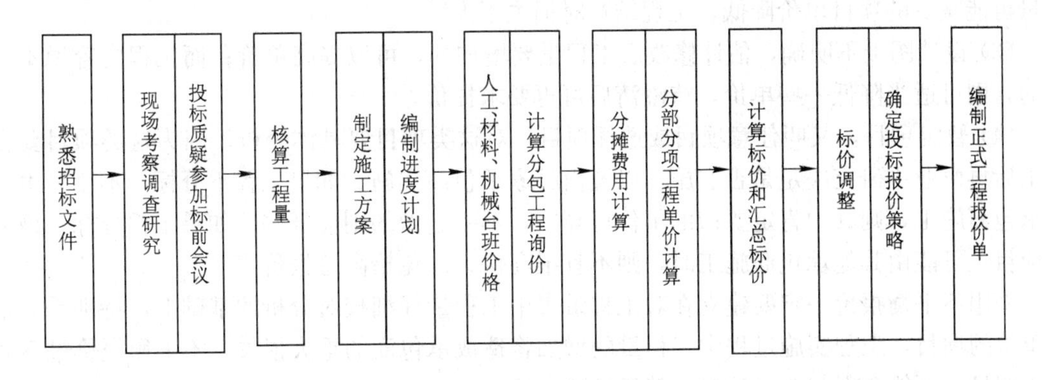


图9-2 工程投标报价编制程序

## 9.3.2 确定投标报价的策略

投标策略是指承包商在投标竞争中的系统工作部署及其参与投标竞争的方式和手段。投标策略对承包人有着十分重要的意义和作用。常用的投标策略主要有以下几种。

**1. 根据招标项目的不同特点采用不同报价**

投标报价时，既要考虑自身的优势和劣势，也要分析招标项目的特点。按照工程项目的不同特点、类别、施工条件等来选择报价策略。

遇到如下情况报价可高一些：施工条件差的工程；专业要求高的技术密集型工程，而本公司在这方面又有专长，声望也较高；总价低的小工程，以及自己不愿做、又不方便不投标的工程；特殊的工程，如港口码头、地下开挖工程等；工期要求急的工程；投标对手少的工程；支付条件不理想的工程。

遇到如下情况报价可低一些：施工条件好的工程，工作简单、工程量大而一般公司都可以做的工程；本公司目前急于打入某一市场、某一地区，或在该地区面临工程结束，机械设备等无工地转移时；本公司在附近有工程，而本项目又可利用该工程的设备、劳务，或有条件短期内突击完成的工程；投标对手多，竞争激烈的工程；非急需工程；支付条件好的工程。

**2. 不平衡报价法**

这一方法是指一个工程项目总报价基本确定后，通过调整内部各个项目的报价，某些项目的报价比正常水平高，另一些项目的报价比正常水平低一些，以期既不提高总报价和不影响中标，又能在结算时得到更理想的经济效益，加快资金周转。一般可以考虑在以下几方面采用不平衡报价。

(1) 能够早日结账收款的项目（如开办费、基础工程、土方开挖、桩基等）可适当提高。

(2) 预计今后工程量会增加的项目，单价适当提高，这样在最终结算时可多赚钱；将工程量可能减少的项目单价降低，工程结算时损失不大。

(3) 设计图纸不明确，估计修改后工程量要增加的，可以提高单价；而工程内容说不清楚的，则可适当降低一些单价，待澄清后可再要求提价。

(4) 暂定项目，又叫任意项目或选择项目，对这类项目要具体分析。因为这类项目要在开工后再由业主研究决定是否实施，以及由哪家承包商实施。如果工程不分标，不会另由一家承包商施工，则其中肯定要做的单价可高些，不一定做的则应低些；如果工程分标，该暂定项目也可能由其他承包商施工时，则不宜报高价，以免抬高总报价。

采用不平衡报价一定要建立在对工程量表中工程量仔细校对分析的基础上，特别是对报低单价的项目，工程实施过程中工程量的增加将造成承包商的重大损失；不平衡报价过多和过于明显，可能会引起业主反对，甚至导致废标。

**3. 多方案报价法**

这是承包商在工程说明书或合同条款不够明确时采用的一种方法。当发现工程范围不很明确，条款不清楚或很不公正，或技术规范要求过于苛刻时，则要在充分估计投标风险的基础上，按多方案报价法处理。即是按原招标文件报一个价，然后再加以注释，如某某条款作某些变动，报价可降低多少，由此可报出一个较低的价。这样可以降低总价，吸引业主改变说明书和合同条款，同时也提高竞争力。

**4. 无利润报价**

缺乏竞争优势的承包商，在不得已的情况下，只好在算标中根本不考虑利润去夺标。这种办法一般是处于以下条件时采用：

① 有可能在得标后，将大部分工程分包给索价较低的一些分包商；

② 对于分期建设的项目，先以低价获得首期工程，而后赢得机会创造第 2 期工程中的

竞争优势，并在以后的实施中赚得利润；

③ 较长时期内承包商没有在建的工程项目，如果再不得标，就难以维持生存。因此，虽然本工程无利可图，只要能有一定的管理费维持公司的日常运转，就可设法度过暂时的困难，以图将来东山再起。

当然，结合具体情况，还可以在诸如计日工单价的报价，可供选择的项目的报价，暂定工程量的报价，增加建议方案的报价，分包商报价的采用等方面制定相应的策略，以获得中标。

## 9.4 工程评标

根据《中华人民共和国招标投标法》第 37 条规定，评标应由招标人依法组建的评标委员会负责。评标的目的是根据招标文件确定的标准和方法，对每个投标人的标书进行评审和比较，以选出最优评标价的投标人。

### 9.4.1 评标程序

大型工程项目的评标因评审内容复杂、涉及面宽，通常需分成初评和详评两个阶段进行。

**1. 初步评审**

初步评审也称对投标书的响应性审查。

(1) 投标人的资格。公开招标时核对是否为资格预审的投标人。邀请招标在此阶段应对投标人提交的资格材料进行审查。

(2) 投标保证有效性。如果招标文件要求提供投标保证的，投标时是否已提交及检查保证金额、担保期限、出具保证书的单位是否符合投标须知的规定。

(3) 报送资料的完整性。投标书报送的资料是否符合投标须知的规定，有无遗漏。

(4) 投标书与招标文件的要求有无实质性的背离。投标文件应实质上响应招标文件的要求。所谓实质上响应招标文件的要求，是指其投标文件应该与招标文件的所有条款、条件和规定符合，无显著差异或保留。

(5) 报价计算的正确性。若投标书存在计算或统计错误，由评标委员会予以改正后请投标人签字确定。投标人拒绝确认，按投标人违约对待；当错误值超过允许范围时，按废标对待。

(6) 扣除暂定金额。如果工程报价单或工程量清单内包含有“暂定金额”项目时，不论投标人此项金额报价的高低，均应将其从投标书的总价内扣除，剩余金额作为详评阶段商务标评比的依据。

没有通过初步评审的投标书不得进入下一阶段的评审。

**2. 详细评审**

详细评审通常分为两个步骤进行。首先对各投标书进行技术和商务方面的审查，评定其合理性及合同授予该投标人在履行过程中可能给招标人带来的风险。在此基础上再由评标委员对各投标书分项进行量化比较，从而评定出优劣次序。大型复杂工程的评标过程经常分成商务评审和技术评审。

1）对投标书的审查

评审投标人如何实施招标工程时，主要考虑以下几个方面。

(1) 技术评审。主要是对投标书的施工总体布置、施工进度计划、施工方法和技术措施、材料和设备、技术建议等实施方案进行评定。

(2) 价格分析。分析投标价的目的在于鉴定投标报价的合理性，并找出报价高与低的原因。

① 报价构成分析。用标底与投标书中各单项合计价、各分项工作内容的单价及总价进行比照分析，对差异比较大的地方找出其产生的原因，从而评定报价是否合理。

② 计日工报价。分析没有名义工程量只填单价的机械台班费和人工费报价的合理性。

③ 分析前期工程价格提高的幅度。虽然投标人为了解决前期施工中资金流通的困难，可以采用不平衡报价法投标，但不允许有严重的不平衡报价。过大地提高前期工程的支付要求，会影响到项目的资金筹措计划。

④ 分析标书中所附资金流量表的合理性。包括审查各阶段的资金需求计划是否与施工进度计划相一致，对预付款的要求是否合理，采用公式法调价时取用的基价和调价系数的合理性及估算可能的调价幅度等内容。

⑤ 分析按标书中所提出的财务或付款方面的建议和优惠条件，估价接受该建议的利弊及可能导致的风险。

(3) 管理和技术能力评价。着重于实施招标工程的施工管理的组织机构模式，管理人员和技术人员的能力，施工机械设备，质量保证体系等方面的评价。

(4) 商务法律评审。该部分为对投标书的响应性检查，主要包括投标书对招标文件中的规定是否有重大偏离，修改合同条件某些条款建议的采用价值，替代方案的可行性，评价优惠条件。

2）对投标文件的澄清

为了有助于对投标文件的审查、评价和比较，对于大型复杂工程在必要时评标委员会可以分别召集投标人对投标文件中的某些内容进行澄清，招标答疑对投标人进行质询，先以口头形式询问并解答，随后在规定的时间内投标人以书面形式予以确认，作出正式答复。澄清和确认的问题需经投标单位的法定代表人或授权代理人签字，作为投标文件的有效组成部分；但澄清的问题不允许更改投标价格或投标书中的实质性内容。

3）对投标书进行量化比较

在审标的基础上，评标委员对各可以接受的投标书按照预先制定的规则进行量化评定，从而比较出各投标书综合能力的高低。小型工程通常采用“经评审的最低投标价法”，大型工程通常采用“综合评分法”或“评标价法”对各投标书进行科学的量化比较。

## 9.4.2 评标的方法

**1. 专家评议法**

由评标委员会预先确定拟评定的内容，如工程报价、工期、主要材料消耗、施工方案、工程质量和安全保证措施等项目，经过对共同分项的认真分析、横向比较和调查后进行综合评议。

**2. 最低投标价法**

这种方法是以评审价格作为衡量标准，选取最低评标价者作为推荐中标人。评标价并非投标价，它是将一些因素折算为价格，然后再计算其评标价。由于很多因素不能折算成价格，如施工组织机构、管理体系、人员素质等，因此这种方法的采用必须建立在严格的资格预审基础上。只要投标人通过了资格预审，就被认为具备了可靠承包商条件，投标竞争只是一个价格的比较。评标价的其他构成要素还包括工期的提前量、标书中的优惠、技术建议导致的经济效益等，这些条件都折算成价格作为评标价的折减因素。对其他可以折算为价格的要素，按照对招标人有利或不利的原则，按规定折算后，在投标报价中增加或扣减。根据国家7部委联合颁布的《评标委员会和评标方法暂行规定》，采用经评审的最低投标价法的，评标委员会应当根据招标文件中规定评标价格调整方法，对所有投标人的投标报价及投标文件的商务部分做必要的价格调整。采用经评审的最低投标价法的，中标人的投标应当符合招标文件规定的技术要求和标准，但评标委员会无需对投标文件的技术部分进行价格折算。

**3. 综合评分法**

综合评分法是指将评审内容分类后分别赋予不同权重，评标委员依据评分标准对各类内容细分的小项进行相应的打分，最后计算的累计分值反映投标人的综合水平，以得分最高的投标书为最优。这种方法由于需要评分的涉及面较宽，每一项都要经过评委打分，可以全面地衡量投标人实施招标工程的综合能力。

大型复杂工程的评分标准最好设置几级评分目标，以利于评委控制打分标准，减小随意性。评分的指标体系及权重应根据招标工程项目特点设定。

1）比较内容和标准的设定

① 技术标和商务标标准分值或权重的设定。较为简单的工程项目由于评比要素相对较少，通常采用百分制法评标，但应预先设定技术标和商务标的满分值；大型复杂工程的评审要素较多，简单的百分制法不能满足要求，需将评审要素划分成几大类并分别给予不同的权重，每一类再采用百分制记分。技术部分与商务部分分值的分配比例，应按照工程项目的特点和招标人对投标人要求的不同，具体设定。

② 评审要素的设定。为了能够对各投标书进行客观公正的比较，应合理地选择对招标工程有较大影响的要素进行比较，既不要过于简单使条件不好的投标人中标，也不应过于烦多，导致评审比较的重点不够突出。

③ 为了保证评标委员之间主观评审的差异不致过大，分值的分配范围应有细化标准。

2）商务标的评分办法

报价部分的比较按照评分基准不同，可以划分为用标底作为衡量基准，用修正标底值作为衡量基准和不用标底而考虑投标人报价水平计算衡量基准三大类。

（1）以标底作为标准值计算报价得分的综合评分法。

评标委员会首先用标底作为衡量标准，以预先确定的允许报价浮动范围（例如偏离标底上为5%，下为7%）筛选入围的有效投标，然后按照评标规则计算各项得分，最后以累计得分比较投标书的优劣。应注意，若某投标书的总分不是很低，但其中某一项得分低于该项及格分时，也应充分考虑授标给此投标人在实施过程中可能发生的风险。

（2）以修正标底值作为报价评分衡量标准的综合评分法。

以标底作为报价评定标准时，编制的标底有可能没有反映出较为先进的施工技术水平和管理水平，导致报价分的评定不合理。为了弥补这一缺陷，采用标底的修正值作为衡量标准。此方法在工程项目管理的有关著作中也称为A+B值法，A值为反映投标人报价的平均水平，可以是简单算术平均值，也可以是加权平均值；B值为标底。具体步骤如下所述。

第一，淘汰报价不合理的投标书。

① 计算经过审查认为可以接受的各投标书报价的算术平均值，以这个平均值考察报价的平均水平。

② 将各标书报价平均值与标底再作算术平均。

③ 以算出的值为中心，并以预先确定的允许浮动范围（如：±10）确定入围的有效投标书。此范围作为第一次对报价合理性的判断标准，将所有投标人分成高于和低于此值的两类，超过设定范围的投标书将被认为报价不合理，予以淘汰。

第二，计算报价项的评分基准（或称为最佳分点）。

首先，计算所有入围有效标书报价的平均值$A$。低于标底入围报价的平均值为$X$，加权系数为$\alpha$；高于标底入围报价的平均值为$Y$，加权系数为$\beta$，则平均值$A$的表达式为

$$A=\alpha X+\beta Y$$

式中，$\alpha$的取值建议在0.3～0.7范围内，且应满足$\alpha+\beta=1$。

然后，以标底为$B$，则最佳分点为

$$\text{最佳分点}=\zeta A+\eta B$$

式中，$\zeta$的取值建议在0.35～0.65范围内，且应满足$\zeta+\eta=1$。

第三，计算有效投标书报价项的得分。

① 以评分基准为标准，再将入围标书分成高于和低于此值的两类。

② 依据评标规则确定的计算方法，按报价与标准的偏离度计算各投标书的该项得分。

目前在国内工程的施工招标评审过程中，为了减少评标的计算工作量经常将第一步简化，以标底为基数用某一预定浮动范围（如上为5%，下为7%）直接作为入围投标书的衡量标准。

(3) 不用标底衡量的综合评分法。

前两种方法在商务评标过程中对报价部分的评审都以预先设定的标底作为衡量条件，如果标底编制得不够合理，有可能对某些投标书的报价评分不公平。为了鼓励投标人的报价竞争，可以不预先制定标底，用反映投标人报价平均水平某一值作为衡量基准评定各投标书的报价部分得分。但仍然设置一个标准值，视报价与其偏离度的大小确定分值高低。采用较多的方法包括以下两种。

一是以最低报价为标准值。在所有投标书的报价中以报价最低者为标准（该项满分），其他投标人的报价按预先确定的偏离百分比计算相应得分。但应注意，最低的投标报价比次低投标人的报价如果相差悬殊（例如 20%以上），则应首先考察最低报价者是否有低于其企业成本的竞标，若报价的费用组成合理，才可以作为标准值。

工程量清单计价的招标中经常采用合理低价评分法评标。评审投标报价时不仅注重总价，更注重价格构成，各投标报价工程量相同，价格构成清晰可比，便于进行投标的响应性和报价是否合理的评价，各投标人的优势体现在报价中，使报价结合质量及工期的综合合理低价评价得到有效的保证，同时在一定程度地消除了编标、串标、抬标等不良现象，避免了工程造价被恶意扭曲。所以，工程量清单招标中标底价仅作为市场参考价或业主的拦标价，在评标中只起参考作用。国际惯例中标底也仅仅作为建设单位对工程费用的估测，一般不参与评标；评标中大多采用最低价中标（少数采用中间价中标），但其前提条件是建立有效的建筑市场担保制度。所以，我国也应当逐步建立健全招投标担保制度，其中包括建设单位支付工程款的担保和中标单位实施工程进度、质量的担保，在此基础上逐步降低标底在评标中的参与力度，直至取消标底的参与。

二是以平均报价为标准值。开标后，首先计算各主要报价项的标准值。可以采用简单的算术平均值或平均值下浮某一预先规定的百分比作为标准值。标准值确定后，再按预先确定的规则，视各投标书的报价与标准值的偏离程度，计算各投标书的该项得分。

## 9.5　工程合同价的确定与施工合同的签订

招投标阶段工程造价控制主要体现在三个方面：获得竞争性投标报价、有效评价最合理报价、签订合同预先控制造价变更。确定合理的合同价和签订严密的工程合同，使合同价得以稳妥实现是招投标阶段重要的工作内容。

### 9.5.1　工程合同价确定

工程合同价款是发包人、承包人在协议书中约定，发包人用以支付承包人按照合同约定完成承包范围内全部工程并承担质量保修责任的价款。合同价款是双方当事人关心的核心条款。招标工程的合同价款由发包人、承包人依据中标通知书中的中标价格在协议书内约定。合同价款在协议书内约定后，任何一方不能擅自改变。

根据《中华人民共和国合同法》、《建设工程施工合同（示范文本）》及建设部的有关规定，依据招标文件、投标文件，双方在签订施工合同时，按计价方式的不同，双方可选择下列确定合同价款的方式。

**1. 固定合同价格**

这是指在约定的风险范围内价款不再调整的合同。双方须在专用条款内约定合同价款包含的风险范围、风险费用的计算方法和承包风险范围以外对合同价款影响的调整方法，在约定的风险范围内合同价款不再调整。固定合同价可分为固定合同总价和固定合同单价两种方式。

1）固定合同总价

这种合同确定的总价为包死的固定总价。合同总价只有在设计和工程范围变更的情况下才能做相应的调整，除此之外，合同总价是不能变动的。因此，作为合同价格计算依据的图纸和计量规则、规范必须对工程做出详尽的描述。在合同执行过程中，合同双方都不能因工程量、设备、材料价格、工资等变动和气候条件恶劣等原因，提出对合同总价调整的要求，这就意味着承包商要承担实物工程量变化、单价变化等因素带来的风险。因此承包商必然会在投标时对可能发生的造成费用上升的各种因素进行估计并包含在投标报价中，在报价中加大不可预见费。这样，往往会导致合同价更高，并不能真正降低工程造价。

这种合同适用于工期较短（一般不超过 1 年），对工程项目要求十分明确，设计图纸完整齐全，项目工作范围及工程量计算依据确切的项目。

2）固定合同单价

固定合同单价是合同中确定的各项单价在工程实施期间不因价格变化而调整。这种合同是以工程量表中所列工程量和承包商所报出的单价为依据来计算合同价的。通常招标人在准备此类合同的招标文件时，委托咨询单位按分部分项工程列出工程量表并填入估算的工程量，承包商投标时在工程量表中填入各项的单价，据之计算出总价作为投标报价之用。但在每月结算时，以实际完成的工程量结算。在工程全部完成时以竣工图进行最终结算。

采用这种合同时，要求实际完成的工程量与原估计的工程量不能有实质性的变化。因为投标人报出的单价是以招标文件给出的工程量为基础计算的，工程量大幅度地增加或减少，会使得投标人按比例分摊到单价中的一些固定费用与实际严重不符，要么使投标人获得超额利润，要么使许多固定费用收不回来。所以有的单价合同规定，如果最终结算时实际工程量与工程量清单中的估算工程量相差超过±10%时，允许调整合同单价。FIDIC 的“土木工程施工合同条件”中则提倡工程结束时总体结算超过±15%时对单价进行调整，或者当某一分部或分项工程的实际工程量与招标文件的工程量相差超过±25%且该分项目的价格占有效合同 2%以上时，该分项也应调整单价。总之，不论如何调整，在签订合同时必须写明具体的调整方法，以免以后发生纠纷。

在设计单位来不及提供施工详图，或虽有施工图但由于某些原因不能比较准确地计算工程量时，招标文件也可只向投标人给出各分项工程内的工作项目一览表、工程范围及必要的说明，而不提供工程量，承包商只要给出表中各项目的单价即可，将来施工时按实际工程量计算。有时也可由业主一方在招标文件中列出单价，而投标一方提出修正意见，双方磋商后确定最后的承包单价。

**2. 可调合同价格**

可调合同价格是针对固定价格而言，通常用于工期较长的施工合同。对于工期较短的合同，专用条款内也要约定因外部条件变化对施工产生成本影响可以调整合同价款的内容。这种合同的总价一般也是以图纸及工程量计算准则、规范等为基础，但它是按“时价”即投标时的工、料、机市价为基础计算的，这是一种相对固定的价格。在合同执行过程中，由于通货膨胀而使工料成本增加，按照合同中列出的调价条款，可对合同总价进行调整。这种合同与固定价格合同不同之处在于：它对合同实施中出现的风险做了分摊，招标人承担了通货膨胀这一不可预见的费用因素的风险，而固定价格合同中的其他风险仍由投标人承担。一般适合于工期较长（如1年以上）的项目。

**3. 成本加酬金合同价**

合同中确定的工程合同价，其工程成本中的直接费（一般包括人工、材料及机械设备费）按实支付，管理费及利润按事先协议好的某一种方式支付。

这种合同形式主要适用于：在工程内容及技术指标尚未全面确定，报价依据尚不充分的情况下，业主方又因工期要求紧迫急于上马的工程；施工风险很大的工程，或者业主和承包商之间具有良好的合作经历和高度的信任，承包商在某方面具有独特的技术、特长和经验的工程。这种合同形式的缺点是发包单位对工程总造价不易控制，而承包商在施工中也不注意精打细算，因为是按照一定比例提取管理费及利润，往往成本越高，管理费及利润也越高。

成本补偿合同有多种形式，部分形式如下所述。

1）成本加固定百分比酬金合同价

这种合同形式，承包商实际成本实报实销，同时按照实际直接成本的固定百分比付给承包商相应的酬金。因此该类合同的工程总造价及付给承包方的酬金随工程成本而水涨船高，这不利于鼓励承包商降低成本，正是由于这种弊病所在，使得这种合同形式很少被采用。

2）成本加固定费用合同价

这种合同形式与成本加固定百分比酬金合同相似，其不同之处在于酬金一般是固定不变的。它是根据双方讨论同意的工程规模、估计工期、技术要求、工作性质及复杂性，以及所涉及的风险等来考虑确定一笔固定数目的报酬金额作为管理费及利润。对人工、材料、机械台班费等直接成本则实报实销。如果设计变更或增加新项目，即直接费用超过原定估算成本的10%左右时，固定的报酬费也要增加。这种方式也不能鼓励承包商关心降低成本，因此也可在固定费用之外根据工程质量、工期和节约成本等因素，给承包商另加奖金，以鼓励承包商积极工作。

3）成本加奖罚合同价

采用这种形式的合同，首先要确定一个目标成本，这个目标成本是根据粗略估算的工程量和单价表编制出来的。在此基础上，根据目标成本来确定酬金的数额，可以是百分比的形式，也可以是一笔固定酬金，同时以目标成本为基础确定一个奖罚的上下限。在项目实施工程中，当实际成本低于确定的下限时，承包商在获得实际成本、酬金补偿外，还可根据成本降低额来得到一笔奖金。当实际成本高于上限成本时，承包方仅能从发包方得到成本和酬金的补偿，并对超出合同规定的限额，还要处以一笔罚金。

这种合同形式可以促使承包商关心成本的降低和工期的缩短，而且目标成本是随着设计的进展而加以调整的，承发包双方都不会承担太大风险，故这种合同形式应用较多。

4）最高限额成本加固定最大酬金合同价

在这种形式的合同中，首先要确定最高限额成本、报价成本和最低成本，当实际成本没有超过最低成本时，承包商发生的实际成本费用及应得酬金等都可得到业主的支付，并可与业主分享节约额；如果实际工程成本在最低成本和报价成本之间，承包方只有成本和酬金可以得到支付；如果实际工程成本在报价成本与最高限额成本之间，则只有全部成本可以得到支付；实际工程成本超过最高限额成本时，则超过部分业主不予支付。

这种合同形式有利于控制工程造价，并能鼓励承包商最大限度地降低工程成本。

具体工程承包的计价方式不一定是单一的方式，在合同内可以明确约定具体工作内容采用的计价方式，也可以采用组合计价方式。

## 9.5.2 施工合同的签订

**1. 施工合同格式的选择**

合同是双方对招标成果的认可，是招标之后、开工之前双方签订的工程施工、付款和结算的凭证。合同的形式应在招标文件中确定，投标人应在投标文件中作出响应。目前的建筑工程施工合同格式一般采用如下几种方式。

1）参同FIDIC合同格式订立的合同

FIDIC合同是国际通用的规范合同文本。它一般用于大型的国家投资项目和世界银行贷款项目。采用这种合同格式，可以避免工程竣工结算时的经济纠纷；但因其使用条件较严格，因而在一般中小型项目中较少采用。

2）《建设工程施工合同示范文本》（简称示范文本合同）

按照国家工商部和建设部推荐的《建设工程施工合同示范文本》格式订立的合同是比较规范，也是公开招标的中小型工程项目采用最多的一种合同格式。该合同由4部分组成：协议书、通用条款、专用条款、附件。《协议书》明确了双方最主要的权利义务，经当事人签字盖章，具有最高的法律效力；《通用条款》具有通用性，基本适用于各类建筑施工和设备安装；《专用条款》是对《通用条款》必要的修改与补充，其与《通用条款》相对应，多为空格形式，需双方协商完成，更好地针对工程的实际情况，体现了双方的统一意志；附件对双方的某项义务以确定格式予以明确，便于实际工作中的执行与管理。整个示范文本合同是招标文件的延续，故一些项目在招标文件中就拟定了补充条款内容以表明招标人的意向；投标人若对此有异议时，可在招标答疑（澄清）会上提出，并在投标函中提出施工单位能接受的补充条款；双方对补充条款再有异议时可在询标时得到最终统一。但是，也有项目虽然在招标中采用了示范合同文本，并没有在协议书中写明工程造价，或者协议书中写明的造价与中标通知书上的中标价不相一致，或者在补充条款中未对招标文件内容有实质性响应，甚至在补充条款中提出与招标文件内容相矛盾的款项，那么一方面不能体现招标对所有潜在中标人的公平和公正，另一方面使最终的工程审价工作难以开展，导致双方利益（大多情况下是建设单位利益）的损失。

3）自由格式合同

自由格式合同是由建设单位和施工单位协商订立的合同，它一般适用于通过邀请招标或议标发包而定的工程项目。这种合同是一种非正规的合同形式，往往由于一方（主要是建设单位）对建筑工程的复杂性、特殊性等方面考虑不周，从而使其在工程实施阶段陷于被动。

**2. 施工合同签订过程中的注意事项**

1）关于合同文件部分

招投标过程中形成的补遗、修改、书面答疑、各种协议等均应作为合同文件的组成部分。特别应注意作为付款和结算依据的工程量和价格清单，应根据评标阶段作出的修正稿重新整理、审定，并且应标明按完成的工程量测算付款和按总价付款的内容。

2）关于合同条款的约定

在编制合同条款时，应注重有关风险和责任的约定，将项目管理的理念融入合同条款中，尽量将风险量化，责任明确，公正地维护双方的利益。其中主要重视以下几类条款。

(1) 程序性条款。目的在于规范工程价款结算依据的形成，预防不必要的纠纷。程序性条款贯穿于合同行为的始终。包括信息往来程序、计量程序、工程变更程序、索赔处理程序、价款支付程序、争议处理程序等。编写时注意明确具体步骤，约定时间期限。

(2) 有关工程计量条款。注重计算方法的约定，应严格确定计量内容（一般按净值计量），加强隐蔽工程计量的约定。计量方法一般按工程部位和工程特性确定，以便于核定工程量及便于计算工程价款为原则。

(3) 有关估价的条款。应特别注意价格调整条款，如对未标明价格或无单独标价的工程，是采用重新报价方法，还是采用定额及取费方法，或者协商解决，在合同中应约定相应的计价方法。对于工程量变化的价格调整，应约定费用调整公式；对工程延期的价格调整、材料价格上涨等因素造成的价格调整，是采用补偿方式，还是变更合同价，应在合同中约定。

(4) 有关双方职责的条款。为进一步划清双方责任，量化风险，应对双方的职责进行恰当的描述。对那些未来很可能发生并影响工作、增加合同价格及延误工期的事件和情况加以明确，防止索赔、争议的发生。

(5) 工程变更的条款。适当规定工程变更和增减总量的限额及时间期限。如在 FIDIC 合同条款中规定，单位工程的增减量超过原工程量 15%应相应调整该项的综合单价。

(6) 索赔条款。明确索赔程序、索赔的支付、争端解决方式等。

### 9.5.3 不同计价模式对合同价和合同签订的影响

采用不同的计价模式会直接影响到合同价的形成方式，从而最终影响合同的签订和实施。目前国内使用的定额计价方法在以上方面存在诸多弊端，相比之下，工程量清单的计价方法能确定更为合理的合同价，并且便于合同的实施。

首先，工程量清单计价的合同价的形成方式使工程造价更接近工程实际价值。因为确定合同价的两个重要因素——投标报价和标底价都以实物法编制，采用的消耗量、价格、费率都是市场波动值，因此使合同价能更好地反映工程的性质和特点，更接近市场价值。其次，易于对工程造价进行动态控制。在定额计价模式下，无论合同采用固定价还是可调价格，无论工程量变化多大，无论施工工期多长，双方只要约定采用国家定额、国家造价管理部门调整的材料指导价和颁布的价格调整系数，便适用于合同内、外项目的结算。在新的计价模式下，工程量由招标人提供，报价人的竞争性报价是基于工程量清单上所列量值，招标人为避免由于对图纸理解不同而引起的问题，一般不要求报价人对工程量提出意见或作出判断。但是工程量变化会改变施工组织、改变施工现场情况，从而引起施工成本、利润率、管理费率变化，因此带来项目单价的变化。新的计价模式能实现真正意义上的工程造价动态控制。

在合同条款的约定上，双方的风险和责任意识加强。在定额计价模式下，由于计价方法单一，承发包双方对有关风险和责任意识不强；工程量清单计价模式下，招投标双方对合同价的确定共同承担责任。招标人提供工程量，承担工程量变更或计算错误的责任，投标单位只对自己所报的成本、单价负责。工程量结算时，根据实际完成的工程量，按约定的办法调整。双方对工程情况的理解以不同的方式体现在合同价中，招标方以工程量清单表现，投标方体现在报价中。另外，一般工程项目造价已通过清单报价明确下来，在日后的施工过程中，施工企业为获取最大的利益，会利用工程变更和索赔手段追求额外的费用。因此，双方对合同管理的意识会大大加强，合同条款的约定会更加周密。

工程量清单计价模式赋予造价控制工作新的内容和新的侧重点。首先工程量清单成为报价的统一基础使获得竞争性投标报价得到有力保证，无标底合理低价中标评标方式使评选的中标价更为合理，合同条款更注重风险的合理分摊，更注重对造价的动态控制，更注重对价格调整及工程变更、索赔等方面的约定。

## 9.6 设备招投标与合同价的确定

### 9.6.1 设备采购的招投标方式

设备是建设工程施工中的重要工作之一。设备采购质量的好坏和价格的高低，对项目的投资效益影响极大。《招标投标法》规定，在中华人民共和国境内进行与工程建设有关的重要设备等的采购，必须进行招标。因而应根据采购标的物的具体特点，正确选择设备的招投标方式，进而正确选择好设备供应商。

**1. 公开招标**

设备采购的公开招标在国际上又称为国际竞争性招标和国内竞争性招标。国际竞争性招标就是公开地广泛征集投标者，引起投标者之间的充分竞争，从而使项目法人能以较低的价格和较高的质量获得设备或材料。国内竞争性招标适合于合同金额小、工程地点分散且施工时间拖得很长、劳动密集型生产或国内获得货物的价格低于国际市场价格及行政与财务上不适于采用国际竞争性招标等情况。设备采购的公开招标一般组织方式严密，涉及环节众多，所需工作时间较长，故成本较高。因此，一些紧急需要或价值较小的设备和材料的采购不适宜这种方式。

**2. 邀请招标**

设备采购的邀请招标适用于合同金额不大，或所需特定货物的供应商数目有限，或需要尽早地交货等情况。有的工业项目，合同价值很大也较为复杂，在国际上只有为数不多的几家潜在投标人，并且准备投标的费用很大。这样也可以直接邀请来自三四个国家的合格公司进行投标，以节省时间。但这样可能遗漏合格的有竞争力的供应商，为此应该从尽可能多的供应商中征求投标，评标方法参照国际竞争性招标，但国内或地区性优惠待遇不适用。

**3. 其他方式**

(1) 设备采购有时也通过询价方式选定设备供应商。一般是通过对国内外几家供货商的报价进行比较后，选择其中一家签订供货合同，这种方式一般仅适用于现货采购或价值较小的标准规格产品。

(2) 设备采购时，有时也采用非竞争性采购方式——直接订购方式。这种采购方式一般适用于如下情况：①增购与现有采购合同类似货物且使用的合同价格也较低廉；②保证设备或零配件标准化，以便适应现有设备需要；③所需设备设计比较简单或属于专卖性质的；④要求从指定的供货商采购关键性货物以保证质量；⑤在特殊情况下急需采购的某些设备。

### 9.6.2　设备采购招标文件编制的基本要求

(1) 招标文件应清楚地说明拟购买的货物及其技术规格，交货地点，交货时间表，维修保修的要求，技术服务和培训的要求，付款、运输、保险、仲裁的条件和条款，以及可能的验收方法与标准，还应明确规定在评标时要考虑的除价格以外的其他因素及评价这些因素的方法。

(2) 对原招标文件的任何补充、澄清、勘误或内容改变，都必须在投标截止期前一定期限发给所有招标文件购买者。

(3) 技术规格（规范）应明确定义。不能用某一制造厂家的技术规格（规范）作为招标文件的技术规格（规范）。

(4) 关于投标有效期和保证金。投标有效期应使项目执行单位有足够的时间来完成评标及授予合同的工作。提交投标保证金的最后期限应是投标截止时间，其有效期应持续到投标有效期或延长期结束后一定时期。

(5) 货物和设备合同通常不需要价格调整条款。在物价剧烈变动时期，对受价格剧烈波动影响的货物合同可以有价格调整条款。所采用的价格调整方法、计算公式和基础数据应在招标文件内明确规定。

(6) 履约保证金的金额应在招标文件内加以规定，其有效期应至少持续到预计的交货或接受货物日期保证期后一定时期。

(7) 报价应以指定交货地为基础，应包括成本、保险费和运费。如为进口设备，还要考虑关税和进口税。

(8) 招标文件中应有适当金额的违约赔偿条款，违约损失赔偿的比率和总金额应在招标文件中明确规定。

(9) 招标文件中应明确规定属于不可抗力的事件。

(10) 如果是国际招标，则应在主要合同条款中写明解释合同条款时使用哪个国家的法律。

(11) 关于报价。报价应包括单价、总价及与价格有关的运费、保险费、仓储费、装卸费、各种捐税、手续费、风险责任的转移等内容。另外，设备、材料的国际采购合同中有离岸价格（FOB）、到岸价格（CIF）、成本加运费价格（CFR）等报价方法。这些都应准确说明，否则各家报价就没有可比性。

## 9.6.3 设备采购评标

设备采购应以最合理价格采购为原则，即评标时不仅要看其报价的高低，还要考虑设备运抵现场过程中可能支付的所有费用，以及设备在评审预定的寿命期内可能投入的运营、维修和管理的费用等。

在采购定型批量生产的设备时，由于标的物的规格、性能、主要技术参数均为通用指标，因此一般着重于对投标人的商业信誉、报价和交货期限等方面的比较。而在招标采购非批量生产的大型复杂设备、特殊用途的非标准部件时，则应对投标人的商业信誉、加工制造能力、报价、交货期限和方式、安装（或安装指导）、调试、保修及操作人员培训等各方面条件进行全面比较。

在设备采购招标中常用的评标方法有综合评标价法、全寿命费用评标价法、最低投标价法和综合评分法。

### 1. 综合评标价法

综合评标价法是指以设备投标价为基础，将评定各要素按预定的方法换算成相应的价格，在原投标价上增加或扣减该值而形成评标价格。评标价格最低的投标书为最优。采购机组、车辆等大型设备时，较多采用这种方法。评标时，除投标价格以外还需考察的因素和折算方法主要有以下几种。

1）运输费用

这部分是招标单位可能支付的额外费用，包括运费、保险费和其他费用，如运输超大件设备需要对道路加宽、桥梁加固所需支出的费用等。换算为评标价格时，可按照运输部门（铁路、公路、水运）、保险公司，以及其他有关部门公布的取费标准，计算货物运抵最终目的地将要发生的费用。

2）交货期

以招标文件规定的具体交货时间作为标准。当投标书中提出的交货期早于规定时间，一般不给予加分，因为提前到货，不仅不会使项目法人获得提前收益，反而要增加仓储管理费和设备保养费。如果迟于规定的交货日期，但推迟的时间尚在可以接受的范围之内，则交货日期每延迟 1 个月，按投标价的某一百分比计算折算价，将其加到投标价中。

3）付款条件

投标人应按招标文件中规定的付款条件进行报价，对不符合规定的投标，可视为非实质性响应的投标而予以拒绝。但在订购大型设备的招标中，如果投标人在投标致函内提出，若采用不同的付款条件（如增加预付款或前期阶段支付款）可降低报价的方案供招标单位选择时，这一付款要求在评标时也应予以考虑。当支付要求的偏离条件在可接受范围情况下，应将偏离要求而给项目法人增加的费用（资金利息等），按招标文件中规定的贴现率换算成评标时的净现值，加到投标报价上，作为评标价格。

4）零配件和售后服务

零配件以设备运行两年内各类易损备件的获取途径和价格作为评标要素，售后服务内容一般包括安装监督、设备调试、提供备件、负责维修、人员培训等工作，评价提供这些服务的可能性和价格。评标时如何对待这两笔费用，要视招标文件的规定区别对待。当这些费用已要求投标人包括在投标价之内，则评标时不再考虑这些因素；若要求投标人在投标价之外单报这些费用，则应将其加到报价上。

5）设备性能、生产能力

投标设备应具有招标文件技术规范中规定的生产效率。如果所提供设备的性能、生产能力等某些技术指标没有达到技术规范要求的基准参数，应以投标设备实际生产效率单位成本为基础折算，在投标价上增加若干金额。

将以上各项评审价格加到投标价上，累计金额即为该标书的评标价。

**2. 全寿命费用评标价法**

采购生产线、成套设备、车辆等运行期内各种后续费用（备件、油料及燃料、维修等）较高的货物时，可采用以设备全寿命费用为基础来确定评标价。评标时应首先确定一个统一的设备评审寿命期，然后再根据各投标书的实际情况，在投标价上加上该年限运行期内所发生的各项费用，再减去寿命期末设备的残值。计算各项费用和残值时，都应按招标文件中规定的贴现率折算成净现值。

这种方法是在综合评标价法的基础上，加上一定运行年限内的费用作为评审价格。这些以贴现值计算的费用包括：① 估算寿命期内所需的燃料消耗费；② 估算寿命期内所需备件及维修费用；③ 估算寿命期末的残值。

其中备件费可按投标人在技术规范附件中提供的担保数字，或过去已用过可作参考的类似设备实际消耗数据为基础，以运行时间来计算。

**3. 最低投标价法**

采购技术规格简单的小型设备，由于其性能质量相同或容易比较其质量级别，可把价格作为惟一尺度，将合同授予报价最低的投标者。

**4. 综合评分法**

这一方法是按照预先确定的评分标准，分别对各设备投标书的报价和各种服务进行评分，得分最高者中标。

(1) 评审打分的要素。一般包括投标价格，运输费、保险费和其他费用的合理性，投标书中所报的交货期限，偏离招标文件规定的付款条件影响，备件价格和售后服务，设备的性能、质量、生产能力，技术服务和培训等。

(2) 评审要素的分值分配。评审要素确定后，应依据采购标的物的性质、特点，以及各要素对采购方总投资的影响程度来具体划分权重和记分标准。例如，世界银行贷款项目通常采用的分配比例见表 9-2。

**表 9-2 世界银行贷款项目评标要素分值**

| 评标要素 | 分值/分 | 评标要素 | 分值/分 |
|---|---|---|---|
| (1) 投标价 | 65～75 | (4) 售后服务 | 5～10 |
| (2) 备件价格 | 5～10 | (5) 其他 | 0～5 |
| (3) 技术性能、维修、运行费 | 10～20 | 总计 | 100 |

综合评分法的好处是简便易行，评标考虑因素较全面，可以将难以用金额表示的各项要素量化后进行比较，从中选出最好的投标书；缺点是各评标人独立给分，评标打分值易受评标人的水平和知识面的影响。

一般取总分 100 分为满分，因此综合评分法也称为百分评定法。

### 9.6.4 设备合同价的确定

设备采购合同通常采用固定总价合同，在合同交货期内为不变价格。合同价包括合同设备（含备品备件、专用工具）、技术资料、技术服务等费用，还包括合同设备的税费、运杂费、保险费等与合同有关的其他费用。设备采购合同作为合同的一种，其订立也要经过要约和承诺两个阶段。在国内设备采购招投标中的中标单位在接到中标通知后，应当在规定时间内由招标单位组织与设备需方签订合同，进一步确定合同价。

设备、材料的国际采购合同中，合同价的确定应与中标价相一致，其具体价格条款应包括单价、总价及与价格有关的运输、保险费、仓储费、装卸费、各种捐税、手续费、风险责任的转移等内容。由于设备、材料价格的构成不同，价格条件也各有不同。设备、材料国际采购合同中常用的价格条件有离岸价格（FOB）、到岸价格（CIF）、成本加运费价格(CFR)。这些内容需要在合同签订过程中认真磋商，最终确认。

## 9.7　国际工程投标报价

国际上没有统一的概预算定额，更没有统一的预算价格和取费标准，报价全靠投标人根据招标文件、技术规范、工程所在国有关的法律法规、税收政策、现场情况、市场信息及自己的技术力量、经营管理水平、投标策略与作标技巧等动态的方法确定出既能在竞争中获胜又能盈利的标价。

### 9.7.1　国际工程投标报价的基本步骤

国际工程招标一般采用最低价中标或合理低价中标方式，工程投标报价可分为准备阶段和标价计算阶段的工作。

准备阶段的工作包括组织报价小组、研究招标文件、参加标前会议及工程现场勘察、编制施工规划、核算工程量及工程询价。

标价计算阶段的工作有基础单价的计算、直接费与间接费的计算、分项工程单价计算、标价汇总、标价分析与调整及报价策略等。投标报价的确定要经过标价的计算和标价确定两个阶段。前者是按照惯用的算标方法由算标人员计算待定标价，后者是根据决策人员多方面的分析，对原标价的盈利和风险进行研究，在此基础上对标价进行调整以获得最终报价。标价由成本、利润和风险费组成，其中工程成本包括直接费用和间接费用。工程成本包含费用内容和测算方式，与国内工程差异较大。

### 9.7.2　人工、材料、机械台班单价的计算

直接费是由工程本身因素决定的费用，其构成受市场现行物价影响，但不受经营条件的影响。在直接费的计算中，主要的是确定人工、材料、机械台班的单价。

**1. 人工工日单价的计算**

人工工日单价需根据工人来源情况确定。在国外承包工程，人工工日单价就是指国内派出工人和当地雇用工人的平均工资单价。这是以工程用工量和两种工人完成工日所占比例进而加权得到的平均工资单价。如果当地工人工效较低时，其工人工效比用小于 1 的数字确定。

考虑工效的综合人工工日单价的计算公式为

综合人工工日单价＝国内派出工人人工工日单价×国内工人工日占总工日数百分比/工效比＋雇用当地工人人工工日单价×当地工人工日占总工日百分比/工效比

1）国内派出工人工资单价

$$\text{国内派出工人人工工日单价}=\frac{\text{一个工人出国期间的总费用}}{\text{出国工作天数}}$$

其中，出国期间的总费用包括出国准备到回国修整结束后的全部费用。主要包括：① 国内工资，包括标准工资、附加工资和补贴；② 派出工人的企业收取的管理费；③ 服装费、卧具及住房费；④ 国内、国际差旅费；⑤ 国外津贴费和伙食费；⑥ 奖金及加班费；⑦ 福利费；⑧ 工资预涨费，按我国工资现行规定计算，工期较短的工程可不考虑；⑨ 保险费，按当地工人保险费标准计算。

2）国外雇用工人人工工日单价

国外雇用工人人工工日单价主要包括：① 基本工资，按当地政府或市场价格计算；② 带薪法定假日、带薪休假日工资，若月工资未包括此项，应另行计算；③ 夜间施工或加班的增加工资；④ 税金和保险费，按当地规定计算；⑤ 雇工招募和解雇应支付的费用，按当地规定计算；⑥ 工人上下班交通费，按当地规定和雇用合同规定计算。

**2. 材料、设备单价的计算**

国外承包工程中的材料、设备的来源渠道有 3 种，即当地采购、国内采购和第三国采购。承包商在材料、设备采购中，采用哪一种采购方式，要根据材料、设备的价格、质量、供货条件、技术规范中规定和当地有关规定等情况来确定。

1）当地采购的材料、设备单价的计算

国际工程较多的是当地材料商供应到现场的材料、设备单价。一般以材料商的报价为依据，并考虑材料预涨费的因素，综合计算单价。

自行采购的材料、设备单价的计算公式为

材料、设备单价＝市场价格＋运杂费＋采购保管费＋运输保管损耗费

2）本国或第三国采购的材料、设备单价

与直接从国外进口和当地购买进口商品比较，在本国或第三国采购的材料、设备价格更为便宜。但是，直接从国外进口材料、设备又受其海关税、港口税和进口数量等因素的影响。因此，要对比后作出决策，其价格计算公式为

本国或第三国采购的材料、设备单价＝到岸价格＋海关税＋港口费＋运杂费＋运输保管损耗＋其他费

到岸价是指物资到达海（空）港的价格，包括原价与运杂费等；海关税是一切进口物资都应向进口国交纳的，按该国规定执行；港口费是指物资在港口期间（指规定时间）所发生的费用，一般都按规定计算。用此公式确定的材料、设备单价未考虑市场变化等因素。由于从报价起到工程开工时，实际采购的市场材料与设备的价格可能发生变化，故在确定材料、设备的单价时，应适当考虑预涨费。

如果同一材料有不同的供应来源，则按各种来源所占比例计算加权平均单价，作为统一的计算单价。

**3. 施工机械台班单价的计算**

在计算施工机械台班单价时，其中基本折旧费的计算不能套用国内的折旧费率，一般应根据当时的工程情况考虑 5 年折旧期，较大工程甚至一次折旧完毕。因此，也就不计算大修理费用。在国外承包工程，承包商必须在开工时投入资金自行购买施工机械（除去租赁机械）。

施工机械台班单价一般采用两种方法计算。一种是单列机械费用，即把施工中各类机械的使用台班（或台班小时）与台班单价相乘，得出机械费；另一种是根据施工机械使用的实际情况，分摊台班费。

单列机械费时的台班单价的计算公式为

台班单价=(年基本折旧费+运杂费+装拆费+维修费+保险费+机上人工费+运力燃料费+管理费+利润)/年台班数

## 9.7.3 其他费用的计算

**1. 间接费**

国际工程的间接费项目多、费率变化大，标价的高低几乎取决于间接费的取费水平。在计算间接费之前，应仔细研究招标文件中是否已列入了相关的费用，如临时道路费、保险费等，如已列计就不再计入间接费中。不同的工程，间接费包括的内容可能有所不同，常见的费用包括以下几种。

(1) 投标期间开支的费用。如购买招标文件费、投标期间差旅费、投标文件编制费等。

(2) 保函手续费。如承包工程的履约保函、预付款保函、保留金保函等。在为承包商出具这些保函时，银行要按保函金额收取一定的手续费。如中国银行一般收取保函金额 0.4%～0.6%的年手续费；外国银行一般收取保函金额 1%的年手续费。

(3) 保险费。承包工程中一般保险项目有工程保险、施工机械保险、第三者责任险、人身意外保险、材料和永久设备运输保险、施工机械运输保险，其中后 3 种险已计入人工、材料和永久设备、施工机械单价中，不能重复计算；而工程保险、第三者责任险、施工机械险、发包人和监理工程师人身意外险的费用，一般为合同总价的 0.5%～1.0%。

(4) 税金。应按招标文件规定及工程所在国的法律计算。如承包国外工程时，由于各国对承包工程的征税办法及税率相差极大，应预先作好调查。一般常见的税金项目有合同税、利润所得税、营业税、增值税、社会福利税、社会安全税、养路及车辆牌照税、关税、商检等。上述税种中额度最大的是利润所得税或营业税，有的国家分别达到 30%或 40%以上。

(5) 经营业务费。主要包括工程师费（承包商为工程师创造的现场工作、生活条件而发生的开支）、代理人佣金、法律顾问费。

(6) 临时设施费。有的招标文件将临时设施费单独立项计入总价。

(7) 贷款利息。主要指承包商为维持正常施工预先垫付的流动资金。对于规模大、施工周期长而支付条件苛刻的项目，承包商在报价时对这笔费用应认真核算。

(8) 施工管理费。包括现场职员工资和补贴、办公费、旅差费、医疗费、文体费、业务经营费、劳动保护费、生活用品费、固定资产使用费、工具用具使用费、检验和试验费等。应根据实际需要逐项计算其费用，一般情况下为投标总价的1%～2%。

**2. 分包费**

在国际工程标价中，对分包费的处理有两种方法：一种方法是将分包费列入直接费中，即考虑间接费时包含了对分包的管理费；另一种方法是将分包费与直接费、间接费平行并列，在估算分包费时适当加入对分包商的管理费即可。

**3. 暂定金额**

暂定金额是指发包人在招标文件中并在工程量清单中以备用金标明的金额，是供任何部分施工，或提供货物、材料、设备及服务，或供不可预料事件使用的一项金额。投标人的投标报价中只能把备用金列入工程总报价，不能以间接费的方式分摊进入各项目单价中。承包商无权使用此金额，而是按工程师的指示来决定是否动用。

**4. 上级单位管理费**

上级单位管理费是指上级单位管理部门或公司总部对现场施工项目经理部收取的管理费，一般按工程直接费的3%～5%收取。

**5. 盈余**

盈余包括利润和风险费两部分。风险费是承包商对未知的诸如物价上涨、各种不可预见事件的发生而估计的金额。在风险费估计不足时，就要由承包商预计获得的利润来补贴。因此，承包商的标价中一定要认真预测利润率和风险费率，这既涉及承包商能否在竞争中夺标，又涉及承包商的赢利与亏损。如果工程所在国规定利润要交纳所得税，则应在计算利润时加以考虑。

## 9.7.4 单价分析、标价汇总

**1. 单价分析**

单价分析也称为单价分解，即研究如何计算不同分项的直接费和分摊间接费、利润和风险费等得出分项工程的单价。一个有经验的承包商应该对那些工程量大、对工程成本起重大影响或没有经验的项目进行单价分解，使标价建立在一个可靠的基础上。

单价分析一般通过列表进行，表中往往包括人工费、材料设备费、机械台班使用费和间接费率。直接费是利用人工费、材料设备费、机械台班使用费三者的基础单价分别乘以相应数量汇总而得。间接费以直接费为基数，间接费率要根据工程所在国的经济、法律、物价、税收、银行、运输、保险、气候等因素及承包商自身的经营管理能力、技术能力等情况，认真分析研究后确定。

分项工程单价=分项单位工程直接费×(1+间接费率)

分项工程合价=分项工程单价×本分项工程量

**2. 标价汇总**

将分部分项工程单价与工程量相乘，得到各分部分项工程价格，汇总各分部分项工程价格，再加上分包商的报价即为总造价。将各分项工程合价汇总，得到总标价。有经验的承包商在汇总时常常将整个工程的人工费、材料设备费、机械台班使用费和间接费分别进行汇兑，并计算出每项占总标价的比例，将此比例与公司过去的经验数据进行分析比较。通过调整间接费率，使各项费用更合理。

## 本章小结

招投标阶段工程造价管理的内容和程序包括：①发包人选择合理的招标方式；②发包人选择合理的承包模式；③发包人编制招标文件，确定合理的工程计量方法和投标报价方法，确定招标工程标底；④承包人编制投标文件，合理确定投标报价；⑤发包人选择合理的评标方式进行评标，在正式确定中标单位之前，对潜在中标单位进行询标；⑥发包人通过评标定标，选择中标单位，签订承包合同。

在招标文件编写过程中进行造价控制的主要工作在于选定合理的工程计量方法和计价方法。选用的报价方法一般有综合单价法和工料单价法。

工程标底的编制，需要根据招标工程的具体情况，选择合适的编制方法计算。标底价格的编制，除依据设计图纸进行费用的计算外，还需考虑图纸以外的费用。在按工程量清单计算标底价格时，单价的计算可采用工料单价法和综合单价法。工程标底的审查内容包括审查分部分项工程数量、审查各项费用、审查“活口”费用。

我国工程项目投标报价的方法一般包括定额计价模式和工程量清单计价模式下的投标报价。常用的投标策略主要有：①根据招标项目的不同特点采用不同报价；②不平衡报价法；③多方案报价法；④无利润报价。

大型工程项目的评标通常需分成初评和详评两个阶段进行。初步评审是对投标书的响应性审查；详细评审通常从技术和商务两方面审查。评标的方法包括：专家评议法、低标价法和综合评分法。

确定合同价款的方式包括固定合同价格、可调合同价格和成本加酬金合同价。施工合同格式的选择可参同FIDIC合同格式订立的合同、《建设工程施工合同示范文本》或自由格式合同。施工合同签订过程中应注意：关于合同文件部分的内容、关于合同条款的约定。在合同计价方式的选择上，工程量清单的计价方法能确定更为合理的合同价，并且便于合同的实施。

## 复习思考题

1. 简述招投标阶段工程造价管理的内容和程序。

2. 招标文件编制过程中工程量清单的编制应注意哪些事项?
3. 简述标底的编制原则和步骤。
4. 简述标底价格的计算方式，标底的计算需考虑哪些因素?
5. 简述标底审查的内容和方法。
6. 简述投标报价的原则、依据编制方法。
7. 简述以工程量清单计价模式投标报价的计算过程。
8. 简述工程投标报价编制的一般程序。
9. 投标报价可以采取哪些策略?
10. 简述评标的程序和方法。
11. 确定合同价款的方式有哪些?
12. 招投标过程中可以选择哪些施工合同格式?
13. 施工合同签订过程中的注意事项有哪些?
14. 对比分析不同计价模式对合同价和合同签订的影响。
15. 简述设备采购的招投标方式。
16. 简述设备采购招标文件编制的基本要求。
17. 简述设备采购评标的方法。
18. 简述国际工程投标报价的基本步骤和费用计算。

## 案例分析

**案例 9-1** 某综合楼工程项目的施工，经当地主管部门批准后，由建设单位自行组织施工公开招标。

招标工作主要内容确定为：(1) 成立招标工作小组；(2) 发布招标公告；(3) 编制招标文件；(4) 编制标底；(5) 发放招标文件；(6) 组织现场踏勘和招标答疑；(7) 投标单位资格审查；(8) 接收投标文件；(9) 开标；(10) 确定中标单位；(11) 评标；(12) 签定承发包合同；(13) 发出中标通知书。

现有 A、B、C、D 共 4 家经资格审查合格的施工企业参加该工程投标，与评标指标有关的数据见表 9-3。

**表 9-3 4 家企业的报价及工期**

| 投标单位 | A | B | C | D |
|---|---|---|---|---|
| 报价/万元 | 3 420 | 3 528 | 3 600 | 3 636 |
| 工期/天 | 460 | 455 | 460 | 450 |

经招标工作小组确定的评标指标及评分方法如下所述。

(1) 报价以标底价（3 600 万元）的±3%以内为有效标，评分方法是：报价−3%为 100 分，在报价−3%的基础上，每上升 1%扣 5 分。

(2) 定额工期为500天，评分方法是：工期提前10%为100分，在此基础上每拖后5天扣2分。

(3) 企业信誉和施工经验均已在资格审查时评定。

(企业信誉得分：C单位为100分，A、B、D单位均为95分。施工经验得分：A、B单位为100分，C、D单位为95分。)

(4) 上述四项评标指标的总权重分别为：投标报价45%；投标工期25%；企业信誉和施工经验均为15%。

**问题**　(1) 如果将上述招标工作内容的顺序作为招标工作先后顺序是否妥当？如果不妥，请确定合理的顺序。

(2) 试在表9-4中填制每个投标单位各项指标得分及总得分，其中报价得分要求列出计算式。请根据总得分列出名次并确定中标单位。

**表9-4　各项指标得分及总得分表**

| 投票单位项目 | A | B | C | D | 总权重 |
|---|---|---|---|---|---|
| 投标报价/万元 | | | | | |
| 报价得分/分 | | | | | |
| 投标工期/天 | | | | | |
| 工期得分/天 | | | | | |
| 企业信誉得分/分 | | | | | |
| 施工经验得分/分 | | | | | |
| 总得分/分 | | | | | |
| 名　次 | | | | | |

**案例9-2**　有一招标工程，经研究考察确定邀请5家具备资质等级的施工企业参加投标，各投标企业按技术、经济标分别装订报送，经招标领导小组研究确定评标原则如下所述。

(1) 技术标占总分30%。

(2) 经济标占总分70%，（其中报价占30%，工期20%，企业信誉10%，施工经验10%)。

(3) 各单项评分满分均为100，计算中小数点后取1位。

(4) 报价评分原则是：以标底的±3%为有效标，超过认为废标，报价-30%为100分，每上升1%扣10分。

(5) 工期评分原则是：定额工期为40个月，工期提前15%为100，每延后5%扣10分，超过定额工期为废标。

(6) 企业信誉评分原则是：企业近三年工程优良率为准，100%为满分，如有国家级获奖，工程每项加20%，如有省市奖优良工程每项加10%；项目班子施工经验分原则是近三年来承建类似工程与承建总工程百分比计算100%为100分。

下面是5家投标单位投标报表情况。

(1) 技术方案标：经专家对各家所报方案针对总平面布置、施工组织网络、交叉、衔接、施工方法及工期、质量、安全、文明施工措施、机具设备配置，以及新技术、新工艺、新材料推广应用等项综合评定打分如表9-5所示。

**表9-5 综合评分表**

| 投标单位 | A | B | C | D | E |
|---|---|---|---|---|---|
| 技术标评分 | 95 | 87 | 93 | 85 | 80 |

(2) 经济标汇总表（表9-6）

**表9-6 经济标汇总表**

| 项目<br>投标单位 | 报价/万元 | 工期/月 | 企业信誉<br>（近三年优良工程率及获奖工程） | 项目班子施工经验<br>（承建类似工程百分比） |
|---|---|---|---|---|
| A | 5 970 | 36 | 50%，获省优工程一项 | 30% |
| B | 5 880 | 37 | 40% | 30% |
| C | 5 850 | 34 | 55%，获鲁班奖一项 | 40% |
| D | 6 150 | 38 | 40% | 50% |
| E | 6 090 | 35 | 50% | 20% |
| 标　底 | 6 000 | 40 | | |

**问题**　求每个投标单位各项指标得分及总得分。并请根据各投标单位分列出名次，据此确定中标单位。(保留1位小数)

# 第10章　施工阶段的工程造价管理

## 知识结构

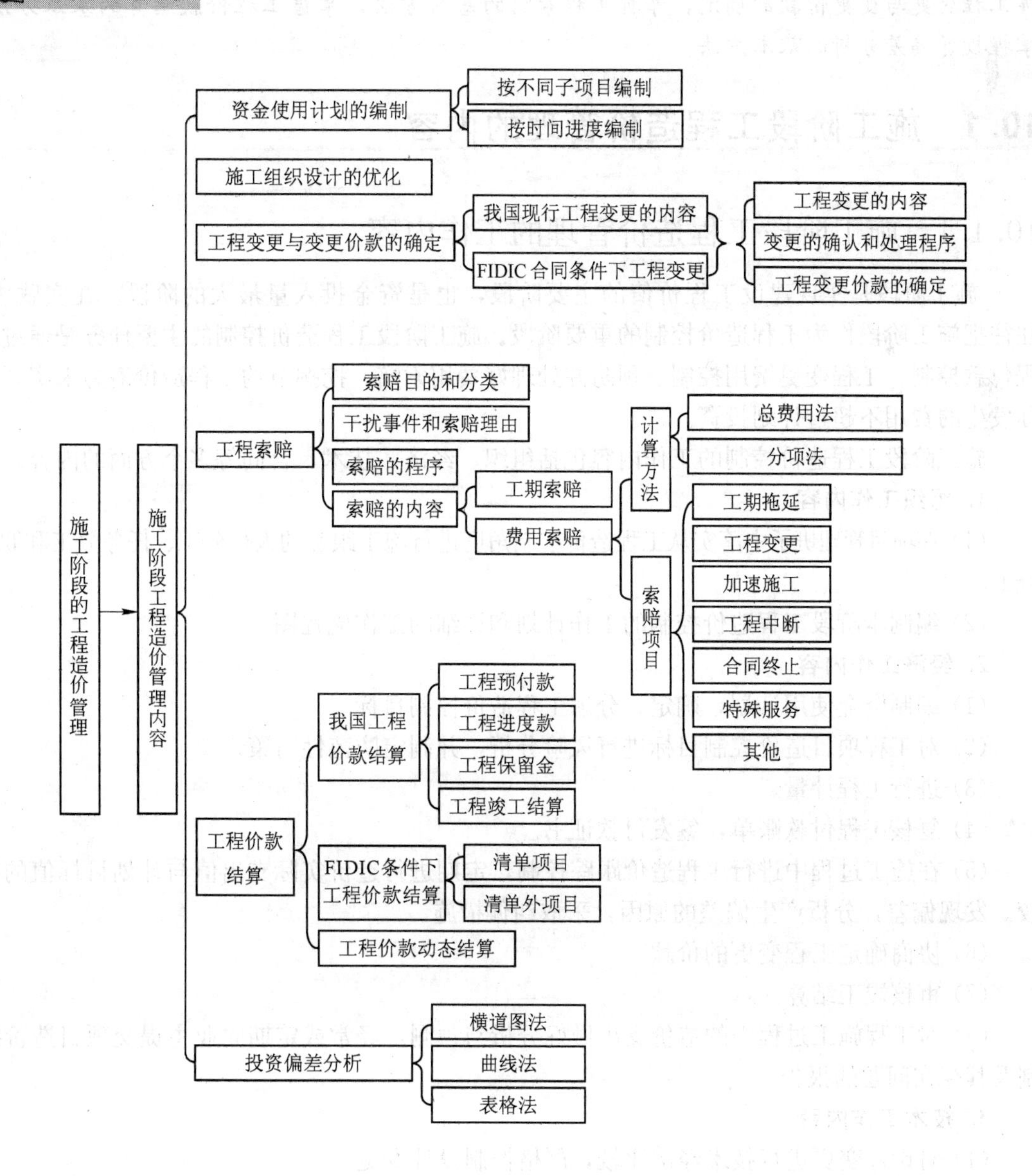

## 学习目的、任务与要求

通过本章的学习，使读者对施工阶段工程造价管理的内容有所了解，初步掌握工程价款结算、工程变更价款确定、工程索赔及投资偏差分析的基本方法。要求读者在学习中熟悉施工阶段工程造价管理的内容，熟悉资金使用计划编制的方法，熟悉施工组织设计的优化，掌握工程变更与变更价款的确定，掌握工程索赔的基本方法，掌握工程价款结算的基本方法，掌握投资偏差分析的基本方法。

# 10.1 施工阶段工程造价管理的内容

## 10.1.1 施工阶段工程造价管理的工作内容

施工阶段是实现建设工程价值的主要阶段，也是资金投入量最大的阶段。在实践中，往往把施工阶段作为工程造价控制的重要阶段。施工阶段工程造价控制的主要任务是通过工程付款控制、工程变更费用控制、预防并处理好费用索赔、挖掘节约工程造价潜力来实现实际发生的费用不超过计划投资。

施工阶段工程造价控制的工作内容包括组织、经济、技术、合同等多个方面的内容。

**1. 组织工作内容**

(1) 在项目管理班子中落实从工程造价控制角度进行施工跟踪的人员分工、任务分工和职能分工。

(2) 编制本阶段工程造价控制的工作计划和详细的工作流程图。

**2. 经济工作内容**

(1) 编制资金使用计划，确定、分解工程造价控制目标。

(2) 对工程项目造价控制目标进行风险分析，并制定防范性对策。

(3) 进行工程计量。

(4) 复核工程付款账单，签发付款证书。

(5) 在施工过程中进行工程造价跟踪控制，定期进行造价实际支出值与计划目标值的比较。发现偏差，分析产生偏差的原因，采取纠偏措施。

(6) 协商确定工程变更的价款。

(7) 审核竣工结算。

(8) 对工程施工过程中的造价支出做好分析与预测，经常或定期向业主提交项目造价控制及其存在问题的报告。

**3. 技术工作内容**

(1) 对设计变更进行技术经济比较，严格控制设计变更。

(2) 继续寻找通过设计挖潜节约造价的可能性。

(3) 审核承包人编制的施工组织设计，对主要施工方案进行技术经济分析。

**4. 合同工作内容**

(1) 做好工程施工记录，保存各种文件图纸，特别是注有实际施工变更情况的图纸，注意积累素材，为正确处理可能发生的索赔提供依据。

(2) 参与处理索赔事宜。

(3) 参与合同修改、补充工作，着重考虑它对造价控制的影响。

## 10.1.2　施工阶段工程造价管理的工作程序

建设工程施工阶段涉及的面很广，涉及的人员很多，与工程造价控制有关的工作也很多，图 10－1 为施工阶段工程造价控制的工作程序。

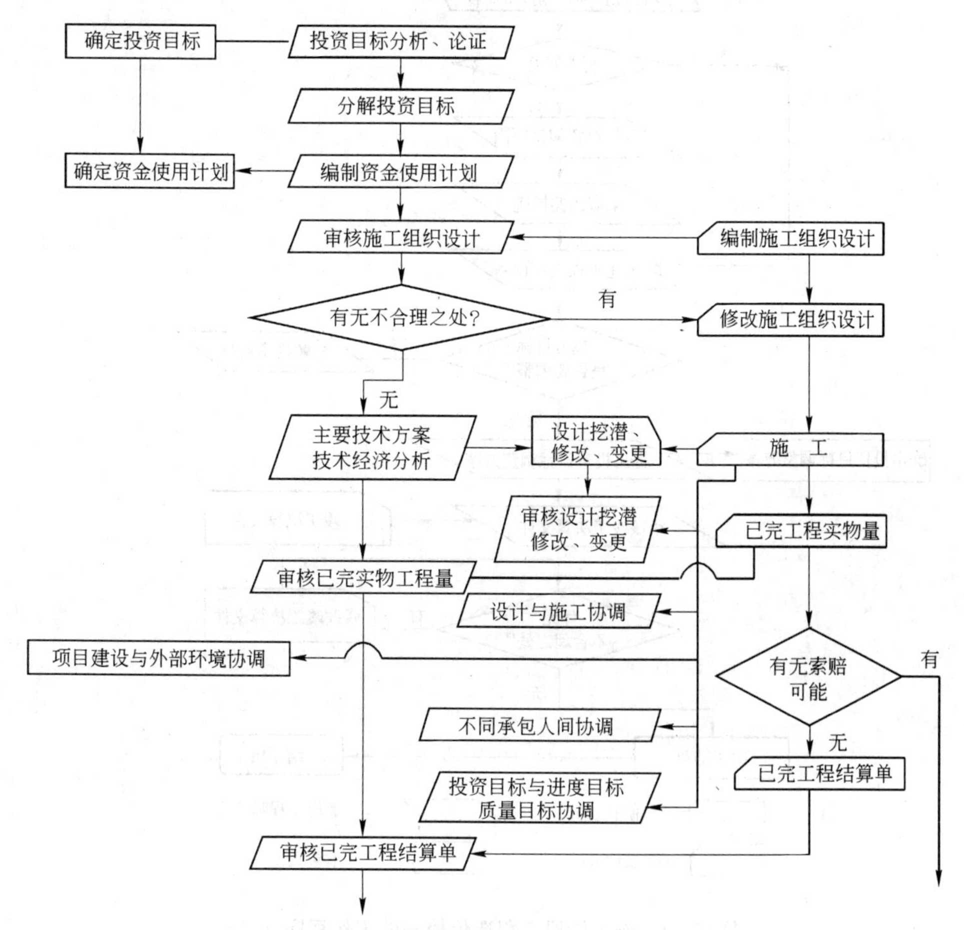


图 10－1　施工阶段工程造价控制的工作程序（一）

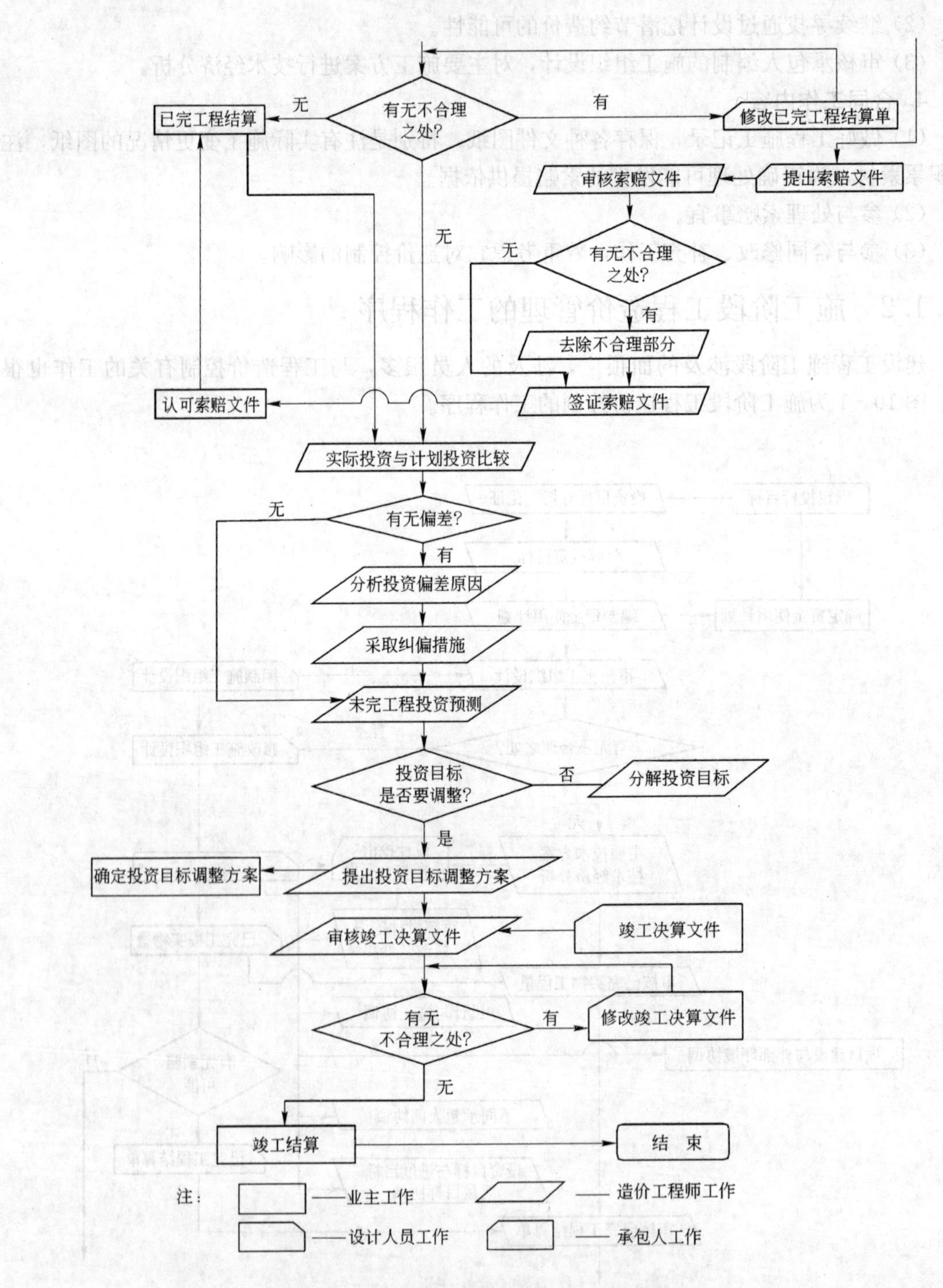


图 10－1　施工阶段工程造价控制的工作程序（二）

# 10.2 资金使用计划的编制

## 10.2.1 资金使用计划的编制对工程造价的重要影响

资金使用计划的编制和控制在整个建设管理中处于重要而独特的地位，它对工程造价的重要影响表现在以下几个方面。

(1) 通过编制资金使用计划，合理地确定造价控制目标值，包括造价的总目标值、分目标值、各详细目标值，为工程造价的控制提供依据，并为资金的筹集与协调打下基础。

(2) 通过资金使用计划的科学编制，可以对未来工程项目的资金使用和进度控制进行预测，消除不必要的资金浪费和进度失控，也能够避免在今后工程项目中由于缺乏依据而进行轻率判断所造成的损失，减少盲目性，让现有资金充分发挥作用。

(3) 在建设项目的实施过程中，通过资金使用计划的严格执行，可以有效地控制工程造价上升，最大限度地节约投资，提高投资效益。

(4) 对脱离实际的工程造价目标值和资金使用计划，应在科学评估的前提下，允许修订和修改，使工程造价更加趋于合理水平，从而保障建设单位和承包人各自的合法利益。

## 10.2.2 资金使用计划的编制方法

根据造价控制目标和要求的不同，资金使用计划可按子项目或者按时间进度进行编制。

**1. 按不同子项目编制资金使用计划**

按不同子项目划分资金的使用，首先必须对工程项目进行合理划分，划分的粗细程度根据实际需要而定。一般来说，将投资目标分解到各单项工程和单位工程是比较容易办到的，结果也是比较合理可靠的。按这种方式分解时，不仅要分解建筑工程费用，而且要分解设备、工器具购置费用，工程建设其他费用，预备费，建设期贷款利息和固定资产投资方向调节税等。这样分解将有助于检查各项具体投资支出对象是否明确和落实，并可从数值上校核分解的结果有无错误。

在完成工程项目造价目标分解之后，应该具体地分配造价，编制工程分项的资金支出计划，从而得到详细的资金使用计划表，如表 10－1 所示。其内容一般包括：① 工程分项编码；② 工程内容；③ 计量单位；④ 工程数量；⑤ 计划综合单价；⑥ 本分项总计。

**表 10－1　资金使用计划表**

| 序号 | 工程分项编码 | 工程内容 | 计量单位 | 工程数量 | 计划综合单价 | 本分项总计 | 备　注 |
|---|---|---|---|---|---|---|---|
| | | | | | | | |

在编制资金使用计划时，要在项目总的方面考虑总的预备费，也要在主要的工程分项中安排适当的不可预见费，避免在具体编制资金使用计划时，可能发现个别单位工程或工程量表中某项内容的工程量计算有较大的出入，使原来的资金使用预算失实，并在项目实施过程中对其尽可能地采取一些措施。

**2. 按时间进度编制资金使用计划**

为了编制资金使用计划，并据此筹措资金，尽可能减少资金占用和利息支付，有必要将总造价目标按使用时间进行分解，确定分目标值。

通过对项目造价目标按时间进行分解，在网络计划的基础上，可获得项目进度计划的横道图，并在此基础上编制资金的使用计划。其表示方式有两种：① 在总体控制时标网络图上表示，如图 10-2 所示；② 利用时间—投资曲线（S 曲线）表示，如图 10-3 所示。

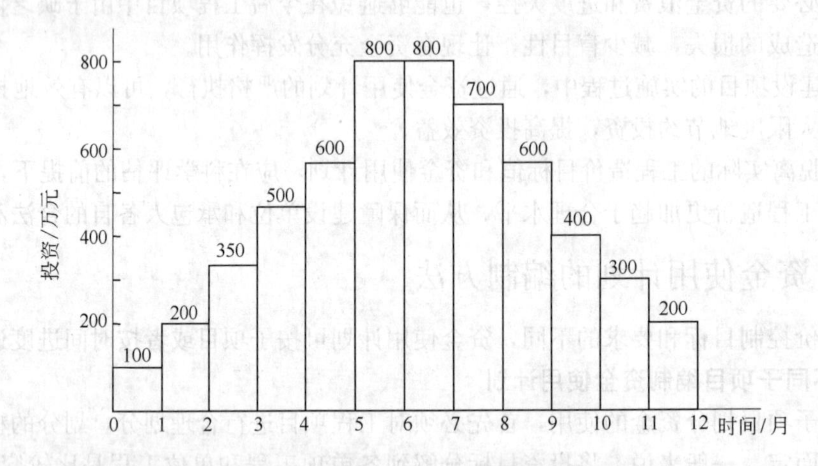


图 10-2 时标网络图上按月编制的资金使用计划

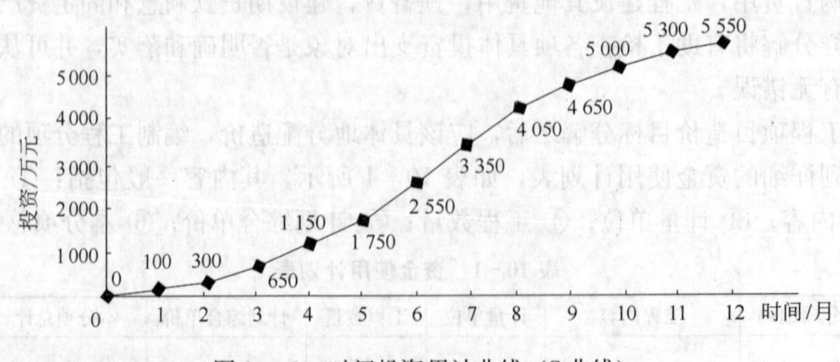


图 10-3 时间投资累计曲线（S 曲线）

时间—投资曲线（S 曲线）的绘制步骤如下所述。

第一，确定工程项目进度计划，编制进度计划的横道图。

第二，根据每单位时间内完成的实物工程量或投入的人力、物力和财力，计算单位时间（月或旬）的投资（造价），在时标网络图上按时间编制资金使用计划，如图 10－2 所示。

第三，计算规定时间 $t$ 计划累计完成的投资额（造价），即对各单位时间计划完成的投资额累加求和，用表达式表示为

$$Q_t = \sum_{n=1}^{t} q_n$$

式中：$Q_t$——某时间 $t$ 计划累计完成的投资额；

$q_n$——单位时间 $n$ 内计划完成投资额；

$t$——某规定计划时刻。

第四，按各规定时间的 $Q_t$ 值，绘制 S 形曲线（如图 10－3 所示）。每一条 S 形曲线都对应某一特定的工程进度计划。因为在进度计划的非关键线路中存在许多有时差的工序或工作，因而 S 形曲线（投资计划值曲线）必然包络在由全部工作都按最早开始时间开始和全部工作都按最迟必须开始时间开始的曲线所组成的“香蕉图”内。建设单位可以根据编制的投资支出预算来安排资金，同时也可以根据筹措的建设资金来调整 S 形曲线，即通过调整非关键路线上工作的最早或最迟开工时间，力争将实际的投资支出控制在计划的范围内。

一般而言，所有工作都按最迟开始时间开始，对节约建设单位的建设资金贷款利息是有利的，但同时也降低了项目按期竣工的保证率。因此，造价工程师必须合理地确定投资支出计划，达到既节约投资支出，又能控制项目工期的目的。

## 10.3 施工组织设计的优化

### 10.3.1 施工组织设计对工程造价的影响

施工组织设计和工程造价的关系是密不可分的，施工组织设计决定着工程造价的水平，而工程造价又对施工组织设计起着完善、促进作用。要建成一项工程项目，可能会有多种施工方案，但每种方案所花费的人力、物力、财力是不同的，即材料价额的确定，施工机械的选用，人工工日、机械台班与材料消耗量，施工组织平面布置，施工年度投资计划等。要选择一种既切实可行又节约投资的施工方案，就要用工程造价来考核其经济合理性，决定取舍。

在施工阶段，工程估算（施工图预算，或投标报价，或合同价）的每个工程量清单子目都是根据一定的施工条件制定的，而施工条件有相当一部分是由施工组织设计确定的。因此，施工组织设计决定着工程估算的编制，并决定着工程结算的编制与确定，而工程估算又是反映和衡量施工组织设计是否切实可行、经济和合理的依据。因此，施工组织设计的优化

是控制工程造价的有效渠道。

## 10.3.2 施工组织设计的优化

**1. 重视并充分做好施工准备工作**

在编制投标过程中，要充分熟悉设计图纸、招标文件，要重视现场踏勘，编制出一份科学合理的施工组织设计文件。为了响应招标要求和中标，要对施工组织设计进行优化，确保工程中标，并有一个合理的、预期的利润水平。

工程中标后，承包人要着手编制详尽的施工组织设计。在选择施工方案、确定进度计划和技术组织措施之前，必须熟悉：① 设计文件；② 工程性质和规模、施工现场情况；③ 工期、质量、造价要求；④ 水文、地质、气候条件；⑤ 物质运输条件；⑥ 人、机、物的需用量及本地材料市场价格等具体的技术经济条件，为优化“施工组织设计”提供科学合理的依据。

**2. 施工进度安排要均匀**

在工程施工中，根据施工进度算出人工、材料、机械设备的使用计划，避免人工、机械、材料的大进大出，浪费资源。图 10－4 反映的是工期与工程造价的关系：在合理工期 $t_{合}$ 内，工程造价最低为 $C_{合}$；实际工期比合理工期 $t_{合}$ 提前 $t_1$ 或拖后 $t_2$，都意味着造价的提高（$C_1>C_{合}$，$C_2>C_{合}$）。在确保工期的前提下，保证施工按进度计划有节奏地进行，实现合同约定的质量目标和预期的利润水平，提高综合效益。

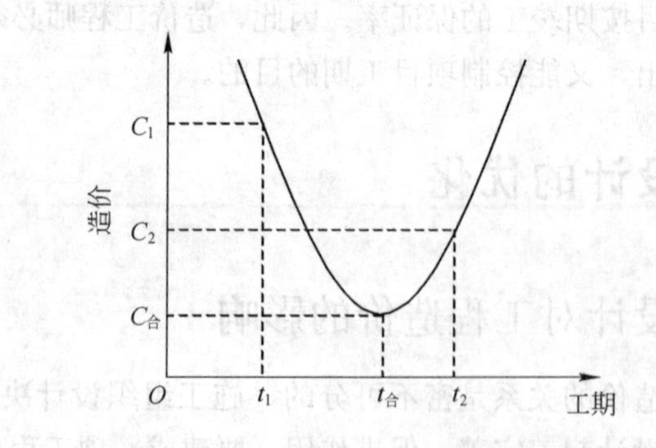


图 10－4 工期与造价关系曲线图

**3. 组建精干的项目管理机构，组织专业队伍流水作业**

施工现场项目管理机构和施工作业队伍要精干，减少计划外用工，降低计划外人工费支出，充分调动职工的积极性和创造性，提高工作效率。施工技术与管理人员要掌握施工进度计划和施工方案，能够在施工中组织专业队伍连续交叉作业，尽可能组织流水施工，使工序衔接合理紧密，避免窝工。这样，既能提高工程质量，保证施工安全，又可以降低工程成本。

**4. 提高机械的利用率，降低机械使用费**

机械设备在选型和搭配上要合理，充分考虑施工作业面、路面状况和运距、施工强度和施工工序。在不影响总进度的前提下，对局部进度计划做适当的调整，做到一机多用，充分发挥机械的作用，提高机械的利用率，达到降低机械使用费从而降低工程成本的目的。

例如在土石方工程施工中，反铲挖掘机可以用于多项工程的施工，如开挖土石方、挖沟、削坡、清理基础、挖弱风化岩、撬石、安装 1 m 直径内的管道、混凝土运输、拆除建筑物等，但行走距离不能太远。

**5. 以提高经济效益为主导，选用施工技术和施工方案**

在满足合同的质量要求前提下，采用新材料、新工艺、新方案，减少主要材料的浪费损耗，杜绝返工、返修，合理降低工程造价。对新材料、新工艺、新方案的采用要进行技术经济分析比较，要经过充分的市场调查和询价，选用优质价廉的材料；在保证机械完好率的条件下，用最小的机械消耗和人工消耗，最大限度地发挥机械的利用率，尽量减少人工作业，可以达到缩短工序作业时间的目的，以及优选成本低的施工方案和施工工艺等。

**6. 确保施工质量，降低工程质量成本**

1）工程质量成本

工程质量成本，又称工程质量造价，是指为使竣工工程达到合同约定的质量标准所发生的一切费用，包括以下两部分内容。

（1）质量保障和检验成本，即保证工程达到合同质量标准要求所支付的费用，包括工程质量检测与鉴定成本和工程质量预防成本。

工程质量检测与鉴定成本是工程施工中正常检测、试验和验收所需的费用和用以证实产品质量的仪器费用的总和，包括：① 材料抽样委外检测费；② 常规检测、试验费；③ 仪器的购买和使用费；④ 仪器的周检费；⑤ 质量报表费用等。

工程质量预防成本是施工中为预防工程和所购材料不合格所需要的费用总和，包括 ① 质量管理体系的建立；② 质量管理培训（质量管理人员业务培训和 ISO 9002 质量管理体系标准培训）；③ 质量管理办公费；④ 收集和分析质量数据费用；⑤ 改进质量控制费用（如引进先进合理的质量检测仪器如核子密度仪、面波仪、探伤仪等）；⑥ 新材料、新工艺、新结构的评审费用；⑦ 施工规范、试验规程、质量评定标准等有效版本技术文件的购买费用；⑧ 工程技术咨询费用等。

（2）质量失败补救成本，即完工工程未达到合同的质量标准要求所造成的损失（返工和返修等）及处置工程质量缺陷所发生的费用，包括工程质量问题成本和工程质量缺陷成本。

工程质量问题成本是在工程施工中由于工程本身不合格而进行处置的费用总和，包括：① 返工费用；② 返修费用；③ 重新检验费用；④ 质量检测与鉴定费用；⑤ 停工费；⑥ 成本损失费用等。

工程质量缺陷成本是工程交工后在保修期（缺陷通知期）内，因施工质量原因，造成的工程不合格而进行处置的费用总和，包括：① 质量检测与鉴定费用；② 返修费用；③ 返工费用；④ 设备更换费用；⑤ 损失赔偿费等。

2）工程质量成本控制

控制好工程质量成本，必须消灭工程质量问题成本和缺陷成本，同时要提高质量检测的工作效率，减少预防成本支出。为此，要把握好材料进场质量关，控制好施工过程的质量，改进质量控制方法。这样就有可能消灭工程质量问题成本和缺陷成本，从而降低部分工程质量预防成本，使工程质量成本降到最低水平，即只发生工程质量鉴定成本和部分工程质量预防成本。因此，工程质量成本是完全可以控制的。

综上所述，通过对施工组织设计的优化，能够使其在工程施工过程中真正发挥技术经济文件的作用，不仅能够满足合同工期和工程质量要求，而且能大大降低工程成本，降低工程造价，提高综合效益。

## 10.4 工程变更与变更价款的确定

### 10.4.1 我国现行工程变更的内容

工程变更包括设计变更、进度计划变更、施工条件变更及原招标文件和工程量清单中未包括的“新增工程”。

按照我国《建设工程施工合同（示范文本）》的有关规定，承包人按照工程师发出的变更通知及有关要求，需要进行下列变更：① 更改工程有关部分的标高、基线、位置和尺寸；② 增减合同中约定的工程量；③ 改变有关工程的施工时间和顺序；④ 其他关于工程变更需要的附加工作等。

工程变更常发生于工程项目实施过程中，一旦处理不好常会引起纠纷，损害业主或承包人的利益，对项目目标控制很不利。首先是投资容易失控，因为承包工程的实际造价等于合同价与索赔额的总和。承包人为了适应日益竞争的建设市场，通常在合同谈判时让步而在工程实施过程中通过索赔获取补偿；由于工程变更所引起工程量的变化、承包人的索赔等，都有可能使最终投资超出原来的预计投资，所以工程师应密切注意对工程变更价款的处理。其次，工程变更容易引起停工、返工现象，会延迟项目的动用时间，对进度不利。最后，频繁的变更还会增加工程师的组织协调工作量。另外，对合同管理和质量控制也不利。

### 10.4.2 我国现行工程变更的确认及处理程序

**1. 工程变更的确认**

由于工程变更会带来工程造价和工期的变化，为了有效地控制造价，无论任何一方提出工程变更，均需由工程师确认并签发工程变更指令。工程师确认工程变更的一般步骤是：提出工程变更→分析提出的工程变更对项目目标的影响→分析有关的合同条款和会议、通信记录→向业主提交变更评估报告（初步确定处理变更所需的费用、时间范围和质量要求）→确认工程变更。

**2. 工程变更的处理程序**

1) 发包人（建设单位）提出的工程变更

施工中发包人需对原工程设计进行变更，根据《建设工程施工合同（示范文本）》的规定，应提前14天以书面形式向承包人发出变更通知。变更超过原设计标准或批准的建设规模时，须经原规划管理部门和其他有关部门重新审查批准，并由原设计单位提供变更的相应图纸和说明。发包人办妥上述事项后，承包人根据工程师的变更通知要求进行变更。因变更导致合同价款的增减及造成承包人的损失，由发包人承担，延误的工程期相应顺延。

合同履行中发包人要求变更工程质量标准及发生其他实质性变更，由双方协商解决。

2) 承包人提出的工程变更

承包人应严格按照图纸施工，不得随意变更设计。施工中承包人提出合理化建议涉及对设计图纸进行变更，须经工程师同意。工程师同意变更以后，必要的时候也须经原规划管理部门、图纸审查机构及其他有关部门审查批准，并由原设计单位提供变更的相应的图纸和说明。承包人擅自变更设计发生的费用和导致发包人的直接损失，由承包人承担，延误的工期不予顺延。工程师同意采用承包人合理化建议而同意变更的，所发生的费用和获得的收益，由发包人与承包人另行约定或分担。

3) 由施工条件引起的工程变更

施工条件的变更，往往是指在施工中遇到的现场条件同招标文件中描述的现场条件有本质的差异，或遇到未能预见的不利自然条件（不包括不利的气候条件），使承包人向业主提出施工单价和施工时间的变更要求。如基础开挖时发现招标文件未载明的流沙或淤泥层，隧洞开挖中发现新的断裂层等。承包人在施工中遇到这类情况时，要及时向工程师报告。施工条件的变更往往比较复杂，需要特别重视，否则会由此引起索赔的发生。

## 10.4.3 我国现行工程变更价款的确定

**1. 工程变更价款的确定方法**

1) 一般规定

财政部、建设部共同发布的《建设工程价款结算暂行办法》（财建（2004）369号，以下简称《工程价款结算办法》）和我国《建设工程施工合同（示范文本）》约定了工程变更价款的确定方法，内容如下：

(1) 合同中已有适用于变更工程的价格，按合同已有的价格变更合同价款；

(2) 合同中只有类似于变更工程的价格，可以参照此类价格变更合同价款；

(3) 合同没有适用或类似于变更工程的价格，由承包人或发包人提出适当的变更价格，经对方确认后执行。如双方不能达成一致的，双方可提请工程所在地工程造价管理机构进行咨询或按合同约定的争议或纠纷解决程序办理。

2）采用工程量清单计价的工程

采用工程量清单计价的工程，除合同另有约定外，其综合单价因工程量变更需调整时，应按下列办法确定。

（1）工程量清单漏项或设计变更引起新的工程量清单项目，其相应综合单价由承包人提出，经发包人确认后作为结算的依据。

（2）由于工程量清单的工程数量有误或设计变更引起工程量增减，属合同约定幅度以内的，应执行原有的综合单价；属合同约定幅度以外的，其增加部分的工程量或减少后剩余部分的工程量的综合单价由承包人提出，经发包人确认后，作为结算依据。由于工程量的变更，且实际发生了规定以外的费用损失，承包人可提出索赔要求，与发包人协商确认后，给予补偿。

3）协商单价和价格

协商单价和价格是基于合同中没有或者有但不合适的情况而采取的一种方法。例如：某合同路堤土方工程完成后，发现原设计在排水方面考虑不周，为此业主提出在适当位置增设排水管涵。在工程量清单上有100多道类似管涵，但承包人却拒绝直接从中选择适合的作为参考依据。理由是变更设计提出时间较晚，其土方已经完成并准备开始路面施工，新增工程不但打乱了施工进度计划，而且二次开挖土方难度较大，特别是重新开挖用石灰处理过的路堤，与开挖天然表土不能等同。工程师认为承包人的意见可以接受，不宜直接套用清单中的管涵价格。经与承包人协商，决定采用工程量清单上的几何尺寸、地理位置等条件类似的管涵价格作为新增工程的基本价格，但对其中的“土方开挖”一项在原报价基础上按某个系数予以适当提高，提高的费用叠加在基本单价上，构成新增工程价格。

**2. 工程变更价款的确定程序**

《建设工程施工合同（示范文本）》和《工程价款结算办法》规定的工程合同变更价款的程序如图10－5所示。

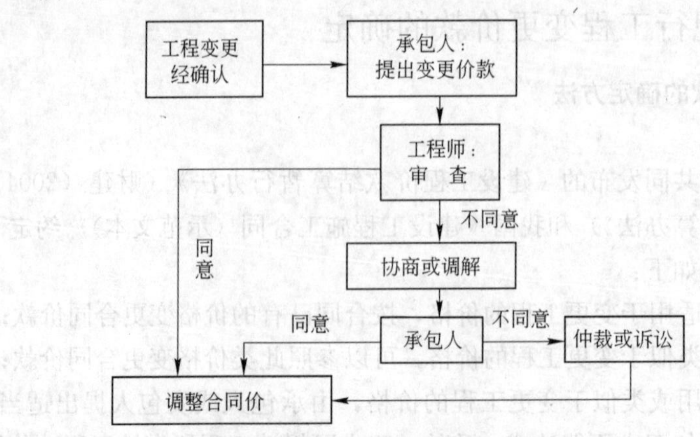


图10－5 工程合同价款的变更程序

(1) 施工中发生工程变更，承包人按照经发包人认可的变更设计文件，进行变更施工。其中，政府投资项目重大变更，需按基本建设程序报批后方可施工。

(2) 承包人在工程变更确定后 14 日内，提出变更工程价款的报告，经工程师确认发包人审核同意后调整合同价款。

(3) 承包人在确定变更后 14 日内不向工程师提出变更工程价款报告，则发包人可根据所掌握的资料决定是否调整合同价款和调整的具体金额。重大工程变更涉及工程价款变更报告和确认的时限由发承包双方协商确定。

(4) 收到变更工程价款报告一方，应在收到之日起 14 天内予以确认或提出协商意见，自变更工程价款报告送达之日起 14 天内，对方未确认也未提出协商意见时，视为变更工程价款报告已被确认。

处理工程变更价款问题时应注意以下 3 个方面。① 工程师不同意承包人提出的变更价款报告，可以协商或提请有关部门调解。协商或调解不成的，双方可以采用仲裁或向人民法院起诉的方式解决。② 工程师确认增加的工程变更价款作为追加合同价款，与工程进度款同期支付。③ 因承包人自身原因导致的工程变更，承包人无权要求追加合同价款。

### 10.4.4　FIDIC 合同条件下工程变更与变更价款的确定

**1. 工程变更**

1) 工程变更内容

根据 FIDI 施工合同条件（1999 年第 1 版）的约定，在颁发工程接收证书前的任何时间，工程师可通过发布指示或要求承包人以提交建议书的方式，提出变更。承包人应遵守并执行每项变更，除非承包人立即向工程师发出通知，说明（附详细根据）承包人难以取得变更所需的货物。工程师接到此类通知后，应取消、确认或改变原指示。

每项变更可包括：① 合同中包括的任何工作内容的数量的改变（但此类改变不一定构成变更）；② 任何工作内容的质量或其他特性的改变；③ 任何部分工程的标高、位置和（或）尺寸的改变；④ 任何工作的删减，但要交他人实施的工作除外；⑤ 永久工程所需的任何附加工作、生产设备、材料或服务，包括任何有关的竣工试验、钻孔和其他试验和勘探工作；⑥ 实施工程的顺序或时间安排的改变。

除非并接到工程师指示或批准了变更，承包人不得对永久工程作任何改变和（或）修改。

2) 工程变更程序

如果工程师在发出变更指示前要求承包人提出一份建议书，承包人应尽快做出书面回应，或提出他不能照办的理由（如果情况如此），或提交：① 对建议要完成工作的说明，以及实施的进度计划；② 根据进度计划和竣工时间的要求，承包人对进度计划做出必要修改的建议书；③ 承包人对变更估价的建议书。

工程师收到此类建议书后，应尽快给予批准、不批准，或提出意见的回复。在等待答复期间，承包人不应延误任何工作。应由工程师向承包人发出执行每项变更并附有做好各项费用记录的任何要求的指示，承包人应确认收到该指示。

**2. 工程变更价款的确定**

除非合同中另有规定，工程师应通过FIDIC（1999年第1版）第12.1款和第12.2款商定或确定的测量方法和适宜的费率和价格，对各项工作的内容进行估价，再按照第3.5款商定或确定合同价格。

各项工作内容的适宜费率或价格，应为合同对此类工作内容规定的费率或价格，如合同中无某项内容，应取类似工作的费率或价格。但在以下情况下，宜对有关工作内容采用新的费率或价格。

第一种情况：① 如果此项工作实际测量的工程量比工程量表或其他报表中规定的工程量的变动大于10%；② 工程量的变化与该项工作规定的费率的乘积超过了中标的合同金额的0.01%；③ 由此工程量的变化直接造成该项工作单位成本的变动超过1%；④ 这项工作不是合同规定的“固定费率项目”。

第二种情况：① 此工作是根据变更与调整的指示进行的；② 合同没有规定此项工作的费率或价格；③ 由于该项工作与合同中的任何工作没有类似的性质或不在类似的条件下进行，故没有一个规定的费率或价格适用。

每种新的费率或价格应考虑以上描述的有关事项对合同中相关费率或价格加以合理调整后得出。如果没有相关的费率或价格可供推算新的费率或价格，应根据实施该工作的合理成本和合理利润，并考虑其他相关事项后得出。

工程师应在商定或确定适宜费率或价格前，确定用于期中付款证书的临时费率或价格。

## 10.5 工程索赔

### 10.5.1 工程索赔的目的和分类

索赔是指在建设工程合同的实施过程中，合同当事人的一方因对方未履行或不能正确地履行合同所规定的义务而受到损失时，向对方提出的赔偿要求。

在建设过程中索赔是必然且经常发生的，是合同管理的重要组成部分。索赔是合同当事人的权利，是保护和捍卫自身正当利益的手段。索赔不但可行，而且十分必要。如果索赔运用得法，可变不利为有利，变被动为主动。索赔以合同为基础和依据。当事人双方索赔的权利是平等的。此外，索赔与反索赔相对应，被索赔方亦可提出合理论证和齐全的数据、资料，以抵御对方的索赔。

目前索赔已成为许多承包人的经营策略之一。由于建筑市场竞争激烈，承包人为了取得工程，只能以低价中标，而通过工程施工过程中的索赔来提高合同价格，减少或转移工程风险，避免亏本，争取赢利，所以现代工程中索赔业务越来越多。在许多国际承包工程中，索赔额达到工程合同价的 10%～20%，甚至有些工程索赔要求超过合同额。因此，建设管理者必须重视索赔问题，提高索赔管理水平。

**1. 索赔目的**

在建设工程合同管理中，索赔的目的通常有两个，即工期延长和费用补偿，并且两者往往相互伴随。

1）工期延长

承包合同中都有工期延误的罚款条款。如果工程拖延是由于承包人管理不善造成，则其必须接受处罚。承包人工期索赔的目的是争取业主已经拖延了的工期作补偿，以推卸自己的合同责任，不支付或少支付工期罚款。

2）费用补偿

由于外界干扰事件的影响使承包人工程成本增加而蒙受经济损失，承包人可以根据合同规定提出费用索赔要求。费用索赔实质上是调整合同价格的要求。如果该要求得到业主认可，业主应向承包人追加支付这笔费用。如果因业主的原因造成承包人的损失，并且证据确凿，资料、数据齐全，业主应同意给予补偿，但是必须经过详细计算和核对后确定索赔数量。

**2. 索赔的分类**

从不同的角度，按不同的方法和不同的标准，索赔有许多种分类方法，具体如表 10－2 所示。

**表 10－2 索赔分类一览表**

| 序号 | 类别 | 分类 | 内容 |
|---|---|---|---|
| 1 | 按索赔目的 | （1）工期索赔<br>（2）费用索赔 | ● 要求延长合同工期<br>● 要求补偿费用，提高合同价格 |
| 2 | 按合同类型 | （1）总承包合同索赔<br>（2）分包合同索赔<br>（3）合伙合同索赔<br>（4）供应合同索赔<br>（5）劳务合同索赔<br>（6）其他 | ● 总承包人与业主之间的索赔<br>● 总承包人与分包商之间的索赔<br>● 合伙人之间的索赔<br>● 业主（或承包人）与供应商之间的索赔<br>● 劳务供应商与雇佣者之间的索赔<br>● 向银行、保险公司的索赔等 |
| 3 | 按索赔起因 | （1）当事人违约<br>（2）合同变更<br>（3）工程环境变化<br>（4）不可抗力因素 | ● 如业主未按合同规定提供施工条件（场地、道路、水电、图纸等），下达错误指令，拖延下达指令，未按合同支付工程款等<br>● 业主指令修改设计、施工进度、施工方案，合同条款缺陷，错误、矛盾和不一致等，双方协商达成新的附加协议、修正案、备忘录等<br>● 如地质条件与合同规定不一致<br>● 物价上涨，法律变化，汇率变化；反常气候条件、洪水、地震、政局变化、战争、经济封锁等 |
| 4 | 按干扰事件的性质 | （1）工期的延长或中断索赔<br>（2）工程变更索赔<br>（3）工程终止索赔<br>（4）其他 | ● 由于干扰事件的影响造成工程拖期或工程中断一段时间<br>● 干扰事件引起工程量增加、减少、增加新的工程变更施工次序<br>● 干扰事件造成工程被迫停止，并不再进行<br>● 如货币贬值，汇率变化，物价上涨，政策、法律变化等 |

续表

| 序号 | 类别 | 分类 | 内容 |
| --- | --- | --- | --- |
| 5 | 按处理方式 | (1) 单项索赔<br>(2) 总索赔（又叫一揽子索赔，或综合索赔） | ● 在工程施工中，针对某一干扰事件的索赔<br>● 将许多已提出但未获解决的单项索赔集中起来，提出一份总索赔报告。通常在工程竣工前提出，双方进行最终谈判，以一个一揽子方案解决 |
| 6 | 按索赔依据 | (1) 合同之内的索赔<br>(2) 合同之外的索赔<br>(3) 道义索赔（又称优惠索赔） | ● 索赔内容所涉及的均可在合同中找到依据<br>● 索赔的内容和权利虽然难于在合同条件中找到依据，但权利可以来自普通法律<br>● 承包人在合同中找不到依据，而业主也没有触犯法律事件，承包人对其损失寻求某些优惠性质的付款 |

## 10.5.2 工程索赔的特点

**1. 索赔没有统一标准，但有若干影响因素**

对一特定干扰事件的索赔没有预定的、统一标准的解决方案，但索赔要成功则取决于合同的具体规定、业主的管理水平、承包人的工程管理水平及承包人的索赔业务能力等因素。如果承包人熟悉索赔业务，有索赔经验，注意索赔策略和方法，就容易取得索赔的成功。

**2. 不“索”则不“赔”**

对由于干扰事件造成的损失，对方如果放弃索赔机会（如超过合同规定的索赔有效期等），或放弃索赔权力（如不敢索赔，不要索赔），则另一方就没有赔偿责任，对方必须承担自己的损失。

**3. 成功的索赔基于国家法规、合同**

索赔的成功常常不仅在于索赔事件本身，而且在于能否找到有利于自己的证据，能否找到为自己辩护的法律条文，所以合同和事实根据（证据）是索赔中两个最重要的影响因素。

**4. 索赔以利益为原则**

索赔是以维护索赔人利益为目的，而不是以辨明是非为目的。即通过索赔使自己的损失得到补偿，争取自己合理的收益。

## 10.5.3 干扰事件和索赔理由

索赔的起因是发生了施工过程中有关方面不能控制的干扰事件。这些干扰事件影响了合同的正常履行，造成工期延长和费用增加，成为合同索赔的理由。引致索赔发生的干扰事件包括以下方面。

**1. 承包商向业主的索赔**

1）不利的自然条件与人为障碍引起的索赔

不利的自然条件是指施工中遭到的实际自然条件比招标文件中所描述的更为困难和恶

劣，是一个有经验的承包商无法预测的不利的自然条件与人为障碍，导致了承包商必须花费更多的时间和费用。在这种情况下，承包商可以向业主提出索赔要求。

在施工过程中，如果承包商遇到了地下构筑物或文物，如地下电缆、管道和各种装置等，只要是图纸上并未说明的，承包商应立即通知监理工程师，并共同讨论处理方案。如果导致工程费用增加（如原计划是机械挖土，现在不得不改为人工挖土），承包商即可提出索赔。一般情况下，因遭遇人为障碍而要求索赔的数额并不太大，但闲置机器而引起的费用是索赔的主要部分。

不利的自然条件与人为障碍引起的索赔主要包括工期索赔和成本索赔，不包括利润。

2）工程变更引起的索赔

在工程施工过程中，由于工地上不可预见的情况、环境的改变，或为了节约成本等，在监理工程师认为必要时，可以对工程或其任何部分的外形、质量或数量做出变更。发生工程变更时可以进行索赔，包括工期和费用索赔。

3）工期延期的费用索赔

工期延期的索赔通常包括两个方面：一是承包商要求延长工期；二是承包商要求偿付由于非承包商原因导致工程延期而造成的损失。一般这两方面的索赔报告要求分别编制，因为工期和费用索赔并不一定同时成立。

由于非承包商责任的原因而导致施工进展延误，要求批准顺延合同工期的索赔为工期索赔，包括发包人未按合同要求提供施工条件，如未及时交付设计图纸、施工现场、道路等，或因发包人指令工程暂停或不可抗力事件等造成工期拖延的，承包人可提出工期索赔。

以上提出的工期索赔中，凡属于客观原因造成的延期，属于业主也无法预见到的情况，如特殊反常天气等，承包商可得到延长工期，但得不到费用补偿；凡纯属业主方面的原因造成的延期，不仅应给承包商延长工期，还应给予费用补偿。

4）加速施工费用的索赔

一项工程可能遇到各种意外的情况或由于工程变更而必须延长工期。但由于业主的原因（例如，该工程已经出售给买主，需按议定时间移交给买主），坚持不给延期，解决这一问题建议采用“奖金”的办法，鼓励承包商克服困难，加速施工。这种支付方式的优点是：不仅促使承包商早日建成工程，早日投入运行，而且计价方式简单，避免了计算加速施工、延长工期、调整单价等许多容易扯皮的烦琐计算和讨论。

5）业主不正当地终止工程而引起的索赔

由于业主不正当地终止工程，承包商有权要求补偿损失，其数额是承包商在被终止工程中的人工、材料、机械设备的全部支出，以及各项管理费用、保险费、贷款利息、保函费用的支出（减去已结算的工程款），并有权要求赔偿其盈利损失。

6）物价上涨引起的索赔

如何处理物价上涨引起的合同价调整问题，常用的办法有以下 3 种。

（1）对固定总价合同不予调整。这适用于工期短、规模小的工程。

(2) 按价差调整合同价。

(3) 用调价公式调整合同价。

7) 法律、货币及汇率变化引起的索赔

法律改变引起的索赔，对承包商由此增加的开支，业主应予补偿；货币及汇率变化引起的索赔，则业主应补偿承包商因此而受到的损失。

8) 拖延支付工程款的索赔

业主拖延支付工程款，承包商有权提出索赔，一般按拖延支付利息进行索赔，FIDIC合同规定利息以高出支付货币所在国中央银行的贴现率加三个百分点的年利率进行计算。

9) 业主风险和不可抗力

包括战争、敌对行动、入侵、外敌行动、叛乱、暴动、军事政变、爆炸及自然灾害等业主风险和不可抗力事件发生，对承包商带来的工期延误可以得到索赔，任何此类成本应计入合同价格，给予支付。如属与业主相关的原因带来的以上事端，则还包括利润的索赔。但纯属自然力的作用带来的损失则不索赔成本和利润。

**2. 业主向承包商的索赔**

1) 工期延误索赔

由于承包商的原因带来的工期延误应由业主向承包商提出索赔，一般的处理方式是由承包商支付误期损害赔偿费，支付的前提是：这一工期延误的责任属于承包商方面。业主在确定误期损害赔偿费的费率时，一般要考虑以下因素：

① 业主盈利损失；

② 由于工程拖期而引起的贷款利息增加；

③ 工程拖期带来的附加监理费；

④ 由于工程拖期不能使用，继续租用原建筑物或租用其他建筑物的租赁费。

至于误期损害赔偿费的计算方法，在每个合同文件中均有具体规定。一般按每延误一天赔偿一定的款额计算，累计赔偿额一般不超过合同总额的5%～10%。

2) 质量不满足合同要求的索赔

工程质量应由承包商负责，质量缺陷应由承包商负责完成修补，如果承包商在规定的期限内未完成缺陷修补工作，业主有权雇佣他人来完成工作，发生的成本和利润由承包商负担。如果承包商自费修复，则业主可索赔重新检验费。

3) 承包商不履行的保险费用索赔

如果承包商未能按照合同条款指定的项目投保，并保证保险有效，业主可以投保并保证保险有效，业主所支付的保险费可在应付给承包商的款项中扣回。

4) 对超额利润的索赔

如果工程量增加很多，使承包商预期的收入增大，因工程量增加承包商并不增加任何固定成本，合同价应由双方讨论调整，收回部分超额利润。

5）对指定分包商的付款索赔

在承包商未能提供已向指定分包商付款的合理证明时，业主可以直接按照监理工程师的证明书，将承包商未付给指定分包商的所有款项（扣除保留金）付给这个分包商，并从应付给承包商的任何款项中如数扣回。

6）业主合理终止合同或承包商不正当地放弃工程的索赔

如果业主合理地终止承包商的承包，或者承包商不合理放弃工程，则业主有权从承包商手中收回由新的承包商完成工程所需的工程款与原合同未付部分的差额。

## 10.5.4　工程索赔的程序

在干扰事件发生后的一定时间内，承包人必须将索赔意向书面通知业主（或工程师）。索赔意向通知书送达之时，索赔程序即告开始。图 10－6 为被广泛应用的索赔工作程序。总体来说，索赔的工作可以分为两个阶段。

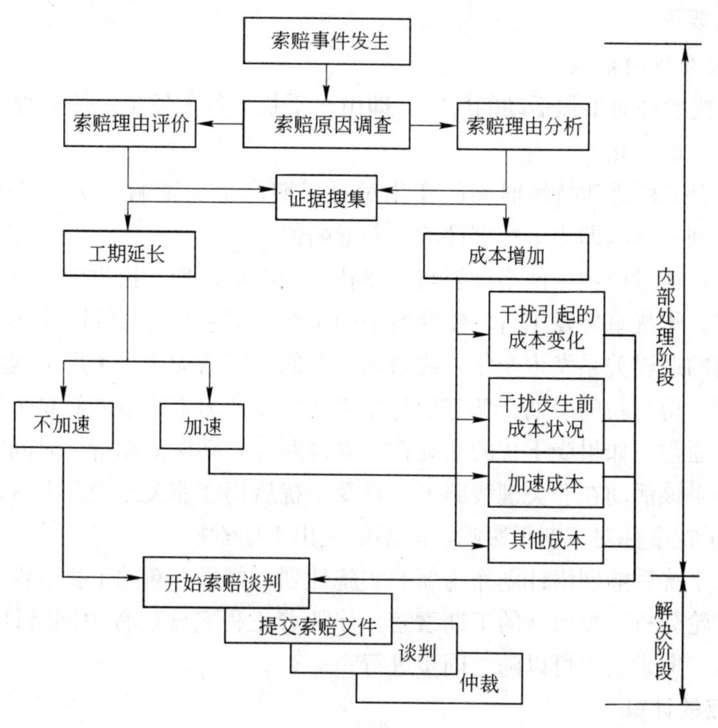


图 10－6　索赔的程序

**1. 索赔的内部处理阶段**

我国《建筑工程施工合同（示范文本）》规定：在造成损失的干扰事件发生后，受损失方应在不超过 28 天的时间内向对方提出索赔意向，接着应对引起损失的干扰事件进行调查，分析干扰事件的原因和责任，收集证据，计算索赔值，最终起草索赔报告。受损失方应在递交书面的索赔意向书后的 28 天内递交正式索赔报告。

**2. 索赔的解决阶段**

递交索赔报告后，即进入索赔解决阶段。合同双方通过谈判，可请人调解或通过仲裁、诉讼，最终解决索赔事件。

## 10.5.5 工期索赔

**1. 工期索赔分析**

1）工期索赔分析的依据

工期索赔分析的主要依据有：① 合同规定的进度计划；② 合同双方共同认可的进度计划；③ 合同双方共同认可的对工期有影响的文件；④ 业主、工程师和承包人共同商定的月进度计划；⑤ 受干扰后的实际工程进度。

在干扰事件发生时双方都应分析和对比上述资料，以发现工期拖延及拖延的原因，提出有说服力的索赔要求。

2）工期索赔分析的步骤

(1) 确定干扰事件对工程活动的影响。即由于干扰事件的发生，使工程活动的持续时间或逻辑关系等产生的变化。

(2) 确定由于工程活动持续时间的变化对总工期产生的影响。这可以通过网络分析得到，总工期所受到的影响即为干扰事件的工期索赔值。

工期索赔值可通过原施工网络计划与可能状态的网络计划对比得到，分析的重点是两种状态的关键线路。干扰事件发生后，使网络中的某个或某些活动受到干扰而延长持续时间，或工程活动之间的逻辑关系发生变化，或增加了新的工程活动等。考虑干扰事件的影响后重新进行网络分析，得到新的工期。新工期与原工期之差即为干扰事件对总工期的影响，即为工期的索赔值。通常，如果受干扰的活动在关键线路上，则该活动持续时间的延长即为总工期的延长值；如果该活动在非关键线路上，且受干扰后仍在非关键线路上（即没有超过其总时差），则这个干扰事件对工期无影响，故不能提出工期索赔。

将这种考虑干扰后的网络计划作为新的实施计划，如果有新的干扰事件发生，则应在此基础上进行新一轮分析，提出新的工期索赔。伴随着工程实施过程中网络计划的动态调整，干扰事件引起的工期索赔也可以随之同步进行。

**2. 工期索赔的计算**

1）网络分析法

网络分析法即为关键线路分析法。通过分析干扰事件发生前后不同的网络计划，对比两种工期计算结果来计算索赔值。网络分析法适用于各种干扰事件的索赔，但它以采用计算机网络技术进行工期计划和控制作为前提，否则分析极为困难。因为稍微复杂的工程，网络事件可能有几百个甚至几千个，人工分析和计算将十分烦琐。

2）比例计算法

在实际工程中，干扰事件常常仅影响某些单项工程、单位工程或分部分项工程的工期，要分析它们对总工期的影响，可以采用更为简单的比例分析方法，即以某个技术经济指标作为比较基础，计算工期索赔值。比例计算法在实际工程中用得较多，因计算简单、方便，不需作复杂的网络分析，易被人们接受。但严格地说，比例计算法是近似计算的方法，对有些情况并不适用。例如业主变更工程施工次序，业主指令采取加速措施，业主指令删减工程量或部分工程等。如果仍用这种方法，会得到错误的结果，在实际工作中应予以注意。

(1) 以合同价所占比例计算。以合同价所占比例计算的总工期索赔公式为

$$\text{总工期索赔}=\frac{\text{受干扰部分的工程合同价}}{\text{整个工程合同总价}}\times\text{该部分受到干扰工期拖延量}$$

或

$$\text{总工期索赔}=\frac{\text{附加工程或新增价格}}{\text{原合同总价}}\times\text{原合同总工期}$$

**例10-1** 某工程施工过程中，因业主推迟办公楼工程基础设计图纸的审批，使该办公楼工程延期10周。整个工程合同总价为400万元，其中办公楼工程合同价为80万元，则承包人提出的工期索赔为多少周？

**解** $\text{工期索赔}=\frac{80}{400}\times 10=2(\text{周})$

**例10-2** 某工程合同总价380万元，总工期15个月。现业主指令增加附加工程的价格为76万元，则承包人提出工期索赔为多少月？

**解** $\text{工期索赔}=\frac{76}{380}\times 15=2(\text{月})$

(2) 按单项工程工期拖延的平均值计算。这是一揽子索赔的方式。当某干扰事件引起多项单项工程的工期拖延时，将干扰事件对各单项工程工期拖延总值按单项工程数量进行平均，得到每个单项工程工期的平均影响值，再综合考虑各单项工程之间施工工期的不均匀性，得到总延长时间，即为工期索赔值。

**例10-3** 某工程有A、B、C、D、E共5个单项工程。在实际施工中，业主未能按合同规定的日期供应水泥，造成工程停工待料。根据现场工程资料和合同双方的通信等证明，由于业主提供水泥不及时对工程施工造成如下影响：① A单项工程500$m^3$混凝土基础推迟21天施工；② B单项工程850$m^3$混凝土基础推迟7天施工；③ C单项工程225$m^3$混凝土基础推迟10天施工；④ D单项工程480$m^3$混凝土基础推迟10天施工；⑤ E单项工程120$m^3$混凝土基础推迟27天施工。则承包人可提出的索赔工期为多少天？

**解** 承包人在一揽子索赔中，对业主供应材料不及时造成工期延长。

$$\text{总延长天数}=21+7+10+10+27=75(\text{天})$$

$$\text{平均延长天数}=75\div 5=15(\text{天})$$

考虑单项工程之间的不均匀性对总工期的影响为5天，则

$$工期索赔工期=15+5=20(天)$$

## 10.5.6 费用索赔

**1. 费用索赔的原则**

1）赔偿实际损失原则

费用的索赔应赔偿受损失的实际损失。实际损失包括直接损失与间接损失，直接损失是指实际工程中因干扰事件导致的实际成本增加和费用超支，间接损失则是可能获得的利益的减少。对所有干扰事件引起的实际损失的计算中，都应有详细的证明，作为索赔报告的证据。这些证据通常有各种费用支出的账单、工资表，现场实际用工、用料、用机的证明，财务报表，工程成本核算资料等。

2）符合合同规定的原则

费用索赔必须符合合同的相关规定，如符合合同规定的补偿条件和范围，在索赔值的计算中必须扣除合同规定应由承包人承担的风险和承包人自己失误所造成的损失；符合合同规定的计算方法，如合同价格的调整方法和调整计算公式；以合同报价作为计算基础，除合同另有特殊规定外，费用索赔必须以合同报价中的分部分项工程单价、人工费单价、机械台班费单价及费率标准作为计算基础。

3）符合会计核算的原则

费用索赔中常常需要进行工程实际成本的核算，通过计划成本与实际工程成本的对比得到索赔值。实际工程成本的核算必须符合通常适用的会计核算方法和原则，例如成本项目的划分及费用的分摊方法等。

4）符合工程惯例的原则

费用索赔的计算必须采用符合人们习惯的、合理的计算方法，要能够为有关各方所接受。

5）充分准备好全部计算资料

在索赔报告中必须出具所有的计算基础资料、计算过程资料作为证明，包括报价分析、成本计划和实际成本、费用开支资料。在计算前必须对实际的各项开支、工程收入及工地管理费和总部管理费等做详细的审核分析。

**2. 索赔费用的组成**

1）人工费

索赔费用中的人工费包括：完成合同之外的额外工作所花费的人工费用；由于非承包商责任的工效降低所增加的人工费用；超过法定工作时间的加班费用；法定的人工费增长及非承包商责任造成的工程延误而导致的人员窝工费和工资上涨费用等。

2）机械使用费

索赔费用中的机械使用费包括：由于完成额外工作增加的机械使用费；由于业主或工程

师原因导致机械停工的窝工费；非承包人责任工效降低增加的机械使用费等。窝工费的计算，如系租赁设备，一般按实际租金和调进调出费的分摊计算；如系自有设备，一般按台班折旧费计算，而不是按台班费计算，因台班费中包括了设备使用费。

3）材料费

索赔费用中的材料费包括：由于索赔事项材料实际用量超过计划用量而增加的材料费；由于客观原因使材料价格的大幅度上涨；由于非承包人的工期延误导致的材料价格上涨和超期储存费用等。材料费用中应包括运输费、仓储费及合理的消耗费用。如果由于承包人管理不善造成的材料损坏失效，则不能列入索赔计价。

4）分包费用

分包费用索赔是指分包商的索赔费用，一般也包括人工费、材料费、机械使用费的索赔。因业主或工程师的责任导致的分包商的索赔费用应如数列入承包人的索赔款额内。

5）工地（现场）管理费

索赔费用中的工地管理费是指承包人完成额外工程、索赔事项工作及工期延长期间的工地管理费，包括管理人员的工资、办公费、交通费等。但如果对部分工人窝工损失索赔时，因其他工程仍然在进行，可以不予计算工地管理费索赔。

6）利息

在索赔费用的计算中，经常包括利息。利息的索赔通常发生于下列情况：① 拖期付款的利息；② 由于工程变更和工程延期增加的投资的利息；③ 索赔款的利息，错误扣款的利息等。利息的具体利率可采用不同标准，主要有 4 类情况：① 按当时银行贷款利率；② 按当时的银行透支利率；③ 按合同双方协议的利率；④ 按中央银行贴现率加 3 个百分点。

7）总部（公司）管理费

索赔费用中的总部（公司）管理费主要是指工程延误期间增加的管理费。在国际工程施工索赔中总部（公司）管理费的计算有以下几种。

(1) 按照投标书中总部管理费的比例（3%～8%）计算，即

$$\text{总部管理费}=\text{合同中总部管理费比例}\times(\text{直接费索赔款额}+\text{工地管理费索赔款额等})$$

(2) 按照公司总部统一规定的管理费比率计算，即

$$\text{总部管理费}=\text{公司总部管理费比例}\times(\text{直接费索赔款额}+\text{工地管理费索赔款额等})$$

(3) 以工程延期的总天数为基础计算，即

$$\begin{array}{c}\text{对某工程提取的总部管理费}\\\text{（该工程向总部上交的管理费）}\end{array}=\text{同期内公司总部提取的总管理费}\times\frac{\text{该工程的合同额}}{\text{同期内公司的总合同额}}$$

$$\text{该工程的每日管理费}=\frac{\text{该工程向总部上交的管理费}}{\text{合同实施天数}}$$

$$\text{总部管理费的索赔额}=\text{该工程的每日管理费}\times\text{工程延期的天数}$$

8）利润

对于不同性质的索赔，取得利润索赔的成功率是不同的。一般地说，由于工程范围的变更、文件有缺陷或技术性错误、业主未能提供现场、施工条件变化等引起的索赔，承包商是可以列入利润的；由于业主的原因终止或放弃合同，承包商也有权获得已完成的工程款以外，还应得到原定比例的利润。而对于工程延误的索赔，由于利润通常包括在每项实施工程内容的价格之内，延误工期并未影响削减某些项目的实施，而导致利润减少。所以，一般监理工程师很难同意在延误的费用索赔中加入利润损失。

索赔利润的款额计算通常是与原报价单中的利润百分率保持一致。即在索赔款直接费的基础上，乘以原报价单中的利润率，作为该项索赔款中的利润额。

国际工程施工索赔实践中，承包商有时也会列入一项“机会利润损失”，要求业主予以补偿。这种机会利润损失是由于非承包商责任致使工程延误，承包商不得不继续在本项工程中保留相当数量的人员、设备和流动资金，而不能按原计划把这些资源转到另一个工程项目上去，因而使该承包商失去了一个创造利润的机会。这种利润损失索赔，往往由于缺乏有力而切实的证明，比较难以成功。

另外还需注意的是，施工索赔中以下几项费用是不允许索赔的：① 承包商对索赔事项的发生原因负有责任的有关费用；② 承包商对索赔事项未采取减轻措施，因而扩大的损失费用；③ 承包商进行索赔工作的准备费用；④ 索赔款在索赔处理期间的利息；⑤ 工程有关的保险费用。

**3. 费用索赔的计算方法**

1）总费用法

该方法计算简单，以承包人的额外成本为基点，加上管理费和利息等附加费作为索赔值。

该方法较少使用，不易被对方和仲裁人认可，它的使用必须满足以下条件：① 合同实施过程中的总费用核算是准确的，工程成本核算符合普遍认可的会计原则、成本分摊方法，分摊基础选择合理，实际总成本与报价所包括的内容一致；② 承包人的报价是合理的，反映实际报价计算不合理，则按这种方法计算的索赔值也不合理；③ 费用损失的责任，或干扰事件的责任全在于业主或其他人，承包人在工程中无任何过失；④ 合同争议的性质不适用其他计算方法，如业主和承包人签订协议，或在合同中规定对附加工程采用这种方法计算。

计算过程中应注意：① 索赔值计算中的管理费率一般采用承包人总部的实际管理费分摊率，这符合赔偿实际损失的原则，但也可用合同报价中的管理费用率，由双方共同商讨；② 一般在索赔中不计利润，而以保本为原则；③ 由于工程成本增加使承包人支出增加，而业主支付不足，会引起工程的负现金流量的增加。在索赔中可以计算利息支出（作为资金成本），它可按实际索赔数额、拖延时间和承包人向银行贷款的利率（或合同中规定的利率）计算。

**例10-4** 某工程原合同报价如下：

| | |
|---|---|
| 总成本(直接费＋工地管理费) | 3 800 000元 |
| 总部管理费(总成本×10%) | 380 000元 |
| 利润＝(总成本＋公司管理费)×7% | 292 600元 |
| 合同价 | 4 472 600元 |

在实际工程中，由于非承包人原因造成实际总成本增加至4 200 000元，则费用索赔额为多少元？

**解** 现用总费用法计算索赔值为

| | |
|---|---|
| 总成本增加量（4 200 000－3 800 000） | 400 000元 |
| 总部管理费（总成本增量×10%） | 40 000元 |
| 利润（仍为7%，440 000×7%） | 30 800元 |
| 利息支付（按实际时间和利率计算） | 4 000元 |
| 索赔值 | 474 800元 |

2）*分项法*

分项法是按照引起损失的干扰事件，以及这些事件所引起损失的费用项目，分别分析计算索赔值的方法。它的特点有：① 比总费用法复杂，处理起来困难；② 反映实际情况，比较合理、科学；③ 为索赔报告的进一步分析、评价、审核，双方责任的划分，双方谈判和最终解决提供方便；④ 应用面广，人们在逻辑上容易接受。实际工程中绝大多数的索赔都采用分项法计算。

分项法计算通常分三步：① 分析干扰事件影响的费用项目，即干扰事件引起哪些项目的费用损失；② 计算各费用项目的损失值；③ 将各费用项目的计算值列表汇总，得到总费用索赔值。

**例10-5** 某工程项目合同工期为100天，合同价为500万元（其中含现场管理费60万元）。根据投标书附件规定，塔吊租赁费为600元/天、台班费为850元/天，现场管理费率为8%，利润率为5%，人工费为30元/工日，人员窝工费为20元/工日，赶工费为5 000元/天。

在施工过程中，由于不利的现场条件，引起人工费、材料费、施工机械费分别增加1.5万元、3.8万元、2万元；另因设计变更，新增工程款98万元，引起工期延误25天。请问承包人可提出的现场管理费索赔应是多少万元？

**解** 现场管理费索赔额由两个部分组成。

① 由于不利的现场条件引起的现场管理费索赔额：

$$(1.5+3.8+2)\times 8\%=0.584(万元)。$$

② 由于设计变更引起的现场管理费索赔额：新增工程款相当于原合同19.6天的工作

量，即：100×(98÷500)＝19.6(天)，而新增工程款既包括直接费，也包括了现场管理费等其他取费，因此尽管因此引起工期延误25天，但仅应考虑5.4天（25－19.6＝5.4）工期延误引起的现场管理费，即：60÷100×5.4＝3.24(万元)。

因此，现场管理费索赔总额：0.584＋3.24＝3.824(万元)。

**4. 常见索赔费用项目及其计算**

1）工期拖延

由于业主原因造成工期拖延，除合同工期顺延外，还应赔偿承包人由此发生的实际损失。其主要费用见表10－3。

**表10－3 工程延期的费用索赔分析表**

| 费用项目 | 内容说明 | 计算基础 |
| --- | --- | --- |
| 1. 人工费 | 平均工资上涨 | 按工资价格指数和人工费调整 |
| | 现场生产工人停工、窝工 | 按实际停工时间和报价中的人工费单价 |
| | 降低生产效率损失 | 按正常状态下的生产效率，或计划生产效率，或双方商定的生产效率，实际生产效率和报价中的人工费单价 |
| 2. 材料费 | 由于工期延长，材料价格上涨 | 材料价格指数，未完工程中材料费 |
| 3. 机械设备费 | 因机械设备延长在工地逗留时间引起固定费用支出的增加，主要有大修理费、保养费、折旧、利息、保险、租金等 | 按延长时间和报价中的费率 |
| 4. 工地管理费 | 现场管理人员工资支出 | 按延长时间，管理人员计算用量，报价中的工资标准 |
| | 人员的其他费用，如工地补贴、交通费、劳保费、工器具费、度假费用等 | 按实际延长时间、人员使用量和报价中的费率标准 |
| | 现场临时设施 | 按实际延长时间和报价中的费率 |
| | 现场日常管理费支出 | 实际延长时间，报价中的费用，计划总工期 |
| 5. 其他附加费 | 分包商索赔 | 按分包商已提出或可能提出的合理的索赔额 |
| | 由于通货膨胀对未完工程合同价格的调整 | 未完工程计划工作量、价格指数，或工资、材料、各分项工程价格指数（注：不得与上述人工费、材料费调整重复） |
| | 各种保险费、保函和银行的费用 | 实际延长时间，报价中的费率 |
| | 总部管理费 | 上述各项之和（除去通货膨胀的影响）和总部实际管理费率或按日费率分摊法计算 |

注：表中计算基础中所用的费用标准、费率、单价等，有时须按合同规定或实际情况作相应调整。

2）工程变更

(1) 工程量增加。工程量的增加在一定范围内（5％～10％）作为承包人的风险，已在其不可预见费中包括。超过这个界限，业主应给予价格的调整。这种价格调整的计算方法与合同报价计算相似。通常，合同价格调整所用的单价与工程的增加量有一定的关系。例如，某合同规定工程量增加的计算方法如表10－4所示。

表10－4 工程量增加的费用索赔分析

| 费用项目 | 条 件 | 计算基础 |
| --- | --- | --- |
| 合同报价内容 | 工程量增加量小于5%合同总价 | 为合同规定的承包人应承担的风险，不予补偿 |
| | 工程量增加量在5%～10%合同价内 | 按相应分部分项工程合同单价和工程量增加量计算 |
| | 工程量增加超过15%合同总价 | 合同规定，合同双方可重新商定单价 |

如果合同单价仅包括直接费，即工料单价，则工程量增加量与单价之积仅为直接费，还应考虑管理费等综合费、利润及税金等。

(2) 工程量减少或删除部分工程。如果业主或工程师指令减少工程量或删除部分工程，承包人相应的工程款收入将降低。对此，承包人可以按合同规定要求提出索赔。如果承包人已为该分项工程订购或采购了材料，则可提出材料订货费用和已采购材料的损失索赔。

(3) 附加工程。附加工程索赔值的计算与报价相似。其附加工程的工程量按施工图纸或实际计量值计算，其费用索赔计算可按合同规定或双方商定的单价结算。

(4) 其他。对由于设计变更及设计错误造成返工，业主必须赔偿承包人由此而造成的停工、窝工、返工、倒运、人员和机械设备调迁、材料和构件积压的实际损失。对此，通常要计算已完成工程的费用、返工费用（如拆卸、清理等）、人员和机械的窝工费用，以及重新建造（或修复）的费用等。

3) 加速施工

业主指令承包人采取赶工措施，通常可按实际费用支出计算索赔值。其费用项目和计算见表10－5。

表10－5 加速施工费用索赔分析

| 费用项目 | 内容说明 | 计算基础 |
| --- | --- | --- |
| 人工费 | 增加劳动投入，不经济地使用劳动力，使生产效率降低 | 报价中的工费单价，实际劳动力使用量，已完成工程中劳动力计划用量 |
| | 节假日加班、夜班补贴 | 实际加班数，合同规定或劳资合同规定的加班补贴标准 |
| 材料费 | 增加材料投入，不经济地使用材料 | 实际材料使用量，已完成工程中材料计划使用量，报价中的材料价格或实际价格 |
| | 因材料提前交货，给供应商的补偿 | 实际支出 |
| | 改变运输方式 | 材料数量、实际运输价格，合同规定的运输方式的价格 |
| | 材料代用 | 代用数量，价格差 |
| 机械费 | 增加机械投入，不经济地使用机械 | 实际费用，报价中机械费，实际租金等 |
| | 增加管理人员的工资 | 计划用量，实际用量，报价标准 |

续表

| 费用项目 | 内容说明 | 计算基础 |
| --- | --- | --- |
| 工地管理费 | 增加人员的其他费用，如福利费、工地补贴、交通费、劳保、假期等 | 实际增加人・月数，报价中的费率标准 |
| | 增加临时设施费 | 实际增加量，实际费用 |
| | 现场日常管理费支出 | 实际开支数，原报价中包含的数量 |
| 其他附加费 | 分包商索赔、总部管理费 | 同“工期延长索赔”的计算基础 |
| 扣除：工地管理费 | 由于赶工，计划工期缩短，减少支出：工地交通费、办公费、工具器具使用费、设施费用等 | 缩短时间，报价中的费率标准 |
| 扣除：其他附加费 | 保险、保函、总部管理费等 | |

4）工程中断

对工程由于某种原因被迫中断，在一段时间后又继续开工的索赔，可直接按实际费用支出计算。工程中断，索赔的费用项目和其计算基础见表 10－6。

**表 10－6　工程中断费用索赔分析**

| 费用项目 | 内容说明 | 计算基础 |
| --- | --- | --- |
| 人工费 | 人员遣返费、赔偿金及重新招雇费用 | 实际支出 |
| 机械费 | 额外的进出场费用 | 实际支出或按合同报价标准 |
| 其他费用 | 如工地清理，重新计划、安排，重新准备施工等 | 按实际支出 |

5）合同终止

在工程竣工前，合同被迫终止且不再进行，它的原因通常有：① 业主认为该项目已不再需要，如技术已过时，项目的环境出现大的变化，使项目无继续实施价值；② 国家计划有大的调整，项目被取消；③ 业主违约，如濒于破产或破产，无力支付工程款，按合同和合同条件承包人有权终止合同；④ 政府、城建、环保等部门的干预；⑤ 不可抗力因素和其他原因。

对此进行索赔的前提是：合同中有相应的赔偿规定。索赔值一般按实际费用损失确定。这时工程项目已处于清算状态，首先必须进行工程的全盘清查，结清已完成工程价款，结算未完工程成本，以核定损失。另外，还可以提出索赔的主要费用项目及计算基础，见表 10－7。

**表 10－7　合同终止的费用索赔分析**

| 费用项目 | 内容说明 | 计算基础 |
| --- | --- | --- |
| 人工费 | 遣散工人的费用，给工人的赔偿金，善后处理工作人员费用 | 按实际计算 |
| 机械费 | • 已交付的机械租金<br>• 为机械运行已作的一切物质准备费用<br>• 机械作价处理损失（包括未计提折旧）<br>• 已交纳的保险费等 | 按实际计算 |

续表

| 费用项目 | 内容说明 | 计算基础 |
|---|---|---|
| 材料费 | 已购材料，已订购材料的费用损失，材料作价处理损失 | 按实际损失计算 |
| 其他附加费用 | • 现场管理人员的遣散、赔偿费、工地临时设施投入尚未收回部分等<br>• 分包商索赔<br>• 已交纳的保险费、银行费用等 | 按实际计算 |
| | 总管理费 | 上述费用损失之和，实际管理费分摊率 |
| 利　润 | 业主原因造成的合同终止，可索赔未完工程的合同利润 | 按报价中利润率计算 |

6）特殊服务

业主要求承包人提供的特殊服务，通常按计日工（点工）计算。除直接劳务费价格外，在索赔中还要考虑节假日的额外工资、加班费、保险费、税收、交通费、住宿费、膳食补贴、总部管理费等。

7）其他原因

例如未及时支付工程款，物价上涨造成工资和材料价格上涨，关税提高，汇率变化等，它们的影响比较单一，计算比较简单，通常按合同规定的计算方法和计算基础计算索赔值。

**例 10－6**　某工程建设项目，业主与施工单位签订了施工合同，其中规定在施工过程中，如因业主原因造成窝工，则人工窝工费和机械的停工费可按工日费和台班费的 60%结算支付。工程按下列网络计划（图 10－7）进行。其关键线路为 A→E→H→I→J。

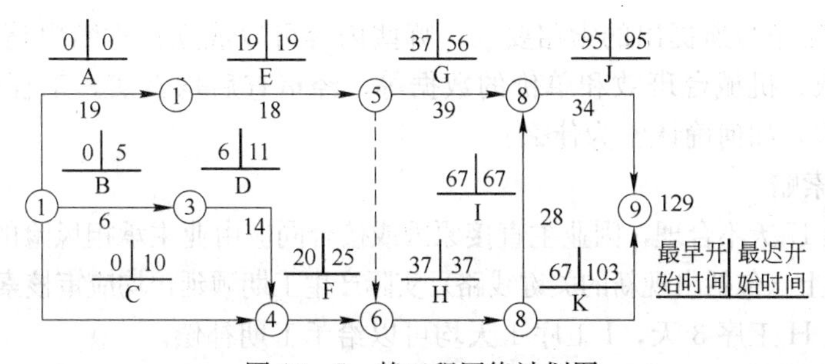


图 10－7　某工程网络计划图

在计划执行过程中，出现了下列一些情况，影响一些工作暂时停工（同一工作由不同原因引起的停工时间，都不在同一时间），这主要有：① 因业主不能及时供应材料使 E 延误 3 天，G 延误 2 天，H 延误 3 天；② 因机械发生故障检修使 E 延误 2 天，G 延误 2 天；③ 因业主要求设计变更使 F 延误 3 天；④ 因公网停电使 F 延误 1 天，I 延误 1 天。

施工单位及时向工程师提交了一份索赔申请报告，并附有有关资料、证据和下列要求。

1. 工期索赔

要求工期顺延：E 停工 5 天，F 停工 4 天，G 停工 4 天，H 停工 3 天，I 停工 1 天，总计要求顺延 17 天。

2. 费用索赔

(1) 机械设备窝工费

| | |
|---|---|
| E 工序吊车 | (3+2)×240=1 200(元) |
| F 工序搅拌机 | (3+1)×70=280(元) |
| G 工序小机械 | (2+2)×55=220(元) |
| H 工序搅拌机 | 3×70=210(元) |
| 合计机械类 | 1 910 元 |

(2) 人工窝工费

| | |
|---|---|
| E 工序 | 5×30×28=4 200(元) |
| F 工序 | 4×35×28=3 920(元) |
| G 工序 | 4×15×28=1 680(元) |
| H 工序 | 3×35×28=2 940(元) |
| I 工序 | 1×20×28=560(元) |
| 合计 | 人工费为 13 300 元 |

(3) 间接费增加　(1 910+13 300)×16%=2 433.6(万元)

(4) 利润损失　(1 910+13 300+2 433.6)×5%=882.18(元)

总计经济索赔额　1 910+13 300+2 433.6+882.18=18 525.78(元)

**问题**：审查施工单位所提出的索赔要求，哪些内容可以成立？索赔申请书提出的工序顺延时间、停工人数、机械台班数和单价的数据等，经审查后均真实。工程师对各项工期顺延、经济索赔要求，如何确认？为什么？

**解**　1. 工期索赔

要求工期顺延 17 天不合理，因业主直接原因或按合同应由业主承担风险的因素，同时延误工期应在关键线路上（包括出现新的关键线路）实际产生工期顺延，均应审核索赔要求成立。

E 工序 3 天，H 工序 3 天，I 工序 1 天均可以给予工期补偿。

G 工序 2 天，F 工序 4 天因不在关键线路上，不予工期补偿。

机械故障 E 工序 2 天，G 工序 2 天，属承包单位原因造成，不予工期补偿。

同意工期补偿（顺延）3+3+1=7(天)。

2. 经济索赔

(1) 机械设备窝工费，要求索赔 1 910 元不合理。

凡由业主直接原因或按合同应当由业主承担风险的因素，只要实际发生不论工序是否在关键线路上均应审核索赔要求成立。

E 工序吊车 3 天

F 工序混凝土搅拌机 4 天

G工序小机械2天

H工序混凝土搅拌机3天

吊车 3×240×60%=432(元)

混凝土搅拌机 7×70×60%=294(元)

其他机械 2×55×60%=66(元)

合计 792元

机械设备窝工费应为792元。

(2) 人工窝工费，要求索赔13 300元不合理，

E工序 3×30×28×60%=1 512(元)

F工序 4×35×28×60%=2 352(元)

G工序 2×15×28×60%=504(元)

H工序 3×35×28×60%=1 764(元)

I工序 1×20×28×60%=336(元)

合计 6 468元

人工窝工费为6 468元。

(3) 间接费索赔一般不予补偿。

(4) 利润因属暂时停工不予补偿。

经审定索赔成立：工期顺延7天，经济补偿7 250元。

## 10.6 工程价款结算

### 10.6.1 我国工程价款结算的作用和分类

《工程价款结算办法》规定：建设工程价款结算是指对建设工程的发承包合同价款进行约定和依据合同约定进行工程预付款、工程进度款、工程竣工价款结算的活动。

**1. 工程价款结算的作用**

① 通过工程价款结算办理已完成工程的工程价款，确定承包人的货币收入，补充施工生产过程中的资金消耗；

② 工程价款结算是统计承包人完成生产计划和建设单位完成建设投资任务的依据；

③ 竣工结算是承包人完成该工程项目的总货币收入，是承包人内部编制工程决算，进行成本核算，确定工程实际成本的重要依据；

④ 竣工结算是建设单位编制竣工决算的主要依据；

⑤ 竣工结算的完成，标志着承包人和发包人双方所承担的合同义务和经济责任的结束等。

**2. 工程价款结算的分类**

建设产品单件性、生产周期长等特点，决定了其工程价款的结算应采用不同的方式、方法单独结算。工程性质、建设规模、资金来源和施工工期、承包内容不同，所影响的结算方式也不同。按工程结算的时间和对象，可分为按月结算、年终结算、阶段结算和竣工后一次结算等，如图 10－8 所示。

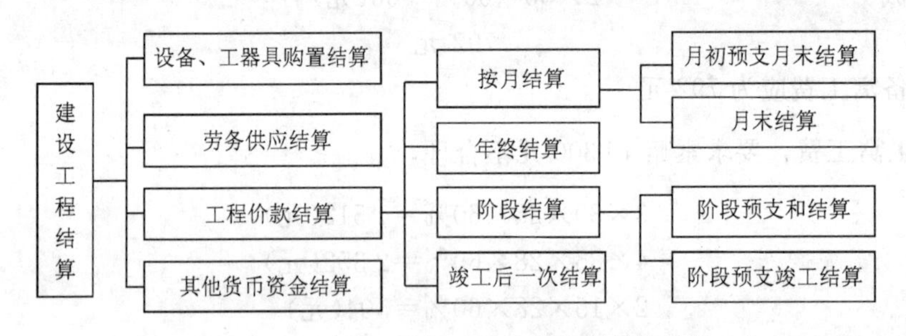


图 10－8　建设工程与建筑安装工程结算分类

《工程价款结算办法》规定的工程进度款结算方式包括以下两种。

(1) 按月结算与支付。即实行按月支付进度款，竣工后清算的办法。合同工期在两个年度以上的工程，在年终进行工程盘点，办理年度结算。

(2) 分段结算与支付。即当年开工、当年不能竣工的工程按照工程形象进度，划分不同阶段支付工程进度款，具体划分在合同中明确。

## 10.6.2　我国工程价款结算的依据、内容程序和有关规定

**1. 工程价款结算的编制依据**

《工程价款结算办法》规定：工程价款结算应按合同约定办理，合同未作约定或约定不明的，承发包双方应依照下列规定与文件协商处理：① 国家有关法律、法规和规章制度；② 国务院建设行政主管部门、省、自治区、直辖市或有关部门发布的工程造价计价标准、计价办法等有关规定；③ 建设项目的合同、补充协议、变更签证和现场签证，以及经发、承包人认可的其他有效文件；④ 其他可依据的材料。

**2. 工程价款结算的内容和程序**

工程价款结算的内容和一般程序如图 10－9 所示。

(1) 按工程承包合同或协议预支工程预付款。在具备施工条件的前提下，发包人应在双方签订合同后的一个月内或不迟于约定的开工日期前 7 天内预付工程款。包工包料工程的预付款按合同约定拨付，原则上预付比例不低于合同金额的 10%，不高于合同金额的 30%。对重大工程项目，按年度工程计划逐年预付。计价执行《建设工程工程量清单计价规范》(GB 50500—2003) 的工程，实体性消耗和非实体性消耗部分应在合同中分别约定预付款比例。

(2) 按照双方确定的结算方式开列月（或阶段）施工作业计划和工程价款预支单，预支

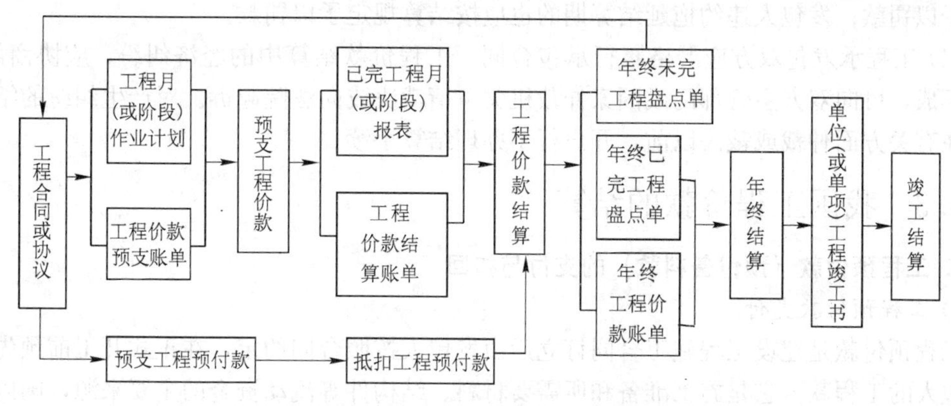


图 10-9　工程价款结算一般程序

工程价款。

(3) 月末（或阶段完成）呈报已完工程月（或阶段）报表和工程价款结算账单，提出支付工程进度款申请，14 天内发包人应按不低于工程价款的 60%及不高于工程价款的 90%向承包人支付工程进度款。工程进度款的计算内容包括：① 以已完工程量和对应工程量清单或报价单的相应价格计算的工程款；② 设计变更应调整的合同价款；③ 本期应扣回的工程预付款；④ 根据合同允许调整合同价款原因应补偿给承包人的款项和应扣减的款项；⑤ 经过工程师批准的承包人索赔款；⑥ 其他应支付或扣回的款项等。

(4) 跨年度工程年终进行已完工程、未完工程盘点和年终结算。

(5) 单位工程竣工时，编写单位工程竣工书，办理单位工程竣工结算。

(6) 单项工程竣工时，办理单项工程竣工结算。

(7) 最后一个单项工程竣工结算审查确认后 15 天内，汇总编写建设项目竣工总结算，送发包人后 30 天内审查完成。发包人根据确认的竣工结算报告向承包人支付工程竣工结算价款，保留 5%左右的质量保证（保修）金，待工程交付使用一年质保期到期后清算（合同另有约定的，从其约定)，质保期内如有返修，发生费用应在质量保证（保修）金内扣除。

**3. 工程价款结算应遵守的规定**

承包人与发包人办理工程价款结算时，必须遵守以下价款结算的规定。

(1) 承包人向发包人收取工程款时，可按规定采用汇兑、委托收款、汇票、本票、支票、期票等各种结算手续。采用期票结算，发包人按发包工程投资总额将资金一次或分次存入开户银行，在存款总额内开出一定期限的商业汇票，经其开户行承兑后交承包人，承包人到期持票向开户银行申请付款。

(2) 工程价款结算无论采用哪种结算方式，也不论工期长短，其施工期间结算的工程价款总额一般不得超过工程合同价值的 95%。

(3) 工程承发包双方必须遵守结算纪律，不准虚报冒领，不准相互拖欠。对无故拖欠工程款的单位，开户银行应督促拖欠单位及时清偿。对于承包人冒领、多领的工程款，按结算规定予以罚款；发包人违约拖延结算期的也应按结算规定予以罚款。

(4) 工程承发包双方应严格履行承包合同。工程价款结算中的经济纠纷，应协商解决；协商不成，可向双方主管部门或国家仲裁机关申请裁决或向法院起诉。对产生纠纷的结算款额，在有关方面仲裁或裁决以前，开户行不办理结算手续。

## 10.6.3 我国工程价款的结算

### 1. 工程预付款（预付备料款）的支付与扣回

1) 工程预付款支付

工程预付款是建设工程施工合同订立后由发包人按照合同约定，在正式开工前预先支付给承包人的工程款。它是施工准备和所需要材料、结构件等流动资金的主要来源，国内习惯上又称为预付备料款。预付工程款的具体事宜由承发包双方根据建设行政主管部门的规定，结合工程款、建设工期和包工包料情况在合同中约定。《建设工程施工合同（示范文本）》中，有关工程预付款作了如下约定："实行工程预付款的，双方应当在专用条款内约定发包人向承包人预付工程款的时间和数额，开工后按约定的时间和比例逐次扣回。预付时间应不迟于约定的开工日期前7天。发包人不按约定预付，承包人在约定预付时间7天后向发包人发出要求预付的通知，发包人收到通知后仍不能按要求预付，承包人可在发出通知后7天停止施工，发包人应从约定应付之日起向承包人支付应付款的贷款利息，并承担违约责任。"《工程价款结算办法》中规定："在具备施工条件的前提下，发包人应在双方签订合同后的一个月内或不迟于约定的开工日期前7天内预付工程款，发包人不按约定预付，承包人应在预付时间到期后10天内向发包人发出要求预付的通知，发包人收到通知后仍不按要求预付，承包人可在发出通知14天后停止施工，发包人应从约定应付之日起向承包人支付应付款的利息（利率按同期银行贷款利率计），并承担违约责任。"

工程预付款的额度，各地区、各部门的规定不完全相同，主要是保证施工所需材料和构件的正常储备。一般根据施工工期、建安工作量、主要材料和构件费用占建安工作量的比例及材料储备周期等因素经测算来确定。一般建筑工程不应超过当年建筑工作量（包括水、电、暖）的30%，安装工程按年安装工作量的10%，材料占比重较多的安装工程按年计划产值的15%左右拨付。《工程价款结算办法》中规定："包工包料工程的预付款按合同约定拨付，原则上预付比例不低于合同金额的10%，不高于合同金额的30%，对重大工程项目，按年度工程计划逐年预付。计价执行《建设工程工程量清单计价规范》的工程，实体性消耗和非实体性消耗部分应在合同中分别约定预付款比例。"

在实际工作中，工程预付款的数额，要根据各工程类型、合同工期、承包方式和供应体制等不同条件而定。例如，工业项目中钢结构和管道安装占比重较大的工程，其主要材料所占比重比一般安装工程要高，因而备料款数额也要相应提高；工期短的工程比工期长的要高；材料由施工单位自购的比由建设单位供应主要材料的要高。对于包工不包料的工程项目，则可以不预付备料款。

工程预付款的数额可以采用以下 3 种方法计算。

(1) 按合同中约定的数额。发包人根据工程的特点、工期长短、市场行情、供求规律等因素，招标时在合同条件中约定工程预付款的百分比，按此百分比计算工程预付款数额。

(2) 影响因素法。影响因素法是将影响工程预付款数额的每个因素作为参数，按其影响关系，进行工程预付款数额的计算，计算公式为

$$A=\frac{B\cdot K}{T}\cdot t$$

式中：$A$——工程预付款数额；

$B$——年度建筑安装工作量；

$K$——材料比例，即主要材料和构件费占年度建筑安装工作量的比例；

$T$——计划工期；

$t$——材料储备时间，可根据材料储备定额或当地材料供应情况确定。

其中 $K=C/B$，$C$ 为主要材料和构件费用，可根据施工图预算中的主要材料和构件费用确定。

**例 10－7** 某住宅工程计划完成年度建筑安装工作量为 286 万元，计划工期为 310 天，材料比例为 60%，材料储备期为 100 天，试确定工程预付款数额。

**解** 工程预付款数额$=\frac{286\times 0.6}{310}\times 100=55.35$(万元)

(3) 额度系数法。为了简化工程预付款的计算，将影响工程预付款数额的因素进行综合考虑，确定为一个系数，即工程预付款额度系数 $\lambda$，其含义是工程预付款数额占年度建筑安装工作量的百分比。其计算公式为

$$\lambda=\frac{A}{B}\times 100\% \tag{10-1}$$

式中：$\lambda$——工程预付款额度系数；

$A$——工程预付款数额；

$B$——年度建筑安装工作量。

于是得出工程预付款数额，即

$$A=\lambda\cdot B \tag{10-2}$$

根据预付款额度系数可以推算出工程预付款。一般情况下，各地区的工程预付款额度按工程类别、施工期限、建筑材料和构件生产供应情况统一测定。通常取 $\lambda=20\%\sim 30\%$。对于装配化程度高的项目，需要的预制钢筋混凝土构件、金属构件、木制品、铝合金和塑料配件等较多，工程预付款的额度适当增大。

**例 10－8** 某建设项目，计划完成年度建筑安装工作量为 735 万元。按地区规定，工程预付款额度为 30%，试确定该项目的工程预付款的数额。

**解**　工程预付款数额＝735×30％＝220.5(万元)

2) 工程预付款扣回

工程是建设单位为了保证施工生产的顺利进行而预支给承包人的一部分垫款。当施工进行到一定程度之后，材料和构配件的储备量将随工程的顺利进行而减少，需要的工程预付款也随之减少，此后在办理工程价款结算时，可以开始扣还工程预付款。

(1) 工程预付款扣回的方法。

① 由发包人和承包人通过洽商用合同的形式予以确定。采用等比率或等额扣款的方式，也可针对工程实际情况具体处理。如有些工程工期较短、造价较低，就无需分期扣还；有些工期较长，如跨年度工程，预计次年承包工程价值大于或相当于当年承包工程价值时，可以不扣回当年的预付备料款；如小于当年承包工程价值时，应按实际承包工程价值进行调整，在当年扣回部分预付备料款，并将未扣回部分，转入次年，直到竣工年度，再按上述办法扣回。

② 累计工作量法。从未施工工程尚需的主要材料及构件的价值相当于工程预付款数额时扣起，从每次中间结算工程价款中，按材料及构件比重扣抵工程价款，至竣工之前全部扣清。因此，确定起扣点是工程预付款起扣的关键。

③ 工作量百分比法。在承包人完成工程款金额累计达到合同总价的一定百分比后，由承包人开始向发包人还款，发包人从每次应付给承包人的金额中扣回工程预付款，发包人至少在合同规定的完工期前一定时间内将工程预付款的总计金额按逐次分摊的办法扣回。

(2) 工程预付款起扣点的确定。

工程预付款开始扣还时的工程进度状态称为工程预付款的起扣点。工程预付款的起扣点，可以用累计完成建筑安装工作量的数额表示，称为累计工作量起扣点；也可以用累计完成建筑安装工作量与年度建筑安装工作量百分比表示，称为工作量百分比起扣点。根据未完成所需主要材料和构件的费用等于工程预付款数额的原则，可以确定用下述两种方法表示的起扣点。

第一种方法是确定累计工作量起扣点。根据累计工作量起点的含义，即累计完工建筑安装工作量达到起扣点的数额时，开始扣回工程预付款。此时，未完工程的工作量应等于年度建筑安装工作量与其之差，未完工程的材料和构件费等于未完工作量乘以材料比例。即

$$(B-W)\cdot K=A \tag{10-3}$$

式中，$W$ 为累计工作量起扣点，其他字母含义参见式 (10-1)。

于是得出

$$W=B-\frac{A}{K} \tag{10-4}$$

**例 10-9**　某工程计划完年度建筑安装工作量为 850 万元，根据合同规定工程预付款额度为 25％，材料比例为 50％，试计算累计工作量起扣点。

**解**　(1) 工程预付款数额为

$$850\times25\%=212.5(\text{万元})$$

(2) 累计工作量表示的起扣点为

$$850-\frac{212.5}{50\%}=425(\text{万元})$$

第二种方法是确定工作量百分比起扣点。根据百分比起扣点的含义，即建筑安装工程累计完成的建筑安装工作量 $W$，占年度建筑安装工作量的百分比达到起扣点的百分比时，开始扣还工程预付款，设其为 $R$，则有

$$R=\frac{W}{B}\times100\% \tag{10-5}$$

将式 (10－5) 代入式 (10－4) 可得

$$R=\left(1-\frac{A}{K\cdot B}\right)\times100\% \tag{10-6}$$

**例 10－10**　某工程计划完成年度建筑安装工作量为 850 万元，按合同规定工程预付款额度为 25%，材料比例为 50%，试计算工作量百分比起扣点。

**解**　(1) 工程预付款数额为

$$850\times25\%=212.5(\text{万元})$$

(2) 工作量百分比起扣点为

$$1-\frac{212.5}{850\times50\%}\%=50\%$$

按这种方法求出工作量百分比起扣点为 50%。此时，累计完成的建筑安装工作量为

$$850\times50\%=425(\text{万元})$$

例 10－8 与例 10－9 求出的累计工作量起扣点相同。可见，对于同一份合同在约定付款比例一定的条件下，两种起扣点只是表示法和计算法不同，起扣工程预付款时的工程进度状态是一定的，即起扣点只有一个。

(3) 应扣工程预付款数额。

应扣工程预付款数额有分次扣还法和一次扣还法两种方法。

按工程预付款起扣点进行扣还工程预付款时，应自起扣点开始，在每次工程价款结算中扣回工程预付款，这就是分次扣还法。抵扣的数量，应该等于本次工程价款中材料和构件费的数额，即工程价款数额和材料比的乘积。但是，一般情况下工程预付款的起扣点与工程价款结算间隔点不一定重合。因此，第一次扣还工程预付款数额计算公式与其各次工程预付款

扣还数额计算式略有区别。

① 第一次扣还工程预付款数额按式（10－7）计算。

$$a_1=(\sum_{i=1}^{n}W_i-W)\cdot K \tag{10-7}$$

式中：$a_1$——第一次扣还工程预付款数额；

$\sum_{i=1}^{n}W_i$——累计完成建筑安装工作量之和。

其他含义同式（10－3）。

② 第二次及以后各次扣还工程预付款数额按式（10－8）计算，即

$$a_i=W_i\cdot K \tag{10-8}$$

式中：$a_i$——第 $i$ 次扣还工程预付款数额（$i>1$）；

$W_i$——第 $i$ 次扣还工预付款时，当次结算完成的建筑安装工作量。

**例 10－11** 某建设项目计划完成年度建筑安装工作量为 850 万元，工程预付款为 212.5 万元，材料比例工作量为 50%，工程预付款起扣点为累计完成建筑安装工作量 425 万元，7 月份累计完成建筑安装工作量 510 万元，当月完成建筑安装工作量 112 万元；8 月份当月完成建筑安装工作量 108 万元。试计算 7 月份和 8 月份月终结算时应扣回工程预付款数额。

**解** （1）7 月份应扣回工程预付款数额为

$$(510-425)\times50\%=42.5(\text{万元})$$

（2）8 月份应抵扣工程预付款数额为

$$108\times50\%=54(\text{万元})$$

预收工程预付款的扣还也可以在未完工的建筑安装工作量等于预收预付款时，用其全部未完工作价款一次抵扣工程预付款，承包人停工向建设单位收取工程价款，这就是一次扣还法。因此，需要计算出停止收取工程价款的起点，根据以上原则应按式(10－9)计算。

$$B_A=B\cdot(1-k\%)-A \tag{10-9}$$

式中：$B_A$——停止收取工程价款的起点；

$B$——年度建筑安装工作量；

$k\%$——扣留工程价款比例，一般取 5%～10%，其目的是为了加快收尾工程的进度，扣留的工程价款在竣工结算时结清。

这种扣还工程预付款的方法结算简单，停止收取工程价款的起点在分次扣还法的工程预付款起扣点的后面。从实际上看，在停止收取工程价款起点以后的未完工程价款，已经以工程预付款的形式，转入承包人的账户了，建设单位对未完工程的大部分已经失去了经济控制权，若没有其他合同条款规定或措施保证，则一般不宜采用一次扣还工程预付

款的方法。

**例 10－12** 某工程计划完成年度建筑安装工作量为 850 万元，工程预付款为 212.5 万元，用一次扣还工程预付款法，试求停止收取工程价款的起点。

**解** 停止收取工程价款的起点为

$$850\times(1-5\%)-212.5=807.5-212.5=595(\text{万元})$$

**2. 工程进度款的结算（中间结算）**

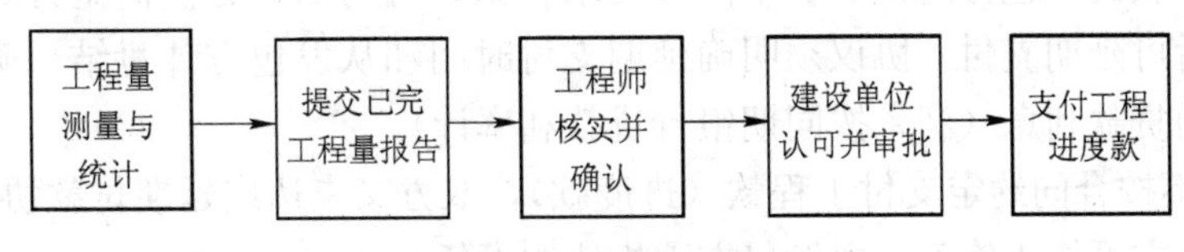


图 10－10 工程进度款支付程序

1）工程计量（测量）

（1）工程量确认。根据《建设工程施工合同（示范文本）》（GF—91—0201）的规定，承包人应按合同约定的时间，向工程师提交本阶段（月）已完工程量的报告，说明本期完成的各项工作内容和工程量。

工程师接到承包人的报告后 7 天内（《工程价款结算办法》中规定为 14 天），按设计图纸核实已完工程量，并在现场实际计量前 24 小时通知承包人共同参加。承包人为计量提供便利条件并派人参加。如果承包人收到通知后不参加计量，工程师自行计量的结果有效，作为工程价款支付的依据。若工程师不按约定时间通知承包人，致使承包人未能参加计量，工程师单方面的结果无效。

工程师收到承包人报告后 7 天内（《工程价款结算办法》中规定为 14 天）未进行计量，从第 8 天（《工程价款结算办法》中规定为 15 天）起，承包人报告中开列的工程量即视为被确认，作为工程价款支付的依据。

（2）计量原则。工程师对照设计图纸，只对承包人完成永久工程的合格工程量进行计量。属于承包人超出设计图纸范围（包括超挖、涨线）的工程量不予计量；因承包人原因造成返工的工程量不予计量。

2）工程进度款支付

（1）工程进度款的计算。每期应支付给承包人的工程进度款的款项包括：① 经过确认核实的已完工程量对应的用工程量清单或报价单的相应价格计算出的工程款；② 设计变更应调整的合同价款；③ 本期应扣回的工程预付款；④ 根据合同中允许调整合同价款的规定，应补偿给承包人的款项和应扣减的款项；⑤ 经过工程师批准的承包人的索赔款；⑥ 其他应支付或扣回的款项等。

（2）工程进度款支付的规定。我国《 建设工程施工合同（示范文本 》和《工程价款结算办法》中对工程进度款支付做了如下详细规定。

① 工程款（进度款）在双方确认计量结果后 14 天内，发包人应按不低于工程价款的60%和不高于工程价款的 90%向承包人支付工程进度款。按约定时间发包方应扣回的预付款，与工程款（进度款）同期结算。

② 符合规定范围的合同价款的调整，工程变更调整的合同价款及其他条款中约定的追加合同价款，应与工程款（进度款）同期调整支付。

③ 发包方超过约定的支付时间不支付工程款（进度款），承包方可向发包方发出要求付款通知，发包方收到承包方通知后仍不能按要求付款，可与承包方协商签订延期付款协议，经承包方同意后可延期支付。协议须明确延期支付时间和从发包方计量结果确认后第 15 天起计算应付款的贷款利息（利率按同期银行贷款利率计）。

④ 发包方不按合同约定支付工程款（进度款），双方又未达成延期付款协议，导致施工无法进行，承包方可停止施工，由发包方承担违约责任。

**3. 工程保留金（保修金）的预留**

按照有关规定，工程项目总造价中应预留一定比例的保留金作为质量保修费用，待工程项目保修期结束后最后支付。工程保留金（保修金）的预留有以下两种方法。

1）进度款支付余额法

当工程进度款支付累计额达到工程造价的一定比例（通常为 95%～97%左右）时停止支付，预留造价部分作为保留金。《工程价款结算办法》规定："发包人根据确认的竣工结算报告向承包人支付工程竣工结算价款，保留 5%左右的质量保证（保修）金，待工程交付使用一年质保期到期后清算（合同另有约定的，从其约定），质保期内如有返修，发生费用应在质量保证（保修）金内扣除。"

2）进度款比例法

国家颁布的《招标文件范本》中规定，保留金的扣留，可以从发包人向承包人第一次支付的工程进度款开始，在每次承包人应得的工程款中扣留投标书附录中规定的金额作为保留金，直至保留金总额达到投标书附录中规定的限额为止。

**4. 工程竣工结算**

竣工结算是在工程竣工并经验收合格后，在原合同造价的基础上，将有增减变化的内容，按照施工合同约定的方法与规定，对原合同造价进行相应的调整，编制确定工程实际造价并作为最终结算工程价款的经济文件。

在实际工作中，当年开工、竣工的工程，只需办理一次性结算。跨年度的工程，在年终办理一次年终结算，将未完工程转到下一年度，此时竣工结算等于各年度结算的综合。

在调整合同造价中，应把施工中发生的设计变更、费用签证、费用索赔等使工程价款发生增减变化的内容加以调整。办理工程竣工结算的一般计算公式为

竣工结算工程价款＝预算(或概算)或合同价款＋施工过程中预算或合同价款
调整数额－预付及已结算工程价款－质量保证(保修)金

**例 10-13** 某建安工程施工，合同总价为 600 万元，其中有 68 万元的主材由业主直接供应，合同工期为 7 个月。

(1) 合同规定：① 业主应向承包人支付合同价 25%的预付工程款；② 预付工程款应从未施工工程尚需的主要材料及构配件价值相当于预付工程款时起扣，每月以抵充工程款的方式陆续扣回，主材费比重按 62.5%考虑；③ 业主每月从给承包人的工程进度款金额中按 2.5%的比例扣留工程保留金，通过竣工验收后结算给承包人；④ 由业主直接供应的主材款应在发生当月的工程款中扣回其费用；⑤ 每月付款证书签发的最低限额为 50 万元等。

(2) 第 1 个月主要是完成土方工程的施工，由于施工条件复杂，土方工程量发生了较大变化时（招标文件中规定的工程量为 2 800 $m^3$，承包人填报的综合单价为 80 元/$m^3$）单价应作出调整，实际工程量超过或少于估计工程量 15%以上时，单价乘以系数 0.9 或 1.05。

(3) 经工程师签证确认：① 承包人在第 1 个月完成的土方工程量为 3 300 $m^3$；② 其他各月实际完成的建安工作量及业主直接提供的主材价值如表 10-8 所示。

**表 10-8 建安工程量与业主供应的主材价值**

| 月 份 | 1 | 2 | 3 | 4 | 5 | 6 | 7 |
|---|---|---|---|---|---|---|---|
| 工程进度款 | | 90 | 110 | 100 | 100 | 80 | 70 |
| 业主供应主材价值/万元 | — | 18 | 20 | — | — | 30 | — |

**问题** (1) 第 1 个月土方工程实际工程进度款为多少万元？

(2) 该工程预付工程款是多少万元？预付工程款在第几个月份开始起扣？

(3) 1～7 月工程师应签证的工程款各是多少万元？应签发付款证书金额是什么？并指明该月是否签发付款证书。

(4) 竣工结算时，工程师应签发付款证书金额是多少万元？

**解** 问题 (1)

① 超过 15%以内的工程进度款：2 800×(1+15%)×80=320×80=25.76(万元)

② 超过 15%的剩余部分的工程进度款：(3 300−3 220)×80×0.9=0.58(万元)

③ 土方工程进度款：25.76+0.58=26.34(万元)

问题 (2)

① 预付工程款金额：600×25%=150(万元)

② 预付工程款起扣点：600−150/62.5%=360(万元)

③ 开始起扣工程的时间为第 5 个月，因为第 5 个月累计实际完成的工程量：

$$26.34+90+110+100+100=426.34>360$$

问题 (3)

① 1 月 应签证的工程款：26.34×(1−2.5%)=25.68(万元)

应签发付款证书金额：25.68 万元，但本月不签发付款证书。

② 2月　应签证的工程款：90×(1－2.5%)＝87.75(万元)

应签发付款证书金额：87.75－18＋25.68＝95.43，本月应签付证书。

③ 3月　应签证的工程款：110×(1－2.5%)＝107.25(万元)

应签发付款证书金额：107.25－20＝87.25(万元)，本月应签发付款证书。

④ 4月　应签证的工程款：100×(1－2.5%)＝97.5(万元)

应签发付款证书金额：97.5万元，本月应签发付款证书。

⑤ 5月　应签证的工程款：100×(1－2.5%)＝97.5(万元)

本月应扣预付款：(426.5－360)×62.5%＝41.56(万元)

应签发付款证书金额：97.6－41.56＝56.04(万元)，本月应签发付款证书。

⑥ 6月　应签证的工程款：80×(1－2.5%)＝78(万元)

本月应扣预付款：80×62.5%＝50(万元)

应签发付款证书金额：78－50－30＝－2(万元)，本月不签付款证书。

⑦ 7月　应签证的工程款：70×(1－2.5%)＝68.25(万元)

本月应扣预付款：150－41.56－50＝58.44(万元)

应签发付款证书金额：68.25－58.44－2＝7.81(万元)，本月不签发付款证书。

(4) 竣工结算时，工程师应签发付款证书金额：7.81＋(26.34＋550)×2.5%＝22.22(万元)。

## 10.6.4　FIDIC合同条件下工程价款的结算

**1. 工程价款结算的范围**

FIDIC合同条件所规定的工程支付的范围主要包括清单费用和清单以外费用两部分，如图10－11所示。

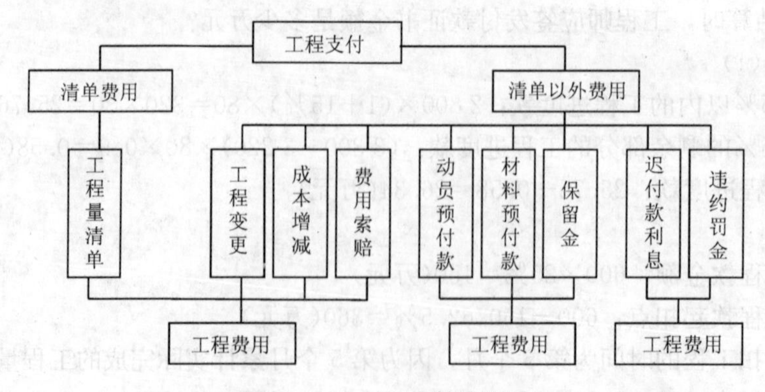


图10－11　工程支付的范围

清单费用即工程量清单中的费用，这部分费用是由承包人在投标时，根据合同条件的有关规定提出的报价，并经业主认可的费用。清单以外费用指虽然在工程量清单中没有规定，但是在合同条件中确有明文规定的费用，因此也是工程支付的内容。

**2. 工程价款结算的条件**

1）质量合格是工程结算的必要条件

结算以工程计量为基础，计量必须以质量合格为前提。所以并不是对承包人已完成的工程全部结算，而只结算其中质量合格的部分，对于工程质量不合格的部分一律不予支付。

2）符合合同条件

一切支付均需要符合合同的约定，如动员预付款的支付款额要符合标书附录中规定的数量，支付的条件应符合合同的规定，即承包人提供履约保函之后才予以支付动员预付款。

3）变更项目必须有工程师的变更通知

没有工程师的指示承包人不得作任何变更。如果承包人没有收到指示就进行变更，则无理由就此类变更的费用要求补偿。

4）支付金额必须大于期中支付证书规定的最小限额

合同条件约定，如果在扣除保留金和其他金额之后的净额少于投标书附录中规定的期中支付证书的最小限额时，工程师没有义务开具任何支付证书。不予支付的金额将按月结转，直到达到或超过最低限额时才予以支付。

5）承包人的工作使工程师满意

为了确定工程师在工程管理中的核心地位，并通过经济手段约束承包人履行合同中规定的各项责任义务，合同条件充分赋予了工程师有关支付方面的权力。对于承包人申请支付的项目，即使达到以上所述的支付条件，但承包人其他方面的工作未能使工程师满意，工程师可通过任何期中支付证书对他所签发过的任何原有的证书进行任何修正或更改，也有权在任何期中支付证书中删去或减少该工作的价值。

**3. 工程结算的项目**

1）工程量清单项目

工程量清单项目分为一般项目、暂列金额和计日工作3种。

(1) 一般项目的支付。一般项目是指工程量清单中除暂列金额和计日工作以外的全部项目。这类项目的支付是以经过工程师计量的工程数量为依据，乘以工程量清单中的单价，其单价一般是不变的。这类项目的支付占了工程费用的绝大部分，工程师应给予足够的重视。但这类支付的程序比较简单，一般通过签发期中支付证书支付进度款。

(2) 暂列金额。暂列金额是指包括在合同中，供工程任何部分的施工，或提供货物、材料、设备或服务，或提供不可预料事件对应费用的一项金额。这项金额按照工程师的指示可能全部或部分使用，或根本不予动用。没有工程师的指示，承包人不能进行暂列金额项目的任何工作；承包人按照工程师的指示完成的暂列金额项目的费用若能按工程量表中开列的费率和价格估价则按此估价，否则承包人应向工程师出示与暂列金额开支有关的所有报价单、发票、凭证、账单或收据。工程师根据上述资料，按照合同的约定，确定支付金额。

(3) 计日工作。计日工作是指承包人在工程量清单的附件中，按工程或设备填报单价的日工劳务费和机械台班费，一般用于工程量清单中没有合适项目且不能安排大批量的流水施工的零星附加工作。只有当工程师根据施工进展的实际情况，指示承包人实施以日工计价的工作时，承包人才有权获得用日工计价的付款。

使用计日工费用的计算一般采用下述方法：① 按合同中包括的计日工作计划表中所定项目和承包人在其投标书中所确定费率和价格计算；② 对于清单中没有定价的项目，应按实际发生的费用加上合同中规定的费率计算有关的费用，承包人应向工程师提供可能需要的证实所付款额的收据或其他凭证，并且在订购材料前向工程师提交订货报价单供他批准。

对这类按计日工作制实施的工程，承包人应在该工程持续进行过程中，每天向工程师提交从事该工作的承包人人员的姓名、职业和工时的确切清单，一式两份，以及表明所有该项工程所用的承包人设备和临时工程的标识、型号、使用时间和所用的生产设备和材料的数量和型号的报表，一式两份。

2) 工程量清单以外项目

(1) 动员预付款。当承包人按照合同约定提交一份保函后，业主应支付一笔预付款，作为用于动员的无息贷款。预付款总额、分期预付的次数和时间安排（如次数多于一次），以及使用的货币和比例应按投标书附录中的规定。

动员预付款的付款条件是：业主和承包商签订了合同协议书，承包商提交了履约押金或履约保函，承包商提交了动员预付款保函。动员预付款保函是不可撤销的无条件的银行保函，担保金额与预付款金额相等，并应在业主收回全部动员预付款之前一直有效。但上述银行担保的金额，应随动员预付款的逐次回收而减少。如果保函条款中规定了期满日期，而在期满日期前 28 天预付款未还清时，承包人应将保函有效期延至预付款还清为止。

预付款应通过付款证书中规定的按百分比扣减的方式付还，除非投标书附录中规定有其他百分比。扣减应从确认的期中付款（不包括预付款、扣减款和保留金的付还）累计额超过中标合同金额减去暂列金额后余额的 10%时的付款证书开始；扣减应按每次付款证书金额（不包括预付款、扣减额和保留金的付还）的 25%的摊还比率，并按预付款的货币和比例计算，直到预付款还清为止。

如果在颁发工程接收证书前，或按照由业主终止，或由承包人暂停和终止，或不可抗力的规定终止前，预付款尚未还清，则全部余额应立即成为承包人对业主的到期付款。

(2) 材料设备预付款。材料设备预付款是指运至工地尚未用于工程的材料设备预付款。对承包商买进并运至工地的材料、设备，业主应支付无息预付款，预付款按材料设备的某一比例（通常为材料发票价的 70%～80%，设备发票价的 50%～60%支付。在支付材料设备预付款时，承包商需提交材料、设备供应合同或订货合同的影印件，要注明所供应材料的性质和金额等主要情况；材料已运到工地并经工程师认可其质量和储存方式。

材料设备预付款按合同中规定的条款从承包商应得的工程款中分批扣除。扣除次数和各次扣除金额随工程性质不同而异，一般要求在合同规定的完工日期前至少 3 个月扣清，最好是材料设备一用完，该材料设备的预付款即扣还完毕。

(3) 保留金。保留金是为了确保在施工阶段或在缺陷责任期间，由于承包人未能履行合同义务，由业主（或工程师）指定他人完成应由承包人承担的工作所发生的费用。保留金的限额一般为合同总价的5%，从第一次付款证书开始，按投标函附录中标明的保留金百分率乘以当月末已实施的工程价值加上工程变更、法律改变和成本改变应增加的任何款额，直到累计扣留达到保留金的限额为止。

根据FIDIC施工合同条件（1999年第1版）第14.9条规定，当已颁发工程接收证书时，工程师应确认将保留金的前一半支付给承包商。如果对某单位工程颁发了接收证书，应确认并付给保留金前一半的相应百分比部分。在各缺陷通知期限的最末一个期满日期后，工程师应立即对付给承包人保留金未付的余额加以确认。如对某单位工程颁发了接收证书，应确认并支付保留金后一半的相关百分比部分。但如果在此时尚有任何工作要做，工程师应有权在这些工作完成前，暂不颁发这些工作估算费用的证书。在计算上述各百分比时，无需考虑法规改变和成本改变所进行的任何调整。

(4) 工程变更的费用。工程变更也是工程支付中的一个重要项目。工程变更费用的支付依据是工程变更令和工程师对变更项目所确定的变更费用，支付时间和支付方式也是列入期中支付证书予以支付。

(5) 索赔费用。索赔费用的支付依据是工程师批准的索赔审批书及其计算而得的款额，支付时间则随工程月进度款一并支付。

(6) 价格调整费用。价格调整费用是按照FIDIC合同条件第70条规定的计算方法计算调整的款额。包括施工过程中出现的劳务和材料费用的变更、后继的法规及其他政策的变化导致的费用变更等。

(7) 迟付款利息。如果承包人没有在按照合同规定的时间收到付款，承包人应有权就未付款额按月计算复利，收取延误期的融资费用。该延误期应认为从按照合同规定的支付日期算起，而不考虑颁发任何期中付款证书的日期。除非专用条件中另有规定，上述融资费用应以高出支付货币所在国中央银行的贴现率加3个百分点的年利率进行计算，并应用同种货币支付。

(8) 违约罚金。对承包商的违约罚金主要包括拖延工期的误期赔偿和未履行合同义务的罚金。这类费用可从承包商的保留金中扣除，也可从支付给承包商的款项中扣除。

**4. 工程价款结算的程序**

1) 承包人提出付款申请

承包人提出付款申请，填报一系列工程师指定格式的月报表，用以说明承包人认为这个月他应得的有关款项。

2) 工程师审核，编制期中付款证书

工程师在28天内对承包人提交的付款申请进行全面审核，修正或删除不合理的部分，计算付款净金额。计算付款净金额时，应扣除该月应扣除的保留金、动员预付款、材料设备预付款、违约金等。若净金额小于合同规定的期中支付的最小限额时，则工程师不须开具任何付款证书。

3）业主支付

业主收到工程师签发的付款证书后，按合同规定的时间支付给承包人。

**5. 工程支付的报表与证书**

1）月报表

月报表是指对每月完成工程量的核算、结算和支付的报表。承包人应在每个月末后，按工程师批准的格式向工程师递交月报表（一式六份），详细说明承包人自己认为有权得到的款额，以及包括按照进度报告的规定编制的相关进度报告在内的证明文件。

工程师应在收到月报表28天内向业主递交一份期中付款证书，并附详细说明。但是在颁发工程接收证书前，工程师无需签发金额（扣减保留金和其他应扣款项后）低于投标书附录中期中付款证书的最低额（如果出现此种情况）的期中付款证书。在此情况下，工程师应通知承包人。工程师可在任一次付款证书中，对以前任何付款证书作出应有的任何改正或修改。付款证书不应被视为工程师接收、批准、同意或满意的表示。

2）竣工报表

承包人在收到工程的接收证书后84天内，应向工程师送交竣工报表（一式六份），该报表应附有按工程师批准的格式所编写的证明文件，并应详细说明以下几点：① 截止到工程接收证书载明的日期，按合同要求完成的所有工作的价值；② 承包人认为应支付的任何其他款项，如所要求的所有工作的价值；③ 承包人认为根据合同规定应付给他的任何其他款项的估计款额，估计款额在竣工报表中应单独列出。

工程师应根据对竣工工程量的核算，对承包人其他支付要求的审核，确定应支付而尚未支付的金额，上报业主批准支付。

3）最终报表和结清单

承包人在收到履约证书后56天内，应向工程师提交按照工程师批准的格式编制的最终报表草案并附证明文件，一式六份，详细列出：① 根据合同应完成所有工作的价值；② 承包人认为根据合同或其他规定应支付给他的任何其他款额。

如承包人和工程师之间达成一致意见后，则承包人可向工程师提交正式的最终报表，承包人同时向业主提交一份书面结清单，进一步证实最终报表中按照合同应支付给承包人的总金额。如承包人和工程师未能达成一致，则工程师可对最终报表草案中没有争议的部分向业主签发期中支付证书，争议留待裁决委员裁决。

4）最终付款证书

工程师在收到正式最终报表及结清单之后28天内，应向业主递交一份最终付款证书，说明：① 工程师认为按照合同最终应支付给承包人的款额；② 业主以前所有应支付和应得到款额的收支差额。

如果承包人未申请最终付款证书，工程师应要求承包人提出申请。如果承包人未能在

28 天期限内提出此类申请，工程师应按其公正决定的应支付的此类款额颁发最终付款证书。

在最终付款证书送交业主 56 天内，业主应向承包人进行支付，否则应按投标书附录中的规定支付利息。如果 56 天期满之后再超过 28 天不支付，就构成业主违规。承包人递交最终付款证书后，就不能再要求任何索赔了。

5）履约证书

履约证书应由工程师在整个工程的最后一个区段缺陷通知期限期满之后 28 天内颁发，这说明承包人已尽其义务完成施工和竣工并修补了其中的缺陷，达到了使工程师满意的程度。至此，承包人与合同有关的实际业务业已完成，但如果业主或承包人任何一方有未履行的合同义务时，合同仍然有效。履约证书发出后 14 天内业主应将履约保证金退还给承包人。

### 10.6.5　工程价款的动态结算

工程价款的动态结算就是要把各种动态因素渗透到结算过程中，使结算大体能反映实际的消耗费用。下面介绍几种常用的动态结算办法。

**1. 按实际价格结算法**

由于建筑材料需市场采购的范围越来越大，有些地区规定对钢材、木材、水泥三大材料的价格采取按实际价格结算的办法。工程承包人可凭发票按实报销，这种方法方便易操作。但由于是实报实销，因而承包人对降低成本不感兴趣，为了避免副作用，造价管理部门要定期公布最高结算限价，同时合同文件中应规定建设单位或工程师有权要求承包人选择更廉价的供应来源。

**2. 按主材计算价差法**

发包人在招标文件中列出需要调整价差的主要材料表及其基础价格（一般采用当时当地工程价格管理机构公布的信息价或结算价），工程竣工结算时按竣工当时当地工程价格管理机构公布的材料信息价或结算价，与招标文件中列出的基期价比较计算材料差价。

**3. 主要材料按抽料计算价差法**

主要材料按施工图预算计算的用量和竣工当月当地工程价格管理机构公布的材料结算价或信息价与基价对比计算差价。其他材料按当地工程价格管理机构公布的竣工调价系数计算方法计算差价。其他材料按系数计算价差。

**4. 调值公式法**

根据国际惯例，对建设工程已完成投资费用的结算，一般采用此法。事实上，绝大多数情况是发包人和承包人在签订的合同中就明确规定了调值公式。

1）建筑安装工程费用的价格调值公式

建筑安装工程费用的价格调值公式包括固定部分、材料部分和人工部分 3 项。但因建筑安装工程的规模和复杂性增大，公式也变得更长更复杂。典型的材料成本要素有钢筋、水

泥、木材、钢构件、沥青制品等，同样人工可包括普通工和技术工。调值公式一般为

$$P=P_0\cdot\left(a_0+\sum_{i=1}^{n}a_i\cdot\frac{A_i}{A_i^0}\right)$$

式中：$P$——调值后合同价款或工程实际结算款；

$P_0$——合同价款中工程预算进度款；

$a_0$——固定要素，代表合同支付中不能调整的部分；

$a_i$——代表第 $i$ 种成本要素（如人工费用、钢材费用、水泥费用、运输费用等）在合同总价中所占的比重，$a_0+\sum_{i=1}^{n}a_i=1$；

$A_i$，$A_i^0$——分别代表第 $i$ 种成本要素的基期价格指数（或价格）和现行价格指数（或价格）。

各部分成本的比重系数在许多标书中要求承包人在投标时即提出，并在价格分析中予以论证；但也有的是由发包人在标书中即规定一个允许范围，由投标人在此范围内选定。因此，工程师在编制招标文件时，尽可能要确定合同价中固定部分和不同投入因素的比重系数和范围，招标时以给投标人留下选择的余地。

2）利用调值公式进行价格调整的工作程序

（1）确定计算物价指数的品种。一般地说，品种不宜太多，只确定那些对项目投资影响较大的因素，如设备、水泥、钢材、木材和工资等，这样便于计算。

（2）确定调整的前提和考核的时点与地点。在合同价格条款中，应写明经双方商定的调整因素的价格波动到何种程度才进行调整。一般都在±10%左右。其次，要明确考核的地点和时点：地点一般为工程所在地，或指定的某地；时点指的是某月某日的市场价格，它包括两个时点价格，即基准日期的市场价格（基础价格）和与特定付款证书约定支付前的一定时间的时点价格。

3）确定各成本要素的比重系数

各成本要素（含固定要素）的比重系数要根据各成本要素对总造价的影响程序而定。各成本要素系数之和应该等于 1。

**例 10-14** 某工程合同总价为 100 万美元。其组成为：土方工程费 10 万美元，占 10%，砌体工程费 40 万美元，占 40%；钢筋混凝土工程费 50 万美元，占 50%。这 3 个组成部分的人工费和材料费占工程价款的 85%。人工材料费中各项费用比例如下：① 土方工程：人工费 50%，机具折旧费 26%，柴油 24%；② 砌体工程：人工费 53%，钢材 5%，水泥 20%，骨料 5%，空心砖 12%，柴油 5%；③ 钢筋混凝土工程：人工费用 53%，钢材 22%，水泥 10%，骨料 7%，木材 4%，柴油 4%。

假定该合同的基准日期为 2001 年 1 月 4 日，2001 年 9 月完成的工程价款占合同总价的 10%，有关月报的工资、材料物价指数如表 10-9 所示。

表 10-9　工资、物价指数表

| 序　号 | 费用名称 | 2001 年 1 月指数 | 2001 年 8 月指数 |
|---|---|---|---|
| 1 | 人工费 | 100.0 | 116.0 |
| 2 | 钢　材 | 153.4 | 187.6 |
| 3 | 水　泥 | 154.8 | 175.0 |
| 4 | 骨　料 | 132.6 | 169.3 |
| 5 | 柴　油 | 178.3 | 192.8 |
| 6 | 机具折旧 | 154.4 | 162.5 |
| 7 | 空心砖 | 160.1 | 162.0 |
| 8 | 木　材 | 142.7 | 159.5 |

试确定该工程 9 月份的结算工程款。

**解**　该工程其他费用，即不调值的费用占工程价款的 15%，计算出各项参加调值的费用占工程价款比例。

人工费：$(50\%\times10\%+53\%\times40\%+53\%\times50\%)\times85\%\approx45\%$

钢材：$(5\%\times40\%+22\%\times50\%)\times85\%\approx11\%$

水泥：$(20\%\times40\%+10\%\times50\%)\times85\%\approx11\%$

骨料：$(5\%\times40\%+7\%\times50\%)\times85\%\approx5\%$

柴油：$(24\%\times10\%+5\%\times40\%+4\%\times50\%)\times85\%\approx5\%$

机具折旧：$26\%\times10\%\times85\%\approx2\%$

空心砖：$12\%\times40\%\times85\%\approx4\%$

木材：$4\%\times50\%\times85\%\approx2\%$

则 2001 年 9 月的工程结算款为

$$P=100\times10\%\times\left(0.15+0.45\times\frac{116}{100}+0.11\times\frac{187.6}{153.4}+0.11\times\frac{175.0}{154.8}+0.05\times\frac{169.3}{132.6}+\right.$$

$$\left.0.05\times\frac{192.8}{178.3}+0.02\times\frac{162.5}{154.4}+0.04\times\frac{162.0}{160.1}+0.02\times\frac{159.5}{142.7}\right)=11.33(\text{万美元})$$

## 10.7　投资偏差分析

### 10.7.1　投资偏差的概念

#### 1. 投资偏差的含义

投资偏差，是指投资的实际值与计划值的差异，即

投资偏差=已完工程实际投资-已完工程计划投资

其中

已完工程实际投资$=\sum$[已完工程量(实际工程量)×实际单价]

已完工程计划投资$=\sum$[已完工程量(实际工程量)×计划单价]

投资偏差为正，表示投资超支；投资偏差为负，表示投资节约。

但是，进度偏差对投资偏差分析的结果有重要影响。为此，投资偏差分析必须引入进度偏差的概念。

进度偏差 1=已完工程实际时间-已完工程计划时间

进度偏差 2=拟完工程计划投资-已完工程计划投资

其中，拟完工程计划投资是指根据进度计划安排在某一确定时间内所应完成的工程内容的计划投资，即

拟完工程计划投资$=\sum$[拟完工程量(计划工程量)×计划单价]

进度偏差为正，表示工期拖延；进度偏差为负，表示工期提前。

**2. 投资偏差参数**

1) *局部偏差和累计偏差*

局部偏差有两层含义：一是对于整个项目而言，指各单项工程、单位工程及分部分项工程的投资偏差；另一含义是对于整个项目已经实施的时间而言，是指每一控制周期所发生的投资偏差。累计偏差是一个动态的概念，其数值总是与具体时间联系在一起，第一个累计偏差在数值上等于局部偏差，最终的累计偏差就是整个项目的投资偏差。

局部偏差的引入，使项目投资管理人员清楚地了解偏差发生的时间、所在的单项工程，这有利于分析其发生的原因；而累计偏差所涉及的工程内容较多、范围较大，且原因也较复杂，因而累计偏差分析必须以局部偏差分析为基础。从另一方面来看，因为累计偏差分析是建立在对局部偏差进行综合分析的基础上，所以其结果更能显示出代表性和规律性，对投资控制工作在较大范围内具有指导作用。

2) *绝对偏差和相对偏差*

绝对偏差是指投资实际值与计划值比较所得到的差额，绝对偏差的结果很直观，有助于投资管理人员了解项目投资出现偏差的绝对数额，并依此采取一定措施，制定或调整投资支付计划和资金筹措计划。但是，绝对偏差有其不容忽视的局限性。如同样是 1 万元的投资偏差，对于总投资 1 000 万元的项目和总投资 10 万元的项目而言，其严重性显然是不同的。因此又引入相对偏差这一参数。

$$相对偏差=\frac{绝对偏差}{投资计划}=\frac{投资实际值-投资计划值}{投资计划值}$$

与绝对偏差一样，相对偏差可正可负，且两者同正负。正值表示投资超支，反之表示投

资节约。两者都只涉及投资的计划值和实际值，既不受项目层次的限制，也不受项目实施时间的限制，因而在各种投资比较中均可采用。

3）偏差程度

偏差程度是指投资实际值对计划值的偏离程度，其表达式为

$$投资偏差程度=\frac{投资实际值}{投资计划值}$$

偏差程度可参照局部偏差和累计偏差分为局部偏差程度和累计偏差程度。注意累计偏差程度并不等于局部偏差程度的简单相加。以月为一控制周期，则两者计算公式为

$$投资局部偏差程度=\frac{当月投资实际值}{当月投资计划值}$$

$$投资累计偏差程度=\frac{累计投资实际值}{累计投资计划值}$$

将偏差程度与进度结合起来，引入进度偏差程度的概念，其表达式为

$$进度偏差程度=\frac{拟完工程计划时间}{已完工程计划时间}$$

或

$$进度偏差程度=\frac{拟完工程计划投资}{已完工程计划投资}$$

上述各组偏差和偏差程度变量都是投资比较的基本内容和主要参数。投资比较的程度越深，为下一步偏差分析提供的支持就越有力。

## 10.7.2　投资偏差的分析方法

偏差分析可采用不同的方法，常用的有横道图法、表格法和曲线法。

**1. 横道图法**

用横道图法进行投资偏差分析，是用不同的横道标识已完工程计划投资、拟完工程计划投资和已完工程实际投资，横道的长度与其金额成正比例，见图 10 - 12。

横道图法具有形象、直观、一目了然等优点，它能够准确表达出投资的绝对偏差，而且能一眼感受到偏差的严重性。但是这种方法反映的信息量少，一般在项目的较高管理层应用。

**2. 曲线法**

曲线法是用投资累计曲线（S 形曲线）来进行投资偏差分析的一种方法，见图 10 - 13，其中 $a$ 表示实际投资曲线，$p$ 表示计划投资曲线，两条曲线之间的竖向距离表示投资偏差。

| 项目编码 | 项目名称 | 投资参数数额/万元 | 投资偏差/万元 | 进度偏差/万元 | 偏差原因 |
| --- | --- | --- | --- | --- | --- |
| 041 | 木门窗安装 | 30<br>30<br>30 | 0 | 0 | — |
| 042 | 铝合金门窗安装 | 40<br>30<br>50 | 10 | −10 | |
| 043 | 钢门窗安装 | 40<br>40<br>50 | 10 | 0 | |
| | … | | | | |
| 合　　计 | | 10　20　30　40　50　60<br>110<br>100<br>130<br>100　200　300　400　500　600 | 20 | −10 | |

已完工程计划投资　　拟完工程计划投资　　已完工程实际投资

图 10-12　横道图法的投资偏差分析

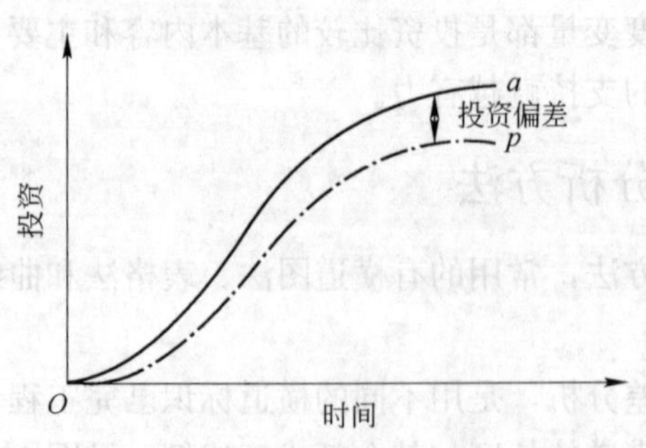


图 10-13　投资计划值与实际值曲线

在用曲线法进行投资偏差分析时，首先要确定投资计划值曲线。投资计划值曲线是与确定的进度计划联系在一起的。同时，也要考虑实际进度的影响，应当引入 3 条投资参数曲线，即已完工程实际投资曲线 $a$，已完工程计划投资曲线 $b$ 和拟完工程计划投资曲线 $p$，如图 10-14。图中曲线 $a$ 和曲线 $b$ 的竖向距离表示投资偏差，曲线 $b$ 和曲线 $p$ 的水平距离表示进度偏差。

图 10-14 反映的偏差为累计偏差。用曲线法进行偏差分析同样具有形象、直观的特点，但这种方法很难用于定量分析，只能对定量分析起到一定的指导作用。

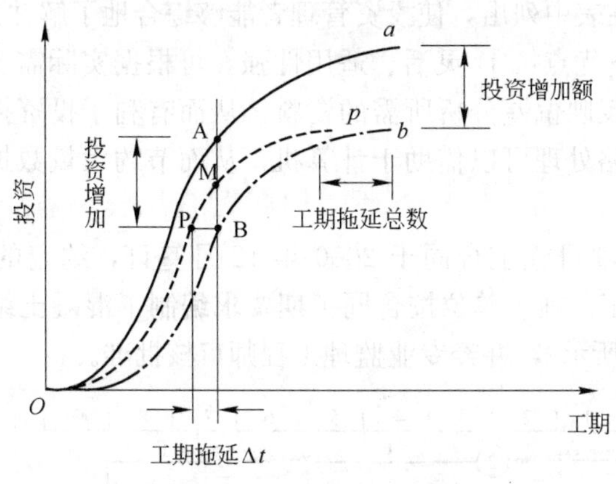


图 10-14　3 条投资参数曲线

### 3. 表格法

表格法是进行偏差分析最常用的一种方法。它将项目编号、名称、各投资参数及投资偏差数等综合归纳入一张表格中，并且直接在表格中进行比较。表 10-10 是用表格法进行投资偏差分析的例子。

表 10-10　投资偏差分析表

| 项目编码 | (1) | 051 | 052 | 053 |
|---|---|---|---|---|
| 项目名称 | (2) | 木门窗安装 | 钢门窗安装 | 铝合金门窗安装 |
| 单　位 | (3) | | | |
| 计划单价 | (4) | | | |
| 拟完工程量 | (5) | | | |
| 拟完工程计划投资 | (6)=(4)×(5) | 30 | 30 | 40 |
| 已完工程量 | (7) | | | |
| 已完工程计划投资 | (8)=(4)×(7) | 30 | 40 | 40 |
| 实际单价 | (9) | | | |
| 其他款项 | (10) | | | |
| 已完工程实际投资 | (11)=(7)×(9)+(10) | 30 | 50 | 50 |
| 投资局部偏差 | (12)=(11)-(8) | 0 | 10 | 10 |
| 投资局部偏差程度 | (13)=(11)÷(8) | 1 | 1.25 | 1.25 |
| 投资累计偏差 | (14) = ∑(12) | | | |
| 投资累计偏差程度 | (15) = ∑(11) ÷ ∑(8) | | | |
| 进度局部偏差 | (16)=(6)-(8) | 0 | -10 | 0 |
| 进度局部偏差程度 | (17)=(6)÷(8) | 1 | 0.75 | 1 |
| 进度累计偏差 | (18) = ∑(16) | | | |
| 进度累计偏差程度 | (19) = ∑(6) ÷ ∑(8) | | | |

由于各偏差参数都在表中列出，使投资管理者能够综合地了解并处理这些数据。用表格法进行偏差分析具有如下优点：① 灵活、适用性强，可根据实际需要设计表格，进行增减项；② 信息量大，可以反映偏差分析所需的资料，从而有利于投资控制人员及时采取针对措施，加强控制；③ 表格处理可以借助于计算机，从而节约大量数据处理所需的人力，并大大提高速度。

**例 10－15** 某工程项目施工合同于 2000 年 12 月签订，约定的合同工期为 20 个月，2001 年 1 月开始正式施工。施工单位按合同工期要求编制了混凝土结构工程施工进度时标网络计划（如图 10－15 所示），并经专业监理工程师审核批准。

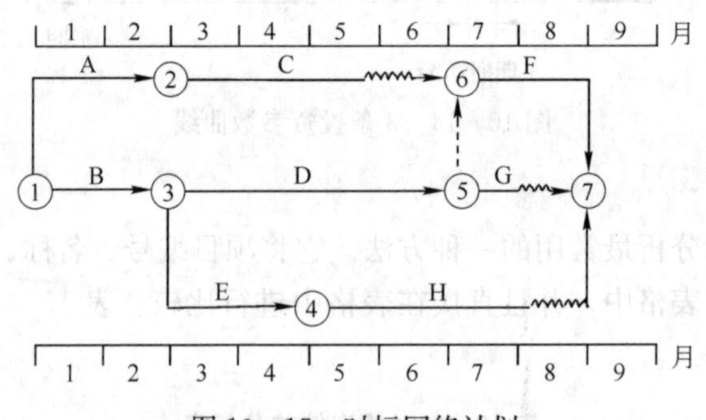


图 10－15 时标网络计划

该项目的各项工作均按最早开始时间安排，且各工作每月所完成的工程量相等。各工作的计划工程量和实际工程量如表 10－11 所示。工作 D、E、F 的实际工作持续时间与计划工作持续时间相同。

**表 10－11 工程计划工程量和实际工程量表**

| 工 作 | A | B | C | D | E | F | G | H |
|---|---|---|---|---|---|---|---|---|
| 计划工程量/$m^3$ | 8 600 | 9 000 | 5 400 | 10 000 | 5 200 | 6 200 | 1 000 | 3 600 |
| 实际工程量/$m^3$ | 8 600 | 9 000 | 5 400 | 9 200 | 5 000 | 5 800 | 1 000 | 5 000 |

合同约定，混凝土结构工程综合单价为 1 000 元/$m^3$，按月结算。结算价按项目所在地混凝土结构工程价格指数进行调整，项目实施期间各月的混凝土结构工程价格指数如表 10－12 所示。

**表 10－12 工程价格指数表**

| 时 间 | 2000 12 月 | 2001 1 月 | 2001 2 月 | 2001 3 月 | 2001 4 月 | 2001 5 月 | 2001 6 月 | 2001 7 月 | 2001 8 月 | 2001 9 月 |
|---|---|---|---|---|---|---|---|---|---|---|
| 混凝土结构工程价格指数/（%） | 100 | 115 | 105 | 110 | 115 | 110 | 110 | 120 | 110 | 110 |

施工期间，由于建设单位原因使工作 H 的开始时间比计划开始时间推迟 1 个月，并由于工作 H 工程量的增加使该工作持续时间延长了 1 个月。

**问题**　(1) 请按施工进度计划编制资金使用计划（即计算每月和累计拟完工程计划投资），并简要写出其步骤。计算结果填入表 10－13 中。

(2) 计算工作 H 各月的已完工程计划投资和已完工程实际投资。

(3) 计算混凝土结构工程已完工程计划投资和已完工程实际投资，计算结果填入表 10－13 中。

(4) 列式计算 8 月末的投资偏差和进度偏差（用投资额表示）。

**表 10－13　计算结果表**　万元

| 项　目 | 投资数据 | | | | | | | | |
|---|---|---|---|---|---|---|---|---|---|
| | 1 | 2 | 3 | 4 | 5 | 6 | 7 | 8 | 9 |
| 每月拟完工程计划投资 | | | | | | | | | |
| 累计拟完工程计划投资 | | | | | | | | | |
| 每月已完工程计划投资 | | | | | | | | | |
| 累计已完工程计划投资 | | | | | | | | | |
| 每月已完工程实际投资 | | | | | | | | | |
| 累计已完工程实际投资 | | | | | | | | | |

**解**　(1) 将各工作计划工程量与单价相乘后，除以该工作持续时间，得到各工作每月拟完工程计划投资额；再将时标网络计划中各工作分别按月纵向汇总得到每月拟完工程计划投资额；然后逐月累加得到各月累计拟完工程计划投资额（注：也可以用算式表达上述计算步骤）。

(2) H 工作 6～9 月份每月完成工程量为　$5\,000 \div 4 = 1\,250(m^3/月)$

① H 工作 6～9 月已完工程计划投资均为　$1\,250 \times 1\,000 = 125$(万元)

② H 工作已完工程实际投资：

6 月份　125×110％＝137.5(万元)

7 月份　125×120％＝150.0(万元)

8 月份　125×110％＝137.5(万元)

9 月份　125×110％＝137.5(万元)

(3) 计算结果见表 10－14。

**表 10－14　计算结果表**　万元

| 项　目 | 投资数据 | | | | | | | | |
|---|---|---|---|---|---|---|---|---|---|
| | 1 | 2 | 3 | 4 | 5 | 6 | 7 | 8 | 9 |
| 每月拟完工程计划投资 | 880 | 880 | 690 | 690 | 550 | 370 | 530 | 310 | / |
| 累计拟完工程计划投资 | 880 | 1 760 | 2 450 | 3 140 | 3 690 | 4 060 | 4 590 | 4 900 | / |
| 每月已完工程计划投资 | 880 | 880 | 660 | 660 | 410 | 355 | 515 | 415 | 125 |
| 累计已完工程计划投资 | 880 | 1 760 | 2 420 | 3 080 | 3 490 | 3 845 | 4 360 | 4 775 | 4 900 |
| 每月已完工程实际投资 | 1 012 | 924 | 726 | 759 | 451 | 390.5 | 618 | 456.5 | 137.5 |
| 累计已完工程实际投资 | 1 012 | 1 936 | 2 662 | 3 421 | 3 872 | 4 262.5 | 4 880.5 | 5 337 | 5 474.5 |

(4) 投资偏差=已完工程实际投资-已完工程计划投资

=5 337-4 775=562(万元)

可见，超支562万元。

进度偏差=拟完工程计划投资-已完工程计划投资

=4 900-4 775=125(万元)

可见，拖后125万元。

## 10.7.3 偏差原因分析

偏差分析的一个重要目的就是要找出引起偏差的原因，从而有可能采取有针对性的措施，减少或避免相同原因的再次发生。在进行偏差原因分析时，首先应当将已经导致和可能导致偏差的各种原因逐一列举出来。导致不同工程项目产生投资偏差的原因具有一定共性，因而可以通过对已建设项目的投资偏差原因进行归纳、总结，为该项目采用预防措施提供依据。

一般来说，产生投资偏差的原因有以下几种，见表10-15。

**表10-15 投资偏差原因**

| 序号 | 原 因 | 子原因 | 序号 | 原 因 | 子原因 | 序号 | 原 因 | 子原因 |
|---|---|---|---|---|---|---|---|---|
| 1 | 物价上涨 | • 人工涨价<br>• 材料涨价<br>• 设备涨价<br>• 利率、汇率变化 | 3 | 业主原因 | • 增加内容<br>• 投资规划不当<br>• 组织不落实<br>• 建设手续不全<br>• 协调不佳<br>• 未及时提供场地<br>• 其他 | 5 | 客观原因 | • 自然因素<br>• 基础处理<br>• 社会原因<br>• 法规变化<br>• 其他 |
| 2 | 设计原因 | • 设计错误<br>• 设计漏项<br>• 设计标准变化<br>• 设计保守<br>• 图纸提供不及时<br>• 其他 | 4 | 施工原因 | • 施工方案不当<br>• 材料代用<br>• 施工质量有问题<br>• 赶进度<br>• 工期拖延<br>• 其他 | | | |

## 10.7.4 纠偏

对偏差原因进行分析的目的为了有针对性地采取纠偏措施，从而实现投资的动态控制和主动控制。

纠偏首先确定纠偏的主要对象（如偏差原因），有些是无法避免和控制的，如客观原因，充其量只能对其中少数原因做到防患于未然，力求减少该原因所产生的经济损失。对于施工原因所导致的经济损失通常是由承包商自己承担的，从投资控制的角度只能加强合同的管理，避免被承包商索赔。所以，这些偏差原因都不是纠偏的主要对象。纠偏的主要对象是业主原因和设计原因造成的投资偏差。

在确定了纠偏的主要对象之后，就需要采取有针对性的纠偏措施。纠偏可采用组织措施、经济措施、技术措施和合同措施等。

**1. 组织措施**

组织措施，是指从投资控制的组织管理方面采取的措施，包括：① 落实投资控制的组织机构和人员；② 明确各级投资控制人员的任务、职能分工、权利和责任；③ 改善投资控制工作流程等。

组织措施往往被人忽视，其实它是其他措施的前提和保障，而且一般无需增加什么费用，运用得当可以收到良好的效果。

**2. 经济措施**

经济措施主要指审核工程量和签发支付证书，最易为人们接受。但是，在应用中不能把经济措施简单地理解为就是审核工程量和签发支付证书，应从全局出发来考虑问题，如检查投资目标分解是否合理，资金使用计划有无保障，会不会与施工进度计划发生冲突，工程变更有无必要，是否超标等，解决这些问题往往是标本兼治，事半功倍的。另外，通过偏差分析和未完工程的预测还可以发现潜在的问题，及时采取预防措施，从而取得造价控制的主动权。

**3. 技术措施**

技术措施主要指对工程方案进行技术经济比较。从造价控制的要求来看，技术措施并不都是因为有了技术问题才加以考虑的，也可以因为出现了较大的投资偏差而加以运用。不同的技术措施往往会有不同的经济效果，因此运用技术措施纠偏时，要对不同的技术方案进行技术经济分析后加以选择。

**4. 合同措施**

合同措施，在纠偏方面主要指索赔管理。在施工过程中，索赔事件的发生是难免的，工程师在发生索赔事件后，要认真审查有关索赔依据是否符合合同规定，索赔计算是否合理等，从主动控制的角度出发，加强日常的合同管理，落实合同规定的责任。

## 本章小结

施工阶段工程造价控制的主要任务是通过工程付款控制、工程变更费用控制、预防并处理好费用索赔、挖掘节约工程造价潜力来实现实际发生的费用不超过计划投资。

根据造价控制目标和要求的不同，资金使用计划可按子项目或者按时间进度进行编制。

工程变更包括设计变更、进度计划变更、施工条件变更及原招标文件和工程量清单中未包括的“新增工程”。按照我国现行规定，无论任何一方提出工程变更，均需由工程师确认并签发工程变更指令。发包人提出的工程变更、承包人提出的工程变更及由施工条件引起的工程变更应采取不同的处理程序。《建设工程价款结算暂行办法》（财建（2004）369 号）和我国《建设工程施工合同（示范文本）》都约定了工程变更价款的确定方法和程序。FIDIC

合同条件对工程变更的内容、程序和工程价款的确定也给予了相应规定。

索赔有许多种分类方法，可以按索赔的目的、合同的类型、索赔的起因、干扰事件的性质、索赔的处理方式和索赔的依据等进行分类。引致索赔发生的干扰事件包括业主（或工程师）违约、合同错误、合同变更、工程环境的变化和不可抗力因素。索赔的工作可以分为索赔的内部处理阶段和索赔的解决阶段。索赔费用的组成包括：人工费、机械使用费、材料费、分包费用、工地（现场）管理费、利息、总部（公司）管理费和利润。费用索赔的计算方法包括总费用法和分项法。

按工程结算的时间和对象，工程价款结算的方式可分为按月结算、阶段结算、年终结算和竣工后一次结算等。工程价款结算的方式、内容和一般程序应符合《工程价款结算办法》及《建设工程施工合同（示范文本）》的相关规定。我国的工程结算包括工程预付款（预付备料款）的支付与扣回、工程进度款的结算、工程保留金（保修金）的预留和工程竣工结算。FIDIC合同条件下工程价款的结算范围主要包括清单费用和清单以外费用两部分。工程量清单项目分为一般项目、暂列金额和计日工作3种。工程量清单以外项目包括动员预付款、材料设备预付款、保留金、工程变更的费用、索赔费用、价格调整费用、迟付款利息和违约罚金。工程价款的动态结算就是要把各种动态因素渗透到结算过程中。常用的动态结算办法包括按实际价格结算法、按主材计算价差法、主料按抽料计算价差法和调值公式法。

投资偏差，是指投资的实际值与计划值的差异，投资偏差为已完工程实际投资减去已完工程计划投资，投资偏差结果为正，表示投资超支；结果为负，表示投资节约。进度偏差为拟完工程计划投资减去已完工程计划投资，进度偏差为正，表示工期拖延；结果为负，表示工期提前。投资偏差分析可采用横道图法、表格法和曲线法。

## 复习思考题

1. 简述施工阶段工程造价管理的工作内容。
2. 简述施工阶段工程造价管理的工作程序。
3. 资金使用计划的编制对工程造价有何影响？
4. 简述施工组织设计对工程造价的影响及施工组织设计优化的途径。
5. 简述我国现行工程变更的确认及处理程序。
6. 简述我国现行工程变更价款的确定方法。
7. 简述FIDIC合同条件下工程变更与变更价款的确定方法。
8. 简述工程索赔的目的和分类。
9. 施工中的干扰事件和索赔理由有哪些？
10. 简述工程索赔的程序。
11. 简述费用索赔的原则。
12. 索赔费用的组成内容有哪些？
13. 对比分析费用索赔的计算方法。

14. 简述工程价款结算的作用和分类。
15. 简述我国工程价款结算的依据。
16. 简述我国工程价款结算的内容程序和有关规定。
17. 简述我国工程价款的结算中工程预付款（预付备料款）的支付与扣回方法。
18. 简述我国工程价款的结算中工程进度款的结算方法。
19. 简述我国工程价款的结算中工程保留金的预留方法。
20. 简述我国工程价款的结算中工程竣工结算的方法。
21. 简述 FIDIC 合同条件下工程价款的范围和条件。
22. FIDIC 合同条件下工程结算的项目有哪些?
23. 简述 FIDIC 合同条件下工程价款结算的程序。
24. 工程价款的动态结算的方法有哪些?
25. 简述投资偏差的概念。
26. 投资偏差的分析方法有哪些? 各自的特点有哪些?

## 案例分析

**案例 10-1** 某施工单位承包某内资项目，甲、乙双方签定的关于工程价款的合同内容有：

(1) 建筑安装工程造价 660 万元，建筑材料及设备费占施工产值的比重为 60%；

(2) 预付工程款为建筑安装工程造价的 20%，工程实施后，预付工程款从未施工工程尚需的主要材料及构件的价值相当于预付工程款数额时起扣；

(3) 工程进度款逐月计算；

(4) 工程保修金为建筑安装工程造价的 3%，竣工结算月一次扣留；

(5) 材料价差调整按规定进行，按有关规定上半年材料价差上调 10%，在 6 月份一次调增。

(6) 工程各月实际完成产值如表 10-16 所示。

**表 10-16 各月实际完成产值表**

| 月 份 | 2 | 3 | 4 | 5 | 6 |
|---|---|---|---|---|---|
| 完成产值/万元 | 55 | 110 | 165 | 220 | 110 |

**问题** (1) 该工程预付工程款起扣点是多少?

(2) 该工程 2 月至 5 月每月拨付工程款为多少? 累计工程款为多少?

(3) 6 月份办理工程竣工结算，该工程结算造价为多少? 甲方应付工程款为多少?

(4) 该工程在保修期间发生屋面漏水，甲方多次催促乙方修理，乙方一再拖延，最后甲方另请其他单位修理，修理费 1.5 万元，问该项费用如何处理。

**案例 10-2** 某建设工程为外资贷款项目，按 FIDIC 合同实施施工，规定钢材、木材、水泥有业主供货到现场仓库，其他材料由承包商自行采购。当工程施工至第五层框架柱钢筋绑扎时，因业主提供的钢筋未到，使工作延迟14天，该工作总时差为零。10月7日至10月9日停电，停水使第三层砌砖停工（总时差4天）10月14至10月17因砂浆搅拌机发生故障使第一层抹灰迟开工（该项总时差4天），为此，承包商10月20日提交一份索赔意向书，10月25日提交的索赔计算书，具体内容如下所述。

1. 工期

框架柱扎筋：14天

砌砖：3天

抹灰：4天　共计21天

2. 费用

(1) 窝工机械费：

一台塔吊：14×234＝3 276(元)

一台混凝土搅拌机：14×55＝770(元)

一台砂浆搅拌机：6×24＝144(元)

小计：4 190(元)

(2) 窝工人工费

扎筋：35人×20.15×4＝9 873.50(元)

砌砖：30人×20.15×3＝1 813.5(元)

抹灰：35人×20.15×4＝2 821(元)

小计：14 508元

(3) 保函费延期补偿：(1 500×10%×6%%/365)×20＝490(元)

(4) 管理费：(4 190＋14 508＋490)×15%＝2 878.2(元)

(5) 利润：以上之和×5%＝1 103.31(元)

3. 合计：23 169.51元

**问题**　(1) 应核准的工期索赔为多少天？

(2) 假定按双方协商，窝工机械费按台班单价的65%计算，考虑对窝工人工应合理安排其从事其他作业后的降效损失，窝工按10元/工日计，则因索赔的费用为多少？

**案例10－3**　某承包商承包外资项目，合同内容如下所述。

(1) 工程合同价2 000万元，工程价款采用调制公式动态结算，该工程人工占35%，材料占50%，不调值费用占15%，调制公式为

$$P=P_0\times(15\%+35\%\times A/A_0+23\%\times B/B_0+12\%\times C/C_0+8\%\times D/D_0+7\%\times E/E_0)$$

式中各字母含义见表10－17。

(2) 开工前业主向承包商支付合同款20%的预付款，主要材料占60%，当工程进度达到60%时，开始扣回。

(3) 工程进度款逐月结算，每月月中预支半月工程款。

(4) 业主自第一月起，从承包商工程款中按5%比例扣留保修金，保修期为一年。

(5) 该合同原始报价日期为3月1日，结算各月工资、材料价格指数见表10-17。

**表10-17 价格指数表**

| 月 份 | 3 | 5 | 6 | 7 | 8 | 9 |
| --- | --- | --- | --- | --- | --- | --- |
| 工资价格指数（A） | 100 | 110 | 108 | 108 | 110 | 110 |
| 材料价格指数（B） | 153.4 | 156.2 | 158.2 | 158.4 | 160.2 | 160.2 |
| 材料价格指数（C） | 154.4 | 154.4 | 156.2 | 158.4 | 158.4 | 160.2 |
| 材料价格指数（D） | 160.3 | 162.2 | 162.2 | 162.2 | 164.2 | 164.2 |
| 材料价格指数（E） | 144.4 | 160.2 | 162.2 | 164.2 | 162.2 | 162.8 |

未调值前各月完成工程情况为：

(1) 5月份200万元，其中业主供料5万元；

(2) 6月份300万元；

(3) 7月份400万元，另外由于业主方设计变更，导致工程局部返工，造成拆除材料损失费1 500元，人工损失1 000元，重新施工人工、材料合计1.5万元；

(4) 8月份600万元，另外由于施工中采用的模板形式与定额不同，造成模板增加费用3 000元；

(5) 9月份500万元，另有批准工程索赔款1万元。

**问题** (1) 工程预付款是多少？

(2) 每月终业主应支付的工程款为多少？

(3) 工程在竣工半年后，发生屋面漏水，业主应如何处理？

# 第 11 章　竣工验收、后评估阶段的工程造价管理

## 知识结构

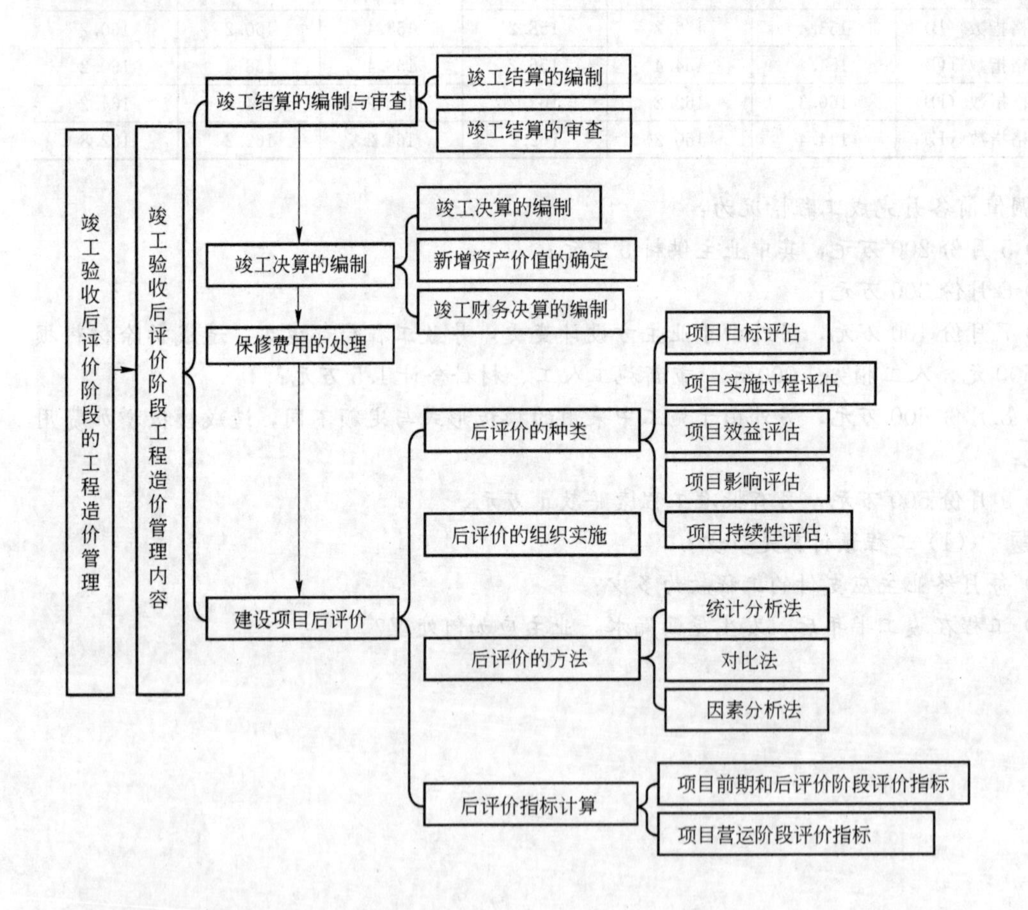


## 学习目的、任务与要求

通过本章的学习，使读者对竣工阶段工程造价管理的内容有所了解，了解竣工决算的编制和项目后评价的基本方法。要求读者在学习中熟悉建设项目竣工验收、后评估的概念；熟悉竣工验收、后评估阶段工程造价管理的内容；熟悉竣工结算的编制与审查；熟悉竣工决算的编制；熟悉保修费用的处理方法；了解建设项目后评估的方法。

# 11.1 竣工验收、后评估阶段工程造价管理的内容

## 11.1.1 建设项目竣工验收、后评估概述

建设项目的施工达到竣工条件进行验收，是项目施工周期的最后一个程序，也是建设成果转入生产使用的标志。

竣工验收是建设工程的最后阶段，是严格按照国家有关规定组成验收组进行的。建设项目竣工验收是指由建设单位、施工单位和项目验收委员会，以项目批准的设计任务书和设计文件、国家或部门颁发的施工验收规范和质量检验标准为依据，按照一定的程序和手续，在项目建成并试生产合格后（工业生产性项目），对项目的总体进行检验与认证、综合评价和鉴定的活动。

为了保证建设项目竣工验收的顺利进行，必须遵循一定的程序，并按照建设项目总体计划的要求，以及施工进展的实际情况分阶段进行。项目施工达到验收条件的验收方式可分为项目中间验收、单项工程验收和全部工程验收三大类，见表11－1。规模较小、施工内容简单的建设项目，也可以一次进行全部项目的竣工验收。

**表11－1 不同阶段工程验收的特点**

| 类 型 | 验收条件 | 验收组织 |
| --- | --- | --- |
| 中间验收 | (1) 按照施工承包合同的约定，施工完成到某一阶段后要进行中间验收<br>(2) 重要的工程部位施工已完成了隐蔽前的准备工作，该工程部位即将置于无法查看的状态 | 由监理单位组织，业主和承包商派人参加。该部位的验收资料将作为最终验收的依据 |
| 单项工程验收（交工验收） | (1) 建设项目中的某个合同工程已全部完成<br>(2) 合同内约定有分步、分项移交的工程已达到竣工标准，可移交给业主投入使用 | 由业主组织，会同承包商、监理单位、设计单位及使用单位等有关部门共同进行 |
| 全部工程竣工验收（动用验收） | (1) 建设项目按设计规定全部建成，达到竣工验收条件<br>(2) 初验结果全部合格<br>(3) 竣工验收所需资料已准备齐全 | 大中型和限额以上项目由国家投资主管部门或由其委托项目主管部门或地方政府部门组织验收，小型和限额以下项目由项目主管部门组织验收。建设单位、监理单位、施工单位、设计单位和使用单位参加验收工作 |

建设项目后评估是指建设项目在竣工投产、生产运营一段时间后，对项目的立项决策、设计施工、竣工投产、生产运营等全过程进行系统评价的一种技术经济活动，它是工程造价管理的一项重要内容。通过建设项目后评估，可以达到肯定成绩，总结经验，研究问题，吸取教训，提出建议，改进工作，不断提高项目决策水平和投资效果的目的。

### 11.1.2　竣工验收、后评估阶段工程造价管理的内容

竣工验收、后评估阶段工程造价管理的内容包括：① 竣工结算的编制与审查；② 竣工决算的编制；③ 保修费用的处理；④ 建设项目后评估等。

## 11.2 竣工结算的编制与审查

### 11.2.1　竣工结算的概念

竣工结算是指承包商完成合同内工程的施工并通过了交工验收后，所提交的竣工结算书经过业主和监理工程师审查签证，送交经办银行或工程预算审查部门审查签认，然后由经办银行办理拨付工程价款手续的过程。我国《工程价款结算方法》规定的工程竣工结算方式分为单位工程竣工结算、单项工程竣工结算和建设项目竣工总结算。

竣工结算是承包人与业主办理工程价款最终结算的依据，是双方签订建筑安装工程承包合同终结的依据。同时，工程竣工结算是核定建设工程造价的依据，也是建设项目验收后编制竣工决算、核定新增资产价值的依据。因此，工程竣工结算应充分、合理地反映承包工程的实际价值。工程竣工后，建设单位应该会同监理工程师或委托有执业资格的造价审计事务所对施工单位报送的竣工结算进行严格的审核，确保工程竣工结算能真实地反映工程的实际造价。

### 11.2.2　竣工结算的编制

**1. 竣工结算的编制依据**

竣工结算的编制依据主要有：① 工程竣工报告和工程验收证书；② 承包合同，工程竣工图；③ 设计变更通知单和工程变更签证；④ 预算定额、工程量清单，材料价格，费用标准等资料；⑤ 预算书或报价单；⑥ 其他有关资料及现场记录等。

**2. 竣工结算的编制方法**

1) 核实工程量

将原施工图预算（工程量清单）工程量进行复核，防止漏算、重算和错算，从中找出工程量的量差，即施工图预算（工程量清单）工程量与实际发生的工程量不符而产生的量的差异，这是编制工程竣工结算的主要部分。量差主要是由设计变更和设计漏项、现场施工变更、施工图预算（工程量清单）的错误等原因造成的。

2) 材料价差调整

(1) 材料价差。材料价差是指材料的预算价格（报价）和实际价格的差额。由建设单位供应的材料按预算价格转给施工单位的，在工程结算时不作调整，其材料价差由建设单位单独核算，在编制竣工决算时摊入工程成本。

由施工单位购买的材料应该调整价差，其调整方法有两种：按政策性系数调整和单项调整。单项调整应按当地造价管理部门规定的材料品种及当时的造价管理部门公布的市场信息价（或动态管理价）与材料预算价格找差。但是，材料价差究竟怎么调整必须在施工承包合同中予以明确。

(2) 材料代用价差。材料代用价差是指因材料供应缺口或其他原因而发生的以大代小、以优代劣等情况，这部分应该根据工程材料代用核定通知单计算材料的价差并进行调整。

3) 费用调整

措施费、间接费等是以直接费或人工费等为基础计取的，由于工程量的变化影响到这些费用的计算，所以这些费用也应作相应的调整。但是，属于材料价差的因素引起的费用变化一般不予调整；属于其他费用，如窝工费用、机械进出场费用，应一次结清，分摊到结算的工程项目中去。施工单位在施工现场使用建设单位的水、电费，也因按规定在工程竣工结算时清算，付给建设单位，做到工完账清。

## 11.2.3 竣工结算的审查

**1. 竣工决算的审查规定**

《工程价款结算办法》中关于竣工决算审查的规定如下所述。

(1) 单位工程竣工结算由承包人编制，发包人审查。实行总承包的工程，由具体承包人编制，在总包人审查的基础上，发包人审查。

(2) 单项工程竣工结算或建设项目竣工总结算由总（承）包人编制，发包人可直接进行审查，也可以委托具有相应资质的工程造价咨询机构进行审查。政府投资项目，由同级财政部门审查。单项工程竣工结算或建设项目竣工总结算经发承包人签字盖章后有效。

承包人应在合同约定期限内完成项目竣工结算编制工作，未在规定期限内完成的且提不出正当理由延期的，责任自负。

**2. 竣工结算的审查期限**

单项工程竣工后，承包人应在提交竣工验收报告的同时，向发包人递交竣工结算报告及完整的结算资料，发包人应按以下规定时限进行核对（审查）并提出审查意见。

① 工程竣工结算报告金额在500万元以下的，从接到竣工结算报告和完整的竣工结算资料之日起20天；

② 工程竣工结算报告金额在500万元～2 000万元的，从接到竣工结算报告和完整的竣工结算资料之日起30天；

③ 工程竣工结算报告金额在2 000万元～5 000万元的，从接到竣工结算报告和完整的竣工结算资料之日起45天；

④ 工程竣工结算报告金额在5 000万元以上的，从接到竣工结算报告和完整的竣工结算资料之日起60天。

建设项目竣工总结算在最后一个单项工程竣工结算审查确认后15天内汇总，送发包人后30天内审查完成。

### 11.2.4 工程竣工价款结算

《工程价款结算办法》规定：发包人收到承包人递交的竣工结算报告及完整的结算资料后，应在规定的期限（合同约定有期限的，从其约定）进行核实，给予确认或者提出修改意见。发包人根据确认的竣工结算报告向承包人支付工程竣工结算价款，保留5%左右的质量保证（保修）金，待工程交付使用一年质保期到期后清算（合同另有约定的，从其约定），质保期内如有返修，发生费用应在质量保证（保修）金内扣除。

承包人如未在规定时间内提供完整的工程竣工结算资料，经发包人催促后14天内仍未提供或没有明确答复，发包人有权根据已有资料进行审查，责任由承包人自负。根据确认的竣工结算报告，承包人向发包人申请支付工程竣工结算款。发包人应在收到申请后15天内支付结算款，到期没有支付的应承担违约责任。承包人可以催告发包人支付结算价款，如达成延期支付协议，承包人应按同期银行贷款利率支付拖欠工程价款的利息。如未达成延期支付协议，承包人可以与发包人协商将该工程折价，或申请人民法院将该工程依法拍卖，承包人就该工程折价或者拍卖的价款优先受偿。

## 11.3 竣工决算的编制

### 11.3.1 竣工决算的概念

竣工决算是指所有建设项目竣工后，业主按照国家有关规定编制的决算报告。竣工决算由竣工财务决算报表、竣工财务决算说明书、竣工工程平面示意图、工程造价比较分析4部分组成。其中，竣工财务决算报表、竣工财务决算说明书属于竣工财务决算的内容。竣工财务决算是竣工决算的组成部分，是正确核定新增固定资产价值，考核分析投资效果，建立健全经济责任制的依据，也是竣工验收报告的重要组成部分。

### 11.3.2 竣工决算的编制

**1. 竣工决算的编制依据**

竣工决算的编制依据主要有：① 经批准的可行性研究报告及其投资估算；② 经批准的初步设计或扩大初步设计及其概算或修正概算；③ 经批准的施工图设计及其施工图预算；④ 设计交底或图纸会审纪要；⑤ 招投标的标底、承包合同、工程结算资料；⑥ 施工记录或施工签证单，以及其他施工中发生的费用记录；⑦ 竣工图及各种竣工验收资料；⑧ 历年基建资料、财务决算及批复文件；⑨ 设备、材料调价文件和调价记录；⑩ 有关财务核算制度、办法和其他有关资料、文件等。

**2. 竣工决算的编制步骤**

1）收集、整理、分析原始资料

从建设工程开始就按编制依据的要求，收集、整理、分析有关资料，主要包括建设工程档案资料，如：设计文件、施工记录、上级批文、概预算文件、工程结算的归集整理，财务处理、财产物资的盘点核实及债权债务的清偿，做到账账、账证、账实、账表相符。对各种设备、材料、工具、器具等要逐项盘点核实并填列清单，妥善保管，或按国家有关规定处理，不准任意侵占和挪用。

2）对照、核实工程变动情况，重新核实造价

将竣工资料与设计图纸进行查对、核实，必要时可进行实地测量，确认实际变更情况；根据审定的施工单位竣工结算等原始资料，按照有关规定对原概预算进行增减调整，重新核实造价。

3）严格划分和核定各类投资

将审定后的待摊投资、设备工器具投资、建筑安装工程投资、工程建设其他投资严格划分和核定后，分别计入相应的建设成本栏目内。

4）编写竣工财务决算说明书

竣工财务决算说明书，力求内容全面、简明扼要、文字流畅，能说明问题。

5）填报竣工财务决算报表

我国财政部财基字［1998］498 号文件对建设工程竣工财务决算报表的格式作了统一规定，对竣工财务决算说明书的内容提出了统一要求。

6）进行工程造价对比分析

为了便于进行比较分析，可先对比整个项目的总概算，然后对比单项工程的综合概算和其他工程费用概算，最后对比分析单位工程概算，并分别将建筑安装工程费、设备工器具购置费用和其他工程费用逐一与竣工决算的实际工程造价对比分析，找出节约和超支的具体内容和原因。在实际工作中，侧重分析主要实物工程量、主要材料消耗量、建设单位管理费、建筑安装工程费等内容。

7）清理、装订好竣工图

建设工程竣工图是真实地记录各种地上地下建筑物、构筑物等情况的技术文件，是工程进行交工验收、维护改建扩建的依据，是国家重要的技术档案。国家规定各项新建、扩建、改建的基本建设工程，特别是基础、地下建筑、管线、结构、井巷、峒室、桥梁、隧道、港口、水坝及设备安装等隐蔽部位，都要编制竣工图。

## 11.3.3　新增资产价值的确定

工程项目竣工投入运营后，所花费的总投资应按会计制度和有关税法的规定，形成相应的资产。这些新增资产分为固定资产、无形资产、流动资产和其他资产 4 类。资产的性质不同，其核算的方法也不同。

**1. 新增固定资产**

1）确定新增固定资产价值的作用

确定新增固定资产价值有极其重要的作用：① 如实反映企业固定资产价值的增减变化，保证核算的统一性；② 真实反映企业固定资产的占用额；③ 正确计提企业固定资产折旧；④ 反映一定范围内固定资产再生产的规模与速度；⑤ 分析国民经济各部门的技术构成变化及相互间适应的情况等。

2）新增固定资产价值的构成

新增固定资产价值包括：① 工程费用，包括设备及工器具购置费用、建筑工程费、安装工程费；② 固定资产其他费用，主要有建设单位管理费、勘察设计费、研究试验费、工程监理费、工程保险费、联合试运转费、办公和生活家具购置费及引进技术和进口设备的其他费用等；③ 预备费；④ 融资费用，包括建设期利息及其他融资费用等。

3）新增固定资产价值的计算

新增固定资产价值的计算以独立发挥生产能力的单项工程为对象，当单项工程建成经有关部门验收鉴定合格，正式移交生产或使用，即应计算新增固定资产价值。一次交付生产或使用的工程一次计算新增固定资产价值；分期分批交付生产或使用的工程，应分期分批计算新增固定资产价值。

新增固定资产其他费用，如果属于整个建设项目或两个以上单项工程的，在计算新增固定资产价值时，应在各单项工程中按比例分摊。分摊时，什么费用应由什么工程负担应按具体规定进行。一般情况下，建设单位管理费、工程监理费按建筑工程、安装工程、需安装设备价值总额按比例分摊，而土地征用费、勘察设计费等费用则按建筑工程造价分摊。

**2. 新增无形资产**

无形资产是指能使企业拥有某种权利，能为企业带来长期经济效益，但没有实物形态的资产。无形资产包括专利权、商标权、专有技术、著作权、土地使用权、商誉等。

新增无形资产的计价原则：① 投资者将无形资产作为资本金或者合作条件投入的，按照评估确认或合同协议约定的金额计价；② 购入的无形资产，按照实际支付的价款计价；③ 企业自创并依法确认的无形资产，按开发过程中的实际支出计价；④ 企业接受捐赠的无形资产，按照发票凭证所载金额或者同类无形资产市场价计价等。

无形资产计价入账后，其价值从受益之日起，在有效使用期内分期摊销。

**3. 新增流动资产**

依据投资概算核拨的项目铺底流动资金，由建设单位直接移交使用单位。

**4. 新增其他资产**

其他资产，是指除固定资产、无形资产、流动资产以外的资产。形成其他资产原值的费用主要是开办费、以经营租赁方式租入的固定资产改良工程支出、生产准备费（含职工提前进厂费和培训费），样品样机购置费和农业开荒费等。

## 11.3.4　竣工财务决算的编制

工程项目竣工财务决算由竣工财务决算说明书和竣工财务决算报表两部分组成。

**1. 竣工财务决算说明书**

竣工财务决算说明书主要包括以下内容：① 建设项目概况；② 会计账务的处理、财产物资情况及债权债务的清偿情况；③ 资金节余、基建节余资金等的上交分配情况；④ 主要技术经济指标的分析、计算情况；⑤ 基本建设项目管理及决算中存在的问题、建议；⑥ 需要说明的其他事项等。

**2. 竣工财务决算报表**

竣工财务决算报表的格式根据大、中型项目和小型工程项目不同情况分别制定，共有 6 种表，报表结构如图 11－1 所示。

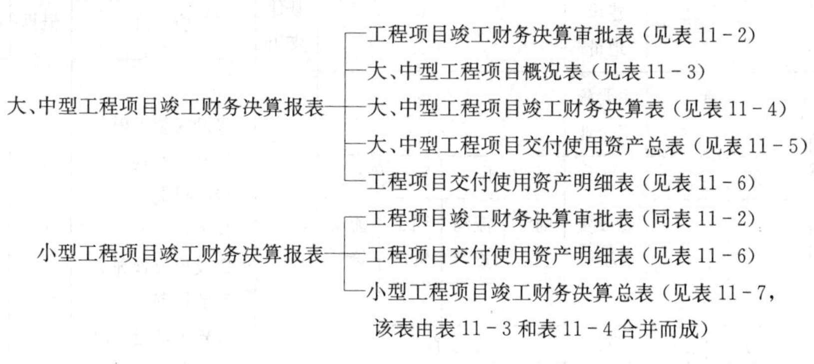


图 11－1　竣工财务决算报表结构图

1）工程项目竣工财务决算审批表

该表作为决算上报有关部门审批之用。有关部门应对决算进行认真审查后将签署的审核意见填列该表中。其格式如表 11－2 所示。填表说明如下所述。

**表 11－2　工程项目竣工财务决算审批表**

| 项目法人（建设单位） | | 建设性质 | |
|---|---|---|---|
| 工程项目名称 | | 主管部门 | |
| 开户银行意见：<br>盖　章<br>年　月　日 | | | |
| 专员办（审批）审批意见：<br>盖　章<br>年　月　日 | | | |
| 主管部门或者财政部门审批意见：<br>盖　章<br>年　月　日 | | | |

（1）表中“建设性质”按新建、扩建、改建、迁建和恢复建设工程等分类填列。

（2）表中“主管部门”是指建设单位的主管部门。

（3）有关意见的签署：① 所有项目均须先经开户银行签署意见；② 中央级小型工程项目由主管部门签署审批意见，财政监察专员办和地方财政部门不签署意见；③ 中央级大、中型工程项目报所在地财政监察专员办签署意见后，再由主管部门签署意见报财政部审批；④ 地方级项目由同级财政部门签署审批意见，主管部门和财政监察专员办不签署意见。

2）大、中型工程项目概况表

该表综合反映建成的大、中型工程项目的基本概况，其格式如表 11-3 所示。

**表 11-3 大、中型工程项目概况表**

<table>
<tr><td>工程项目名称<br>（单项工程）</td><td colspan="2"></td><td>建设<br>地址</td><td colspan="4"></td><td rowspan="8">基建<br>支出</td><td colspan="2">项 目</td><td>概算</td><td>实际</td><td>主要<br>指标</td></tr>
<tr><td>主要设计单位</td><td colspan="2"></td><td>主要施工<br>企业</td><td colspan="4"></td><td colspan="2" rowspan="7">建设安装工程<br>设备工器具<br>待摊投资<br>其中：<br>建设单位管理费<br>其他投资<br>待核销基建支出<br>非经营项目转出<br>合计</td><td rowspan="7"></td><td rowspan="7"></td><td rowspan="7"></td></tr>
<tr><td rowspan="2">占地面积</td><td>计划</td><td>实际</td><td rowspan="2">总投资<br>/万元</td><td colspan="2">设计</td><td colspan="2">实际</td></tr>
<tr><td></td><td></td><td>固定<br>资产</td><td>流动<br>资产</td><td>固定<br>资产</td><td>流动<br>资产</td></tr>
<tr><td rowspan="2">新增生产能力</td><td colspan="2">能力（效益）</td><td>设计</td><td colspan="4">实际</td></tr>
<tr><td colspan="2"></td><td></td><td colspan="4"></td></tr>
<tr><td rowspan="2">建设起止时间</td><td>设计</td><td colspan="6">从 年 月开工至 年 月 竣工</td></tr>
<tr><td>实际</td><td colspan="6">从 年 月开工至 年 月 竣工</td></tr>
<tr><td>设计概算<br>批准文号</td><td colspan="7"></td><td rowspan="4">主要<br>材料<br>消耗</td><td>名称</td><td>单位</td><td colspan="3" rowspan="4"></td></tr>
<tr><td rowspan="3">完成主要<br>工程量</td><td colspan="2">建筑面积/m²</td><td colspan="5">（台套吨设备）</td><td>钢材</td><td>t</td></tr>
<tr><td>设计</td><td>实际</td><td>设计</td><td colspan="4">实际</td><td>木材</td><td>m³</td></tr>
<tr><td></td><td></td><td></td><td colspan="4"></td><td>水泥</td><td>t</td></tr>
<tr><td rowspan="2">收尾工程</td><td colspan="2">工程内容</td><td>投资额</td><td colspan="4">完成时间</td><td rowspan="2" colspan="2">主要技术<br>经济指标</td><td rowspan="2" colspan="4"></td></tr>
<tr><td colspan="2"></td><td></td><td colspan="4"></td></tr>
</table>

填表说明如下所述。

（1）表中各有关项目的设计、概算、计划等指标，根据批准的设计文件和概算、计划等确定的数字填列。

（2）表中所列“新增生产能力”、“完成主要工程量”、“主要材料消耗”等指标的实际数，根据建设单位统计资料和施工企业提供的有关成本核算资料填列。

(3) 表中“主要技术经济指标”根据概算和主管部门规定的内容分别按概算数和实际数填列。填列包括单位面积造价、单位生产能力投资、单位投资增加的生产能力、单位生产成本、投资回收年限等反映投资效果的综合指标。

(4) 表中“基建支出”是指工程项目从开工起至竣工止发生的全部基本建设支出，包括形成资产价值的交付使用资产如固定资产、流动资产、无形资产、其他资产，以及不形成资产价值按规定核销的非经营性项目的待核销基建支出和转出投资，根据财政部门历年批准的基建投资表中有关数字填列。

(5) 表中“收尾工程”指全部工程项目验收后还遗留的少量尾工，这部分工程的实际成本，可根据具体情况进行估算，并作说明，完工以后不再编制竣工决算。

3) 大、中型工程项目竣工财务决算表

它反映竣工大中型项目全部资金来源和资金占用情况。对于跨年度的项目，在编制该表前一般应先编制出项目竣工年度财务决算。根据编制出来的竣工年度财务决算和历年财务决算编制出该项目的竣工财务决算。其格式见表11-4。

**表11-4 大、中型工程项目竣工财务决算表**　　元

| 资金来源 | 金　额 | 资金占用 | 金　额 |
|---|---|---|---|
| 一、基建拨款 | | 一、基本建设支出 | |
| 1. 预算拨款 | | 1. 交付使用资产 | |
| 2. 基建基金拨款 | | 2. 在建工程 | |
| 3. 进口设备转账拨款 | | 3. 待核销基建支出 | |
| 4. 器材转账拨款 | | 4. 非经营项目转出投资 | |
| 5. 煤代油专用基金拨款 | | 二、应收生产单位投资借款 | |
| 6. 自筹资金拨款 | | 三、拨付所属投资借款 | |
| 7. 其他拨款 | | 四、器材 | |
| 二、项目资本 | | 其中：待处理器材损失 | |
| 1. 国家资本 | | 五、货币资金 | |
| 2. 法人资本 | | 六、预付及应收款 | |
| 3. 个人资本 | | 七、有价证券 | |
| 三、项目资本公积 | | 八、固定资产 | |
| 四、基建借款 | | 固定资产原价 | |
| 五、上级拨入投资借款 | | 减：累计折旧 | |
| 六、企业债券资金 | | 固定资产净值 | |
| 七、待冲基建支出 | | 固定资产清理 | |
| 八、应付款 | | 待处理固定资产损失 | |
| 九、未交款 | | | |
| 1. 未交税金 | | | |
| 2. 未交基建收入 | | | |

续表

| 资金来源 | 金额 | 资金占用 | 金额 |
| --- | --- | --- | --- |
| 3. 未交基建包干节余 | | | |
| 4. 其他未交款 | | | |
| 十、上级拨入资金 | | | |
| 十一、留成收入 | | | |
| 合计 | | 合计 | |

补充资料：基建投资借款期末余额：
应收生产单位投资借款期末数：
基建结余资金：

填表说明如下所述。

(1) 表中“交付使用资产”、“自筹资金拨款”、“其他拨款”、“项目资本”、“基建投资借款”、“其他借款”等项目，填列自开工建设至竣工止的累计数。

(2) 表中其余各项目反映办理竣工验收时的结余数，根据竣工年度财务决算中资金平衡表的有关项目期末数填列。

(3) 资金占用总额应等于资金来源总额。

(4) 补充资料的“基建投资借款期末余额”反映竣工时尚未偿还的基建投资借款数，应根据竣工年度资金平衡表内“基建投资借款”项目期末数填列。

4) 大、中型工程项目交付使用资产总表

该表反映工程项目建成后新增固定资产、流动资产、无形资产和其他资产价值，作为财产交接的依据。小型项目不编制此表，直接编制交付使用资产明细表。大、中型工程项目交付使用资产总表格式见表 11-5。

**表 11-5 大、中型工程项目交付使用资产总表** 元

| 工程项目名称 | 总计 | 固定资产 | | | | 流动资产 | 无形资产 | 其他资产 |
| --- | --- | --- | --- | --- | --- | --- | --- | --- |
| | | 建安工程 | 设备 | 其他 | 合计 | | | |
| 1 | 2 | 3 | 4 | 5 | 6 | 7 | 8 | 9 |
| | | | | | | | | |

填表说明如下所述。

(1) 表中各栏数字应根据交付使用资产明细表中相应项目的数字汇总填列。

(2) 表中第 2 栏、第 6 栏、第 7 栏、第 8 栏和第 9 栏的合计数，应分别与竣工财务决算表交付使用的固定资产、流动资产、无形资产和其他资产的数字相符。

5) 工程项目交付使用资产明细表

该表反映交付使用资产及其价值的更为详细的情况，适用于大、中、小型工程项目。该

表既是交付单位办理资产交接的依据，也是接收单位登记资产账目的依据。因此，编制此表应做到固定资产部分逐项盘点填列，工器具和家具等低值易耗品，可分类填列。该表的格式见表 11－6。

**表 11－6　工程项目交付使用资产明细表**

<table>
<tr><td rowspan="2">工程项目名称</td><td colspan="3">建筑工程</td><td colspan="6">设备　工器具　家具</td><td colspan="2">流动资产</td><td colspan="2">无形资产</td><td colspan="2">其他资产</td></tr>
<tr><td>结构</td><td>面积/m²</td><td>价值/元</td><td>名称</td><td>规格型号</td><td>单位</td><td>数量</td><td>价值/元</td><td>设备安装费/元</td><td>名称</td><td>价值/元</td><td>名称</td><td>价值/元</td><td>名称</td><td>价值/元</td></tr>
<tr><td></td><td></td><td></td><td></td><td></td><td></td><td></td><td></td><td></td><td></td><td></td><td></td><td></td><td></td><td></td><td></td></tr>
</table>

6) 小型工程项目竣工财务决算总表

该表主要反映小型工程项目的全部工程和财务情况。该表比照大、中型工程项目概况表指标和大、中型工程项目竣工财务决算表指标口径填列，见表 11－7。

**表 11－7　小型工程项目竣工财务决算总表**

<table>
<tr><td rowspan="2">工程名称<br>(单项工程)</td><td rowspan="2" colspan="2"></td><td rowspan="2">建设<br>地址</td><td rowspan="2" colspan="4"></td><td colspan="2">资金来源</td><td colspan="2">资金运用</td></tr>
<tr><td>项　目</td><td>金额</td><td>项　目</td><td>金额</td></tr>
<tr><td>初步设计概算批准文号</td><td colspan="7"></td><td rowspan="10">一、基建拨款<br>其中：预算拨款<br>二、项目资本<br>三、资本公积<br>四、基建借款<br>五、上级拨入借款<br>六、企业债券资金<br>七、待冲基建支出<br>八、应付款<br>九、未交款<br>十、上级拨入资金<br>十一、留成收入</td><td rowspan="10"></td><td rowspan="10">一、交付使用资产<br>二、待核销基建支出<br>三、转出投资<br>四、应收生产单位投资借款<br>五、拨付所属投资借款<br>六、器材<br>七、货币资金<br>八、预付及应收款<br>九、有价证券<br>十、固定资产</td><td rowspan="10"></td></tr>
<tr><td rowspan="3">占地面积</td><td>计划</td><td>实际</td><td rowspan="2">总投资<br>/万元</td><td colspan="2">设　计</td><td colspan="2">实　际</td></tr>
<tr><td rowspan="2"></td><td rowspan="2"></td><td>固定资产</td><td>流动资产</td><td>固定资产</td><td>流动资产</td></tr>
<tr><td></td><td colspan="2"></td><td colspan="2"></td></tr>
<tr><td rowspan="2">新增生产能力</td><td colspan="2">能力<br>(效益)</td><td>设计</td><td colspan="4">实　际</td></tr>
<tr><td colspan="2"></td><td></td><td colspan="4"></td></tr>
<tr><td rowspan="2">建设起止时间</td><td>计划</td><td colspan="6">从　　年　月开工至　　年　月竣工</td></tr>
<tr><td>实际</td><td colspan="6">从　　年　月开工至　　年　月竣工</td></tr>
<tr><td rowspan="3">建设成本</td><td colspan="3">项　目</td><td colspan="2">概算/元</td><td colspan="2">实际/元</td></tr>
<tr><td colspan="3" rowspan="2">建安工程<br>设备、工具、器具<br>待摊投资<br>合计</td><td colspan="2" rowspan="2"></td><td colspan="2" rowspan="2"></td></tr>
<tr><td>合　计</td><td></td><td>合　计</td><td></td></tr>
</table>

## 11.4 保修费用的处理

### 11.4.1 保修和保修费用

**1. 保修**

按照《中华人民共和国合同法》规定，建设工程的施工合同内容包括对工程质量保修范围和质量保证期。保修是指施工单位按照国家或行业现行的有关技术标准、设计文件及合同中对质量的要求，对已竣工验收的建设工程在规定的保修期限内，进行保修、返工等工作。这是因为建设产品不同于一般商品，往往在竣工验收后仍可能存在质量缺陷（指工程不符合国家或现行的有关技术标准、设计文件及合同对质量的要求）和隐患，例如供暖系统供热不佳、设备及安装工程达不到国家或行业现行的技术标准等，需要在使用过程中检查观测和维修。为了使建设项目达到最佳状态，确保工程质量，降低生产或使用费用，发挥最大的投资效益，工程师应督促设计单位、施工单位、设备材料供应单位认真做好保修工作，并加强保修期间的投资控制。

2000 年 1 月国务院发布的《建设工程质量管理条例》（第 279 号令）中规定，建设工程实行质量保修制度。建设工程承包单位在向建设单位提交工程竣工验收报告时，应当向建设单位出具质量保修书，质量保修书应当明确建设工程的保修范围、保修期限和责任等。该条例还明确规定，在正常使用条件下，建设工程的最低保修期限为：① 基础设施工程、房屋建筑的地基础和主体结构工程，为设计文件规定的该工程的合理使用年限；② 屋面防水工程、有防水要求的卫生间、房间和外墙面的防渗漏，为 5 年；③ 供热与供冷系统，为 2 个采暖期、供冷期；④ 电气管线、给排水管道、设备安装和装修工程，为 2 年；⑤ 其他项目的保修期限由发包方与承包方双方约定。

建设工程的保修期，自竣工验收合格之日起计算。

**2. 保修费用**

保修费用是指对建设工程在保修期限和保修范围内所发生的维修、返工等各项费用支出。保修费用应按合同和有关规定合理确定和控制。保修费用一般可参照建筑安装工程造价的确定程序和方法计算，也可以按建筑安装工程造价或承包商合同价的一定比例计算(如 5%)。

### 11.4.2 保修费用的处理

基于建筑安装工程情况复杂，不如其他商品那样单一，出现的质量缺陷和隐患等问题往往是由于多方面原因造成的。因此，在费用的处理上应分清造成问题的原因及具体返修内容，按照国家有关规定和合同要求与有关单位共同商定处理办法。

(1) 勘察、设计原因造成保修费用的处理。勘察、设计方面的原因造成的质量缺陷，由勘察、设计单位负责并承担经济责任，由施工单位负责维修或处理。按新的合同法规定勘察、设计人员应当继续完成勘察、设计，减收或免除勘察、设计费并赔偿损失。

(2) 施工原因造成的保修费用处理。施工单位未按国家有关规范、标准和设计要求施工，造成质量缺陷，由施工单位负责无偿返修并承担经济责任。

(3) 设备、材料、构配件不合格造成的保修费用处理。因设备、建筑材料、构配件质量不合格引起的质量缺陷，属于施工单位采购的或经其验收同意的，由施工单位承担经济责任；属于建设单位采购的，由建设单位承担经济责任。至于施工单位、建设单位与设备、材料、构配件供应单位或部门之间的经济责任，应按其设备、材料、构配件的采购供应合同处理。

(4) 用户使用原因造成的保修费用处理。因用户使用不当造成的质量缺陷，由用户自行负责。

(5) 不可抗力原因造成的保修费用处理。因地震、洪水、台风等不可抗力造成的质量问题，施工单位和设计单位不承担经济责任，由建设单位负责处理。

## 11.5 建设项目后评估

### 11.5.1 项目评估与项目后评估比较

项目评估与项目后评估既相互联系又相互区别，是同一对象的不同过程。它们在评价内容上要前后呼应，互相兼顾，但在其作用、评估时间的选择及使用方法等方面又有明显的区别。

项目评估是在项目决策阶段运行，为项目的决策服务的。它主要运用有关评价理论和预测方法，对项目的前景作全面的技术经济预测分析。而项目的后评估，通常选择在项目建成一年或几年后项目投产达到设计能力时进行，它依据项目实施中和投产后的实际数据和项目后续年限的预测数据，对其技术、设计实施、产品市场、成本和效益进行系统的调查分析、评价，并与评价中相应的内容进行对比分析，找出两者差距，分析其原因和影响因素，提出相应的补救措施，从而提出改进项目评估和其他各项工作的建议措施，提高项目的经济效益，完善项目评估的方法。

### 11.5.2 后评估的种类

**1. 项目目标评估**

评定项目立项时所预定的目标的实现程度，是项目后评估的主要任务之一。项目后评估要对照原定目标所需完成的主要指标，根据项目实际完成情况，评定项目目标的实现程度。如果项目的预定目标未全面实现，需分析未能实现的原因，并提出补救措施。目标评价的另一任务，是对项目原定目标的正确性、合理性及实践性进行分析评价。有些项目原定的目标不明确，或不符合实际情况，项目实施过程中可能会发生重大变化，如政策性变化或市场变化等，项目后评估要给予重新分析和评价。

**2. 项目实施过程评估**

项目的过程评价应对立项评估或可行性研究时所预计的情况与实际执行情况进行比较和分析，找出差别，分析原因。过程评价一般要分析以下几个方面：① 项目的立项、准备和评估；② 项目的内容和建设规模；③ 项目进度和实施情况；④ 项目投资控制情况；⑤ 项目质量和安全情况；⑥ 配套设施和服务条件；⑦ 收益范围与收益者的反映；⑧ 项目的管理和机制；⑨ 财务执行情况等。

**3. 项目效益评估**

项目的效益评估是对项目实际取得的效益进行财务评价和国民经济评价，其评价的主要指标，即内部收益率、净现值及贷款偿还期等反映项目盈利能力和清偿能力的指标，应与项目前评估一致。但项目后评估采用的数据是实际发生的，而项目前评估采用的是预测的。

**4. 项目影响评估**

项目影响评估的内容包括以下几个方面。

(1) 经济影响评估。主要分析项目对所在地区、所属行业及国家所产生的经济方面的影响，包括分配、就业、国内资源成本（或换汇成本）、技术进步等。

(2) 环境影响评估。根据项目所在地（或国）对环境保护的要求，评价项目实施后对大气、水、土地、生态等方面的影响，评价内容包括项目的污染控制、地区环境质量、自然资源的利用和保护、区域生态平衡和环境管理等方面。

(3) 社会影响评估。对项目在社会的经济、发展方面的效益和影响进行分析，重点评价项目对所在地区和社区的影响，评价内容一般包括贫困、平等、参与、妇女和持续性等。

**5. 项目持续性评估**

项目的持续性是指在项目的建设资金投入完成后，项目的既定目标是否还能继续，项目是否可以持续地发展下去，项目业主是否愿意并可能依靠自己的力量继续去实现既定目标，项目是否具有可重复性，即能否在未来以同样的方式建设同类项目。项目持续性评估就是从政府的政策、管理、组织和地方参与，财务因素，技术因素，社会文化因素，环境和生态因素及其他外部因素等方面来分析项目持续性。

## 11.5.3 建设项目后评估的组织与实施

**1. 后评估工作的组织**

目前我国进行建设项目后评估，一般按3个层次组织实施，即业主单位的自我评估、项目所属行业（或地区）的评估和各级计划部门的评估。

1) 业主单位的自我评价

业主单位的自我评价，也称自评。所有建设项目竣工投产（营运、使用）一段时间以后，都应进行自我评价。

2）行业（或地区）主管部门的评价

行业（或地区）主管部门必须配备专人主管建设项目的后评估工作。当收到业主单位报来的自我后评估报告后，首先要审查报来的资料是否齐全、后评估报告是否实事求是；同时要根据工作需要，从行业（或地区）的角度选择一些项目进行行业或地区评价，如从行业布局、行业的发展、同行业的技术水平及经营成果等方面进行评价。行业（或地区）的后评估报告应报同级和上级计划部门。

3）各级计划部门的评价

各级计划部门是建设项目后评估工作的组织者、领导者和方法制度的制订者。各级计划部门在收到项目业主单位和行业（或地区）业务主管部门报来的后评估报告后，应根据需要选择一些项目列入年度计划，开展后评估复审工作，也可委托具有相应资质的咨询公司代为组织实施。

**2. 后评估项目的选择**

各级计划部门和行业（或地区）业务主管部门不可能对所有建设项目的后评估报告逐一进行审查，只能根据所要研究问题实际工作的需要，选择一部分项目开展后评估工作。

所选择的后评估项目大体可为以下4类：① 总结经验，应选择公认的立项正确、设计水平高、工程质量优、经济效益好的项目进行后评估；② 吸取教训，应主要选择立项决策有明显失误、设计水平不高、建设工期长、施工质量差、技术经济指标远低于同行业水平、经营亏损严重的项目进行后评估；③ 研究投资方向、制订投资政策的需要，可选择一些投资特别大或跨地区、跨行业，对国民经济有重大影响的项目进行后评估；④ 选择一些新产品开发项目或技术引进项目进行后评估，以促进技术水平和引进项目成功率的提高。

选择后评估项目还应注意两点：① 项目已竣工验收，竣工决算已经上报批准或已经经过审计部门认可；② 项目投入生产（营运、使用）一段时间，能够评价企业的经济效益和社会效益，否则将很难做出实事求是的科学结论。

**3. 后评估的程序**

尽管随着建设项目的规模大小、复杂程度的不同，每个项目后评估的具体工作程序也存在一定的差异，但从总的看，一般项目的后评估都遵守一个客观的、循序渐进的基本程序，具体如下所述。

(1) 提出问题。明确项目后评估的具体对象、评价目的及具体要求。

(2) 筹划准备。问题提出后，项目后评估的提出单位或者委托其他单位进行项目后评估，或者自己组织实施。筹划准备阶段的主要任务是组建一个评价领导小组，并按委托单位的要求制订一个周详的项目后评估计划。

(3) 搜集资料。本阶段的主要任务是制订详细的调查提纲，确定调查对象和调查方法并开展实际调查工作，收集后评估所需要的各种资料和数据。

(4) 分析研究。围绕项目后评估内容，采用定量分析和定性分析方法，发现问题，提出改进措施。

(5) 编制项目后评估报告。将分析研究的成果汇总，编制出项目后评估报告，并提交委托单位和被评价单位。

## 11.5.4 项目后评估方法

项目后评估方法有统计预测法、对比法、因素分析法等方法，在具体项目后评估中要结合运用这几种方法，做到定量分析方法与定性分析方法相结合。定量分析是通过一系列的定量计算方法和指标对所考察的对象进行分析评价；定性分析是指对无法定量的考察对象用定性描述的方法进行分析评价。在项目后评估中，应尽可能用定量数据来说明问题，采用定量的分析方法，以便进行前后或有无的对比。但对比无法取得定量数据的评价对象或对项目的总体评价，所以应结合使用定性分析。

**1. 统计预测法**

项目后评估包括对项目已经发生事实的总结和对项目未来发展的预测。后评估时点前的统计数据是评价对比的基础，后评估时点的数据是评价对比的对象，后评估时点后的数据是预测分析的依据。

1) 统计调查

统计调查是根据研究的目的和要求，采用科学的调查方法，有策划有组织地收集被研究对象的原始资料的工作过程。统计调查是统计工作的基础，是统计整理和统计分析的前提。

统计调查是一项复杂、严肃和技术性较强的工作。每一项统计调查都应事先制定一个指导调查全过程的调查方案，包括：确定调查目的，确定调查对象和调查单位，确定调查项目，拟订调查表格，确定调查时间，制定调查的组织实施计划等。

统计调查的常用方法有直接观察法、报告法、采访法和被调查者自填法等。

2) 统计资料整理

统计资料整理是根据研究的任务，对统计调查所获得的大量原始资料进行加工汇总，使其系统化、条理化、科学化，以得出反映事物总体综合特征的工作过程。

统计资料整理，分为分组、汇总和编制统计表 3 个步骤。分组是资料整理的前提，汇总是资料整理的中心，编制科学的统计表是资料整理的结果。

3) 统计分析

统计分析是根据研究的目的和要求，采用各种分析方法，对研究的对象进行解剖、对比、分析和综合研究，以揭示事物内在联系和发展变化的规律性。

统计分析的方法有分组法、综合指标法、动态数列法、指数法、抽样和回归分析法、投入产出法等。

4) 预测

预测是对尚未发生或目前还不明确的事物进行预先的估计和推测，是在现时对事物将要发生的结果进行探索和研究。

项目后评估中的预测主要有两种用途：一是对无项目条件下可能产生的效果进行假定的

估测，以便进行有无对比；二是对今后效益的预测。

**2. 对比法**

1）前后对比法

前后对比法是指将项目实施前与项目实施后的情况加以对比，以确定项目效益的一种方法。在项目后评估中，它是一种纵向的对比，即将项目前期的可行性研究和项目评估的预测结论与项目的实际运行结果相比较，以发现差异，分析原因。这种对比用于揭示计划、决策和实施的质量，是项目过程评价应遵循的原则。

2）有无对比法

有无对比是指将项目实际发生的情况与若无项目可能发生的情况进行对比，以度量项目的真实效益、影响和作用。这种对比是一种横向对比，主要用于项目的效益评价和影响评价。有无对比的目的是要分清项目作用的影响与项目以外作用的影响。

**3. 因素分析法**

项目投资效果的各种指标，往往都是由多种因素决定的。只有把综合性指标分解成原始因素，才能确定指标完成好坏的具体原因和症结所在。这种把综合指标分解成各个因素的方法，称为因素分析法。运用因素分析法，首先要确定分析指标的因素组成，其次是确定各个因素与指标的关系，最后确定各个因素对指标影响的份额。

## 11.5.5　后评估指标计算

一般来说，项目后评估主要是通过一些指标的计算和对比，来分析项目实施中的偏差，衡量项目实际建设效果，并寻求解决问题的方案。

**1. 项目前期和实施阶段后评估指标**

1）实际项目决策（设计）周期变化率

实际项目决策（设计）周期变化率表示实际项目决策（设计）周期与预计项目决策（设计）周期相比的变化程度，计算公式为

$$\begin{array}{c}\text{项目决策(设计)}\\\text{周期变化率}\end{array}=\frac{\text{实际项目决策(设计)周期(月数)}-\text{预计项目决策(设计)周期(月数)}}{\text{预计项目决策(设计)周期(月数)}}\times 100\%$$

2）竣工项目定额工期率

竣工项目定额工期率反映项目实际建设工期与国家统一制定的定额工期或确定的、计划安排的计划工期的偏离程度，计算公式为

$$\text{竣工项目定额工期率}=\frac{\text{竣工项目实际工期}}{\text{竣工项目定额(计划)工期}}\times 100\%$$

3）实际建设成本变化率

实际建设成本变化率反映项目建设成本与批准的（概）预算所规定的建设成本的偏离程度，计算公式为

$$实际建设成本变化率=\frac{实际建设成本-预计建设成本}{预计建设成本}\times100\%$$

4）实际工程合格（优良）品率

实际工程合格（优良）品率反映建设项目的工程质量，计算公式为

$$实际工程合格(优良)品率=\frac{实际单位工程合格(优良)品数量}{验收签定的单位工程总数}\times100\%$$

5）实际投资总额变化率

实际投资总额变化率反映实际投资总额与项目前评估中预计的投资总额偏差的大小，包括静态投资总额变化率和动态投资总额变化率，计算公式为

$$静态(动态)投资总额变化率=\frac{静态(动态)实际投资总额-预计静态(动态)投资总额}{预计静态(动态)投资总额}\times100\%$$

**2. 项目营运阶段后评估指标**

1）实际单位生产能力投资

实际单位生产能力投资反映竣工项目的实际投资效果，计算公式为

$$实际单位生产能力投资=\frac{竣工验收项目(或单项工程)实际投资总额}{竣工验收项目(或单项工程)实际形成的生产能力}$$

2）实际达产年限变化率

实际达产年限变化率反映实际达产年限与设计达产年限的偏离程度，计算公式为

$$实际达产年限变化率=\frac{实际达产年限-设计达产年限}{设计达产年限}\times100\%$$

3）主要产品价格（成本）变化率

主要产品价格（成本）变化率衡量前评价中产品价格（成本）的预测水平，可以部分地解释实际投资效益与预期效益偏差的原因，也是重新预测项目生命周期内产品价格（成本）变化情况的依据。指标计算可分以下 3 步进行。

(1) 计算主要产品价格（成本）年变化率，即

$$主要产品价格(成本)年变化率=\frac{实际产品价格(成本)-预测产品价格(成本)}{预测产品价格(成本)}\times100\%$$

(2) 运用加权法计算各年主要产品平均价格（成本）变化率，即

$$主要产品平均价格(成本)年变化率=\sum 产品价格(成本)年变化率\times 该产品产值(成本)占总产值(总成本)的比例\times100\%$$

(3) 计算考核期实际产品价格（成本）变化率，即

$$\text{实际产品价格(成本)变化率}=\frac{\text{各年产品价格(成本)年平均变化率之和}}{\text{考核期年限}}\times 100\%$$

4) 实际销售利润变化率

实际销售利润变化率反映项目实际投资效益，并且衡量项目实际投资效益与预期投资效益的偏差。其计算分为以下两步。

(1) 计算考核期内各年实际销售利润变化率，即

$$\text{各年实际销售利润变化率}=\frac{\text{该年实际销售利润}-\text{预计年销售利润}}{\text{预计年销售利润}}\times 100\%$$

(2) 计算实际销售利润变化率，即

$$\text{实际销售利润变化率}=\frac{\text{各年实际销售利润变化率}}{\text{预考核年限}}$$

5) 实际投资利润（利税）率

实际投资利润（利税）率指项目达到设计生产后的年实际利润（利税）总额与项目实际投资的比率，也是反映建设项目投资效果的一个重要指标。

$$\text{实际投资利润(利税)率}=\frac{\text{年实际利润(利税)或年平均实际利润(利税)额}}{\text{实际投资额}}\times 100\%$$

6) 实际投资利润（利税）变化率

实际投资利润（利税）变化率反映项目实际投资利润（利税）率与预测投资利润（利税）率或国内外其他同类项目实际投资利润（利税）率的偏差。

$$\text{实际投资利润(利税)变化率}=\frac{\text{实际投资利润(利税)率}-\text{预测(其他项目)投资利润(利税)率}}{\text{预测(其他项目)投资利润(利税)率}}\times 100\%$$

7) 实际净现值

实际净现值是反映项目生命周期内获利能力的动态评价指标，它的计算是依据项目投产后的年实际净现金流量或根据情况重新预测的项目生命期内各年的净现金流量，并按重新选定的折现率，将各年现金流量折现到建设期的现值之和。

$$RNPV=\sum_{t=1}^{n}\frac{RCI-RCO}{(1+i_k)^t}$$

式中：RNPV——实际净现值；

RCI——项目实际的或根据实际情况重新预测的年现金流入量；

RCO——项目实际的或根据实际情况重新预测的年现金流出量；

$i_k$——根据实际情况重新选定的一个折现率；

$n$——项目生命期；

$t$——考核期的某一具体年份，$t=1$，2，…，$n$。

8）实际内部收益率

实际内部收益率（RIRR），是根据实际发生的年净现金流量和重新预测的项目生命周期计算的各年净现金流量现值为零的折现率。

$$\sum_{t=1}^{n}\frac{\mathrm{RCI}-\mathrm{RCO}}{(1+i_{\mathrm{RIRR}})^{t}}=0$$

式中：$i_{\mathrm{RIRR}}$——以实际内部收益率为折现率。

9）实际投资回收期

实际投资回收期是以项目实际产生的净收益或根据实际情况重新预测的项目净收益，抵偿实际投资总额所需要的时间，它分为实际静态投资回收期和实际动态投资回收期。

（1）实际静态投资回收期（$P_{\mathrm{Rt}}$），即

$$\sum_{t=1}^{P_{\mathrm{Rt}}}(\mathrm{RCI}-\mathrm{RCO})_{t}=0$$

（2）实际动态投资回收期（$P'_{\mathrm{Rt}}$），即

$$\sum_{t=1}^{P'_{\mathrm{Rt}}}\frac{(\mathrm{RCI}-\mathrm{RCO})_{t}}{(1+i_{k})^{t}}=0$$

10）实际借款偿还期

实际借款偿还期是衡量项目实际清偿能力的一个指标，它是根据项目投产后实际的或重新预测的可作还款的利润、折旧和其他收益额偿还固定资产实际借款本息所需要的时间。

$$I_{\mathrm{Rd}}=\sum_{t=1}^{P_{\mathrm{Rd}}}(R_{\mathrm{RP}}+D'_{\mathrm{R}}+R_{\mathrm{RO}}-R_{\mathrm{Rt}})$$

式中：$I_{\mathrm{Rd}}$——固定资产投资借款实际本息之和；

$P_{\mathrm{Rd}}$——实际借款偿还期；

$R_{\mathrm{RP}}$——实际或重新预测的年利润的总额；

$D'_{\mathrm{R}}$——实际可用于还款的折旧；

$R_{\mathrm{RO}}$——年实际可用于还款的其他收益；

$R_{\mathrm{Rt}}$——还款期的年实际企业留利。

在计算实际净现值、实际内部收益率、实际投资回收期、实际借款偿还期后，还可以计算其变化率以分析它们与预计指标的偏差，具体计算方法与其他指标相同。关于国民经济后评估中的实际经济净现值及实际经济内部收益率等指标的计算方法与实际净现值及实际内部收益率的计算方法相同。

在实际的项目后评估中，还可以视不同的具体项目和后评估要求的需要，设置其他一些评价指标。通过这些指标的计算和对比，可以找出项目实际运行情况与预计情况的偏差和偏离程度。在对这些偏差分析基础上，可以对产生偏差的各种因素采用具有针对性的解决方案，保证项目的正常运营。

## 本章小结

竣工验收、后评估阶段工程造价管理的内容包括：竣工结算的编制与审查，竣工决算的编制，保修费用的处理，建设项目后评估等。

竣工结算是指承包商完成合同内工程的施工并通过了交工验收后，所提交的竣工结算书经过业主和监理工程师审查签证，送交经办银行或工程预算审查部门审查签认，然后由经办银行办理拨付工程价款手续的过程。我国《工程价款结算方法》规定的工程竣工结算方式分为单位工程竣工结算、单项工程竣工结算和建设项目竣工总结算。竣工结算的编制方法和步骤包括：①核实工程量；②材料价差调整；③费用调整。我国《工程价款结算办法》中对竣工决算的审查方法、审查期限和竣工价款结算的具体方法都做了明确规定。

竣工决算是指所有建设项目竣工后，业主按照国家有关规定编制的决算报告。竣工决算由竣工财务决算报表、竣工财务决算说明书、竣工工程平面示意图、工程造价比较分析 4 部分组成。工程项目竣工投入运营后的新增资产分为固定资产、无形资产、流动资产和其他资产，各自的核算方法并不相同。工程项目竣工财务决算由竣工财务决算报表和竣工财务决算说明书两部分组成。竣工财务决算报表的格式根据大、中型项目和小型工程项目不同情况分别制定。

保修费用是指对建设工程在保修期限和保修范围内所发生的维修、返工等各项费用支出。保修费用应按合同和有关规定合理确定和控制。在保修费用的处理上应分清造成问题的原因及具体返修内容，按照国家有关规定和合同要求与有关单位共同商定处理办法。

建设项目后评估是指建设项目在竣工投产、生产运营一段时间后，对项目的立项决策、设计施工、竣工投产、生产运营等全过程进行系统评价的一种技术经济活动。后评估的种类包括：①项目目标评估；②项目实施过程评估；③项目效益评估；④项目影响评估；⑤项目持续性评估。项目后评估的方法有：①统计预测法；②对比法；③因素分析法。后评估的指标有：①项目前期和实施阶段后评估指标；②项目营运阶段后评估指标。

## 复习思考题

1. 简要介绍竣工验收、后评估阶段工程造价管理的内容。
2. 简述竣工结算的概念及编制依据和方法。
3. 简述我国《工程价款结算办法》对竣工结算审查的规定。
4. 简述我国《工程价款结算办法》对工程竣工价款结算的相关规定。

5. 简述竣工决算的概念、编制依据与编制步骤。
6. 新增固定资产价值确定的方法有哪些？
7. 竣工财务决算报表由哪些报表组成？
8. 简述保修费用的处理方法。
9. 项目评估与项目后评估有何区别与联系？
10. 项目后评估的种类有哪些？
11. 简述项目后评估的方法。
12. 项目后评估的指标有哪些？

# 第12章　工程计价电算化

## 知识结构

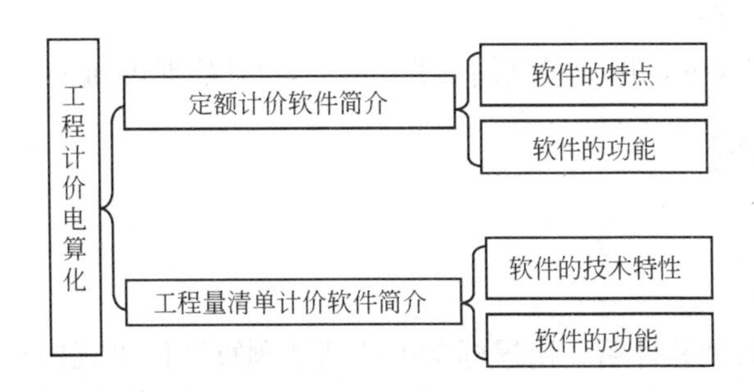


## 学习目的、任务与要求

通过本章的学习，使读者对工程计价电算化的内容有所了解，能够初步学习应用工程计价软件开展造价管理工作的过程。

随着工程计价软件的不断完善，工程计价电算化得到很快的发展，众多的工程造价管理人员已经逐步摆脱了烦琐的手工计算。同时，实行工程计价电算化，可以方便、快捷地计算工程造价，使工程计价更加准确和迅速，从而大大提高工程造价管理人员的职业水平和行业竞争优势。

## 12.1　定额计价软件简介

目前全国各地定额计价软件较多，常用的定额计价软件有广联达计价软件、鹏业计价软件、飞龙计价软件、易达定额计价软件、预算大师等。本节仅就“广联达定额计价软件”作简单的介绍。

### 12.1.1　软件的主要特点

(1) 软件细分为预算、统计、洽商、结算、审核5个功能模块。

(2) 多文档操作，可以同时打开多个预算文件，各文件间可以通过鼠标拖动复制子目，实现数据共享、交换，减轻数据输入量。

(3) 可通过网络使用。

(4) 针对造价改革，提供按市场价重组子目单价与子目综合单价功能。

(5) 系统除提供标准换算、自动换算、类别换算等功能，还可直接修改人材机单价，系统自动换算人材机量。

(6) 实时汇总，输入子目，实时汇总分部、预算书、工料分析、费用。

(7) 提供多套图集，针对不同定额，整理常用门窗、预制构件、装修做法等，直接输入或选择图集代号，自动查套子目和套用定额。

(8) 换算信息可取消。

(9) 报表导出到Excel，用户可利用其强大的功能对数据再加工。

### 12.1.2 软件功能

**1. 预算子系统**

1) 新建预算文件

(1) 直接新建。启动软件后，用鼠标单击“新建预算”便可直接建立单位工程预算书。

(2) 新建向导。如果对软件不是很熟悉，可以使用“新建向导”，按照窗口提示，逐步完成建立预算文件工作。

2) 工程概况

单击主菜单【工程概况】，可以逐一确定预算信息、工程信息、工程特征等信息，直接输入或点下拉框选择。

3) 编制预算书

单击主菜单【预算书】，可将窗口切换到概预算编制状态。

(1) 输入子目。

① 直接输入子目。在预算书的编号栏中直接输入定额子目，按回车键后，该子目自动进入概预算表中。也可采用系统提供的快速输入定额号法，即如果相邻定额号同属一章，用户在输第2条子目时，只需输入子目序号，软件自动取章号。例如：上一子目为“3-2”，下一子目为“3-14”，第2条只需输入“14”，按回车键后定额号栏显示“3-14”。

② 从其他文档调入子目。子目的输入也可从其他单位工程预算书中选择需要的子目，拖动或复制到当前预算书中，减少数据的输入量。

(2) 查询输入。

① 定额子目查询。单击预算书页面上方工具条【定】图标进入定额查询窗口，如图12-1所示。窗口右边为章节选择区，单击节点处书本图标或章节文字，书本图标变为翻开状态，左边窗口自动显示具体子目，双击鼠标左键选择子目到预算书中。

② 其他专业子目查询输入。当需要查询定额输入其他专业的子目时，在打开查询窗口前，先用鼠标单击页面窗口上方定额状态条中相应的专业，如要输入市政工程道路专业定额子目，可单击【路】图标，再打开定额查询窗口，窗口右边出现道路专业定额章节树型目录。选取子目方法同定额子目查询。

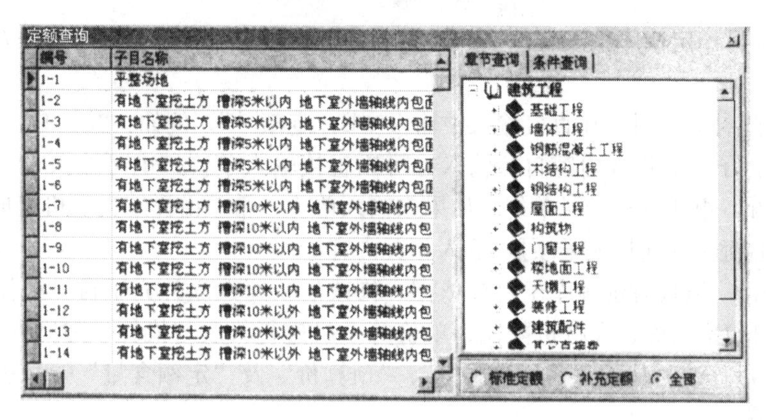


图 12－1　定额查询窗口

③ 补充子目查询输入。如果要选取补充子目，只需单击窗口右下方补充定额旁边的单选框，章节树变成补充定额的章节选择树，子目也变为补充子目。选取子目方法同定额子目查询。

④ 按条件查询子目。进入定额查询窗口后，单击多选页面标签文字查询条件，在输入框中输入已知条件，单击【检索】按钮，系统能快速查询出符合条件的子目供选择。

⑤ 人材机查询输入。同定额子目查询类似，单击预算书页面上方工具条【材】图标进入人材机查询窗口，窗口右边为人材机类别树型图，左边是具体材料，用户可以操作右边的类别树型图，选择需要的材料类别，选定需要的材料，单击【选择】按钮，材料会自动进入预算书，输入工程量。

⑥ 图集查询。单击页面工具条右端的【…】图标，系统调用 Windows 标准打开文件窗口，找到相应的图集，单击【打开】按钮，图集文件名出现在工具条中，变为黑色呈可操作状态，供查询输入，如图 12－2 所示。左侧是构件代号，右侧显示相应定额子目号及构件相应参数。

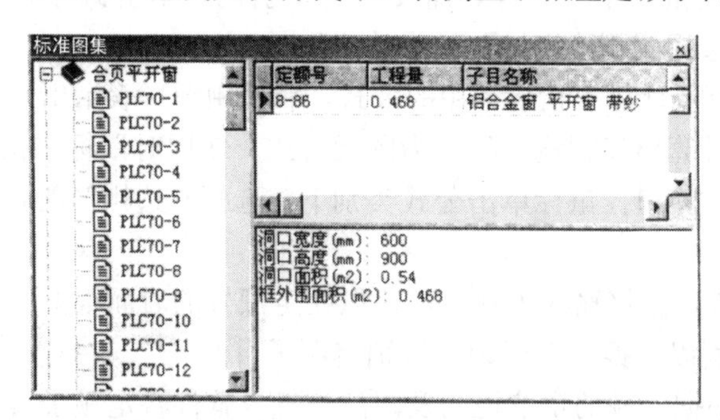


图 12－2　标准图集窗口

(3) 关联输入。将工作内容上有联系的子目进行归类，用户只要选择了“关联子目输入”选项，则在预算书中输入定额子目后，软件自动弹出关联子目输入页面。选择单个子目或多个子目后，输入主子目工程量，软件会根据系统提供的系数自动计算关联子目的工程量，系数的初始值是根据定额本提供的数据确定的，但用户也可以更改系数值。

(4) 补充子目。定额库中没有包括的定额子目，可以通过制作补充定额的方法来输入到预算书中。

① 直接新建补充子目。在直接输入中输入“B：定额号”，例如：“B：1-1”，表示补充一条子目1-1，子目名称和内容自行输入，可以直接输入单价，也可输入人工单价、材料单价、机械单价，组成补充子目单价。如果未输入单价，希望由详细人材机组成确定相应单价，单击鼠标右键选择【插入子项】，输入相关内容。

② 仿制子目。以现有定额库子目为依据，修改后快速建立补充子目。操作方法是先调用某一子目，对包括名称、人材机配比、单价等子目进行修改与换算，类别列自动由“定”变为“换”，然后修改材料的“名称与规格”、“预算价”及“定额含量”等数据，系统对材料号重新进行编号。

4) 工程量输入

(1) 直接输入工程量。直接输入工程量，就是将计算好的工程量结果直接输入到工程量表达式栏。这种方式比较适合手工计算工程量后，上机编制预算书。

(2) 表达式输入。将工程量计算的四则运算表达式直接输入到工程量表达式栏，系统自动将计算出的结果显示在工程量栏。例如：直接输入“12＊12.3＋58＊(0.2＋0.6＋8)”等。

如果计算过程较为复杂，可以输入多个相关联的表达式来计算工程量，操作方法是通过单击工程量表达式栏，使其呈可编辑状态，表达式列右边会出现【…】图标，单击此图标，可进入表达式窗口，输入工程量计算式，每个表达式占一行。输入表达式后，单击【确定】按钮计算表达式结果，将结果值返回给工程量并退出该对话框。

(3) 公共变量。在预算编制过程中，有些数据在计算不同分项工程量时会多次用到，如外墙轴线、内墙轴线，在计算挖土方、基础、墙体砌筑、装修时都会用到。这些数据均可作为公共变量，事先在变量表中计算好，需要时直接引用。单击鼠标右键选择【插入变量】，即可增加此类变量，选择【删除变量】可将其清除。

(4) 图元公式。有些计算工程量常用的公式，软件用图形表示出来，用户只要给出相应的参数，系统会自动计算出工程量，称之为图元公式。使用时鼠标单击页面工具条【$f_x$】图标，系统弹出计算公式窗口。鼠标单击公式类别下拉选框右边黑箭头，确定公式种类。

5) 预算处理

(1) 直接输入换算。直接输入子目时，可以在定额号的后面跟上一个或多个换算信息来进行换算，预算书类别以“换”做标识，区别定额子目。

(2) 标准换算。根据定额的章节说明及附注信息，软件将定额子目常用到的换算方式做进软件中，系统自动进行处理，计算新的单价和人材机含量。选择主菜单【预算书】，选择“换算”中的“标准换算”，系统弹出标准换算窗口，当前子目按定额规定将可换算的内容全部显示出来。如输入“2-61子目”，定额允许换算混凝土与墙厚两项，单击混凝土换算下拉选框右方的小黑箭头，在弹出的可选项中选择实际工程使用的混凝土，如果实际墙厚为300，与定额相同，不需换算，单击【确认】按钮，换算工作即完成。如同时换墙厚，则在墙厚输入框中输入实际厚度。

(3) 材料类别换算。通常情况换算的是同一类别的人材机，系统同时提供了一种材料类别换算方法。单击人材机的名称与规格列，单元格右方出现黑色箭头，如图 12-3 所示，单击此箭头，系统弹出下拉选框，将人材机库中与当前材料类别相同的材料全部列出来，单击要换算的材料，换算即完成，系统用选中的材料替换原有材料，含量不变，重新计算子目单价。

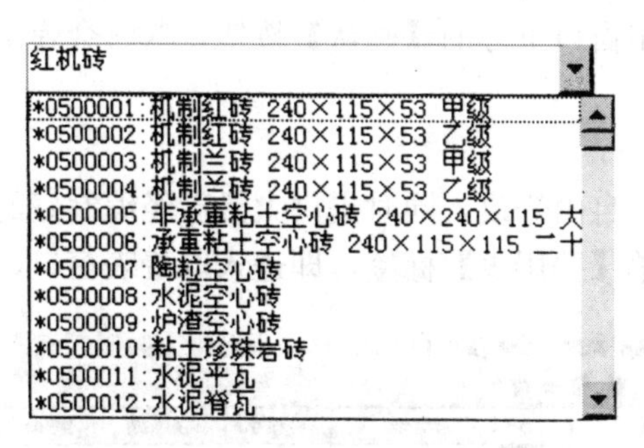


图 12-3 材料类别换算对话框

(4) 直接修改量换算。系统可以直接修改子目人工费、材料费、机械费或者单价，再反算到人材机含量中。如“9-76”子目，工程量为“1”，人工费为“28.22”，材料费为“22.92”，单价为“102.28”，将人工费改为“56.44”，工日的工程量表达式即由“1*1.22”变为“1*2.44”，单价也重新计算为“79.36”，双击人工单价，其中显示“28.22*2”。

6) 人材机表

单击主菜单【人材机】，窗口左方显示人材机类别列表，右方显示不同类别的人材机表的内容。

(1) 确定市场价。

① 选择市场价调价。操作主菜单【人材机】选择“载入市场价”，选中某期市场价文件，所有材料的市场价即可替换为信息价。

② 上网询价。单击页面工具条中【网上在线帮助】图标，可访问系统提供的数字建筑网站询价。

③ 直接输入市场价调价。将光标移至市场价列，输入材料市场价，软件自动计算价差及价差合计。

④ 材料询价。为分别设置材料的市场价格，软件新增了材料询价功能。用户可分别设置每条材料的市场价格。在人材机表中选中一条材料，右击鼠标在弹出菜单中选择“材料询价”，则会弹出【材料询价】对话框。

(2) 新建人材机表。双击【新建人材机表】大图标，可新建用户需要的材料表。界面风格类似于“新建向导”，具体操作分为三步：类别选择、人材机选择、名称及代号。

(3) 人材机表锁定。切断人材机表与预算书的关联关系，使之成为一个独立的表，锁定人材机表后，再修改预算书内容，表中人材机种类与数量不随之变动。选中人材机表，单击页面工具条上“锁定人材机表”，选中的人材机表图标上会加一把小锁，再次重复上述操作可解除锁定，恢复与预算书的关联关系。

(4) 人材机转换。编制预算时，希望将一种材料转换为另外一种材料输出，则可将光标移至需要转换的材料上，单击鼠标右键选取快捷菜单中的“人材机转换”项，软件会调用查询人材机窗口，右边是材料分类树型图，左边为该类别的材料。用户也可以用关键字快速检索，选择需要的材料后单击窗口下方的【确认】按钮，这时会弹出另一窗口，要求输入材料的转换系数。

7) 取费表

系统可实现自动取费，自由修改，同时提供大量已经编制好的当地取费表和费率库，供用户选择使用。单击主菜单【费用表】标签，即进入取费表窗口，如图 12-4 所示。

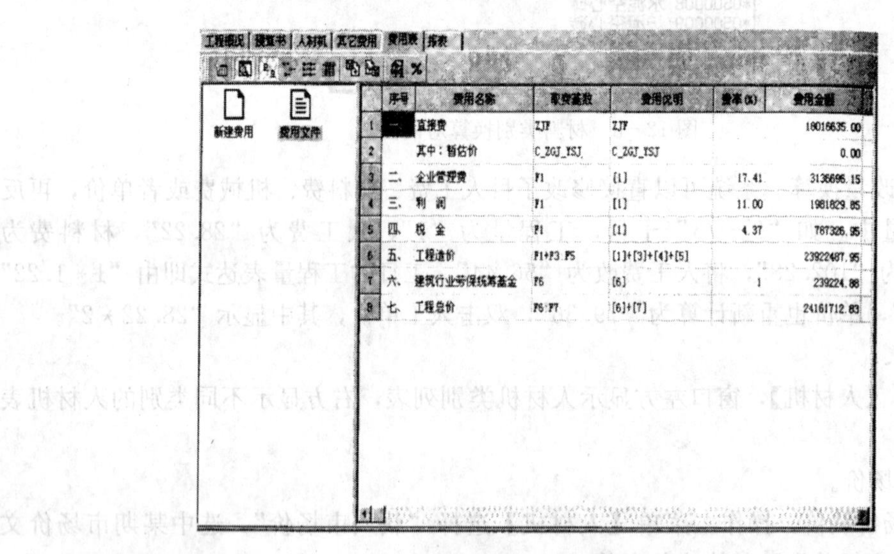


图 12-4 费用表窗口

(1) 自动取费。如果用户使用“新建向导”建立单位工程预算文件，并输入了工程信息，软件可以自动根据信息选择费用文件。单击取费表中【费用文件】，窗口右方显示具体的取费项目，并已计算出各项费用金额，用户只要核对取费基数与费率的正确性便可完成取费工作。

(2) 载入费用文件。使用“新建预算”建立的单位工程概预算，需要用户自己取费，但软件根据当地费用定额、各类工程可能的取费方式做好了模板。单击主菜单【费用表】选择“载入”，系统调用 Windows 打开文件窗口，找到合适的费用模板，单击【打开】按钮，则费用模板内容载入费用表中。如果用户设置了实时汇总计算，则载入后各项费用金额已经计算好。

(3) 新建费用文件。如果在合同中约定好了取费办法，与费用定额规定有差异，用户完全可以按照自己的需要，建立一套费用表。操作方法是：单击主菜单【费用表】，选择“新建费用”图标，系统弹出窗口，如图 12-5 所示。输入费用文件名称与代号，为了减少输入量，用户可以选择一费用文件，以此为样板修改费用项目，单击样板输入框右方，调用 Windows 标准打开窗口选择样板，备注供用户输入有关信息，单击【确认】按钮系统载入样板费用模板，供用户修改。用户如果不选择样板，则生成一个空费用表，用户可逐项输入费用项目，也可打开其他工程文件用鼠标拖入费用项或整个费用表。

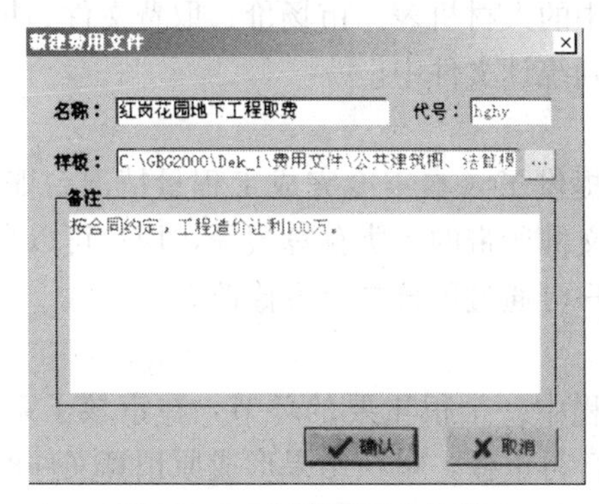


图 12－5 新建费用文件窗口

**2. 统计子系统**

统计子系统的主要功能是统计工程每个月的产值和工程量，上报公司月产值或上报甲方以获得进度款。在做统计月报之前，首先确定预算书和在此以前的所有洽商变更，否则不能建立月报表。

1) 新建统计文件

单击【系统功能】，选择“选项设置”的启动页面，将缺省新建类型选为统计，然后单击系统工具条中【新建统计】，软件将弹出窗口让用户选择预算文件与变更文件，快速新建一份统计，单击【确认】按钮进入统计管理。

2) 统计管理

(1) 新建月度统计。单击页面工具条中【新建向导】图标，系统弹出新建月度统计窗口，选择报监理或报公司，输入上报月份，软件默认月份为计算机系统月份，但用户可以单击右方箭头进行修改，然后单击【确认】按钮，屏幕右方显示月报信息，同时系统添加预算书、取费、报表多选页面。

(2) 统计月报锁定。选择需要加锁的月报，通过单击鼠标右键选择。

(3) 统计月报数据导入。报公司/报监理的月度统计表可以选择导入同月份的报监理/报公司的月度统计表的数据，导入的数据只是本月完成工程量。操作方法是：选择月报统计表，通过单击鼠标右键选择“数据导入”。

(4) 统计月报数据导出到审核。当统计月报需要报公司或报监理审核时，可选择某月报导出到审核。操作方法是：单击鼠标右键选择“导出到审核”，系统弹出 Windows 标准的【另存为】窗口，输入文件名称，即可生成一份统计月报的审核文件（*.GSH)。在审核子系统中可以直接打开该文件立即进行审核。

3）统计工程造价

进入预算书页面，软件将原预算文件及各洽商变更单作为统计文件的分部显示，洽商文件中的变更单号为分部名称，列在预算书后。原预算文件带入工程量，洽商变更部分带入工程量增减，均显示在子目的原工程量列中。用户只要在完成工程量列中输入数量，就完成了月度统计工作。原预算文件中的人材机表、市场价、取费文件、报表系统及预算书属性设置中的参数和定额特性一并带到统计文件中。

4）统计报表输出

切换到报表页面，系统提供了《本年度完成工程量情况台账》及《本年度产值完成情况》统计报表，还有原预算文件所带的各类预算报表，用户可以自行选择输出。统计报表默认年份为当前系统年份，用户可通过屏幕右上方修改。

**3. 审核子系统**

审核是工程造价管理过程中一个很重要的环节，在审核子系统中，用户可以审核预算书，也可对已审核的预算进行再审核，审核结果形成原预算文件的预算书、人材机表、取费文件与审核后预算文件的增减账对比。系统还能对洽商单，统计月报和分期结算单进行审核。

1）新建审核文件

新建审核文件的方法类似于新建统计子系统。

2）审核原预算

(1) 子目审核。即对原预算子目逐条审查，包括子目套用、工程量、换算、子目单价等的校验。进入预算书页面，原预算书的内容已全部带入，将其工程量放在原工程量中，子目行号前加“原”字标志。预算书增加了一列“对应子目”，这是为标明新增子目与原预算子目对应关系而设的字段。建立审核文件后，原预算对应子目默认为行号的相反数，如原预算中行号为“1”，导入到审核文件后，对应子目为“－1”。原预算对应子目号不允许编辑，但审核子目可以修改或选择，操作方法是选中当前子目对应子目列，再单击鼠标左键，进入编辑状态即可进行修改或选择对应子目号。

① 调整工程量。当审核方认为送审者子目套用适当，但工程量有出入，需要调整时，用户可在审核后工程量列输入数据，系统自动计算增减工程量。增减工程量等于审核后工程量减去原工程量。当然用户也可以直接输入增减工程量，由系统算出审核后工程量。

② 删除子目。在审核后工程量列输入“0”，即表示删除子目。

③ 增加子目。如果原预算书有漏项，审核者可在预算书后面增加子目，录入方式与换算方法同预算子系统，增加子目的对应子目号及原工程量系统默认为“0”。

④ 替换子目。如果认为原预算套用子目不当，需要用其他子目代替，首先按上述方法删除子目，然后按 Insert 键，则系统在被替换子目后插入一空行，供用户输入新的子目，行号前加“审”字。替换子目时，对应子目号系统可以自动添加，编号为原预算书的相反数，二者之和为零。如果用户愿意将替换子目集中放在预算书后，则在输入子目号后，选中当前

子目对应子目列，再单击鼠标左键，进入编辑状态，单击右方向下箭头，打开下拉选框选择对应子目，可建立对应关系，在工程造价审核明细表中，有对应关系的子目排在一行输出。如图 12－6 所示。

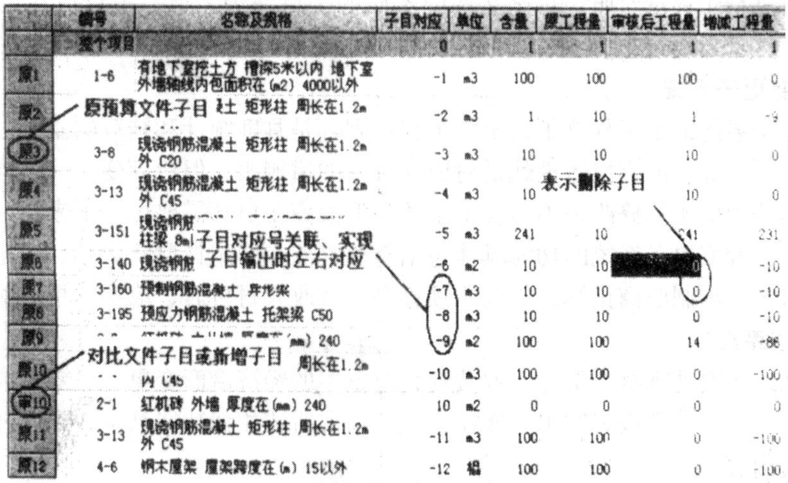

| | 编号 | 名称及规格 | 子目对应 | 单位 | 含量 | 原工程量 | 审核后工程量 | 增减工程量 |
|---|---|---|---|---|---|---|---|---|
| | 整个项目 | | 0 | | 1 | 1 | 1 | 1 |
| 原1 | 1-6 | 有地下室挖土方 槽深5米以内 地下室外墙轴线内包面积在(m2) 4000以外 | -1 | m3 | 100 | 100 | 100 | 0 |
| 原2 | [illegible] | …土 矩形柱 周长在1.2m … | -2 | m3 | 1 | 10 | 1 | -9 |
| 原3 | 3-8 | 现浇钢筋混凝土 矩形柱 周长在1.2m外 C20 | -3 | m3 | 10 | 10 | 10 | 0 |
| 原4 | 3-13 | 现浇钢筋混凝土 矩形柱 周长在1.2m外 C45 | -4 | m3 | 10 | | 10 | 0 |
| 原5 | 3-151 | 现浇钢筋… 柱梁 8m… | -5 | m3 | 241 | 10 | 241 | 231 |
| 原6 | 3-140 | 现浇钢筋… | -6 | m2 | 10 | 10 | [illegible]0 | -10 |
| 原7 | 3-160 | 预制钢筋混凝土 异形梁 | -7 | m3 | 10 | 10 | 0 | -10 |
| 原8 | 3-195 | 预应力钢筋混凝土 托架梁 C50 | -8 | m3 | 10 | 10 | 0 | -10 |
| 原9 | [illegible] | …(mm) 240 | -9 | m2 | 100 | 100 | 14 | -86 |
| 原10 | [illegible] | … 周长在1.2m内 C45 | -10 | m3 | 100 | 100 | 0 | -100 |
| 审10 | 2-1 | 红机砖 外墙 厚度在(mm) 240 | 10 | m2 | 0 | 0 | 0 | 0 |
| 原11 | 3-13 | 现浇钢筋混凝土 矩形柱 周长在1.2m外 C45 | -11 | m3 | 100 | 100 | 0 | -100 |
| 原12 | 4-6 | 钢木屋架 屋架跨度在(m) 15以外 | -12 | 榀 | 100 | 100 | 0 | -100 |

原预算文件子目
表示删除子目
子目对应号关联、实现子目输出时左右对应
对比文件子目或新增子目

图 12－6　替换子目窗口

⑤ 调整报审费用。如果送审预算由用户手工费编制，可能存在一些计算错误或误差，如用人工单价乘以工程量不等于人工合价等。为了保持送审预算原貌，软件提供调整报审费用功能。单击工具条中【审】字图标，系统弹出报审费用窗口，用户可以将送审预算书数据输入，单击【应用】按钮，则保留修改数据；单击【恢复预算数据】则保留软件计算结果。

(2) 价差审核。审核的第二项工作就是审价差。切换到人材机表页面，软件导入原预算文件人材机表，显示在屏幕左方列表框中。系统自动汇总出原预算文件的人材机数量（原数量）和审核后数量（数量），并据此算出增减量。原预算文件的材料市场价，将带入到人材机的各个列表，显示在原市场价列。审核者根据相关合同文件，在市场价列输入审核后的市场价，软件将计算出市场价增减、价差及价差增减。

(3) 费用审核。费用审核主要是复核取费项目、取费基础基数及费率。切换到费用表页面，界面分两栏显示，左方为审核后费用表，右方为原预算文件费用表。系统默认审核后费用表与送审预算费用表相同，用户可在此基础上修改。软件为两费用建立了一种连动效应，在审核后费用表中进行操作，原预算费用表会有响应。

(4) 报表输出。软件提供审核后各类预算报表及《工程造价审核明细表》、《工程造价审核材料价差表》、《工程造价审核费用》，分别与原预算对照输出，并提供《审核汇总表》，用户可自行选择输出。

3) 对比审核

审核者根据图纸及相关工程文件在预算子系统中编制一份完整的预算，审核时与送审者预算进行对比，审定最终结果。

如果用户已将送审预算导入到预算子系统，并且已自行编制好预算书，审核工作变得很容易，对比预算由软件自动完成。将对比文件中的相同子目进行合并后再与原预算文件中第一个相同子目进行工程量对照，对比文件中不同的子目作为“审”子目放在原预算文件之后，原预算文件子目设定为“原”子目。软件除进行子目审核外，还可进行价差审核。

**4. 洽商变更子系统**

洽商变更子系统继承了预算子系统的工程数据，是月度统计和结算的基础数据。洽商变更造价编制，在预算上的直接体现就是对原有子目的增删改，但洽商变更又不同于普通的预算修改，因为普通的预算修改是不需要记录的，但洽商变更却需要保存下来，并且可以取费和报表输出。洽商变更子系统的功能具体包括新建洽商单、选择取费类别、锁定洽商单、洽商单导出到审核、编制洽商预算、修改原预算书、修改人材机表、取费、报表输出等功能。

**5. 结算子系统**

结算子系统主要处理材料价差、取费变化及发生的经济洽商变更。主要功能包括结算管理、人材机汇总、取费和报表输出，操作方式与前文所述相似功能基本一致，其中结算管理包括以下主要内容。

(1) 新建分期结算单。建立结算文件时输入分期结算数，建立各分期结算单，默认结算单名称从“结算单一”开始，一直到分期结算数。结算单的取费类别默认为原预算文件的取费表。若没有在新建结算文件时确定分期结算数，则在进入结算管理后，双击屏幕左方列表中的【新建结算单】大图标。系统弹出新建结算单窗口，逐一输入相关内容。结算单号和结算单名称必须输入，结算时间系统默认为当前系统日期，用户可单击右方箭头修改，选择或输入取费类别，然后单击【确认】按钮，屏幕右方显示结算单信息，同时系统添加预算书、取费、报表多选页面，用户可为每张结算单编制一份预算。

(2) 取费类别。采用一般传统定额计价方式，投标报价时的取费与结算时取费不相同，但由于建立结算文件时系统将投标报价时的预算文件的取费带过来，所以需要用户重新载入该工程的结算取费表。同一取费类别的结算单取费表是一致的，修改其中任何一个结算单的取费表均会对其他相同取费类别的结算单的取费表起作用。若想实现两份结算单的取费不同，必须修改结算单的取费类别，使它们的取费类别不同即可。软件用“取费类别”来表示这种关联关系。如果在新建结算单时，不修改取费类别，切换到取费表页面，屏幕左方列表中有一个红色的费用文件，即为原预算文件的取费表。若想修改取费表可以通过载入结算的取费模板或直接修改取费表中的取费项，操作参照预算子系统中的取费。

(3) 导出到审核。结算单是分期编制的，每个结算单均需要分期报到甲方或监理审核。为此，可采用选择某期结算单导出到审核文件，便于甲方或监理审核使用。操作方法是：单击鼠标右键，选择“导出到审核”，系统弹出 Windows 标准的另存为窗口，输入文件名称，即可生成一份结算单的审核文件（*.GSH)。在审核子系统中可以直接打开该文件即可进行审核。

(4) 结算单造价。选中某期结算单进入预算书编制页面。在新建结算文件时是否选择“预算文件与变更文件合并”功能，对子目的原工程量以及排布是不同的。预算文件与变更文件不合并时，原预算文件带入工程量，洽商变更部分带入工程量增减，均显示在子目的原工程量列中。用户只要在本期完成工程量列中输入数量，就完成了结算工程量的输入。结算单中的人材机表、市场价、取费文件及报表系统可以从原预算文件中带入，原预算文件预算书属性设置中的参数及定额特性也一并带到结算文件中。结算管理子系统还有结算单锁定、删除功能，操作方法与前文类似功能一致。

**6. 数据维护**

1) 定额维护

定额维护提供了定额选择、定额信息、定额专业及章节、定额子目及子目含量等信息的维护。进入界面后，屏幕左方显示当前定额的树型结构，操作树型目录，右上方显示相应章节子目，光标在子目上移动，右下方显示子目的人材机组成，如图 12－7 所示。操作屏幕左下方的单选框，可选定维护的范围。

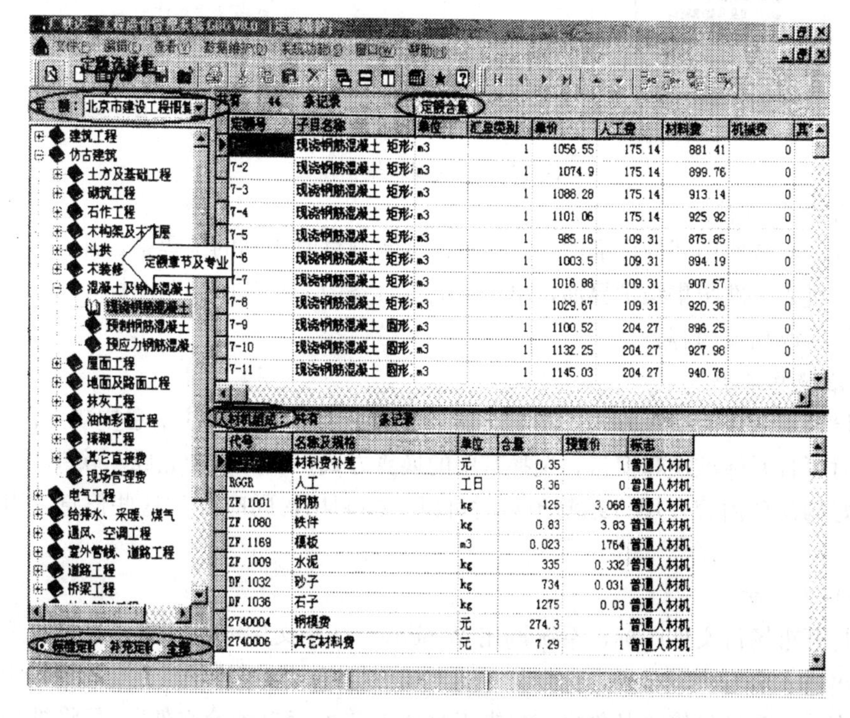


图 12－7 定额维护窗口

2) 人材机维护

人材机维护提供了人材机类别、人材机内容及其配比材料的信息维护。如图 12－8 所示。窗口左上方是定额种类列表，通过它可以选择用户需要维护的定额，在它的下面是该定额的人材机类别树型图，选择人材机类别，窗口右边表中会出现该类别的材料信息。

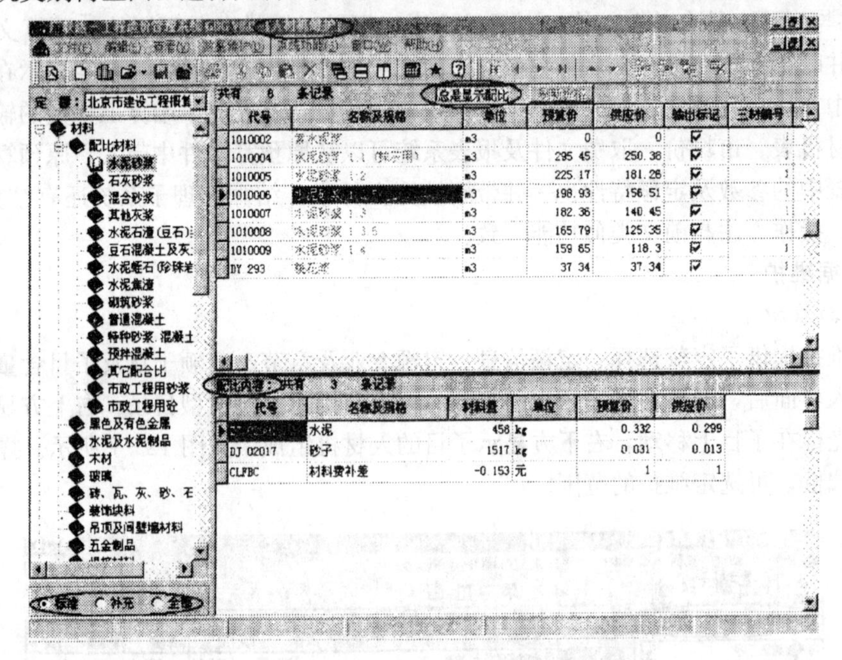

图 12-8 人材机维护窗口

3）标准图集维护

软件提供经常使用到的标准图集，计算出编制预算时用到的工程量，并套好子目，方便用户使用。进入标准图集维护界面，单击页面工具条中“打开图集”图标，可选择维护的图集名，即可修改相关内容。

4）标准换算维护

软件设计了众多的换算方式，基本涵盖了各地定额说明及附注信息中规定的换算规则。编制预算时可打开标准换算窗口，选择其中的换算方式，软件自动完成。软件根据各地定额要求设置好的换算内容，用户编制预算时可以直接调用，同时开放这些信息，用户可对其维护。

5）市场价维护

单击打开市场价文件图标，系统调用 Windows 打开文件窗口，浏览目录，选择相应的定额库，再进入市场价子目录，选中某一期市场价打开，即可维护。在树型目录上按类别搜索材料，直接在市场价修改其价格，单击工具条上“另存市场价文件”，可将维护结果保存起来，同时不冲掉原有文件。直接单击系统工具条上“关闭”图标，系统保存修改结果，以原文件名保存。

单击“新建市场价文件”图标，系统弹出相应的窗口，用户可以选择定额，提供新建的市场价文件的名称和备注，建立一个新的市场价文件。新建的市场价文件，有树形结构、材料号及名称等信息供用户参考，用户只要输入市场价即可。

系统提供按关键字检索功能，在材料号或材料名中输入要匹配的条件，可快速查找材料，修改其市场价。

6）*报表维护*

软件根据各地的使用习惯提供了常用报表，用户编制单位工程时，如果对提供的格式不满意，可自行设计，也可平时设计好，编制单位工程时直接调用。软件安装时，不同定额分别安装在不同的子目录中，不同的定额有不同的报表文件。单击页面工具条“打开”图标，用户可选择定额，进入定额目录后，再选择报表文件打开维护，软件默认为当前系统默认的定额报表。

除此之外，软件还提供计算公式维护、费用文件维护、主材设备维护、计量单位及工程概况维护、子目汇总类别名称维护、主要材料指标维护等功能模块。

## 12.2 工程量清单计价软件简介

随着《建设工程工程量清单计价规范》（GB 50500—2003）的发布和广泛使用，各种工程量清单计价软件纷纷研制推出，在此仅就神机妙算“清单专家”工程量清单计价软件作一简单介绍。

### 12.2.1 系统概述

“清单专家”系统集成了单位工程、单项工程、建设项目多级工程量清单报价编制、人材机分析汇总、综合单价分析与报价优化处理、造价审计审核、报表编辑输出、工程量清单项目及定额子目数据库编辑管理、工程量清单定额可视化排版等功能，同时兼容定额单价法、实物法、单子目取费等多种传统计价模式，并可与清单计价自如转换。

### 12.2.2 技术特性

**1. 数据库架构**

“清单专家”工程量清单计价软件将工程量清单项目、计量规则数据库与智能感知技术、模糊关联技术、多叉树形数据库技术相结合，把工程量清单项目体系和计量规则与工程内容定额子目融合为一个智能化的工程量清单定额数据库系统，以满足不同地区、不同专业造价管理的需要。“清单专家”的工程量清单定额数据库，可根据不同地区和不同专业清单计价具体实施办法和实际需要灵活选用建库结构模式，即工程量清单项目（工程内容子目指引模式）、工程量清单项目（工程内容子目附项模式）、工程量清单项目（工程内容综合定额模式）。这 3 种模式既可独立运用又可嵌套综合，能满足工程量清单计价的本地化、专业化需要。系统能在同一个工程量清单报价编制界面集成套价库、清单定额库、含量库、综合定额及其含量库、换算项目价格库等多个功能窗口，并实现相互间动态数据调用，提高了工程量清单报价编制的速度和效率。

**2. 工程量清单定额库动态挂接与数据模块化调用**

数据独立性使得程序部分与配套工程量清单定额数据库相互独立，调用不同工程量清单定额只需更改调用路径或调整调用指针，快捷实现不同地区、不同行业工程量清单定额的套用。系统对操作窗口的任何一个功能区的数据（套价数据、价格数据、定额子目组合、计价模式组合、报表格式等），均可定义为模块数据文件存储和随时共享调用。

**3. 二次开发定制功能**

“清单专家”可按照不同计价要求构造实体计价项目和各种费用项目，灵活方便地组合出相应计价模式，从而满足各地区、各专业工程量清单、传统定额单价、实物法、子目单项取费、综合单价等多种计价模式的要求。

**4. 网络化应用**

“清单专家”工程量清单计价软件支持软件自动在线升级与数据更新，动态下载工程量清单定额库、实时价格信息库、计价规则模板、造价指数指标等计价依据信息，实现预算软件与造价信息网的集成，使用户可以获得建设市场动态造价信息和最新造价管理政策及其电子化、信息化的可执行文件（数据库、模板文件），编制出符合市场竞争机制要求的工程量清单报价。

### 12.2.3 系统功能

**1. 工程量清单报价编制**

工程量清单报价编制界面集成了套价窗口、工程量清单定额库分部树形目录窗口、工程量清单项目及其工程内容子目树形目录窗口、子目含量窗口、项目换算窗口、综合定额子目及其含量窗口、附注说明窗口等八个可组合功能区域，各区域数据在工程量清单报价编制过程中可直接通过鼠标拖拉操作，动态调用，关联运算。如图 12－9 所示。

1）分部分项工程量清单项目报价编制

依据招标文件中的工程量清单和有关要求，结合施工现场情况自行制定的施工组织设计，按照企业定额或参考建设行政管理部门发布的现行消耗量定额及工程造价管理机构发布的市场价格信息，投标人可编制工程量投标报价。

根据招标文件要求，通过工程量清单定额库两级树形目录窗口，直接将选用的工程量清单项目拖入套价窗口，自动生成工程量清单编号、名称、计量单位，录入清单项目工程量。根据招标文件中关于各工程量清单项目特征、工程内容的描述及工程图纸、施工现场情况和制定的施工组织设计，拖拉工程量清单项目所含各工程内容节点下的适用消耗量定额子目，进入套价窗口中对应工程量清单项目节点，录入子目工程量，构造出充分体现企业技术管理水平和特点的工程量清单项目及其工程内容子目体系。按照地区、专业工程量清单计价具体实施办法或造价管理要求，当工程量清单定额库采用工程量清单项目——工程内容子目附项结构模式或工程量清单项目——工程内容综合定额结构模式编制工程量清单报价时，将选用

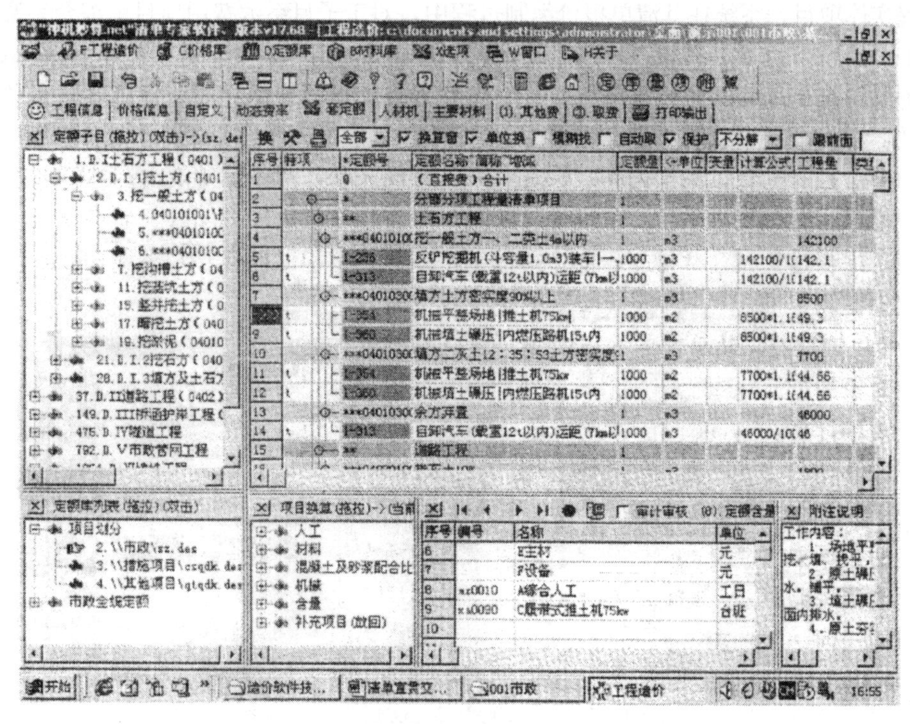


图 12-9　"清单专家"工程量清单报价编制界面

的工程量清单项目拖入套价窗口，系统弹出清单项目工程内容定额子目组合列表，录入工程量后自动完成该清单项目组价，如图 12-10 所示。

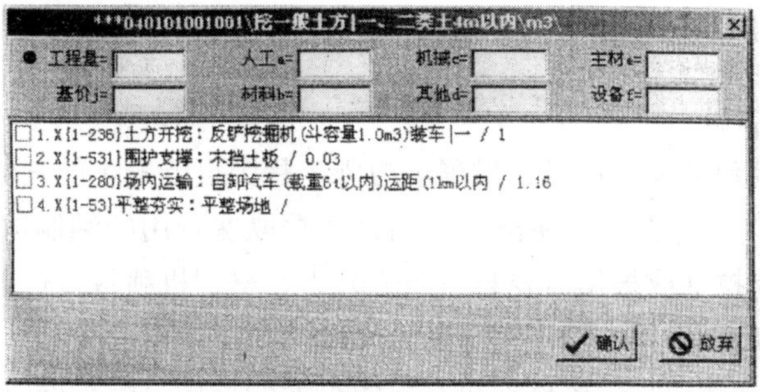

***040101001001\挖一般土方|一、二类土4m以内\m3\

工程量=　人工a=　机械c=　主材e=

基价j=　材料b=　其他d=　设备f=

□1.X{1-236}土方开挖：反铲挖掘机(斗容量1.0m3)装车|一 / 1

□2.X{1-531}围护支撑：木挡土板 / 0.03

□3.X{1-280}场内运输：自卸汽车(载重6t以内)运距(1km以内 / 1.16

□4.X{1-53}平整夯实：平整场地 /

确认　放弃

图 12-10　清单项目组价窗口

投标人可根据自身技术装备状况和生产管理水平，灵活调整工程内容定额子目消耗量项目含量及其市场价格和修改综合单价中管理费、利润等费用的取费标准，做出具有企业竞争力的投标报价。

2）措施项目报价编制

措施项目是为完成工程项目施工而发生在施工前和施工过程中的技术、生活、安全等方面的非工程实体项目。系统在其清单报价编制过程中，对于子目系数费用项目、综合系数费用项目及包干费用项目均可在“自定义”插页预先定义取费规则（取费基数、费率）。在编制措施项目报价时，在套价窗口直接选择拖拉自定义的措施项目，自动完成该措施项目报价。对于“脚手架”、“施工降水”等须套用定额子目的措施项目报价，在套价窗口直接套用相应定额子目完成。投标人可根据自身情况和报价策略灵活调整措施项目费用，如图 12-11 所示。

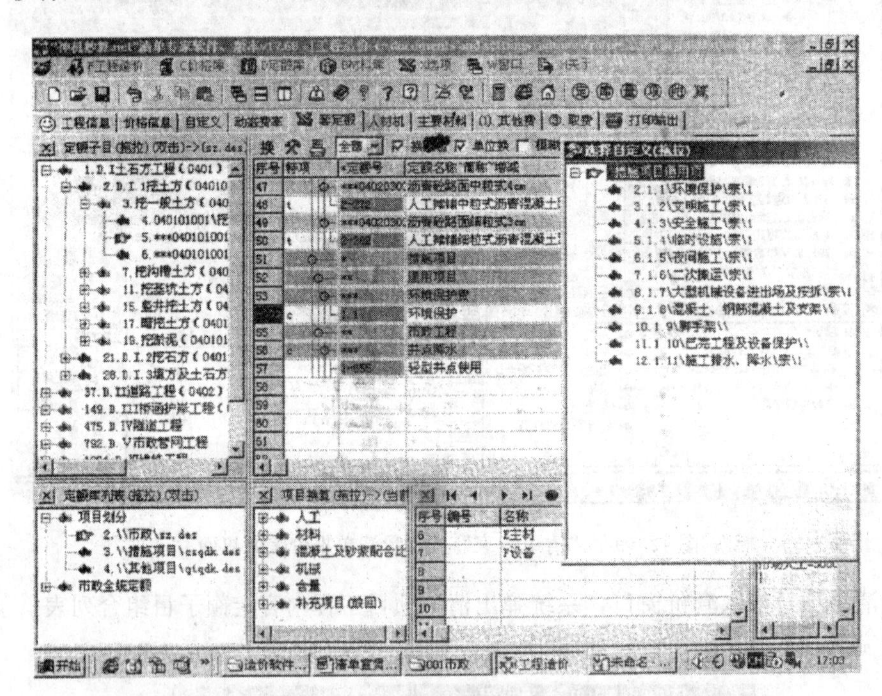


图 12-11　措施项目费用编制界面

3）其他项目报价编制

对于除分部分项工程量清单项目、措施项目外工程中可能发生的其他项目费用，通过在“其他费”插页自由编辑，可灵活实现包干费用、系数取费费用的编制取定。“零星工作费”则直接在套价库窗口拖拉（或根据需要自行录入）人、材、机项目自行组价。

4）多专业计价规则综合调用与计价模式间的切换

“清单专家”工程量清单计价软件通过定额数据宏变量化、设置特项变量和动态费率表，通过计价字段编辑、取费表自由取费编辑，可按照不同计价要求任意构造实体计价项目和各种费用项目，可取定取费基数和进行费率设置、调整，实现同一工程量清单或预算书中按照不同专业取费规则对子目单独取费，实现跨专业综合调用定额。同时，可灵活方便地设置、组合出定额单价法、量价分离、分部单项取费等多种传统计价模式及其打印输出格式，实现工程量清单计价和传统定额计价模式之间的便捷切换，一次录入即可同时处理和输出符合多种计价模式要求的造价编制成果。

(1) 套价窗口录入界面采用“*”符号分级并引导分类汇总，将树型目录结构与数据表格融合在同一个功能窗口，使工程量清单报价的编制过程、结构体系层次清楚、关系明晰，操作简便快捷。

(2) 通过录入定额目编号自动输入工程量清单项目工程内容定额子目。通过模糊录入不完整编号或名称，系统自动弹出工程量清单项目的工程内容子目索引列表供候选输入，也可直接调用其他招投标项目文件的定额子目，编辑当前工程量清单项目的工程内容。通过拖拉套用综合定额子目、子目附项，可快捷完成工程量清单项目常用工程内容子目的编制。人材机项目及各种费用可作为清单项目、工程内容子目、措施项目、其他项目由换算窗口直接拖入套价库编制工程量清单报价。

(3) 工程量清单项目工程量及其工程内容定额子目工程量录入支持变量及公式编辑操作，并可根据需要自动换算定额子目计量单位。定额附项、综合定额结构模式的工程量清单项目工程量录入后，可按预先设置自动填写其工程内容定额子目工程量。可以通过多种方式快捷录入工程量清单及其工程量。

(4) 系统提供距离换算、厚度换算、面积换算、配合比材料换算、机械台班换算、系数换算、定额消耗量项目及其单价逐项换算、主材与设备换算的功能。换算操作深入至定额基本构造单元，如图 12－12 所示。“清单专家”可按照各地区、各专业定额管理要求，自由定制定额子目换算规则，换算后自动标记并保留换算历史记录，便于查询审核。

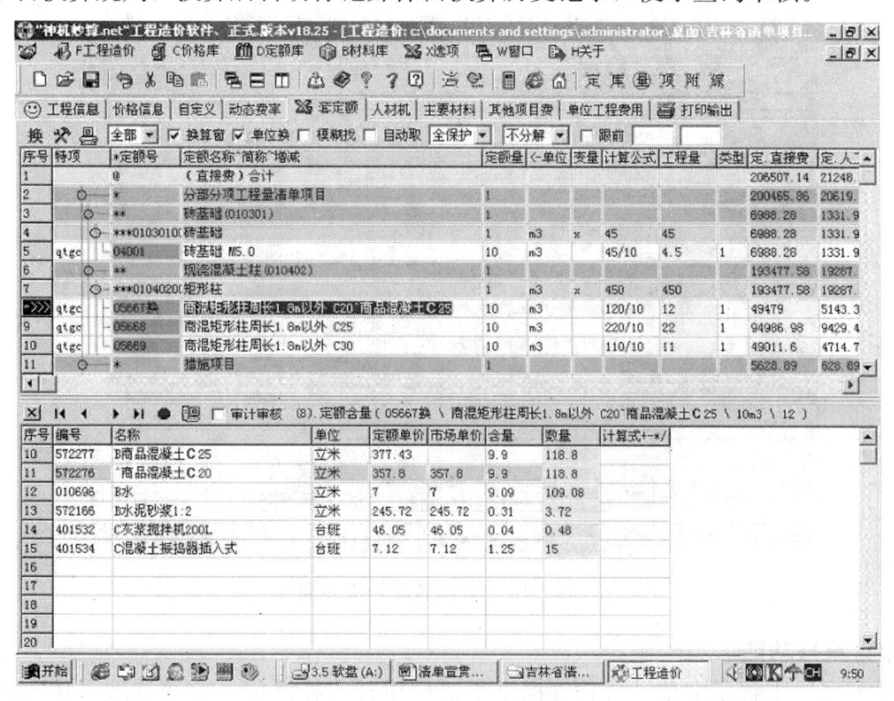


图 12－12　定额换算界面

**2. 人材机汇总分析**

"清单专家"工程量清单计价软件提供从普通人材机分析汇总、价差分析汇总到大材分析汇总、特项材料分析汇总、甲供材料分析汇总的全面人材机分析汇总功能，并可根据需要分列、合并配合比材料和机械台班中的人材机与费用。运用模糊关联技术，实现人材机项目反查定额子目功能和材料库取价功能，方便审查和用价。倒算套价功能，将人材机分析调整后的最新价格信息直接传送到套价库，实时刷新计算全部造价数据。价格库动态挂接，可灵活选用不同时期价格信息，并提供多期价格信息加权平均取价功能、网络下载价格信息等功能。

**3. 综合单价分析与报价优化处理**

"清单专家"工程量清单计价软件可对工程量清单报价进行逐层逐项单价分析，包括各工程量清单项目综合单价构成分析（所属各工程内容人工费、材料费、机械费、管理费、税金等）、工程量清单项目各工程内容定额子目的人材机消耗及费用分析，如图 12－13 所示。依据分析结果、工程招投标特点和企业自身技术装备状况和管理水平，通过系统快速优化调整分部分项工程量清单项目、措施项目、其他项目费用（费率调整、单价调整、工程内容定额子目调整，直至子目消耗量项目含量调整），体现企业自主报价理念。

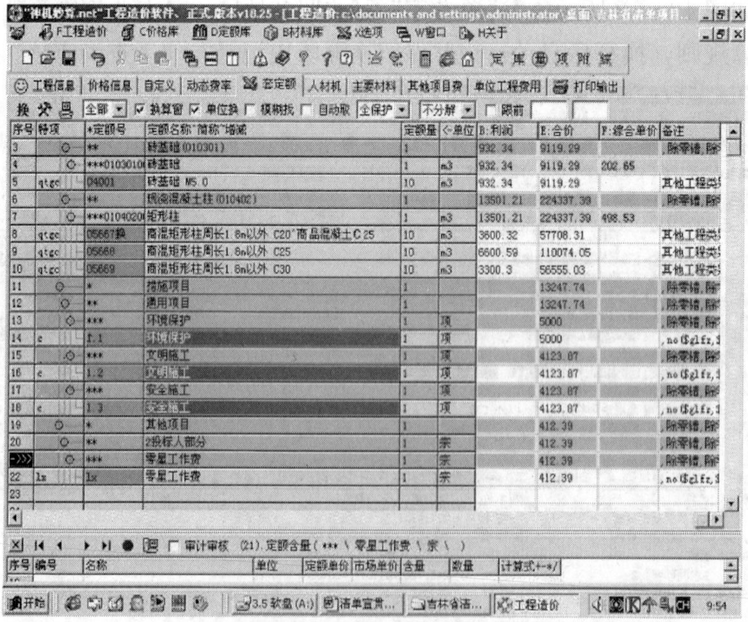

图 12－13 综合单价分析界面

**4. 审计审核功能**

"清单专家"工程量清单计价软件提供了造价审计审核功能，直接读取、传送送审造价数据至审计审核数据区，通过清单项目及工程内容定额子目适用性、工程量、费率、单价等项目全面审查核减造价并输出详细审计审核成果，如图 12 - 14 所示。

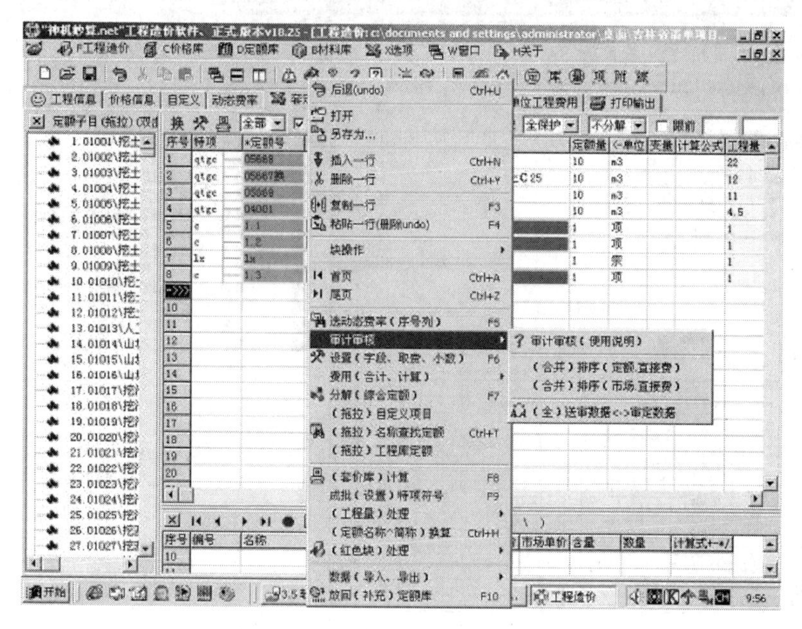


图 12 - 14　工程造价审计审核界面

**5. 报表编辑输出功能**

“清单专家”工程量清单计价软件提供报表输出编辑功能，支持图形嵌入和彩色打印，提供页面设置、表格格式设置、字符格式编辑、多种打印输出选项，如图 12 - 15 所示。系统内置《建设工程工程量清单计价规范》全部标准报表格式，通过系统宏变量技术和报表计算关系编辑接口，有助于构造出符合各地区、各行业不同的造价管理要求、招投标要求的报表输出格式。系统支持 Office 标准接口，报表打印输出可直接生成 Excel 电子表格和 Word 文档。

**6. 造价数据格式化存储与共享调用**

“清单专家”工程量清单计价软件对全部造价数据采用数据库和多层次格式文件管理，方便用户全面、完整地保存并积累经验性造价数据资料，逐步建立起自己的企业定额和经验报价数据。定额数据、价格数据、人材机费用项目纳入数据库管理，用户可随时根据需要构造补充定额、综合定额。典型工程套价文件、常用工程量清单项目及其工程内容子目组合、常用费率表、取费表、自定义费用项目、人材机分析成果、报表输出格式等都可作为独立数据模块存储为专门格式文件，并可根据需要随时调用，载入系统运行。

**7. 定额库编辑与管理**

“清单专家”工程量清单计价软件定额管理模块集成了定额数据库建库编辑、子目增删、消耗量项目及其含量调整、单价调整、配合比与机械台班分解等系统化功能，可建立、编辑满足各地区、各专业要求的定额数据库，并能够打印输出多种格式的消耗量定额、估价表及

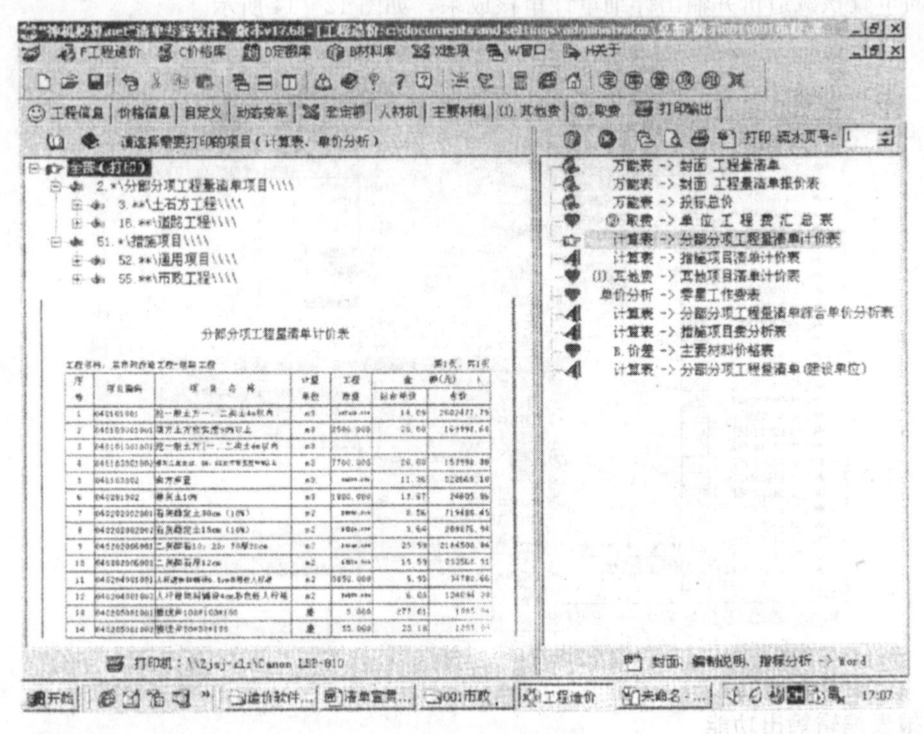


图 12-15　报表输出界面

材料价格表。通过与标准定额研究所工程量清单项目与计算规则数据库的技术融合，可编制出标准、规范的工程量清单定额数据库，满足工程量清单计价的需要，为各级造价管理单位和施工单位提供传统定额与工程量清单定额编辑与管理的专业工具。

定额管理主界面集成了子目录入、含量编辑、价格库项目列表、增减换算设置、系数换算设置综合定额组合及其含量窗口等七个功能窗口，如图 12-16 所示。定额子目与含量项目及其单价（提供定额价、市场价）动态关联，子目录入便捷，并可直接拖拉价格库人材机及费用项目作为子目消耗量项目录入。系统自动计算和分类汇总出各定额子目基价、人工费、材料费、机械费、其他费用及非基价项目金额，并提供定额数据校验、平衡、调整功能。综合定额组合编辑可直接拖拉定额子目到综合定额窗口，分配组合系数后自动完成综合定额含量汇总，生成综合定额子目，并可根据需要对任何一条定额子目设置附项定额及附项系数。

系统对定额子目与含量项目自行提供增加、删除、复制、粘贴及其块定义与批量处理功能，可对定额号、定额名称、定额单位、含量项目代号、名称、单位进行批量修改替换。定额消耗量项目含量及其价格可自由调整换算，可逐项个别调整也可进行自动乘以系数及增减调整。其中，消耗量及费用的定额价、市场价可直接由价格库自动传送。同时，系统提供定额库计算功能，可修改任一项目指标，重新计算全部有关子目基价，调整定额水平。调整

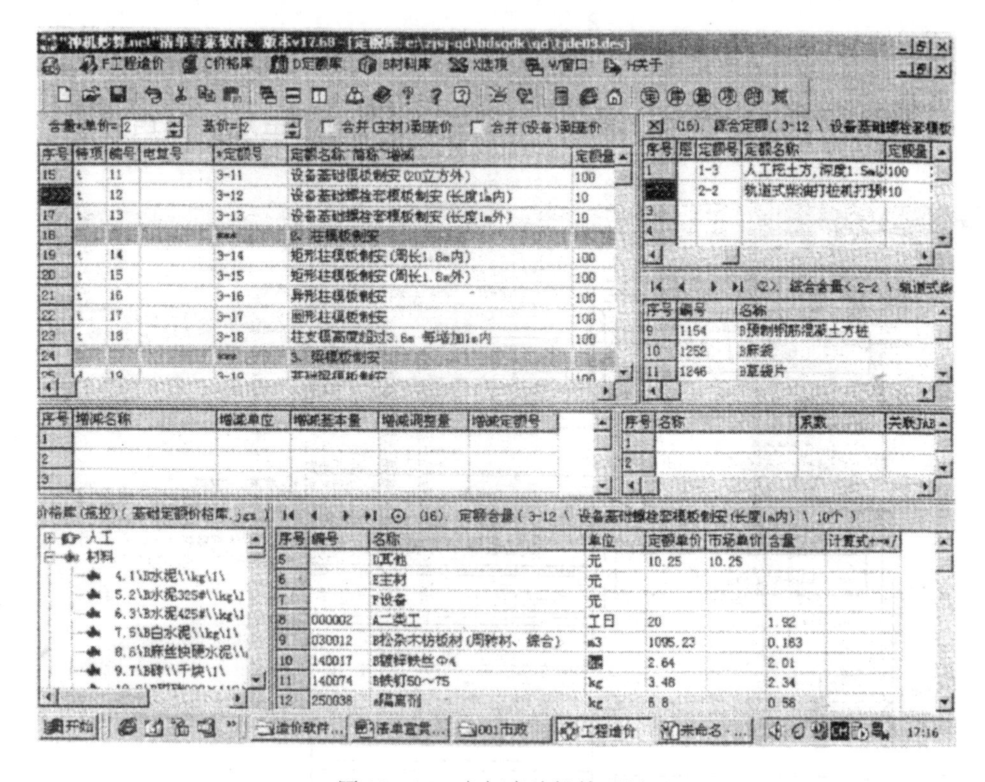

图 12-16　定额库编辑管理界面

替换操作支持智能模糊查找功能，满足便捷高效的操作要求。

各种标号砂浆、混凝土、机械台班项目分别建库纳入定额管理，通过套用相关定额子目和费用项目组合生成其预算价格，其构成项目及单价均可灵活调整计算。

系统提供所见即所得的定额排版编辑工具，基于广泛详尽的定额编制需求分析和专业经验总结，开发、集成了丰富的书面定额编辑排版功能，可编辑出版满足不同格式要求的消耗量定额、地区单位估价表、单位估价汇总表照相版，直接交付印刷。

**8. 系统维护**

“清单专家”工程量清单计价软件提供系统维护功能，用户可根据业务需要和工作习惯设置系统参数和操作界面，同时可通过口令密码的设定来保护数据安全和商业机密。典型、常用系统设置可作为模板保存备用。通过系统内置的文件压缩、解压工具，完成工程文件的备份和传输。数据库转换及输出、输入功能，与 MS—OFFICE 的接口功能，实现系统与其他应用软件的数据交换和共享。

**9. 操作帮助**

系统提供了帮助信息以指导用户操作，包括控件智能提示条、系统帮助文件、定额说明文件与附注说明信息、各个编辑操作界面的技术说明信息等。

# 第13章　发达国家和地区的工程造价管理

## 知识结构

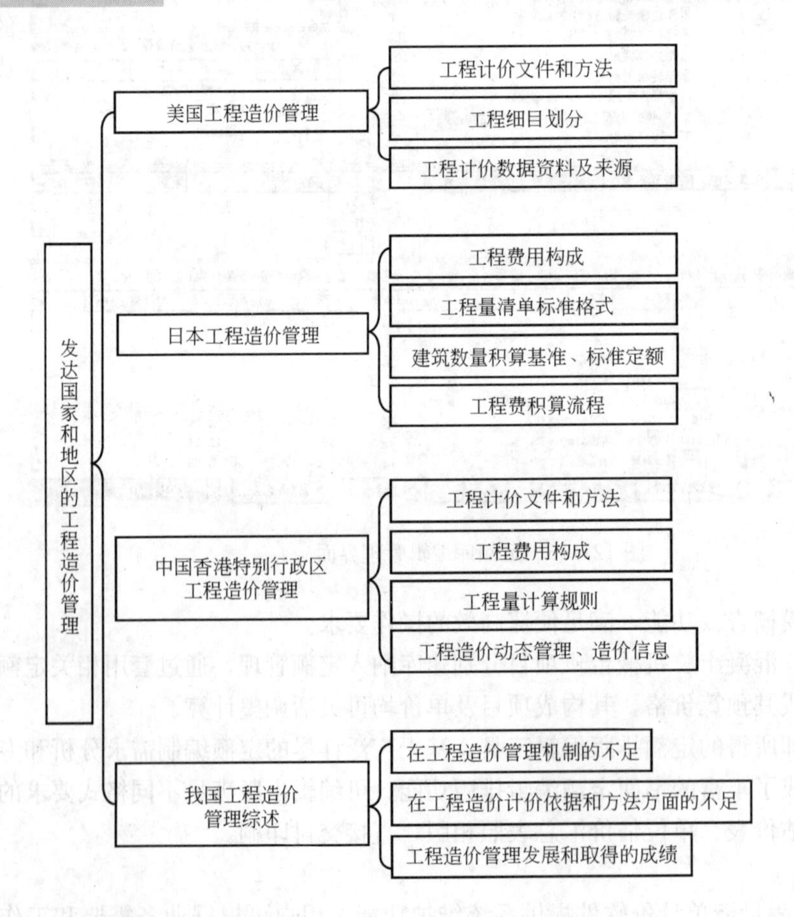


## 学习目的、任务与要求

通过本章的学习，使读者对发达国家和中国香港特别行政区的工程造价管理模式有所了解，认识到我国与先进国家在工程造价管理方面的差距。要求读者在学习中了解美国、日本和中国香港特别行政区工程造价管理的基本模式，了解我国工程造价管理机制、计价依据和方法方面的不足，了解我国工程造价管理的发展和取得的成绩。

# 13.1 美国工程造价管理

在美国，政府并不发布详细的工程量计算规则或工程定额，政府对全社会的工程造价并不进行直接的监督管理，只是由有关部门对自己主管的项目进行直接管理，或通过公布工程造价指南，或通过发布各种标准来间接影响工程造价或对整个建筑市场进行宏观调控。在工程估价中，估价人员一般选用专业协会、大型工程咨询顾问公司、政府有关部门出版的大量商业出版物进行估价，美国各地政府也在对上述资料综合分析的基础上定时发布工程成本材料指南，供社会参考。

## 13.1.1 工程估价文件和估价方法

在美国，工程的计价一般称为估价。根据项目进展的阶段不同，工程的估价大致分为 5 级：第 1 级，数量级估算，精度为－30％～＋50％；第 2 级，概念估算，精度为－15％～＋30％；第 3 级，初步估算，精度为－10％～＋20％；第 4 级，详细估算，精度为－5％～＋15％；第 5 级，完全详细估算，精度为－5％～＋5％。

按照采用的估价方法的数学性质，估价方法分为随机的（在推测的成本关系和统计分析的基础上）和确定的（在最后的和确定的成本关系的基础上），或是这两种方法的一些结合。在工程估价条目中，随机的方法常被称为参数估价，一般由业主使用较为广泛；确定的方法常被称为详细单位成本或行式项目估算，由承包商使用的机会较多。

参数法是在已知某因素成本的基础上，根据大量统计资料表明的已知因素和未知因素的数学关系，确定未知因素成本，从而推算出总成本的一种估价方法。其已知因素一般为设备投资或价格、已建项目投资等。在实际使用中，参数法可演化成设备因子法、规模因子法及其他参数法（如参数单位成本模型法、复合参数成本模型法、比例因子法、总单位因子法等）。参数法的最大特点是其估价结果建立在对大量统计资料的分析之上，而不基于本工程的实际构造进行详细成本估算，故估价结果不够准确，适用于业主在投资决策阶段对投资的估算上，相当于我国投资估算的计算思路。

详细的单位成本或组合单位成本法类似于我国的概预算编制方法，根据编制深度的不同，又可以分为详细单位成本法和组合单位成本法两种，这两种方法估价精度最高，常用于项目的成本控制预算、承包商的投标报价及变更估价。其中，详细单位成本法与我国的预算基本类似，该方法实际上就是针对最具体的分部分项工程进行直接的估价。在该方法下，估价人员首先需要详细划分估价条目，对估价条目进行准确计量，然后查找相应的单位工时、人工单价、单位材料消耗额、单位设备消耗额等，代入工程量，进行相应的算术运算即可求得每一行项目的成本合计。组合单位成本法又称固定成本模型法，与我国的概算有一定的相似之处，它与详细单位成本法的惟一区别就是它在后者的基础上对行式项目进行了适当组合，可以节约大量的计算时间。通过计算机成本估价系统，这些组合能够预先构建，保存在电子数据库中，以后作为一个单独的行式项目使用，而不必进一步考虑条目要素。如果有要求，在估价完成后，组合的行式项目能够在估价报告中分解回它的构成要素，以满足详细的成本管理的需要。

一般来讲，业主与承包商的估价过程有很大不同，这是因为他们有不同的观点、概念、交易管理风险、介入深度、估价所需的准确性及使用的估价方法有所不同。

业主的估价一般在项目的研究和发展阶段进行，当进行一个新项目的可行性研究时，需要考虑工艺技术及应用风险、投资策略、场地选择、市场影响、装船、操作、后勤及合同管理策略等一系列的问题，其中每一项都影响项目成本，所以对投资的估算具有较大的不确定性，故采用的估价方法一般为参数法。

相对业主来讲，承包商的考虑范围要小一些。因为承包商一般均在项目的中期和后期才开始介入，此时业主的意图已经清晰，已经对多个方案进行了研究，并对其进行了较为充分的比较、选择，项目的范围和轮廓一般已相当清晰。承包商只需根据业主给出的初始条件来设计、建设一个设施。承包商采用的估价方法一般为详细单位成本或行式项目估算。

## 13.1.2 工程细目划分

在美国的工程估价体系中，有一个非常重要的组成要素，即有一套前后连贯统一的工程成本编码。所谓工程成本编码，就是将一般工程按其工艺特点细分为若干分部分项工程，并给每个分部分项工程编专用的号码，作为该分部分项工程的代码，以便在工程管理和成本核算中区分建筑工程的各个分部分项工程。在详细单位成本法估价中，首先要对工程项目进行分解，以便详细划分估价条目，这就要用到工程细目划分（WBS）编码系统。

美国建筑标准协会（CSI）发布过两套编码系统，即标准格式（MASTER FORMAT）和部位单价格式（UNIT - IN - PLACE），两套系统应用于几乎所有的建筑物工程和一般的承包工程。其中，标准格式用于项目运行期中的项目控制，部位单价格式用于前段的项目分析。其工作细目划分及代码分别如下所述。

**1. 标准格式的工作细目划分**

标准格式的工作细目划分较为详细，特点是按照工程类型、结构类型、施工方法、建筑材料的不同进行划分，这与我国的概预算定额的章节划分较为类似。

1）一级代码

标准格式的一级代码表，如图 13 - 1 所示。

2）二级代码

二级代码是对一级代码内容的进一步细化，与我国的概预算定额的分项子目划分较为类似，如对于 03 混凝土工程，划分为下列二级代码：

03050 基础混凝土材料和方法

03100 混凝土模板及附件

表13－1　标准格式一级代码表

| CSI代码 | 说　明 | CSI代码 | 说　明 |
|---|---|---|---|
| 01 | 总体要求 | 09 | 装饰工程 |
| 02 | 现场工作 | 10 | 特殊产品 |
| 03 | 混凝土工程 | 11 | 设备 |
| 04 | 砖石工程 | 12 | 室内用品 |
| 05 | 金属工程 | 13 | 特殊结构 |
| 06 | 木材及塑料工程 | 14 | 运输系统 |
| 07 | 隔热防潮工程 | 15 | 机械工程 |
| 08 | 门窗工程 | 16 | 电气工程 |

03200　混凝土钢筋

03300　现场浇注混凝土

03400　预制混凝土

03500　水泥胶结屋面板和垫层

03600　水泥浆

03700　混凝土修复和清理

**2. 部位单价格式的工作细目划分**

部位单价格式的工作细目划分较标准格式粗略，是按照工程建设的各个部位进行划分的。

1）一级代码

部位单价格式的一级代码表如表13－2所示。

表13－2　部位单价格式一级代码表

| CSI代码 | 说　明 | CSI代码 | 说　明 |
|---|---|---|---|
| 分单元1 | 基础 | 分单元7 | 传输部分 |
| 分单元2 | 下层结构 | 分单元8 | 机械部分 |
| 分单元3 | 主体结构 | 分单元9 | 电器部分 |
| 分单元4 | 外檐 | 分单元10 | 一般条件 |
| 分单元5 | 屋顶 | 分单元11 | 特殊结构 |
| 分单元6 | 内部结构 | 分单元12 | 现场作业 |

2）二级代码

以分单元1——基础为例，二级代码编排如下：

地基和基础

1.1－120　扩展基础

1.1－140　带状基础

1.1－210　现浇基础墙混凝土

1.1－292　防水地基

挖方和回填

1.9-100 建筑挖方及回填

**3. 工业项目的工作细目划分**

对于工业项目，由于所需的是对设备、管道系统、仪器及其在此类工程中占支配地位的项目，此时一般都使用下面的编码体系或在此基础上稍作修改。

典型的工业工程编码

1. 现场/土木
2. 混凝土/基础
3. 结构/钢制品
4. 建筑物/建筑学
5. 管道系统
6. 设备
7. 导管
8. 电气
9. 仪器/工艺控制
10. 油漆/涂层
11. 绝热

## 13.1.3 工程估价用数据资料及来源

工程估价中需要用到的资料主要为各种成本要素的数值，美国工程估价所使用的成本要素资料主要有3个类型：① 出版的参考手册，承包商可以从第一手的历史成本资料中获得；② 从工程标准设计中开发得出的单位成本模型的估价；③ 通过对历史成本的回归分析得出的成本资料，包括工时因子、材料单位成本、分包商、其他单位成本、工资标准等详细单位成本估价所用资料，也包括各种比例因子、已建立的参数计算规则等参数法所用资料，还包括各种计算方法使用的调整因子等。

以上数据资料的来源一般有下列3种。

**1. 大型承包商建立的估价系统或数据库**

美国的大型承包商都有自己的一套估价系统，同时把其单价视为商业秘密，其惯例是不向业主及社会公开其价格信息。

**2. 正式出版物**

如表13-3所示。

**表13-3 工程成本估价数据的商业出版物**

| 名 称 | 来 源 | 地 点 |
| --- | --- | --- |
| 关于施工设备的联合设备供应商的零租费率 | 联合设备供应商 | 奥卡布鲁克，LL |
| 奥斯汀（Austin）建筑成本明细 | 奥斯汀（Austin）公司 | 克利夫兰，OH |
| Boeckh（几种出版物） | 美国估价协会 | 密尔沃基，WI |
| 劳工统计局（几种出版物） | 劳工统计局，美国劳工部 | 华盛顿，D.C. |
| 化学工程师 | MnGree-Hill有限公司 | 纽约，NY |
| 工程师新闻报道（几种出版物和索引） | MnGree-Hill有限公司 | 纽约，NY |
| 富勒（Fuller）建筑物成本索引 | 乔治·A·富勒公司 | 纽约，NY |

续表

| 名　称 | 来　源 | 地　点 |
| --- | --- | --- |
| 公用建筑成本的汉蒂-惠特曼（Handy-Whitman）索引 | 惠特曼、理查德（Whitman，Requardt）及其同事 | 巴尔的摩，MD |
| 马歇尔和瑞特（Marshall and Swift）（几种出版物/索引） | 马歇尔和瑞特（Marshall and Swift） | 洛杉矶，CA |
| 明思（Means）建筑成本数据 | R·A·明思（Means）公司 | 休斯敦，MA |
| 理查森（Richardson）加工厂估价标准 | 理查森（Richardson）工程服务有限公司 | 美萨，AZ |
| 史密斯、哈吉姆、瑞里斯成本索引 | 史密斯、哈吉姆、瑞里斯有限公司 | 底特律，MI |
| 特恩（Turner）建筑物成本索引 | 特恩（Turner）建筑公司 | 纽约，NY |
| 美国联邦公路管理局（FHWA）公路建筑价格索引 | 美国联邦公路管理局 | 华盛顿，D. C. |
| 美国商业部复合材料建筑成本索引 | 美国商业部 | 华盛顿，D. C. |
| 沃克（Walker's）建筑物估价人员参考手册 | 富兰克·R·沃克（Frank R. Walker）公司 | 莱尔，IL |

**3. 各种协会、学会、专业组织、机构发布的估价标准等**

如国家电气承包商协会（NECA）出版的关于电气工作“人工单价手册”及其他商业出版物，来自劳务中介商的劳动协定，保存在承包商和业主公司的图书馆的估价标准，来自专业学会（如 Morgantown，WV 的 AACE 国际组织、Wheaton，MD 的美国职业工程师协会或 Arlington，VA 的成本估价与分析协会）的大量的可用出版物等。

## 13.1.4 利用 RS. MEANS 公司成本数据库进行工程估价的方法简介

RS. MEANS 公司的建筑成本数据是工程估价中经常被借鉴使用的估价资料之一。RS. MEANS 公司是 CMD 集团下属的有限公司，CMD 集团是一个在世界范围内提供建筑信息的公司，它由 3 个互相协作的公司组成。RS. MEANS 公司不仅在北美提供较权威的建筑成本数据，还出版大量的建筑工业领域的参考书籍，项目包括建筑估价和项目、业务管理，以及暖通、屋顶修建、水管装置、有害废弃物处理等特殊项目。

RS. MEANS 公司的估价资料主要应用在以下 3 种估价方法中。

**1. 平方英尺和立方英尺估价**

平方英尺和立方英尺估价法，最适合在分析和确立预算参数、计划准备和初步绘图之前做出。平方英尺成本的最好来源是估价师自己的类似项目的成本记录，根据新项目的参数进行调整。精确度是上下增减 15%。

例如 RS. MEANS 平方英尺单位成本手册中对民居项目列举了 4 个等级 7 种建筑类型的平方英尺成本。成本按不同的外墙材料及建筑面积排列，对于侧厅及侧楼，有一个带修正表的成本表，非标准项目可以很方便地加到标准结构上来。图 13-1 列举了一个中等建筑标准 3 层民居的平方英尺成本表，从中可以看出简单的平方英尺估价法的估价过程。

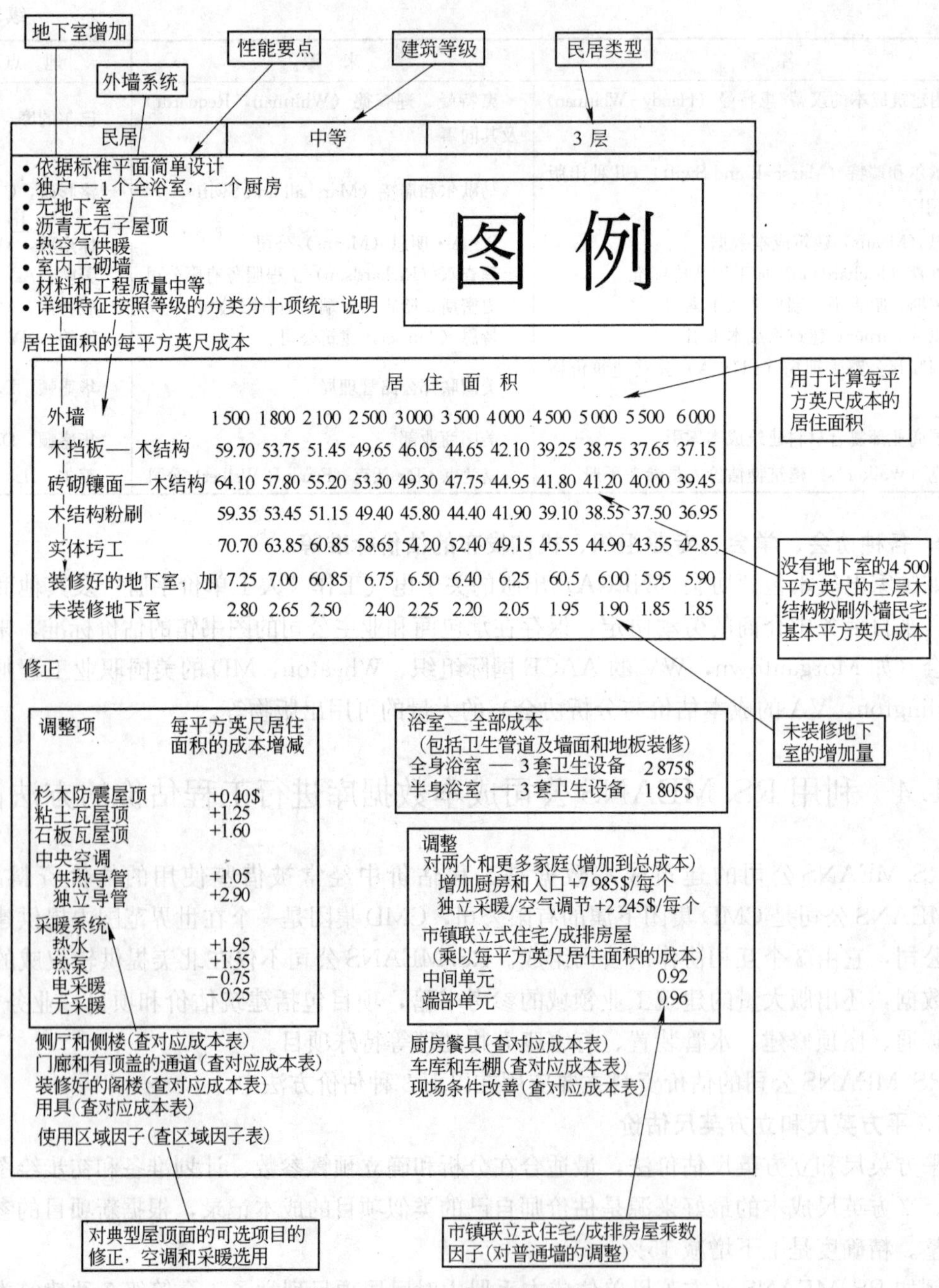


图 13-1 某民居平方英尺成本表

**2. 部位单价法估价**

部位单价法估价最适合在一个项目的计划阶段作为预算工具。部位单价法是一个逻辑的有序的方法，反映一个建筑是如何建设的。估价时，首先按照 CSI 协会的 12 个组成单元把建筑分成几个主要的部分，然后计算建筑物每一组成部分的价格，加上一定的毛利，得出完整结构的价格。估价是从具有类似特征的样本建筑物的项目同部位单价表中的项目中取定成本单价，与本工程数量相结合计算一个完整结构的成本。系统估价一个最大的优点是估价师可以在设计开发期间用一个系统替代另一个系统，从而快速地确定成本差；雇主就会在最终的细节和尺寸建立起来前预估出准确的预算需求。预计精确度上下增减 10%。

**3. 单价估价**

单价估价是按照标准格式的划分进行的，因此也耗费最多的时间来完成。估价师必须依据详细的工程图和说明书按照标准格式的分项，详细计算工程量，套用成本数据库中的单价或净成本单价（不含管理费、利润、税收），计算每个行式项目的价格，加上总承包管理费，用城市成本系数或地区因子将价格调整为当地价格。单价估价法的计算思路与我国的施工图预算比较相似，很好地完成单价估价需要大量的时间和花费，单价估价适合建筑招投标，预期准确度为上下增减 5%。

## 13.2 日本工程造价管理

在日本，采用的工程造价计算方法为工程积算法，是一套独特的量价分离的计价模式。日本的工程造价管理类似于我国的定额取费方式。建设省制定一整套工程计价标准，称为《建筑工程积算基准》，其工程计价的前提是确定工程量。工程量的计算，按照标准的工程量计算规则，该工程量计算规则是由建筑积算研究会编制的《建筑数量积算基准》。该基准被政府公共工程和民间（私人）工程广泛采用。在计价中将整个工程分为不同的种目（即建筑工程、电气设备工程和机械设备工程），每一种目又分为不同的科目，每一科目再细分到各个细目，每一细目相当于单位工程。工程量计算以设计图及设计书为基础，对工程数量进行调查、记录和合计，计量、计算构成建筑物的各部分。由公共建筑协会组织编制的《建设省建筑工程积算基准》中有一套“建筑工程标准定额”，对于每一细目（单位工程）以列表的形式列明单位工程的劳务、材料、机械的消耗量及其他经费（如分包经费），其计量单位为“一套（一揽子——Lumpsum）”。通过对其结果进行分类、汇总，编制详细清单，这样就可以根据材料、劳务、机械器具的市场价格计算出细目的费用，进而可算出整个工程的纯工程费。这些工作占整个积算业务的 60%～70%，是积算技术的基础。

### 13.2.1 工程费用的构成

在日本，整个项目的工程费按直接工程费、共通费和消费税等分别计算。直接工程费根据设计图纸划分为建筑工程、电气设备和机械设备工程等；共通费分为共通临时设施费、现场管理费和一般管理费等，一般按实际成本计算，或根据过去的经验按对直接工程费的比率予以计算。工程费的构成如图 13－2 所示。

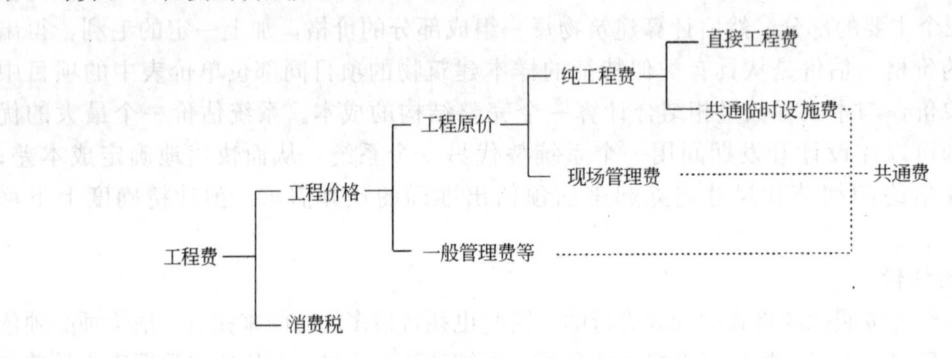


图 13－2　工程费用构成

**1. 直接工程费**

直接工程费是指建造工程所需的直接的必要费用，包括直接临时设施费用，按工程种目进行积算。积算是指在材料价格及机器类价格上乘以各自数量，或者是将材料价格、劳务费、机械器具费及临建材料费作为复合费用，依据《建筑工程标准定额》在复合单价或市场单价上乘以各施工单位的数量。若很难依据此种方法，可参考物价资料上的登载价格、专业承包商的报价等来确定。当工程中产生的残材还有利用价值时，应减去残材数量乘以残材价格的数额。计算直接工程费时所使用的数量，若是建筑工程应依据《建筑数量积算基准》中规定的方法，若是电气设备工程及机械设备工程应使用《建筑设备数量积算基准》中规定的方法。

(1) 材料价格及机器类价格。材料价格及机器类价格，原则上为投标时的现场成交价、参考物价资料等的登载价格，制造商的报价，合作社或专营者的商品目录、定价表或估价表上的单价，类似工程的单价实例等，并考虑数量的多少、施工条件等予以确定。

(2) 劳务费。劳务费依据《公共工程设计劳务单价》。但对于基本作业时间外的作业，如特殊作业等，可根据作业时间及条件来增加劳务单价；对于偏远地区等的工程，可根据实际情况另外确定。

(3) 机械器具费及临时设施材料费。机械器具费及临时设施材料费，根据《承包工程机械经费积算要领》的机械器具租赁费及临时设施材料费而确定。若很难依据上述方法确定时，应参考物价资料等登载的租赁费确定。

(4) 搬运费。将材料及机器等搬运至施工现场所需的费用，通常包含在价格中。对于需要在工程现场外加工的，搬运费指从临时场地搬运时的费用；对于临时材料及为了临时的机械器具而所需的往返费用，应依据《货物汽车运输业法》中的运费进行必要的积算。

**2. 共通费**

共通费是指对以下各项依据《建筑工程共通费积算基准》进行计算。

（1）共通临时设施费。是指在不止一个工程项目中共同使用的临时设施的费用。

（2）现场管理费。是指在工程施工时，为了工程的实施所必需的经费，它是共通临时设施费以外的经费。

（3）一般管理费。是指在工程施工时，承包方为了继续运营而必要的费用，它由一般管理费和附加利润构成。

**3. 其他**

（1）本建设所用的电力、自来水和下水道等的负担额有必要包含在工程价格中时，要和其他工程项目区分计入。

（2）变更设计的工程费，计算变更部分工程的直接工程费，并加上与变更有关的共通费再乘以“当初的承包金额减去消费税后所得金额与当初预算价格明细表中记载的工程价格的比率”，最后再加上消费税。

## 13.2.2　工程量清单标准格式

建筑积算是以设计图纸为基础，计量、计算构成建筑物的各部分，对其结果进行分类、汇总，对工程价格予以事先预测的技术。将分类、汇总的内容编制成文件，这就是建筑工程已标价的工程量清单（以下简称清单）。

在本格式中，规定工种别工程量清单和部分别工程量清单两种标准格式。在实际操作上，可按相关协议选定格式，需要时相应部分可以采用其他方式。

（1）工种别工程量清单标准格式。以工种、材料为对象，按工程顺序的方式来计算各部分的价额。这是将传统的积算方式进行格式化。关于直接工程费的科目，是以工种为基准进行分类，即从基础到主体、装修工程，按工程顺序进行排列。

（2）部分别工程量清单标准格式。这是对工种别工程量清单标准方式的进一步发展，即累计各个部分、部位的价额，算出积算价额的方式。

工程量清单标准格式的分类如表 13－4 所示。将工程成本进行分类、汇总的积算清单，构成了积算价额的总额书及种目清单。这种情况下，工种别工程量清单格式与部分别工程量清单格式是相同的，两种格式的实际差异在于科目清单和细目清单。另外，该格式还可以作为承包者向发包者提交的估算清单（工程估价单），或者在承包合同签订后提交的支付清单的标准格式。

**表 13－4　工程量清单标准格式的分类**

| 工种别工程量清单标准格式 | 部分别工程量清单标准格式 | 工种别工程量清单标准格式 | 部分别工程量清单标准格式 |
|---|---|---|---|
| 总额书 | 总额书 | 细目清单 | 中科目清单 |
| 种目清单 | 种目清单 | | 小科目清单 |
| 科目清单 | 大科目清单 | | 细目清单 |

工种别工程量清单标准格式和部分别工程量清单标准格式积算价额构成图如图 13-3 和图 13-4 所示。

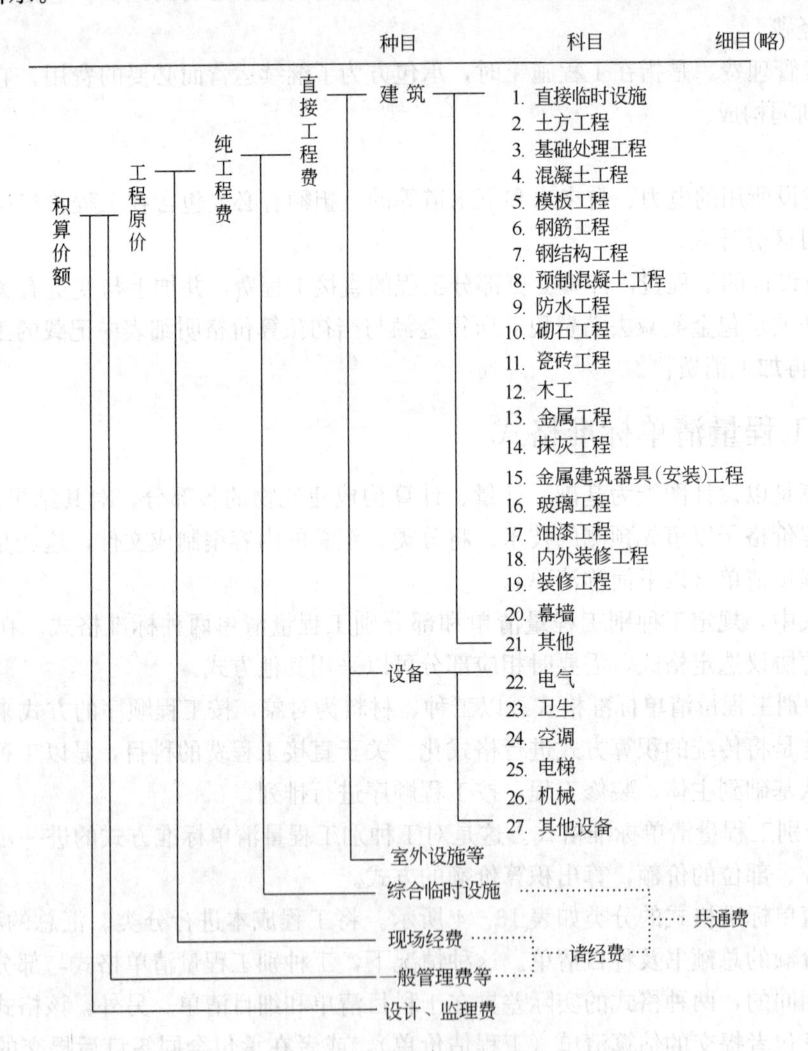


图 13-3 工种别格式的积算价额构成图

## 13.2.3 建筑数量积算基准

日本建筑数量积算基准就是关于“标准格式”中细目数量的积算而制定的计量、计算基准，相当于我国的建筑工程量计算规则。它是在建筑工业经营研究会对英国的“建筑工程标准计量方法”（Standard Method of Measurement of Building Works）进行翻译研究的基础上，由建筑积算研究会于 1970 年接受建设大臣办公厅政府建筑设施部部长关于工程量计算统一化的要求，花费了近 10 年时间汇总而成的。自从该基准制定以来，建筑积算研究会不

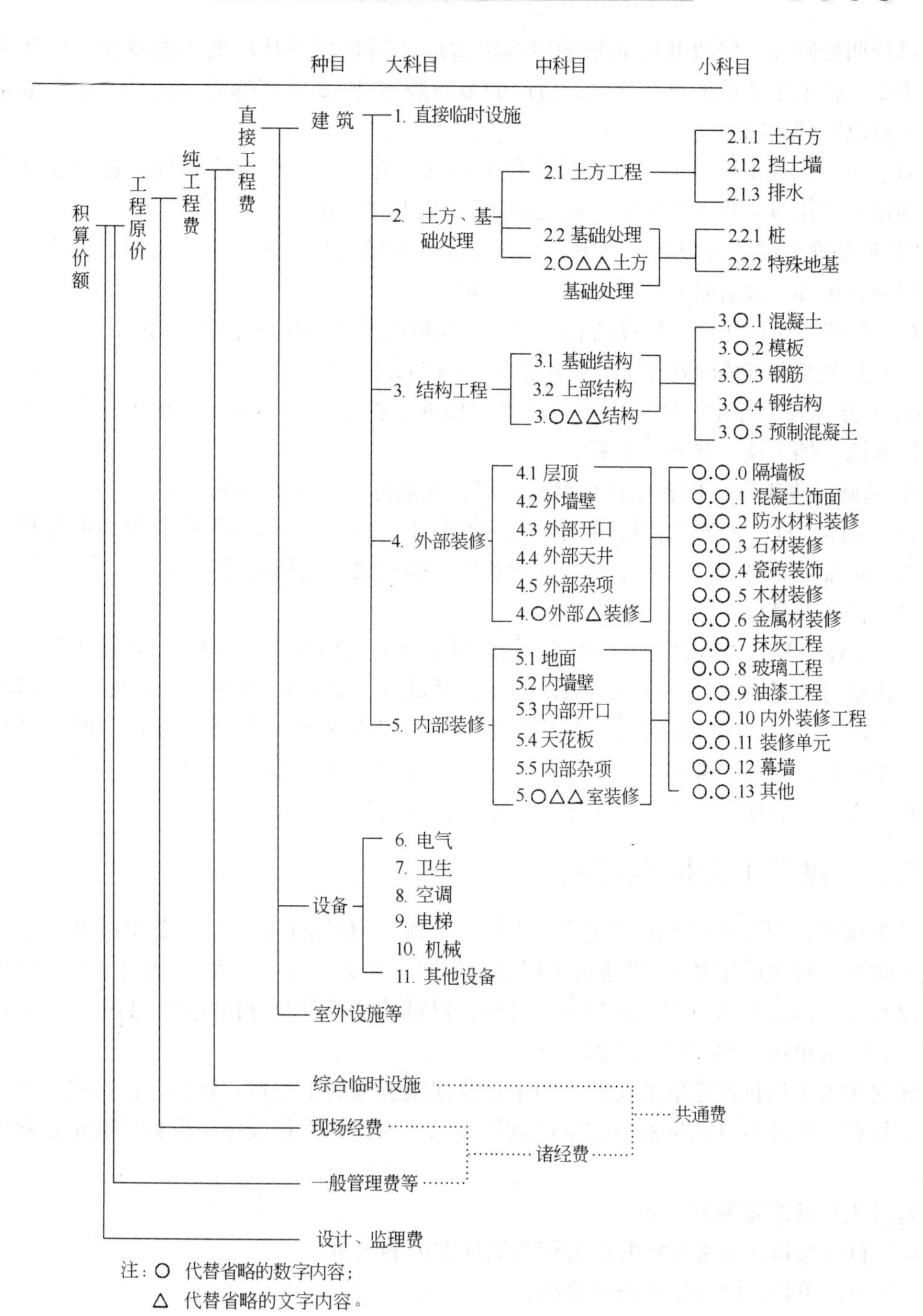


图 13－4　部分别格式的积算价额构成图

断地进行调查研究，修改并补充新的内容以适应建筑市场及环境的不断变化，以及建筑材料、构造、施工工艺等的显著变化。目前的最新版本为1993年修订完成的《建筑数量积算基准·解说》（第6版）。

为了统一建筑积算的最终工程量清单的格式，建筑积算研究会随同“建筑数量积算基准”制定了“建筑工程工程量清单标准格式”，如上文所述。

“数量基准”的内容包括：总则、土方工程与基础处理工程、主体工程、装修工程。除总则以外，每部分又有各自的计量、计算规则。

(1) 总则。规定计量、计算的总的原理，度量的基本单位和基本规则。

(2) 土方工程与基础处理工程，包括以下两部分内容。

① 土方工程。计量、计算内容包括平整场地、挖基槽、回填土、填土、剩土处理、采石碾压基础、挡土墙、排水等工程。

② 基础处理工程。内容包括预制桩工程、现场打桩和特殊基础工程。

(3) 主体工程。内容包括混凝土工程（混凝土、模板）、钢筋工程和钢结构工程。每部分基本上再细分为基础（独立基础、条形基础、基础梁、底板）、柱、梁（大梁、小梁）、地板、墙、楼梯及其他工程。

(4) 主体工程（壁式结构）。内容包括混凝土工程（混凝土、模板）、钢筋工程。每部分基本上再细分为基础（独立基础、条形基础、基础梁、底板）、地板、墙、楼梯及其他工程。

(5) 装修工程。内容包括内、外装修工程。每部分分别对混凝土材料、预制混凝土材料、防水材料、石材、瓷砖、砖材、木材、金属材料、抹灰材料、木制门窗、金属门窗、玻璃材料、涂料、装修配套工程、幕壁及其他的计量进行明确的规定。

## 13.2.4 建筑工程标准定额

日本建设省制定并颁布的“建筑工程标准定额”，相当于我国建设部批准并发布的《全国统一建筑工程基础定额》，将建筑工程分为不同的种类（分项工程），再将其细化成单位工程，以列表的形式列出单位工程劳务，材料、机械的消耗量及分包经费。其中，分包经费是以“一套”为单位，属于经验数据。

确立建筑工程标准定额的目的是为了计算建筑工程的工程费，将必要的每单位工程量的劳务、材料、机械器具的标准所需量以数值表示，为建筑工程投标报价提供数量消耗的计算依据。

建筑工程标准定额的内容：

(1) 材料数量，通常包括发生的切割损耗在内的数量；

(2) 材料单价，即运抵现场的价格；

(3) 机械器具折旧，以“建设机械等折旧算定表”为标准；

(4) 搬运车辆运费，以“一般货物汽车运送车辆运费”为标准；

(5) 劳务单价，是指三省联络协议会确定的公共工程设计劳务单价；

(6) 其他，是指分包经费等。

日本是一个发达的经济大国，其市场化程度高，法制健全，市场规范，建筑市场亦非常巨大。隶属于日本官方机构的“经济调查会”和“建设物价调查会”，专门负责调查各种相关经济数据和指标。与建筑工程造价有关的有《建设物价》杂志、《积算资料》(月刊)、《土木施工单价》(季刊)、《建筑施工单价》(季刊)、《物价版》(周刊) 及《积算资料袖珍版》等定期刊物资料，另外还有在因特网上提供一套“物价版”(周刊) 登载的资料。调查会还受托对政府使用的“积算基准”进行调查，即调查有关土木、建筑、电气、设备工程等的定额及各种经费的实际情况，报告市场各种建筑材料的工程价、材料价、印刷费、运输费和劳务费，按都、道、府排列。价格的资料来源是各地商社、建材店、货场或工地实地调查所得。每种材料都标明由工厂运至工地，或由库房、商店运至工地的差别，并标明各月的升降情况。利用这种方法编制的工程预算比较符合实际，体现了“市场定价”的原则，而且不同地区不同价，有利于在同等条件下投标报价。

## 13.2.5　工程费积算流程

日本的工程积算是由积算人员在规定的“建筑工程工程量清单标准格式”要求下，按照“建筑数量积算基准”计算分项工程工程量，套算“建筑工程标准定额”，分步计算构成工程成本的各项费用，汇总为总造价即积算价额的过程。工程费积算流程如图 13-5 所示。

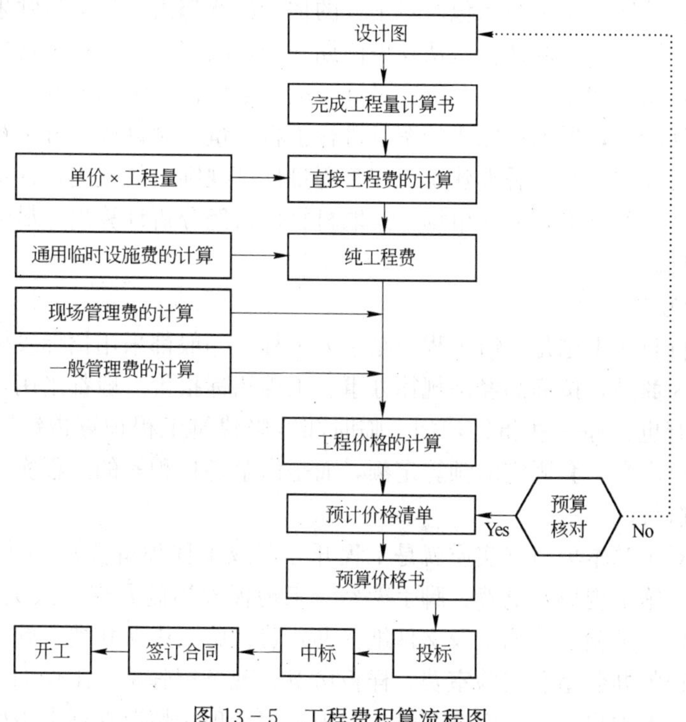


图 13-5　工程费积算流程图

## 13.3 中国香港特别行政区工程造价管理

香港特别行政区建筑市场的承包工程分两大类：政府工程和私人工程（包括政府工程私人化）。政府工程由工务局下属的各专业署组织实施，实行统一管理、统一建设。如政府投资的所有房屋工程，包括办公楼、学校、医院、会堂等公用设施，均由建筑署统管统建，一律采取招标投标、竞争承包。私人工程，必须通过业主和顾问公司或测量师的介绍，才能拿到标书，一般采用邀请招标和议标的方式。

香港特别行政区的工程计价一般先确定工程量，而这种工程量的计算规则是香港测量师根据英国皇家测量师学会编制的《英国建筑工程量计算规则》（SMM）编译而成的《香港建筑工程工程量计算规则》（Hong Kong Standard Method of Measurement）（第3版）（SMMⅢ）。一般而言，所有招标工程均已由工料测量师计算出工程量，并在招标文件中附有工程量清单，承包商无须再计算或复核。针对已有的工程量清单，应由承包商自主报价。报价的基础是承包商积累的估价资料，而且整个估价过程是考虑价格变化和市场行情的动态过程。

### 13.3.1 工程计价文件和计价方法

**1. 工程计价文件类型**

在香港特别行政区，业主与承包商对工程的估价虽然都由工料测量师来完成，但估价的内容与方式不尽相同。业主的估价是从建设前期开始，内容包括：在可行性研究阶段，参照以往的工程实例，制订初步估算；在方案设计阶段，采用比例法或系数法估算建筑物的分项造价；在初步设计阶段，根据已完成的图纸进行工料测量，制订成本分项初步概算；在详细设计阶段，根据设计图纸及《香港建筑工程工程量计算规则》的规定，计算工程量，参照近期同类工程的分项工程价格，或在市场上索取材料价格经分析计算出详尽的预算，作为甲方的预算或标底基础。

**2. 工程计价方法**

在香港特别行政区不论是政府工程还是私人工程，一般都采用招标投标的承包方式，完全把建筑产品视为商品，按商品经济规律办事。工程招标报价一般都采用自由价格。尽管香港特别行政区政府也公布一些指针，如“临时和维修建筑工程预算指针”，但仅作为参考。各咨询顾问机构也没有一套固定的预算定额，而是借鉴各自积累的工程实例资料，采用比较法或系数法确定造价。

在投标时，对于基本项目（实质就是工程开办费或工程预备费），主要有：保证金、承包商临时设施费、施工现场水电费、脚手架费、工地保安措施及保卫人员费、地盘测量费、承包商职工交通费、试验费、图纸及文件纸张办公费、施工中照相费、施工机构设备费、顾问公司驻现场工程师办公室和实验室费、样板房费、现场招牌费、工作训练和防尘费、现场边界围板费等。以上项目，不一定全部发生，视工程和现场情况在标书中确定。投标者按列出的项目分别报价，一次包死，以后不再作调整。

投标报价时承包商必须按标书列出的项目进行估价，每个工程项目单价的确定，测量师或承包商都有自己的经验标准。主要考察以往同类型项目的单价，结合当前市场材料价格与劳工工资水平的变化调整而定。承包商一般是把标书的分部工程找几家“判头”（即包工头）或分包商报价，然后分析和对比他们的报价情况，了解他们的施工方法、价钱是如何确定的，最后得出一个合理的价格进行投标报价。

每个项目的单价均为完全单价，即包括人工费、物料费、机械费、利润和风险费等。投标总价是各工程量价格的总和，加上本企业的管理费和利润，还应考虑价格上的因素。

在工程项目划分上，香港特别行政区与国际上的通用办法一致，如混凝土工程的钢筋、模板和混凝土是分列的，因而在标书里，钢筋按部位、直径、长度、品种列出，模板按部位和规格列出；混凝土单价中不含钢筋和模板的价值在内。

在香港特别行政区也有投资估算指针或概算指针，但没有统一的定额，而是各测量师根据各自的经验资料编制，供自己作预算之用。如利比测量师事务所编制的分部工程造价指针，使用时用同类型建筑物的造价，按性质、数量及价格水平的不同比例方法估算建筑分项造价，汇总后成总造价，作为提供业主投资控制或概算估算之用。

## 13.3.2 工程费用的组成

按 SMMⅢ规定，香港特别行政区工程项目划分为 17 项，加上开办费共 18 项，工程费用标准内容如下所述。

(1) 开办费，即临时设施和临时管理费。

① 保险金。为防止承包商施工中途违约，签约时业主要求承包商必须出具一定的保险金或出具银行的保证书，工程完成后退回承包商（金额由标书规定），一般为 5%～20%。银行或保险公司出具保证金时，收取一定费用，一般为保证金费用 10%乘以年数。

② 保险费。建筑工程一切保险、安装工程一切保险、第三者保险、劳工保险。

③ 承包商临时设施（搭建临时办公室、仓库，现场管理人员工资、办公用费）。

④ 施工用电费。

⑤ 施工用水费。

⑥ 排山脚手架。

⑦ 现场看更费。

⑧ 现场测量费。

⑨ 承包商职工交通费。

⑩ 材料检验试验费、图纸文件纸张费。

⑪ 施工照相费。

⑫ 施工机械设备费。

⑬ 顾问公司驻现场工程师办公室。

⑭ 顾问公司驻现场工程师实验室。

⑮ 现场招牌费。

⑯ 工作训练税和防尘税。

⑰ 现场围护费。

以上项目不一定都发生，发生时才计取，不发生不计取。

(2) 泥工工程（土石方工程）。

(3) 混凝土工程。

(4) 砌砖工程。

(5) 地渠工程（排水工程）。

(6) 沥青工程。

(7) 砌石工程。

(8) 屋面工程。

(9) 粗木工程。

(10) 细木工程。

(11) 小五金工程。

(12) 铁及金属工程。

(13) 批挡工程（抹灰工程）。

(14) 水喉工程（管道工程）。

(15) 玻璃工程。

(16) 油漆工程。

(17) 电力工程。

(18) 其他工程（如空调、电梯、消防）。

## 13.3.3 工程量计算规则

**1. 建筑工程工程量计算规则**

香港特别行政区建筑工程工程量的标准计算规则（SMM）是香港地区建筑工程的工程量计算法规。无论是政府工程还是私人工程，都必须遵照该标准计算规则进行工程量计算，它是法定性文件。经过3次修订，现在执行的是1979年修订的第3版，即SMMⅢ。SMMⅢ的基本内容如下所述。

(1) 基本原理。包括工程量清单、量度的原理、量度的基本单位、成本项目划分等内容。

(2) 内容。包括总则、一般条款与初步项目、土石方工程、打桩与沉箱、挖掘、混凝土工程、瓦工、排水工程、沥青工、砌石工、屋面工、粗木工、细木工、建筑五金、钢铁工、抹灰工、管道工、玻璃工、油漆工。

工程量表是按工种分类列出所有项目的名称、工作内容、数量和计算单位。工程项目分类一般为土方、混凝土、砌砖、沥青、排水、屋面、抹灰、电、管道及其他工程（如空调、电梯、消防等）。SMMⅢ对每一项目如何计算工程量都有明确规定。

**2. 香港特别行政区建筑服务设施安装工程工程量计量标准方法**

该计量标准方法是香港特别行政区安装工程的工程量计算法规。目前执行的是 1993 年的第 1 版，其基本内容如下所述。

（1）总则。包括工程量清单、计量原则、计量单位、图纸与说明书、制表单位、成本计算等内容。

（2）一般条款，包括合同条件、一般事宜等。

（3）在有关各类安装工程的计算规则中，包括电力安装工程、机械安装工程、物业管理系统、安全系统和通信系统安装工程等。

## 13.3.4　工程造价动态管理

香港特别行政区的私人工程一般采用固定价格形式，投标者必须对施工过程中的价格变动进行预计，在投标价中把价格浮动因素考虑在内；而政府工程标均为可浮动价格，投标价中只需考虑当时价格水平，同时对浮动费实行针对工程出现的不同情况，标书中浮动费计算有以下 3 种形式。

（1）标书中有工程量表，由承包商自行定价时，浮动费按承包商填写的浮动比例表计算。

（2）标书中有工程量表，并给出主要材料和人工单价时，浮动费由承包商根据上述价格以浮动总价形式计算。

（3）标书中工程量不全或只有主要工程量，但已给出主要材料和工人单价，由投标者自行确定单价调整百分比，此形式多用于维修工程。

当市场价格浮动超过一定限度后，允许对政府工程标价进行调整。在香港特别行政区政府的建筑工程标准合同中规定，当材料价格浮动超过 5%、人工费超过 10%时，损失方可申请对价差进行补偿。人工费价差以每月政府统计处颁布的工资标准和建造商会汇总公布的平均指数计算；材料价差则按政府统计处每月公布的材料价格指数计算。它主要含 6 种材料价格，即砂、石、钢筋、水泥、石灰和砖。

## 13.3.5　工程造价信息

在香港特别行政区，建筑市场价格信息无论对业主还是承包商都是必不可少的，是建筑工程估价和结算的重要依据，是建筑市场价格的指示灯。

工程造价信息的发布往往采取价格指数的形式。按照指数的内涵，香港特别行政区发布的主要工程造价指数可分为两类，即成本指数和价格指数，分别依据建造成本和建造价格的变化趋势而编制。建造成本主要包括工料等费用支出，它们占总成本的 80%以上，其余的支出包括经常性开支（Over-heads）及使用资本财产（Capital Goods）等费用；建造价格中除包括建造成本之外，还有承包商赚取的利润，一般以投标价格来反映其发展趋势。

**1. 成本指数**

1）三种建造成本指数

在香港特别行政区，最有影响的成本指数是由建筑署发布的劳工指数、建材价格指数和建筑工料综合成本指数，它们均以1970年为基期编制。

劳工指数和大部分政府指数一样，是根据一系列不同工种的建筑劳工的平均日薪，以不同的权重结合而成。各类建筑工人的每月平均日薪由统计署和建造商会提供，其计算方法是以建筑商每类建筑劳工的总开支（包括工资及额外的福利开支）除以该类工人的工作日数，计算所用原始资料均以问卷调查方式得到。劳工指数为固定比重加权指数。

建筑署制定的建材价格指数同样为固定比重加权指数，其指数成分多达60种以上。这些比重反映建材真正平均比重的程度很难测定，但由于指数成分较多，故只要所用的比重与真实水平相差不是很远，由此引起的指数误差便不会很大。

建筑工料综合成本指数实际上是劳工指数和建材指数的加权平均数，比重分别为45％和55％。由于建筑物的设计具有独特性，不同工程会有不同的建材和劳工组合，因此工料指数不一定能够反映个别承建商的成本变化，但却反映了大部分承建商（或整个建造行业）的平均成本变化。

2）路政署建造成本指数

路政署设备指数在1989年1月改称为路政署建造成本指数。这项指数由路政署每月编订一次，以便把道路工程成本的现时价格与1975年11月的价格作一比较。路政署建造成本指数由统计处每月发表的平均材料指数和劳工指数组成，前者占60％，后者40％。

3）土木工程指数

土木工程指数由土木工程署每年编订一次，以便把土木工程成本的现时价格与1980年的价格作一对照。这一指数以统计处每月发表的劳工及各类材料成本指数作为依据。所采用的加权因子，则在全面研究1984—1987年内350多份政府土木工程合约后确定的。

4）屋宇设备投标价格指数

屋宇设备投标价格指数反映建筑署新建工程的屋宇设备投标价位，包括了机电工程合约在内，正好与投标价格指数相辅相成。该指数在1989年第四季度首次编订，以该时点为定基点，其后各季度的数值均以该季度为基准，以指数形式表示。

5）政府工程的价格信息

香港特别行政区政府定期发布政府工程的价格信息，以帮助政府控制投资，也便于承包商掌握政府工程的相关价格信息。这些价格信息主要是政府合约所采用的工资及一些特选材料的成本指数。

**2. 投标价格指数**

投标价格指数的编制依据主要是中标的承包商在报价时所列出的主要项目单价，目前香港特别行政区最权威的投标价格指数有3种，分别由建筑署及两家最具规模的工料测量行

（利比测量师事务所和威宁谢有限公司）编制，他们分别反映了公营部门和私营部门的投标价格变化。两所测量行的投标价格指数均以一份自行编制的“概念报价单”为基础，同属固定比重加权指数。而建筑署投标报价指数则是抽取编制期内中标合约中分量较重的项目，各项目权重以合约内的实际比重为准，因此属于活比重形式。两种民间部门的投标指数在过去 20 年间的变化趋势一直不谋而合，而由于两种指数是分别编制的，这就大大加强了指数的可靠性。而政府部门指数的增长速度相对较低，这是由于政府工程和私人工程不同的合约性质所致。

**3. 其他工程造价信息**

香港特别行政区政府和社会咨询服务机构除定期发布工程造价指数之外，还编制有建筑市场价格走势分析。香港特别行政区政府统计处和建造商会每月都要公布材料和劳工工资平均价格信息，除可调价部分外，还包括市场价格变动较大或常用的材料、人工单价。这些价格资料来源于承包商每月的报送。

## 13.4 我国工程造价管理综述

### 13.4.1 在工程造价管理机制方面的不足

通过对发达国家及香港特别行政区工程造价管理体系的阐述，不难发现，我国工程造价管理与它们之间直接的区别在于所处的经济环境、背景不同。我国目前还处于从计划经济到市场经济的过渡时期，完善的市场结构还未最终建立，许多管理办法还沿袭了计划经济时代的传统做法。就管理主体而言，主要体现在国家（或各级政府部门）在管理整个工程造价活动中身份不明确，一方面是宏观政策的制定者，作为市场管理主体的角色出现；另一方面在政府投资项目（公共工程）中又是具体的投资者，作为建设市场的一方直接参与具体建设项目的管理。这种双重角色无疑导致了各级政府或主管部门在工程造价管理体系中职责含混不清或重复交叉。

在完善的市场体制下，市场自身就能够完成自身的管理和投资结构的调整。作为政府不直接管理市场，市场中的诸多因素（如价格、质量、工期）等都由业主和承包商双方自主决定，政府部门不作干预。政府主要从安全、环保等方面进行间接管理。政府参与工程造价管理的一般的途径和作用有：

（1）定期公布各类工程造价指南，供社会参考；

（2）负责政府投资的有关部门对自己主管的项目进行直接的管理并积累有关资料形成自己的计价标准；

（3）劳工管理部门制定及发布各地人工费标准来直接影响工程造价；

（4）主管环保及消防的有关部门通过组织制订及发布有关环境保护标准来间接影响工程造价；

(5) 通过银行利率等经济杠杆对整个市场进行宏观调控，从而影响工程造价的构成要素，最终影响工程造价。

另一方面，政府管理的重点主要集中在政府投资的项目上，对于政府投资项目（公共工程），政府作为投资者进行严格管理，但是这种管理并不是以市场管理者的角度进行的，而是以一个投资主体身份，以追求投资效益为目的所进行的管理。如香港特别行政区工程造价管理的主体主要是工务局，但工务局的管理重点主要集中在公共工程上。工务局下属的各个署（如建筑署、土木工程署等）负责各个领域的建设项目管理，相当于是政府投资项目的“法人”或“业主”。也就是说，对于政府投资项目和非政府投资项目，实行不同的管理模式。

此外，如香港特别行政区政府通过对测量师行业的管理来规范工程造价管理的中介市场。在对中介咨询业的管理上，香港特别行政区政府对工料测量行的管理主要通过对许可专业人士的专业资格管理和专业人士的责任与自律机制进行。

因此，我国工程造价管理的主要问题是市场的不完善造成的，许多问题因为不能由市场本身来解决，而造成政府部门不得不对市场进行直接的干预。但随着改革开放的深入，投资主体多元化和投资来源多渠道化的格局已经初步形成。但到目前为止，我国对工程项目仍然不分类别，实行一样的管理模式，虽然现在酝酿进行项目分类管理的模式，但尚未形成事实。我国的咨询企业刚刚完成脱钩改制，尚未真正建立起一套完整的信誉体系和工作规范，也未实行造价工程师签字制度。总之，我国的中介咨询业的管理制度目前处于初步建立阶段，但应看到，其发展趋势是良好的。

## 13.4.2 在工程造价计价依据和方法方面的不足

发达国家工程造价管理充分体现了市场经济的特点与要求，充分发挥了市场的主体双方在建设产品定价中的主观能动性，真正实现了市场定价。相比之下，我国虽然有着庞大的概预算定额管理体系、各阶段造价计算有严格细致的规定，然而作为定价依据的概预算定额却是静止、僵化的，以定额为基础的概预算制度，强调计划、强调统一，实际是剥夺了市场的自主定价权力，不能及时反映市场的千变万化，导致建筑产品价格与价值的背离、价格与供求关系的偏离，没有起到合理确定和控制造价的作用。

在计价方法上，我国长期以来既不论项目的资金来源，也不论项目的性质，计价方法是按照统一的计价模式和统一的计价依据来进行。

1) 计价方式不同

香港特别行政区和发达国家的工程定价方式是一种发挥市场主体主动性的计价方式。企业具有自己的一套算价资料和算价方法，这主要是根据过去工程造价资料的累积编制出来的。而我国的计价方式一直依赖于统一的定额，不同投资方、不同项目，按照统一的计价标准进行计价，推行工程量清单计价模式以来，虽然鼓励企业采用符合自身技术管理水平的企业定额报价，但大多数企业尚未建立自身企业定额，仍采用国家或地区统一的计价定额。目前大多数项目，政府已经不是参与者，如果此时还是按照国家统一颁布的定额来计价的话，就好像买卖双方进行交易，而由第三者定价一样，这是一种不符合市场机制的行为。

2）工程造价信息的内涵不同

香港特别行政区和发达国家主要依靠各种渠道获得的工程成本统计资料、经验数据、市场价格和各种工程造价的综合指数来定价，不同的行业部门定期编制各种性质的价格指数，来指导企业进行报价。虽然我国的造价管理机构也定期发布工程造价信息，但是以公布各种人工、材料、机械台班的单个价格信息为主，公布综合价格指数的不多。并且更加关键的是，这种发布的价格信息仍然不能摆脱其统一性，只不过是从统一的单位估价表换成了统一的工程价格信息。这种经过改进的价格依然不能完全反映某一个施工企业的实际水平，而反映的是社会平均水平。在这种价格的基础上，各施工企业之间很难展开竞争。

综上所述，我国计价模式中的最大问题应该归结到定额的统一性和指令性上，这也是多年计划经济体制所造成的。当然，取消定额的论调也是不可取的，一是因为目前的市场经济体制还不是很健全和完善，并且市场的真正成熟还要经过一段很长的时间，在这段时间内，定额的存在还具有相当的必要性，它可以作为建设计价的指导性依据。此外，在国有投资项目中，各种定额还可以直接作为工程价格的计价依据。因此，定额的改革方向应明确为：弱化其指令性，发挥其指导性，区别不同的工程项目采用不同的计价方式；鼓励有条件的大型施工企业和设计、咨询单位根据自己的实际情况编制符合市场要求的企业定额，使得建设市场主体之间的竞争能够真正符合市场的行为规范。

### 13.4.3 工程造价管理的发展和取得的成绩

由于我国长期以来实行投资体制的集权管理模式，政府既是宏观政策的制订者，又是微观项目建设的参与者，因此计划色彩浓厚的统一定额能够为政府进行宏观的投资调控和微观的建设项目管理提供有力的方法和手段。统一定额在我国社会主义建设中起到了巨大的推动作用。但是也应该看到，统一定额的存在依赖于投资主体的一元化而忽略市场的调节作用。随着改革开放力度不断增大，经济加速向有中国特色的社会主义市场经济转变，投资主体多元化和投资资金来源的多渠道化已经初步形成，国有投资在全社会固定资产投资总额中所占的比重也不断下降。这种转变也要求采用多种多样的建设项目管理方式，过去那种不分项目的统一的管理模式已经越来越不适应现代经济发展的需求，对定额改革的呼声也是越来越高。自20世纪90年代以来，我国造价管理的改革力度在不断加大，主要表现在以下7个方面。

(1) 在造价管理模式上，参照国外对不同项目采取不同管理方式的做法，根据目前的改革思路，将投资项目划分为竞争性投资项目、基础性投资项目和公益性投资项目三大类，对各类项目采取不同的管理方式。竞争性项目鼓励私人投资，用项目登记备案制代替现行的行政审批制，这类项目政府弱化管理，由投资主体自主决策、自担风险，通过市场进行筹资、投资、建设和经营。基础性投资项目采取国家（或各级政府）和私人投资者联合投资（如联合入股）的形式，可以采用比较灵活的管理方式。公益性投资项目主要由政府用财政资金安排，并根据政府财政状况量力而行，并建立标准化、规范化的投资管理制度。

(2) 在市场经济条件下，为确切地反映建筑安装工程费用的性质和内容，创造公平竞争的市场环境，依据财政部有关《企业财务通则》和《企业会计准则》的要求，按照制造成本法对建筑安装工程费用项目划分进行调整，制定了《关于调整建筑安装工程费用组成的若干规定》，对建筑安装工程成本费用项目进行规范。

(3) 按照“量、价分离”和工程实体性消耗与施工措施性消耗相分离的原则，对计价定额进行改革。属于人工、材料、机械等消耗量标准由国家制订全国统一基础定额及工程量计算规则，实现国家对定额消耗量的宏观控制；对于人工、材料价格、机械台班费用等区别不同情况，实行调整与放开的办法，从而改变了国家对定额管理的方式。

(4) 针对价格、利率、汇率、税率等不断变动已成为影响工程造价的重要因素这一实际情况，组织各地区、各部门工程造价管理部门定期发布反映市场价格水平的价格信息和调整指数，实行动态管理。

(5) 采取了依据不同工程类别实行差别费率和差别利润率，企业可以自行取费或确定利率水平，改变过去按企业隶属关系和资质等级的做法，促进了企业间的平等竞争。

(6) 建立了符合国际惯例的造价工程师执业制度，建立了比较完备的考核、执业和注册制度。与此同时，工程造价管理咨询机构的管理已经步入正轨，初步建立了工程造价管理法规框架体系。

(7) 对工程造价的国际惯例已经有了较深入地了解，逐步尝试实施国际通行的做法。自2004年7月1日起在全国范围内全面实施《工程量清单计价规范》，是我国工程造价管理改革的一个里程碑，必将推动工程造价管理改革的深入和机制的创新。最终建立由政府宏观调控、市场有序竞争形成工程造价的新机制。建设部自2000年起在广东、吉林、天津等地进行了工程量清单计价的试点工作，取得了明显的成效。从广东省在部分项目中推行这一新的计价方法后的反映看，采用工程量清单计价后招标投标活动的透明度增加，在充分竞争的基础上降低了造价，提高了投资效益、且便于操作和推行，业主和承包商已逐步接受了这一计价方法。所以，在我国推行这一方法已具备一定的基础。

## 本章小结

在美国，政府对全社会的工程造价并不进行直接的监督管理，只是由其有关部门对自己主管的项目进行直接管理，或者通过公布工程造价指南、发布各种标准来间接影响工程造价或对整个建筑市场进行宏观调控。在工程估价中，估价人员一般选用专业协会、大型工程咨询顾问公司、政府有关部门出版的大量商业出版物进行估价，美国各地政府也在对上述资料综合分析的基础上定时发布工程成本材料指南，供社会参考。

在日本，采用的工程造价计算方法为工程积算法。建设省制定一整套工程计价标准，称为《建筑工程积算基准》。按照建筑积算研究会编制的《建筑数量积算基准》计算工程量。

在计价中将整个工程分为种目、科目和细目 3 个层次。工程量计算以设计图及设计书为基础。按照《建筑工程积算基准》中的“建筑工程标准定额”(其对于每一细目以列表的形式列明单位工程的劳务、材料、机械的消耗量及其他经费)，就可以根据材料、劳务、机械器具的市场价格计算出细目的费用，进而可算出整个工程的纯工程费。

香港特别行政区建筑市场的承包工程分政府工程和私人工程两大类。政府工程由工务局下属的各专业署组织实施，实行统一管理、统一建设。私人工程必须通过业主和顾问公司或测量师的介绍，才能拿到标书，一般采用邀请招标和议标的方式。香港特别行政区的工程计价首先由工料测量师按照《香港建筑工程工程量计算规则》(Hong Kong Standard Method of Measurement)(第 3 版)(SMMⅢ)确定工程量，在招标文件中附工程量清单，承包商对已有的工程量清单无须再计算或复核，直接自主报价。报价的基础是承包商积累的估价资料，而且整个估价过程是考虑价格变化和市场行情的动态过程。

我国所处的经济环境与背景，使许多的工程造价管理办法还沿袭了计划经济时代的传统做法。在工程造价管理机制方面、工程造价计价依据和方法方面存在一定差距。我国工程造价管理改革的力度在不断加大，近年来，在造价管理模式、计价方法、计价模式上，都产生了一些变革。

## 复习思考题

1. 简述美国工程造价管理模式。
2. 简述日本工程造价管理模式。
3. 简述我国香港特别行政区工程造价管理模式。
4. 对比分析美国、日本、香港特别行政区工程造价管理模式的特点。
5. 分析说明我国工程造价管理的不足。
6. 对我国工程造价管理的改革提出建议。

# 参 考 文 献

[1] 郭婧娟. 建设工程定额及概预算. 2 版. 北京：北京交通大学出版社，2004.
[2] 武育泰，李景云. 建筑工程定额与预算. 重庆：重庆大学出版社，1998.
[3] 戎贤. 土木工程概预算. 北京：中国建材工业出版社，2001.
[4] 陈俊起. 建设工程预算. 济南：山东大学出版社，2002.
[5] 梁庚贺，王和平. 2004 年造价工程师继续教育培训教材（一）：建设工程工程量清单计价规范应用. 天津：天津人民出版社，2004.
[6] 刘长滨. 土木工程概（预）算. 武汉：武汉工业大学出版社，2002.
[7] 张建平. 工程概预算. 重庆：重庆大学出版社，2001.
[8] 张毅. 工程建设计量规则. 上海：同济大学出版社，2001.
[9] 黄汉江等. 建设工程与预算. 上海：同济大学出版社，1996.
[10] 郝建新，蔡绍荣，李小林. 美国工程造价管理. 天津：南开大学出版社，2002.
[11] 尹贻林，申立银. 中国内地与香港工程造价管理比较. 天津：南开大学出版社，2002.
[12] 王振强，夏立明，吴松，等. 日本工程造价管理. 天津：南开大学出版社，2002.
[13] 刘钟莹. 工程估价. 南京：东南大学出版社，2002.
[14] 代学灵. 建筑工程概预算. 武汉：武汉工业大学出版社，2000.
[15] 李宏扬. 建筑工程预算：识图、工程量计算及定额应用. 北京：中国建材工业出版社，2002.
[16] 谭大璐. 建筑工程估价. 北京：中国计划出版社，2002.
[17] 刘琦. 工程造价管理的理论与方法. 北京：中国电力出版社，2004.
[18] 李启明. 土木工程合同管理. 南京：东南大学出版社，2002.
[19] 黄景媛. 土木工程施工招投标与合同管理. 北京：知识产权出版社，2002.
[20] 刘伊生. 建设工程招投标与合同管理. 北京：北方交通大学出版社，2002.
[21] 李启明，朱树英，黄文杰. 工程建设合同与索赔管理. 北京：科学出版社，2001.
[22] 刘维庆，雷书华. 土木工程施工招标与投标. 北京：人民交通出版社，2002.
[23] 刘伊生. 建设工程项目管理. 2 版. 北京：北京交通大学出版社，2004.
[24] 全国造价工程师考试培训教材编写委员会. 工程造价的确定与控制. 3 版. 北京：中国计划出版社，2003.
[25] 全国造价工程师执业资格考试培训教材编写委员会. 工程造价案例分析. 3 版. 北京：中国计划出版社，2003.
[26] 中国建设监理协会. 建设工程合同管理. 北京：知识产权出版社，2003.
[27] 黄文杰. 建设工程招标实务. 北京：中国计划出版社，2002.